2

Introduction to the Modern Theory of Dynamical Systems

现代动力系统理论导论（第一卷）

□ Anatole Katok
Boris Hasselblatt 著

□ 金成桴 译

高等教育出版社·北京

图字：01-2015-0165 号

Introduction to the Modern Theory of Dynamical Systems, 1st Edition, by Anatole Katok, Boris Hasselblatt, first published by Cambridge University Press in 1995.

图书在版编目（CIP）数据

现代动力系统理论导论．第一卷 /（美）卡托克（Anatole Katok），（美）哈塞尔布拉特（Boris Hasselblatt）著；金成桴译．-- 北京：高等教育出版社，2017.2
（世界数学精品译丛）
书名原文：Introduction to the Modern Theory of Dynamical Systems
ISBN 978-7-04-046846-5

Ⅰ.①现… Ⅱ.①卡… ②哈… ③金… Ⅲ.①动力系统（数学）－理论 Ⅳ.①O19

中国版本图书馆 CIP 数据核字（2016）第 297362 号

策划编辑 李 鹏　责任编辑 李 鹏　封面设计 李小璐　版式设计 马敬茹
责任校对 刘春萍　责任印制 刘思涵

出版发行	高等教育出版社	网　址	http://www.hep.edu.cn
社　址	北京市西城区德外大街4号		http://www.hep.com.cn
邮政编码	100120	网上订购	http://www.hepmall.com.cn
印　刷	山东鸿君杰文化发展有限公司		http://www.hepmall.com
开　本	787mm×1092mm 1/16		http://www.hepmall.cn
印　张	27.5		
字　数	510 千字	版　次	2017年2月第1版
购书热线	010-58581118	印　次	2017年2月第1次印刷
咨询电话	400-810-0598	定　价	89.00 元

本书如有缺页、倒页、脱页等质量问题，请到所购图书销售部门联系调换

物 料 号　46846-00

献给 Sveta 和 Kathy

中文版序

非常高兴我们的《现代动力系统理论导论》一书出版了中文版.

中国的数学在最近几十年里无论从数量还是质量上都取得了长足的发展, 动力系统理论是这些发展的最前沿. 中国主要大学的数学系都有许多动力系统研究小组. 许多学生都在学习动力系统, 包括本科生和研究生, 这个数量还在继续增长. 这就非常需要有这方面的中文教科书与参考书.

我们的《动力系统入门教程及最新发展概述》一书于 2009 年由科学出版社出版了中文版. 那本书是针对本科生和硕士研究生水平的数学系学生, 以及相邻学科需要接受这个主题介绍的学生. 本书出现虽然比它早, 但也代表掌握这个主题自然接下来的一步. 它的主要对象包括数学研究生, 以及在分析和几何各个领域做研究工作的数学家. 它也可作为教科书和参考书. 我们也希望《现代动力系统理论导论》中文版的出现有助于建立动力系统这个主题中的中文标准术语, 特别是它的几个新分支中的术语.

我们要深深感谢本书译者金成桴教授. 他为本书的中文翻译和出版付出了大量的精力. 我们非常了解他安排对我们这本不小著作的推荐并翻译成中文是多么的困难, 这项繁重艰巨任务的完成赢得了我们对他的敬佩和感激. 虽然我们不懂中文, 无法从语言学角度判断翻译质量, 但从我们知道并确信其出色的数学精度的时候起, 我们就非常满意. 译者还发现并改正原书相当数量的印刷错误, 那些错误在该书的 5 次印刷中我们没有注意到. 这个中文版还进行了不同的修正和小的改进, 这些积累将在今后英文版印刷中作最后更改.

我们也要感谢高等教育出版社为本书所承担的有关出版的所有工作.

Boris Hasselblatt, Anatole Katok

中文版序

译者序

动力系统理论一般研究映射和流的大范围结构，主要用来描述依赖于时间的确定性系统在坐标变换下不变的渐近性质. 它的发展与数学其他主要学科紧密联系，又广泛应用于其他科学领域，如非线性科学、混沌动力学、统计力学、化学、生物学、传染病学、经济学，甚至社会科学等. 过去 40 多年来这个理论经历了持续的发展，是目前发展最快、内容也最丰富的主要数学学科之一. Katok 和 Hasselblatt 的《现代动力系统理论导论》一书是剑桥大学出版社作为数学及其应用百科全书系列第 54 卷于 1995 年正式出版 (但它并非是一本动力系统的百科全书!). 该书的出版引起了数学，特别是动力系统专家和其他科学领域人士的高度重视与兴趣，吸引了广大读者，出现供不应求的局面！剑桥大学出版社不得不于 1996—1999 连续 5 年一次次重印. 这在数学著作出版史中非常罕见！即使在其他科学领域也是少有的. 为了满足广大学生的需要，出版社也从 1997 年开始印刷了大量平装本 (尽管本书是一本大部头著作!). 动力系统理论和应用方面的许多世界著名专家也都在国际著名数学期刊上对该书发表高度评价并向大家推荐此书. 除了本书封底上的评论之外，还有几位专家的评论，现摘录如下:

R. Devaney 在《数学情报员》(Mathematical Intelligencer) 上评论: “作者对什么是动力系统理论的所有内容有一个明确的想法，该书为满足每个人的口味包含足够多的动力学内容，它是一本一流水平的认真仔细而巧妙的经典汇编，是动力系统这个领域任何一个学者都必须具备的著作.”

K. Schmidt 在《德国数学月刊》(Monatshefte für Mathematik) 上评论: “在动力系统这个主题的全面和可读性方面没有其他更接近的处理，对任何一个工作在动力系统几乎任何方向的人员来说本书是必不可少的，即使专家也会从这本书中发现有趣的新证明和历史参考资料."

Richard Swanson 在《SIAM 评论》(SIAM Review) 上评论: "本书末尾的附注是完全的且相当有用. 它对本书相当多的问题提供了提示和解答. 这些问题的类型相对比较简单易懂, 我记得是过去 10—20 年阅读过研究论文的结果 …… 我建议本书作为一本特殊的参考书."

G. Sorger 在《国际数学新闻》(International Mathematical News) 上评论: "我认为 Katok 和 Hasselblatt 的《现代动力系统理论导论》一书是动力系统理论文献中的一个极其宝贵的资产. 我完全相信可把这本书推荐给任何处理这个理论的教学、科研或应用人员."

本书的特色到底表现在哪些地方? 纵观全书, 至少在以下几个方面与众不同. 首先, 动力系统的几组例子是按它们性态的复杂程度分批分层次介绍. 第二, 作者以严谨的现代数学理论 (包括传统的泛函分析、拓扑、微分流形理论、测度论, 以及同调论、同伦论、曲面几何等) 全面、广泛、深入、高屋建瓴、综合性地阐述了动力系统各个分支, 如拓扑动力系统、双曲动力系统、符号动力系统、遍历理论、低维动力系统、经典动力学的现代理论, 以及非一致双曲性态的动力系统, 但以光滑动力系统为重点, 并注意对底空间 (如各种曲面) 和有关动力系统 (流与映射) 的各种分类, 等等. 对动力系统上述各个分支的综合性介绍, 体现在探讨它们之间的内在联系, 因此各个分支的内容往往不是集中在一起介绍, 有的内容要等到介绍适当理论和方法以后才能讨论, 如对双曲动力系统的讨论和处理. 对各种方法的介绍与应用, 除了介绍具体方法, 也说明这些方法所用的范围和局限性, 并说明这些方法是来自拓扑、泛函分析、测度论、概率论、微分几何、微分流形、曲面几何, 同调论等数学各个领域. 即使有的在当前还只是处于探索阶段. 特别地, 全书除了重点介绍映射或流的动力系统, 也适当介绍有关群动力系统和代数动力系统. 第三, 本书内容很多, 但不全在同一个水平上, 适合多方面读者需要, 既可作为研究生动力系统课程的教材 (可分多个主题讲授), 如前面 4 章的基础内容, 又可为搞应用的研究人员和专家们参考, 他们可从本书看到许多问题的进展和解决方法的探讨, 并从作者对一些问题的独到见解和新颖思想得到启发和借鉴; 数学其他领域的专家们也可从中了解动力系统考虑的主要问题和需要解决的问题, 可考虑是否从本领域开发一些新方法来解决这些问题, 以推动整个动力系统理论的发展, 以及动力系统与其他学科的联系与综合利用等. 此外, 由于本书是一本自封闭的独立著作, 因此可为有志于学习动力系统理论并努力成为这方面专家的读者提供一本难得的自学用的优秀的一流教材. 该书已成为当今动力系统这个方向最权威的工具书之一. 第四, 本书后面的附注对各章节介绍的有关概念、方法、理论和发展历史以及结果归属等都解释得非常仔细, 使得读者从中得到有关理论的发展的一个全面的了解. 读者在阅读正文过程中可同时参考这些说明, 相信颇有收益. 第五, 本书还有一个重要特点, 是对双曲系统与低维动力系统的处理上, 它与其他同类著作不同. 对双曲系统, 分为局部理论、度量性质与拓扑性质, 以及遍历理论等, 由于这部分理论比较丰富, 这种处理的方法得到业内专家们 (如 Takens) 的赞赏, 认为是这个理论的最好处理方式. 低维动力学不是根据相空间的维数, 也不是如大多数著作主要介绍一维和二维动力系统, 而是将低维动力系统按其复杂程度分为极低维动力系统和低维动力系统. 最后, 本书内容极其丰富, 牵涉面又很广, 但好在作者在各章开始都对该章内容有一个简短介绍, 而且对有关内容随时都有总结, 例如动力系统理论中的各种分类问题, 寻找动力系统复杂性的存在无穷多个周期轨道的各种方法, 等等, 这方面在本书第 3 部分开始的第 10 章也有较详细的介绍, 它对全书内容还起着承上启下的良好作用.

全书除了引言、附录、附注、练习提示与答案, 共分 4 大部分和一个补遗. 第 1 部分通过动力系统的几个基本例子, 详细介绍动力系统的基本概念和研究方法. 第 2 部分主要介绍个别轨道附近的局部分析与轨道结构大范围复杂性之间的联系与相互影响. 第 3 和第 4 部分深入发展低维动力系统和双曲动力系统. 补遗部分主要介绍最近发展的具有非一致双曲性态的动力系统. 附录中介绍本书用到的其他较高级的数学理论, 包括拓扑、泛函分析、微分流形、微分几何、曲面的拓扑与几何、测度论、同调论、Lie 群等基础知识, 附注中介绍有关结果的发展历史与归属.

各部分内容的较详细介绍, 以及动力系统各个分支的概述可看本书的序和第 0 章.

作者 Katok 早先是在莫斯科大学取得的博士学位, 与著名动力系统专家 Arnold 等合作发表过多篇质量很高的文章. 他继承了苏联数学理论坚实的传统, 数学功底既深又宽. 现任美国宾夕法尼亚州立大学 Raymond N. Shibley 数学教授、动力系统与几何中心主任、《现代动力学》(Journal of Modern Dynamics) 主编、是《遍历理论和动力系统》(Ergodic Theory and Dynamical Systems) 的共同创办人; 曾在 2008、2009、2011、2013 年四次获得动力系统的 Michael Brin 奖, 是动力系统学术界当今领军人物之一. 世界各主要数学研究所和大学都聘他做学术讲学和客座教授. Hasselblatt 是 Tufts 大学的数学教授, 他的主要研究领域是光滑动力系统的双曲性态.

在翻译本书的过程中, 根据作者提供的英文版 5 次印刷中发现的印刷错误, 我又改正了他们未发现的这几次印刷中的错误, 后者得到了 Hasselblatt 的确认. 数学名词的翻译主要参考科学出版社 1997 年出版的《数学百科全书》(第一、二、三、四、五卷) 和张鸿林、葛显良编订的《英汉数学词汇》, 以及有关同类著作. 中文版分两卷出版. 正文左右两边方括号内的数字是原书对应的页码, 便于读者查阅索引条目时参考, 索引词条后面的数字指原书的页码.

最后, 感谢作者 Katok 和 Hasselblatt 为中文版写的热情洋溢的序, 以及 Hasselblatt 提供的本书勘误表, 并对我新发现的错误予以确认. 感谢高等教育出版社学术著作分社策划编辑李鹏老师的热忱、持续的支持与帮助, 最后, 感谢我妻子何燕俐的耐心, 以及对我的理解、支持与关心.

金成桴, 2015 年 1 月

序

[xiii]

动力系统理论是一门与大多数数学主要领域紧密相关的重要数学学科. 其数学核心是研究映射和流的大范围轨道结构, 重点研究在坐标变换下不变的性质. 它的概念、方法和范例极大地刺激着许多其他科学的研究, 并已引起一个新的宽广的应用动力学领域 (也称为非线性科学或混沌理论). 动力系统的领域由几个主要学科组成, 但我们的主要兴趣是有限维微分动力学. 这个理论与其他几个主要领域, 如遍历理论、符号动力学以及拓扑动力学, 紧密地联系在一起. 然而, 迄今为止, 还没有一本书从相当综合的观点来处理微分动力学, 包括这些领域之间的关系. 本书试图填补这个空隙. 它对光滑动力系统的基础, 以及作为核心数学学科的动力学的其他有关领域, 提供一个全面的自封闭连贯的阐述, 同时给对应用有兴趣的研究人员提供基本的工具和范例. 本书介绍并严格发展了动力系统的中心概念和方法, 以及它们在各类主题中的应用.

本书包含什么. 一开始我们详细讨论一系列初等然而基本的例子. 用这些例子叙述和研究渐近性质的一般问题, 并引入主要概念 (如微分等价性与拓扑等价性、模、结构稳定性、轨道的渐近增长、熵、遍历性等), 同时简单地介绍几个重要方法 (不动点方法、编码、KAM 型 Newton 法、局部规范形、同伦技巧等).

第 2 部分主要介绍个别轨道 (例如周期轨道) 附近的局部分析与大范围轨道结构的复杂性之间的相互影响, 并通过探究双曲性、横截性、大范围拓扑不变量, 以及变分法来呈现这些影响. 其方法包括研究稳定与不稳定流形, 分支, 指标和度, 以及构造作为作用量泛函的极小和极小极大化轨道.

第 3 和第 4 部分针对第 1 部分概述的一般问题对低维动力系统和双曲动力

系统作相当深入的分析, 这两类系统特别适合这种分析. 双曲系统是很好了解的复杂性的重要例子. 无论从拓扑观点还是从统计观点, 双曲系统本身都体现了轨道结构的丰富性, 而且它们在扰动下都稳定. 同时其主要特性又能以很大精度定性和定量地描述. 另一方面, 低维动力系统存在两个情形. 在“极低维”情形, 轨道结构得以简化, 且只允许有有限的复杂性. 在“低维”情形, 某些复杂性是有可能的, 轨道结构的其他主要方面, 可以通过双曲性或有关类型的性态得到了解.

[xiv] 虽然我们以某种深度发展了与微分动力系统相关的大部分主题, 但我们并不试图写一本微分动力系统的百科全书. 纵然这是可能的, 并且由此产生的工作可作为严格的参考资料, 但作为这个理论的导论或教科书却没有用. 因此, 我们没有努力去阐述可用的最权威结果, 而是仅提供方法与结果的组织原则. 这也不是一本应用动力学的书, 例子也不是从各个学科广泛研究的模型中选取. 代之以, 我们的例子自然出现在有助于对其理解的主题的内部结构中. 我们强调的各个领域并不是按照这些领域发表的工作或者研究活动的相对数量, 而是反映我们对有关主题的基本概念和基础知识的理解. 一个明显的事实是对一维 (实的, 特别是复的) 动力学, 过去 15 年它见证了大量的活动并产生了许多辉煌的成果. 但它在本书中只起着相对谦让的作用. 一维实动力学主要用来作为容易处理的模型, 其中各种方法可相当成功地得到应用. 对复动力学, 我们认为它是一个迷人但是相当特殊的领域, 我们仅将它作为双曲集例子的一个来源. 另一方面, 我们尝试指出并强调动力学与其他数学领域 (概率论, 代数拓扑和微分拓扑, 几何, 变分法等) 的相互作用, 即使在某些情况下, 那里现有的知识状态还带有一定的试探性.

如何使用本书. 本书既可作为动力系统课程的教科书或自学教材, 也可作为动力系统的参考书. 作为教本, 最自然用作有志于成为动力系统专家的研究生的一年教材, 或者是那些希望获得这个领域坚实的一般知识的读者的主要资源. 本书的部分内容不要求有较多的数学背景, 这些可供科学和工程方面的优秀本科生和研究生使用, 他们学习有关主题不是为了成为这方面的专家. 这部分内容包括第 1 章, 第 2, 3, 5 章的大部分, 第 4, 6, 8, 9 章, 第 10, 11 章的部分, 以及第 12, 14, 15 和 16 章的大部分. 472 个练习是本书的一个重要组成部分. 它们分为几类, 其中有些是利用正文中的结果和方法的直接阐述, 另一些是没有在正文中讨论的探索例子, 或者是指出进一步的发展. 有时一个重要方面的主题用一系列练习开展. 其中选择考虑的 317 个练习在书后提供了提示和简短解答. 标有星号的我们主观认为有较高的难度, 因为它们要么有点创造性, 要么手头上没有明显的与主题有关的熟悉资料可用.

本书 4 个部分的每一部分都可粗略地作为研究生第 2 年一个学期或更长时间的基础课程. 教师们可按更专门的主题制订很多课程, 例如, 经典力学中的变

分法, 双曲动力系统, 扭转映射及其应用, 遍历理论和光滑遍历理论介绍, 以及熵 [xv]
的数学理论等. 为了帮助学生与教师为课程选择材料, 我们将各章之间的主要联系概述于图 F.1 中. 实箭头 A → B 表示 A 章的主要材料要用于 B 章 (这个关系可传递). 点线箭头 A --→ B 表示 A 章的材料应用于 B 章的某些部分. 除了组成其余各章的公共基础的第 1—4 章, 表的左边材料一般处理双曲动力学, 中间的处理低维动力学, 右边的处理与拓扑和经典力学有关的微分动力学.

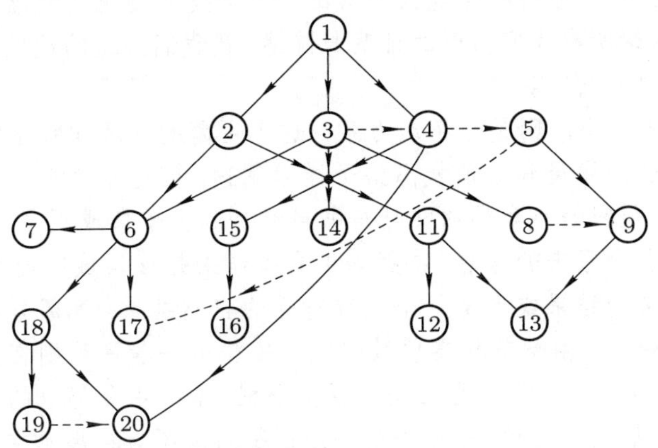

图 F.1

用于本书的有几类材料. 首先按惯例假设大家熟悉线性代数的结果 (包括 Jordan 标准形)、多元微积分、常微分方程 (包括方程组) 的基本理论、复分析基础、基本集合论、Lebesgue 积分初步、群论基础以及某些 Fourier 级数. 更高级的背景材料概述于附录. 其中大部分材料是: 拓扑空间, 度量空间与 Banach 空间, 初等同伦论的标准理论, 微分流形的基本理论, 包括向量场、丛与微分形式,
以及 Riemann 度量的定义与基本性质. 有些内容仅用于孤立个别情形. 最高水 [xvi]
平的材料包括曲面的基本拓扑与几何, 以及一般测度论, σ 代数, 和 Lebesgue 空间, 同调论, 有关 Lie 群和对称空间的材料, 流形上的曲率与联络, 横截性, 以及复函数的正规族. 这些材料的大部分, 不是全部, 也作为附录但通常不详细给出. 这种情况的材料, 可以采取承认它而不影响在正文中的使用, 或者可以跳过教材的有关部分也不会引起很大损失.

在正文的一些场合, 包括我们没有证明的重要背景事实. 这发生在某个结果与特殊的章节有机地联系在一起. Lefschetz 不动点公式就是这类结果的一个很好例子.

来源. 本书的大部分材料不是直接由原始结果组成. 尽管如此, 大多数材料的阐述由以下诸方面组成, 有我们自己的, 有原始的或者由我们对熟知结果作了大幅修改的, 以及对结构和主题的相互联系作了解释的, 等等. 正文的某些部分, 大体上第 6 章的正文, 第 3, 4 部分的大部分, 它们与其他的出版物紧密相关, 这些主要是原始的研究论文. 一个突出的例子是第 18 章和第 20 章阐述的双曲理论部分, 它是 R. Bowen 在 20 世纪 70 年代发表的论文, 他对相关理论给出的那种清晰处理可能难以得到进一步改进. 除了一些基本主题, 在好几个场合我们都遵循现有书籍对有关主题的说明. 例如只出现在第 3 部分中的 Hamilton 形式主义或变分法. 这样处理的原因是因为低维动力学发展的说明文献好于整个动力学领域. 我们感谢所有我们借用的证明与陈述, 就我们知道的这些归属都已放在本书末的附注中加以说明.

由于我们第一个原则是介绍动力系统这个主题的发展和叙述的自封闭形式, 而不是对该领域的发展和当前状态给予详尽阐述, 因此不企求罗列有关资料的全面清单, 那样很容易将我们的文献与书目增加到上千条或更多. 特别地, 不是所有的定理都引自原来的作者, 特别如果有关结果是该领域广泛发展的一部分, 而不是开创意义的结果或者是一个比较特殊的自然结果. 大部分结果的归属移到书后的附注中. 而由章节和某些数字编号安排的一般评论则在主要正文中特别指出. 此外, 为了不中断主要正文的逻辑进程, 本书主要部分的参考文献也归入到附注中. 我们的历史评论, 无论是介绍还是附注不旨在展示主题发展的一个连贯报告表, 而是主观选择的一些主要时刻.

文献目录中包括几类参考文献. 首先, 我们试图列出涵盖动力系统主要分支
[xvii] 的所有主要文献和代表性教科书以及综合报告. 接下来是介绍和发展我们主题的各个分支的开创性文章, 它们给出定义的主要概念, 或者包含主要结果的证明. 我们试图列出本书各个部分叙述所依据的, 或者在其他地方激发我们叙述的资源, 以及正文中叙述特殊结果的许多 (但不是全部) 原始资源. 最后, 还有在某些领域接触到的但在正文中没有处理的一些领域的原始和综合的重要工作的文献样品. 我们选择模型的原则是根据它们的内在意义, 不是根据具体科学问题的价值, 并省略了由非数学家 (即使是重要科学家) 提出的那些具体问题, 他们专注于研究科学问题所激发的模型, 只要这些模型仅仅包含假设和数值结果, 我们都省略了. 在我们引用的许多书和综合报告中提到这种被广泛利用的工作.

历史与致谢. 想写一本广泛介绍动力系统理论的书的总体思路是本书第一作者在加州理工学院于 1984—1985 年教授研究生课程时第一次出现的. 这个课程产生两套由本书第二作者和他的研究生同事 John Lindner 准备的讲课笔记, 对他们我们深表感谢. 引入的主要概念和方法的基本思想是通过一系列明确的基本例子来表述的, 这些是本书第一作者 1986 年 7 月于上海复旦大学数学研究所为研究生的 4 周密集的夏季课程教学所准备的. 那个课程的概要和笔记成为第 1—4 章主要部分的胚芽. 进一步进展是在加州理工学院 1986—1987 年的另一

个研究生课程期间作的, 此后, 本书原来计划的 300—350 页材料变得比较清晰, 但对主题的说明还太粗糙且不完整. 1989 年夏天, 我们制订了本书以后进行实质性修改的一个详细计划. 本书第一作者在宾夕法尼亚州立大学研究生第一年的另一个课程 (1990—1991) 期间帮助测试了本书的一些现有部分, 并发展了某些新材料.

我们深深感谢加州理工学院、Tufts 大学以及宾夕法尼亚州立大学所提供的优越工作条件以及对几个互访的支持. 特别感谢加利福尼亚伯克利数学科学研究所, 1992 年夏天我们在那里关于本书的主要部分在一起工作. 在这期间我们的项目从收集草稿转化到一个虽不完整但连贯的产品.

我们还要感谢几位先生在这个计划期间为我们提供的各种友好帮助和启发. 对可能已被采纳和遗忘的评论与建议的任何遗漏人, 我们深表歉意.

加州理工学院的技术打字员 Jessica Madow, 她打了当时现有手稿的主要部分. 宾夕法尼亚州立大学的 Kathy Wyland 和 Pat Snare 以 TEX 形式打了许多 [xviii]
章的第一次草稿. 有几位以计算机支持或排版建议提供了帮助. 数学科学研究所的 David Glaubman 给了很多帮助, 美国数学会技术支持部门的 Michael Downes 帮助正确生成每一页的页头, 我们在苏黎世大学的同事 Uwe Schmock 为 TEX 文件书写了上横线宏指令, 并作了有用的注解. Boris Katok 为本书作了大多数插图. Bill Schlesinger 为我们利用 Matlab 作许多图像给了最初的辅导. 我们也深深感谢剑桥大学出版社编辑 David Tranah 在这个项目的准备过程中对我们的鼓励与促进, Lauren Cowles 在本书的完成过程和准备出书时给了我们耐心的指导. 本书是利用美国数学会的 TEX 宏程序包 $\mathcal{AMS}$-TEX 按 TEX 打字的.

Viorel Niţică 和 Alexej Kononenko 作了主要练习的解答. 他们的工作帮助改正了练习中的一些缺点, 我们利用他们的解答作了许多提示.

以下人员向我们提出了许多建议, 包括指出数学和文体上的错误、印刷错误, 以及所需的更好解释: 很多帮助还来自宾夕法尼亚州立大学的 Howie Weiss. 下列人员还给我们更多的评论, 他们是 Luis Barreira, Misha Brin, Mirko Degli-Esposti, David DeLatte, Serge Ferleger, Eugene Gutkin, Moisey Guysinsky, Miao-hua Jiang, Tasso Kaper, Alexej Kononenko, Viorel Niţică, Ralf Spatzier, Garrett Stuck, Andrew Török, Chengbo Yue (岳澄波).

特别地, Howie Weiss, Tasso Kaper, Garrett Stuck, Ralf Spatzier 和 Misha Brin 使用了本书的部分进行教学, 这对完善本书很有帮助.

我们与 Michael Yakobson, Welington de Melo, Mikhael Lyubich 和 Zbigniew Nitecki 对一维映射进行了富有成效的讨论, 与 Eduard Zehnder 讨论了变分法的处理. 这些对各章的内容和阐述都是有用的. Gene Wayne 帮助提供无限维动力系统的参考文献, Mike Boyle 对符号动力系统的资源给了有用的指导.

多次印刷中作了许多改正. 其中我们要感谢 Luis Barreira, Marlies Gerber, Karl Friedrich Siburg, Garrett Stuck 和 Andrew Török, 他们指出许多小错误. Peter Walters 发现引理 4.5.2 和引理 20.2.3 不正确. Robert McKay 指出 14.2 节的某些结果需要回复性假设, Jonathan Robbins 指出 Hadamard–Perron 定理 6.2.8 证明的第 5 步的第一个形式有问题. Tim Hunt 改正了 DA 结构. 改正的条目已列在网站 http://www.tufts.edu/~bhasselb/thebook.html 上.

一个严重的疏漏存在于三次印刷中: 20.6 节完全是属于 Charles Toll 的, 我们无意中没给出归属. 我们真诚地道歉.

最后, 也是最重要的, 我们感谢 Svetlana Katok 和 Kathleen Hasselblatt 的持续支持和鼓励.

目录

第 1 部分　例子与基本概念

第 2 部分 局部分析与轨道增长

第 0 章 引言 [1]

0.1. 动力学主要分支

动力系统这个最一般但有点模糊的概念包括下面三个要素:

(i) "相空间" X, 它的元素或 "点" 代表系统可能的状态.

(ii) "时间", 它可离散或连续. 可仅扩展到将来 (不可逆过程), 也可扩展到过去和将来 (可逆过程). 可逆的离散时间过程的时距序列自然对应所有整数集, 不可逆过程仅考虑非负整数集. 类似地, 对连续时间过程, 可逆情形的时间由所有实数表示, 不可逆情形的时间由非负实数表示.

(iii) 时间发展规律. 在最一般情形, 系统在时间 t 的每个时刻的状态, 通过这个规律由它所有过去的时间状态确定. 因此, 最一般的时间发展规律依赖于时间且有无穷的记忆. 但是本书仅考虑那些允许定义给出任何特殊时刻状态的所有将来状态 (对可逆系统也定义所有过去) 的发展规律. 此外, 我们假设时间发展规律本身不随时间改变. 换句话说, 时间发展的结果仅仅依赖于系统的初始位置和发展的长度, 且当系统的状态开始记录下来时它不依赖于时刻. 因此, 如果我们的系统最初在状态 $x \in X$, 那么经过时间 t 以后, 它将在一个新的状态, 这个状态由 x 和 t 唯一确定, 因此可记为 $F(x,t)$. 固定 t, 得到一个从相空间到它自己的变换 $\varphi^t : x \mapsto F(x,t)$. 对不同的 t, 这些变换彼此相关. 就是说, 状态 x 对时间
$s+t$ 的发展可通过先利用变换 φ^t 到达 x, 再利用变换 φ^s 到达新状态 $\varphi^t(x)$ 来 [2]
实现. 从而有 $F(x,t+s) = F(\varphi^t(x),s)$, 或者, 等价地, 变换 φ^{t+s} 等于 φ^t 与 φ^s 的复合. 换言之, 变换 φ^t 组成一个半群. 对可逆系统, 变换 φ^t 对 t 的正负值都

有定义, 且每个 φ^t 可逆. 因此, 可逆的离散时间动力系统由相空间到相空间自己的一对一变换的循环群 $\{F^n = (\varphi^1)^n | n \in \mathbb{Z}\}$ 表示. 类似地, 可逆的连续时间动力系统确定一个从 X 到它自己的一对一变换的单参数群 $\{\varphi^t | t \in \mathbb{R}\}$.

动力学理论的大多数特征与处理各个数学结构的自同构群的其他数学领域的区别是, 它强调渐近性态, 特别是在非平凡回复性情形, 即与时间走向无穷时的性态有关的性质. 解释什么是重要的渐近性质的最好方法是研究具体的动力系统例子, 以确定它们性态的大多数特征. 我们将在第 1 章进行这个工作, 然后总结我们在 3.1, 3.3, 4.1, 4.2d 和 4.3 各节发现并介绍的一系列有趣性质. 这个总结在第 2 章研究动力系统的自然等价关系之前, 是为处理作为这些等价关系不变量的渐近性质而设置的一个阶段.

历史上, 由于 Newton 发现力学对象的运动可以用二阶常微分方程刻画, 首先出现了连续时间的光滑动力系统. 更一般地, 许多其他的自然现象和社会现象, 如放射性衰变, 化学反应, 种群增长, 或市场价格动力学, 都可用常微分方程组以不同精度模拟. 如果方程的系数和右端对于时间没有明显的依赖性, 这些情况就可加入到我们的研究领域.

直觉上, 对所有有趣情形, 动力系统的相空间都具有发展规律所期望的某种结构. 不同结构给出处理保持这种结构的动力系统理论. 下面介绍这些理论中最重要的几个.

1. 遍历理论. 这里的相空间 X 是 "好的" 测度空间, 即具有有限或 σ 有限测度 μ 的 Lebesgue 空间 (参看附录第 6 节). 作为 X 中的一个结构, 可考虑测度 μ 本身, 或者由所有零测度集的族确定的等价类. 因此, 遍历理论关注的是 X 的可测变换群或半群, 它们或者保持 μ, 或者将它变换到一个等价测度. 后者的测度 μ 称为*拟不变的*. 遍历理论在本书起着一个重要但只是辅助的作用. 它对研究光滑动力系统轨道的渐近分布和统计性态, 提供了适当的范例和工具. 遍历理论中的一些中心概念和结果将在第 4 章介绍并讨论.

[3] 遍历理论的起源要追溯到 Boltzmann 著名的遍历假设, 他提出在统计力学系统中时间平均等于空间平均. 数学中的遍历理论来自对序列的一致分布的研究. Kronecker–Weyl 等分布定理 (命题 4.2.1) 是这个结果早先的一个例子. H. Poincaré 在他的回归定理 (定理 4.1.19) 概述中, 注意到有限不变测度的保持对回复性结论的强烈影响. 作为数学的一个主题, 遍历理论的系统发展是 1930 年左右从 von Neumann 的工作开始, 他主要从泛函分析观点从事这个主题的研究. 早期对这个主题有着重要贡献的是 G. D. Birkhoff, E. Hopf 和 S. Kakutani. 遍历理论的发展从强调泛函分析观点到用概率论以及后来的几何和组合的观点的这个永久转变的分水岭是 1958 年左右 A. Kolmogorov 对熵的引入. 它建立在 C. Shannon 对信息论有重大影响的发展基础上, A. Khinchin 对此给出了适当的

数学处理. Kolmogorov 的工作很快被 Y. Sinai 和 V. Rokhlin 主要以概率论观点为基础对熵理论进行了发展, 它的高潮是 Sinai 的弱同调定理. 接下来关键时刻 D. Ornstein 通过组合结构第一个证明相等熵的 Bernoulli 移位的同构. 这个工作跟着被同构理论所发展, 特别给出度量同构于 Bernoulli 移位的充分必要条件. 后期的一个主要发展应该提到 Kakutani 的 (单调) 等价性理论, H. Furstenberg 的多重回复性理论, 以及有限同构理论.

2. 拓扑动力学. 这个理论的相空间是好的拓扑空间, 通常是可度量的紧空间或局部紧空间 (见附录第 1 节). 拓扑动力学考虑这种空间的同胚群和连续变换的半群. 有时就称这些对象为拓扑动力系统. 类似于遍历理论情形, 我们在本书所用的拓扑动力系统的概念和结果主要是作为研究光滑动力系统的框架和工具. 虽然我们并不试图对这个领域作全面介绍, 但拓扑动力系统的一定数量的材料将在本书中展现, 开始出现在第 1 章的前面几个例子, 然后出现在第 3 章. 4.1 节和 4.5 节以及后面 20.1 节和 20.2 节提供拓扑动力学与遍历理论之间的关键连接. 第 8 章的一些材料 (例如定理 8.3.1), 以及整个第 11 章和第 15 章处理没有任何可微性假设的特殊动力系统类, 因此属于拓扑动力学.

Poincaré 在介绍微分方程的解不能解析求解时引入了定性描述的思想, 这时他就发现了拓扑动力学. 他早期的一个成就是对圆周映射的分类 (定理 11.2.7). M. Morse 和 G. F. Birkhoff 在试图了解更经典系统 (测地线系统与 Hamilton 系统) 的性态过程中对拓扑动力学作了重要贡献. 稍后, 更本质的方法由 G. Hed- [4]
lund, J. Oxtoby 和其他人所发展. 拓扑动力学中的一个重要主题是 H. Furstenberg 的远距扩张理论, R. Ellis 对它作了进一步发展.

3. 光滑动力系统或微分动力系统理论. 由这个名词联想起, 这里的相空间具有光滑流形结构, 例如, 欧氏空间中的区域或闭曲面 (更详细的描述见附录第 3 节). 这个理论是本书的主要主题, 它考虑这种流形上的微分同胚和流 (光滑微分同胚的单参数群) 以及不可逆可微映射的迭代. 本书主要处理有限维情形. 由于在过去 20 多年受流体力学、统计力学和数学物理其他领域问题的刺激, 人们对无限维动力系统的兴趣也很快增长. 从各个类似于有限维动力系统的几个分支开始发展的无限维动力学的几个方向, 已经发展到了相当程度.

由于有限维光滑流形具有自然的局部紧拓扑, 所以光滑动力系统理论自然要利用拓扑动力学的概念和结果. 另一个更深层次的理由是, 这些相互关系来自这样的事实, 在处理光滑动力系统的渐近性态时, 可能会遇到非常复杂的非光滑现象, 这在其他情况下将被视为是病态. 特别地, 对光滑系统的某些重要不变集, 例如, 吸引子 (定义 3.3.1), 可以没有任何光滑结构, 因此这样的集合应该从不同的非光滑观点研究. 研究拓扑动力系统的特殊类时, 作为序列空间中的移位变换的闭不变子集, 出现了*符号动力系统* (见 1.9 节), 这方面的问题也特别重要. 拓扑动力学与光滑动力学之间关系的进一步探讨见 2.3 节.

光滑动力系统与遍历理论的关系也很密切, 因为不变测度给研究光滑动力系统的渐近性质提供了有力的工具, 又因为有限维流形上的光滑结构确定了微分动力系统拟不变测度的一个自然类 (见 5.1 节).

有时给光滑动力系统理论中考虑测度论性质的那个系统分开取个名字为*光滑遍历理论*. 我们也可以说, 光滑遍历理论是研究光滑流形及其合理测度组成的复合结构的自同构. 第 20 章和补遗专注于这个主题. 属于光滑遍历理论的许多结果则分散在前面几章中.

[5] Poincaré 也是微分动力学之父. 他的主要贡献是强调微分方程的定性方法, 反对对力学中的微分方程只强调传统的明显解. 他的另一个成就是, 建立了映射和向量场在不动点和周期轨道附近的局部理论 (参看 2.1, 6.3, 6.6 节). 在这个领域工作的早期其他重要人物有 A. M. Lyapunov 和 J. Hadamard, 他们引入了稳定性的各种概念并发展了主要的解析方法 (例如, Hadamard–Perron 定理 6.2.8). Poincaré 计划的一部分由 G. D. Birkhoff 执行证明, 在其他一些工作中, Poincaré 的值得庆贺的 "最后的几何定理", 对具有两个自由度的力学系统的动力学复杂性给出了一个物理机制. Poincaré 计划的另一方面被 A. Denjoy 所发展, 他在完成圆周映射和二维环面上流的 Poincaré 理论的过程中引入了几个关键的新概念. 作为一个非常有用的工具, 符号动力学开始出现在 E. Artin 的开创性文章中, Morse 和 Hedlund 对它作了很大的发展. E. Hopf 第一个认识到双曲性是非线性动力系统中产生复杂性态的关键机制. 他对负曲率曲面的测地流的遍历性证明, 可被视为光滑遍历理论的第一个主要结果.

研究光滑动力系统现代的大范围方法的另一个主要来源是, 由 A. Andronov 和 L. S. Pontryagin 在研究曲面上的流时引入的结构稳定性概念, 后来 Peixoto 在这个框架下对它进行了发展. Smale 又给了它第二次生命, 他发现具有复杂轨道性态 ("马蹄", 2.5 节) 的系统可以是结构稳定的. 接着, Smale, Anosov, Sinai 和 Bowen 发展了双曲动力系统理论的核心. 他们利用属于 Hopf 和 Hedlund 以及追溯到 Hadamard, Perron 和 Lyapunov 的更经典的思想, 对遍历理论和拓扑动力学大大地发展了一些方法. 确定某个双曲性作为结构稳定性的充分条件 (J. Robbin, C. Robinson) 和必要条件 (R. Mañé) 是光滑动力系统理论最杰出的成就之一. 对光滑遍历理论的主要促进是由 D. Ruelle 和 Y. Sinai 给出的, 他们从统计力学到光滑动力系统理论引入了有关思想和方法. 接下来的重要一步是 Y. B. Pesin 作的, 他在非一致双曲性概念的基础上发展了光滑保测系统的一般结构理论. 我们也应该注意 M. Herman 和 J.-C. Yoccoz 关于圆周微分同胚的光滑分类工作, 以及 D. V. Anosov 和 A. Katok 关于有各种通常不期望性质的光滑动力系统的结构.

4. Hamilton 动力学与辛动力学. 这个理论是经典力学微分方程研究的一个自然推广. 这里的相空间是具有非退化闭二次微分形式 Ω 的偶数维光滑流形. Ω 保微分同胚的单参数群对应于经典力学中的 Hamilton 微分方程. 单独的保 Ω 微分同胚推广了典范变换概念. 我们在 1.5 节第一次遇到这样的系统, 在 5.5 节中又以更系统的形式回到这个领域. [6]

从动力系统观点, Hamilton 动力学的原来对象主要是天体力学中的问题. Poincaré 对 n 体问题再次引入定性研究的基本方法. 稍后形成了两个不同的研究方向: (i) 这个问题中的动力学复杂性归因于某个双曲性 (Alekseev, Conley), 以及 (ii) 可积系统及其扰动的研究, 这导致 KAM 理论. 虽然 Poincaré 那时已经利用了双曲与可积的范例, 但 Kolmogorov 意义深远的贡献实现了 (非常例外的) 可积系统在扰动下以某种程度得到保持的许多定性特征, 也出现了一般情况 (例如, 在椭圆不动点附近). 这两个方向的思想受到太阳系稳定性问题和扰动的 KAM 方法的影响, 前者借助 n 体问题的稳定性使用了双曲性方法, 例如, 行星间没有相互作用的 (可积的) 中心力问题. Conley 和 Zehnder 建立了拓扑与变分方法的综合, 它已成为现代大范围辛几何的奠基石. 完全可积系统研究的复兴起始于 Gardner, Greene, Kruskal 和 Miura 的开创性文章, 以及 P. Lax 发现产生可积系统的新机制. 这导致有限维可积系统新的有趣例子以及应用于非线性偏微分方程的无限维 Hamilton 系统理论, 与具最简单的渐近性态的情形不同, 后者通过第一次提供完全的定性分析, 使得其研究获得了重大的突破.

0.2. 流, 向量场, 微分方程

当时间离散时动力系统的描述相对容易些, 因为由映射生成的离散时间系统通常可用某些公式明显给出. 相反, 连续时间动力系统通常以无穷小形式给出 (例如借助微分方程), 而由无穷小描述的动力学的重建要包含某类积分过程. 这一节与下一节我们将非常简短地讨论连续时间动力系统理论 (对时间) 的局部性质, 以及离散时间系统与连续时间系统之间的某些简单关系.

假设相空间是一个 m 维光滑流形, 通常记它为 M, 因此我们的时间发展由光滑函数 $F(x,t)=\varphi^t(x), x\in M, t\in\mathbb{R}$ 给出, 它满足群 (复合) 性质 $\varphi^t\circ\varphi^s=\varphi^{t+s}$, 对所有 x 和 t 它可以有定义, 也可以没有定义. 首先考虑这个情形的局部性质. 当固定 $x\in M$, 令 t 变化时, 得到 M 上一条参数化了的光滑曲线. 设 $\xi(x)$ 是这条 [7]
曲线在 $t=0$ 即在点 x 的切向量, 严格地说, 向量 $\xi(x)$ 属于 "附" 在 M 上点 x 的切空间 T_xM, 它是一个 m 维线性空间. 映射 $x\mapsto\xi(x)$ 组成切丛 $TM=\bigcup\limits_{x\in M}T_xM$

或 M 上的向量场 (详细见附录第 3 节) 的一个截面. 当然, 这个结构的局部形式是每个完成高等微积分标准课程的人都熟悉的. 就是说, 设 $U \subset M$ 是坐标为 $(s_1, \cdots, s_m)$ 的坐标邻域, 则切丛 TU 简单地是直积 $U \times \mathbb{R}^m$, 向量场由 U 到 $\mathbb{R}^m$ 的映射确定, 即由下面 m 个实值函数 $v_1, \cdots, v_m$ 确定. 用 $\dfrac{\partial}{\partial s_i}$ 表示基向量场, 对每一点它对应 $\mathbb{R}^m$ 中标准基的第 i 个向量, 我们可以局部地将每个向量场表示为 $\displaystyle\sum_{i=1}^{m} v_i(s_1, \cdots, s_n)\frac{\partial}{\partial s_i}$. 如果初始点用坐标 $(s_1^0, \cdots, s_m^0)$ 表示, 那么这点的发展由求解一阶常微分方程系统

$$\frac{ds_i}{dt} = v_i(s_1, \cdots, s_m)$$

得到, 其中初始条件是 $s_i(0) = s_i^0, i = 1, \cdots, m$.

从标准的常微分方程理论知道, 在非常适当的光滑性假设下, 例如, 如果函数 v_i 连续可微, 则对充分小的时间, 解存在且唯一, 且光滑依赖于初始条件.

因此, 至少对充分小的 t 值, 变换 φ^t 可从这个向量场中重获. 对大的 t 值我们应取在局部坐标下定义的映射的复合. 如果解对 t 的所有实值存在, 则称此向量场为完全的. 应该记住, 如果 t 很大, 在流形上必须用不同的局部坐标系工作, 但这并不出现任何困难. 如果流形 M 是紧且无边界, 则它可由有限个坐标卡覆盖. 在任何卡的内部解对固定长度的时间存在. 由于每一点 $x \in M$ 所属的坐标邻域不是很小, 故在无边界的紧闭流形上的任何 C^1 向量场是完全的, 因此定义了一个光滑流, 即 M 上微分同胚的单参数群.

这就是为什么我们通常宁可考虑紧流形上的动力系统的一个理由. 但这个偏爱并不是通有的, 因为在许多情况下, 例如对局部和半局部问题 (参看第 0.4 节和第 6 章), 或者对与许多具体力学问题和其他问题对应的微分方程系统, 这个假设就成了太强的限制.

练 习

0.2.1. (详细) 证明紧流形上的光滑向量场是完全的.

[8] 0.3. 时间 1 映射, 截面, 扭扩

连续时间动力系统与离散时间动力系统之间存在几个有用的关系.

联系离散时间系统与流 $\{\varphi^t\}_{t\in\mathbb{R}}$ 的最明显方法是对某个值 t_0, 譬如, $t_0 = 1$, 取映射 φ^{t_0} 的迭代. 但是, 只有非常少的微分同胚可按这个方法得到. 例如, 令 $f = \varphi^{t_0}$, 并假设 $f^k(x) = x$, 这里 $k > 1$, 但是 $f(x) \neq x$, 所以 x 的轨道是周期的,

不是不动点. 但是, 对每个 $t \in \mathbb{R}$,

$$f^k \varphi^t(x) = \varphi^{kt_0+t}(x) = \varphi^t(\varphi^{kt_0}(x)) = \varphi^t(f^k(x)) = \varphi^t(x).$$

因此, 每一点 $\varphi^t(x)$ 也是 f 的周期 k 点. 从而, 如果 f 有周期大于 1 的周期点, 那么映射 f 就不能作为任何流的时间 t 映射得到.

另一个更局部但也更有用的方法是构造 Poincaré (*第一回复*) *映射*. 取点 $x \in M$ 使得 $\xi(x) \neq 0$, 以及一个包含 x 并与向量场横截的 $m-1$ 维 (余维 1) 子流形 N. 后一性质简单地意味着对每一点 $y \in N$, 向量 $\xi(y)$ 不与 N 相切. 如果我们假设点 x 是这个流的周期点, 即对某个 $t_0 > 0$ 有 $\varphi^{t_0}(x) = x$, 则这个流的每个邻近轨道在时间接近于 t_0 时与曲面 N 相交, 所以在 x 在 N 上的邻域内定义了一个映射 $F_N : U \to N$, 使得 $F_N(x) = x$. 这个映射称为这个流的*截面映射*, 或*第一回复映射*, 或 Poincaré *映射*. 若 x 不是周期点但回到充分靠近它自己处, 则这个构造 (也称为诱导) 也可进行 (见下面).

最后, 对任何微分同胚 $f : M \to M$, 可以在*扭扩流形* M_f 上构造一个*扭扩流*, 它是通过对 $x \in M$, 将一对形如 $(x, 1)$ 和 $(f(x), 0)$ 的点等同并通过直积 $M \times [0, 1]$ 得到. 扭扩流 σ_f^t 通过 M_f 上的 "铅垂" 向量场 $\dfrac{\partial}{\partial t}$ 确定.

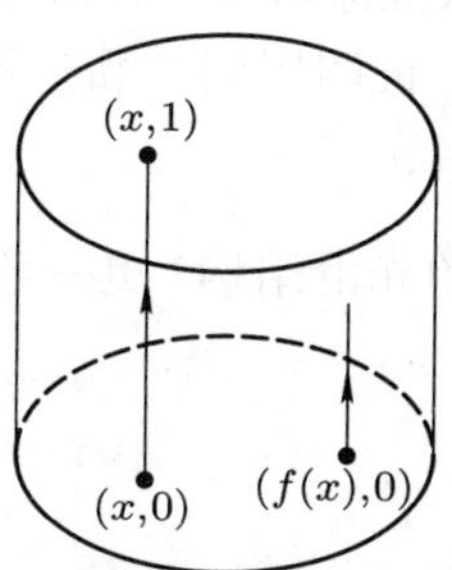

图 0.3.1. 扭扩

这个构造与周期系数的常微分方程系统的解密切相关. 首先回忆, 依赖于时间的常微分方程系统由向量场 v_t 的族给出, 因此, 从时刻 t 到时刻 $t+s$ 确定的时间发展 $\varphi^{t,s}$ 不是一个群. 但它可解释为扩展相空间 $M \times \mathbb{R}$ 中的单个向量场 $w(x,t) = v_t(x) + \dfrac{\partial}{\partial t}$. $M \times \mathbb{R}$ 中的时间发展 $\Phi^s(x,t) = (\varphi^{t,s}(x), t+s)$ 就有群性质. 当然, 空间 $M \times \mathbb{R}$ 永不是紧的. [9]

然而, 如果常微分方程关于时间譬如是周期 τ 的周期系统, 则对 $k \in \mathbb{Z}$ 有 $v_{t+\tau} = v$ 且 $\varphi^{t+k\tau,s} = \varphi^{t,s}$, 这时情况有所变化. 因为此时我们可以通过 (x,t) 与 $(x, t+\tau)$ 等同将 $M \times \mathbb{R}$ 中的时间发展化为因子空间中的时间发展. 因此, 如果 M 是紧的, 则得到的因子空间也紧, 而且, 流 Φ^s 到那个空间的投射通过映射

$h:(\varphi^{0,t}(x),t)\mapsto(\varphi^{0,\tau}(x),t)\ (0\leqslant t\leqslant\tau)$ 到 $M_{\varphi^{0,\tau}}$, 是映射 $\varphi^{0,\tau}$ 上扭扩流的微分同胚.

可将这个扭扩构造推广到流在函数或特殊流作用下的构造. 即在 M 上加入我们光滑正函数 φ 的信息, 并考虑通过 $(x,\varphi(x))$ 与 $(f(x),0)$ 等同, 由直积 $M\times\mathbb{R}$ 的子集 $M_\varphi=\{(x,t)|x\in M,t\in\mathbb{R},0\leqslant t\leqslant\varphi(x)\}$ 得到流形 $M_{f,\varphi}$. 当然, $M_{f,\varphi}$ 与 M_f 拓扑相同, 然而 $M_{f,\varphi}$ 上的 "铅垂" 向量场 $\dfrac{\partial}{\partial t}$ 确定一个新流 $\sigma^t_{f,\varphi}$ (在 φ 作用下建构在 f 上的特殊流), 它不同于通过时间改变的扭扩 (见定义 2.2.3).

练　　习

0.3.1. 设 $M=[0,1]$, $f(x)=1-x$. 证明流形 M_f 同胚于 Möbius 带. 这个扭扩流有一个周期 1 轨道和无穷多个周期 2 轨道. 证明周期 1 轨道不分离 M_f, 任何周期 2 轨道除了一条形成边界的都将 M_f 分离成两片, 一片同胚于 Möbius 带, 另一片同胚于柱面 $[0,1]\times S^1$.

0.3.2. 设 $M=S^1=\{z\in\mathbb{C}||z|=1\}$, $f(z)=-z$. 求证流形 M_f 同胚于二维环面 $\mathbb{T}^2=S^1\times S^1$.

0.3.3. 设 $M=S^1, f(z)=\overline{z}$. 求证流形 M_f 同胚于 Klein 瓶. 扭扩流有两个周期 1 轨道和无穷多个周期 2 轨道. 证明周期 1 轨道不分离 M_f, 任何周期 2 轨道分离它为同胚于 Möbius 带的两片.

0.3.4. 描述扭扩流形 M_f 上的光滑结构, 更一般地, 描述流形 $M_{f,\varphi}$ 上的光滑结构.

[10]

0.4. 线性化与局部化

下面三章我们将看到, 与光滑动力系统的渐近性态相关的许多有用概念事实上属于拓扑动力学, 就是说, 它们仅借助拓扑定义, 没有微分结构. 我们已在 0.1 节提到某些理由. 现在我们指出从拓扑动力学中区分光滑动力系统理论的某些特殊性质.

在初等微积分中我们已经学到, 将一个实变量 t 的函数 $\varphi(t)$ 在点 t_0 附近表示为主部 $\varphi(t_0)+\varphi'(t_0)(t-t_0)$ 加上一个 "高阶无穷小" $o(t-t_0)$ 是很有用的. 相同思想的高级形式在光滑动力系统理论中起着中心作用. 首先, 如果 $U\subset\mathbb{R}^m$ 是 x_0 的一个开邻域, $f:U\to\mathbb{R}^m$ 是微分同胚, 我们可将 f 在点 x_0 附近表示为常数部分 $f(x_0)$ 加上线性部分 $Df_{x_0}(x-x_0)$ 再加上高阶项. 微分 Df 是 $\mathbb{R}^n$ 中的一个线性算子, 通过偏导数矩阵它可表示为坐标形式. 如果 $f(t_1,\cdots,t_m)=$

$(f_1(t_1,\cdots,t_m),\cdots,f_m(t_1,\cdots,t_m))$, 那么

$$Df_{x_0}(t_1,\cdots,t_m)=\left(\frac{\partial f_i}{\partial t_j}\right)_{i,j=1,\cdots,m},$$

其中的偏导数在点 x_0 对应的坐标值计算. 如果这个映射在 x_0 正则, 则这个算子可逆.

对光滑流形的可微映射其图像保持本质相同, 唯一差别是代替 $\mathbb{R}^m$ 中的标准坐标系, 现在应该利用在点和它的像附近适当的局部坐标系. 表达相同思想的更不变的方法是将映射 $f:M\to M$ 的微分 Df_{x_0} 描述为切空间 $T_{x_0}M$ 到空间 $T_{f(x_0)}M$ 的线性映射. 于是如果 f 是同胚则这个微分可逆. 这个构造可以通过考虑切丛 $TM=\bigcup\limits_{x\in M}T_xM$ 加以推广, 这个切丛可由维数是 M 维数两倍的微分流形的结构提供 (见附录第 3 节). M 上的任何局部坐标诱导 TM 中的坐标, 它在切线方向是大范围的. 就是说, 坐标曲线的切向量组成每个切空间的基, 切向量的 $2n$ 个坐标诱导它的基点的 n 个坐标加上关于这个基的向量的坐标.

当考虑映射 f 的迭代时, n 次迭代的微分 $Df_x^n:T_xM\to T_{f_x^n}M$ 是微分 $Df_{f^i(x)}:T_{f^i(x)}\to T_{f^{i+1}(x)}, i=0,\cdots,n-1$ 的复合:

$$\underbrace{T_xM\xrightarrow{Df_x}T_{f(x)}M\xrightarrow{Df_{f(x)}}T_{f^2(x)}M\xrightarrow{Df_{f^2(x)}}\cdots\xrightarrow{Df_{f^{n-1}(x)}}T_{f^n(x)}M}_{Df_x^n}.$$

当因子的个数趋于无穷时, 这个局部化图中的 f 的渐近性对应于所得线性映射 [11]
的积的性质. 当这种积的性态知道时, 就产生这个性态在多大程度上反映原来非线性系统性质的问题. 这里的关键点是在任何给定点的微分很好近似计算在微分点附近点的性态. 这个近似量依赖于非线性项, 例如, 依赖于在原来点的邻域内代表我们映射的函数的二阶导数的大小. 当我们通过映射迭代时, 一般地说, 二阶导数大小的增大 (由链规则), 应该使得线性近似的量变坏. 在某些条件下非线性项的影响应该可被控制, 所以, 得到在充分长时间内停留在原来轨道附近的这种轨道性态的图像. 考虑这类代表的内容通常称为光滑动力系统的局部分析. 这是第 6 章和补遗前面 3 节的中心主题.

当原来轨道是周期轨道时, 例如 $f^n(x_0)=x_0$, 这个局部方法出现一个理想的设置. 这时微分序列也是周期的, 在局部分析中起着主要作用的单个线性算子的迭代 $Df_{x_0}^n$, 代表轨道附近一个周期的无穷小性态. 特别地, 这个算子的特征值在点 x_0 附近的局部分析中起着关键作用. 对线性映射的分析见 1.2 节, 对非线性映射在周期点附近的局部分析见 6.3 和 6.6 节. 对连续时间动力系统, 微分的作用通过变分方程实现, 它的右端代表组成流的可微映射的单参数群的无穷小生成子.

尽管局部分析本身关注附近轨道的相对性态, 或者在周期轨道邻域内的轨道或轨道段的性态, 只要它们停留在周期轨道附近. 光滑动力系统理论的主要目的还是要了解非线性映射的大范围性态. 有时局部分析在大范围考虑中起着关键作用. 例如, 这发生在当周期点表示一个吸引子时, 就是说, 如果邻近轨道按时间渐近趋于它时 (参看 1.1 节和 3.3 节). 更一般地, 我们可以尝试局部化相空间中对渐近性态起着重要作用的某个部分, 并研究这部分内和附近的轨道. 鉴于由动力系统表示的特殊科学问题的特性, 也有可能具有某些初始条件的轨道性态特别重要.

所有这些考虑导致一个介于系统的局部分析与整个系统的大范围研究之间的 "半局部" 方法. 就是说, 假设 M 是一个光滑流形 (不必是紧的), $U \subset M$ 是
[12] M 的开子集, $\Lambda \subset U$ 是紧集. 此外, 设 $f: U \to M$ 是使 Λ 不变的光滑映射. 我们可以对 f 位于 Λ 内或者停留在其附近的轨道感兴趣. 这个研究的局部工具是限制在切丛 $T_\Lambda M = \bigcup_{x\in\Lambda} T_x M$ 上的局部化了的微分 Df.

现在我们通过一个例子来说明这个方法. 考虑在原点附近的双曲线性映射 $f: \mathbb{R}^2 \to \mathbb{R}^2, f(x,y) = (2x, y/2)$:

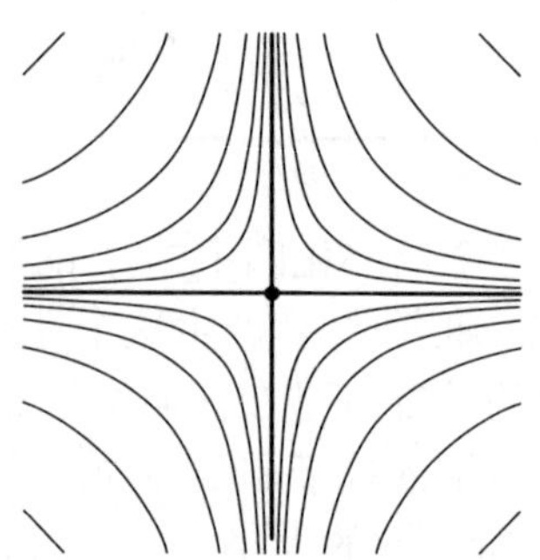

图 0.4.1. 映射 $(x,y) \mapsto (2x, y/2)$

y 轴上的轨道段由正时间方向渐近于原点的点组成, x 轴上的轨道段由负时间方向渐近于原点的点组成, 所有其他点沿着双曲线 $xy =$ 常数移动 (详细描述参看 1.2 节). 假如我们非线性地扩张我们的映射到更大的区域, 使得 y 轴的原像与 x 轴的原像相交于点 p, 并构成非零角 (见图 6.5.1).

这样的点 p 称为不动点 0 的横截同宿点. 显然当 $|n| \to \infty$ 时 $f^n(p) \to 0$, 所以 $\Lambda = \{0\} \cup \left(\bigcup_{n=-\infty}^{\infty} f^n(p) \right)$ 是一个闭 f 不变集. 由 G. D. Birkhoff 理论断言, Λ 的任何邻域内包含有任意长周期的周期点. S. Smale 对停留在集合 Λ 的充分小邻域内的轨道结构给出了完全的分析 (见 6.5 节). 他的工作对动力系统现代理

论的发展起着关键作用.

半局部分析的另一个形式通常包括对停留在某个开的非不变集内的轨道的研究. 当然, 可以根本不存在这样的轨道, 但在某些条件下可保证这种轨道的存在性. 2.5 节对二次映射的 Cantor 不变集的构造和 Smale 的 "马蹄" 的讨论就是这种分析的简单但不平凡的例子.

练　　习

0.4.1. 给出微分同胚 $f:\mathbb{R}\to\mathbb{R}$ 的一个例子, 使得 $f(0)=(0)$, 微分 $f'(0)$ 的每个轨道有界, 且 f 的每个轨道除了原点都无界.

第 1 部分 [13]

例子与基本概念

第 1 章　基本例子 [15]

本章旨在通过各种例子阐明动力系统和有关渐近性态的概念. 我们先考虑渐近性态的简单类型再考虑较复杂的类型, 识别某些性质的更系统分析将在以后进行.

1.1. 具有稳定渐近性态的映射

a. 压缩映射. 一类可想象的最简单的渐近性态由任何给定状态到一个特殊状态的迭代的收敛性表示.

定义 1.1.1. 设 (X,d) 是一个度量空间. 映射 $f: X \to X$ 称为是*压缩的*, 如果存在 $\lambda < 1$, 使得对任何 $x, y \in X$,

$$d(f(x), f(y)) \leqslant \lambda d(x,y). \tag{1.1.1}$$

由不等式 (1.1.1), 得知映射 f 连续, 因此它的正迭代组成一个离散时间拓扑动力系统.

通过迭代 (1.1.1), 我们看到, 对任何正整数 n,

$$d(f^n(x), f^n(y)) \leqslant \lambda^n d(x,y). \tag{1.1.2}$$

因此

$$d(f^n(x), f^n(y)) \to 0, \quad 当 \quad n \to \infty.$$

这意味着所有点的渐近性态都相同. 另一方面, 对任何 $x \in X$, $\{f^n(x)\}_{n\in\mathbb{N}}$ 是一个 Cauchy 序列, 因为对 $m \geqslant n$, [16]

$$\begin{aligned} d(f^m(x), f^n(x)) &\leqslant \sum_{k=0}^{m-n-1} d(f^{n+k+1}(x), f^{n+k}(x)) \\ &\leqslant \sum_{k=0}^{m-n-1} \lambda^{n+k} d(f(x), x) \leqslant \frac{\lambda^n}{1-\lambda} d(f(x), x) \xrightarrow[n\to\infty]{} 0. \end{aligned} \tag{1.1.3}$$

因此, 如果这个空间是完全的, 则对任何 $x \in X$, 当 $n \to \infty$ 时此极限存在, 且由 (1.1.2) 这个极限对所有 x 都相同. 用 p 记这个极限, 它是 f 的一个不动点. 因为对任何 $x \in X$ 和任何整数 n, 我们有

$$\begin{aligned} d(p, f(p)) &\leqslant d(p, f^n(x)) + d(f^n(x), f^{n+1}(x)) + d(f^{n+1}(x), f(p)) \\ &\leqslant (1+\lambda) d(p, f^n(x)) + \lambda^n d(x, f(x)). \end{aligned}$$

由于 $n \to \infty$ 时 $d(p, f^n(x)) \to 0$, 故有 $f(p) = p$. 在 (1.1.3) 中令 $m \to \infty$ 取极限得 $d(f^n(x), p) \leqslant \frac{\lambda^n}{1-\lambda} d(f(x), x)$. 如果对某个 $c > 0, \lambda < 1$ 有 $d(x_n, y_n) < c\lambda^n$, 就说度量空间中的两个点列 $\{x_n\}_{n\in\mathbb{N}}$ 和 $\{y_n\}_{n\in\mathbb{N}}$ 彼此指数 (或按指数速度) 收敛. 特别地, 如果其中一个序列是常数, $y_n = y$, 则称 x_n 指数收敛于 y.

上面的论述包含以下基本结果的证明, 它给出由压缩映射生成的动力系统的渐近性态的一个完全且非常简单的描述.

命题 1.1.2 (压缩映射原理). 设 X 是一个完全度量空间, 则在压缩映射 $f: X \to X$ 的迭代作用下, 所有点按指数速度收敛于 f 唯一的不动点.

定义 1.1.3. 如果 X 是一个拓扑空间, $f: X \to X$, $f(p) = p$, 且当 $n \to \infty$ 时 $f^n(x) \to p$, 则称 x (正向) 渐近于 p. 如果 f 可逆且当 $n \to \infty$ 时 $f^{-n}(x) \to p$, 则称 x 负向渐近于 p.

任何映射 f 的不动点集记为 $\mathrm{Fix}(f)$.

因此, 对压缩映射, 所有点都渐近于唯一不动点. 通常用这个结果研究具有更复杂性态的动力系统. 典型地, 我们并不用它到相空间中原来的动力系统, 而是用于与这个动力系统相应的函数空间中的某个映射. 但是, 在我们即将给出的压缩映射原理在动力学中一个直接又简单的例证中, 这个原理应用于相同空间的某个导出系统.

[17] **命题 1.1.4.** 如果 p 是 C^1 映射 f 的周期 m 周期点, 微分 Df_p^m 没有特征值 1, 则对每个在 C^1 拓扑下充分接近于 f 的映射 g, 存在接近于 p 的周期 m 的唯一周期点.

证明. 以 p 为原点, 在 p 附近引入局部坐标. 在此坐标下 Df_0^m 变成一个矩阵. 由于 1 不是它的特征值, 映射 $F = f^m - \mathrm{Id}$ 局部有定义, 由反函数定理, 在这

个坐标下它局部可逆. 现在设 g 是 C^1 接近于 f 的映射. 在 0 附近我们可以记 $g^m = f^m - H$, 其中 H 与它的一阶导数一起都很小. g^m 的不动点可从方程 $x = g^m(x) = (f^m - H)(x) = (F + \mathrm{Id} - H)(x)$, 或从 $(F - H)(x) = 0$, 或从

$$x = F^{-1}H(x)$$

得到. 由于 F^{-1} 有有界导数, H 有非常小的一阶导数, 可以证明 $F^{-1}H$ 是一个压缩映射. 更确切地说, 令 $\|\cdot\|_0$ 记 C^0 范数, $\|dF^{-1}\|_0 = L$, 以及

$$\max(\|H\|_0, \|dH\|_0) \leqslant \varepsilon.$$

那么, 由于 $F(0) = 0$, 对接近于 0 的每个 x, y, 得到 $\|F^{-1}H(x) - F^{-1}H(y)\| \leqslant \varepsilon L\|x - y\|$ 和 $\|F^{-1}H(0)\| \leqslant L\|H(0)\| \leqslant \varepsilon L$, 因此, $\|F^{-1}H(x)\| \leqslant \|F^{-1}H(x) - F^{-1}H(0)\| + \|F^{-1}H(0)\| \leqslant \varepsilon L\|x\| + \varepsilon L$. 从而, 如果 $\varepsilon \leqslant \dfrac{R}{L(1+R)}$, 圆盘 $X = \{x \mid \|x\| \leqslant R\}$ 通过 $F^{-1}H$ 映到它自己, 映射 $F^{-1}H : X \to X$ 是压缩的. 由压缩映射原理, 它在 X 中有唯一不动点, 因此它是 g^m 在 0 附近的唯一不动点. □

现在我们用一个初等例子来说明压缩映射的概念. 考虑由绝对值诱导的实直线上的度量. 假设 $f : \mathbb{R} \to \mathbb{R}$ 是连续可微函数, 它的导数有界, 上界 $\lambda < 1$. 若 $x, y \in \mathbb{R}$, 则由中值定理, 在 x 和 y 之间存在某个 ξ, 使得 $f(x) - f(y) = f'(\xi)(x - y)$. 因此 $|f(x) - f(y)| = |f'(\xi)||x - y| \leqslant \lambda|x - y|$, 根据定义 1.1.1, f 是压缩映射. 从而, 任何这样的映射都有唯一不动点. 练习 1.1.3 包含这个例子的一个推广.

下一节包含压缩映射的几个其他例子.

b. 压缩稳定性. 现在我们作其本身就有意义的关于压缩的轨道结构的一个观察, 但将压缩映射原理应用于所研究的动力系统相应的算子时它也有用. 就是说, 稍微改变一点压缩映射并不移动不动点多少.

命题 1.1.5. 如果 $f : X \to X$ 是完全度量空间 X 中的一个压缩映射, 其不动点为 x_0, 压缩常数 λ 如定义 1.1.1 中的, 则对每个 $\varepsilon > 0$, 存在 $\delta \in (0, 1 - \lambda)$, 使得对满足

(1) 对所有 $x \in X$ 有 $d(f(x), g(x)) < \delta$, 以及

(2) 对所有 $x, y \in X$ 有 $d(f(x), g(y)) \leqslant (\lambda + \delta)d(x, y)$

的任何映射 $g : X \to X$, g 的不动点 y_0 满足 $d(x_0, y_0) < \varepsilon$. [18]

证明. 取 $\delta = \dfrac{\varepsilon(1-\lambda)}{1+\varepsilon}$. 由于 $g^n(x_0) \to y_0$, 我们有

$$d(x_0, y_0) \leqslant \sum_{n=0}^{\infty} d(g^n(x_0), g^{n+1}(x_0)) < d(x_0, g(x_0)) \sum_{n=0}^{\infty} (\lambda+\delta)^n$$

$$< \frac{\delta}{1-\lambda-\delta} = \frac{\varepsilon(1-\lambda)}{(1+\varepsilon)\left(1-\lambda-\dfrac{\varepsilon(1-\lambda)}{1+\varepsilon}\right)} = \varepsilon. \qquad \square$$

c. 递增区间映射. 下面的简单渐近性态是每个轨道到不动点的收敛性, 但现在不动点多于一个. 这个情形出现在映射为实变量的递增函数时. 这个例子是有意义的, 因为用它展示了低维动力系统中的一个重要方法, 即介值定理的系统应用.

命题 1.1.6. *如果 $I \subset \mathbb{R}$ 是一个闭区间, $f: I \to I$ 是非减连续映射, 那么, 所有 $x \in I$ 渐近于 f 的不动点. 如果 f 是增函数 (因此可逆), 则所有 $x \in I$ 或者是不动点, 或者正向和负向渐近于邻近的不动点.*

证明. 注意到, 由连续性集合 $\mathrm{Fix}(f)$ 是闭的, 由介值定理它非空. 如果 $\mathrm{Fix}(f) = I$, 则没有什么要证的. 否则考虑 $x \in I \backslash \mathrm{Fix}(f)$, 令 (a, b) 是 $I \backslash \mathrm{Fix}(f)$ 包含 x 的最大开区间. 由于 f 非减, 我们有 $f(a, b) \subset [a, b]$, 由介值定理 $f - \mathrm{Id}$ 在 (a, b) 内不改变符号. 为确定起见, 对 $y \in (a, b)$ 假设 $f(y) > y$ (另一情形类似). 于是 $x_n := f^n(x)$ 定义了一个非减序列, b 为上界, 从而收敛于某个 $x_0 \in (a, b]$. 但是 $f(x_0) = f\left(\lim\limits_{n\to\infty} x_n\right) = \lim\limits_{n\to\infty} f(x_n) = \lim\limits_{n\to\infty} x_{n+1} = x_0$, 所以 $x_0 \in \mathrm{Fix}(f)$, 事实上 $x_0 = b$. 注意, 对在 (a, b) 内 $f(x) < x$ 的情形, 对所有 x, 当 $n \to \infty$ 时同样也得到 $f^n(x) \to a$.

在 f 递增情形, 注意在区间 (a, b) 上 $f^{-1} - \mathrm{Id}$ 的符号与 $f - \mathrm{Id}$ 的符号相反, 所以, 每个 $x \in (a, b)$ 正向和负向渐近于 $[a, b]$ 的两个端点. $\square$

练　　习

问题 1.1.1 和 1.1.2 研究用较弱的假设代替一致压缩条件 (1.1.1) 的作用. 如在正文中设 X 是一个完全度量空间, $f: X \to X$ 是 X 到它自己的映射.

1.1.1. 构造一个映射 f 的例子, 使得对 $x \neq y$ 有 $d(f(x), f(y)) < d(x, y)$, f 没有不动点, 而且对某个 x, y, $d(f^n(x), f^n(y))$ 不收敛于 0.

[19] **1.1.2.** 假设对 $x \neq y$, $d(f(x), f(y)) < d(x, y)$, 此外, X 是紧的, 则当 $n \to \infty$ 时每点 $x \in X$ 的迭代收敛于 f 的单个不动点. 给出例子说明这种收敛性不需是指数式的.

1.1.3. 设 $f: M \to M$ 是完全的 Riemann 流形到它自己的 C^1 映射, 则 f 是压缩的当且仅当微分的范数有界, 有界常数 $\lambda < 1$.

1.1.4. 利用命题 1.1.5 证明压缩的不动点连续依赖于关于 C^1 拓扑的压缩.

1.1.5. 证明具有多于一点的紧度量空间的压缩映射不可逆.

1.2. 线性映射

下面我们考虑由 Euclid 空间 $\mathbb{R}^n$ 的线性映射 A 的迭代定义的动力系统. 如果 A 可逆, 这个系统可逆.

定义 1.2.1. 设 $A: \mathbb{R}^n \to \mathbb{R}^n$ 是一个线性映射, 称 A 的特征值集合为其谱, 记为 $\operatorname{sp} A$. 称 A 的特征值的最大绝对值为 A 的谱半径, 记为 $r(A)$.

在 $\mathbb{R}^n$ 上任给一个范数, 定义线性映射 A 的范数为 $\|A\| := \sup\limits_{\|v\|=1} \|Av\|$. 显然 $\|A\| \geqslant r(A)$, 当 A 是对角形时, 关于 Euclid 范数有 $\|A\| = r(A)$. 由线性代数, 下面的事实对了解线性映射的动力学是有用的, 即使它们不能对角化.

命题 1.2.2. *对每个 $\delta > 0$ 存在 $\mathbb{R}^n$ 中的范数, 满足 $\|A\| < r(A) + \delta$.*

证明. 利用 Jordan 标准形, 可找 $\mathbb{R}^n$ 中的基使得映射的矩阵有分块对角形

$$\begin{pmatrix} A_1 & & 0 \\ & \ddots & \\ 0 & & A_k \end{pmatrix},$$

其中每块或者对应于实特征值 λ 的 Jordan 块

$$\begin{pmatrix} \lambda & 1 & & & \\ & \lambda & 1 & & \\ & & \ddots & \ddots & \\ & & & \lambda & 1 \\ & & & & \lambda \end{pmatrix} \tag{1.2.1}$$

或者对应于一对共轭复特征值 $\lambda = \rho e^{i\varphi}$ 和 $\overline{\lambda} = \rho e^{-i\varphi}$ 的两块 [20]

$$\begin{pmatrix} \rho R_\varphi & \mathrm{Id} & & & \\ & \rho R_\varphi & \mathrm{Id} & & \\ & & \ddots & \ddots & \\ & & & \rho R_\varphi & \mathrm{Id} \\ & & & & \rho R_\varphi \end{pmatrix} \tag{1.2.2}$$

的组合. 其中 Id 是 2×2 单位矩阵 $\begin{pmatrix}1 & 0\\ 0 & 1\end{pmatrix}$, $R_\varphi := \begin{pmatrix}\cos\varphi & \sin\varphi\\ -\sin\varphi & \cos\varphi\end{pmatrix}$ 对应于平面上旋转角度为 φ 的旋转的 2×2 矩阵. 固定 $\delta > 0$. 对形如 (1.2.1) 的 m 块作形如

$$\begin{pmatrix}1 & & & 0\\ & \delta^{-1} & & \\ & & \ddots & \\ 0 & & & \delta^{-m+1}\end{pmatrix}$$

的对角形坐标变换, 对形如 (1.2.2) 的 $2m$ 块作形如

$$\begin{pmatrix}\mathrm{Id} & & & 0\\ & \delta^{-1}\mathrm{Id} & & \\ & & \ddots & \\ 0 & & & \delta^{-m+1}\mathrm{Id}\end{pmatrix}$$

的变换, 可以使得 (1.2.1) 和 (1.2.2) 中的非对角线元素等于 δ. 现在标准的 Euclid 范数关于这个新基 (在略显凌乱计算后) 有

$$\|A\| := \sup_{\|v\|=1} \|Av\| \leqslant r(A) + \delta. \tag{1.2.3}$$

□

注. 事实上, 由于 $\mathbb{R}^n$ 中的所有范数在相差一个有界乘数的意义下都是等价的, 因此对每个 $\varepsilon > 0$ 存在 C_ε, 使得对任何 $v \in \mathbb{R}^n$,

$$\|A^n v\| \leqslant C_\varepsilon (r(A) + \varepsilon)^n \|v\|.$$

我们从一个重要的特殊情形开始研究线性映射的渐近性态.

推论 1.2.3. 假设线性映射 A 的所有特征值的绝对值都小于 1, 则存在 $\mathbb{R}^n$ 中的范数, 使得 A 关于由这个范数生成的距离是一个压缩映射.

证明. 如果 δ 选择充分小, 由命题 1.2.2 得知 $\|A\| < 1$, 又因 $d(x,y) = \|x-y\|$, 故 A 是一个压缩映射. □

[21] 指数收敛性概念不依赖于范数的特殊选择. 因此, 由命题 1.1.2 和推论 1.2.3 立刻得到下面陈述.

推论 1.2.4. 如果线性映射 $A: \mathbb{R}^n \to \mathbb{R}^n$ 的所有特征值的绝对值都小于 1, 则每一点的正迭代按指数速度收敛于原点. 此外, 如果 A 是可逆映射, 即若 0 不是 A 的特征值, 则每一点的负迭代按指数速度走向无穷.

现在看这类线性映射在 $\mathbb{R}^2$ 中的几个例子. 我们注意的第一个例子是由矩阵 $\begin{pmatrix} \lambda & 0 \\ 0 & \lambda \end{pmatrix}, \lambda \in (0,1)$ 给出的映射. 这时每个向量 v 是压缩的, 压缩因子为 λ, 所以任何向量的迭代沿着通过原点的直线移向原点. 由于每条通过原点的直线映为 (当被压缩时) 它自己, 我们可以画出如下的轨道图.

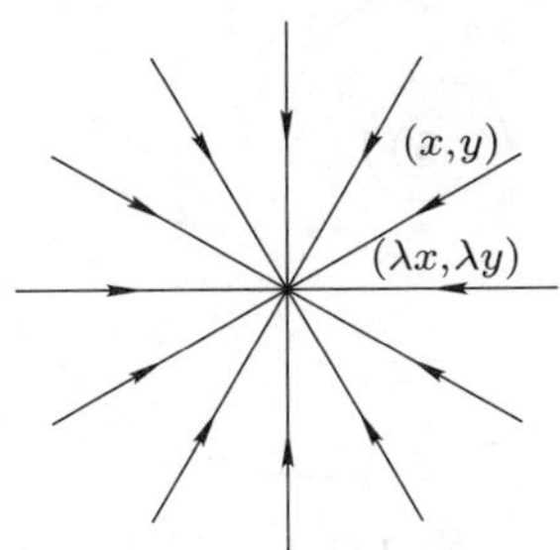

图 1.2.1. 压缩位似的轨道

接下来的一个例子是由 $\begin{pmatrix} \lambda & 0 \\ 0 & \mu \end{pmatrix}, \lambda, \mu \in (0,1)$ 给出的映射. 假设 $\mu < \lambda$, 于是每一点仍移向原点, 但不在所给的直线上. 轨道沿着在 $\begin{pmatrix} \lambda & 0 \\ 0 & \mu \end{pmatrix}$ 作用下的不变曲线移动. 容易验证这些曲线是坐标轴和由 $x^{\log \mu} =$ 常数 $\cdot\, y^{\log \lambda}$ 给出的曲线. 因此对应轨道的图像如图 1.2.2 所示. 这类映射的不动点称为结点.

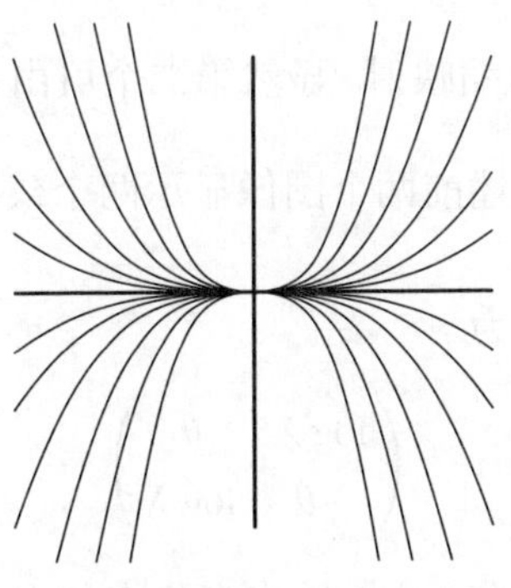

图 1.2.2. 结点

接下来的例子是映射具有绝对值小于 1 的一对共轭复特征值. 为明确起见, 考虑由 $\lambda \begin{pmatrix} \cos\theta & \sin\theta \\ -\sin\theta & \cos\theta \end{pmatrix}$ 给出的映射. 注意到这是通过 θ 的旋转和 λ 的压缩

[22] 的复合, 这个映射的 n 次迭代为 $\lambda^n \begin{pmatrix} \cos n\theta & \sin n\theta \\ -\sin n\theta & \cos n\theta \end{pmatrix}$. 因此当点仍以指数速度趋于原点时, 它们同时围绕 0 旋转. 事实上, 我们仍有不变曲线, 即螺旋线, 这很容易用极坐标 (r, φ) 刻画. 且易验证这些曲线 $r = 常数 \cdot e^{-(\theta^{-1} \log \lambda)\varphi}$ 在这个映射作用下不变. 因此这里所得的相图如图 1.2.3 所示, 这种轨道图像称为*焦点*.

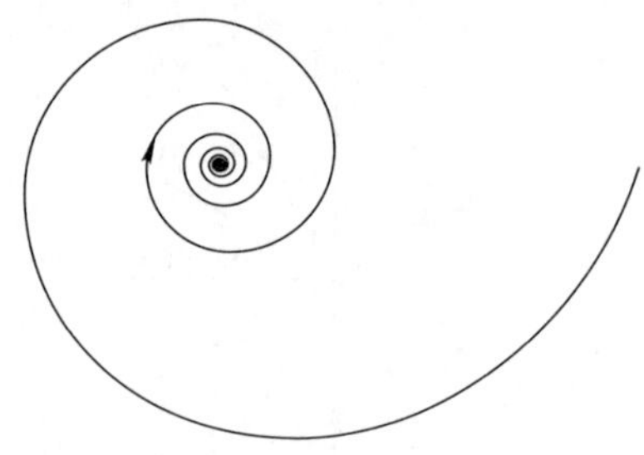

图 1.2.3. 焦点

上述例子中的不变曲线的形状不是本质的. 上面描述的线性映射来自常微分方程的解, 它们的流插入上述映射的迭代中. 首先考虑常微分方程

$$\begin{pmatrix} \dot{x} \\ \dot{y} \end{pmatrix} = \begin{pmatrix} \log \lambda & 0 \\ 0 & \log \lambda \end{pmatrix} \begin{pmatrix} x \\ y \end{pmatrix},$$

[23] 它的解为

$$\begin{pmatrix} x(t) \\ y(t) \end{pmatrix} = \begin{pmatrix} x(0)e^{t \log \lambda} \\ y(0)e^{t \log \lambda} \end{pmatrix} = \begin{pmatrix} x(0)\lambda^t \\ y(t)\lambda^t \end{pmatrix}.$$

因此对 $t = 1$, 得到第一个压缩映射. 显然第二个可由系数矩阵为 $\begin{pmatrix} \log \lambda & 0 \\ 0 & \log \mu \end{pmatrix}$ 的常微分方程得到. 因此上述前两个图像显示两个*线性流*的轨道结构. 第二个对常微分方程也称为结点.

最后, 焦点由系数矩阵为

$$\begin{pmatrix} \log \lambda & \theta \\ -\theta & \log \lambda \end{pmatrix}$$

的线性常微分方程得到. 再取 $t = 1$ 给出有焦点的上述映射.

下面讨论稍更一般的情形, 这些对我们今后考虑非线性动力系统时起着重要作用.

定义 1.2.5. $\mathbb{R}^n$ 中的线性映射称为*双曲的*, 如果它所有特征值的绝对值都异于 1.

对每个线性映射 $A:\mathbb{R}^n\to\mathbb{R}^n$ 以及 A 的一个实特征值 λ, 用 E_λ 记对应 λ 的根空间, 即对某个 k, 满足 $(A-\lambda\mathrm{Id})^k v=0$ 的所有向量 $v\in\mathbb{R}^n$ 组成的空间.

类似地, 对一对共轭复特征值 $\lambda,\overline{\lambda}$, 令 $E_{\lambda,\overline{\lambda}}$ 为 $\mathbb{R}^n$ 与 A 的复化 (即扩张到复空间 $\mathbb{C}^n$) 对应的根空间 E_λ 与 $E_{\overline{\lambda}}$ 之和的交. 为简单起见我们也称 $E_{\lambda,\overline{\lambda}}$ 为根空间. 令

$$E^-=E^-(A)=\bigoplus_{|\lambda|<1}E_\lambda\oplus\bigoplus_{|\lambda|<1}E_{\lambda,\overline{\lambda}}, \tag{1.2.4}$$

类似地, 令

$$E^+=E^+(A)=\bigoplus_{|\lambda|>1}E_\lambda\oplus\bigoplus_{|\lambda|>1}E_{\lambda,\overline{\lambda}}. \tag{1.2.5}$$

如果映射 A 可逆, 则 $E^+(A)=E^-(A^{-1})$. 最后, 令

$$E^0=E^0(A)=E_1\oplus E_{-1}\oplus\bigoplus_{|\lambda|=1}E_{\lambda,\overline{\lambda}}. \tag{1.2.6}$$

显然空间 E^-,E^+,E^0 关于 A 不变, 且 $\mathbb{R}^n=E^-\oplus E^+\oplus E^0$.

描述双曲线性映射的一个等价方法是, 称 A 是双曲的, 如果 $E^0=\{0\}$, 或者等价地, 如果 $\mathbb{R}^n=E^+\oplus E^-$.

由于 A 在空间 $E^-(A)$ 上的限制是所有特征值的绝对值小于 1 的一个线性 [24]
算子, 故由推论 1.2.4 立刻得到

推论 1.2.6. *存在范数使得线性映射 A 在空间 $E^-(A)$ 上的限制是一个压缩映射. 此外, 若 A 可逆, 则 A^{-1} 在空间 $E^+(A)$ 上的限制也是一个压缩映射.*

定义 1.2.7. 上述空间 $E^-(A)$ 称为压缩子空间, 空间 $E^+(A)$ 称为扩张子空间.

注. 注意, 扩张子空间不是由映射迭代下扩张的向量描述 —— 在压缩子空间外的所有向量通过这个映射的充分多次迭代扩张. E^+ 的特性由推论 1.2.6 描述给出, 即原像压缩.

下面论述刻画双曲线性映射迭代的渐近性态.

命题 1.2.8. *设 $A:\mathbb{R}^n\to\mathbb{R}^n$ 是一个双曲映射, 那么*

(1) 对每个 $v\in E^-$, 当 $n\to\infty$ 时正迭代 A^nv 以指数速度收敛于原点, 如果 A 可逆则负迭代 A^nv 当 $n\to-\infty$ 时以指数速度趋于无穷.

(2) 对每个 $v\in E^+$, v 的正迭代以指数速度趋于无穷, 如果 A 可逆则负迭代以指数速度收敛于原点.

(3) 对每个 $v\in\mathbb{R}^n\backslash(E^-\cup E^+)$, 当 $n\to\infty$ 时迭代 A^nv 以指数速度趋于无穷, 如果 A 可逆, 则 $n\to-\infty$ 时也一样.

证明. 论述 (1) 由推论 1.2.6 和命题 1.1.2 得到, 若用 A^{-1} 代替 A, 则 (2) 化为 (1). 最后, 如果 $v \in \mathbb{R}^n \backslash (E^- \cup E^+)$, 则 $v = v^- + v^+$, 其中 $v^- \in E^-, v^+ \in E^+$, 且 $v^-, v^+ \neq 0$.

于是对大正数 n, 我们有

$$\|A^n v\| = \|A^n(v^- + v^+)\| \geqslant \|A^n v^+\| - \|A^n v^-\| \geqslant \lambda^n c\|v^+\| - \lambda^{-n} c' \|v^-\| \geqslant \lambda^n c'',$$

其中 $\lambda > 1$, $c, c', c'' > 0$ 不依赖于 n.

负迭代的论述相同, 其中 v^+ 和 v^- 相互对调. □

下面我们快速地阐述二维双曲线性映射的性态. 此时子空间 E^+ 和 E^- 显然是一维的. (通过坐标变换) 可使例子中的 x 和 y 坐标轴容易画在图像上. 这个映射由 $\begin{pmatrix} \lambda & 0 \\ 0 & \mu \end{pmatrix}$ 给出, 其中 $0 < \mu < 1 < \lambda$. 如在结点情形可以验证坐标轴和由 $x^{\log \mu} =$ 常数 $\cdot\, y^{\log \lambda}$ 给出的曲线是不变的. 注意, 这里两个指数现在有不同符
[25] 号, 所以我们没有得到通过原点的曲线. 事实上, 这个图像如图 0.4.1 所示, 通常称它为*鞍点*. 如同上面的线性例子, 这个也来自线性常微分方程, 现在它的系数矩阵是 $\begin{pmatrix} \log \lambda & 0 \\ 0 & \log \mu \end{pmatrix}$.

这个映射的一个有趣特殊情形是它也*保面积*. 这时必须有 $\lambda\mu = 1$, 所以不变曲线是标准的双曲线 $xy =$ 常数. 这就是为什么在定义 1.2.5 和本书后面许多其他场合利用 "双曲" 这个词的理由. 也存在不是来自常微分方程的双曲线性映射的有趣情形. 由矩阵 $\begin{pmatrix} \lambda & 0 \\ 0 & \mu \end{pmatrix}$ 给出的映射就是, 其中 $\lambda < -1 < \mu < 0$, 就是说, 这里的 λ 和 μ 是位于 -1 两边的负数. 这些*倒置鞍点*在某些大范围问题中起着有趣的作用 (参看 8.4 节和练习 9.2.7).

为了描述非双曲线性映射迭代的性态, 首先应该了解在子空间 E^0 内发生什么. 这个子空间分裂为根子空间 E_1, E_{-1} 和 $E_{\lambda,\overline{\lambda}}$, $|\lambda| = 1, \lambda \neq \pm 1$. 在这些子空间的每一个内部存在对应的不变特征空间, 相应地记为 $\widetilde{E}_1, \widetilde{E}_{-1}$ 和 $\widetilde{E}_{\lambda,\overline{\lambda}}$. 前面两个空间的性态很平凡, 即 $\widetilde{E}_1$ 中所有点都是不动点, $\widetilde{E}_{-1} \backslash \{0\}$ 中所有点都是周期 2 点. 如果 λ 不是实数, 譬如说, $\lambda = e^{2\pi i \varphi}$, 则更有趣的情况出现在 $\widetilde{E}_{\lambda,\overline{\lambda}}$ 中. 如果这些空间有一个不是空的, 则 A 有不变平面, 使得在适当坐标系下, 映射对这个平面的作用是关于原点的旋转, 旋转角度为 φ.

中心在原点的每个圆周在这个映射作用下是不变的. 因此, 为了继续对线性映射进行分析, 首先应该了解圆周旋转迭代的性态. 在我们将遇到的非平凡回复现象中, 这在我们的讨论中还是第一次. 即点的迭代回到任意接近于初始位置,

但没有确切地回到那个初始位置. 旋转的详细研究是我们下一个课题. 一般线性映射的结构在练习 1.2.4 和 1.2.5 中讨论.

练　　习

1.2.1. 证明 (1.2.3).

1.2.2. 证明线性映射 A 的特征值连续依赖于 A. 它们是否光滑依赖?

1.2.3. 证明双曲线性映射是 $\mathbb{R}^n \to \mathbb{R}^n$ 的线性映射集合的开稠子集.

1.2.4. 假设线性映射 $A: \mathbb{R}^n \to \mathbb{R}^n$ 的所有特征值的绝对值为 1, 则存在不变子 [26]
空间 $C = C(A) \subset \mathbb{R}^n$ 和 $\mathbb{R}^n$ 中的范数, 使得 A 对 C 的作用是一个等距, 且对每个向量 $v \in \mathbb{R}^n \backslash C$, 范数 $\|A^n v\|$ 当 $|n| \to \infty$ 时按多项式速度增长, 即对某个正整数 k 和 $c > 0$,

$$\lim_{|n|\to\infty} \frac{\|A^n v\|}{\|v\||n|^k} = c$$

(k 和 c 可依赖 v). 说明对给定的映射如何确定 k 的最大值.

1.2.5. 利用命题 1.2.8 和练习 1.2.4, 借助分解

$$\mathbb{R}^n = E^+(A) \oplus E^-(A) \oplus E^0(A)$$

描述点对任意可逆线性映射的渐近性态.

1.3. 圆周上的旋转

用乘性记法, 圆周可表示为复平面中的单位圆

$$S^1 = \{z \in \mathbb{C} \,|\, |z| = 1\} = \{e^{2\pi i\varphi} | \varphi \in \mathbb{R}\},$$

或者, 用加性记法,

$$S^1 = \mathbb{R}/\mathbb{Z}$$

表示为实数模整数子群的加法群的因子群. 对数映射

$$e^{2\pi i\varphi} \mapsto \varphi$$

在这两个表示之间建立一个同构. 我们将用符号 R_α 表示关于 $2\pi\alpha$ 角度的旋转. 用乘性记法,

$$R_\alpha z = z_0 z, \text{ 其中 } z_0 = e^{2\pi i\alpha},$$

用加性记法, 不奇怪有

$$R_\alpha x = x + \alpha \pmod 1,$$

其中 (mod 1) 意味着这个数与相差一个整数的数等同. 对应地, 旋转的迭代为

$$R_\alpha^n z = R_{n\alpha} z = z_0^n z, \quad \text{或者} \quad R_\alpha^n x = x + n\alpha \pmod 1. \tag{1.3.1}$$

α 是有理数还是无理数有着显著的区别.

对前一情形, 记 $\alpha = p/q$, 其中 p, q 是互素整数. 于是, 对所有 x 有 $R_\alpha^q x = x$, 所以 R_α^q 是恒同映射, 经 q 次迭代这个变换简单地重复自己.

后一情形更加有趣. 我们从两个属于拓扑动力学的定义开始.

[27] **定义 1.3.1.** 拓扑动力系统 $f: X \to X$ 称为是*拓扑传递的*, 如果存在点 $x \in X$, 使得它的轨道 $\mathcal{O}_f(x) := \{f^n(x)\}_{n\in\mathbb{Z}}$ 在 X 中稠密.

不可逆的连续时间系统的这个定义类似.

定义 1.3.2. 拓扑动力系统 $f: X \to X$ 称为*极小的*, 如果每一点 $x \in X$ 的轨道在 X 中稠密, 或者, 等价地, 如果 f 没有真闭不变集.

命题 1.3.3. *如果 α 是无理数, 那么旋转 R_α 是极小的.*

证明. 设 $A \subset S^1$ 是一个轨道的闭包. 如果这个轨道不稠密, 则补集 $S^1 \backslash A$ 是互不相交区间组成的非空开不变集. 设 I 是这些区间中的最长者 (如果存在几个长度相同的区间, 取最大者之一). 由于旋转保持任何区间的长度, 迭代 $R_\alpha^n I$ 不重叠. 否则 $S^1 \backslash A$ 将包含比 I 长的区间. 由于 α 是无理数, I 的迭代不可能重合; 因为那样的话, I 的一个端点 x 的迭代将回到它自己, 于是我们有 $x + k\alpha = x \pmod 1$, 其中 $k\alpha = l$ 是整数, $\alpha = l/k$ 是有理数. 因此区间 $R_\alpha^n I$ 都有相同长度且互不相交, 但这是不可能的, 因为圆周的长度有限, 而互不相交区间的长度之和可超过这个圆周的长度. □

无理旋转可作为许多非常有效推广的出发点. 现在我们就来讨论其中之一. 圆周是一个紧 Abel 群, 旋转用群的术语可表示为群乘法或左平移

$$L_{g_0}: G \to G, \quad L_{g_0} g = g_0 g. \tag{1.3.2}$$

单位元 $e \in G$ 的轨道是循环子群 $\{g_0^n\}_{n\in\mathbb{Z}}$, 由命题 1.3.3 容易得知, 圆周没有真无穷闭子群.

命题 1.3.4. *如果拓扑群 G 上的平移 L_{g_0} 是拓扑传递的, 则它是极小的.*

证明. 对 $g, g' \in G$, 用 $A, A' \subset G$ 分别表示 g 和 g' 的轨道. 现在 $g_0^n g' = g_0^n g(g^{-1}g')$, 所以 $A' = Ag^{-1}g'$ 和 $A' = G$, 当且仅当 $A = G$. □

练　习 [28]

1.3.1. 证明数 2^n 的十进制展开可从任何数字的有限组合开始.

1.3.2. 设 G 是一个可度量的紧拓扑群. 假设对某个 $g_0 \in G$, 平移 L_{g_0} 是拓扑传递的. 证明 G 是一个 Abel 群.

1.3.3. 在所有整数群 $\mathbb{Z}$ 上定义度量 $d_2 : d_2(m,n) = \|m-n\|_2$, 其中

$$\|n\|_2 = 2^{-k}, \quad \text{如果 } n = 2^k l, \quad l \text{ 为奇数}.$$

$\mathbb{Z}$ 关于这个度量的完全化称为 2 进整数群, 通常记为 $\mathbb{Z}_2$. 它是一个紧拓扑群. 令 $\mathbb{Z}_2^+$ 表示偶数关于度量 d_2 的闭包. $\mathbb{Z}_2^+$ 是 $\mathbb{Z}_2$ 的指标为 2 的半群.

证明对 $g_0 \in \mathbb{Z}_2$, 平移 $L_{g_0} : \mathbb{Z}_2 \to \mathbb{Z}_2$ 是拓扑传递的, 当且仅当 $g_0 \in \mathbb{Z}_2 \backslash \mathbb{Z}_2^+$.

这是称为加法机的一类系统的一个例子. 在 15.4 节中我们将再次遇到它.

1.4. 环面上的平移

这是旋转的一个推广和群平移的一个特殊情形. 这个例子在完全可积的 Hamilton 系统理论中起着核心作用, 我们将在下一节的末尾接触它. 相空间是 n 维环面

$$\mathbb{T}^n = \underbrace{S^1 \times \cdots \times S^1}_{n \text{ 次}} = \mathbb{R}^n/\mathbb{Z}^n = \underbrace{\mathbb{R}/\mathbb{Z} \times \cdots \times \mathbb{R}/\mathbb{Z}}_{n \text{ 次}}.$$

$\mathbb{R}^n/\mathbb{Z}^n$ 的自然基本域是单位立方体:

$$I^n = \{(x_1, \cdots, x_n) \in \mathbb{R}^n | 0 \leqslant x_i \leqslant 1,\ i = 1, \cdots, n\}.$$

为了表示这个环面应将 I^n 的对立面等同, 因此点 $(x_1, \cdots, x_{i-1}, 0, x_{i+1}, \cdots, x_n)$ 与点 $(x_1, \cdots, x_{i-1}, 1, x_{i+1}, \cdots, x_n)$ 等同, 因为这两点代表因子群的相同元.

类似于圆周情形, 在 $\mathbb{T}^n$ 上存在两个方便的坐标系, 即

(1) 乘性的, 其中 $\mathbb{T}^n$ 的元素表示为 $(z_1, \cdots, z_n)$, $z_i \in \mathbb{C}, |z_i| = 1, i = 1, \cdots, n$, 以及

(2) 加性的, 当它们由 n 维向量 $(x_1, \cdots, x_n)$ 表示时, 每个坐标按 $\bmod 1$ 定义.

对应 $(x_1, \cdots, x_n) \mapsto (e^{2\pi i x_1}, \cdots, e^{2\pi i x_n})$ 在这两个表示之间建立了一个同构. [29]
在加性记法中令 $\gamma = (\gamma_1, \cdots, \gamma_n) \in \mathbb{T}^n$. 平移 T_γ 有形式

$$T_\gamma(x_1, \cdots, x_n) = (x_1 + \gamma_1, \cdots, x_n + \gamma_n) \pmod 1.$$

如果向量 γ 的所有坐标是有理数, 则 T_γ 是周期的. 但是, 不像圆周情形, 这时极小性是周期性的唯一选择不再正确. 例如, 如果 $n=2$, $\gamma=(\alpha,0)$, 其中 α 是无理数, 则环面 $\mathbb{T}^2$ 分裂为不变圆周族 $x_2=$ 常数, 每个轨道停留在这些圆周之一, 并稠密地充满它.

命题 1.4.1. 平移 T_γ 是极小的, 当且仅当数 $\gamma_1,\cdots,\gamma_n$ 和 1 有理无关, 即若对任何整数 $k_1,\cdots,k_n$, $\sum\limits_{i=1}^{n}k_i\gamma_i$ 不是整数, 除了 $k_1=k_2=\cdots=k_n=0$.

注. 我们可以给这个命题一个代数证明, 它包含 $\mathbb{T}^n$ 所有闭子群的分类并对维数用归纳法. 但我们宁可用解析方法, 因为它能预见某些用于研究光滑动力系统的最有成效的方法, 在 4.2 节我们将进一步发展它.

在对这个命题证明之前, 需要建立拓扑传递性的某些一般准则.

引理 1.4.2. 设 $f: X\to X$ 是局部紧的可分度量空间到它自己的一个连续映射. 映射 f 是拓扑传递的, 当且仅当对任何两个非空开集 $U,V\subset X$, 存在整数 $N=N(U,V)$ 使得 $f^N(U)\cap V$ 非空.

证明. 设 f 是拓扑传递的, 假设 $x\in X$ 的轨道稠密, 那么特别地, 这个轨道与 U 和 V 都相交, 所以 $f^n(x)\in U$, $f^m(x)\in V$, 这里设 $m\geqslant n$. 因此, $f^{m-n}(U)\cap V$ 非空 (回忆 $f^{-1}(A):=\{x\in X|f(x)\in A\}$).

现在假设这个交条件成立. 令 $U_1,U_2,\cdots$ 是 X 的开子集可数基. 这意味着对任何 $x\in X$ 和任何满足 $x\in U\subset X$ 的开集 U, 存在 n 使得 $x\in U_n\subset U$. 进一步我们选择 U_1 使得它的闭包 $\overline{U}_1$ 是紧的. 为了证明拓扑传递性, 只需构造一个与每个 U_n 相交的轨道. 由假设, 存在整数 N_1 使得 $f^{N_1}(U_1)\cap U_2$ 非空. 设 V_1 是满足 $\overline{V}_1\subset U_1\cap f^{-N_1}(U_2)$ 的非空开集. 显然 $\overline{V}_1$ 是紧的. 存在整数 N_2 使得 $f^{N_2}(V_1)\cap U_3$ 非空. 再次取开集 V_2 使得 $\overline{V}_2\subset V_1\cap f^{-N_2}(U_3)$. 由归纳法, 我们构造了一个开集的嵌套序列 V_n, 使得 $\overline{V}_{n+1}\subset V_n\cap f^{-N_{n+1}}(U_{n+2})$. 交 $V=\bigcap\limits_{n=1}^{\infty}\overline{V}_n=\bigcap\limits_{n=1}^{\infty}V_n$ 非空, 因为 $\overline{V}_n$ 紧. 如果 $x\in V$, 则对每个 $n\in\mathbb{N}$ 有 $f^{N_{n-1}}(x)\in U_n$. □

[30] **推论 1.4.3.** 局部紧的可分度量空间的连续开映射 f 是拓扑传递的, 当且仅当不存在两个互不相交的非空开的 f 不变集.

证明. 如果 $U,V\subset X$ 是开的, 则开不变集 $\widetilde{U}:=\bigcup\limits_{n\in\mathbb{Z}}f^n(U)$ 与 $\widetilde{V}:=\bigcup\limits_{n\in\mathbb{Z}}f^n(V)$ 互不相交, 所以对某个 $n,m\in\mathbb{Z}$ 有 $f^n(U)\cap f^m(V)\neq\varnothing$, 且 $f^{n-m}(U)\cap V\neq\varnothing$. □

推论 1.4.4. 如果 $f: X \to X$ 是拓扑传递的, 则不存在 f 不变的非常数连续函数 $\varphi: X \to \mathbb{R}$.

证明. 设 $\varphi: X \to \mathbb{R}$ 是 f 不变的, 即对所有 $x \in X$, $\varphi(f(x)) = \varphi(x)$. 由于它不是常数, 存在 $t \in \mathbb{R}$ 使得 $\{x \in X | \varphi(x) > t\}$ 和 $\{x \in X | \varphi(x) < t\}$ 都非空. 因为 φ 是不变的, 这两个集合也不变. 由于 φ 连续, 故它们都是开的. □

命题 1.4.1 的证明. 首先证明, 如果 $\sum_{i=1}^{n} k_i \gamma_i = k$ 且整数 $k_1, \cdots, k_n$ 不全为零, 则 T_γ 不是拓扑传递的. 我们构造一个连续的 T_γ 不变函数, 然后利用推论 1.4.4. 这个函数是 $\varphi(x) = \sin 2\pi \left(\sum k_i x_i\right)$. 利用 $\sin x$ 的周期性它定义在 $\mathbb{T}^n$ 上, 由我们的假设它不是常数. 另一方面, φ 是不变的, 因为

$$
\begin{aligned}
\varphi(T_\gamma x) &= \sin \left(2\pi \sum k_i (x_i + \gamma_i)\right) \\
&= \sin \left(2\pi \sum k_i x_i + 2\pi k\right) = \sin \left(2\pi \sum k_i x_i\right) = \varphi(x).
\end{aligned}
$$

为证其逆, 只需证明 $\gamma_1, \cdots, \gamma_n, 1$ 的有理无关性导致 T_γ 的拓扑传递性. 由于 T_γ 是群上的一个平移, 由命题 1.3.4 得知其极小性. 我们将利用推论 1.4.3 和反证法. 设 U, V 是两个互不相交的非空开的 T_γ 不变集. 设 χ 是 U 的特征函数. 由 U 的不变性, 我们有

$$
\chi(T, x) = \chi(x).
$$

取 χ 的 Fourier 展开

$$
\chi(x_1, \cdots, x_n) = \sum_{(k_1, \cdots, k_n) \in \mathbb{Z}^n} \chi_{k_1, \cdots, k_n} \exp \left(2\pi i \sum_{j=1}^{n} k_j x_j\right).
$$

于是

$$
\begin{aligned}
\chi(T_\gamma x) &= \chi(x_1 + \gamma_1, \cdots, x_n + \gamma_n) \\
&= \sum_{(k_1, \cdots, k_n) \in \mathbb{Z}^n} \chi_{k_1, \cdots, k_n} \exp \left(2\pi i \sum_{j=1}^{n} k_j (x_j + \gamma_j)\right) \\
&= \sum_{(k_1, \cdots, k_n) \in \mathbb{Z}^n} \chi_{k_1, \cdots, k_n} \exp \left(2\pi i \sum_{j=1}^{n} k_j \gamma_j\right) \exp \left(2\pi i \sum_{j=1}^{n} k_j x_j\right).
\end{aligned}
$$

由 χ 的不变性和 Fourier 展开的唯一性得知对每个 $k_1, \cdots, k_n$, 我们有 $\chi_{k_1, \cdots, k_n} =$ [31]

$\chi_{k_1,\cdots,k_n}\exp\left(2\pi i\sum_{j=1}^{n}k_j\gamma_j\right)$, 或者

$$\chi_{k_1,\cdots,k_n}\left(1-\exp 2\pi i\sum_{j=1}^{n}k_j\gamma_j\right)=0,$$

这意味着 $\chi_{k_1,\cdots,k_n}=0$, 或者 $\exp\left(2\pi i\sum k_i\gamma_i\right)=1$, 即 $\sum k_i\gamma_i$ 是一个整数. 由于 U 和它的补包含某些非空开集, 故它有正 Lebesgue 测度, χ 几乎处处不是常数. 因此存在某个 $(k_1,\cdots,k_n)\neq 0$, 使得 $\chi_{k_1,\cdots,k_n}\neq 0$, 从而 $\sum k_i\gamma_i$ 是一个整数. □

下面我们指出, 环面上的平移与线性映射之间的关系. 设 $A:\mathbb{R}^{2n}\to\mathbb{R}^{2n}$ 由矩阵

$$\begin{pmatrix} R_{\varphi_1} & & 0 \\ & \ddots & \\ 0 & & R_{\varphi_n} \end{pmatrix}$$

给出. 在每个二维平面 $0=x_1=\cdots=x_{2k-2}=x_{2k+1}=\cdots=x_{2n}, k=1,\cdots,n$ 中, 利用复坐标 $z_k=x_{2k-1}+ix_{2k}$, 可将映射 A 写为 $A(z_1,\cdots,z_n)=(e^{i\varphi_1}z_1,\cdots,e^{i\varphi_n}z_n)$. 设 $\rho=(\rho_1,\cdots,\rho_n)$ 是坐标非负的向量. 环面 $\mathbb{T}^k_\rho=\{|z_1|=\rho_1,\cdots,|z_n|=\rho_n\}$ 关于 A 不变, 它的维数 k 等于 ρ 的非负坐标的个数. 显然 A 到这种环面的限制恰好是平移 T_γ, 这里的 γ 是所有使得 $\rho_i\neq 0$ 的诸 φ_i 组成的 k 维向量.

练 习

1.4.1. 证明对任何平移 T_γ 和任何 $x\in\mathbb{T}^n$, x 的轨道的闭包 $C(x)$ 是 k 维环面的一个有限并, $0\leqslant k\leqslant n$, T_γ 到 $C(x)$ 的限制是极小的.

1.4.2. 设 X 是紧的可度量化空间, 它是完美的, 即没有孤立点. 证明, 如果微分同胚 $f:X\to X$ 是拓扑传递的, 即对某一点 $x\in X$, 整个轨道 $\mathcal{O}(x)=\{f^n(x)|n\in\mathbb{Z}\}$ 是稠密的, 那么存在点 $y\in X$, 它的正半轨 $\mathcal{O}^+(y)=\{f^n(y)|n=0,1,2,\cdots\}$ 稠密.

1.4.3. 如果 X 是任一紧的可度量化空间, 试构造一个例子说明这时练习 1.4.2 的断言不成立.

1.4.4. 证明映射 $A_\alpha:\mathbb{T}^2\to\mathbb{T}^2$, $A_\alpha(x,y)=(x+\alpha,y+x)(\operatorname{mod}1)$ 是拓扑传递的, 当且仅当 α 是无理数.

1.5. 环面上的线性流与完全可积系统

类似于上两节的例子, 这一节考虑连续时间系统. 先从下面的二维环面 (我们用加性记法) 上的微分方程 [32]

$$\frac{dx_1}{dt} = \omega_1, \quad \frac{dx_2}{dt} = \omega_2 \tag{1.5.1}$$

开始. 这个微分方程系统可容易地明显积分. 所得的流 $\{T_\omega^t\}_{t\in\mathbb{R}}$ 有形式

$$T_\omega^t(x_1, x_2) = (x_1 + \omega_1 t, x_2 + \omega_2 t) \pmod 1. \tag{1.5.2}$$

我们描述这个流的几何图像. 正如我们已经提到的, 环面 $\mathbb{T}^2 = \mathbb{R}^2/\mathbb{Z}^2$ 可表示为两对对边等同: $(x,0) \sim (x,1)$ 和 $(0,x) \sim (1,x)$ 的单位正方形 $I^2 = \{(x_1,x_2)|0 \leqslant x_1 \leqslant 1, 0 \leqslant x_2 \leqslant 1\}$. 按这种表示系统 (1.5.1) 的积分曲线是斜率为 $\gamma = \omega_2/\omega_1$ 的直线段. 沿着轨道的运动与轨道到达正方形边界时即刻 "跳" 到的对应点一致 (比较 0.3 节中的扭扩构造). 如果我们考虑轨道与圆周 $C_1 = \{x_1 = 0\}$ 相交时的相继时刻, 在这两个回复之间 x_2 坐标恰好改变 $\gamma \pmod 1$. 因此, 由命题 1.3.3, 如果 γ 是无理数, 每个轨道的闭包包含圆周 C_1, 又因为这个圆周在流 $\{T_\omega^t\}$ 作用下的像覆盖整个环面, 在类似于定义 1.3.2 的意义下这个流是极小的, 就是说, 每个轨道在 $\mathbb{T}^2$ 中稠密. 如果 γ 是有理数, 则每个轨道是闭的, 由 (1.5.2) 这立刻变得很清楚.

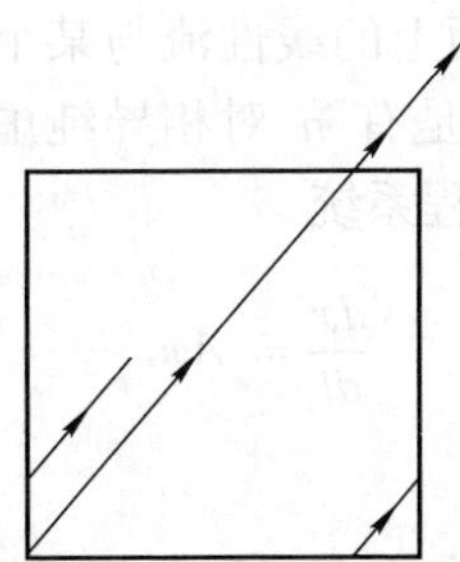

图 1.5.1. 环面上的线性流

可将这个例子自然推广到任意维环面, 即考虑 $\mathbb{T}^n$ 上的下面微分方程系统

$$\frac{dx_i}{dt} = \omega_i, i = 1, \cdots, n.$$

再次积分得到单参数平移群 [33]

$$T_\omega^t(x_1, \cdots, x_n) = (x_1 + t\omega_1, \cdots, x_n + t\omega_n) \pmod 1. \tag{1.5.3}$$

显然, 如果对某个 t_0 变换 $T_\omega^{t_0}$ 是极小的, 则流 $\{T_\omega^t\}$ 是极小的. 由此说明与命题 1.4.1 一起就可建立这个情形的极小性准则.

命题 1.5.1. 流 $\{T_\omega^t\}$ 是极小的, 当且仅当数 $\omega_1, \cdots, \omega_n$ 有理无关, 即若对任何整数 $k_1, \cdots, k_n$, 有 $\sum_{i=1}^{n} k_i\omega_i \neq 0$, 除非 $k_1 = \cdots = k_n = 0$.

证明. 因为 $T_\omega^t = T_{t\omega}$, 极小性由命题 1.4.1 得知, 只要我们证明对某个实数 t 和任何非零整数向量 $(k_1, \cdots, k_n)$, 和式 $\sum_{i=1}^{n} tk_i\omega_i$ 永远不是一个整数. 但对任何整数 $k_1, \cdots, k_n, k$, 仅存在一个 t 值使得

$$t\sum_{i=1}^{n} k_i\omega_i = k,$$

即 $t = k \Big/ \sum k_i\omega_i$, 除非 $\sum_{i=1}^{n} k_i\omega_i = 0$, 由我们的假设这不可能成立. 因此我们完成了一个方向的证明, 因为只有可数多个不同的整数向量 $k_j, \cdots, k_n, k$ 和不可数多个 t 值可考虑.

另一方面, 如果对某个非零向量 $(k_1, \cdots, k_n)$ 有 $\sum_{i=1}^{n} k_i\omega_i = 0$, 则函数 $\sin 2\pi\left(\sum_{i=1}^{n} k_i x_i\right)$ 连续, 非常数, 且在流 $\{T_\omega^t\}$ 作用下不变. □

类似于离散时间情形, 环面上的线性流与某个常系数线性常微分方程系统的解之间存在密切联系. 设 A 是有 n 对相异纯虚特征值 $\pm i\alpha, i = 1, \cdots, n$ 的 $2n \times 2n$ 实矩阵. 考虑常微分方程系统

$$\frac{dx}{dt} = Ax. \tag{1.5.4}$$

(1.5.4) 的解是

$$x(t) = e^{tA}x(0).$$

由坐标变换矩阵 A 可化为

$$\begin{pmatrix} 0 & \alpha_1 & & & \\ -\alpha_1 & 0 & & 0 & \\ & & \ddots & & \\ & 0 & & 0 & \alpha_n \\ & & & -\alpha_n & 0 \end{pmatrix},$$

[34] 因此, 对时间 t 解由矩阵

$$\begin{pmatrix} R_{t\alpha_1} & & & \\ & \ddots & & 0 \\ & & & \\ 0 & & \ddots & \\ & & & R_{t\alpha_n} \end{pmatrix}$$

给出. 恰如上一节末的说明将 $\mathbb{R}^{2n}$ 分裂成不变环面, 其上的流通过 (1.5.4) 作用由平移确定.

与环面上线性流相关的动力系统的一个更重要类来自 Hamilton 力学. 回忆 Hamilton 系统最经典的定义. 设 H 是定义在 Euclid 空间 $\mathbb{R}^{2n}$ 的开子集 U 上的一个光滑函数. Hamilton 函数 H 的 Hamilton 方程是

$$\begin{aligned} \frac{dx_i}{dt} &= \frac{\partial H}{\partial x_{i+n}}, \quad i = 1, \cdots, n, \\ \frac{dx_i}{dt} &= -\frac{\partial H}{\partial x_{i-n}}, \quad i = n+1, \cdots, 2n. \end{aligned} \tag{1.5.5}$$

更一般的定义包含 $2n$ 维光滑流形 M, TM 上闭的非退化二次微分形式 Ω, 就是说, 使得外导数形式 $d\Omega = 0$ 和 n 折楔积 $\Omega^n \neq 0$, 以及光滑函数 $H: M \to \mathbb{R}$. 则对 $x \in M, \xi \in T_xM$, Hamilton 向量场 V_H 由条件

$$\Omega(\xi, V_H(x)) = dH(\xi) \tag{1.5.6}$$

定义. Euclid 情形的 (1.5.5) 对应于 $\Omega = \sum_{i=1}^{n} dx_i \wedge dx_{i+n}$. Hamilton 系统的更富启发与详细的论述将在 5.5c 节中给出.

现在还不适合讨论完全可积性的一般概念和它的历史发展与影响. 对我们来说下面的概念已经足够. 称 Hamilton 系统在开集 $V \subset M$ 内完全可积, 如果我们可在 V 内引入坐标 $(I, \varphi) = (I_1, \cdots, I_n; \varphi_1, \cdots, \varphi_n)$, 使得在此坐标下 $\varphi_1, \cdots, \varphi_n$ 按 mod 1 定义, $I \in U \subset \mathbb{R}^n, \Omega = \sum_{i=1}^{n} d\varphi_i \wedge dI_i$, 且 Hamilton 函数 H 仅依赖 I. 这样的坐标通常称为 H 的作用量角坐标. 我们立刻看到, 在作用量角坐标下由 (1.5.6) 得到 $V_H(I, \varphi) = (0, \cdots, 0, -\partial H/\partial I_1, \cdots, -\partial H/\partial I_n)$. 因此作用量变量 $I_1, \cdots, I_n$ 在 Hamilton 流作用下得到保持, 而且这个流在每个环面 $\mathbb{T}_n^c = \{I_i = c_i, i = 1, \cdots, n\}$ 上是线性的. 但是, 不像线性常微分方程情形, 通常频率向量 $\omega(I) = (\partial H/\partial I_1, \cdots, \partial H/\partial I_n)$ 对 $c = (c_1, \cdots, c_n)$ 的不同值不同. 因此一般 V 中的完全可积系统看上去像具有线性流的不变环面的集合, 其频率向量, 从而回复变换的类型是从一个环面变到另一个环面. 我们在 5.5c 节将回到完全可积的

Hamilton 系统. 特别地, Liouville 定理 5.5.21 解释为什么上面的完全可积性概念显得很自然.

[35]

练 习

1.5.1. 考虑平面上的 Lissajous 图

$$x(t) = A\sin(t+\varphi), y(t) = B\sin(\omega t+\psi) \quad (t \in \mathbb{R}).$$

证明如果 ω 是无理数, 则对任何相变量 φ, ψ, 集合 $\{x(t), y(t)\}_{t\in\mathbb{R}}$ 在矩形 $|x| \leqslant A, |y| \leqslant B$ 内稠密.

1.6. 梯度流

设 $S^2 = \{(x,y,z)|x^2+y^2+z^2=1\}$ 是 $\mathbb{R}^3$ 中的标准单位球面. 考虑其上每一点沿着连接 $(0,0,1)$ (“北极”) 和 $(0,0,-1)$ (“南极”) 的最大圆 (子午线) 向下 (或“向南”, 如果我们将 S^2 想象为地球仪的表面, 并取地轴铅垂) 运动的流. 运动的速度等于铅垂坐标沿着子午线的导数. 换句话说, 我们的流由球面上的向量场

$$v(x,y,z) = (xz, yz, -x^2-y^2) \tag{1.6.1}$$

的积分产生. 为了看到这一点, 注意到在 (x,y,z) 切于球面向下的单位向量由 $(xz, yz, -(x^2+y^2))/\sqrt{x^2+y^2}$ 给出. 它的 z 坐标的绝对值 $\sqrt{x^2+y^2}$ 给出这个由 (1.6.1) 定义的梯度向量的模. 两极是这个向量场仅有的零点, 因此它们是这个流的不动点. 显然当时间趋于正无穷时除了北极每一点渐近趋于南极. 事实上这个收敛性是指数式的. 类似地, 时间趋于负无穷时除了南极所有点都以指数速度趋于北极.

为了推广这个构造, 在紧流形 M 上考虑 Riemann 度量和流形 M 上的实值函数 F. 在不是 F 临界点的每一点 $x \in M$, 可以定义 F 唯一最快的增加方向, 即单位切向量 $\zeta(x) \in T_xM$, 使得 $\mathcal{L}_{\zeta(x)}F = \max\limits_{\eta\in T_xM} \mathcal{L}_\eta F/\|\eta\|$, 其中 $\mathcal{L}_\eta F$ 表示函数 F 沿着向量 η 的 Lie (方向) 导数.

由

$$\nabla F(x) = \begin{cases} \mathcal{L}_{\zeta(x)}F \cdot \zeta(x), & \text{如果 } x \text{ 是非临界点}, \\ 0, & \text{如果 } x \text{ 是临界点} \end{cases}$$

定义梯度向量场 ∇F. 假设在局部坐标 $(x_1, \cdots, x_n)$ 下 Riemann 度量有形式 $ds^2 = \sum g_{ij}(x_1,\cdots,x_n)dx_idx_j$, 那么

$$\nabla F(x_1,\cdots,x_n) = G^1(x)\left(\frac{\partial F}{\partial x_1}, \cdots, \frac{\partial F}{\partial x_n}\right),$$

其中 $G(x) = \{g_{ij}(x)\}$, G^{-1} 是逆矩阵, 所以它是 M 上的光滑向量场. 由梯度向 [36]
量场 ∇F 生成的流称为 F 的梯度流.

由微积分我们知道, 梯度与函数的等位集垂直. 通过坐标计算这对我们的情形也成立:

引理 1.6.1. *梯度向量场垂直于等位集.*

我们第一个例子是二维球面上的梯度流, 对函数 $F(x, y, z) = -z$, 球面上的 Riemann 度量由 $\mathbb{R}^3$ 中的标准 Euclid 度量诱导提供. 下面考虑两个更复杂的例子.

设 M 是嵌入 $\mathbb{R}^3$ 的二维环面, 它如一个油炸圈饼, 或竖立的百吉饼, 即油炸圈饼所占的位置, 如前 F 是高度函数 z 的负值, $F(x, y, z) = -z$. 函数 F 在环面上有 4 个临界点, 即一个最大值点 A, 两个鞍点 B 和 C, 和一个最小值点 D. 这个梯度流的所有轨道除了不动点和 6 条下面叙述的分界线轨道, 当时间趋于 $+\infty$ 时都趋于最小值点 D, 当时间趋于 $-\infty$ 时都趋于最大值点 A. 还有两条特殊轨道连接 A 和 B, 两条连接 B 和 C, 以及最后两条连接 C 和 D.

现在让我们的环面倾斜一点儿, 即改变我们的嵌入, 但保持函数 F 相同. 等价地, 可以考虑相同的嵌入但取函数为 $F = -z + \varepsilon x$, $\varepsilon > 0$ 为某小数. 4 个临界点保持, 还有连接最大值点与上鞍点, 以及连接下鞍点与最小值点的特殊轨道. 但是, 连接两个鞍点的轨道消失了. 代替这两个轨道的有 4 个轨道: 两个连接最大值点与下鞍点, 两个连接上鞍点与最小值点.

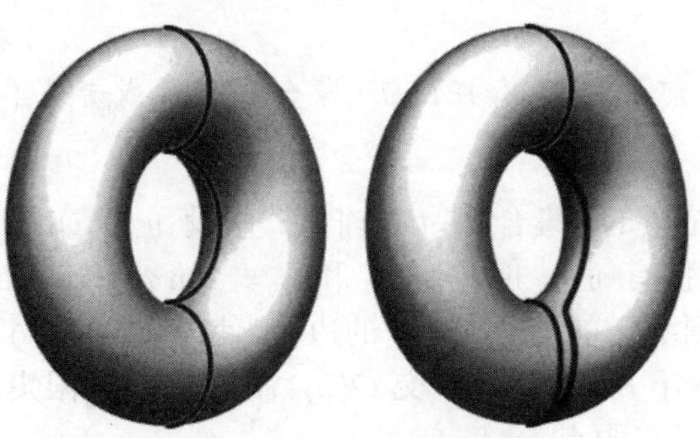

图 1.6.1. 环面上的梯度流

对一般的梯度流, 上面三个例子观察到的渐近性态的某些特性仍保持. 为了
刻画这些特性, 需要拓扑动力学中的某些一般定义. 考虑定义在相空间 X 中的 [37]
离散时间和连续时间的拓扑动力系统.

定义 1.6.2. 点 $y \in X$ 称为点 $x \in X$ 的 ω *极限点* (相应地, α *极限点*), 如果存在趋于 $+\infty$ (相应地, 趋于 $-\infty$) 的时刻序列, 使得 x 的像收敛于 y.

x 的所有 ω 极限点 (相应地, α 极限点) 的集合记为 $\omega(x)$ (相应地, 记为 $\alpha(x)$), 称为 x 的 ω *极限集* (相应地, α *极限集*).

$\omega(x)$ 和 $\alpha(x)$ 显然是闭不变集. 由定义得知对动力系统 $\{\varphi^t\}$

$$\begin{aligned}\omega(x) &= \bigcap_{T=0}^{\infty}\left(\overline{\bigcup_{t\geqslant T}\varphi^t x}\right),\\ \alpha(x) &= \bigcap_{T=0}^{-\infty}\left(\overline{\bigcup_{t\leqslant T}\varphi^t x}\right).\end{aligned}\tag{1.6.2}$$

因此, 如果 X 是紧的, 集合 $\omega(x)$ 和 $\alpha(x)$ 都非空, 且每一点都先后进入它的 ω 极限集的邻域并停留在那里.

用 $\omega_F(x)$ (相应地, $\alpha_F(x)$) 记 $x\in M$ 关于函数 F 的梯度流的 ω 极限集 (相应地, α 极限集).

命题 1.6.3. *集合 $\omega_F(x)$ 和 $\alpha_F(x)$ 由 F 的临界点, 即由梯度流的不动点组成.*

证明. 设 $\{\varphi^t\}_{t\in\mathbb{R}}$ 是函数 F 的梯度流. 注意到 $F\circ\varphi^t$ 关于 t 非减, 且在非临界点增加. 因此, 如果 $y\in X$ 是 F 的非临界点, 则对任何 $t>0$ 有 $F(\varphi^t(y))>F(y)$. 假设 $y\in\omega_F(x)$. 固定 $t_0>0$ 并令 $\delta_0=F(\varphi^{t_0}(y))-F(y)$. 如果 $x_n\to y$, 则由梯度流的连续性, $F(\varphi^{t_0}(x_n))\to F(y)+\delta_0$. 特别地, 如果 $y\in\omega(x)$, 则存在序列 $t_n\to\infty$ 使得 $\varphi^{t_n}(x)\to y$, 因此对充分大的 n, $F(\varphi^{t_0+t_n}(x))>F(y)+\delta_0/2$, 又因为 F 沿着轨道不减, 对充分大的 t, $F(\varphi^t(x))>F(y)+\delta_0/2$. 但这与 $\varphi^{t_n}(x)\to y$ 的收敛性矛盾. □

命题 1.6.4. *对任何 $x\in M$ 和任何 F, 集合 $\omega_F(x)$ 或者是单个点, 或者是一个无穷集.*

证明. 因为 M 是紧的, 集合 $\omega_F(x)$ 非空. 假设 $y\in\omega_F(x)$ 有限, 且 $y,z\in\omega_F(x), y\neq z$. 我们有 $y=\lim\varphi^{t_n}(x)$ 和 $z=\lim\varphi^{s_n}(x)$, 如前, 这里 $\{\varphi^t\}$ 是梯度流. 设 B 是围绕 y 的球, S 是 B 的边界, 使得 $(B\cup S)\cap\omega_f(x)=\{y\}$. 由于 x 的轨道进入并离开 B 无穷多次, 交 $\mathcal{O}(x)\cap S$ 是一个无限集, 由 S 的紧性它必须包含属于 $\omega(x)$ 的极限点. □

[38] **推论 1.6.5.** *如果函数 F 只有孤立临界点, 则当 $t\to+\infty$ 时 F 的梯度流的每个轨道收敛于 F 的临界点.*

在 9.3 节中我们将看到如何用梯度流的这个性质去构造一个辅助空间, 以帮助寻找某些动力系统的特殊轨道.

从某个形式观点, 梯度流与 Hamilton 动力系统之间存在一个对偶性. 我们只注意最初等的 Euclid 情形. 在 $\mathbb{R}^{2n}$ 提供的标准 Euclid 度量下, 标准的 Hamilton

形式 $\Omega = \sum_{i=1}^{n} dx_i \wedge dx_{i+n}$ 可通过度量和算子

$$I = \begin{pmatrix} 0 & \mathrm{Id} \\ -\mathrm{Id} & 0 \end{pmatrix}$$

表示. 即对任何两个切向量 $\xi, \eta \in T_x\mathbb{R}^{2n}$,

$$\Omega(\xi, \eta) = \langle \xi, I\eta \rangle,$$

这里 $\langle \cdot, \cdot \rangle$ 是 Euclid 数量积. 因此, 可将 Hamilton 向量场 $V_H = (\partial H/\partial x_{n+1}, \cdots, \partial H/\partial x_{2n}, -\partial H/\partial x_1, \cdots, -\partial H/\partial x_n)$ 写为 $V_H = I\nabla H$. 奇怪的是, 在紧能量流形 $H =$ 常数上的 Hamilton 向量场的渐近性态的类型与梯度流的在一定意义上完全相反. 诚然, 梯度向量场只有回复性态由不动点表示, 而 Hamilton 系统的非平凡回复性是一个规定. 上一节我们对完全可积的 Hamilton 系统已经看到这一点. 一般地, 这个事实由 Liouville 定理 (命题 5.5.12) 和 Poincaré 回归定理 (定理 4.1.19) 得到.

练　　习

1.6.1. 证明任何点关于梯度流的 ω 极限集是连通的.

1.6.2. 给出紧流形上的 C^∞ 函数 F 和点 $x \in M$ 的例子, 使得 $\omega_F(x)$ 包含多于一点.

1.6.3. 对每个 $g \geqslant 1$, 在紧可定向亏格 g 且恰有 3 个临界点的曲面上构造一个 C^∞ 函数. 描述这个函数的梯度流动力学.

1.7. 扩张映射 [39]

考虑下面的圆周不可逆映射 E_2: 用乘性记法为

$$E_2(z) = z^2, \quad |z| = 1,$$

用加性记法为

$$E_2(x) = 2x \pmod 1. \tag{1.7.1}$$

代数上这个映射表示群 $S^1 = \mathbb{R}/\mathbb{Z}$ 到它自己的自同态. 几何上它是 S^1 的二重覆叠.

这是我们将同时遇到的以下情况的第一个例子, 如在 1.3—1.5 节中以基本方式表示的非平凡回复性, 以及如在 1.2 节与 1.6 节中不同轨道有不同渐近性态. 这两个现象的组合, 使得这个表面上看上去很简单的变换其轨道结构比我们迄今为止看到的任何一个都复杂.

定义 1.7.1. 对变换 $f: X \to X$, 令 $P_n(f)$ 表示 f 的周期 n (不必最小) 的周期点数, 即 f^n 的周期点数.

下面的命题揭示 E_2 的复杂轨道结构的某些特性①.

命题 1.7.2. $P_n(E_2) = 2^n - 1$, E_2 的周期点在 S^1 中稠密, 且 E_2 是拓扑传递的.

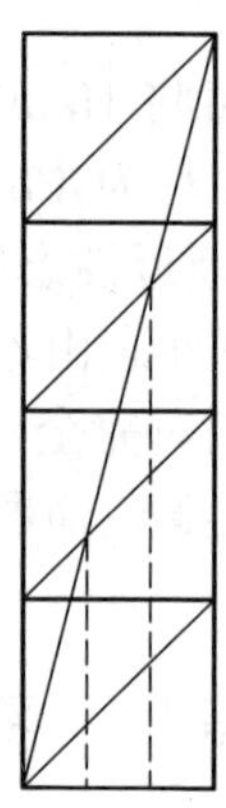

图 1.7.1. 扩张映射的周期点

证明. 如果 $E_2^n(z) = z$, 则 $z^{2^n} = z$ 和 $z^{2^n-1} = 1$. 因此, 每个 $2^n - 1$ 次单位根都是 E_2 的周期 n 的周期点. 恰好存在 $2^n - 1$ 个这样的单位根. 此外, 它们以相等的间隔散播在这个圆周上, 当 n 变大时这些间隔变小.

[40] 为了证明拓扑传递性, 考虑二进制区间

$$\Delta_n^k = \left[\frac{k}{2^n}, \frac{k+1}{2^n}\right], \quad \text{对 } n = 1, \cdots \text{ 和 } k = 0, 1, \cdots, 2^n - 1.$$

设 $x = 0.x_1x_2\cdots$ 是数 $x \in [0,1]$ 的二进制表示, 则 $2x = x_1.x_2x_3\cdots = 0.x_2x_3\cdots \pmod 1$. 因此

$$E_2(x) = 0.x_2x_3\cdots \pmod 1. \tag{1.7.2}$$

设 $k_1\cdots k_n$ 是整数 k 的二进制表示, 可能在开头有几个 0. 则 $x \in \Delta_n^k$, 当且仅当 $x_i = k_i, i = 1, \cdots, n$. 因此 $E_2^n(\Delta_n^k) = S^1$, 又因为每个区间 $I \subset S^1$ 包含一个二进制区间, 对某个 n 有 $E_2^n(I) = S^1$. 从而对任何非空开集 U, V, 存在 $n \in \mathbb{N}$ 使得 $E_2^n(U) \cap V$ 非空, 由引理 1.4.2, E_2 是拓扑传递的. □

① E_2 也称为圆周加倍映射. —— 译者注

映射

$$E_m : x \mapsto mx \pmod 1$$

表示映射 E_2 的直接推广, 其中 m 是绝对值大于 1 的整数. 不奇怪这些映射也都是拓扑传递的, 而且有周期轨道的稠密集. 命题 1.7.2 的证明可逐字逐句成立, 只要对正的 m 用以 m 为基的表示代替二进制表示, 对负 m 只需稍作修改.

此外, 除了周期点和稠密轨道, 还存在扩张映射轨道的其他类型的渐近性态. 对 E_2 我们可以构造这种轨道 (参看练习 1.7.5), 但最简单又最简洁的例子出现在映射 E_3.

命题 1.7.3. *存在点 $x \in S^1$, 使得在加性记法下, 它关于映射 E_3 的 ω 极限集是标准的 Cantor 三分集 K. 特别地, K 是 E_3 不变的且包含稠密轨道.*

证明. Cantor 三分集 K 可以作为单位区间上以 3 为基的仅用 0 和 2 为数字表示的所有点的集合 (见练习 1.7.4). 类似于 (1.7.2), 在基 3 下映射 E_3 的作用表示为将数字移位到左边. 由此得知集合 K 是 E_3 不变的. 剩下的要证明 E_3 有 K 中的稠密轨道.

K 中每一点在无 1 的基 3 下有唯一表示. 设 $x \in K$ 且

$$0.x_1x_2x_3\cdots \tag{1.7.3}$$

是这样的一个表示. 设 $h(x)$ 是在基 2 下表示为 $0.\frac{x_1}{2}\frac{x_2}{2}\frac{x_3}{2}\cdots$ 的一个数, 即由 (1.7.3) 通过用 1 代替 2 得到的数. 因此我们构造了一个映射 $h : K \to [0,1]$, 它 [41]
连续, 单调 (即由 $x > y$ 得 $h(x) > h(y)$), 且除了每个二进制有理数有两个原像外是一对一的. 此外, $h \circ E_3 = E_2 \circ h$. 设 $D \subset [0,1]$ 是不包含二进制有理点的点的稠密集, 则 $h^{-1}(D)$ 在 K 中稠密. 这从下面事实立刻得知: 如果 Δ 是一个开区间, 使得 $\Delta \cap K \neq \varnothing$, 则 $h(\Delta)$ 是一个非空的开、闭, 或者半闭的区间. 现在任取 $x \in [0,1]$, 它的 E_2 轨道稠密; $h^{-1}(x) \in K$ 的 E_3 轨道在 K 中稠密. □

我们再次强调, 先前所有的例子与扩张映射之间的重要区别. 在前面大多数例子中, 或者回复性态非常简单, 就是说只有不动点, 如压缩映射、双曲线性映射和梯度流, 或者如果呈现非平凡回复性, 则所有回复轨道的性态类似于环面上的平移和线性流的性态. 对一般的完全可积系统不同轨道具有不同性态, 而且还发生非回复性. 但是, 这种系统的相空间分裂为不变块 (环面), 每个环面上的所有轨道都有相同结构. 与之相对照, 扩张映射的不同性态轨道 (例如周期的, 稠密的, 或者具有 Cantor 闭包的) 都是穿插的, 不能分开. 这使得轨道结构非常复杂, 而且, 个别轨道的渐近性态对初始条件非常敏感且不稳定. 此外, 任何两个轨道彼此指数式地分散, 直至它们分开某个距离 δ. 因此, 如果只知道初始位置的有限精度, 就不能预测轨道在长时间内的性态. 例如, 在计算机上迭代 E_2, 显然只提供初始数据中有意义的二进制数字的有用迭代次数. 而且任何提高精确度的努力只给出时间的适当增加, 这段时间内我们可作出合理的预测: 尽管加倍初始数据的有效数字, 计算机可能增加一倍的时间跨度可预测, 但所需初始状态测量的改进则是天文数字 (和虚幻) 的级别. 同样消减一半的初始误差只给出一步有效迭代.

令人惊奇的是, 在后面 2.4 节我们将看到, 作为整体结构这种轨道结构在某种意义下是稳定的.

也存在一维映射的重要例子, 它们不是扩张的. 这里是一个将在练习遇到的并在后面多次遇到的例子. 对 $\lambda \in \mathbb{R}$, 令 $f_\lambda : \mathbb{R} \to \mathbb{R}, f_\lambda(x) := \lambda x(1-x)$. 对 $0 \leqslant \lambda \leqslant 4$, f_λ 映单位区间 $I = [0,1]$ 到它自己. 族 $f_\lambda, \lambda \in [0,4]$ 称为二次族. 它是目前最流行的一维动力学模型, 不管是实的还是复的 (对后者这个映射要扩充到 $\mathbb{C}$).[1]

练　　习

1.7.1. 计算映射 E_m 的周期 n 的周期点数.

[42] **1.7.2.** 考虑族 f_λ.

(1) 计算 $P_n(f_4)$.

(2) 计算 $P_n(f_3)$.

(3) 证明对 $\lambda > 3$ 存在周期 2 轨道.

(4) 证明对 $\lambda \in (3, 1+\sqrt{6}]$ 不存在周期大于 2 的周期点.

1.7.3. 证明对任何点 $x \in S^1$, 集合

$$P_x = \{y \in S^1 | \exists n \in \mathbb{N},\ \text{使得}\ E_m^n(y) = x\}$$

在 S^1 中稠密.

1.7.4. 证明 Cantor 三分集是单位区间上以 3 为基的仅用 0 和 2 为数字表示的所有点的集合.

1.7.5*. 考虑单位区间上二进制表示中没有两个相继为 0 的所有点的集合 T. 证明 T 是映射 E_2 的完美无处稠密不变集. 证明存在点 $x \in T$, 它关于 E_2 的轨道在 T 中稠密.

1.7.6*. 求点 $x \in S^1$ 使得 $E_3^n(x) \in S^1 \backslash K, n = 0, 1, \cdots$, 且轨道的闭包由轨道本身和 Cantor 三分集组成. 换句话说, 轨道上的点在轨道闭包中是孤立的, 但凝聚在完美集 K 上.

1.8. 环面上的双曲自同构

环面上的自同构是扩张映射 E_m 的可逆类似. 它们有非常类似的性质, 对它们的分析将给我们一个先预览某些用于双曲动力系统中的方法的机会.

考虑 $\mathbb{R}^2$ 中如下的线性映射

$$L(x,y) = (2x+y, x+y).$$

如果两个向量 (x,y) 和 (x',y') 表示 $\mathbb{T}^2$ 的相同元素, 即如果 $(x-x', y-y') \in \mathbb{Z}^2$, 则 $L(x,y)$ 和 $L(x',y')$ 也表示 $\mathbb{T}^2$ 的相同元素. 因此 L 定义了一个映射 $F_L : \mathbb{T}^2 \to \mathbb{T}^2$:

$$F_L(x,y) = (2x+y, x+y) \pmod 1.$$

映射 F_L 可逆, 因为矩阵 $\begin{pmatrix} 2 & 1 \\ 1 & 1 \end{pmatrix}$ 的行列式等于 1, 所以 L^{-1} 也有整数元素. 此
外, F_L 是 Abel 群 $\mathbb{T}^2 = \mathbb{R}^2/\mathbb{Z}^2$ 的一个自同构. 在研究映射 F_L 之前我们先讨论 [43]
线性映射 L 的某些性质.

首先, L 的特征值是

$$\lambda_1 = \frac{3+\sqrt{5}}{2} > 1 \quad 和 \quad \lambda_1^{-1} = \lambda_2 = \frac{3-\sqrt{5}}{2} < 1.$$

由于矩阵 L 是对称的, 特征向量互相垂直. 对应于第一个特征值的特征向量属于直线 $y = \dfrac{\sqrt{5}-1}{2}x$, 平行于它的直线族在 L 作用下不变, L 对这些直线一致扩张一个距离, 扩张因子为 λ_1. 类似地, 存在不变的压缩直线族 $y = \dfrac{-\sqrt{5}-1}{2}x+$ 常数.

图 1.8.1 给出 F_L 在基本正方形 $I = \{(x,y) | 0 \leqslant x \leqslant 1, 0 \leqslant y \leqslant 1\}$ 上作用的思想. 带箭头的直线表示特征方向.

命题 1.8.1. *F_L 的周期点稠密, F_L 是拓扑传递的, 以及 $P_n(F_L) = \lambda_1^n + \lambda_1^{-n} - 2$, 其中 $P_n(F_L)$ 如定义 1.7.1 中定义.*

证明. 首先我们证明有理坐标的点是 F_L 的周期点. 设 $x = s/q, y = t/q$, 其中 s,t,q 是整数, 则 $F_L\left(\dfrac{s}{q}, \dfrac{t}{q}\right) = \left(\dfrac{2s+t}{q}, \dfrac{s+t}{q}\right)$, 即它们是有理点, 它们的坐标
也有分母 q. 但是在 $\mathbb{T}^2$ 上仅存在 q^2 个不同点, 其坐标可表示为分母为 q 的有 [44]
理数, 且所有迭代 $F_L^n(s/q, t/q), n = 0, 1, 2, \cdots$ 属于那个有限集. 因此它们必须有重复, 即对某些整数 n, m 有 $F_L^n(s/q,t/q) = F_L^m(s/q,t/q)$. 但由于 F_L 是可逆

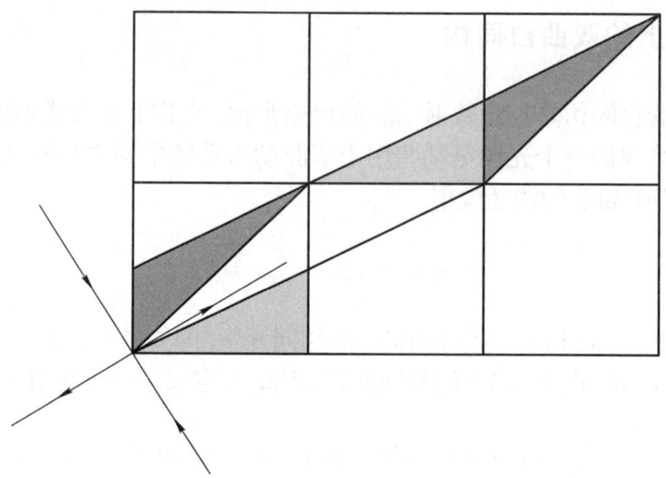

图 1.8.1. 环面上的双曲映射

的, $F_L^{n-m}(s/q, t/q) = (s/q, t/q)$. 从而证明了周期轨道的稠密性. 在继续证明之前, 我们证明坐标为有理数的点是 F_L 仅有的周期点.

假设 $F_L^n(x,y) = (x,y)$. 但是, $F_L^n(x,y) = (ax+by, cx+dy) (\bmod 1)$, 其中 a, b, c, d 是整数. 因此对某些整数 k, l, 我们有

$$\begin{aligned} ax+by &= x+k, \\ cx+dy &= y+l. \end{aligned}$$

由于 1 不是 L^n 的特征值, 由 a, b, c, d, k, l 唯一确定 (x,y):

$$x = \frac{(d-1)k - bl}{(a-1)(d-1)-cb}, \quad y = \frac{(a-1)l - ck}{(a-1)(d-1)-cb}.$$

因此, x, y 是有理数.

L 不变直线族

$$y = \frac{\sqrt{5}-1}{2}x + 常数 \quad 和 \quad y = \frac{-\sqrt{5}-1}{2}x + 常数 \tag{1.8.1}$$

到 $\mathbb{T}^2$ 的投影为具有无理数斜率的线性流轨道的 F_L 不变直线族. 因此每条直线的投影在环面上处处稠密.

现在我们准备好证明 F_L 是拓扑传递的. 取 $\mathbb{T}^2$ 的任意非空开集 U, V. 设
[45] $p \in U, q \in V$ 是两个周期点, n 是它们的公共周期. 通过点 p 的第一族中的直线在 F_L^n 作用下不变, 且 F_L^n 以扩张系数 $\lambda_1^n > 1$ 扩张它. 类似地, 通过点 q 的第二族中的直线在 F_L^n 作用下不变且压缩. 设 r 是这两条直线的交点. $k \to +\infty$

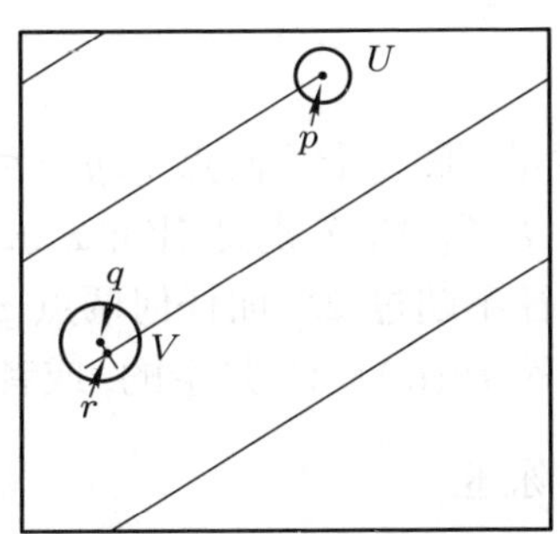

图 1.8.2. 拓扑传递性

时 $F_L^{kn}(r) \to q$, 以及 $k \to -\infty$ 时 $F_L^{kn}(r) \to p$. 因此, 如果 k 很大且为正, 则 $F_L^{-kn}(r) \in U, F_L^{kn}(r) \in V$, 且 $F_L^{2kn}(U) \cap V$ 非空.

最后, 我们计算 $P_n(F_L)$. 如前, 如果 $F_L^n(x, y) = (x, y)$, 则 $(a-1)x + by$ 和 $cx+(d-1)y$ 是整数. 映射 $G = F_L^n - \mathrm{Id} : (x, y) \mapsto ((a-1)x+by, cx+(d-1)y) (\bmod 1)$ 是从环面到其自身定义的可逆映射. 环面上的每一点, 包括整数点 $(0, 0)$, 有相同个数 $|\det(L^n - \mathrm{Id})| = |(\lambda_1^n - 1)(\lambda_1^{-n} - 1)| = \lambda_1^n + \lambda_1^{-n} - 2$ 的原像. (这里我们用了 $G([0,1] \times [0,1])$ 中 $\mathbb{Z}^2$ 的点数是 $G([0,1] \times [0,1])$ 的面积这一事实). 这正好是 $(a-1)x + by$ 和 $cx + (d-1)y$ 为整数的不同点 $(x, y) \in \mathbb{T}^2$ 的个数, 即 F_L^n 的不动点数. □

现在我们比较映射 F_L 和 1.4 节讨论的环面平移的渐近性质.

按照命题 1.4.1, 如果向量 γ 的坐标与 1 有理无关, 则平移 T_γ 是拓扑传递的. 正如我们刚才证明的, 自同构 F_L 具有相同性质. 另一方面, T_γ 的所有轨道稠密, 但对 F_L 稠密轨道与周期轨道的稠密集共存, 后者每一个显然并不稠密. 因此, 轨道的回复性对平移由轨道密度关于初始条件一致表示, 对 F_L 则关于初始条件高度敏感表示.

渐近性态的另一方面与回复关于时间的正则性有关. 拓扑传递性蕴含着任何开集的迭代不时与任何开集相交. 回复性的一个较强形式通过下面性质反映.

定义 1.8.2. 称拓扑动力系统 $f : X \to X$ 是拓扑混合的, 如果对任何两个非空开集 $U, V \subset X$, 存在正整数 $N = N(U, V)$, 使得对每个 $n > N$, 交 $f^n(U) \cap V$ 非空.

由引理 1.4.2, 每个拓扑混合映射都是拓扑传递的. 另一方面, 没有一个平移 T_γ 是拓扑混合的. 这由以下事实得知, 平移保持环面上由 $\mathbb{R}^n$ 中的标准 Euclid 度量诱导的自然度量, 以及下面的一般准则.

引理 1.8.3. 如果一个拓扑动力系统 $f : X \to X$ 保持生成 X 拓扑的 X 上的度

量, 则 f 不是拓扑混合的.

证明. 在 X 上固定一个度量, 取 3 个不同点 $x, y, z \in X$, 令 δ 是这些点之间各对距离最小的十分之一. 设 U, V_1, V_2 分别是围绕 x, y, z 的 δ 球. 由于 f 保持任何集合的直径, $f^n(U)$ 的直径不超过 2δ, 而任何两点 $p \in V_1$, $q \in V_2$ 之间的距离
[46] 大于 7δ. 因此对每个 n, 或者 $f^n(U) \cap V_1$ 是空的, 或者 $f^n(U) \cap V_2$ 是空的. □

与此相对照, 得到下面陈述.

命题 1.8.4. 自同构 F_L 是拓扑混合的.

证明. 扩张直线 $y = \dfrac{\sqrt{5}-1}{2}x +$ 常数是线性流 T_ω^t 的轨道, 其中 $\omega = \left(1, \dfrac{\sqrt{5}-1}{2}\right)$. 由命题 1.5.1, 这个流是极小的. 任何开集 U 包含扩张直线的一段 J. 固定 $\varepsilon > 0$, 于是存在 $T = T(\varepsilon)$ 使得每个长为 T 的扩张直线段与环面上的任何 ε 球相交. 由流 T_ω^t 的拓扑传递性得知至少存在一个这样的直线段. 但是由于所有给定长度的线段都是对所有线段成立此性质的另一个线段的平移, 因此对任何固定的开集 V 和任何充分大的 n, $f^n(J)$ 与 V 相交, 故 $f^n(U)$ 也与 V 相交. □

类似于上一节的扩张映射, 映射 F_L 的轨道性态非常敏感地依赖于初始点. 任何两个轨道在将来或在过去互相指数式地分散, 通常过去和将来两头都分散 (总是分散一个确定的距离). 这对数值计算再次呈现了困难, 例如, 当初始条件已知小数点后 3 位, 在 1/2000 内数值计算轨道, 则由于 $\left(\dfrac{3+\sqrt{5}}{2}\right)^8 > 2000$, 在经过 8 次迭代后误差可能是一阶, 除非放弃这个计算. 而去掉这个误差的一半也只不过给出差不多一步迭代的有效性.

这一节构造的例子可以推广如下.

设 $L : \mathbb{R}^m \to \mathbb{R}^m$ 是一个 $m \times m$ 整数矩阵, 行列式为 $+1$ 或 -1, 没有绝对值为 1 的特征值, 就是说这是一个双曲矩阵. 于是 $L\mathbb{Z}^m = \mathbb{Z}^m$, 且 L 在 $\mathbb{Z}^m$ 上可逆, 因此 L 确定 m 维环面 $\mathbb{R}^m/\mathbb{Z}^m$ 上的一个可逆映射, 它有非常类似于前面讨论的映射 F_L 的性质. 我们称这种映射为*环面双曲自同构*. 进一步如果去掉那个行列式条件, 则所得映射虽然中止了可逆性但仍可在环面上定义. 这种映射称为*环面双曲自同态*. 对 $m = 1$, 这些是圆周上的扩张映射.

练　　习

1.8.1. 对环面上的一般双曲自同构 H, 计算周期 n 的周期点数 $P_n(H)$. 证明对某个 $\lambda > 0$, $\lim\limits_{n\to\infty} \dfrac{P_n(H)}{\lambda^n}$ 存在.

1.8.2. 每个行列式为 ± 1 的整数矩阵 L 定义环面上的一个映射. 证明所得映射 [47]
有无穷多个每个周期的周期点, 当且仅当 L 没有特征值是单位根.

1.8.3*. 证明任何环面双曲自同构 F_L 的周期轨道都是稠密的.

1.9. 符号动力系统

a. 序列空间. 现在我们引入一类对光滑动力系统理论特别重要的拓扑动力系统, 即符号动力系统. 它之所以重要, 一个理由是在很多情况下符号动力系统作为光滑动力系统的模型服务; 许多性质通常容易在符号动力系统中先看到, 然后才在光滑动力系统中进行讨论. 另一个理由是一些光滑动力系统在各个 (通常是重要的) 不变集上的限制看上去非常像符号动力系统. 此外, 符号系统可以用来"编码"某些光滑系统.

对每个自然数 $N \geqslant 2$, 考虑 N 个符号的双边序列空间

$$\Omega_N = \{\omega = (\cdots, \omega_{-1}, \omega_0, \omega_1, \cdots) | \omega_i \in \{0, 1, \cdots, N-1\}, i \in \mathbb{Z}\}$$

和类似的单边空间

$$\Omega_N^R = \{\omega = (\omega_0, \omega_1, \omega_2, \cdots) | \omega_i \in \{0, 1, \cdots, N-1\}, i \in \mathbb{N}_0\}.$$

可以通过注意下面事实定义拓扑, Ω_N 是 $\mathbb{Z}$ 的有限集 $\{0, 1, \cdots, N-1\}$ 的拷贝的直积, 它们每一个具有离散拓扑, 再利用拓扑积.

注意, 如果我们将有限集 $\{0, 1, \cdots, N-1\}$ 考虑为有限群 $\mathbb{Z}/n\mathbb{Z}$, 则这个积自然是一个紧 Abel 拓扑群.

固定整数 $n_1 < n_2 < \cdots < n_k$ 与数 $\alpha_1, \cdots, \alpha_k \in \{0, 1, \cdots, N-1\}$, 称子集

$$C_{\alpha_1, \cdots, \alpha_k}^{n_1, \cdots, n_k} = \{\omega \in \Omega_N | \omega_{n_i} = \alpha_i,\ i = 1, \cdots, k\} \tag{1.9.1}$$

为一个柱体, 固定的数字个数 k 称为这个柱体的秩. 空间 Ω_N^R 中的柱体定义类似.

在空间 Ω_N (在 Ω_N^R 中类似) 定义拓扑的另一个方法是通过下面断言得到: 所有柱体是开集且它们组成一个拓扑基. 因此每个柱体也是闭的, 因为柱体的补是有限个柱体的并. 最一般的开集是柱体的可数并.

对任何固定的 $\lambda > 1$ 引入度量的另一个方式是

$$d_\lambda(\omega, \omega') = \sum_{n=-\infty}^{\infty} \frac{|\omega_n - \omega'_n|}{\lambda^{|n|}}.$$

这些度量对大的 λ, 例如 $\lambda = 10N$ 特别方便, 因为任何秩为 $2n+1$ 的对称柱体 [48]

$C^{-n,\cdots,n}_{\alpha_{-n},\cdots,\alpha_n}$ 是关于这个度量的一个球. Ω_N 是完美、全连通的紧空间, 所以它同胚于一个 Cantor 集.

不同度量 d_λ 在 Ω_N 上不仅定义相同拓扑 (尽管作为度量它们不等价), 而且也确定一个 Hölder 结构. 这意味着关于度量 d_λ, Hölder 连续函数不依赖 λ. 这类 Hölder 连续函数在微分动力系统的应用中起着非常重要的作用 (见第 19, 20 章), 这可描述如下.

设 φ 是定义在 Ω_N 或闭子集上的一个连续复值函数, 记 $\omega = (\cdots, \omega_{-1}, \omega_0, \omega_1, \cdots)$ 和 $\omega' = (\cdots, \omega'_{-1}, \omega'_0, \omega'_1, \cdots)$, 再对 $n = 0, 1, \cdots$ 令

$$V_n(\varphi) := \max\{|\varphi(\omega) - \varphi(\omega')| \, |\omega_k = \omega'_k, \quad \text{对 } |k| \leqslant n\}.$$

由于 Ω_N 是紧的, φ 一致连续, $n \to \infty$ 时 $V_n(\varphi) \to 0$. 我们说 φ 有指数型, 如果对 $a, c > 0$,

$$V_n(\varphi) \leqslant ce^{-an}.$$

不难看到 φ 有指数型, 当且仅当它关于某个 (因此是任何一个) 度量 d_λ 是 Hölder 连续的 (见练习 1.9.1).

表达 Hölder 连续函数类与 λ 无关的一个等价方法是, 对任何 λ, μ 恒同映射 $\mathrm{Id} : (\Omega_N, d_\lambda) \to (\Omega_N, d_\mu)$ 是 Hölder 连续的, 即存在 $a, c > 0$ 使得对任何 $\omega, \omega' \in \Omega_N$, 我们有

$$d_\mu(\omega, \omega') < c d_\lambda(\omega, \omega')^a. \tag{1.9.2}$$

上面所有的讨论通过明显的修改可转到空间 Ω_N^R.

b. 移位变换. 考虑 Ω_N 中的左移位

$$\sigma_N : \Omega_N \to \Omega_N, \quad \sigma_N(\omega) = \omega' = (\cdots, \omega'_0, \omega'_1, \cdots), \tag{1.9.3}$$

其中 $\omega'_n = \omega_{n+1}$.

σ_N 是柱体到柱体的一对一映射. 因此它是 Ω_N 的一个同胚. 有时称移位 σ_N 为拓扑 Bernoulli 移位.

类似地, 通过

$$\sigma_N^R(\omega_0, \omega_1, \omega_2, \cdots) = (\omega_1, \omega_2, \omega_3, \cdots)$$

定义单边 N 移位 $\sigma_N^R : \Omega_N^R \to \Omega_N^R$. 这是一个从空间 Ω_N^R 到它自己的连续不可逆变换.

移位 σ_N^R 和 σ_N 具有类似于 1.7 节和 1.8 节我们已经熟悉的许多性质.

[49] **命题 1.9.1.** *移位 σ_N 和 σ_N^R 的周期点分别在 Ω_N 和 Ω_N^R 中稠密, $P_n(\sigma_N) = P_n(\sigma_N^R) = N^n$, 两个变换 σ_N 和 σ_N^R 都是拓扑混合的.*

证明. 移位的周期轨道是周期序列, 即 $(\sigma_N)^m\omega=\omega$, 当且仅当对所有 $n\in\mathbb{Z}$, $\omega_{n+m}=\omega_n$, 对 σ_N^R 类似. 为了证明周期点的稠密性, 只需在每个柱体中求周期点. 由于对某个 m, Ω_N 中的任何柱体包含一个秩为 $2m+1$ 的对称柱体, 如

$$C_{\alpha_{-m},\cdots,\alpha_m}^{-m,\cdots,m}=:C_\alpha^m,$$

其中 $\alpha=\alpha_{-m},\cdots,\alpha_m$, 我们只需考虑这样的柱体就够了. 然而, 通过简单重复有限序列 $\alpha_{-m},\cdots,\alpha_m$ 得到的序列 ω 显然位于我们的柱体中, 并有周期 $2m+1$, 其中对 $|n'|\leqslant m, n'=n\ (\mathrm{mod}\ 2m+1)$, 有 $\omega_n=\alpha_{n'}$.

每个周期 n 的周期序列 ω 由它的坐标 $\omega_0,\cdots,\omega_{n-1}$ 唯一确定. 存在 N^n 个不同的有限序列 $(\omega_0,\cdots,\omega_{n-1})$.

最后, 为了证明拓扑混合性, 只需证明对任何 $\alpha=\alpha_{-m},\cdots,\alpha_m$ 和 $\beta=\beta_{-m},\cdots,\beta_m$, 以及充分大的 n, $\sigma_N^n(C_\alpha^m)$ 与 C_β^m 相交. 取 $n>2m+1$, 譬如 $n=2m+k+1$, 其中 $k>0$. 考虑任何序列 ω, 使得

$$\omega_i=\alpha_i,\quad \text{对 } |i|\leqslant m;\quad \omega_i=\beta_{i-n},\quad \text{对 } i=m+k+1,\cdots,3m+k+1.$$

显然, $\omega\in C_\alpha^m$ 与 $\sigma_N^n(\omega)\in C_\beta^m$.

单边移位的论述完全类似. □

注. 映射 $\pi:\Omega_2^R\to K, \pi(\omega_0,\omega_1,\cdots)=0.\ \beta(\omega_0)\beta(\omega_1)\cdots$ 是一个同胚, 且显然 $\pi\circ\sigma_2^R=E_3\circ\pi$, 其中 K 是 Cantor 三分集, 以及 $\beta(0)=0,\beta(1)=2$. 因此, 由命题 1.7.3 得到 σ_2^R 的拓扑传递性. 这是光滑系统在不变集上的限制看上去像移位的一个最简单例子. 从而, 由命题 1.7.3 证明中描述的 h 是编码的最简单例子. 我们将在 2.4 和 2.5 节更详细讨论这个主题.

定义 1.9.2. 移位 σ_N 和 σ_N^R 分别在 Ω_N 和 Ω_N^R 的任何闭移位不变子集上的限制称为*符号动力系统*.

符号动力系统的性质非常广泛. 这种系统为拓扑动力系统与遍历理论提供了例子和反例的丰富资源.

c. 拓扑 Markov 链. 这里我们仅考虑符号动力系统的一个特殊类 (虽然它也许是最重要的). [50]

设 $A=(a_{ij})_{i,j=0}^{N-1}$ 是元素为 0 或 1 的一个 $N\times N$ 矩阵 (我们称这样的矩阵为 0-1 矩阵). 令

$$\Omega_A:=\{\omega\in\Omega_N|a_{\omega_n\omega_{n+1}}=1, \text{对 } n\in\mathbb{Z}\}. \tag{1.9.4}$$

换句话说, 矩阵 A 确定符号 $0,1,\cdots,N-1$ 间所有可容许传递. 集合 Ω_A 显然是移位不变的.

定义 1.9.3. 称限制

$$\sigma_N|_{\Omega_A} =: \sigma_A$$

为由矩阵 A 确定的拓扑 Markov 链[1]. 有时也称 σ_A 为有限型子移位.

存在拓扑 Markov 链的一个有用的几何表示. 将符号 $0, 1, \cdots, N-1$ 与点 $x_0, x_1, \cdots, x_{N-1}$ 等同, 且若 $a_{ij} = 1$ 则用箭头连接 x_i 与 x_j. 用这个方法得到一个有 N 个顶点与一定个数有向棱的图 G_A. 称 G_A 的有限或无穷多个顶点的序列为容许路径或容许序列, 如果序列中任何两个相继顶点由有向箭头连接. Ω_A 中的点对应于 G_A 中标明原点的双向无穷路径; 拓扑 Markov 链对应于将原点移到下一个顶点.

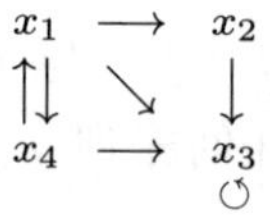

$$\begin{array}{ccc} x_1 & \longrightarrow & x_2 \\ \uparrow\downarrow & \searrow & \downarrow \\ x_4 & \longrightarrow & x_3 \\ & & \circlearrowleft \end{array}$$

图 1.9.1. Markov 图

下面这个简单的组合引理是研究拓扑 Markov 链的关键:

引理 1.9.4. 对每个 $i, j \in \{0, 1, \cdots, N-1\}$, 长为 $m+1$、起点为 x_i、终点为 x_j 的容许路径的数目 N_{ij}^m 等于矩阵 A^m 的元素 a_{ij}^m.

证明. 我们对 m 用归纳法. 首先, 由图 G_A 的定义立刻得知 $N_{ij}^1 = a_{ij}$. 现在我们证明

$$N_{ij}^{m+1} = \sum_{k=0}^{N-1} N_{ik}^m a_{kj}. \tag{1.9.5}$$

对每个 $k \in \{0, \cdots, N-1\}$, 每个长为 $m+1$、连接 x_i 与 x_k 的容许路径刚好产生一个长为 $m+2$、连接 x_i 与 x_j 的通过加入 x_j 到其中的容许路径, 当且仅当 $a_{kj} = 1$. 这证明了 (1.9.5). 由归纳法假设, 对所有 i, j 有 $N_{ij}^m = a_{ij}^m$, 由 (1.9.5) 得到 $N_{ij}^{m+1} = a_{ij}^{m+1}$. □

[51] 每个长为 $m+1$、标明原点的容许闭路, 即起点与终点在 G_A 的同一个顶点的路径刚好产生一个 σ_A 的周期 m 的周期点. 因此我们有

推论 1.9.5. $P_n(\sigma_A) = \operatorname{tr} A^n$.

对拓扑 Markov 链, 我们可以按照它们所包含的不同轨道的回复性质进行分类. 这个分类的某些主要元素在练习 1.9.4—1.9.9 中给出. 现在我们将集中关注拓扑 Markov 链最令人感兴趣的特殊类, 这类 Markov 链有最强的回复性质.

定义 1.9.6. 称 0–1 矩阵 A 是传递的, 如果对某个正 m, 矩阵 A^m 的所有元素为正数. 称拓扑 Markov 链 σ_A 是传递的, 如果 A 是传递矩阵.

引理 1.9.7. 如果 A^m 的所有元素是正的, 则对任何 $n \geqslant m$, A^n 的所有元素也是正的.

证明. 首先注意, 如果对所有 i, j, 有 $a_{ij}^n > 0$, 则对每个 j 存在 k 使得 $a_{kj} = 1$. 否则, 对每个 n 和 i 有 $a_{ij}^n = 0$. 现在我们用归纳法. 假设对所有 i, j 有 $a_{ij}^n > 0$, 则 $a_{ij}^{n+1} = \sum\limits_{k=0}^{N-1} a_{ik}^n a_{kj} > 0$, 因为至少对一个 k 有 $a_{kj} = 1$. □

引理 1.9.8. 如果 A 是传递的, 且 $\alpha = (\alpha_{-k}, \cdots, \alpha_k)$ 是容许的, 即对 $i = -k, \cdots, k-1$ 有 $a_{\alpha_i, \alpha_{i+1}} = 1$, 则交 $\Omega_A \cap C_\alpha^k =: C_{\alpha,A}^k$ 非空且包含周期点.

证明. 取 m 使得 $a_{\alpha_k, \alpha_{-k}}^m > 0$. 于是可将序列 α 扩张到长为 $2k+m+1$、起点和终点是 α_{-k} 的容许序列. 周期地重复这个序列, 得到 $C_{\alpha,A}^k$ 中的周期点. □

命题 1.9.9. 如果 A 是一个传递矩阵, 那么拓扑 Markov 链 σ_A 是拓扑混合的, 而且它的周期轨道在 Ω_A 中稠密.

证明. 周期轨道的稠密性由引理 1.9.8 立刻得到.

为了建立拓扑混合性只需证明, 如果对两个序列 $\alpha = (\alpha_{-k}, \cdots, \alpha_k)$ 和 $\beta = (\beta_{-k}, \cdots, \beta_k)$, 柱体 $C_{\alpha,A}^k$ 与 $C_{\beta,A}^k$ 非空, 则对任何充分大的 n, 集合 $\sigma_A^n(C_{\alpha,A}^k) \cap C_{\beta,A}^k$ 也非空. 取 $n \geqslant 2k+1+m$, 其中 m 从定义 1.9.6 中取, 譬如取 $n = 2k+1+m+l, l > 0$. 于是由引理 1.9.7 得 $a_{\alpha_k \beta_{-k}}^{m+l} > 0$, 因此我们可以构造一个长为 $4k+2+m+l$、开始 $2k+1$ 个符号与 α 等同、最后 $2k+1$ 个符号与 β 等同的容许序列. 由引理 1.9.8 这个序列可扩张为 Ω_A 的周期元素, 显然它属于 $\sigma_A^n(C_{\alpha,A}^k) \cap C_{\beta,A}^k$. □

存在比 Markov 链更一般的符号系统的自然类. [52]

定义 1.9.10. 设 $\mathcal{A} : \{1, \cdots, N\}^{n+1} \to \{0, 1\}$ 和 $\Omega_{\mathcal{A}} := \{\omega \in \Omega_N | \mathcal{A}(\omega_m, \cdots, \omega_{m+n}) = 1$, 对 $m \in \mathbb{Z}\}$, 则称 σ_N 到 $\Omega_{\mathcal{A}}$ 上的限制 $\sigma_{\mathcal{A}}$ 为 n 步拓扑 Markov 链.

从内蕴动力学观点, n 步拓扑 Markov 链与拓扑 Markov 链是相同的, 因为如果对 $k = 1, \cdots, n-1$, 有 $j_k = i_{k+1}$ 以及 $\mathcal{A}(i_1, \cdots, i_n, j_n) = 1$, 则通过取由 $A_{(i_1, \cdots, i_n), (j_1, \cdots, j_n)} = 1$ 给出的矩阵 A, 它们可以表示为字母 $\{1, \cdots, N\}^n$ 上的拓扑 Markov 链.

设 $\lambda_1, \cdots, \lambda_N$ 为矩阵 A 的特征值, 包括取它们的重次, 按它们绝对值减少的次序排列. 由推论 1.9.5 我们有 $P_n(\sigma_A) = \sum\limits_{i=1}^{n} \lambda_i^n$. 对传递矩阵 A, 最后的表达

式的一个非常精确的渐近性可以求得. 这是基于正矩阵的某些结果, 我们将在此阐述这些结果, 这既为了完整起见也放眼于未来应用.

d. 正矩阵的 Perron-Frobenius 定理.

定理 1.9.11 (Perron-Frobenius 定理). [2] 设 L 是具有非负元素的 $N \times N$ 矩阵, 使得对某个幂 L^n 它的所有元素为正, 则 L 有一个 (直到一个数量乘数) 坐标为正的特征向量 e, 且没有其他特征向量有非负坐标. 此外, 对应于 e 的特征值是单且正的, 它大于所有其他特征值的绝对值.

推论 1.9.12. 对传递的 0-1 矩阵 A, $P_n(\sigma_A) = \lambda_{\max}^n + \mu_n$, 其中 $\lambda_{\max} > 1$ 对应正特征向量的特征值, 且对某个 $C > 0$ 和 $\lambda < \lambda_{\max}$ 有 $|\mu_n| < C\lambda^n$.

推论 1.9.12 的证明. 除了 $\lambda_{\max} > 1$, 所有叙述由推论 1.9.5 和定理 1.9.11 立刻得到. 设 $x = (x_0, \cdots, x_{N-1}), x_i > 0, i = 0, \cdots, N-1$ 和 $Ax = \lambda_{\max}x$, 则 $A^n x = \lambda_{\max}^n x$, 即 $\lambda_{\max}^n x_i = \sum\limits_{j=0}^{N-1} a_{ij}^n x_j$, 其中 $a_{ij}^n \geqslant 1$. 因此, $\lambda_{\max}^n x_i \geqslant \sum\limits_{j=0}^{N-1} x_j > x_i$, 从而 $\lambda_{\max}^n > 1$ 和 $\lambda_{\max} > 1$. □

定理 1.9.11 的证明. 用 P 表示 $\mathbb{R}^N$ 中具有非负坐标的所有向量的集合, σ 表示 P 中的单位单形, 即 $\sigma = \left\{(x_1, \cdots, x_N) | x_i \geqslant 0, \sum\limits_{i=1}^{N} x_i = 1\right\}$. 由假设 $LP \subset P$. 因此, 对每个 $x \in \sigma$, 存在与 Lx 成比例的唯一向量 $Tx \in \sigma$. 因而我们定义了一个映射 $T : \sigma \to \sigma$. 显然对每个凸子集 $S \subset \sigma$, 像和原像都是凸集. 由假设 $L^n P \subset \operatorname{Int} P$, 因此 $T^n \sigma \subset \operatorname{Int} \sigma$.

对映射 T, 任何凸闭集像的极值点都属于它的极值点的像 (见定义 A.2.8).

集合 $\sigma_0 = \bigcap\limits_{n=0}^{\infty} T^n \sigma \subset \operatorname{Int} \sigma$ 是闭、凸, 且严格 T 不变的 (即 $T\sigma_0 = \sigma_0$).

[53] 现在我们证明 σ_0 有不多于 N 个极值点. 设 $x \in \sigma_0 \subset T^n \sigma$, 则 x 是 $T^n \sigma$ 的极值点的凸线性组合, 但是正如我们已经指出的, $T^n \sigma$ 的所有极值点都属于 σ 的顶点 $e_1, \cdots, e_N$ 的像. 因此, $x = \sum\limits_{i=1}^{N} \lambda_i^{(n)} T^n e_i$, 其中 $\lambda_i^{(n)} \geqslant 0$ 和 $\sum\limits_{i=1}^{N} \lambda_i^{(n)} = 1$. 我们可找子序列 $n_k \to \infty$, 使得对所有 $i = 1, \cdots, N$, $T^{n_k} e_i$ 和 $\lambda_i^{(n_k)}$ 收敛. 令 $\lim T^{n_k} e_i = p_i, \lim \lambda_i^{(n_k)} = \lambda_i$. 我们有 $x = \sum\limits_{i=1}^{N} \lambda_i p_i$. 如果 x 与 p_i 不同, $i = 1, \cdots, N$, 则它不是 σ_0 的极值点.

因此 σ_0 的极值点集有限且 T 不变, 因此, 对某个 m, 所有这些点都是 T^m

的不动点. 每一个这种点对应于 L^m 有正坐标的特征向量. 我们证明 L^m 只可有一个 (直到一个数量乘数) 这样的特征向量. 假设至少存在两个这样的点, 考虑两种情形.

情形 1: 所有特征向量都有相同的特征值. 则有

$$e, f \in \operatorname{Int} P, \quad L^m e = \lambda e, \quad L^m f = \lambda f.$$

事实上, 只需假设 $f \in \operatorname{Int} P$, 因为这时存在正数 α 使得向量 $e - \alpha f$ 属于 P 的边界. 由于 $T^m(e - \alpha f) = e - \alpha f$, 这与假设对大的 $n, L^n P \subset \operatorname{Int} P$ 矛盾.

情形 2: 存在具有不同特征值的特征向量

$$e, f \in P, \quad L^m e = \lambda e, \quad L^m f = \mu f.$$

显然, λ 和 μ 是正数, 因此可假设 $\lambda > \mu$. 考虑由 e 和 f 生成的平面. 包含 e 和 f 的直线将平面分成 4 个扇形.

考虑由包含 f 和 $-e$ 的半直线形成的扇形 S. 如果 $x \in S$, 则 $x = \alpha f - \beta e, \alpha, \beta > 0$, 所以 $L^{nm} x = \alpha \mu^n f - \beta \lambda^n e$, 即当 $n \to \infty$ 时这个向量的方向趋于 $-e$ 的方向. 特别地, 对大的 n, $L^{nm} x$ 不属于 P. 但是, 由于对小 $\varepsilon > 0$, $f \in \operatorname{Int} P, f - \varepsilon e \in P$. 因此我们在 P 中找到一个最终离开 P 的向量, 这与我们的假设矛盾. 这完成了 L 的特征向量的唯一性证明, 因为由我们的论述得知 σ_0 是由单个点组成, 从而它是 L 的不动点, 因此生成 L 的一个特征向量 $e \in P$.

现在我们证明, 如果 $Le = \lambda e$, μ 是 L 的另一个特征值, 则 $\lambda > |\mu|$.

如果 μ 为实数, 考虑特征值 μ 的特征向量 f 和由 e 与 f 生成的平面. 我们已经证明不存在特征值为 $\pm\lambda$ 的其他特征向量. 假设 $|\mu| > \lambda$. 于是如前, 对 $\alpha, \beta > 0$ 当 $n \to \infty$ 时向量 $L^n(\alpha e + \beta f)$ 的方向趋于 f 的方向, 因此对大的 n 这些向量在 P 的外面. 但是, 因为 ε 很小, 从而 $e + \varepsilon f \in P$, 矛盾. 类似地, 如果 μ 是复数, 例如 $\mu = \rho \cdot e^{i2\pi\varphi}$, 我们求二维不变平面, 其中 L 的作用为用 ρ 相乘并旋转 φ. 如果 $\rho > \lambda$, 通过考虑 L 在由 ε 和那个平面生成的三维空间上的作用得到类似的矛盾.

如果 $\rho = \lambda$, 我们在那个三维空间中取一个位于 P 的边界的向量. 这个向量
或者最终回到 ∂P (如果 φ 是有理数), 或者任意接近它 (如果 φ 是无理数), 这与 [54]
对大的 m, $L^m P$ 严格在 P 内的事实矛盾.

余下的要证明 λ 是单个特征值. 我们已经证明特征值 λ 的特征向量空间是一维的. 剩下的可能性是对应于 λ 的根空间多于一维. 但这时存在 $f \in \mathbb{R}^N$ 使得 $Lf = \lambda(f + e)$. 于是对小的 ε,

$$e - \varepsilon f \in P \quad 和 \quad L^n(e - \varepsilon f) = \lambda^n(-\varepsilon f + (1 - \varepsilon n)e).$$

对大的正数 n, 后面向量的方向趋于 $-e$ 的方向, 就是说, 它离开 P, 这是不可能的. □

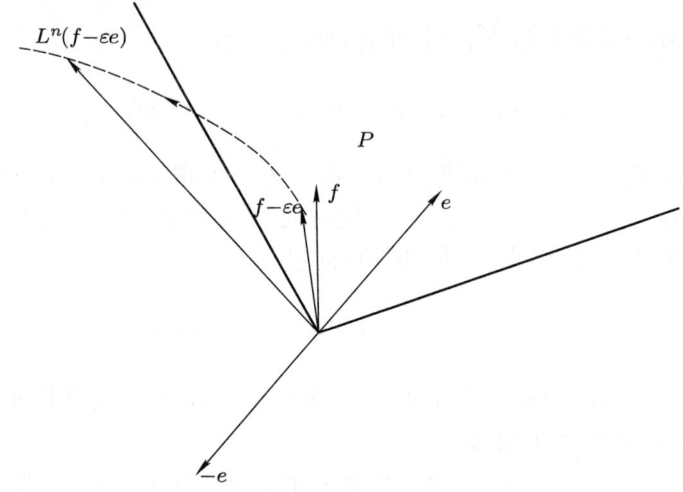

图 1.9.2. 两个特征值的情形

练 习

1.9.1. 验证子节 a 末尾所作的阐述. 即

(1) 证明函数 $\varphi : \Omega_N \to \mathbb{C}$ 是指数型的, 当且仅当对某个 $\lambda > 1$, 它关于度量 d_λ 是 Hölder 连续的.

(2) 证明 (1.9.2).

[55] **1.9.2.** 设 d_* 是 Ω_N 上的度量

$$d_*(\omega, \omega') = \sum_{n=-\infty}^{\infty} \frac{|\omega_n - \omega'_n|}{n^2}.$$

证明它同任何度量 d_λ 确定相同的拓扑. 证明每个指数型函数关于 d_* 是 Hölder 连续的, 但也存在某些不是指数型的函数, 它们关于那个度量 Hölder 连续.

1.9.3. 考虑自然同胚 $H : \Omega_2^R \to K$, 其中 K 是 Cantor 三分集:

$$H(\omega_0, \omega_1, \omega_2, \cdots) := 0.\alpha(\omega_0)\alpha(\omega_1)\cdots,$$

这里 $\alpha(0) = 0, \alpha(1) = 2$, 右边的数写为以 3 为基.

证明 Ω_2^R 上一类指数型函数变成一类关于由 $[0,1]$ 上的 Euclid 度量诱导的 K 上度量的 Hölder 连续函数.

现在假设 A 是每行和每列至少有一个 1 的 0-1 的 $m \times m$ 矩阵.

1.9.4. 证明对每个 $i \in \{0, \cdots, m-1\}$, 集合 $\Omega_{A,i} = \{\omega \in \Omega_A | \omega_0 = i\}$ 非空.

1.9.5. 证明如果存在包含符号 i 至少两次的元素 $\omega \in \Omega_A$, 则存在周期元素 $\omega' \in \Omega_A$ 使得 $\omega'_0 = i$.

1.9.6. 我们称满足上述问题条件的符号 i 为本质的. 证明 Ω_A 的任何元素的任一个 ω 极限点 (见定义 1.6.2) 仅包含本质符号.

1.9.7. 称两个本质符号 i 与 j 等价, 如果存在 $\omega, \omega' \in \Omega_A, k_1 < k_2, l_1 < l_2$, 使得

$$\omega_{k_1} = \omega'_{l_2} = i, \quad \omega_{k_2} = \omega'_{l_1} = j.$$

证明所有本质符号的集合分裂为互相等价的符号 (即存在等价关系) 的不相交子集.

1.9.8. 证明 σ_A 有稠密正半轨, 当且仅当所有符号是本质且等价的.

1.9.9. 证明在上述问题的条件下存在正整数 N 以及 Ω_A 分解为闭不相交子集 $\Lambda_1, \cdots, \Lambda_N = \Lambda_0$, 使得对 $i = 0, 1, \cdots, N-1$ 有 $\sigma_A \Lambda_i = \Lambda_{i+1}$, 而且 $(\sigma_A)^N$ 在每个 Λ_i 上的限制是拓扑混合的. 此外, Ω_A 分解为诸 Λ_i 对应于集合 $\{1, \cdots, m\}$ 分解为 N 个相等的组, 使得每个元素 $\omega \in \Omega_A$ 只有模为 N 的一个组中的符号. [56]

称这为谱分解.[3]

1.9.10. 设 $B_k = \left\{\omega \in \Omega_2 | \forall m, n \in \mathbb{Z}, m > n, \left|\sum_{i=n}^{m} (-1)^{\omega_i}\right| \leqslant k\right\}$, 证明 B_k 是 Ω_2 的闭 σ_2 不变子集. 记 $S_k = \sigma_2|_{B_k}$, 证明 S_k 是拓扑传递的但不是拓扑混合的.

1.9.11. 证明存在 0-1 矩阵 A 和连续映射 $H: \Omega_A \to B_2$, 使得图

$$\begin{CD} \Omega_A @>{\sigma_A}>> \Omega_A \\ @V{H}VV @VV{H}V \\ B_2 @>{S_2}>> B_2 \end{CD}$$

可交换, 且 B_2 中除了两点外所有点恰有一个原像.

1.9.12*. 证明不存在满足 (1.9.6) 的同胚, 就是说, 映射 S_2 不 C^0 等价或拓扑共轭于 (见后面定义 2.1.1 和定义 2.3.1) 任何拓扑 Markov 链.

第 2 章　等价性, 分类与不变量 [57]

上一章我们在研究不同例子时遇到与动力系统渐近性态有关的几个有用概念. 迄今为止, 在我们的概念名单中已包含周期轨道的个数增长, 它们的空间分布 (例如, 密度), 拓扑传递性, 极小性, α 极限集和 ω 极限集, 以及拓扑混合性. 这个名单将在第 3 章和第 4 章大大扩充并系统化. 在这之前, 我们将从不同角度研究光滑动力系统的渐近性态问题.

2.1. 映射的光滑共轭与模

a. 等价性与模. 我们可以将问题中的性质考虑为与坐标的特殊选择无关的大范围轨道结构的某些特性. 从大范围观点看, 坐标变换由相空间之间的微分同胚 (在光滑结构情形) 或同胚 (在拓扑情形) 给出. 因此可以在动力系统与相应的不同坐标变换类之间引入自然的等价关系, 并将描述轨道结构的问题解释为动力系统关于这些等价关系的分类.

我们从离散时间情形开始.

定义 2.1.1. 两个 C^r 映射 $f: M \to M$ 和 $g: N \to N$ 称为是 C^m 等价的, 或 C^m 共轭 ($m \leqslant r$), 如果存在 C^m 微分同胚 $h: M \to N$, 使得 $f = h^{-1} \circ g \circ h$. h 或这种 h 的存在性称为 (光滑) 共轭.

换句话说, C^m 等价性意味着 f 通过 C^m 坐标变换不同于 g. 不论是从一般结构观点还是考虑到应用, 这看起来当然像微分动力学中的一个自然等价关系.

定义 2.1.2. 设 U 是在 C^r 拓扑下 M 到它自己的 C^r 映射空间 $C^r(M,M)$ 中
[58] 的一个开子集. 称连续泛函 $F: U \to \mathbb{R}$ 为 C^m 模, 如果存在 $\delta > 0$, 使得对通过满足 $\operatorname{dist}_{C^m}(h, id) < \delta$ 的微分同胚 h 是 C^m 等价的任何两个映射 $f, g \in U$ 有 $F(f) = F(g)$.

恒同的这个接近性条件对连续时间系统变得特别重要. 下一节我们将讨论几个适当例子. 现在我们证明, 那些在 1.7 节和 1.8 节描述的具有非平凡回复性的许多有趣情形中至少存在许多 C^1 模.

设 p 是 f 的周期 n 的周期点. 显然, 对任何与 f 是 C^m 等价的 g, 我们有 $g^n h(p) = hf^n(p) = h(p)$, 所以 $q = h(p)$ 是 g 的相同周期的周期点. 因此对 $n \in \mathbb{N}$ 有 $P_n(f) = P_n(g)$. 此外, 如果 $m \geqslant 1$, 则对每一点 (不必是周期点) x 和每个 n,

$$Df_x^n = Dh_{g^n hx}^{-1} \circ Dg_{hx}^n \circ Dh_x.$$

特别地, 如果 $f^n p = p$, 则

$$Df_p^n = (Dh_p)^{-1} Dg_{hp}^n Dh_p,$$

因为此时 $g^n h(p) = h(p)$, 且 $(Dh^{-1})_{hp} = (Dh_p)^{-1}$. 因而线性算子 Df_p^n 和 Dg_{hp}^n 共轭, 特别地, 它们有相同的特征值. 回忆 Df_p^n 的特征值集是周期点 p 的谱.

我们看到, 引用命题 1.1.4, f 的每个周期点 p 的谱不包含 1, 故确定几个 C^1 模. 为了简单起见, 假设 Df_p^n 的特征值是单的, 这些特征值可为模服务. 因为这种周期轨道是孤立的, 它们的谱可以分开扰动, 至少这对任何有限点集可进行. 因此, 在某种意义下从不同周期轨道得到的模是独立的.

b. 局部解析线性化. 另一方面, 在某些情形下谱至少*局部地*是光滑共轭的一个完全不变量. 现在我们给出这种情况的一个非常简单的例子, 它也有助于发现某些用于光滑动力系统理论更多解析方面的方法. 分析局部光滑共轭问题的不同方法将在 2.8 节和 6.6 节中进行.

命题 2.1.3. *设 $I = [-\delta, \delta]$, $f: I \to I$ 是一个实解析压缩映射, $f(0) = 0$, $0 \neq \mu := f'(0)$. 那么存在包含 0 的区间 $J_1 \subset I$ 和保持原点的实解析微分同胚 $h: J_1 \to J_2 \subset \mathbb{R}$, 以及与线性映射 $x \mapsto \mu x$ 共轭的 f.*

也存在命题 2.1.3 对 C^∞ 和 C^r 映射的形式. C^∞ 形式包含在定理 6.6.6 中.

[59] **证明.** 现在我们证明如何求这个共轭的形式幂级数, 再证明这个级数的收敛性. 这是优化法的一个最简单例子, 这个方法广泛应用于有关动力系统共轭性的许多局部和半局部问题.

这里的形式幂级数是指表达式 $u=\sum_{i=0}^{\infty}u_ix^i$, 除了对 $x=0$ 外不假设在任何地方收敛. 给定两个形式幂级数 $u=\sum_{i=0}^{\infty}u_ix^i$ 和 $v=\sum_{i=0}^{\infty}v_ix^i$, 我们说 v 优化 u, 如果对所有 i 有 $|u_i|\leqslant v_i$. 记之为 $u\prec v$, 并称 v 是 u 的优化. 当 u 和 v 是解析函数时我们用同样的记号. 因此, 例如, $1\prec(1-x)^{-1}$ 和 $1+2x\prec(1-x)^{-2}$.

记 $f(x)=\sum_{i=1}^{\infty}f_ix^i$, 并令 $\varepsilon=\min_{n\geqslant 2}|f_i|^{-1/(n-1)}>0$ (因为 f 在 0 的邻域内有定义). 于是

$$f'(x):=f(\varepsilon x)/\varepsilon=\lambda x+\sum_{i=2}^{\infty}f_i\varepsilon^{i-1}x^i\prec|\lambda|x+\frac{x^2}{1-x}=:|\lambda|x+F(x).$$

如果 $h'(\lambda x)=f'(h'(x))$ 且 $h:=h'/\varepsilon$, 则

$$f(h(x))=\varepsilon f'(h(x)/\varepsilon)=\varepsilon f'(h'(x))=\varepsilon h'(\lambda x)=h(\lambda x),$$

因此我们可假设 $f\prec|\lambda|x+F(x)$. 如果 $h(x)=x+\widetilde{h}(x)$ 和 $f(x)=\lambda x+\widetilde{f}(x)$, 则 $h(\lambda x)=f(h(x))$ 变成 $\lambda x+\widetilde{h}(\lambda x)=\lambda h(x)+\widetilde{f}(h(x))$ 或 $\widetilde{h}(\lambda x)-\lambda\widetilde{h}(x)=\widetilde{f}(h(x))$. 对 $h(x)=x+\sum_{i=2}^{\infty}h_nx^n$ 的系数, 这意味着

$$(\lambda^k-\lambda)h_k=(\widetilde{f}\circ h)_k. \tag{2.1.1}$$

上式右端仅包含 h 的次数低于 k 的系数, 因为 $\widetilde{f}$ 从二次项开始. 因此, 从 $h_0=0$ 和 $h_1=1$ 开始递推得知, 这唯一确定了 h 的系数. 剩下的要证明这个幂级数收敛. 为此令

$$c=\max_{k\geqslant 2}\frac{1}{|\lambda^k-\lambda|}=\frac{1}{|\lambda|}\max_{k\geqslant 2}\frac{1}{|1-\lambda^{k-1}|}=\frac{1}{|\lambda|}\frac{1}{1-|\lambda|},$$

以及 $\overline{h}$ 是系数为 $\overline{h}_k=|h_k|$ 的幂级数. 于是对 $k\geqslant 2$ 有

$$\overline{h}_k=|h_k|=\frac{1}{|\lambda^k-\lambda|}(\widetilde{f}\circ h)_k\leqslant\frac{1}{|\lambda^k-\lambda|}(F\circ\overline{h})_k\leqslant c(F\circ\overline{h})_k.$$

这里我们利用了如果 $u\prec U$ 和 $v\prec V$, 且 $V(0)=0$, 则 $u\circ v\prec U\circ V$. 为了看到这一点, 注意 $u\circ v\prec U\circ V$ 的两边, u 和 v 的一边以及 U 和 V 的另一边的 k 次系数都是一个正系数多项式. 在两边的这些多项式相同, 右边按绝对值较大的量给出较大值.

[60] 因此, $\overline{h} \prec x + cF \circ \overline{h} = x + c\dfrac{\overline{h}^2}{1-\overline{h}} \prec \dfrac{x + c\overline{h}^2}{1-\overline{h}}$, 因为 $x \prec x(1+\overline{h}+\overline{h}^2+\cdots) = x/1-\overline{h}$. 注意, 在表达式 $\dfrac{x+cu^2}{1-u} = (x+cu^2)(1+u+u^2+\cdots)$ 中, u 是任何形式幂级数, 它的 k 次系数是多项式 $P_k(u_0,\cdots,u_{k-1})$, 其系数是 u 的低次系数, 它们都是正的. 因此

$$H = \frac{x+cH^2}{1-H} \tag{2.1.2}$$

通过 $H_k = P_k(H_0,\cdots,H_{k-1})$ 定义了一个形式幂级数 H, 递归地有

$$|h_k| = \overline{h}_k \leqslant P_k(h_0,\cdots,h_{k-1}) \leqslant P_k(H_0,\cdots,H_{k-1}) = H_k \tag{2.1.3}$$

或者 $h \prec H$. H 收敛, 因为 $(c+1)H^2 - H + x = 0$, 或者 $a^2H^2 - 2aH + 2ax = 0$, 其中 $a = 2(c+1)$, 所以 $(1-aH)^2 = 1 - 2aH + a^2H^2 = 1 - 2ax$, 以及

$$1 + 2aH \prec 1 + 2aH + 2a^2H^2 + \cdots = (1-aH)^{-2} = \frac{1}{1-2ax},$$

因此, $2aH \prec \dfrac{1}{1-2ax} - 1 = \dfrac{2ax}{1-2ax}$, 所以 $H \prec \dfrac{x}{1-2ax}$ 对 $|2ax| < 1$ 收敛. □

命题 2.1.3 是定理 2.8.2 的一个特殊情形 (虽然定理 2.8.2 处理复域中的变换, 但从证明中容易看到, 如果 f 有实系数则共轭映射 h 也有实系数). 定理 2.8.2 的证明将为阐述最快收敛准则法服务, 有时称之为 Newton 法. 2.7 节以一般形式描述的这个方法是光滑动力系统理论中最有效的通用工具之一, 特别对有关光滑等价性问题. 它的特殊重要性是由于它可用于没有双曲性的情形, 而不是像我们现在的情形.

c. 模的各种类型. 现在我们回到对轨道大范围结构的讨论. 我们对模与相应的周期轨道无关的构造显示, 在无穷多个周期点情形如对扩张映射 E_m (1.7 节) 和环面双曲自同构 F_L (1.8 节), 存在无穷多个局部 C^1 等价的不变量. 由此得知, 这两个情形展示了双曲系统的最简单例子 (参看本书 6.4 节和本书的第 4 部分), 它们的周期轨道的谱分别在映射 E_m 和 F 的邻域内组成一个 C^1 甚至 C^∞ 等价的不变量的完全系. 环面映射的 C^1 共轭将包含在定理 20.4.3 中. 对所有周期点的特征值的可能值的集合的合理描述至今仍然是一个尚未解决的问题.

不同类的模给出圆周旋转 R_α 邻域内光滑等价性的实质信息, 尽管它还不够
[61] 完全. 旋转数 (见定义 11.1.2) 是一 个 C^0 模, 而且对 α 的某些无理数值, 其水准确定了光滑等价类 (见定理 12.3.1).

另一方面, 在许多情形下, 所有 C^r $(r \geqslant 1)$ 等价类的集合既太大又不允许有合理的结构. 在 $r=0$ 的情形, 即光滑动力系统的拓扑等价性就有惊人的不同, 我们将在 2.3 节讨论此问题.

现在我们对具有非常简单回复模式的系统给出一个如何寻找 C^r 分类的思想. 为此考虑单位区间 $I=[0,1]$ 到它自己的单调解析映射 φ, 它使这个区间的两个端点不动, 没有其他不动点, 且满足 $\varphi'(0)>1, \varphi'(1)<1$, 例如,

$$\varphi(x)=-\frac{x^2}{2}+\frac{3}{2}x. \tag{2.1.4}$$

因此, $x=0$ 和 $x=1$ 分别是映射 φ 负向迭代和正向迭代的吸引不动点, 即 0 和 1 之间的任何点的负向和正向迭代都趋于 0 和 1 (参看命题 1.1.6).

首先我们证明, 这样的映射 φ 在开区间 $(0,1)$ 内本质上定义两个光滑放射结构.

引理 2.1.4. *在实直线原点邻域内定义的并与线性压缩 $\Lambda: x\mapsto \lambda x, |\lambda|<1$ 可交换的任何 C^1 映射是线性的.*

证明. 设 $f:[-\varepsilon,\varepsilon]\to\mathbb{R}$ 是这样一个映射. 首先, f 必须保持原点, 因为 $f(0)$ 是 Λ 的唯一不动点. 其次, 由可交换条件得 $f(\lambda x)=\lambda(f(x))$, 递归地有

$$f(\lambda^n x)=\lambda^n f(x). \tag{2.1.5}$$

由于 f 在 0 可微, 当 $n\to\infty$ 时 $f(\lambda^n x)/\lambda^n x$ 有极限, 它与 x 无关, 记为 a. 由 (2.1.5)

$$a=\lim_{n\to\infty}\frac{f(\lambda^n x)}{\lambda^n x}=\frac{f(x)}{x},$$

即 $f(x)=ax$. □

注. 这个可微性条件很重要. 与此相对照的是存在与 Λ 可交换的许多非线性 Lipschitz 映射.

推论 2.1.5. *设 h_1, h_2 是两个满足命题 2.1.3 断言的微分同胚, 则存在实数 μ 使得 $h_2(x)=h_1(\mu x)$.*

换句话说, 每个实解析压缩映射保持唯一确定的光滑放射结构. 对我们讨论的映射 φ, 这个区间的两个端点附近定义的这两个结构在中点相交. 在任何基本区域 $J=[a,\varphi(a)]$ 上, 这两个结构之间的传递函数提供了 φ 的模的一个无穷维 [62]
空间. 现在我们更详细地刻画最后这个论述. 利用命题 2.1.3 可以变换坐标, 使得映射 φ 作为 $[0,\varphi^{-1}(a)]$ 到 $[0,a]$ 以及 $[\varphi(a),1]$ 到 $[\varphi^2(a),1]$ 的放射映射. 由推论 2.1.5, 这些坐标 (直到相差两个常数乘数) 在每个端点是唯一确定的. 于是映射 $\varphi|_{[a,\varphi(a)]}:[a,\varphi(a)]\to[\varphi(a),\varphi^2(a)]$ 可正规化为微分同胚 $\varphi_a:[0,1]\to[0,1]$:

$$\varphi_a(t)=\frac{\varphi(a+t(\varphi(a)-a))-\varphi(a)}{\varphi^2(a)-\varphi(a)} \tag{2.1.6}$$

并通过公式

$$\varphi_a(t+k) = \varphi_a(t) + k \tag{2.1.7}$$

将它扩展到整个实直线, 其中 $0 \leqslant t \leqslant 1, k \in \mathbb{Z}$. 称满足 $\psi_1(0) = \psi_2(0) = 0$ 的两个实直线的微分同胚 ψ_1, ψ_2 等价, 如果对某个 $s \in [0,1]$ 有 $\psi_2(t) = \psi_1(t+s) - \psi_1(s)$. 称由 φ 通过 (2.1.6) 和 (2.1.7) 定义的 $\varphi_a : \mathbb{R} \to \mathbb{R}$ 为 φ 的转移映射. 这样的映射依赖于确定 φ 在区间端点附近的线性化的乘性常数与对基点 a 的选择. 显然由 (2.1.6), 如果 a 适当变化, 线性化的改变不改变转移映射. 在基点的变化由等价的映射代替转移映射. 因此我们刻画了映射 φ 的模, 它们包括在端点的特征值和转移映射的等价类.

推论 2.1.6. 设 $\widetilde{\varphi}$ 是映射 φ 的一个小解析扰动, 则 φ 与 $\widetilde{\varphi}$ 解析共轭, 当且仅当它们是 C^1 共轭的, 或者, 如果成立 $\widetilde{\varphi}'(0) = \varphi'(0), \widetilde{\varphi}'(1) = \varphi'(1)$, 且 φ 与 $\widetilde{\varphi}$ 的转移映射等价.

相比之下, 我们指出, 映射 φ 的 C^0 轨道结构是稳定的:

命题 2.1.7. 映射 φ 是 C^0 共轭于任何映射 ψ, 其中 ψ 是 C^1 接近于 φ, 且满足 $\psi(0) = 0$ 和 $\psi(1) = 1$.

证明. 如果 $\psi'(0) > 1, \psi'(1) < 1$ 且 $\psi' > 0$, 则对 $t \neq 0$ 有 $\lim\limits_{n\to\infty} \psi^n(t) = 1$, 对 $t \neq 1$ 有 $\lim\limits_{n\to-\infty} \psi^n(t) = 0$. 因此, 如果我们在区间 $[a, \varphi(a)]$ 与 $[a, \psi(a)]$ 之间取任何一个单调连续映射 H, 并对任何 $n \in \mathbb{Z}$, 在 $[\varphi^n(a), \varphi^{n+1}(a)]$ 上通过令

$$h(0) = 0, \quad h(1) = 1, \quad h = \psi^n \circ H \circ \varphi^{-n}$$

将它扩充到映射 $h : [0,1] \to [0,1]$, 那么 h 是 $[0,1]$ 的同胚, 且 $\psi = h \circ \varphi \circ h^{-1}$. □

这个论述对具有高度耗散性态的系统提供了轨道结构稳定性证明的一个范例. 这个方法的进一步应用见练习 2.1.1, 2.3.3 和 2.3.4, 以及 6.3 节.

[63] ## 练 习

2.1.1. 设 f, g 是定义在实直线原点邻域内的 C^1 映射, 满足 $f(0) = g(0) = 0$ 和 $0 < f'(0) < 1, 0 < g'(0) < 1$. 证明 f 和 g 在原点附近局部拓扑共轭, 就是说, 存在开区间 $I \ni \{0\}$ 和同胚嵌入 $h : I \to \mathbb{R}$, 使得 $h(0) = 0$, 且对 $x \in \mathbb{R}$, 有 $f(h(x)) = h(g(x))$.

2.1.2. 证明在上一问题的假设下 h 可选择为 Lipschitz 连续, 当且仅当 $f'(0) \leqslant g'(0)$. 因此, 特别地, h 可选择为 Lipschitz 连续, 当且仅当 $f'(0) = g'(0)$.

2.1.3.

(1) 证明实直线映射 $f: x \mapsto x + \dfrac{x^2}{1+x^2}$ 不局部共轭于原点附近的任何线性映射.

(2) 证明映射 $f: x \mapsto x + x^3$ 拓扑共轭于由 $l(x) = \lambda x$ 给出的线性映射 l, 但是方程 $f = h \circ l \circ h^{-1}$ 的解 h 在原点的任何邻域内不能选择为 Hölder 连续.

2.1.4. 设 $f_0 = R$ 是 $\mathbb{R}^n$ 的旋转, 且 $f_{\pm 1}(x) = R(x \pm x\|x\|)$. 求证映射 f_0, f_1, f_{-1} 中没有两个在 0 附近是拓扑共轭的.

2.1.5. 考虑练习 1.7.2 研究的单位区间 $[0,1]$ 上的二次映射族 $f_\lambda(x) = \lambda x(1-x)(0 \leqslant \lambda \leqslant 4)$. 证明:

(1) 映射 f_4 不拓扑共轭于任何映射 f_λ, 其中 $\lambda < 4$.

(2) 对 $0 < \lambda \leqslant 1$, 所有 f_λ 彼此拓扑共轭.

(3) 如果 $\lambda \neq \mu$, 则 f_λ 不 C^1 拓扑共轭于 f_μ.

(4) 如果 $0 < \lambda \leqslant 1$, 以及 $\mu > 1$, 则 f_λ 和 f_μ 不拓扑共轭.

(5) 如果 $1 < \lambda < 3$, 则 $p_\lambda = (\lambda - 1)/\lambda$ 是吸引不动点, 0 是排斥不动点, 以及当 $0 < x < 1$ 时, $\lim\limits_{n\to\infty} f_\lambda^n(x) = p_\lambda$.

(6) 对 $1 < \lambda < 2$, 所有映射 f_λ 彼此拓扑共轭.

(7)* 证明对 $\lambda_1, \lambda_2 \in (3, 1+\sqrt{6}]$, 映射 f_{λ_1} 和 f_{λ_2} 拓扑共轭但不 C^1 等价.

2.1.6. 证明命题 2.1.7 中构造的拓扑共轭 h 和它的逆 h^{-1} 都可选择为 Lipschitz 连续, 当且仅当 $\psi'(0) = \varphi'(0)$ 和 $\psi'(1) = \varphi'(1)$.

2.1.7. 考虑定义在复平面原点邻域内满足 $f(0) = 0$ 和 $|f'(0)| \neq 1$ 的复解析映射 $f: U \to \mathbb{C}$. 证明 f 在 0 的邻域内局部解析共轭于线性映射 $Lz = f'(0)z$.

2.1.8. 设 v 是满足 $v(0) = 0, v'(0) \neq 0$ 的实直线的原点邻域内的实解析向量场. [64]
证明由 v 在 0 的邻域内产生的局部流 φ^t 局部解析共轭于线性流 $\Phi^t x = e^{v'(0)t}x$.

2.1.9*. 证明对 $a \in (0,1)$, 映射 $(x,y) \mapsto (a^2 x + y^2, ay)$ 可以在 0 的附近 C^1 线性化, 但不能 C^2 线性化.

2.1.10. 设 $L \in SL(m, \mathbb{Z})$ 是行列式为 1 但没有特征值为 1 的整数矩阵, 令 $a \in \mathbb{R}^m$. 考虑 m 维环面的放射映射

$$A_{L,a}(x) = Lx + a \pmod 1,$$

证明 $A_{L,a}$ C^∞ 共轭于自同构 $F_L: x \mapsto Lx \pmod 1$.

2.2. 流的光滑共轭与时间改变

我们可将光滑等价性概念直接推广到连续时间情形.

定义 2.2.1. 两个 C^r 流 $\varphi^t: M \to M$ 与 $\psi^t: N \to N$ 称为是 C^m 流等价的 ($m \leqslant r$), 如果存在 C^m 微分同胚 $h: M \to N$, 使得对所有 $t \in \mathbb{R}$ 有 $\varphi^t = h \circ \psi^t \circ h^{-1}$.

换句话说, 如实数群 $\mathbb{R}$ 的微分作用, 流等价性是流的共轭.

考虑流等价性的一个有趣的简单例子.

命题 2.2.2. 设 $\omega = (\omega_1, \cdots, \omega_{n-1}, 1)$, n 维环面 $\mathbb{T}^n$ 上的线性流 T_ω^t 是 C^∞ 流等价于 $n-1$ 维环面上的平移 T_γ 的扭扩, 其中 $\gamma = (\omega_1, \cdots, \omega_{n-1})$.

证明. 考虑由

$$H(x_1, \cdots, x_{n-1}, t) = (x_1 + \omega_1 t, x_2 + \omega_2 t, \cdots, x_{n-1} + \omega_{n-1} t, x_n + t)$$

给出的从扭扩流形 $M = \mathbb{T}_{T_\gamma}^{n-1}$ 到环面 $\mathbb{T}^n$ 的映射 H. 显然它对 $t \neq 0$ 可微. 在 $t = 0$ 的可微性由扭扩流形上的光滑结构的定义给出. H 的微分将向上向量场 $\dfrac{\partial}{\partial t}$ 变为向量场 $\omega_1 \dfrac{\partial}{\partial x_1} + \omega_2 \dfrac{\partial}{\partial x_2} + \cdots + \omega_n \dfrac{\partial}{\partial x_n}$, 因此共轭的流由这个向量场生成, 它们恰好分别是扭扩流和线性流. □

[65] 不像离散时间系统, 流的轨道结构有两个不同面貌: (i) 在不同轨道上点的相关性态, (ii) 初始条件沿着它的轨道关于时间的发展. 当保持它的轨道结构的第一个面貌时, 存在自然方式改变给定的流, 即不改变轨道.

定义 2.2.3. M 上的流 ψ^t 是另一个流 φ^t 的时间改变, 如果对每个 $x \in M$, 轨道 $\mathcal{O}_\varphi(x) = \{\varphi^t x\}_{t\in\mathbb{R}}$ 与 $\mathcal{O}_\psi(x) = \{\psi^t x\}_{t\in\mathbb{R}}$ 重合, 且由 t 改变给出的定向在正方向是相同的.

如果 ψ^t 是 φ^t 的时间改变, 则对每个 $x \in M$, $\psi^t x = \varphi^{\alpha(t,x)} x$, 这里 α 是实值函数. 群性质 $\psi^{t+s} = \psi^s \circ \psi^t$ 和 $\psi^{-t} = (\psi^t)^{-1}$ 变为下面方程

$$\begin{aligned} \alpha(t+s, x) &= \alpha(t, x) + \alpha(s, \varphi^t x), \\ \alpha(-t, x) &= -\alpha(t, \varphi^{-1} x). \end{aligned} \tag{2.2.1}$$

这样的函数 $\alpha(t, x)$ 称为 φ^t 上的 (非扭转的) 单余环. 更一般框架下的余环在 2.9 节中讨论. 保持定向指

$$\alpha(t, x) \geqslant 0, \quad 如果\ t \geqslant 0, \tag{2.2.2}$$

轨道不会崩塌的事实指, 或者 x 是 φ^t 的不动点, 即对所有 $t \in \mathbb{R}$, $\varphi^t x = x$, 或者 $t > 0$ 时 $\alpha(t, x) > 0$.

显然, φ^t 的不动点与 ψ^t 的不动点重合.

如果 φ^t 和 ψ^t 都是 C^r 的, 而且 x 不是不动点, 则由隐函数定理立刻得知 $\alpha(t,x)$ 对两个变量都是 C^r 的. 通过简单例子可以证明对不动点这并不成立. 对固定的 t 当 $x \to x_0$, 即趋于 φ^t 的不动点时 $\alpha(t,x)$ 甚至可以没有极限.

时间改变的另一个描述可通过向量场 $\xi = \left.\dfrac{d\varphi^t}{dt}\right|_{t=0}$ 和 $\eta = \left.\dfrac{d\psi^t}{dt}\right|_{t=0}$ 给出. 由微分方程解的唯一性得知, 向量场的零点是对应流的不动点. 因此, 我们有

$$\xi(x) = 0, \quad \text{当且仅当 } \eta(x) = 0. \tag{2.2.3}$$

此外, 如果 x 不是不动点, 曲线 $\{\varphi^t x\}$ 和 $\{\psi^t x\}$ 的切向量共线不等于零且有相同方向, 因此 $\eta(x) = a(x)\xi(x)$, 这里 a 是有定义的数量函数, 且在所有非不动点 x 处为正, 即 $a(x) = \left.\dfrac{\partial}{\partial t}\alpha(t,x)\right|_{t=0}$. 如果 φ^t 和 ψ^t 都是 C^r 流且 $\xi(x) \neq 0$, 则 $a(x)$ 在 x 是 C^{r-1} 的. 有时我们对由向量场 ξ 的数量倍数生成的流使用术语时间改变, 即使它在 $\xi \neq 0$ 的某点为零.

当时间改变生成的流与原来的流等价时, 就是说, 如果共轭的微分同胚自己保持原来流的每个轨道, 则存在一个简单情形. 换句话说, 我们选择

$$h(x) = \varphi^{\beta(x)}(x), \tag{2.2.4}$$

其中 β 是可微函数, 当 $\xi(x) \neq 0$ 时它沿着流的方向的导数 [66]

$$(\xi\beta)(x) = \left.\frac{d\beta(\varphi^t(x))}{dt}\right|_{t=0}$$

为正. 容易看出

$$(h \circ \varphi^t \circ h^{-1})(x) = \varphi^{\beta(x)+t-\beta(\varphi^t x)}(x), \tag{2.2.5}$$

其中

$$\alpha(t,x) - t = \beta(x) - \beta(\varphi^t x), \tag{2.2.6}$$

所以 α 显然满足 (2.2.1)—(2.2.2). 关于 t 在 $t=0$ 微分得知流 $h \circ \varphi^t \circ h^{-1}$ 由向量场 $(\xi\beta)\cdot\xi$ 产生, 即有

$$a - 1 = \xi\beta. \tag{2.2.7}$$

我们称形式 (2.2.5) 的时间改变为平凡的. 自然要试图刻画给定流的所有模平凡的时间改变. 这个问题实质上等价于刻画所有充分光滑的正函数空间, 直到相差一个函数的加法, 它是另一个光滑函数沿这个流方向的导数. 研究这个问题的一般框架以及类似的问题将在 2.9 节中进行. 在有些情形这个问题可用自然模解决, 即用周期轨道的周期. 例如, 这对建立在环面双曲自同构上的特殊流成立 (参看 19.2c 节).

定义 2.2.4. 称 M 上的 φ^t 和 N 上的 ψ^t 这两个 C^r 流是 C^m $(m \leqslant r)$ 轨道等价的, 如果存在 C^m 同胚 $h: M \to N$, 使得流 $\chi^t = h^{-1} \circ \psi^t \circ h$ 是流 φ^t 的时间改变.

等价地, 我们可以说 h 将流 ψ^t 的轨道映为流 φ^t 的轨道, 且保持由正时间方向给定的定向.

轨道等价性的一个有趣例子由 1.3 节中的函数作用下的流的构造提供.

命题 2.2.5. 设 M 是一个紧微分流形, $f: M \to M$ 是 C^m 微分同胚, $\varphi: M \to \mathbb{R}_+$ 是 M 上的 C^m 函数, 则流形 M_f^φ 上的特殊流 C^m 轨道等价于 M_f 上的扭扩流.

证明. 令 $k := \min \varphi$, $K := \max \varphi$. 考虑 C^∞ 函数 $g: [0,1] \times [k, K] \to \mathbb{R}$, 使得

(1) $g(t,s) = t$, 对 $t \in [0, k/4]$,

(2) $g(t,s) = t + s - 1$, 对 $t \in [1 - k/4, 1]$,

(3) $\dfrac{\partial}{\partial t} g(t,s) > 0$.

则映射 $(x,t) \mapsto (x, g(t, \varphi(x)))$ 是 M_f 与 M_f^φ 之间的微分同胚, 它将 M_f 上的铅垂向量场 $\dfrac{\partial}{\partial t}$ 映为 M_f^φ 上的铅垂向量场, 因此这个扭扩流与在 φ 作用下的特殊流的时间改变共轭. □

[67] 假设对流等价或对轨道等价的扰动它们的模的值得到保持, 则可用两个方法将 C^m 模的定义推广到流的情形.

为了强调流等价与轨道等价对流是不同的, 我们指出两个情形, 第一个流的任何周期轨道是第二个流的周期轨道. 但是, 即使 C^0 流等价性也意味着这种轨道的周期保持, 而轨道等价可导致周期改变. 事实上, 典型的时间改变改变所给轨道的周期, 且这种改变可以对不同轨道独立地作出. 因此, 周期轨道的周期即使是 C^0 流等价性模, 如在环面双曲自同构 F 的扭扩情形, 还存在无穷多个这样的模. 这些模之间的关系以及来自线性化映射的特征值的模的关系都是不平凡的.

我们讨论一个简单例子说明在模的定义中, 共轭映射接近于恒同映射的这个要求是有道理的. 考虑二维环面上的线性流 (1.5.2). 它由常数向量场 $\omega_1 \dfrac{\partial}{\partial x} + \omega_2 \dfrac{\partial}{\partial y}$ 生成. 显然如果两个这样的流的斜率相等, 那么它们有相同的轨道. 如果诸 ω 是正数, 则它们彼此由另一个通过时间改变得到. 线性幺模映射

$$G(x,y) = (ax + by, cx + dy),$$

其中 $a,b,c,d \in \mathbb{Z}$, $ad - bc = \pm 1$, 取向量场 (ω_1, ω_2) 为向量场 $(a\omega_1 + b\omega_2, c\omega_1 + d\omega_2)$,

斜率为 $\dfrac{c\omega_1+d\omega_2}{a\omega_1+b\omega_2}=\dfrac{c+d\gamma}{a+b\gamma}$, 其中 $\gamma=\dfrac{\omega_2}{\omega_1}$ 是向量场 (ω_1,ω_2) 的斜率.

容易看到, 对任何 γ 形如 $\dfrac{c+d\gamma}{a+b\gamma}$ 的数稠密. 因此所有向量 (ω_1,ω_2) 的集合划分为确定轨道等价流的稠密等价类. 事实上, 这些流几乎是流等价的, 因为时间改变在各个情形是常数. 另一方面, 如果我们要求共轭映射接近于恒同, 则这些线性流仅当它们的向量场有相同斜率时才轨道等价 (见练习 2.2.1). 旋转向量的概念 (见 14.7) 提供了这类等价性的 C^0 模.

练　习

2.2.1. 证明如果 n 维环面上的两个线性流 $\{T^t_\omega\}$ 和 $\{T^t_{\omega'}\}$ 通过同胚同伦于恒同 (例如接近于恒同), 则向量 ω 与 ω' 成比例.

2.2.2. [68]

(1) 考虑 1.8 节中的双曲环面自同构 F_L. F_L 的每个周期轨道确定 F_L 上的任何特殊流的唯一周期轨道. 取 F_L 的周期轨道的任一有限族 $\mathcal{O}_1,\cdots,\mathcal{O}_m$. 证明对任何正实数 $t_1,\cdots,t_m$, 存在 $\mathbb{T}^2$ 上的 C^∞ 正函数 φ, 使得由轨道 $\mathcal{O}_i$ 确定的 $(\mathbb{T}^2)^\varphi_{F_L}$ 上的特殊流的轨道有周期 $t_i, i=1,\cdots,m$.

(2)* 证明 (1) 中的函数 φ 事实上可选为三角多项式.

2.2.3. 证明建立在相同同胚 $f:X\to X$ 上的两个流 $\sigma^t_{f,\varphi},\sigma^t_{f,\psi}$ 在函数 φ 和 ψ 作用下是流等价的, 如果存在连续函数 $\Phi:X\to\mathbb{R}$, 使得

$$\varphi(x)-\psi(x)=\Phi(f(x))-\Phi(x). \tag{2.2.8}$$

2.3. 拓扑共轭, 因子与结构稳定性

上一节讨论的微分共轭对动力系统的分类看上去是一个非常自然的要素. 然而, 即使我们的零碎分析也表明至少对大范围问题这个概念通常也太微妙. C^r 分类对 $r\geqslant 1$ 的情形可以用合理方式进行值得非常仔细地考虑, 但它们的数目实在太多以至那种情况的分类几乎是不可能的. 此外, 第 1 章讨论的所有重要渐近性质事实上是 C^0 等价性不变量, 也称拓扑共轭. 我们将分开叙述定义 2.1.1 的这个特殊情形, 它将在本书后面部分起着非常重要的作用.

定义 2.3.1. 对 $r\geqslant 0$, 称两个映射 $f:M\to M$ 与 $g:N\to N$ *拓扑共轭*, 如果存在同胚 $h:M\to N$ 使得 $f=h^{-1}\circ g\circ h$.

存在有用的半共轭概念:

定义 2.3.2. 映射 $g: N \to N$ 是映射 $f: M \to M$ 的一个因子 (或拓扑因子), 如果存在连续的满射 $h: M \to N$, 使得 $h \circ f = g \circ h$. 称映射 h 为半共轭.

我们指出, 在 2.1 节中的与一般周期轨道相应的模的构造对拓扑共轭不适用. 此外, 我们将立刻看到 (2.4 节和 2.6 节), 可微映射的完全轨道结构在拓扑意义下可以是稳定的. 这个可能性反映在下面的定义中.

[69] **定义 2.3.3.** C^r 映射 f 是 C^m 结构稳定的 $(1 \leqslant m \leqslant r)$, 如果在 C^m 拓扑下存在 f 的邻域 U, 使得每个映射 $g \in U$ 拓扑共轭于 f.

比结构稳定性稍微强一点的既自然又实用的形式是

定义 2.3.4. C^r 映射是 C^m 强结构稳定的, 如果它结构稳定, 此外, 对任何 $g \in U$ 可选择共轭的同胚 $h = h_g$, 使得当 g 按 C^m 拓扑收敛于 f 时, h_g 和 h_g^{-1} 一致收敛于恒同映射.

指出上面两个概念包括可微映射的拓扑共轭是重要的. 试图用光滑等价性代替拓扑共轭或者容许任意连续映射, 或者甚至任意同胚作为扰动都将导致空洞的概念. 前面的论述由 2.1 节的讨论支持. 后面的由观察任何映射的拓扑结构可通过任意小的 C^0 扰动使其更加复杂得到. 例如任何孤立周期点可 “爆炸” 为不可数多个这样点的集合. 但是, 存在拓扑稳定性这样的实质性概念, 它在某些方面补充了结构稳定性.

定义 2.3.5. C^r 微分同胚是拓扑稳定的, 如果在一致 (C^0) 拓扑意义下它充分接近于它的任何同胚的因子.

这个定义对局部微分同胚 (即覆叠映射) 保持本质的, 但对任意可微映射不保持.

如前, 存在将这个结构稳定性概念扩展到流的两个方法. 我们不叙述第一个, 直接讨论所有扰动的流等价性. 虽然它不完全空洞, 但很少被利用. 例如, 在存在周期轨道的情况下, 它们的周期是模. 我们将保留结构稳定性这个名字给我们更经常遇到的第二个形式.

定义 2.3.6. C^r 流 φ^t 是 C^m 结构稳定的 $(1 \leqslant m \leqslant r)$ (对应地, 是 C^m 强结构稳定的), 如果在 C^m 拓扑下任何充分接近于 φ^t 的流 C^0 轨道等价于它 (对应地, 如果此外对小扰动, 问题中的同胚可选择充分接近于恒同).

因此, 因子和拓扑稳定性概念被修改为

定义 2.3.7. 流 $\psi^t: N \to N$ 是 $\varphi^t: M \to M$ 的轨道因子, 如果存在满连续映射 $h: M \to N$ 将 φ^t 的轨道映上为 ψ^t 的轨道. C^r 流 φ^t 是拓扑稳定的, 如果在一

致拓扑下它充分接近于它的任何连续流的轨道因子.

当然这一节的所有定义中所包含的相空间的紧性是不必要的. 此外, 我们可
自然地将这些定义推广到对某些点动力系统仅对时间的一个有限段有定义, 例 [70]
如, 线性映射的双曲不动点的邻域. 这个推广导致在 0.4 节的精神下的局部和半
局部 (在不变集的邻域内) 的结构稳定性概念.

现在我们从结构稳定性观点以及它的局部化形式研究前面讨论过的例子.

对一般的压缩映射, 相空间可以没有光滑结构, 所以我们的概念不能直接应用. 但是, 定义在 Euclid 空间小圆盘内的压缩映射是结构稳定的, 如同双曲线性映射在它的不动点邻域内一样. 在一维情形这由练习 2.1.1 得知. 一般情形将在 6.3b 节证明. 我们也注意到命题 2.1.7 和练习 2.3.3 给出大范围问题的结构稳定性的简单例子, 它有如 1.1c 节中讨论的一类非常简单的回复性态.

1.3—1.5 节讨论的那些例子不是结构稳定的. 因为拓扑共轭保持周期轨道, 无理数 α 旋转 R_α 不能共轭于有理数 α 旋转. 但由于有理数和无理数是稠密的, 有理旋转的任意小扰动可得到无理旋转, 反之亦然. 类似地对环面移位 T_γ, 如果所有 γ 是有理数, 则所有轨道是周期轨道, 因此周期向量和极小移位是混合的. 对 $\mathbb{T}^n$ 上的线性流可同样论述, 如果 $\omega_1, \cdots, \omega_n$ 都是有理数, 那么它只有周期轨道.

在 1.6 节讨论的梯度流的 3 个例子中, 第二个 (铅垂环面) 显然不是结构稳定的. 这可由下面事实得知, 当环面倾斜时 α 极限集或 ω 极限集是鞍点的轨道数目会改变. 这些数是轨道等价性的拓扑不变量. 另外两个例子 (球面和倾斜环面) 事实上是 C^1 强结构稳定的. 对这几个例子中的第一个较强的稳定性性质也成立 (练习 2.3.4). 无论如何, 这些流的大范围轨道结构都相当简单, 而且稳定性也不觉得有什么奇怪.

真正有趣且也许有点奇怪的例子是 1.7 节中的扩张映射和 1.8 节中的环面双曲自同构. 这两个映射有复杂的轨道结构 (命题 1.7.2, 1.7.3, 1.8.1 和 1.8.4), 这种在扰动下得到保持的结构肯定富有启迪作用. 现在我们就来研究这些例子的稳定性以及它们与符号系统之间的关系. 事实上, 下一节我们将对映射 E_m 的结构稳定性作更多的讨论. 我们证明度给出一大类圆周映射的完全拓扑分类, 包括 E_m 的 C^1 扰动.

练　习 [71]

2.3.1. 设 $f: M \to M$ 是紧流形上的一个 C^1 微分同胚. 证明如果对某个 n, f^n 有无穷多个不动点, 则 f 不是 C^1 强结构稳定的.

2.3.2. 设 $f: S^1 \to S^1$ 是 C^∞ 映射, x 是周期 n 的周期点使得 $|(f^n)'(x)| = 1$. 证明对任何 k, f 不是 C^k 强结构稳定的.

2.3.3. 设 $f: S^1 \to S^1$ 有一个吸引不动点和一个排斥不动点, 没有其他不动点, 例如, $f(x) = x + \lambda \sin 2\pi x$, 其中 $-1 < \lambda < 1$. 证明 f 是强结构稳定的.

2.3.4. 证明 C^1 接近于球面上的梯度流 φ^t 的任何 C^1 流, 通过接近于恒同的同胚 C^0 共轭于 φ^t.

2.4. 圆周扩张映射的拓扑分类

a. 扩张映射. 一般的扩张映射可类似于 1.1 节的压缩映射定义, 然而一个重要的警告是那里的距离增长仅仅是局部的. 设 X 是距离函数为 d 的度量空间.

定义 2.4.1. 连续映射 $f: X \to X$ 称为是扩张的, 如果对某个 $\mu > 1, \varepsilon_0 > 0$ 和每个 $x, y \in X, x \neq y$, 以及 $d(x,y) < \varepsilon_0$, 有

$$d(f(x), f(y)) > \mu d(x,y). \tag{2.4.1}$$

映射 $E_m: S^1 \to S^1, |m| \geqslant 2$,

$$E_m z = z^m \tag{2.4.2}$$

提供圆周扩张映射的一个例子. 扩张映射的存在性是一个非平凡的拓扑限制. 事实上, 在可定向无边界的紧曲面中只有环面具有扩张映射 (因为可以不难证明扩张映射是一个覆叠映射, 而环面是容许覆叠映射映到自己的唯一紧曲面, 见附录第 5 节). 存在 1.8 节末尾描述的环面双曲自同态中的扩张映射.

除了圆周映射的 Descartes 积 $E_m \times E_k(z_1, z_2) = (z_1^m, z_2^k)$, 我们可以取任何整数元素的矩阵 $L = \begin{pmatrix} a & b \\ c & d \end{pmatrix}$, 它的两个特征值的绝对值都大于 1, 如 1.8 节将 L 投射到环面上得到

$$F_L(x,y) = (ax + by, cx + dy) \pmod 1.$$

[72] 这里我们已经转换到加性记法. 由于 $|\det L| > 1$, 映射 F_L 是不可逆的. 显然可将这个构造推广到任意维数. 与环面不同的微分流形上的扩张映射将在 17.3 节构造.

由 (2.4.1) 立刻得到, 如果 M 是 Riemann 流形, $f: M \to M$ 是扩张映射, 则对任何 $x \in M$ 线性化映射 $D_x f: T_x M \to T_{f(x)} M$ 关于由 Riemann 度量生成的

范数是扩张的: 存在 $\mu > 1$, 使得对每个 $v \in T_xM\backslash\{0\}$ 有

$$\|D_xfv\| > \mu\|v\|. \tag{2.4.3}$$

这个条件在紧流形上是充分的:

命题 2.4.2. 如果 M 是一个紧流形, 则条件 (2.4.3) 是映射为扩张的充分条件.

证明. 首先注意, 由隐函数定理 f 是局部微分同胚. 由紧性可选择 $\delta_0 > 0$, 使得每个半径为 δ_0 的球微分同胚映到它的像, 选择 $\delta_1 > 0$ 使得每个 δ_1 球的原像的连通分支的直径小于 δ_0. 最后取 ε_0 使得由 $d(x,y) \leqslant \varepsilon_0$ 得到 $d(f(x), f(y)) < \delta_1/2$. 设满足 $\gamma(0) = f(x), \gamma(1) = f(y)$ 的 $\gamma : [0,1] \to M$ 是连接 $f(x)$ 和 $f(y)$ 并位于 δ_1 球内的光滑曲线. 于是由 $\widetilde{\gamma}(0) = x, \widetilde{\gamma}(1) = y, f(\widetilde{\gamma}(t)) = \gamma(t)$ 唯一确定的 $\widetilde{\gamma}$ 是连接 x, y 的一条光滑曲线, 而且

$$\operatorname{length}\gamma = \int_0^1 \|D_{\widetilde{\gamma}(t)}f\widetilde{\gamma}'(t)\|dt > \mu\int_0^1 \|\widetilde{\gamma}'(t)\|dt = \mu\operatorname{length}\widetilde{\gamma}.$$

由于 $d(f(x), f(y)) = \inf\limits_{\gamma} \operatorname{length}\gamma$, 其中下确界取遍连接 $f(x)$ 与 $f(y)$ 并位于围绕 $f(x)$ 的 δ_1 球内的光滑曲线, 故我们有

$$d(f(x), f(y)) > \mu d(x,y).$$

□

因此在圆周情形, 利用加性记法, 若 $|f'| > 1$, 我们就可说 C^1 映射 f 是扩张的. 由于圆周是紧的, 故 $\mu := \min\limits_{x\in S^1} |f'(x)| > 1$. 对任何迭代 f^n, 由链规则 $|(f^n)'(x)| > \mu^n$, 又如果 f^n 到区间 $I \subset S^1$ 的限制是一个单射, 则 $\operatorname{length}(f^nI) > \mu^n\operatorname{length}I$. 此外, I 的像覆盖 S^1. 现在我们引入一个对后面非常有用的度的概念.

引理 2.4.3. 设 $f : S^1 \to S^1$ 是任一连续映射. 考虑 $S^1 = \mathbb{R}/\mathbb{Z}$ 的通有覆叠 $\pi : \mathbb{R} \to S^1$, 以及 f 到 $\mathbb{R}$ 的提升 (即考虑满足 $f \circ \pi = \pi \circ F$ 的映射 $F : \mathbb{R} \to \mathbb{R}$). 则 $F(x+1) - F(x)$ 是和 x 以及这个提升无关的整数.

证明. 由于 $\pi(F(x+1)) = f(\pi(x+1)) = f(\pi(x)) = \pi(F(x))$, 所以 $F(x+1) - F(x) \in \mathbb{Z}$. 因此由连续性它也与 x 无关. 而如果 $\widetilde{F}$ 是 f 的另一个提升, 则 $\pi(\widetilde{F}(x)) = f(\pi(x)) = \pi(F(x))$, 所以 $\widetilde{F} - F$ 是连续整数值函数, 因此是常数, 从而 $\widetilde{F}(x+1) - \widetilde{F}(x) = F(x+1) - F(x)$. □

定义 2.4.4. 如果 $f : S^1 \to S^1$, F 是 f 的任一提升, 则称 $F(x+1) - F(x)$ 为 f 的度, 记为 $\deg(f)$. [73]

引理 2.4.5. 度是连续的, 因此在 C^0 (一致) 拓扑下局部是常数.

证明. 设 $g: S^1 \to S^1$ 是一致接近于 f 的映射. 假设 $\mathrm{dist}\,(g(x), f(x)) < 1/4$. f 和 g 到实直线的提升分别记为 F 和 G. 令 $\varphi(x) = G(x) - F(x)$. 对 $x \in [0,1]$, 我们有

$$G(x+1) - \varphi(x+1) = F(x+1) = F(x) + \deg(f) = G(x) + \deg(f) - \varphi(x),$$

所以

$$-1/2 < |G(x+1) - G(x) - \deg(f)| < 1/2. \tag{2.4.4}$$

由于 g 是圆周映射, $G(x+1) - G(x)$ 是整数, 由 (2.4.4) 它必须等于 $\deg(f)$. □

如果 f 是扩张映射, 则

$$|f(x+1) - f(x)| = \left|\int_0^1 f'(x+t)dt\right| > \lambda > 1.$$

因此任何扩张映射的度按绝对值大于 1. 另一方面, 对任何整数 $k, |k| > 1$, 映射 $E_k : x \mapsto kx \pmod 1$ 是扩张的.

在 8.2 节我们再回到对圆周映射的度的讨论, 那时将它作为度的更一般和不太明显的概念.

b. 通过编码共轭

定理 2.4.6. 度 k 的每个圆周扩张映射 f 拓扑共轭于映射 E_k. 此外, 如果 f 在 C^0(一致) 拓扑下充分接近于 E_k, 那么共轭同胚可选择为接近于恒同.

定理 2.4.7. 度 $k, |k| \neq 1$ 的每个连续圆周映射 f 有具有不动点 $p \in \left[-\dfrac{1}{2}, \dfrac{1}{2}\right]$ 的提升. 如果 f 是 C^0 接近于 E_k, 则 p 在 0 附近.

证明. 设 F 为 f 的一个提升, $H(x) := F(x) - x$. 端点为 $H\left(-\dfrac{1}{2}\right)$ 和 $H\left(\dfrac{1}{2}\right) = F\left(\dfrac{1}{2}\right) - \dfrac{1}{2} = F\left(-\dfrac{1}{2}\right) + k - \dfrac{1}{2} = H\left(-\dfrac{1}{2}\right) + k - 1$ 的区间的长度为 $|k-1| \geqslant 1$, 因此包含某个 $m \in \mathbb{Z}$. 由介值定理存在 $p \in \left[-\dfrac{1}{2}, \dfrac{1}{2}\right]$ 使得 $H(p) = m$. 用 $F - m$ 代替 F 得知 $F(p) = p$. 如果 f 接近于 E_k, 则 $F(x) - x$ 接近于 $kx - x$, 因此它在原点附近改变符号. □

[74] **定理 2.4.6 的证明.** 我们将对正的 k 给出证明, 最后对度的负值作相当明显的修改.

令 $\Delta_0^0 = [0,1]$ 和 $\Delta_n^m = [m/k^n, (m+1)/k^n]$, 对 $n \in \mathbb{N}, 0 \leqslant m \leqslant k^n - 1$. 则对 $n \in \mathbb{N}$,

$$E_k \Delta_n^m = \Delta_{n-1}^{m'}, \tag{2.4.5}$$

其中 m' 是 0 与 $k^{n-1}-1$ 之间满足 $m'=m \pmod{k^{n-1}}$ 的唯一整数.

令 $\xi_n=\{\Delta_n^0,\cdots,\Delta_n^{k^n-1}\}$ 是将 S^1 分为区间 Δ_n^m 的分割. 这里我们有点滥用 "分割" 这个词, 因为相继迭代的端点重叠. 对给定度 k 的扩张映射 f, 我们自然构造一个分割为区间的嵌套序列

$$\eta_n=\{\Gamma_n^0,\cdots,\Gamma_n^{k^n-1}\},$$

它与对应的标准序列 ξ_n 保序. 设 p 是如引理 2.4.7 中 f 的提升 F 的不动点. 如果 f 接近于 E_k, 则取 p 接近于 0. 由于 $F(p)=p, F(p+1)=p+k$, 以及 F 是严格单调函数, 故存在唯一确定的点 $a_1^0=p<a_1^1<a_1^2<\cdots<a_1^{k-1}<p+1=a_1^k$, 使得 $F(a_1^m)=p+m, m=0,1,\cdots,k$. 记 $\Gamma_1^m=\pi([a_1^m,a_1^{m+1}]), m=0,\cdots,k-1$. 显然 $f(\Gamma_1^m)=S^1$, f 是区间 Γ_1^m 上的一个单射, 除了与端点恒同的点. 如果 f 接近 E_k, 则显然每个数 a_1^m 接近 m/k.

进一步, 在每个区间 Γ_1^m 上可求得唯一确定点 $a_1^m=a_2^{km}<a_2^{km+1}<\cdots<a_2^{km+k-1}<a_2^{k(m+1)}=a_1^{m+1}$ 使得 $F(a_2^{km+i})=a_1^i \pmod 1, i=0,\cdots,k$. 而且如果 f 接近于 E_k, 则 a_2^{km+i} 接近于 $(km+i)/k^2$. 令 $\Gamma_2^m=\pi([a_2^m,a_2^{m+1}]),\quad m=0,\cdots,k^2-1$, 所以 $f(\Gamma_2^m)=\Gamma_1^{m'}$, 其中 m' 是 0 与 $k-1$ 之间满足 $m=m' \pmod k$ 的唯一整数.

递归地继续进行, 对每个 $n\in\mathbb{N}, m=0,\cdots,k^{n-1}-1$ 和 $i=0,\cdots,k$ 定义点 a_n^{km+i}, 使得 $a_{n-1}^m=a_n^{km}<a_n^{km+1}<\cdots<a_n^{km+k-1}<a_n^{k(m+1)}=a_{n-1}^{m+1}$, 以及

$$F(a_n^{km+i})=a_{n-1}^{m'} \pmod 1, \tag{2.4.6}$$

这里, 如前, $0\leqslant m'\leqslant k^{n-1}-1$ 且 $m'=km+i \pmod{k^{n-1}}$. 对 $m=0,\cdots,k^n-1$ 令 $\pi([a_n^m,a_n^{m+1}])=:\Gamma_n^m$, 故 $f(\Gamma_n^m)=\Gamma_{n-1}^{m'}$, 其中再次有 $0\leqslant m'\leqslant k^{n-1}-1$ 且 $m=m' \pmod{k^{n-1}}$.

直到现在我们还只用了 f 是严格单调以及它有度 k 的事实. 由归纳法 $f^n(\Gamma_n^m)=S^1$, 且 f^n 是 Γ_n^m 上的单射, 除了它的端点. 如果 f 是扩张映射, 即 $|f'|\geqslant\mu>1$, 则得知每个区间 Γ_n^m 的长度不超过 μ^{-n}, 从而所有点的集合 $\{a_n^m\}_{n\in\mathbb{N},m=0,\cdots,k^n-1}$ 在 S^1 上稠密. 这是我们在证明中唯一用到 f 是扩张映射的地方 (事实上, 可容易地避免利用可微性).

此外, 对任何 N 和 ε 可选择 $\delta>0$, 使得如果 f 在一致拓扑下 δ 接近于 E_k, 则

$$\left|a_n^m-\frac{m}{k^n}\right|<\frac{\varepsilon}{3},\quad 对\ n=1,\cdots,N,\quad m=0,1,\cdots,k^n-1. \tag{2.4.7}$$ [75]

我们通过下面的公式定义区间 $[0,1]$ 上集合 $\{a_n^m\}$ 与所有分母是 k 的幂

$$h(a_n^m)=\frac{m}{k^n}$$

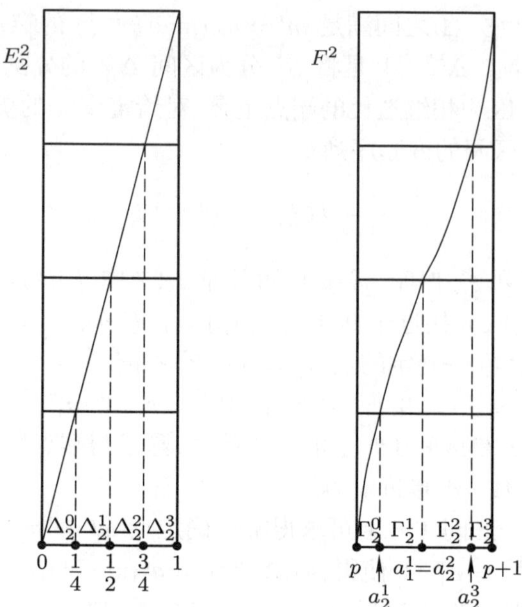

图 2.4.1.　通过编码共轭

的有理数之间的对应 h. 这个对应是单调的, 又因为 a 的集合在 $[p,p+1]$ 内稠密, 它可唯一推广到严格单调的连续映射 (因此是同胚) $h:[p,p+1]\to[0,1]$. 由于对所有 n,m, 有 $h(\Gamma_n^m)=\Delta_n^m$, 由 (2.4.5) 和 (2.4.6) 得到

$$E_k\circ h=h\circ f. \tag{2.4.8}$$

假设在 (2.4.7) 的条件下选择 N 和 ε 使得 $1/k^n<\varepsilon/3$, 此外, 我们看到对任何 $n\in\mathbb{N}, m=0,1,\cdots,k^n-1$ 有 $|a_n^m-h(a_n^m)|<\varepsilon$, 因此对所有 x 有 $|h(x)-x|<\varepsilon$. 类似的论述可证明 $|h^{-1}(x)-x|<\varepsilon$.

[76] k 为负的情形主要是记号的不同. a_{n-1}^m 与 a_{n-1}^{m+1} 之间的点 a_n^{km+i} 的次序对偶数 n 增加对奇数 n 减少, 它在 k 进有理数 (即有理数的分母是 k 的幂) 中与映射 E_k 的对应结构相同. □

推论 2.4.8. 对 $|k|>1$, 映射 E_k 是 C^1 强结构稳定的. 圆周的每个扩张映射是 C^1 强结构稳定的.

证明. E_k 的任何小 C^1 扰动有一致接近于 k 的导数, 因此其绝对值大于 1. 从而可用定理 2.4.6. 类似地, 扩张映射的每个 C^1 小扰动仍是扩张的. □

注. 对定理 2.4.6 证明中的构造稍作仔细研究就可推得任何一个扩张映射的强结构稳定性.

命题 2.4.9. 对任何满足 $|k|>1$ 的度 k 的严格单调映射 f, 通过单调映射同伦于恒同, 映射 E_k 是 f 的一个拓扑因子. 如果 f 一致接近于 E_k, 则半共轭 h 在一致拓扑下可选择接近于恒同.

证明. 本质上此论述由我们对定理 2.4.6 的证明得到. 正如我们指出的, 在这个命题的假设下可构造点列 $\{a_n^m\}_{n\in\mathbb{N},m=0,\cdots,k^n-1}$. 但是, 当 $n\to\infty$ 时区间 Γ_n^m 的长度可不趋于零. 然而, 对应的 h 单调且在 $[0,1]$ 上有稠密像, 因此可唯一地扩展到满足 (2.4.8) 的单调映射 $h:[p,p+1]\to[0,1]$, 但有可能它不是严格单调的. 如果 f 是 C^1 接近于 E_k, 则 (2.4.7) 确保映射 h 一致接近于恒同. □

注. 由于在最后证明中构造的映射 h 是单调的, 它可在不多于可数多个区间上为常数. 由此得知多于一个原像的点的集合至多可数.

现在我们回到 1.7 节的构造. 在命题 1.7.2 的证明过程中, 我们有效地构造了一个单边 2 移位 σ_2^R 与映射 E_2 之间的半共轭 (参看 (1.7.2)). 因此, E_2 是 σ_2^R 的一个因子. 显然对任何满足 $|k|>1$ 的 k, 这个构造可推广到 $\sigma_{|k|}^R$ 和 E_k, 而且由定理 2.4.6 可用度 k 的圆周的任何扩张映射代替 E_k. 对半共轭的不可逆性必须考虑以下事实, 任何一个二进有理数 $m/2^n$ 有两个以 0 和 1 结尾的不同的二进制表示. 半共轭 $h:\Omega_2^R\to S^1$ 指定一个 0 和 1 的序列 ω, 对 0 和 1 之间的数, 序列 ω 提供一个二进制表示, 它显然不是一个同胚, 但它有不可逆点的稠密可数集. 这是符号系统与光滑系统之间 "自然" 半共轭的一个最简单例子. 另一个不那么明显的情形将在下一节讨论. 它包含二维环面的双曲自同构.

c. 不动点方法. 我们通过概述另一个看上去较少构造性的定理 2.4.6 和命题 [77]
2.4.9 的证明来结束本节, 这将预示某些用于双曲动力系统理论中的一般方法的简单设置 (参看 2.6 节, 6.2 节和 18.1 节).

对 h 求解泛函方程 (2.4.8)

$$E_k\circ h=h\circ f.$$

我们尝试将求这样的映射问题叙述为泛函空间中压缩算子的不动点问题. 首先, 假设 0 是 f 的不动点. 但困难在于映射 E_k 是不可逆的. 这可通过重写 (2.4.8) 来避开它. 设 $\mathfrak{C}$ 是区间 $[0,1]$ 中满足 $h(0)=0,h(1)=1$ 的所有连续映射 h 的空间, 赋予一致度量. 这些正是投射到 S^1 上度为 1 的映射, 就是说, 映到同伦于恒同的映射. 于是我们重写 (2.4.8) 为

$$h=\mathcal{F}(h), \tag{2.4.9}$$

这里 $\mathcal{F}$ 是 $\mathfrak{C}$ 上的一个算子, 它由

$$(\mathcal{F}h)(x)=\begin{cases}\dfrac{1}{k}h(\{F(x)\})+\dfrac{m}{k}\ (\bmod 1), & \text{对 } a_1^m\leqslant x\leqslant a_1^{m+1}, 0\leqslant m<k,\\ 1, & \text{对 } x=1\end{cases}\tag{2.4.10}$$

给出. 其中 $\{x\}$ 表示 x 的分数部分. 换句话说, 应用区间 Γ_1^m 上 E_k 的逆的第 m 个分支 $(x+m)/k$. 注意, $\mathcal{F}$ 映 $\mathfrak{C}$ 到它自己: 将 (2.4.10) 代入 (2.4.9) 并通过 E_k 从左边作用得到 (2.4.8). 显然 $\mathcal{F}(h)$ 在所有点连续, 除了对 $x=a_1^m$ $(m=0,\cdots,n-1)$; 但是由于所有这种点通过 F 映为 0, 改变分支不破坏连续性. 因此 $\mathcal{F}$ 映空间 $\mathfrak{C}$ 到它自己.

设 $h_1,h_2\in\mathfrak{C}$, 则

$$\operatorname{dist}(\mathcal{F}(h_1),\mathcal{F}(h_2))=\sup_{x\in[0,1]}\left|\frac{1}{k}h_1(F(x))-\frac{1}{k}h_2(F(x))\right|=\frac{1}{|k|}\operatorname{dist}(h_1,h_2).\tag{2.4.11}$$

因此, $\mathcal{F}$ 是空间 $\mathfrak{C}$ 中的一个压缩映射. 由命题 1.1.2 存在唯一不动点 h_0. 这给出定理 2.4.6 的第一个论断.

如果 f 接近于 E_k, 利用不动点作为任何初始映射, 例如恒同映射在 $\mathcal{F}$ 作用下的迭代的极限, 则此解到恒同的接近可通过注意

$$\operatorname{dist}(\mathrm{Id},\mathcal{F}(\mathrm{Id}))=\sup_{\substack{0\leqslant m\leqslant k-1\\ a_1^m\leqslant x\leqslant a_1^{m+1}}}\left|\frac{F(x)+m}{k}-x\right|$$

显然很小得到. 由 (2.4.11),

$$\operatorname{dist}(\mathrm{Id},h_0)=\sum_{i=0}^{\infty}\operatorname{dist}(\mathcal{F}^{i+1}(\mathrm{Id}),\mathcal{F}^{i}(\mathrm{Id}))=\frac{|k|}{|k|-1}\operatorname{dist}(\mathrm{Id},\mathcal{F}(\mathrm{Id})).$$

[78] 最后, 为了证明如果 f 是扩张映射, 则 h_0 是一个同胚, 应该考虑泛函方程的逆

$$h=\widetilde{\mathcal{F}}(h),$$

其中

$$\widetilde{\mathcal{F}}(h)=f_m^{-1}(h(kx)),\quad \text{对 } \frac{m}{k}\leqslant x\leqslant\frac{m+1}{k}, m=0,\cdots,k-1,\tag{2.4.12}$$

f_m^{-1} 是 f^{-1} 的第 m 个分支, 它将整个圆周映为区间 $[a_1^m,a_1^{m+1}]$. 容易看到 $|(f_m^{-1})|'<1$, 因此得到一个类似于 (2.4.11) 的估计, 虽然这不那么明显. 从而 $\widetilde{\mathcal{F}}$ 是一个压缩算子, 不动点为 $\widetilde{h}_0$. 最后, 因为由下述引理 $\mathfrak{C}$ 在复合下是闭的, 故得到 $h_0\circ\widetilde{h}_0\circ E_k=h_0\circ f\circ\widetilde{h}_0=E_k\circ h_0\circ\widetilde{h}_0$.

引理 2.4.10. 恒同是与某个 E_k (其中 $|k| > 1$) 交换的唯一的度为 1 的映射 $g: S^1 \to S^1$.

证明. 提升 E_k 和 g 到 $\mathbb{R}$, 并记 g 的提升为 $\mathrm{Id} + \widetilde{G}$, 其中 $\widetilde{G}$ 是周期的, 因为 $\deg g = 1$. 由 $E_k \circ g = g \circ E_k$, 对所有 $n \in \mathbb{Z}$, 得到

$$kx + k\widetilde{G}(x) = kx + \widetilde{G}(kx)$$

和

$$\widetilde{G}(k^n x) = k^n \widetilde{G}(x). \tag{2.4.13}$$

但是如果 $\widetilde{G}(x) \neq 0$, 则 (2.4.13) 的右端趋于无穷. 由于 $\widetilde{G}$ 是周期的, 故有界, 因此有 $\widetilde{G} = 0$. □

因为 h_0 和 $\widetilde{h}_0$ 的度都是 1, 所以 $h_0 \circ \widetilde{h}_0$ 的度也是 1. 由此, 由引理 2.4.10 有 $h_0 \circ \widetilde{h}_0 = \mathrm{Id}$, 而且 h_0 和 $\widetilde{h}_0$ 是同胚.

练　　习

2.4.1. 设 $g: [0,1] \to [0,1]$ 是 "帐篷" 映射

$$g(x) = \begin{cases} 2x, & 对\ 0 \leqslant x \leqslant 1/2, \\ 2 - 2x, & 对\ 1/2 \leqslant x \leqslant 1. \end{cases}$$

证明对 g 的 C^1 强结构稳定性的下面限制与修改形式: 对任何连续映射 $g_1: [0,1] \to [0,1]$, 其中 $g_1(0) = g_1(1) = 0$, $g_1(1/2) = 1$, $g - g_1$ 在 $[0,1] \backslash \{1/2\}$ 是 C^1 的, 以及 $|g - g_1|$ 与它的导数一起充分小, 则存在同胚 $h: [0,1] \to [0,1]$ 是 C^1 接近于恒同, 满足 $g_1 = h \circ g \circ h^{-1}$.

2.4.2*. 证明上述问题中的映射 g 拓扑共轭于二次映射 $f_4: x \mapsto 4x(1-x)$.

2.4.3. 证明 f_4 是拓扑传递的. [79]

2.4.4*. 设 k, l 是两个正整数, 使得对满足 $k^m \neq l^n$ 的任何正整数 m, n, $f: S^1 \to S^1$ 是度为 k 的解析扩张映射, g 是与 f 可交换的度为 l 的解析扩张映射. 证明存在解析微分同胚 $h: S^1 \to S^1$, 使得

$$h^{-1} \circ f \circ h = E_k, \quad h^{-1} \circ g \circ h = E_l.$$

2.4.5. 设 $f: S^1 \to S^1$ 是度为 k 的严格单调的连续映射, $|k| \geqslant 2$, 使得 $f(0) = 0$, $F: \mathbb{R} \to \mathbb{R}$ 是 f 的一个提升, 满足 $F(0) = 0$. 证明 f 与线性映射 E_k 之间满足 $h(0) = 0$ 的半共轭 h 由 $h(x) = \lim\limits_{n \to \infty} \dfrac{F^n(x)}{k^n}$ 给出.

2.4.6. 证明如果映射 $f: S^1 \to S^1$ 关于 S^1 上某个 Riemann 度量是扩张的, 则存在 $\lambda > 1$ 和 $C > 0$, 使得对所有 $n \in \mathbb{N}$ 有 $|f^{n'}| > C\lambda^n$.

2.5. 编码, 马蹄与 Markov 分割

a. Markov 分割. 单边移位与圆周扩张映射之间的半共轭代表了光滑系统轨道编码的既简单又非常有效的一个例子, 它是 1.9 节开始间接提到的一个概念. 一般我们可以通过尝试将相空间 X 划分为有限多块 $X_0, \cdots, X_{N-1}$, 并对块中的点 $x \in X$ 的相继迭代进行登记来编码微分同胚, 或者甚至同胚 f 的轨道. 但在这个构造中出现了两个基本困难:

(1) 如果这些块交叠 (如上一节的区间 Δ_n^m), 则一点由多于一个序列编码, 以及

(2) 交

$$\bigcap_{n \in \mathbb{Z}} f^{-n}(X_{\omega_n}) \tag{2.5.1}$$

由相同序列 $\omega = \{\omega_n\}_{n \in \mathbb{Z}}$ 编码.

因此, 在我们的构造过程中, 通常在空间 X 和序列空间 Ω_N 的子集之间的任一方并不产生任何映射. 为了在相空间与序列空间中的拓扑之间有个合理的关系, 这些块应该是闭集. 因此, 如果 X 是一个连通流形, 则第一个困难不能避免. 这个阐述应该从两个方面加以描述, 首先, 如我们这节后面将看到的, 在半局部分析情形有时可以避免交叠. 其次, 如果我们研究典型轨道在 f 作用下关于测
[80] 度不变的统计性质, 那么测度为零的交叠并不重要 (参看 4.1 节), 因为在这种情况下测度为零的集合可以忽略.

如果每个交 (2.5.1) 包含不多于一点, 我们就可从闭子集 $\Lambda \subset \Omega_N$ 到 X 定义一个连续映射 h, 使得 $f \circ h = h \circ \sigma_N$. 因此, 此时映射 f 是某个符号系统的一个因子. 当集合 Λ 的结构很清楚时这个构造特别能够提供有关信息, 例如, 对 0-1 矩阵 A 的 $\Lambda = \Omega_A$ (参看定义 1.9.3), 此外, 对相同点的不同编码集不是很大且可适当进行描述时. 例如, 如果在一个 "大" 集合上映射 h 是一对一的, 则它就可很好描述. 显然在 2.4b 节末尾描述的半共轭满足所有这些条件, 对不可逆系统可以用明显方式修改. 但是, 为了它是一个半共轭必须偏离一点规定 (2.5.1), 因为命题 1.7.2 证明中的集合 Δ_k^n (或者 (2.4.5) 中的集合 Δ_n^m) 不是形式 $\bigcap_{i=0}^{n} f^{-n}\Delta_1^{\omega_i}$, 例如, $E_2^{-1}(\Delta_1^0) \cap \Delta_1^0 = \Delta_2^0 \cup \{1/2\}$. 因此, 代替 (2.5.1), 可考虑表达式

$$\bigcap_{n \in \mathbb{Z}} \overline{\operatorname{Int}\Big(\bigcap_{|k| \leqslant n} f^{-k}(X_{\omega_k})\Big)} \tag{2.5.2}$$

以确保尽管在边界上交叠但所得交点由单个点组成.

称分解 $(X_0,\cdots,X_N)$ 为 Markov 分割, 如果它在拓扑 Markov 链 σ_A 与 f 之间提供的半共轭在一个大集合上是一对一的, 且在有限 "Markov" 方法即在 Markov 分割下有等同的描述. 我们将对它的更技术性讨论推迟到 15.1 节和 18.7 节. 现在描述几个特殊情形 (不同于圆周扩张映射), 其中 Markov 分割现象以明确方式出现.

b. 二次映射. 先描述一类有点类似于扩张映射的映射. 但不同于扩张映射情形, 得到符号系统的共轭, 而不是半共轭. 考虑二次映射

$$f_\lambda:\mathbb{R}\to\mathbb{R},\quad x\to\lambda x(1-x),$$

其中 $\lambda>2+\sqrt{5}$[1]. 为了记号方便我们用 f 代替 f_λ. 首先注意对 $x<0$, 有 $f(x)<x$ 和 $f'(x)>\lambda>4$, 所以 $x<0$ 时有 $f^n(x)\to-\infty$. 同样, 我们看到 $x>1$ 时有 $f^n(x)\to-\infty$. 因此, 有有界轨道的点的集合与轨道在 $[0,1]$ 中的点的集合重合, 就是说, $\Lambda=\bigcap\limits_{n\in\mathbb{N}_0}f^{-n}([0,1])$. 令

$$\Delta^0=\left[0,\frac{1}{2}-\sqrt{\frac{1}{4}-\frac{1}{\lambda}}\right]\quad \text{和}\quad \Delta^1=\left[\frac{1}{2}+\sqrt{\frac{1}{4}-\frac{1}{\lambda}},1\right].$$

于是, 通过求解二次方程 $f(x)=1$ 得知 $f^{-1}([0,1])=\Delta^0\cup\Delta^1$. 接下来我们看到, [81]
$f^{-2}([0,1])=\Delta^{00}\cup\Delta^{01}\cup\Delta^{11}\cup\Delta^{10}$ 是由 4 个区间组成, 等等.

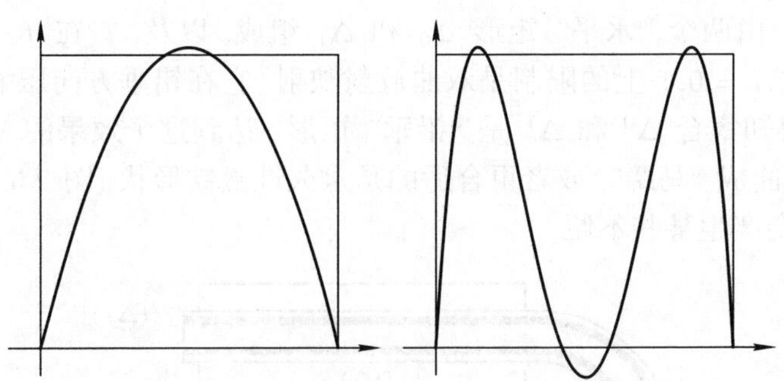

图 2.5.1. 二次映射以及它的二次迭代

考虑 Λ 通过 Δ^0 和 Δ^1 的分割. 这些段不相交. 此外注意, 在 $\Delta^0\cup\Delta^1$ 上有 $|f'(x)|\geqslant\sqrt{\lambda^2-4\lambda}>1$:

$$\begin{aligned}|f'(x)|&=|\lambda(1-2x)|=2\lambda\left|x-\frac{1}{2}\right|\\&\geqslant 2\lambda\sqrt{\frac{1}{4}-\frac{1}{\lambda}}=\sqrt{\lambda^2-4\lambda}>\sqrt{(2+\sqrt{5})^2-4(2+\sqrt{5})}=1.\end{aligned}$$

这证明对任何序列 $\omega=(\omega_0,\omega_1,\cdots)$ 交

$$\bigcap_{n=0}^{N} f^{-n}(\Delta^{\omega_n})$$

当 $n\to\infty$ 时 (指数地) 减少. 因此 $\Lambda=\bigcap_{n\in\mathbb{N}} f^{-n}([0,1])$ 是个 Cantor 集, 而且对序列 $\omega=(\omega_0,\omega_1,\cdots)$ 交

$$h(\{\omega\})=\bigcap_{n\in\mathbb{N}_0} f^{-n}(\Delta^{\omega_n}) \tag{2.5.3}$$

恰由一点组成. 此外, 由 (2.5.3) 定义的映射

$$h:\Omega_2^R\to\Lambda$$

是一个双射. 由于 Ω_2 中的两个彼此接近的序列 ω 和 ω' 有长的公共初始段, 它们的像 x 和 x' 在 h 作用下接近 (它们的距离如公共段的长度函数以指数速度减少), 因此 h 连续. 从而, 两个邻近点 x 和 x' 由邻近序列产生, 因而 h 是一个同胚.

因此, f 在有有界轨道的点集上的限制拓扑共轭于全单边 2 移位 σ_2^R.

c. 马蹄. 我们继续对 Smale 原来的 “马蹄” 进行描述, 它同时对半局部分析和完
[82] 美的编码提供了一个最好的例子.

设 Δ 是 $\mathbb{R}^2$ 中的一个矩形, $f:\Delta\to\mathbb{R}^2$ 是 Δ 到它的像的微分同胚, 使得交 $\Delta\cap f(\Delta)$ 由两个 “水平” 矩形 Δ_0 和 Δ_1 组成, 以及, f 在 $f^{-1}(\Delta)$ 的分支 $\Delta^i\subset f^{-1}(\Delta), i=0,1$ 上的限制是双曲放射映射, 它在铅垂方向压缩、水平方向扩张. 由此得知集合 Δ^0 和 Δ^1 是 “铅垂” 矩形. 达到这个效果的一个最简单办法是将 Δ 弯曲成 “马蹄”, 或者更合适的是永久性磁铁形状 (图 2.5.2), 尽管这个方法对定向会产生某些不便.

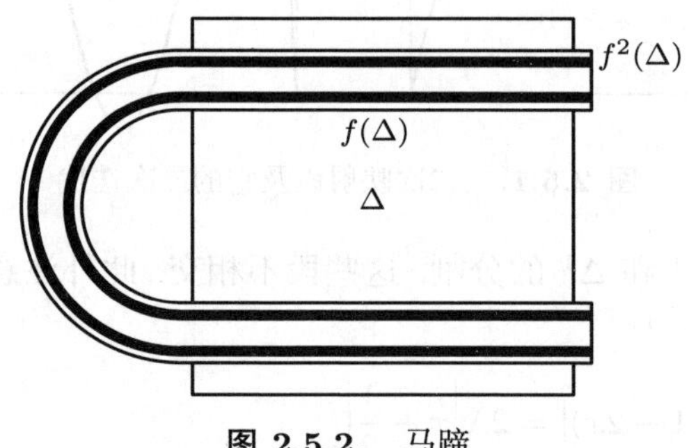

图 2.5.2. 马蹄

无论如何, 从定向观点将 Δ 大致弯曲成 “G” 字形 (图 2.5.3) 更好.

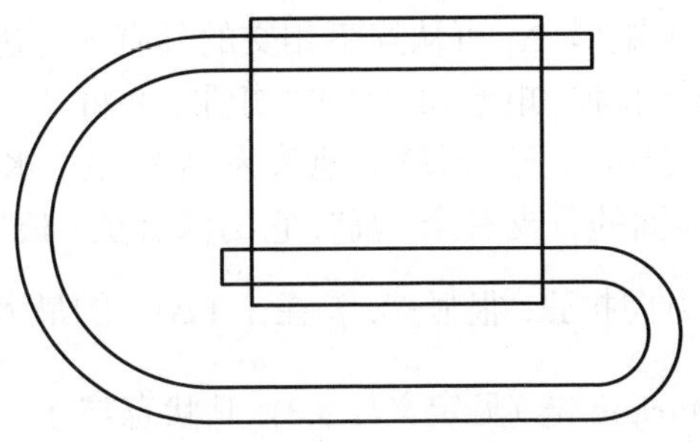

图 2.5.3. 另一个马蹄

现在研究 Δ 的最大不变集. 显然 $\Lambda=\bigcap_{n=-\infty}^{\infty} f^n(\Delta)$, 但是 Λ 是否包含在 Δ [83]
的内部并不清楚. 用 Δ^0 和 Δ^1 作为编码构造中的 "块", 并从正迭代开始. 交 $\Delta\cap f(\Delta)\cap f^2(\Delta)$ 由 4 个薄水平矩形 $\Delta_{ij}=\Delta_i\cap f(\Delta_j)=f(\Delta^i)\cap f^2(\Delta^j), i,j\in\{0,1\}$ 组成 (参看图 2.5.2). 递归地继续进行, 我们看到, $\bigcap_{i=0}^{n} f^i(\Delta)$ 由 2^n 个薄的互相分离的水平矩形组成, 它们的高随着 n 指数地减少. 注意到每个矩形有形式 $\bigcap_{i=1}^{n} f^i(\Delta^{\omega_i})$, 其中 $\omega_i\in\{0,1\}, i=1,\cdots,n$, 记它为 $\Delta_{\omega_1,\cdots,\omega_n}$. 每个无穷交 $\bigcap_{n=1}^{\infty} f^n(\Delta^{\omega_n}), \omega_n\in\{0,1\}$ 是水平线段, 交 $\bigcap_{n=1}^{\infty} f^n(\Delta)$ 是这个水平线段与 Cantor 集在铅垂方向的积. 类似地, 可以定义并研究铅垂矩形 $\Delta^{\omega_0,\cdots,\omega_{-n}}=\bigcap_{i=0}^{n} f^{-i}(\Delta^{\omega_{-i}})$, 铅垂线段 $\bigcap_{n=0}^{\infty} f^{-n}(\Delta^{\omega_{-n}})$, 集合 $\bigcap_{n=0}^{\infty} f^{-n}(\Delta)$ 是铅垂方向的线段与水平方向的 Cantor 集的积. 最后, 要求的不变集是这两个 Cantor 集的积, 因此其本身是一个 Cantor 集, 而且映射

$$h:\Omega_2\to\Lambda, h(\{\omega\})=\bigcap_{n=-\infty}^{\infty} f^{-n}(\Delta^{\omega_n}) \tag{2.5.4}$$

是同胚共轭移位 σ_2 与微分同胚 f 在集合 Λ 上的限制. 顺便提及, 我们看到的不变集 Λ 属于矩形 Δ 的内部. 因为周期点和拓扑混合是拓扑共轭不变的, 作为命题 1.9.1 的一个应用, 直接给出关于 f 在 Λ 上的性态的以下重要信息.

推论 2.5.1. *f 的周期点在 Λ 中稠密, $P_n(f|_\Lambda)=2^n$, 以及 f 在 Λ 上的限制是拓扑混合的.*

自然, 可用几个方法对我们的 "马蹄" 构造进行修改并推广. 首先, 代替像与它自己相交两次的单个矩形 Δ, 可从互不相交的具有平行边的矩形族 $\Delta^{(1)}, \cdots,$ $\Delta^{(N)}$ 开始, 称它们为 "铅垂" 矩形和 "水平" 矩形, 并将 $f^{-1}(\Delta^{(j)}) \cap \Delta^{(i)}$ 的每个连通分支即 $\Delta^{(i)}$ 的 "铅垂" 子矩形放射地映为 $\Delta^{(j)}$ 的 "水平" 子矩形. 必须注意三个重要条件, 即前面的分支有全 "高", 它的像有全 "长", 以及所有分支在铅垂方向压缩、在水平方向扩张. 很显然, f 在 $\bigcup_{i=1}^{N} \Delta^{(i)}$ 的最大不变子集 Λ 上的作用拓扑共轭于拓扑 Markov 链 (见定义 1.9.3), 其状态与 $f^{-1}(\Delta^{(j)}) \cap \Delta^{(i)}$ 的连通分支等同, 它的转移矩阵 A 正好有对应行分支的像交于对应的列分支.

其次, 我们可以考虑高维 "马蹄", 其中矩形 (即区间的积) 由高维空间中 "好" 的子集的积代替.

[84] 最后, 交分支上映射的严格线性是不必要的. 例如, 上述情形的任何 C^1 扰动仍产生拓扑等价于拓扑 Markov 链的不变集, 这是处理结构稳定性的定理 18.2.1 的一个特殊情形. 非线性马蹄存在的一般充分条件将在 6.5 节给出 (见定义 6.5.2 和定理 6.5.5). 非线性马蹄在光滑动力系统一般结构理论中的应用的深远例子是补遗中的定理 S.5.9 及其推论.

d. 环面自同构的编码. 接下来我们说明如何将编码思想按自然方式应用到环面上的双曲自同构. 为了简化记号并使得构造更形象化, 考虑 1.8 节中的二维环面的特殊映射 F_L:

$$F_L(x, y) = (2x + y, x + y) \pmod 1.$$

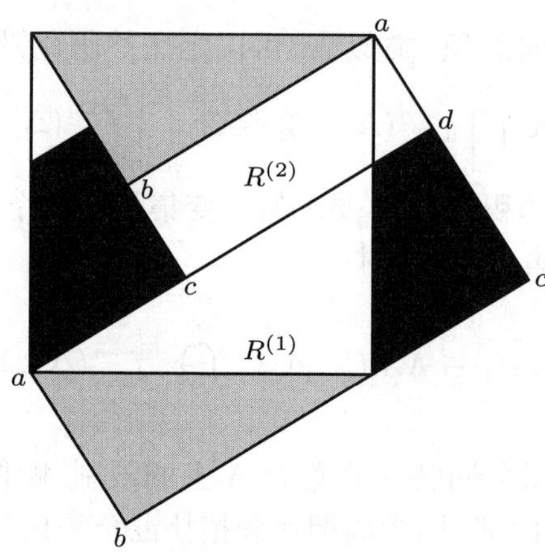

图 2.5.4. 环面的分割

在原点画两条特征线段直到它们相交足够多次, 它们将环面分为不相交的
[85] 矩形. 虽然这个表述有些模糊, 直接检测可通过在第四象限取压缩直线段直到它在第一象限与扩张直线相交两次、在第三象限相交一次来显示它的效果 (见图

2.5.4). 所得的构形是将环面分解为两个矩形 $R^{(1)}$ 和 $R^{(2)}$. 这个平面构形的 7 个顶点中有 3 对等同, 所以环面上仅存在 4 个不同点作为矩形的顶点. 这与我们的描述符合: 这些顶点正好是原点和 3 个交点. 虽然 $R^{(1)}$ 和 $R^{(2)}$ 并不分离, 但我们可尝试利用前面描述的推广马蹄构造的约定, 用 $R^{(1)}$ 和 $R^{(2)}$ 作为基本矩形. 自然, 扩张和压缩的特征方向对应地起着 "水平" 和 "铅垂" 方向的作用. 即使没有明确的计算也很容易看出像 $F(R^{(i)})$ $(i=1,2)$ 由几个全长的 "水平" 矩形组成. 边界的并 $\partial R^{(1)}\cup\partial R^{(2)}$ 组成刚才描述的在原点的两条特征线段. 压缩线段的像是那个线段的一部分. 因此, $R^{(1)}$ 和 $R^{(2)}$ 的像必须 "固定" 在它们的 "铅垂" 边部分, 就是说, 一旦一个像 "进入" $R^{(1)}$ 或 $R^{(2)}$ 它必须一直延伸. 明显计算显示 $F(R^{(1)})$ 由 3 个分支组成, 两个在 $R^{(1)}$ 中, 一个在 $R^{(2)}$ 中. $R^{(2)}$ 的像有两个分支, 每个矩形中有一个 (见图 2.5.5).

我们可以利用这 5 个分支 $\Delta_0,\Delta_1,\Delta_2,\Delta_3,\Delta_4$ (或者它们的原像) 作为我们编码构造的块. 由于 F 在 "铅垂" 方向压缩, F^{-1} 在 "水平" 方向压缩, 每个交 (2.5.1) 包含不多于一点, 另一方面, 因为前面描述的 "Markov" 性质, 即通过矩形这些像有全长, 故下面事实成立: 如果 $\omega\in\Omega_5$ 以及对所有整数 $n\in\mathbb{Z}$, $F(\Delta_{\omega_n})\cap\Delta_{\omega_{n+1}}\neq\varnothing$, 则 $\bigcap\limits_{n\in\mathbb{Z}}F^n(\Delta_{\omega_n})\neq\varnothing$. 换句话说, 我们有编码, 即半共轭 $h:\Omega_A\to\mathrm{T}^2$, 其中

$$A=\begin{pmatrix}1&1&0&1&0\\1&1&0&1&0\\1&1&0&1&0\\0&0&1&0&1\\0&0&1&0&1\end{pmatrix}\tag{2.5.5}$$

使得

$$F\circ h=h\circ\sigma_A.\tag{2.5.6}$$

现在我们尝试描述来自半共轭的等同, 就是说, 环面上什么样的点有多于一个原像. 首先, 显然拓扑 Markov 链 σ_A 有 3 个不动点, 即 0, 1 和 4 的常数序列, 而环面自同构只有一个不动点在原点. 这解释了计算它们周期点数的差异: $P_n(F)=\lambda_1^n+\lambda_1^{-n}-2$ (命题 1.8.1), 而 $P_n(\sigma_A)=\mathrm{tr}A^n=\lambda_1^n+\lambda_1^{-n}=P_n(F)+2$ (命题 1.9.1), 其中 $\lambda_1=(3+\sqrt{5})/2$ 是 2×2 矩阵 $\begin{pmatrix}2&1\\1&1\end{pmatrix}$ 和 5×5 矩阵 (2.5.5) [86]
的最大特征值.

此外, 我们可以看到, 避开边界 $\partial R^{(1)}$ 和 $\partial R^{(2)}$ 上的每一点 $q\in\mathbb{T}^2$, 它们的正迭代和负迭代都有唯一原像, 反之亦然. Ω_A 的点的像是边界上的点, 或者它们在 F 作用下的迭代落入三类对应于通过 0 在边界部分定义的稳定和不稳定流

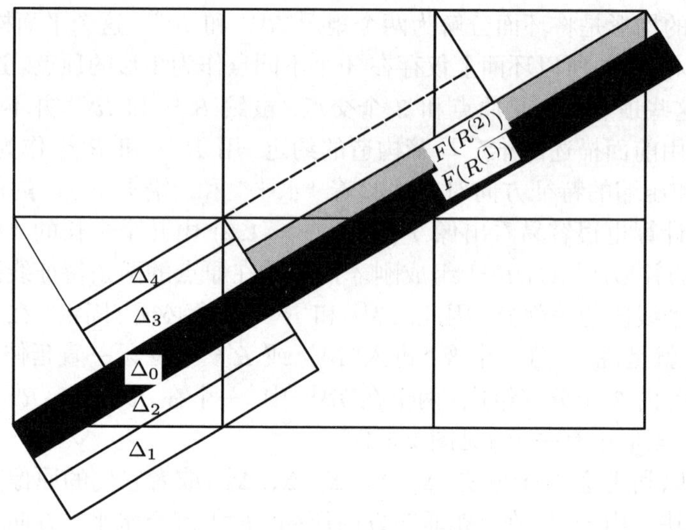

图 2.5.5. 分割的像

形的 3 个线段. 因此, 序列按下述情形等同: 它们有由 0 或 4 组成的常数无穷右 (将来) 尾巴, 其他相同, 要不有无穷左 (过去) 尾巴 (由 0 和 1 或 4 组成), 其他相同. 现在我们总结一下这个编码的某些性质.

推论 2.5.2. *σ_A 与 F 之间的半共轭除了对不动点在所有周期点上都是一对一的. 任何不负向渐近于不动点的点的原像数都有界.*

练 习

2.5.1. 证明对 $\lambda \geqslant 1$ 的二次映射 f_λ 的每个有界轨道都在 $[0,1]$ 中.

[87] **2.5.2.** 证明推论 2.5.2 对某个 0-1 矩阵 A 和任何自同构

$$F_L : \mathbb{T}^2 \to \mathbb{T}^2, x \mapsto Lx \pmod 1$$

的断言, 其中 L 是 2×2 整数矩阵, 它的行列式是 $+1$ 或 -1, 并有异于 ± 1 的实特征值.

2.5.3. 试构造一个 Markov 分割, 并对自同构 F_L 描述对应的拓扑 Markov 链, 其中 $L = \begin{pmatrix} 1 & 1 \\ 2 & 1 \end{pmatrix}$.

2.5.4. 给出 0-1 的 $n\times n$ 矩阵 A, 描述 $\mathbb{R}^2$ 中 n 个矩形 $\Delta_1,\cdots,\Delta_n$ 的性态和映射 $f:\Delta:\bigcup_{i=1}^{n}\Delta_i\to\mathbb{R}^2$, 使得 f 在 f 所有迭代下对位于 Δ 内的点的集合上的限

制拓扑等价于拓扑 Markov 链.

2.6. 环面双曲自同构的稳定性

在 2.4 节末尾我们曾经证明度为 k ($|k| \geqslant 2$) 的圆周单调映射与线性扩张映射 E_k 之间的半共轭作用的映射, 可作为连续函数空间中某个压缩算子的不动点找到. 现在我们对环面利用类似的方法.

定理 2.6.1. *在由唯一确定的同伦于恒同的半共轭的同一同伦类中, 二维环面的任何双曲线性自同构 F_L 是任何同胚 g 的一个因子. 如果 g 是 C^0 接近于 F_L, 则半共轭按 C^0 拓扑接近于恒同.*

证明. 设 $g : \mathbb{T}^2 \to \mathbb{T}^2$ 同伦于 F_L 的同胚. 我们证明存在同伦于恒同的连续映射 $h : \mathbb{T}^2 \to \mathbb{T}^2$ (因此是满射, 因为它的度非零, 参看 8.2 节), 使得

$$h \circ g = F_L \circ h \quad \text{或} \quad h = F_L^{-1} \circ h \circ g. \tag{2.6.1}$$

我们开发给出这个方程的一个简便方法. 环面到它自己的任何映射可提升到通有覆盖 $\mathbb{R}^2$; 此外, 映射 $S : \mathbb{R}^2 \to \mathbb{R}^2$ 是 $\mathbb{T}^2$ 映射的提升, 当且仅当存在自同态 $A : \mathbb{Z}^2 \to \mathbb{Z}^2$, 使得对任何 $x \in \mathrm{R}^2, m \in \mathbb{Z}^2$ 有 $S(x+m) = Sx + Am$. 特别地, 对同伦于恒同的映射的提升有 $A = \mathrm{Id}$, 即 $S - \mathrm{Id}$ 是双周期映射.

F_L 的提升是双曲线性映射 L; 用 $L + \widetilde{g}$ 记 g 的提升, 这里 $\widetilde{g}$ 是双周期的, 即 $\widetilde{g}(x+m) = \widetilde{g}(x), m \in \mathbb{Z}^2$, 用 $\mathrm{Id} + \widetilde{h}$ 记 h 的提升, $\widetilde{h}$ 有双周期.

(2.6.1) 中的第二个方程等价于

$$\begin{aligned} \mathrm{Id} + \widetilde{h} &= L^{-1} \circ (\mathrm{Id} + \widetilde{h}) \circ (L + \widetilde{g}) \quad \text{或} \\ \widetilde{h} &= L^{-1}\widetilde{g} + L^{-1} \circ \widetilde{h} \circ (L + \widetilde{g}). \end{aligned} \tag{2.6.2}$$ [88]

不像 (2.4.9) 一样, (2.6.2) 的右端不能视为作用在 $\widetilde{h}$ 上的压缩算子. 但是利用将 $\mathbb{R}^2$ 分解为矩阵 L 的特征空间, 求解 (2.6.2) 可以化为求压缩算子的不动点. 设 e_1, e_2 是 L 的特征向量, 因此 $Le_1 = \lambda_1 e_1$, $Le_2 = \lambda_2 e_2$, $|\lambda_1| = |\lambda_2^{-1}| > 1$. 分解向量函数 $\widetilde{h}$ 和 $\widetilde{g}$ 为

$$\widetilde{h} = h_1 e_1 + h_2 e_2, \quad \widetilde{g} = g_1 e_1 + g_2 e_2. \tag{2.6.3}$$

于是 (2.6.2) 等价于两个含有未知的双周期连续数量函数 h_1 和 h_2 的方程:

$$h_1 = \lambda_1^{-1} g_1 + \lambda_1^{-1} h_1 \circ (L + \widetilde{g}), \tag{2.6.4}$$

$$h_2 = \lambda_2^{-1} g_2 + \lambda_2^{-1} h_2 \circ (L + \widetilde{g}), \tag{2.6.5}$$

用 $\mathcal{F}_1(h_1)$ 记 (2.6.4) 的右端, 并考虑 $\mathcal{F}_1$ 为 $\mathbb{R}^2$ 中双周期连续函数空间上具有一致拓扑的算子. 容易看到 $\mathcal{F}_1$ 是压缩的:

$$\begin{aligned}\|\mathcal{F}_1(h)-\mathcal{F}_1(h')\| &= |\lambda_1^{-1}|\sup_{x\in\mathbb{T}^2}|h(Lx+\widetilde{g}(x))-h'(Lx+\widetilde{g}(x))|\\ &\leqslant |\lambda_1^{-1}|\sup_{y\in\mathbb{T}^2}|h(y)-h'(y)| = |\lambda_1|^{-1}\|h-h'\|.\end{aligned}$$

因此, 由压缩映射原理 (命题 1.1.2) $\mathcal{F}_1$ 有唯一不动点 h_1, 它的范数可由零映射的迭代估计:

$$\|h_1\|\leqslant\sum_{n=0}^{\infty}\|\mathcal{F}_1^{n+1}(0)-\mathcal{F}_1^{n}(0)\| = \frac{1}{1-|\lambda_1|^{-1}}\|\mathcal{F}_1(0)\| = \frac{|\lambda_1|}{|\lambda_1|-1}\|g_1\|.$$

为了将方程 (2.6.5) 表示为压缩算子的不动点方程, 应该对它稍作改写. 利用 g 从而 $L+\widetilde{g}$ 是同胚的事实, 我们求后面映射的逆并用 S 记之. 于是 (2.6.5) 变成

$$h_2=\lambda_2 h_2\circ S-g_2\circ S=:\mathcal{F}_2(h_2). \tag{2.6.6}$$

与上面相同的计算显示 $\mathcal{F}_2$ 是压缩算子, 它的不动点 h_2 满足估计

$$\|h_2\|\leqslant\frac{\|g_2\|}{1-|\lambda_2|}.$$

将 (2.6.4) 和 (2.6.6) 的解代入 (2.6.3), 并将 $\mathrm{Id}+\widetilde{h}$ 投射到这个环面上, 得到 (2.6.1) 的解, 事实上它在 $\mathbb{R}^2$ 的同伦于恒同的映射中是唯一的. □

[89] 如果在 C^1 拓扑下 g 是 F_L 的小扰动, 则在我们的论述中可令 F_L 和 g 的角色转换.

命题 2.6.2. *在 C^1 拓扑下任何充分接近于 F_L 的映射 g 是 F_L 的因子.*

证明. 我们需要求解方程

$$g\circ h=h\circ F_L. \tag{2.6.7}$$

利用如定理 2.6.1 证明中的相同记号, 将 (2.6.7) 化为

$$\mathcal{L}(\widetilde{h})=\widetilde{g}\circ(\mathrm{Id}+\widetilde{h}), \tag{2.6.8}$$

其中 $\mathcal{L}(\widetilde{h}):=\widetilde{h}\circ L-L\circ\widetilde{h}$. 算子 $\mathcal{L}$ 是 $\mathbb{R}^2$ 的所有双周期连续映射空间到它自己的线性算子. 事实上, $\mathcal{L}$ 有有界逆: 利用 (2.6.3) 可将 $\mathcal{L}$ 表示为

$$\mathcal{L}(\widetilde{h})=\mathcal{L}_1(h_1)e_1+\mathcal{L}_2(h_2)e_2,$$

其中

$$\mathcal{L}_1(h_1) = h_1 \circ L - \lambda_1 h_1,$$
$$\mathcal{L}_2(h_2) = h_2 \circ L - \lambda_2 h_2.$$

$\mathcal{L}_1$ 和 $\mathcal{L}_2$ 都可明显求逆:

$$\mathcal{L}_1^{-1}(h_1) = -\sum_{n=0}^{\infty} \lambda_1^{-(n+1)} h_1 \circ L^n,$$
$$\mathcal{L}_2^{-1}(h_2) = \sum_{n=0}^{\infty} \lambda_2^n h_2 \circ L^{-(n+1)}.$$

注意, (2.6.8) 等价于不动点方程

$$\widetilde{h} = (\mathcal{L}^{-1}\mathcal{T})\widetilde{h},$$

其中 $\mathcal{T}(\widetilde{h}) = \widetilde{g} \circ (\mathrm{Id} + \widetilde{h})$.

由于

$$\begin{aligned}\|\mathcal{T}(h) - \mathcal{T}(h')\| &= \sup_{x\in\mathbb{R}^2} |\widetilde{g}(x + h(x)) - \widetilde{g}(x + h'(x))| \\ &\leqslant \|D\widetilde{g}\| \sup_{x\in\mathbb{R}^2} |h(x) - h'(x)| = \|D\widetilde{g}\| \cdot \|h - h'\|,\end{aligned}$$

我们有 $\|\mathcal{L}^{-1}\mathcal{T}\| \leqslant \|D\widetilde{g}\| \cdot \|\mathcal{L}^{-1}\|$.

第二个因子仅依赖于 L. 因此, 如果 $\|D\widetilde{g}\| < \|\mathcal{L}^{-1}\|^{-1}$, 则 $\mathcal{L}^{-1}\mathcal{T}$ 是压缩算子, 由压缩映射原理它有唯一不动点. □

方程 (2.6.7) 可重写为 [90]

$$h = g^{-1} \circ h \circ F_L. \tag{2.6.9}$$

如果 $h' = F_L^{-1} \circ h' \circ g$ 是 (2.6.1) 的解, $h'' = g^{-1} \circ h'' \circ F_L$ 是 (2.6.9) 的解, 则通过取方程两边的复合, 我们有

$$h' \circ h'' = F_L^{-1} \circ h' \circ h'' \circ F_L.$$

因此, 映射 $h' \circ h''$ 与 F_L 可交换, 它也接近于恒同. 后面 (命题 3.2.15) 我们将看到只有这样的映射才是恒同的. 从而我们得到下面的结果.

定理 2.6.3. 二维环面的任何双曲线性自同构是 C^1 强结构稳定的.

练 习

2.6.1. 求证二维环面的双曲线性自同构的 C^1 结构稳定性的证明可以推广到 m 维环面 $(m \geqslant 2)$ 的任何双曲线性自同构.

2.6.2. 对 2.5 节描述的 "马蹄" 映射 $f : \Delta \to \mathbb{R}^2$, 证明 C^1 结构稳定性的下面半局部形式: 设 $g : \Delta \to \mathbb{R}^2$ 是 C^1 充分接近于 f 的任何映射, 则存在连续单射 $h = h_g : \Lambda \to \Delta$, 使得 $g \circ h_g = h_g \circ f$. 于是, 自然 $\Lambda_g := h_g(\Lambda)$ 是闭 g 不变集, 而且 $g|_{\Lambda_g}$ 拓扑共轭于全移位 σ_2.

2.7. 共轭问题的快速收敛迭代法 (Newton 法)

a. 寻求共轭的方法. 我们构造所给变换 f 和 g 之间的共轭方程

$$f = h \circ g \circ h^{-1} \tag{2.7.1}$$

的解的几个情形是局部、半局部以及大范围的. 迄今为止我们已经使用了以下方法:

1. 基本域法. 这个方法用在 2.1 节是为了证明端点是吸引点和排斥点的区间映射的结构稳定性以及描述光滑共轭的模. 也见练习 2.1.1, 2.1.3(2), 2.3.3 和 2.3.4. 它也对某些具有高度耗散性态的系统起作用, 就是说, 那里大多数轨道不回复, 且对其作用可找到漂亮的基本域. 它的应用可超出一维情形, 例如在 Hartman–Grobman 定理 6.3.1 的证明中, 以及用 Sternberg 楔方法给出 6.6d 节中定理 6.6.6 证明的另一个方法. 但是, 它不能用在具有非平凡回复性态的系统中 (见 3.3 节末尾的讨论).

[91] **2. 优化法.** 这个方法用在 2.1b 节中的局部线性化问题. 首先我们回忆构造形式解 (2.1.1), 即对共轭变换 h 在原点构造一个形式幂级数. 然后证明这个级数的收敛性, 从而证明由那些系数确定的解析函数来求解共轭方程. 这个方法强烈依赖问题的局部特性.

3. 编码法. 我们首先将这个方法用于任意圆周扩张映射与有相同度的线性映射的拓扑共轭性的证明 (定理 2.4.6). 它也出现在另外三个场合: 2.5b 节中的半局部情形, 2.5c 节中构造全 2 移位与二次映射和 "马蹄" 映射的不变集之间的拓扑共轭情形, 以及 2.5d 节中构造拓扑 Markov 链与环面自同构之间的半共轭情形. 这个方法在大范围和半局部双曲问题中也非常有效, 即当附近轨道具有如这些例子中的指数发散时 (参看第 6 章, 特别地, 定义 6.4.1 和定义 6.4.2 更详细). 主要特征之一是它的直接特性. 特别地, 它并不要求考虑 "候选" 共轭的辅助空间. 另外, 它仅用于拓扑 (对抗光滑) 共轭和半共轭问题. 但是, 在低维情形, 那里通常是在没有双曲性下工作, 这个方法在这种情形显得特别有效 (见 14.5, 14.6, 16.4 节).

4. 压缩映射法. 这已经用在圆周扩张映射共轭的第二个证明 (2.4c 节) 和拓扑稳定性的大范围形式的证明 (定理 2.6.1), 以及二维环面双曲自同构的结构稳定性 (定理 2.6.3) 中. 在这个方法中, 我们通过考虑变换的适当空间中的算子

$$\mathcal{L}h = f^{-1} \circ h \circ g$$

将共轭方程重写为共轭映射 $h = f^{-1} \circ h \circ g$ 的不动点方程. 如果 f 是不可逆的, 则涉及 f^{-1} 的一个分支技巧使得可构造类似的算子 (参看 (2.4.10)). 然后通过映射 f 证明算子 $\mathcal{L}$ 继承双曲性, 这就允许我们可从 $\mathcal{L}$ 构造压缩映射, 它的不动点满足这个共轭方程. 这是命题 1.1.4 证明中使用过的构造的无限维对应. 这个方法将广泛用于双曲情形 (第 6 章和第 18 章). 它的特别强处是在它工作的环境中 f 和 g 不必彼此靠近. 但是, $\mathcal{L}$ 必要的双曲性态只能在关于充分粗糙的拓扑下建立, 例如在 C^0 拓扑或 Hölder 拓扑下, 因此, 用这个方法求拓扑共轭就有一定的限制.

b. 迭代过程的构造. 现在我们描述另一个方法, 它也利用函数空间中的有关算子. 通常称它为 "Newton 法". 事实上它可看作为求函数零点的初等 Newton 法的深层推广. 即在 Kolmogorov, Arnold 和 Moser 以后通常称为的 KAM *方法*. [92]
我们将共轭方程化为一个不同于压缩映射法中的不动点方程的隐函数方程. 不像前者, Newton 法适合求光滑和解析的共轭, 它还应用在许多非双曲问题中. 但是, 它的应用仅限于扰动问题, 即其中的 f 和 g 要彼此接近.

考虑下面依赖两个 (泛函) 变量 f 和 h 的算子

$$\mathcal{F}(f, h) = h^{-1} \circ f \circ h,$$

将共轭方程写为

$$\mathcal{F}(f, h) = g.$$

这个算子的主要特征是下面的 "群性质":

$$\begin{aligned} \mathcal{F}(f, \varphi \circ \psi) &= \mathcal{F}(\mathcal{F}(f, \varphi), \psi), \\ \mathcal{F}(f, \mathrm{Id}) &= f. \end{aligned} \tag{2.7.2}$$

如在初等 Newton 法中我们要线性化这个算子, 因此需要假设在这个泛函空间的 (g, Id) 的邻域内存在线性结构, 且 f 接近于 g. 然后可在这个邻域内线性化 $\mathcal{F}$.

用 $D_1\mathcal{F}$ 和 $D_2\mathcal{F}$ 分别表示 $\mathcal{F}$ 关于 f 和 g 的偏导数, 并找共轭方程在 (g, Id) 的线性化的 "近似解" $h = \mathrm{Id} + w$. 从而可将 $\mathcal{F}(f,h)$ 写为

$$\mathcal{F}(f,h) = \mathcal{F}(g,\mathrm{Id}) + D_1\mathcal{F}(g,\mathrm{Id})(f-g) + D_2\mathcal{F}(g,\mathrm{Id})(h-\mathrm{Id}) + \mathcal{R}(f,h),$$

其中 $\mathcal{R}(f,h)$ 是 $(f-g, h-\mathrm{Id})$ 的二次项. 换句话说, 如果对这个线性化方程 (通过略去 $\mathcal{R}$ 得到) 求解 h, 则 $w = h - \mathrm{Id}$ 是方程

$$\mathcal{F}(g,\mathrm{Id}) + D_1\mathcal{F}(g,\mathrm{Id})(f-g) + D_2\mathcal{F}(g,\mathrm{Id})w = g \tag{2.7.3}$$

的解. 注意 $D_1\mathcal{F}(g,\mathrm{Id}) = \mathrm{Id}$, 因为由 (2.7.2) 有 $\mathcal{F}(\cdot,\mathrm{Id}) = \mathrm{Id}(\cdot)$. 因此 (2.7.3) 简化为

$$(f-g) + D_2\mathcal{F}(g,\mathrm{Id})w = 0. \tag{2.7.4}$$

如果令 $u = f - g$, 并假设 $D_2\mathcal{F}(g,\mathrm{Id})$ 可逆, 这可由

$$w = -(D_2\mathcal{F}(g,\mathrm{Id}))^{-1}u$$

[93] 求解. 在这种情形 w 与 u 有相同的次数, 将 $h = \mathrm{Id} + w$ 代入 $\mathcal{F}(f,h)$, 得到函数 $f_1 = h^{-1}\circ f \circ h = \mathcal{F}(f,h) = g + \mathcal{R}(f,h)$, 所以 $u_1 = f_1 - g$ 的大小应该是 $u = f - g$ 的大小的二次方. 为了验证这点, 需要估计 $\mathcal{F}$ 与它在 (g,Id) 附近的线性化之间的差.

为此考虑如下迭代过程: 假设 $f_1, \cdots, f_n$ 已被构造, 我们求解方程

$$f_n - g + D_2\mathcal{F}(g,\mathrm{Id})w_{n+1} = 0,$$

令

$$h_{n+1} = h_n \circ (\mathrm{Id} + w_{n+1}) \quad 和 \quad f_{n+1} = (\mathrm{Id} + w_{n+1})^{-1} \circ f_n \circ (\mathrm{Id} + w_n).$$

构造的最后一步是序列 h_n 在适当拓扑下的收敛性证明. 这由提供 $f_n - g$ 的大小减少最快的相同估计得到.

注意, 在每一步我们要在 (g,Id) 处转化线性部分, 不像初等 Newton 法在中间点. 这是这个方法可应用于非双曲情形的确切理由.

练　　习

2.7.1. 为了求解关于未知变换 h 的泛函方程 $f \circ h = g$ 或者 $h \circ f = g$, 要设置一个类似于子节 b 中的迭代过程, 其中 f 和 g 是空间 X 到空间 Y 的已知映射, 所以这个过程仅包含求在 (g,Id) 处的线性化算子的逆.

2.7.2. 利用上一问题推导公式

$$(I-A)^{-1}=\prod_{n=0}^{\infty}(I+A^{2^n}),$$

其中 I 是单位矩阵, A 是范数小于 1 的矩阵.

2.8. Poincaré–Siegel 定理 [94]

如在 2.1b 节指出的, 我们将用 Newton 法给出直线上的解析压缩映射与它的线性部分之间的局部解析共轭的另一个证明 (命题 2.1.3). 事实上, 对解析地看非常类似但动力学完全不同的另一个问题几乎也可同样证明.

(2.1.1) 中对映射 f 的共轭构造工作可扩展到 0 的复邻域, 因为 f 和共轭都是由幂级数定义的 (参看练习 2.1.7). 此外, 我们并不需要假设映射 f 保持实直线, 即它的 Taylor 系数包括第一项 λ 是实数. 关于 λ 的唯一假设是 $|1-\lambda^n|$ 对所有 n 一致有界异于 0. 这等价于 $|\lambda|\neq 1$, 这种情形称为 Poincaré 情形.

但是, 我们也在 0 的邻域内考虑全纯映射 $f:U\to\mathbb{C}$, 使得 $f(0)=0$ 和 $|f'(0)|=1$. 线性化映射 $\Lambda z:=\lambda z$ 是围绕原点以角度 $\arg\lambda$ 的旋转. 如果这个角度是 2π 的有理数倍, 则此线性映射是周期的, 尽管这对 f 通常不成立, 例如, 二次映射 $z\mapsto \exp 2\pi i p/q z+az^2$ 不是周期的. 但是, 假设 $(1/2\pi)\arg\lambda$ 不仅是无理数, 而且也不能用有理数很好近似 (见定义 2.8.1). 这种情形称为 Siegel 情形. 此时允许用 Newton 法在 0 的某个邻域内构造 f 与 Λ 之间的全纯共轭. 由于每个圆周 $|z|=$ 常数在 Λ 作用下不变, 它的像在 f 作用下不变. 因此这个共轭定义在不变圆盘上, 它在 Siegel 情形的存在性不是简单的局部情形, 而是半局部的.

定义 2.8.1. 数 α 称为 Diophantus 型 (c,d) 的, 如果对任何非零 $p,q\in\mathbb{Z}$ 有 $|q\alpha-p|>cq^{-d}$. α 称为 Diophantus 数, 如果存在 $c>0, d>1$ 使得 α 是 Diophantus 型 (c,d) 的.

定理 2.8.2 (Poincaré–Siegel 定理). 设 $f(z)=\lambda z+\sum_{n=2}^{\infty}f_n z^n$ 是 0 的邻域内的全纯映射, 其中 $|\lambda|\neq 1$, 或者对某个 Diophantus 数 α 有 $\lambda=e^{2\pi i\alpha}$, 那么存在 $\delta>0$ 和全纯映射 $h(z)=z+\sum_{n=2}^{\infty}h_n z^n$, 使得

$$h^{-1}\circ f\circ h=\Lambda,\quad \text{对 } |z|<\delta, \tag{2.8.1}$$

其中 $\Lambda(z)=\lambda z$.

注. 2.1b 节中的优化法也可应用在 Siegel 情形,[1] 但是这个估计比 Poincaré 情形更艰难, 而且这个方法不能用在可用 Newton 法的某些其他问题.

[95] **证明.** (Moser) Newton 法中需要的估计要用到以下事实, 对解析函数用 C^0 估计, Taylor 系数的估计等价于用下述方法: 在圆盘上给定一个 C^0 估计, 用 Cauchy 积分公式给出在更小圆盘上的导数估计, 这些相继给出更小圆盘上的 C^0 估计.

引理 2.8.3. (1) 假设函数 $\varphi=\sum\limits_{k=0}^{\infty}\varphi_k z^k$ 在 $B_r:=\{z|\ |z|<r\}$ 中解析, 在 $\overline{B}_r$ 上连续, 在 B_r 中满足 $|\varphi|<\varepsilon$, 则对 $k\in\mathbb{N}$ 有 $|\varphi_k|<\varepsilon r^{-k}$.

(2) 假设对 $k\in\mathbb{N}$ 有 $|\varphi_k|<Kr^{-k}$, 则函数 $\varphi=\sum\limits_{k=0}^{\infty}\varphi_k z^k$ 在 B_r 上解析且在 $B_{r-\delta}$ 上满足 $|\varphi|<Kr/\delta$.

证明. (1) $|\varphi_k|=\left|\dfrac{1}{2\pi i}\displaystyle\int_{|z|=r}\dfrac{\varphi(z)}{z^{k+1}}dz\right|\leqslant\dfrac{1}{2\pi}\displaystyle\int_{|z|=r}\left|\dfrac{\varphi(z)}{z^{k+1}}\right|dz\leqslant\dfrac{\varepsilon}{r^k}$.

(2) $|\varphi(z)|\leqslant K\sum\limits_{k=0}^{\infty}r^{-k}(r-\delta)^k=\dfrac{Kr}{\delta}$. □

注意, 由对 λ 的假设得到对某个 $c_0,d\in\mathbb{N}$ 的 Diophantus 条件

$$|\lambda^q-1|\geqslant\frac{q^{-d}}{c_0|\lambda|}. \tag{2.8.2}$$

当 $|\lambda|\neq1$ 时这是一个平凡假设, 因此 $|\lambda^q-1|$ 有下界. 事实上, 这时我们可以通过调整 c_0 取 d 为我们所要求的小. 如果 $\lambda=e^{2\pi i\alpha}$, 其中 α 如定义 2.8.1 中的, 取 $p\in\mathbb{Z}$ 为最接近于 $q\alpha$ 的整数, 则求得

$$|\lambda^q-1|=|e^{2\pi iq\alpha}-e^{2\pi ip}|=|e^{2\pi i(q\alpha-p)}-1|\geqslant c'|q\alpha-p|\geqslant c'cq^{-d},$$

其中 d 如定义 2.8.1 中的, 这就证明了 (2.8.2).

现在求 $D_2\mathcal{F}(g,\mathrm{Id})$ 的逆. 首先通过系统地丢弃 t 的高阶项, 得到

$$\begin{aligned}D_2\mathcal{F}(\Lambda,\mathrm{Id})w&=\lim_{t\to0}\frac{1}{t}(\mathcal{F}(\Lambda,\mathrm{Id}+tw)-\mathcal{F}(\Lambda,\mathrm{Id}))\\&=\lim_{t\to0}\frac{1}{t}\left((\mathrm{Id}+tw)^{-1}\circ\Lambda\circ(\mathrm{Id}+tw)-\Lambda\right)\\&=\lim_{t\to0}\frac{1}{t}\left((\mathrm{Id}-tw)\circ\Lambda\circ(\mathrm{Id}+tw)-\Lambda\right)\\&=\lim_{t\to0}\frac{1}{t}(t\Lambda\circ w-tw\circ\Lambda)=\Lambda\circ w-w\circ\Lambda.\end{aligned}$$

因此, 为了求解 (2.7.4) 要对 w 求解

$$u=w\circ\Lambda-\Lambda\circ w, \tag{2.8.3}$$

这给出 $u=\sum_{k=2}^{\infty} f_k z^k$. 如果我们记 $w=\sum_{k=2}^{\infty} w_k z^k$, 则必须有

$$\begin{aligned}\sum_{k=2}^{\infty} f_k z^k &= u = w\circ\Lambda-\Lambda\circ w\\ &=\sum_{k=2}^{\infty}(w_k\lambda^k-\lambda w_k)z^k=\sum_{k=2}^{\infty}(\lambda^k-\lambda)w_k z^k,\end{aligned} \tag{2.8.4}$$

因此, 这个 w 的幂级数必须有系数 [96]

$$w_k=\frac{f_k}{\lambda^k-\lambda}, \tag{2.8.5}$$

其中 $k\geqslant 2$. 现在我们证明了如果 u 收敛, 则这个级数在 B_r 上收敛, 并给出有用的估计.

引理 2.8.4. *设在 B_ρ 上, $\varphi=\sum_{k=0}^{\infty}\varphi_k z^k$ 解析且 $|\varphi|<\delta$, λ 如 (2.8.2) 中的, 则*

$$\psi(z):=\sum_{k=2}^{\infty}\frac{\varphi_k}{\lambda^k-\lambda}z^k$$

在 B_ρ 上解析, 且存在 $c(d)>0$, 使得在 $\overline{B_{\rho(1-\Delta)}}$ 上有

$$|\psi|<\delta c_0 c(d)\Delta^{-(d+1)}.$$

证明. ψ 的收敛性由 Cauchy 估计 $|\varphi_k|<\delta\rho^{-k}$ 和 (2.8.2) 得到, 因为

$$|\psi_k|=\left|\frac{\varphi_k}{\lambda^k-\lambda}\right|\leqslant\delta c_0(k-1)^d\rho^{-k}\leqslant\delta c_0 k^d\rho^{-k},$$

注意到 $\sum_{k=0}^{\infty}k^d x^k$ 是 $\sum_{k=0}^{\infty}x^k=1/(1-x)$ 直到 d 阶的导数与多项式系数的线性组合, 故对 $|x|<1$ 和某个 $c(d)>0$, 我们有 $\sum_{k=0}^{\infty}k^d x^k\leqslant\dfrac{c(d)}{(1-x)^{d+1}}$. 因此在 $B_{\rho(1-\Delta)}$ 上有

$$|\psi(z)|<\delta c_0\sum_{k=2}^{\infty}k^d\rho^{-k}z^k\leqslant\delta c_0\sum_{k=2}^{\infty}k^d(1-\Delta)^k\leqslant\delta c_0 c(d)\Delta^{-(d+1)}. \qquad\square$$

特别地, $D_2\mathcal{F}(\Lambda,\mathrm{Id})$ 事实上可逆.

现在开始进行迭代. 作为开始, 回忆, 由于 Λ 是 f 的线性部分, 故 $u=f-\Lambda$ 直到二阶在 0 为零, 因此可选择 r 使得

$$|u'|<\varepsilon,\quad 在\ B_r\ 上, \tag{2.8.6}$$

其中 ε 在后面指定.

我们也假设 $|\lambda| \leqslant 1$, 它不限于 Siegel 情形, 在 Poincaré 情形可通过考虑用 f 的逆代替 f 来完成. 应用引理 2.8.4 于 u, 其中 $\rho = r, \delta = \varepsilon\rho$ (因为在 B_r 上 $|u'| < \varepsilon$), 对 $|z| \leqslant \rho(1-\Delta)$ 得到 $|w(z)| < \varepsilon\rho c_0 c(d)\Delta^{-(d+1)}$. 因此对 $|z| = \rho(1-\Delta)$, 我们有

$$|w(z)| < \varepsilon\rho c_0 c(d)\Delta^{-(d+1)} = \varepsilon\frac{c_0 c(d)}{1-\Delta}\Delta^{-(d+1)}|z|.$$

[97] 这与 ρ 无关, 所以

$$|w| < \varepsilon\frac{c_0 c(d)}{1-\Delta}\Delta^{-(d+1)}r, \quad \text{在 } \overline{B_{r(1-\Delta)}} \text{ 上}. \tag{2.8.7}$$

与 $zu'(z)$ 一样论述, 得

$$|w'| < \varepsilon\frac{c_0 c(d)}{1-\Delta}\Delta^{-(d+1)}, \quad \text{在 } \overline{B_{r(1-\Delta)}} \text{ 上}. \tag{2.8.8}$$

下面两个引理证明, 如果开始 ε 选择的足够小, 那么新映射

$$f_1 = h^{-1} \circ f \circ h$$

定义在 $B_{r(1-4\Delta)}$ 上, 其中 $h = \mathrm{Id} + w$.

引理 2.8.5. 如果

$$\varepsilon c_0 c(d) < \Delta^{d+2}(1-\Delta) \quad \text{且} \quad 0 < \Delta < \frac{1}{4}, \tag{2.8.9}$$

那么

$$h(B_{r(1-4\Delta)}) \subset B_{r(1-3\Delta)} \quad \text{且} \quad B_{r(1-2\Delta)} \subset h(B_{r(1-\Delta)}). \tag{2.8.10}$$

证明. 为了证明 (2.8.10) 的第一个结论, 取 $|z| < r(1-4\Delta)$, 利用 (2.8.7) 得到

$$\begin{aligned}|h(z)| \leqslant |z| + |w(z)| &< r\left(1 - 4\Delta + \frac{\varepsilon c_0 c(d)}{1-\Delta}\Delta^{-(d+1)}\right)\\ &< r(1-4\Delta+\Delta) = r(1-3\Delta).\end{aligned}$$

为了证明 (2.8.10) 的第二个结论, 注意到由 (2.8.7) 和 (2.8.9) 得 $|h(z) - z| = |w(z)| < r\Delta$, 同时, 对 $|z| = r(1-\Delta)$ 显然有 $|z| - r(1-2\Delta) = r\Delta > w|w(z)|$. 因此 $|h(z)| = |z - (h(z) - z)| \geqslant |z| - |w(z)| > r(1-2\Delta)$. 由于 $h(0) = 0$, 引理得证.□

现在我们证明 $f_1 = h^{-1} \circ f \circ h$ 定义在 $B_{r(1-4\Delta)}$ 上, 并对它的非线性项给出二次估计. 记

$$f_1 = \Lambda + u_1.$$

引理 2.8.6. 如果

$$\varepsilon c_0 c(d) < \Delta^{d+2}(1-\Delta) \quad 且 \quad 0 < \varepsilon < \Delta < \frac{1}{5}, \tag{2.8.11}$$

则 f_1 在 $B_{r(1-4\Delta)}$ 上有定义, 且 [98]

$$|u_1'| \leqslant \varepsilon^2 \frac{5c_0c(d)}{4(1-\Delta)\Delta^{d+2}}, \quad 在 \ B_{r(1-5\Delta)} \ 上.$$

证明. 由引理 2.8.5, 我们有 $h(B_{r(1-4\Delta)}) \subset B_{r(1-3\Delta)}$. 由于 $|\lambda| < 1$, 由 (2.8.6) 得到在 $B_{r(1-3\Delta)}$ 上有 $|f(z)| \leqslant r(1-3\Delta) + r\varepsilon < r(1-2\Delta)$. 由于由引理 2.8.5 有 $B_{r(1-2\Delta)} \subset h(B_{r(1-\Delta)})$, h^{-1} 在 $B_{r(1-2\Delta)}$ 上有定义. 因此 $f_1 = h^{-1} \circ f \circ h$ 在 $B_{r(1-4\Delta)}$ 上有定义.

为了估计 u_1', 重写 $h \circ f_1 = f \circ h$ 为

$$\lambda z + u_1(z) + w(\lambda z + u_1(z)) = \lambda(z + w(z)) + w(h(z)),$$

或者, 利用 (2.8.3),

$$u_1(z) = w(\lambda z) - w(\lambda + u_1(z)) + u(h(z)) - u(z). \tag{2.8.12}$$

现在利用中值定理和 (2.8.8) 与 (2.8.11), 得到

$$|w(\lambda z) - w(\lambda z + u_1(z))| \leqslant \sup|w'| \sup|u_1| \leqslant \varepsilon \frac{c_0c(d)}{1-\Delta}\Delta^{-(d+1)} \sup|u_1| < \frac{\sup|u_1|}{5}.$$

从而, 由 (2.8.7) 和 (2.8.12) 在 $B_{r(1-4\Delta)}$ 上有

$$\frac{4}{5}\sup|u_1| \leqslant |u(h(z)) - u(z)| \leqslant \sup|u'||w| < \varepsilon^2 \frac{c_0c(d)}{1-\Delta}\Delta^{-(d+1)}r.$$

由引理 2.8.3 (1) 得知, 在 $B_{r(1-5\Delta)}$ 上有

$$|u_1'| \leqslant \varepsilon^2 \frac{5c_0c(d)}{4(1-\Delta)}\Delta^{-(d+2)}.$$

□

现在归纳地应用这些估计. 如果 f_n 是由 (2.8.15) 和 $u_n = f_n - \Lambda$ 给出, 则有

$$|u_n'| \leqslant \varepsilon_n \quad 在 \ B_{r_n} \ 上,$$

于是

$$|u_{n+1}'| \leqslant \varepsilon_n^2 \frac{5c_0c(d)}{4(1-\Delta_n)\Delta_n^{d+2}} =: \varepsilon_{n+1} \leqslant c_1 \frac{\varepsilon_n^2}{\Delta_n^{d+2}}, \quad 在 \ B_{r_{n+1}} \ 上. \tag{2.8.13}$$

如果取 $r_n = r(1+2^{-n})/2 > r/2$ 且

$$\Delta_n = \frac{1}{10(2^n+1)}, \tag{2.8.14}$$

[99] 则 $r_{n+1} = r_n(1-5\Delta_n)$. 为了证明 $\varepsilon_n \to 0$, 注意由 (2.8.13) 和 (2.8.14), 对某个 $c_2 > 0$ 有 $\varepsilon_{n+1} = 10^{d+2}c_1\varepsilon_n^2(2^n+1)^{d+2} \leqslant c_2^{n+1}\varepsilon_n^2$, 所以 $\varepsilon_n' := c_2^n\varepsilon_n$ 满足

$$\varepsilon_{n+1}' = c_2^{n+1}\varepsilon_{n+1} \leqslant c_2^{n+1}c_2^{n+1}\varepsilon_n^2 = \varepsilon_n'^2.$$

因此, 如果取 $\varepsilon_0 < 1$, 则 ε_n' 和 ε_n 超指数地趋于零. 另外, 如果取 ε_0 足够小, 则对所有 n, (2.8.11) 满足.

现在考虑映射

$$k_n := h_0 \circ \cdots \circ h_{n-1},$$

由引理 2.8.6 它在 $B_{r_{n-1}}$ 上有定义. 于是

$$f_n = k_n^{-1} \circ f \circ k_n$$

定义在 $B_{r_{n-1}} \supset B_{r/2}$ 上.

我们证明 $\{k_n\}_{n\in\mathbb{N}}$ 在 $B_{r/2}$ 上一致收敛. 由链规则

$$|k_n'| = \prod_{l=0}^{n-1} h_l' = \prod_{l=0}^{n-1}(1+w_l'),$$

其中由 (2.8.8) 得 $|w_l'| \leqslant c_3^l\varepsilon_l$. 因此在 $B_{r/2}$ 上, $\prod\limits_{l=0}^{n-1}(1+|w_l'|) \leqslant c_4$. 从而

$$|k_{n+1}-k_n| \leqslant c_4 \sup|h_n - \mathrm{Id}| \leqslant c_4|w_n| \leqslant c_4c_5^n\varepsilon_n'.$$

因此

$$k_n \to h \quad 且 \quad f_n \to \Lambda,$$

由此得到 (2.8.1). □

练　　习

2.8.1. 证明对给定的 $d>1$ 和任意 c, Diophantus 数集有全 Lebesgue 测度.

2.8.2. 证明数 $\alpha = \sum\limits_{n=0}^{\infty} 2^{-n!}$ 不是 Diophantus 数.

2.8.3. 证明对任何不是多项式的全纯函数 w, 存在数 $\lambda = \exp 2\pi i\alpha$, 其中 α 是无理数, 使得线性化 (2.8.3) 没有全纯解.

2.9. 余环与上同调方程 [100]

在这一章中我们已经找到化为求解一类特殊线性泛函方程的几个问题. 这些问题出现在 (2.2.6), (2.2.7) 和 (2.2.8) 的流的时间改变研究中, (2.6.4), (2.6.5) 的环面双曲自同构的拓扑稳定性的证明中 (定理 2.6.1, 也见命题 2.6.2 的证明), 以及在利用 Newton 法时对共轭的线性化方程 (2.8.3) 中. 在离散时间情形, 所有这些方程可表示为形式

$$g(x) = \lambda\varphi(f(x)) - \varphi(x), \tag{2.9.1}$$

其中 $f: X \to X$ 是给定映射, g 是 X 上给定的数量函数, λ 是给定常数, φ 是未知数量函数. 我们也可视方程 (2.6.2) 为相同形式的向量方程, 其中 λ 是作用在向量上的一个线性算子. 形如 (2.9.1) 的方程称为*上同调方程*, 它也出现在除了上述问题以外的不同问题中.

现在我们用一般术语描述出现上同调方程的方法. 设 G 表示 $\mathbb{N}, \mathbb{Z}$, 或表示 $\mathbb{R}$, 即时间, $\rho: G \to GL(k, \mathbb{R})$ 是同态, 即 G 的线性表示, 以及 $T: G \times X \to X$ 是关于相空间 X 和时间 G 的动力系统.

定义 2.9.1. *通过 ρ 扭转的长度为 1 的余环是满足*

$$\alpha(g_2 + g_1, x) = \rho(g_1)\alpha(g_2, T(g_1)x) + \alpha(g_1, x)$$

的映射 $\alpha: G \times N \to \mathbb{R}^k$. 如果 ρ 是一个恒同表示, 这样的 α 称为非扭转余环, 或者称为余环.

注意余环形成一个线性空间, 且由定义 $\alpha(0, x) = 0$. 任何函数 $\varphi: X \to \mathbb{R}^k$ 通过

$$\alpha(g, x) := \rho(g)\varphi(T(g)x) - \varphi(x) \tag{2.9.2}$$

定义余环. 这个形式的余环称为*上边缘*. 两个余环称为是*上同调的*, 如果它们的差是上边缘的.

在离散时间情形, 余环与 X 上的函数之间存在自然的双射. 就是说, 每个余环由函数 $a(x) := \alpha(1, x)$ 确定. 求解上同调方程等价于证明所给的余环是上边缘的: 设 $f := T(1), R = \rho(1)$ 和 $a(x) = \alpha(1, x)$. 于是 (2.9.2) 变成

$$a(x) = R\varphi(f(x)) - \varphi(x), \tag{2.9.3}$$

即 (2.9.1) 的向量形式.

由此得知, ρ 是双曲情形 (即 $\rho(1)$ 是双曲的) 与 ρ 是非双曲情形 (特别是扭转情形) 之间存在很大差别. 在求解 (2.6.2) 和 (2.6.8) 时, 对双曲情形本质上我们是利用下面结果.

[101] **定理 2.9.2.** *假设 R 是双曲的, 则方程 (2.9.3) 有唯一有界解 φ. 如果 a 连续, 则 (2.9.3) 的解也连续.*

证明. 如在定理 2.6.1 的证明中, 分解 R 为压缩部分 R_- 和扩张部分 R_+, 并利用命题 1.2.2 给出的范数. 于是得到两个方程

$$a_+(x) = R_+\varphi_+(f(x)) - \varphi_+(x),$$
$$a_-(x) = R_-\varphi_-(f(x)) - \varphi_-(x),$$

其中 $\|R_-\|, \|R_+^{-1}\| < 1$. 它们是通过一致收敛的序列 $\varphi_+(x) = \sum\limits_{k=1}^{\infty} R_+^{-k} a_+(f^{-k}(x))$ 和 $\varphi_-(x) = -\sum\limits_{k=0}^{\infty} R_+^{k} a_-(f^{k}(x))$ 得到的. 因此有界性与连续性是显然的. 唯一性由求解 (2.9.2) 满足 $a = 0$ 的两个解之差 ξ 得知, 即 $R\xi(f(x)) = \xi(x)$. 这个方程唯一的有界解是零, 因为 R 是双曲的. □

重要的是, 即使 (2.9.3) 中的 a, f 和 ρ 是光滑的, 也不能期望函数 φ 非常正则. 这个方向的最好结果是, 如果 a 是 Hölder 连续的, f 是 Lipschitz 连续的, 则得到 Hölder 连续解. 缺乏正则性与具有双曲性态的系统结构稳定但其共轭不光滑的事实有关 (见 19.1b 节, 那里我们证明这个共轭是 Hölder 连续的).

作为上同调方程的非双曲情形的例子, 考虑已经出现在 (2.2.8) 中的非扭转上同调方程. 这时求解方程 (2.9.2) 存在明显的障碍, 即周期点中的 α 值必须为 0. 为了看到这意味着什么, 注意此时

$$\alpha(n,x) = \sum_{i=0}^{n-1} a(f^i(x)) \quad \text{对 } n \geqslant 0 \quad \text{和} \quad \alpha(n,x) = -\sum_{i=n}^{-1} a(f^i(x)) \quad \text{对 } n < 0. \tag{2.9.4}$$

如果 $f^n(x) = x$ 以及 α 是上边缘, 则 $\sum\limits_{i=0}^{n-1} a(f^i(x)) = \alpha(n,x) = \varphi(f^n(x)) - \varphi(x) = 0$. 我们称周期轨道上的这个函数和为*周期阻碍*.

如果在非扭转同调方程的解中不要求任何结构, 那么只要这些阻碍为 0 就不会有什么问题, 因为我们可以从每个轨道选择点 x 然后令 $\varphi(f^n(x)) = \sum\limits_{i=0}^{n-1} a(f^i(x))$. 但是, 如果在 X 上存在任何结构, 则可能非常不理想. 例如, 在圆周的无理旋转情形, 这个构造必然会给出点 x 的不可测族 (不可测集的标准构造要分析), 因此很可能是不可测 (以及高度无界) 的解.

但是, 有 (2.9.4) 存在有界解的自然条件.

定理 2.9.3. 如果 $\alpha(n,x)$ 关于 n 和 x 一致有界, 则 $a(x)=\varphi(f(x))-\varphi(x)$ 有解 [102]

$$\varphi(x)=\sup_{n\in\mathbb{N}}\left(-\sum_{i=0}^{n}a(f^i(x))\right). \tag{2.9.5}$$

证明. φ 有定义且

$$\begin{aligned}\varphi(f(x))-\varphi(x)&=\sup_{n\in\mathbb{N}}\left(-\sum_{i=0}^{n}a(f^{i+1}(x))\right)-\sup_{n\in\mathbb{N}}\left(-\sum_{i=0}^{n}a(f^i(x))\right)\\&=\sup_{n\in\mathbb{N}}\left(-\sum_{i=0}^{n}a(f^{i+1}(x))\right)-\sup_{n\in\mathbb{N}}\left(-\left(a(x)+\sum_{i=0}^{n}a(f^{i+1})(x)\right)\right)\\&=a(x).\end{aligned}$$

□

代替上面的上确界也可取序列 $\alpha(n,x)$ 的任何内蕴特征, 如下确界、上极限和下极限, 以及它们的任何线性组合, 或者甚至是 "质量中心" 型的更精巧的表达式, 这时考虑的不是值的集合而是它们的分布.

容易看到, 单独周期阻碍为 0 对非扭转上同调方程合理解的存在性可能还不够充分. 例如无理圆周旋转 R_α 没有周期点, 不存在周期阻碍, 虽然存在另一个明显的必要条件: 如果 $g(x)=\varphi(R_\alpha(x))-\varphi(x)$ 且 φ 可积, 则 $\int_{S^1}g=0$.

定理 2.9.3 不保证非扭转上同调方程解的连续性, 即使数据连续 (见练习 2.9.2). 此外, 即使非扭转上同调方程存在连续解, 由 (2.9.5) 给出的解仍可能不连续 (见练习 2.9.3). 但是, 存在保证连续性的有趣情形.

定理 2.9.4 (Gottschalk, Hedlund). 设 X 是一个紧度量空间, $f:X\to X$ 是极小连续映射 (见定义 1.3.2), $g:X\to\mathbb{R}$ 是使得对某个 $x_0\in X$ 满足 $M:=\sup_{n\in\mathbb{N}}\left|\sum_{i=0}^{n}g\circ f^i(x_0)\right|<\infty$ 的连续函数, 那么存在连续函数 $\varphi:X\to\mathbb{R}$ 满足

$$\varphi\circ f-\varphi=g. \tag{2.9.6}$$

证明. 首先注意 $\left|\sum_{i=0}^{n}g\circ f^i(x)\right|$ 对所有 x 有界. 这从极小性得知: 如果 $\left|\sum_{i=0}^{n}g\circ f^i(y)\right|>2M$, 则相同不等式对任意接近 y 的任何 z 都成立, 特别对 x_0 的某个迭代 $f^{n_0}(x_0)$. 但是 $2M<\left|\sum_{i=n_0}^{n_0+N}g\circ f^i(x_0)\right|\leqslant\left|\sum_{i=0}^{n_0+N}g\circ f^i(x_0)\right|+\left|\sum_{i=0}^{n_0-1}g\circ f^i(x_0)\right|$, 这与 M 的定义矛盾. 因此定理 2.9.3 的假设满足. 故可取

$$\varphi(x):=\sup_{n\in\mathbb{N}}\left(-\sum_{i=0}^{n}g(f^{-i}(x))\right).$$

[103] 函数 ψ 在点 x 的振动定义为

$$\operatorname{Osc}_{\psi}(x) := \lim_{\delta\to 0}(\sup\{\psi(y) \mid |x-y|<\delta\} - \inf\{\psi(y) \mid |x-y|<\delta\}).$$

注意, 函数振动为零当且仅当这个函数连续, 因此由 g 的连续性, (2.9.6) 中的任何 φ 的振动是 f 不变的. 从而由定义集合 $\{x|\operatorname{Osc}_{\varphi}(x)\geqslant\varepsilon\}$ 是闭的, 由极小性它是 X 或是空集. 这充分证明对任何 $\varepsilon>0$ 它不是 X.

注意, 事实上 φ 是逐点单调的连续函数序列 $\varphi_k(x)=\sup\limits_{n\leqslant k}\left(-\sum\limits_{i=0}^{n} g(f^{-i}(x))\right)$ 的极限. 设 $O_{\varepsilon,n}$ 是使得在其上满足 $\varphi-\varphi_n\leqslant\varepsilon/2$ 的集合. 于是对 $x\in O_{\varepsilon,n}$ 有 $\operatorname{Osc}_{\varphi}(x)\leqslant\varepsilon$, 对充分大的 n 这个集合非空. □

练习 2.9.1 证明上述连续解 (直到相差一个可加常数) 是唯一的.

非双曲扭转上同调方程出现在 Poincaré–Siegel 定理 2.8.2 (同样在 Siegel 情形的 (2.8.3)) 的证明中, 完全同样的情况也出现在后面 (12.3.3) 中. 在这些情形它们可用 Fourier 分析, 并在关键的算法假设 (2.8.2) 下解析求解. 利用相同方法可得到一个非常类似的结果, 但在 C^∞ 范畴内, 则有下面关于环面上流的结果.

命题 2.9.5. 假设 ρ 是一个 Diophantus 数, φ 是圆周上的 C^∞ 正函数. 在 φ 作用下建立在 R_ρ 上的流是 C^∞ 流等价于线性流 T_t^ω, 其中 $\omega=\left(\rho\int\varphi,\int\varphi\right)$.

证明. 只需证明在常数函数 $\varphi_0:=\int\varphi$ 作用下的流等价性, 由于后者是常数扭扩尺度化, 由命题 2.2.2 它光滑地流等价于 $T_t^{(\rho,1)}$.

为此目的, 我们构造一个特殊流的新截面使得回复时间是常数. 这个截面将同伦于 $t=0$ 给出的原来的基截面. 此外, 它将有下面的形式. 如果这个特殊流记为 ψ^t, 则这个截面通过基截面沿着轨道移动某个时间得到, 就是说, 将每一点 $(x,0)$ 送到 $\psi^{h(x)}(x,0)$. 欲使它为截面我们需要某个单调性, 即需要有 $h(x)<\varphi(x)+h(R_\rho(x))$, 所以返回来横截的阶保持. 为了达到常数回复时间, 我们尝试求 h 使得 $h(x)+\varphi_0=\varphi(x)+h(x+\rho)$, 即

$$h(x+\rho)-h(x)=\varphi_0-\varphi(x). \tag{2.9.7}$$

为了求解这个上同调方程, 利用已知函数的 Fourier 展开 $\varphi(x)=\sum\limits_{k\in\mathbb{Z}}\varphi_k\exp(2\pi ikx)$ 和未知函数的 Fourier 展开 $h(x)=\sum\limits_{k\in\mathbb{Z}}h_k\exp(2\pi ikx)$. 于是由 (2.9.7), 对 $k\neq 0, h$ 的 Fourier 系数为

$$h_k=\frac{\varphi_k}{1-\exp(2\pi ik\rho)}.$$

为了证明这些数事实上是 C^∞ 函数的 Fourier 系数, 我们利用 Diophantus 条件. [104]
回忆一个函数是 C^∞ 的充分必要条件是其 Fourier 系数减少的速度快于 k 的幂. Diophantus 条件给出 $|1-\exp(2\pi ik\rho)| >$ 常数 $\cdot k^{-r}$. 由于 φ_k 衰减快于 k 的任何幂, 所以 h_k 也一样. □

练　　习

2.9.1. 设 $f: X \to X$ 是紧度量空间的一个拓扑传递同胚, ψ 是 X 上的连续函数. 证明上同调方程

$$\varphi(f(x)) - \varphi(x) = \psi(x)$$

的任何两个连续解 φ 相差一个常数.

2.9.2. 考虑练习 1.9.10 中的符号系统 S_k. 证明上同调方程

$$\varphi(S_k\omega) - \varphi(\omega) = (-1)^{\omega_0}$$

有有界的 Borel 解, 但没有连续解.

2.9.3. 对 $\omega \in \Omega_2$, 令 $\Phi(\omega) = \sum_{n\in\mathbb{Z}} \omega_n 2^{-|n|}$ 和 $a(\omega) = \Phi(\sigma_2\omega) - \Phi(\omega)$. 证明由 (2.9.5) 给出的上同调方程 $a(\omega) = \varphi(\sigma_2\omega) - \varphi(\omega)$ 的解 φ 有不连续点的稠密集.

[illegible]

练习 [illegible]

2.9.1 [illegible]

[illegible]

2.9.2 [illegible]

[illegible]

2.9.3 [illegible]

2.9.4 [illegible]

第 3 章　渐近拓扑不变量的主要类 [105]

从这一章开始我们将系统地识别与光滑动力系统渐近线性态相关的重要特殊现象. 这要依靠第 1 章一些具体例子的研究结果, 以及从第 2 章概述的一般结构方法中获得的见识.

本章讨论的大多数性质实际上是拓扑不变量, 而且可以对广泛的拓扑动力系统类包括符号系统定义. 拓扑不变量的优势可与 2.1, 2.3, 2.4 和 2.6 节考虑的所出现的蓝图很好配合. 上一章的讨论使得以下情形似乎非常合理, 即光滑动力系统几乎从来就不是微分稳定的, 而且只能很少以直到光滑共轭来局部地分类. 相反, 结构稳定性与相关的拓扑稳定性看来是相当普遍的现象.

我们将考虑渐近不变量的三大类型: (i) 各类轨道个数的增长和轨道族的复杂性, (ii) 回复性类型, (iii) 轨道的渐近分布与统计性态. 前两类纯粹是拓扑特性, 它们将在本章讨论. 最后一类实际上与遍历理论有关, 我们这里仅提供这个主题关键面貌的一个介绍. 因为这需要一些篇幅, 故将有关材料分散到其他章节中. 接下来的两章联系密切. 下一章介绍不变测度和遍历理论的动机是希望了解这一章讨论的在拓扑情形和光滑情形下的定性回复性质的更多定量方法.

3.1. 轨道的增长

a. 周期轨道与 ζ 函数. 周期轨道代表一类与众不同的特殊轨道. 定义 1.7.1 介绍 [106]
了映射 f 的周期点数 $P_n(f)$. 这种数明显是一个拓扑不变量. 我们指出, $P_n(f)$ 给出周期点的总数, 其中正整数 n 是周期, 但不一定是最小周期. 如果 n 是一个素数, 则 $P_n(f)-P_1(f)$ 正好给出最小周期 n 的周期点个数, 因此 $\dfrac{1}{n}(P_n(f)-P_1(f))$

为周期正好是 n 的周期轨道个数. 一般地, 周期 n 的周期点数与周期 n 的轨道数之间的联系比较复杂. 如果我们用 $\widetilde{P}_n(f)$ 表示 n 是最小周期的点的个数, 则周期 n 的轨道数自然是 $\widetilde{P}_n(f)/n$. 数 $\widetilde{P}_n(f)$ 也是 f 的一个拓扑不变量, 它们可以通过 $P_n(f)$ 表达, 反之, 可通过一些数论函数表达. 一般用 $P_n(f)$ 比用 $\widetilde{P}_n(f)$ 更方便.

周期点数渐近增长的最自然测度是序列 $P_n(f)$ 的指数增长率 $p(f)$:

$$p(f) = \overline{\lim_{n\to\infty}} \frac{\log(\max(P_n(f), 1))}{n}. \tag{3.1.1}$$

我们用 $\max(P_n(f), 1)$ 代替 $P_n(f)$ 是为了避免取到 $\log 0$.

如果 $p(f) = 0$, 则有时考虑由

$$\overline{\lim_{n\to\infty}} \frac{\log(\max(P_n(f), 1))}{\log n} \tag{3.1.2}$$

给出的周期点的多项式增长率是有用的. 若 $p(f) < \infty$, 即如果周期点的增长率至多是指数增长, 这时可将有关周期点数的所有信息吸收到一个漂亮的解析对象, 即由

$$\zeta_f(z) = \exp \sum_{n=1}^{\infty} \frac{P_n(f)}{n} z^n \tag{3.1.3}$$

定义的 f 的 ζ 函数中, 其中 z 是复数.[1] 这个级数对 $|z| < \exp(-p(f))$ 收敛, 且在圆周 $|z| = \exp(-p(f))$ 上总有奇点. 在许多情况下允许函数 $\zeta_f(z)$ 可解析延拓, 通常将它延拓到整个复平面上的全纯函数. 自然, 延拓的 $\zeta_f(z)$ 的极点、零点和留数提供 f 的其他由周期点数确定的拓扑不变量, 它们在轨道结构中通常会提供不平凡见识.

现在计算我们几个例子的 ζ 函数.

对线性扩张映射 $E_m, m > 1$ (因此, 由定理 2.4.6, 对每个度为 m 的圆周扩张映射), 我们有 $P_n(E_m) = m^n - 1$, 所以

$$\begin{aligned}\zeta_{E_m}(z) &= \exp\left(\sum_{n=1}^{\infty} \frac{m^n - 1}{n} z^n\right) \\ &= \exp(-\log(1 - mz) + \log(1 - z)) = \frac{1 - z}{1 - mz}.\end{aligned} \tag{3.1.4}$$

[107] 因此, 这个函数事实上有到整个复平面的全纯延拓, 它的单个极点刚好在点 $1/m = \exp(-p(E_m))$.

类似地, 对 N 移位 σ_N 和单边 N 移位 σ_N^R, 我们有

$$\zeta_{\sigma_N}(z) = \zeta_{\sigma_N^R}(z) = \exp \sum_{n=1}^{\infty} \frac{N^n}{n} z^n = \frac{1}{1 - Nz}. \tag{3.1.5}$$

两个表达式 (3.1.4) 和 (3.1.5) 的主要区别是第一个函数在 $z=1$ 出现零点. 这与命题 1.7.2 证明中描述的半共轭映移位 σ_m^R 的 m 个不动点为 E_m 的同一个不动点 $x=0$ 的事实有关.

最后, 对环面双曲自同构 $F_L:\mathbb{T}^2\to\mathbb{T}^2, F_L(x,y)=(2x+y,x+y)(\mathrm{mod}\,1)$, 我们有

$$\begin{aligned}\zeta_{F_L}(z)&=\exp\sum_{n=1}^{\infty}\left(\left(\frac{3+\sqrt{5}}{2}\right)^n+\left(\frac{3-\sqrt{5}}{2}\right)^n-2\right)\frac{z^n}{n}\\&=\frac{(1-z)^2}{\left(1-\left(\frac{3+\sqrt{5}}{2}\right)z\right)\left(1-\left(\frac{3-\sqrt{5}}{2}\right)z\right)}.\end{aligned}\tag{3.1.6}$$

ζ 函数再次在复平面上有到有理函数的全纯延拓.

对于流我们应该计算周期轨道以代替周期点. 这可用两个方法进行. 最接近离散时间情形的是用周期轨道的长度加权来计算周期轨道, 这相当于在离散时间情形计算周期点总数 (与 20.1 节末尾 Bowen 测度对于流的描述进行比较). 另一个方法是我们可以不用轨道的长度加权就计算周期轨道的数目. 但是, 如果周期轨道的数目指数增长, 则这个区别无关紧要, 因为大多数长度直到 T 的轨道有接近于 T 的长度, 所以增长率是相同的.

现在我们考虑由周期小于或等于 T 的所有周期轨道数 $P_T(\varphi^t)$ 给出的不变量. 相应地, 对流的周期轨道数定义指数增长率

$$p(\varphi^t):=\overline{\lim_{T\to\infty}}\frac{\log(\max(P_T(\varphi^t),1))}{T}\tag{3.1.7}$$

和 ζ 函数

$$\zeta_{\varphi^t}(z)=\prod_{\gamma}(1-\exp(-zl(\gamma)))^{-1},\tag{3.1.8}$$

其中的积取遍流的非不动点周期轨道 γ, $l(\gamma)$ 是 γ 的最小正周期. 假设流有有限多个不动点, 则从无穷乘积的标准收敛性准则立刻看到, 积 (3.1.8) 对 $\mathrm{Re}\,z>p(\varphi^t)$ [108]
收敛, 且在临界直线 $\mathrm{Re}\,z=p(\varphi^t)$ 上有奇点.

数 $P_T(\varphi^t)$ 和这个 ζ 函数显然是流等价性不变量. 一般地, 它们在轨道等价性下不是不变的. 虽然轨道等价性取周期轨道为周期轨道, 但它可改变它们的周期. 然而, 一个粗糙性质是保持时间改变.

命题 3.1.1. *设 X,Y 是紧度量空间, $\varphi^t:X\to X$ 和 $\psi^t:Y\to Y$ 是没有不动点的连续流. 假设这两个流轨道等价且 $p(\psi^t)=0$, 那么 $p(\varphi^t)=0$.*

证明. 设 $h:X\to Y$ 是映流 φ^t 的轨道到 ψ^t 的轨道的一个同胚, 则 $h(\varphi^1(x))=\psi^{\alpha(x)}h(x)$. 函数 α 连续且正, 因此它有界, 设 $\alpha(x)\leqslant M$. 因此, φ^t 的任何长度为

1 的轨道段的像是 ψ^t 的长度至多为 M 的轨道段. 从而, 长度至多是 T 的轨道段的像的长度小于 $(T+1)M$, 对 $T\geqslant 1$ 它小于 $2MT$. 这意味着周期 $\leqslant T$ 的任何周期轨道有周期 $\leqslant 2MT$, 就是说,

$$P_{2MT}(\psi^t)\geqslant P_T(\varphi^t)$$

且 $p(\psi^t)\geqslant p(\varphi^t)/2M$. □

b. 拓扑熵. 与轨道增长有关的最重要的数值不变量是拓扑熵. 它表示在任意精细但精度有限下的可区分轨道段个数的指数增长率. 在某种意义上, 拓扑熵的描述虽然比较粗糙但给我们提示可用单个数刻画轨道结构的全指数复杂性的一个方法.

按惯例, 我们从离散时间情形开始讨论. 设 $f:X\to X$ 是距离函数为 d 的紧度量空间 X 的一个连续映射. 我们用

$$d_n^f(x,y)=\max_{0\leqslant i\leqslant n-1} d(f^i(x),f^i(y)) \tag{3.1.9}$$

定义从 $d_1^f=d$ 开始的度量递增序列 $d_n^f, n=1,2,\cdots$. 换句话说, d_n^f 测量轨道段 $I_x^n=\{x,\cdots,f^{n-1}x\}$ 与 I_y^n 之间的距离. 用 $B_f(x,\varepsilon,n)$ 记开球 $\{y\in X|d_n^f(x,y)<\varepsilon\}$.

集合 $E\subset X$ 称为 (n,ε) 生成的, 如果 $X\subset\bigcup\limits_{x\in E}B_f(x,\varepsilon,n)$. 设 $S_d(f,\varepsilon,n)$ 是 (n,ε) 生成集的极小势, 或者等价地, 极小 (n,ε) 生成集的势. 我们可以口头表达, 这个量的意义是初始条件的最小个数, 其直到时间 n 的性态近似于任何初始条件直到相差 ε 的性态. 考虑那个量的指数增长率

$$h_d(f,\varepsilon):=\overline{\lim_{n\to\infty}}\frac{1}{n}\log S_d(f,\varepsilon,n). \tag{3.1.10}$$

[109] 显然它关于 ε 不减. 定义拓扑熵 $h_d(f)$ 为

$$h_d(f)=\lim_{\varepsilon\to 0}h_d(f,\varepsilon).$$

先验地, 这个量可依赖于度量 d. 但我们证明事实上它并非如此.

命题 3.1.2. 如果 d' 是 X 的另一个度量, 它定义如 d 的相同拓扑, 则 $h_{d'}(f)=h_d(f)$.

证明. 考虑所有满足 $d(x_1,x_2)\geqslant\varepsilon$ 的偶 $(x_1,x_2)\in X\times X$ 的集合 D_ε. 这是 $X\times X$ 的具积拓扑的紧子集. 函数 d' 在这个拓扑下在 $X\times X$ 上连续, 因此它在 D_ε 上达到它的极小值 $\delta(\varepsilon)$. 这个极小值是正的; 否则存在点 $x_1\neq x_2$ 满足

$d'(x_1,x_2)=0$. 因此, 如果 $d'(x_1,x_2)<\delta(\varepsilon)$, 则 $d(x_1,x_2)<\varepsilon$, 就是说, 在距离 d' 下任何 $\delta(\varepsilon)$ 球包含在距离 d 下的 ε 球内. 可把这个论述直接推广到度量 d'^f_n 和 d^f_n. 因此, 对每个 n 我们有 $S_{d'}(f,\delta(\varepsilon),n)\geqslant S_d(f,\varepsilon,n)$, 所以 $h_{d'}(f,\delta(\varepsilon))\geqslant h_d(f,\varepsilon)$ 和 $h_{d'}(f)\geqslant \lim\limits_{\varepsilon\to 0}h_{d'}(f,\delta(\varepsilon))\geqslant \lim\limits_{\varepsilon\to 0}h_d(f,\varepsilon)=h_d(f)$. 交换度量 d 和 d' 得到 $h_d(f)\geqslant h_{d'}(f)$. □

定义 3.1.3. 对用产生 X 中给定拓扑的任何度量计算的量 $h_d(f)$ 称为 f 的**拓扑熵**, 记为 $h(f)$, 或者有时记为 $h_{\text{top}}(f)$.[2]

推论 3.1.4. *拓扑熵是一个拓扑共轭不变量.*

证明. 设 $f:X\to X, g:Y\to Y$ 是通过同胚 $h:X\to Y$ 的拓扑共轭. 固定 X 上的度量 d 和 Y 上的 d' 作为 d 的拉回, 即 $d'(y_1,y_2)=d(h^{-1}(y_1),h^{-1}(y_2))$. 于是 h 成为一个等距, 所以有 $h_d(f)=h_{d'}(g)$. □

存在几个类似于 $S_d(f,\varepsilon,n)$ 的量可用来定义拓扑熵. 例如, 设 $D_d(f,\varepsilon,n)$ 是在度量 d^f_n 下直径至多为 ε 其并覆盖 X 的集合的最小个数. 显然 ε 球的直径小于或等于 2ε, 所以 ε 球的每个覆盖是直径 $\leqslant 2\varepsilon$ 的集合的覆盖, 即

$$D_d(f,2\varepsilon,n)\leqslant S_d(f,\varepsilon,n). \tag{3.1.11}$$

另一方面, 任何直径 $\leqslant\varepsilon$ 的集合包含在围绕它每个点的 ε 球内, 所以

$$S_d(f,\varepsilon,n)\leqslant D_d(f,\varepsilon,n). \tag{3.1.12}$$

引理 3.1.5. *对任何 $\varepsilon>0$, 极限 $\lim\limits_{n\to\infty}\dfrac{1}{n}\log D_d(f,\varepsilon,n)$ 存在.*

注. 对 $S_d(f,\varepsilon,n)$, 对应的极限可不存在.

证明. 此结论由不等式 [110]

$$D_d(f,\varepsilon,m+n)\leqslant D_d(f,\varepsilon,n)\cdot D_d(f,\varepsilon,m),\ \text{对所有}\ m,n$$

得到. 因为这时序列 $a_n=\log D_d(f,\varepsilon,n)$ 是次可加的, 即 $a_{m+n}\leqslant a_n+a_m$, 因此 $\lim\limits_{n\to\infty}\dfrac{a_n}{n}$ 存在. 这是一个非常有用的初等事实, 后面我们还要用它好几次 (例如, (3.1.20), 命题 4.3.6). 命题 9.6.4 是这个事实的较强形式.

为了证明这个不等式, 注意, 如果 A 是 d^f_n 直径小于 ε 的集合, B 是 d^f_m 直径小于 ε 的集合, 则 $A\cap f^{-n}(B)$ 是 d^f_{m+n} 直径小于 ε 的集合. 因此如果 $\mathfrak{A}$ 是 X 的 d^f_n 直径小于 ε 的集合 $D_d(f,\varepsilon,n)$ 的覆盖, $\mathfrak{B}$ 是 X 的 d^f_m 直径小于 ε 的集合 $D_d(f,\varepsilon,m)$ 的覆盖, 则所有包含不多于 $D_d(f,\varepsilon,n)\cdot D_d(f,\varepsilon,m)$ 的集合 $A\cap f^{-n}(B)$ 是 d^f_{m+n} 直径小于 ε 的集合的覆盖, 其中 $A\in\mathfrak{A}$, $B\in\mathfrak{B}$. □

现在定义 $\lim\limits_{n\to\infty}\dfrac{1}{n}\log D_d(f,\varepsilon,n)=\widetilde{h}_d(f,\varepsilon)$. 由 (3.1.11) 和 (3.1.12), 得到

$$\widetilde{h}_d(f,\varepsilon)\geqslant h_d(f,\varepsilon)\geqslant \widetilde{h}_d(f,2\varepsilon),$$

代替 $h_d(f,\varepsilon)$, 类似的不等式对 $\underline{h}_d(f,\varepsilon):=\varliminf\limits_{n\to\infty}\dfrac{1}{n}\log S_d(f,\varepsilon,n)$ 成立.

因此, 我们得到 $\lim\limits_{\varepsilon\to 0}\widetilde{h}_d(f,\varepsilon)=\lim\limits_{\varepsilon\to 0}\underline{h}_d(f,\varepsilon)=h(f)$ 和

$$\lim_{\varepsilon\to 0}(\underline{h}_d(f,\varepsilon)-h_d(f,\varepsilon))=0.$$

另一个定义拓扑熵的方法是通过数 $N_d(f,\varepsilon,n)$, 即用 X 中逐对 d_n^f 距离至少是 ε 的点的最大个数定义. 我们称这样的点集为 (n,ε) 分离的. 这种点产生长度为 n、以精度 ε 区分的轨道段的最大个数. 最大 (n,ε) 分离集是一个 (n,ε) 生成集, 即对任何这样的点集围绕它们的 ε 球覆盖 X, 因为否则将有可能通过加入任何点使得增大的集合不被覆盖. 因此

$$N_d(f,\varepsilon,n)\geqslant S_d(f,\varepsilon,n). \tag{3.1.13}$$

另一方面, 没有 ε 球可包含两个 2ε 分离的点. 因此

$$S_d(f,\varepsilon,n)\geqslant N_d(f,2\varepsilon,n). \tag{3.1.14}$$

利用 (3.1.13) 和 (3.1.14), 我们得到

$$\begin{aligned}&\varlimsup_{n\to\infty}\frac{1}{n}\log N_d(f,\varepsilon,n)\geqslant h_d(f,\varepsilon),\\&\varliminf_{n\to\infty}\frac{1}{n}\log N_d(f,2\varepsilon,n)\leqslant\varlimsup_{n\to\infty}\frac{1}{n}\log N_d(f,2\varepsilon,n)\leqslant h_d(f,\varepsilon),\end{aligned} \tag{3.1.15}$$

从而

$$h_{\text{top}}(f)=\lim_{\varepsilon\to 0}\varlimsup_{n\to\infty}\frac{1}{n}\log N_d(f,\varepsilon,n)=\lim_{\varepsilon\to 0}\varliminf_{n\to\infty}\frac{1}{n}\log N_d(f,\varepsilon,n), \tag{3.1.16}$$

这证明我们在这子节开始时给出的口头描述是正确的.

[111] **命题 3.1.6.** 如果映射 g 是 f 的一个因子, 则 $h_{\text{top}}(g)\leqslant h_{\text{top}}(f)$.

证明. 设 $f:X\to X, g:Y\to Y, h:X\to Y, h\circ f=g\circ h, h(X)=Y$, d_X, d_Y 相应地是 X,Y 中的距离函数.

因为 h 一致连续, 所以, 对任何 $\varepsilon>0$ 存在 $\delta(\varepsilon)>0$, 使得如果 $d_X(x_1,x_2)<\delta(\varepsilon)$, 则 $d_Y(h(x_1),h(x_2))<\varepsilon$. 因此, 任何半径为 $\delta(\varepsilon)$ 的 $(d_X)_n^f$ 球的像位于半径为 ε 的 $(d_Y)_n^g$ 球内, 即

$$S_{d_X}(f,\delta(\varepsilon),n)\geqslant S_{d_Y}(g,\varepsilon,n).$$

取对数与极限即得结果. □

下面的命题包含拓扑熵的标准初等性质的不完全名单. 证明显示从三个定义的一个来回切换到另一个的有效性.

命题 3.1.7. (1) 如果 Λ 是一个闭 f 不变集, 则 $h_{\mathrm{top}}(f|_\Lambda) \leqslant h_{\mathrm{top}}(f)$.

(2) 如果 $X = \bigcup_{i=1}^{m} \Lambda_i$, 其中 Λ_i $(i = 1, \cdots, m)$ 是闭 f 不变集, 则 $h_{\mathrm{top}}(f) = \max_{1 \leqslant i \leqslant m} h_{\mathrm{top}}(f|_{\Lambda_i})$.

(3) $h_{\mathrm{top}}(f^m) = |m| h_{\mathrm{top}}(f)$.

(4) $h_{\mathrm{top}}(f \times g) = h_{\mathrm{top}}(f) + h_{\mathrm{top}}(g)$.

其中如果 $f : X \to X, g : Y \to Y$, 则 $f \times g : X \times Y \to X \times Y$ 由 $(f \times g)(x, y) = (f(x), g(y))$ 定义.

证明. (1) 是显然的, 因为 X 的每个 d_n^f 直径小于 ε 的集合的覆盖同时也是 Λ 的覆盖.

为了证明 (2), 我们指出, 由直径小于 ε 的集合的 $\Lambda_1, \cdots, \Lambda_m$ 的覆盖的并是 X 的覆盖, 所以

$$D_d(f, \varepsilon, n) \leqslant \sum_{i=1}^{m} D_d(f|_{\Lambda_i}, \varepsilon, n),$$

这就是说, 至少对一个 i,

$$D_d(f|_{\Lambda_i}, \varepsilon, n) \geqslant \frac{1}{m} D_d(f, \varepsilon, n).$$

因为只存在有限个 i, 故至少有一个 i 对无穷多个 n 工作. 对这个 $i \in \{1, \cdots, m\}$

$$\overline{\lim_{n\to\infty}} \frac{\log D_d(f|_{\Lambda_i}, \varepsilon, n)}{n} \geqslant \overline{\lim_{n\to\infty}} \frac{\log D_d(f, \varepsilon, n) - \log m}{n} = \widetilde{h}_d(f, \varepsilon).$$

这证明了 (2).

对正数 m, 由下面两个说明得到 (3). 首先

$$\begin{aligned} d_n^{f^m}(x, y) &= \max_{0 \leqslant i < n} d(f^{im}(x), f^{im}(y)) \leqslant \max_{0 \leqslant i < m(n-1)} d(f^i(x), f^i(y)) \\ &= d_{nm-m+1}^f(x, y), \end{aligned}$$

所以对任何 $x \in X$, $B_f(x, \varepsilon, mn - m + 1) \subset B_{f^m}(x, \varepsilon, n)$ 且 [112]

$$S_d(f^m, \varepsilon, n) \leqslant S_d(f, \varepsilon, mn). \tag{3.1.17}$$

因此 $h_{\mathrm{top}}(f^m) \leqslant m h_{\mathrm{top}}(f)$. 另一方面, 对每个 $\varepsilon > 0$ 存在 $\delta(\varepsilon) > 0$, 使得对

所有 $x\in X, B(x,\delta(\varepsilon))\subset B_f(x,\varepsilon,m)$. 因此

$$\begin{aligned}B_{f^m}(x,\delta(\varepsilon),n)&=\bigcap_{i=0}^{n-1}f^{-im}B(f^{im}(x),\delta(\varepsilon))\\&\subset\bigcap_{i=0}^{n-1}f^{-im}B_f(f^{im}(x),\varepsilon,m)=B_f(x,\varepsilon,mn).\end{aligned}$$

因此,

$$S_d(f,\varepsilon,mn)\leqslant S_d(f^m,\delta(\varepsilon),n) \tag{3.1.18}$$

而且 $mh_{\mathrm{top}}(f)\leqslant h_{\mathrm{top}}(f^m)$. 现在设 f 可逆. 于是 $B_f(x,\varepsilon,n)=B_{f^{-1}}(f^{n-1}(x),\varepsilon,n)$, 以及 $S_d(f,\varepsilon,n)=S_d(f^{-1},\varepsilon,n)$, 因此 $h_{\mathrm{top}}(f)=h_{\mathrm{top}}(f^{-1})$.

对负 m, (3) 由 $m>0$ 和 $n=-1$ 的论述得到.

最后, 为了证明 (4), 在 $X\times Y$ 中引入积度量 $d((x_1,y_1),(x_2,y_2))=\max(d_X(x_1,x_2),d_Y(y_1,y_2))$. 于是在此积度量下的球是 X 和 Y 中的球的积. 同样地对 $d_n^{f\times g}$ 球也成立. 因此 $S_d(f\times g,\varepsilon,n)\leqslant S_{d_X}(f,\varepsilon,n)S_{d_Y}(g,\varepsilon,n)$, 以及 $h_{\mathrm{top}}(f\times g)\leqslant h_{\mathrm{top}}(f)+h_{\mathrm{top}}(g)$. 另一方面, X 中 f 的任何 (n,ε) 分离集与 Y 中 g 的任何 (n,ε) 分离集之积是 $f\times g$ 的 (n,ε) 分离集. 因此

$$N_d(f\times g,\varepsilon,n)\geqslant N_{d_X}(f,\varepsilon,n)\times N_{d_Y}(g,\varepsilon,n),$$

从而 $h_{\mathrm{top}}(f\times g)\geqslant h_{\mathrm{top}}(f)+h_{\mathrm{top}}(g)$. □

对流 $\Phi=\{\varphi^t\}_{t\in\mathbb{R}}$ 的拓扑熵 $h_{\mathrm{top}}(\Phi)$ 的定义完全与离散情形平行. (3.1.9) 对流的类似是下面度量的非减族:

$$d_T^{\Phi}(x,y)=\max_{0\leqslant t\leqslant T}d(\varphi^t(x),\varphi^t(y)).$$

值得特别注意的唯一一个性质是下面的命题 3.1.7(3) 的类似.

命题 3.1.8. $h_{\mathrm{top}}(\Phi)=h_{\mathrm{top}}(\varphi^1)$.

证明. 由紧性和连续性, 对 $\varepsilon>0$ 可找 $\delta(\varepsilon)>0$, 使得如果 $d(x,y)\leqslant\delta(\varepsilon)$, 则 $\max\limits_{0\leqslant t\leqslant 1}d(\varphi^t(x),\varphi^t(y))<\varepsilon$. 这导致在度量 d_T^{Φ} 下的任何 ε 球包含在度量 $d_{[T]}^{\varphi^1}$ 下的 $\delta(\varepsilon)$ 球. 另一方面, 显然 $d_n^{\Phi}\geqslant d_n^{\varphi^1}$. 由这两个说明得到命题结论. □

[113] 流的拓扑熵显然在流等价性下不变. 它在时间改变下会改变, 因此它在轨道等价性下相当复杂. 类似于命题 3.1.1 的证明, 可以证明对没有不动点的流, 任何时间改变保持拓扑熵为零 (参看练习 3.1.5). 如果映射或流的拓扑熵为零, 则任何在其定义中涉及次指数渐近性的量对轨道结构的复杂性可提供有用的启示.

c. 体积增长. 除了如在子节 a 和 b 中考虑的轨道离散族的增长, 我们也可尝试测量轨道连续族的增长. 例如, 对光滑动力系统, 可在相空间中取一条紧光滑弧 γ, 并如时间函数测量它的相继像之长度. 这个长度至多指数增长, 如前, 它的指数增长率是最自然的, 因此建议用作测量增长. 它不依赖用于测量长度的 Riemann 度量的选择. 为了得到一个至少光滑共轭的不变量, 应该对所有弧考虑这种增长率的上确界. 于是一般所得的这个量在拓扑共轭下不是不变的. 奇怪的是, 对二维流形的 C^∞ 微分同胚它等于拓扑熵, 因此是一个拓扑不变量.

更一般地, 我们可以在 m 维紧流形 M 上考虑一个光滑紧 k 维胞腔, 即 $\mathbb{R}^k$ 中的标准闭球在到 M 的嵌入作用下的像, 并计算它在 M 上所给动力系统作用下的像的体积的指数增长率. 如果后者是不可逆的, 则体积应按适当重数取. 在所有 k 维胞腔上取上确界得到光滑共轭的一个不变量, 但对固定的 k 它一般不是拓扑共轭不变量. 事实上, 关于 $k, 0 \leqslant k \leqslant m$ 对 C^∞ 映射取这些量的最大值即等于拓扑熵.[3]

d. 拓扑复杂性: 基本群中的增长. 另一种由轨道族的体积测量轨道族增长的方法是考虑它们的拓扑复杂性. 这个思想导致熵的几个代数对应量. 这个方法的一个明显吸引之处是它自动产生拓扑共轭不变量.

这类不变量的第一个与闭路迭代的同伦复杂性的增长有关.

为此我们首先对有限生成群的自同态定义熵的一个纯代数概念. 设 π 是一个这样的群, $\Gamma = \{\gamma_1, \cdots, \gamma_s\}$ 是 π 的生成子系统, $F : \pi \to \pi$ 是自同态. 对元素 $\gamma \in \pi$ 考虑所有可能的表示

$$\gamma = \gamma_1^{i_1}\gamma_2^{i_2}\cdots\gamma_s^{i_s}\gamma_1^{i_{s+1}}\cdots\gamma_s^{i_{2s}}\cdots\gamma_s^{i_{ks}}, \quad i_j \in \mathbb{Z}, \tag{3.1.19}$$

令 $L(\gamma, \Gamma)$ 是 $\sum_{j=1}^{ks} |i_j|$ 在所有这种表示上的最小值. 此外, 令 $L_n(F, \Gamma) =$ [114]
$\max_{1\leqslant i\leqslant s} L(F^n\gamma_i, \Gamma)$. 我们可以拼接形如 (3.1.19) 的表示, 因此

$$L(\gamma \cdot \gamma', \Gamma) \leqslant L(\gamma, \Gamma) + L(\gamma', \Gamma)$$

以及

$$L(F^n\gamma, \Gamma) \leqslant L(\gamma, \Gamma) \cdot L_n(F, \Gamma).$$

由于 F 是一个自同态, 可以将 $F^n\gamma_i$ 的表示代入形如 (3.1.19) 的 $F^m\gamma$ 的任何表示, 得到 $F^{m+n}\gamma$ 的表示. 从而 $L(F^{m+n}\gamma, \Gamma) \leqslant L(F^m\gamma, \Gamma)L_n(F, \Gamma)$, 因此

$$L_{m+n}(F, \Gamma) \leqslant L_m(F, \Gamma)L_n(F, \Gamma),$$

从而

$$\lim_{n\to\infty}\frac{1}{n}\log L_n(F,\Gamma)=:h_A^{\Gamma}(F) \tag{3.1.20}$$

存在.

现在令 $\Gamma'=\{\gamma_1',\cdots,\gamma_t'\}$ 为 π 的另一个生成子系统. 每个 $\gamma_i, i=1,\cdots,s$ 通过 Γ' 有一个表示, 反之亦然. 设 K 是使得所有这种表示可选择有长度至多为 K. 于是 $F^n\gamma_i'$ 有长度至多为 $KL_n(F,\Gamma)$ 的形如 (3.1.19) 的表示, 因此有长度至多是 $K^2L_n(F,\Gamma)$ 的形如

$$(\gamma_1')^{i_1}(\gamma_2')^{i_2}\cdots(\gamma_t')^{i_t}\cdots(\gamma_t')^{i_{kt}}$$

的表示, 从而

$$L_n(F,\Gamma')\leqslant K^2L_n(F,\Gamma),$$

以及 $h_A^{\Gamma'}(F)\leqslant h_A^{\Gamma}(F)$. 交换 Γ 与 Γ', 得到 $h_A^{\Gamma}(F)\leqslant h_A^{\Gamma'}(F)$, 所以 $h_A^{\Gamma}(F)$ 与生成子系统的选择无关.

定义 3.1.9. 对任何 Γ, 称量 $h_A(F)=h_A^{\Gamma}(F)$ 为自同态 F 的代数熵.

由此定义立刻得知, 这个代数熵是群自同态的一个共轭不变量, 就是说, 如果 $S:\pi\to\pi'$ 是一个同构, $F:\pi\to\pi$ 是自同态, 那么

$$h_A(SFS^{-1})=h_A(F). \tag{3.1.21}$$

对非 Abel 群存在一类对我们目的应该认为是平凡的自同构, 即对固定 $\gamma_0\in\pi$ 形如 $I_{\gamma_0}\gamma=\gamma_0^{-1}\gamma\gamma_0$ 的内自同构.

[115] **命题 3.1.10.** *对有限生成群 π 的任何自同态 F 和任何 $\gamma_0\in\pi$,*

$$h_A(I_{\gamma_0}F)=h_A(F).$$

证明. 由于 $F=I_{\gamma_0^{-1}}(I_{\gamma_0}F)$, 只需证明 $h_A(I_{\gamma_0}F)\leqslant h_A(F)$. 对 $\gamma\in\pi$ 我们有

$$(I_{\gamma_0}F)^n\gamma=\gamma_0^{-1}F(\gamma_0)^{-1}\cdots(F^{n-1}(\gamma_0))^{-1}F^n(\gamma)F^{n-1}(\gamma_0)\cdots\gamma_0,$$

因此

$$\begin{aligned}L((I_{\gamma_0}F)^n\gamma,\Gamma)&\leqslant L(F^n\gamma,\Gamma)+2\sum_{k=0}^{n-1}L(F^k\gamma_0,\Gamma)\\&\leqslant L_n(F,\Gamma)\cdot L(\gamma,\Gamma)+2\sum_{k=0}^{n-1}L_k(F,\Gamma)\cdot L(\gamma_0,\Gamma).\end{aligned} \tag{3.1.22}$$

设 $\overline{L}_n(F,\Gamma)=\max\limits_{0\leqslant x\leqslant n} L_k(F,\Gamma)$. 极限 (3.1.20) 的存在, 意味着

$$\lim_{n\to\infty}\frac{\log \overline{L}_n(F,\Gamma)}{n}=h_A(F),$$

又因为由 (3.1.22),

$$\overline{L}_n(I_{\gamma_0}F,\Gamma)\leqslant(1+2nL(\gamma_0,\Gamma))\overline{L}_n(F,L),$$

故得到 $h_A(I_{\gamma_0}F)\leqslant h_A(F)$. □

现在考虑紧连通流形 M 上的连续映射 f 并令 $p\in M$. 固定连接 p 与它的像的连续路径 α, 即满足 $\alpha(0)=p,\alpha(1)=f(p)$ 的映射 $\alpha:[0,1]\to M$. 于是我们可定义基本群 $\pi=\pi_1(M,p)$ 的一个自同态 f_*^α, 其中由闭路 $\gamma:[0,1]\to M,\gamma(0)=\gamma(1)=p$ 表示的元素的像由闭路 $\alpha f(\gamma)\alpha^{-1}$ 表示, 它由跟随闭路 $f\circ\gamma$ 的路径 α 再取 α 的反向组成.

定义 f (关于 p 和 α) 的基本群熵为

$$h_*^{p,\alpha}(f):=h_A(f_*^\alpha).\tag{3.1.23}$$

下面我们将证明这个定义与 α 和 p 的选择无关.

首先, 设 α' 是另一个连接 p 与 $f(p)$ 的路径, 以 σ 记由闭路 $\alpha(\alpha')^{-1}$ 表示的 $\pi_1(M,p)$ 的元素. 对 $\gamma\in\pi_1(M,p)$, 我们有

$$f_*^{\alpha'}(\gamma)=\alpha' f(\gamma)(\alpha')^{-1}=\sigma^{-1}\alpha f(\gamma)\alpha^{-1}\sigma=I_\sigma f_*^\alpha(\gamma).$$

因此, 由命题 3.1.10,

$$h_A(f_*^\alpha)=h_A(f_*^{\alpha'}).\tag{3.1.24}$$

现在令 $q\in M$ 是另一点, β 是连接 q 与 p 的连续路径. 于是路径 $\gamma=$ [116]
$\beta\alpha(f(\beta))^{-1}$ 连接 q 与它的像 $f(q)$, 并可定义映射 $f_*^\gamma:\pi_1(M,q)\to\pi_1(M,q)$. 映射 $S_\beta:\pi_1(M,q)\to\pi_1(M,p),\ \xi\mapsto\beta^{-1}\xi\beta$ 是一个同构, 直接计算证明

$$f_*^\gamma=S_\beta^{-1}f_*^\alpha S_\beta.$$

因此, 由 (3.1.24)

$$h_A(f_*^\gamma)=h_A(f_*^\alpha).\tag{3.1.25}$$

从而, 利用 (3.1.24) 和 (3.1.25), 我们看到 $h_*^{p,\alpha}(f)$ 事实上是与 p 和 α 无关. 从现在起我们将用 $h_*(f)$ 记这个量, 并称它是映射 f 的*基本群熵*.

显然 $h_*(f)$ 是 f 的一个拓扑不变量. 在 8.1b 节我们将证明对任何连续映射 f 有 $h_*(f)\leqslant h_{\text{top}}(f)$.[4]

e. 同调增长. 另一个有用的拓扑增长不变量来自考虑 f 在同调群 $H_i(M,\mathbb{R})$ 上诱导的线性映射 f_{*i}. 线性映射增长的最自然的数值测量是它的谱半径, 在有限维情形它与特征值的最大绝对值重合 (参看定义 1.2.1 和下面的讨论). 谱半径 $r(f_{*i})$ 是 f 的拓扑不变量.

同调增长的两个有趣的特殊情形是 $i=1$ 和 $i=\dim M$. 如果 $i=1$, 利用 $\pi_1(M,p)$ 的 Abel 化与第一同调群之间的 Hurewicz 同构 (定理 A.7.5)

$$\mathcal{H}:\pi_1(M,p)/[\pi_1(M,p),\pi_1(M,p)]\to H_1(M,\mathbb{Z}).$$

任何两个 $S_\beta:\pi_1(M,q)\to\pi_1(M,p)$ 相差一个内自同构, 因此所有 S_β 在 $\pi_1(M,q)/[\pi_1(M,q),\pi_1(M,q)]$ 与 $\pi_1(M,p)/[\pi_1(M,p),\pi_1(M,p)]$ 之间定义相同的同构. 如果

$$P:\pi_1(M,p)\to\pi_1(M,p)/[\pi_1(M,p),\pi_1(M,p)]$$

表示投射, $\mathcal{P}:H_1(M,\mathbb{Z})\to H_1(M,\mathbb{R})$ 表示到 $H_1(M,\mathbb{R})$ 中的整数格上的一个典范同态, 它的核由有限阶元素组成, 则令

$$\mathfrak{H}_p:\mathcal{P}\circ\mathcal{H}\circ P:\pi_1(M,p)\to H_1(M,\mathbb{R}).$$

这个 Hurewicz 同构关于连续映射是等价的, 所以对任何连续映射 $f:M\to M, p\in M$ 以及任何连接 p 与 $f(p)$ 的路径 α, 我们有

$$f_{*1}\mathfrak{H}_p=\mathfrak{H}_p f_*^\alpha. \tag{3.1.26}$$

从而 f_{*1} 在整数格上的限制是 f_*^α 的一个因子映射. 给定 $\pi_1(M,p)$ 中的生成子 Γ 和 $H_1(M,\mathbb{R})$ 中的一个范数, 存在 $C>0$ 使得对任何 $\gamma\in\pi_1(M,p)$ 有

$$\|\mathfrak{H}_p(\gamma)\|\leqslant CL(\gamma,\Gamma). \tag{3.1.27}$$

[117] 由方程 (3.1.26) 与 (3.1.27) 立刻得到

$$\log r(f_{*1})\leqslant h_*(f). \tag{3.1.28}$$

情形 $i=\dim M$ 只对定向流形的不可逆映射有意义. 如果 M 可定向, 则 $H_1(M,\mathbb{R})=\mathbb{R}$, $f_{*\dim M}$ 是整数 $\deg(f)$ 的倍数 (见 8.2 节), $\deg(f)$ 称为 f 的度. 对可逆映射这个度永远是 ±1, 因为 $f_{*\dim M}$ 可逆. 在 8.3 节我们将证明对每个 C^1 映射 $f:M\to M$ 有 (定理 8.3.1)

$$h_{\text{top}}(f)\geqslant\log|\deg(f)|=\log|r(f_{*\dim M})|. \tag{3.1.29}$$

因此, 任何满足 $|\deg(f)|\geqslant 2$ 的光滑映射 f 都有复杂的渐近性态.

但是, 不像在 h_{top} 与 $r(f_{*1})$ 之间的关系, (3.1.29) 对连续映射不必成立. 事实上, 度大于 1 的连续映射, 个别轨道可以有相对简单的渐近性态. 我们将在 8.2c 节末尾讨论这个情况的一个适当例子.[5]

对连续时间动力系统, 上面定义的不变量没有意义, 因为流的每个元素同伦于恒同, 因此诱导基本群和同调群的平凡映射. 然而, 存在测量拓扑复杂性增长的不同方法. 例如, 在紧连通流形 X 上可以考虑固定点 $p \in X$ 和连接 p 与 X 不同点的长度有界的弧段族 $\Gamma = \{\gamma_x | x \in X\}$. 然后对于流 $\Phi = \varphi^t : X \to X$, 固定 T 并对每个 $x \in X$ 考虑由弧 γ_x、轨道段 $\{\varphi^t x\}_{t=1}^T$ 以及弧 $\gamma_{f_T x}$ 的逆向组成的闭路 $l(x, T)$. 这些闭路表示基本群 $\pi_1(X, p)$ 的不同元素. 它们的个数 $\Pi(\Phi, p, \Gamma, T)$ 至多指数增长, 我们可定义指数增长率为

$$\overline{\lim_{T\to\infty}} \frac{\log \Pi(\Phi, p, \Gamma, T)}{T},$$

事实上它与 p 和弧 Γ 族的选择无关, 因此可简单地记为 $h_{\text{hom}}(\Phi)$. 称 $h_{\text{hom}}(\Phi)$ 为流的同伦熵. 显然它在流等价性下是不变的.

在 9.6 节我们将对动力系统的一个特殊情形, 即在 Riemann 流形上的测地流 (见定义 5.3.4) 发展这个思想.

练　习 [118]

3.1.1. 设 $f : S^1 \to S^1$ 是一个度为 $m \geqslant 2$ 的 C^1 映射. 假设 f 有周期 n 的吸引周期点, 即 $f^n(x) = x$ 且 $|(f^n)'(x)| < 1$. 证明 $P_n(f) \geqslant m^n + 1$.

3.1.2. 证明对任何非负实数 t, 存在紧度量空间的同胚 $f : X \to X$, 使得 $p(f) = t$.

3.1.3. 证明任何拓扑 Markov 链的 ζ 函数是有理函数.

3.1.4. 是否存在具有 ζ 函数 $\zeta_f(z) = \exp\exp z$ 的映射 f?

3.1.5. 在两个生成子 a 和 b 上考虑一个自由群, 计算将 a 送到 aba 和 b 送到 ab 的自同构的代数熵.

3.1.6*. 证明

$$h_{\text{hom}}(\Phi) \leqslant h_{\text{top}}(\Phi).$$

下面三个练习介绍由 Adler, Konheim 和 McAndrew 引入的拓扑熵的原来定义.

3.1.7. 设 $\mathfrak{A}$ 是紧空间 X 的一个开覆盖, $N(\mathfrak{A})$ 是 $\mathfrak{A}$ 的子覆盖中最少元素的个数. 对两个覆盖 $\mathfrak{A}$ 和 $\mathfrak{B}$ 令 $\mathfrak{A} \vee \mathfrak{B}$ 是由所有交 $A \cap B$ 组成的覆盖, 其中 $A \in \mathfrak{A}, B \in \mathfrak{B}$. 证明

$$N(\mathfrak{A} \vee \mathfrak{B}) \leqslant N(\mathfrak{A}) \cdot N(\mathfrak{B}).$$

3.1.8. 证明下面事实: 对连续映射 $f: X \to X$ 和开覆盖 $\mathfrak{A}$, 设 $f^{-1}(\mathfrak{A})$ 是所有集合 $f^{-1}(A)$ 的覆盖, 其中 $A \in \mathfrak{A}$. 那么

$$h(f, \mathfrak{A}) := \lim_{n \to \infty} \frac{1}{n} \log N(\mathfrak{A} \vee f^{-1}(\mathfrak{A}) \vee \cdots \vee f^{1-n}(\mathfrak{A}))$$

存在.

3.1.9*. 证明

$$h_{\text{top}}(f) = \sup_{\mathfrak{A}} h(f, \mathfrak{A}),$$

其中上确界在 X 的所有开覆盖上取.

[119]

3.2. 计算拓扑熵的例子

这一节我们将仔细检查第 1 章讨论的例子名单, 并计算它们的拓扑熵. 自然限制我们的相空间是紧的, 因为我们只对这种情况定义拓扑熵.

a. 等距. 假设 X 是一个紧度量空间, $f: X \to X$ 是等距映射. 则对所有 n 有 $d_n^f = d$, 因此量 $S_n(f, \varepsilon, n)$ 不依赖 n, 从而根本不增长. 特别地, $h(f) = 0$. 这种情况没有任何增长, 故它从正拓扑熵的名单中除去. 在 3.1b 节末尾我们曾经指出在两个极端情形之间存在各种 "中间" 情形, 就是说, 这些量是次指数增长的. 这个情况对等距流完全类似. 因此得到下面的结果.

命题 3.2.1. 环面的任何平移 T_γ 或环面上的任何线性流 T_ω^t 的拓扑熵都等于零.

b. 梯度流. 如在 1.6 节考虑的球面上的梯度流. 固定 $\varepsilon > 0$, 令 N_ε 和 S_ε 分别表示两个不动点 $N = (0, 0, 1)$ 和 $S(0, 0, -1)$ 的邻域. 设 $K := S^2 \backslash (N_\varepsilon \cup S_\varepsilon)$. 任何轨道在 K 内只经历有限时间, 由紧性可找长度至多是 $T(\varepsilon)$ 的轨道段的固定个数 $M(\varepsilon)$, 使得每个始点和终点在 K 内的轨道段永远都 ε 接近于这些轨道段之一.

长度 T 非常大的典型轨道段停留在 N_ε 内很长时间, 然后在 K 内至多经历时间 $T(\varepsilon)$, 其余时间在 S_ε 内. 自然所有在 N_ε 和 S_ε 中的轨道段相互 ε 接近, 而在 K 中的部分 ε 接近于所选固定个数的轨道段之一. 因此可能出现的轨道段的发散仅仅由于进入集合 K 的不同时间. 另一方面, 由紧性对任何给定流 $\Phi = \{\varphi^t\}$ 和任何 $\varepsilon > 0$, 存在 $\delta(\varepsilon) > 0$ 使得对所有 T, 如果 $0 \leqslant s \leqslant \delta(\varepsilon)$ 则有 $d_T^\Phi(x, \varphi^s x) < \varepsilon$. 因此长为 T 的每个轨道段 ε 接近于 K 内所选 $M(\varepsilon)$ 个轨道段之一的一个移位, 这个移位是 $\delta(\varepsilon)$ 的倍数. 所有这种移位的个数随 T 线性地增长, 因此流的拓扑熵等于零. 在某种程度上, 如果存在任何增长, 这可能是对 d_T^Φ 球的最慢增长率的一个例子. 因此我们证明了以下事实.

命题 3.2.2. 球面上的梯度流的拓扑熵等于零.

不难看到, 我们的论述已足够一般. 特别地, 它应用于 1.6 节环面上的梯度流的两个例子. 稍作努力这可应用于有孤立临界点的任何函数的梯度流. 我们不讨论它, 因为所得论述由 (3.3.1) 替代, 由此得到任何梯度流的拓扑熵等于零.

c. 扩张映射. 在 1.7 节中介绍的扩张映射 E_m 代表我们在观察的例子中真正出现复杂轨道结构的第一个情形. 由于这种结构的一个特征是周期轨道指数增长 (命题 1.7.2), 自然期望通过测量拓扑熵为正出现有全指数的轨道复杂性. [120]

命题 3.2.3. 如果 $m \in \mathbb{N}, |m| \geqslant 2$, 则 $h_{\text{top}}(E_m) = \log|m| = p(E_m)$.

证明. 对映射 E_m, 事实上对任何扩张映射, 任何两点迭代之间的距离增长, 直到它变得大于某个依赖于这个映射的常数 (对映射 E_m, 它是 $1/2|m|$). 为简化记号假设 $m>0$. 设 $x, y \in S^1, d(x,y)<m^{-n}/2$. 于是 $d_n^{E_m}(x,y)=d(E_m^{n-1}(x), E_m^{n-1}(y))$. 因此, 如果 $d_n^{E_m}(x,y) \geqslant \varepsilon$, 则 $d(x,y) \geqslant \varepsilon m^{-n}$. 取 $\varepsilon = m^{-k}$. 则点集 $\{im^{-n-k}|i = 0, \cdots, m^{n+k}-1\}$ 是其逐对 $d_n^{E_m}$ 距离大于或等于 m^{-k} 的点的最大点集. 因此

$$N_d(E_m, m^{-k}, n) = m^{n+k},$$

从而

$$h(E_m) = \lim_{k\to\infty}\lim_{n\to\infty}\frac{\log N_d(E_m, m^{-k}, n)}{n} = \lim_{k\to\infty}\lim_{n\to\infty}\frac{n+k}{n}\log m = \log m.$$

情形 $m < 0$ 完全与此平行. □

对任何映射 $f: S^1 \to S^1$, 基本群 $\mathbb{Z}$ 的诱导映射 f_* 简单地是乘上 $\deg f$. 利用 $\mathbb{Z}$ 的自然生成子立刻看到 $h_*(f) = \log|\deg f|$.

由于拓扑熵在拓扑共轭下不变 (推论 3.1.4), 以及每个度为 m 的扩张映射拓扑共轭于 E_m (定理 2.4.6), 因此由命题 3.2.3 得到

推论 3.2.4. 如果 $f: S^1 \to S^1$ 是度为 m 的一个扩张映射, 则

$$h_{\text{top}}(f) = h_*(F) = p(f) = \log|m|.$$

d. 移位与拓扑 Markov 链. 如在 1.9a 节考虑空间 Ω_N, 赋予的度量 $d = d_{10N}$ 由

$$d_{10N}(\omega, \omega') = \sum_{n=-\infty}^{\infty}\frac{|\omega - \omega'_n|}{(10N)^{|n|}}$$

给出. 于是对 $\alpha = (\alpha_{-n}, \cdots, \alpha_n)$, 对称柱体 $C_\alpha^m = \{\omega \in \Omega_n | \omega_i = \alpha_i, \text{对 } |i| \leqslant m\}$ 同时是半径为 $\varepsilon_m = (10N)^{-m}/2$ 的围绕它每一点的球. 类似地, 如果固定数

$\alpha_{-m}, \cdots, \alpha_{m+n}$, 则柱体

$$C^{-m,\cdots,n+m}_{\alpha_{-m},\cdots,\alpha_{n+m}} = \{\omega \in \Omega_N | \omega_i = \alpha_i, \quad 对 \ -m \leqslant i \leqslant m+n\} \tag{3.2.1}$$

[121] 同时也是围绕它每一点关于与移位 σ_N 相应的度量 $d_n^{\sigma_N}$ 的半径为 ε_m 的球. 因此任何两个半径为 ε_m 的 $d_n^{\sigma_N}$ 球或者相同或者不相交, 而且正好存在 N^{n+2m+1} 个不同的形如 (3.2.1) 的柱体. Ω_N 的这些球的覆盖显然是最小的, 所以 $S_{d_{10N}}(\sigma_N, \varepsilon_m, n) = N^{n+2m+1}$, 而且

$$h(\sigma_N) = \lim_{m\to\infty} \lim_{n\to\infty} \frac{1}{n} \log N^{n+2m+1} = \log N.$$

类似地, 对拓扑 Markov 链 σ_A, $S_d(\sigma_A, \varepsilon_m, n)$ 等于 (3.2.1) 中的柱体与集合 Ω_A 有非空交的柱体个数. 假设矩阵 A 的每一行至少包含一个 1. 则由于长度为 n、以符号 i 为起点符号 j 为终点的容许路径的个数等于矩阵 A^n 的元素 a_{ij}^n (见引理 1.9.4), Ω_A 中秩 $n+1$ 的非空柱体个数等于 $\sum\limits_{i,j=0}^{N-1} a_{ij}^n < C \cdot \|A^n\|$, C 为某常数. 另一方面, 由于所有数 a_{ij}^n 非负, $\sum\limits_{i,j=0}^{N-1} a_{ij}^n > c\|A^n\|$, 其中 $c > 0$ 是另一个常数. 因此有

$$S_{d_{10N}}(\sigma_A, \varepsilon_m, n) = \sum_{i,j=0}^{N-1} a_{ij}^{n+2m} \tag{3.2.2}$$

以及

$$\begin{aligned} \log|\lambda_A^{\max}| = \log r(A) &= \lim_{n\to\infty} \frac{1}{n} \log\|A^n\| = \lim_{n\to\infty} \frac{1}{n} \log\|A^{n+2m}\| \\ &= \lim_{n\to\infty} \frac{1}{n} \log S_{d_{10N}}(\sigma_A, \varepsilon_m, n) = h(\sigma_A), \end{aligned} \tag{3.2.3}$$

其中 $r(A)$ 是矩阵 A 的谱半径 (定义 1.2.1). 比较 (3.2.2) 和 (3.2.3) 与推论 1.9.5, 得到

命题 3.2.5. 对任何拓扑 Markov 链 σ_A, 我们有 $h_{\text{top}}(\sigma_A) = p(\sigma_A) = \log|\lambda_A^{\max}|$.

e. 环面双曲自同构. 最后, 考虑环面双曲自同构

$$F_L(x, y) = (2x + y, x + y) \pmod 1.$$

在 2.5 节中我们已经证明 F_L 是拓扑 Markov 链 σ_A 的一个因子, 其中

$$A = \begin{pmatrix} 1 & 1 & 0 & 1 & 0 \\ 1 & 1 & 0 & 1 & 0 \\ 1 & 1 & 0 & 1 & 0 \\ 0 & 0 & 1 & 0 & 1 \\ 0 & 0 & 1 & 0 & 1 \end{pmatrix}.$$

我们已经看到 $\lambda_A^{\max} = \dfrac{3+\sqrt{5}}{2}$ 与定义 F_L 的矩阵 $L = \begin{pmatrix} 2 & 1 \\ 1 & 1 \end{pmatrix}$ 的最大特征值相 [122]
同. 因此, 由命题 3.1.6,

$$h(F_L) \leqslant h(\sigma_A) = \log \frac{3+\sqrt{5}}{2}. \tag{3.2.4}$$

另一方面, 考虑映射 F_L 的周期 n 的所有周期点. 如果 p, q 是两个这样的点且它们彼此足够接近, 例如 $\operatorname{dist}(p,q) < 1/4$, 则存在由通过 p 和 q 的扩张线段和压缩线段组成的唯一确定的最小矩形 $psqt$.

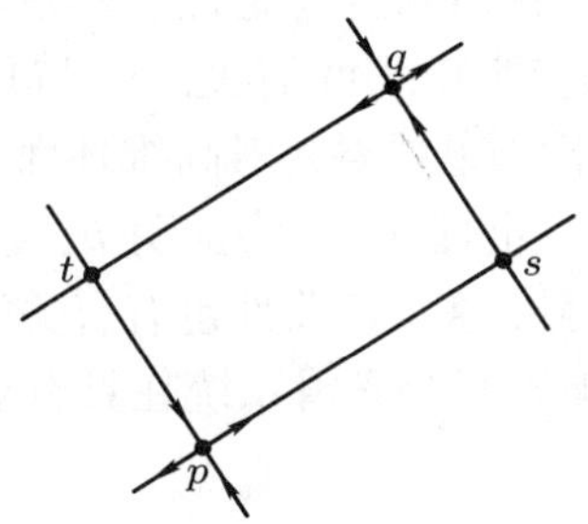

图 3.2.1. 异宿点

在 F_L 作用下边 pt 和 sq 扩张, 扩张系数为 $\lambda_1 = \dfrac{3+\sqrt{5}}{2} > 2$, 另外两条边同时压缩, 压缩系数为 λ_1^{-1}. 因此, 在 F_L 或在 F_L^{-1} 作用下, 矩形 $psqt$ 的原像增加, 再在迭代下继续增加直到 p 和 q 的迭代彼此离开足够远, 这时矩形的像不再是最小的. 由于 p 和 q 是周期点这必须发生, 因为最小矩形的 n 次像或原像不可能是最小的, 它的周长太大. 因此在某个时刻 k, $F_L^k(p)$ 与 $F_L^k(q)$ 之间的距离大于 1/4, 即周期 n 的所有周期点在度量 $d_n^{F_L}$ 下形成一个 $(n, 1/4)$ 分离集. 从而, $N_d(F_L, 1/4, n) \geqslant P_n(F_L)$, 又由命题 1.8.1,

$$h(F_L) \geqslant p(F_L) = \log \frac{3+\sqrt{5}}{2}. \tag{3.2.5}$$

再次如传递的拓扑 Markov 链, 由 (3.2.4) 和 (3.2.5) 我们得到

命题 3.2.6. 如果 $F_L : \mathbb{T}^2 \to \mathbb{T}^2$ 是由 $F_L(x,y) = (2x+y, x+y) \pmod 1$ 给出,
那么 [123]

$$h(F_L) = p(F_L) = \frac{3+\sqrt{5}}{2}.$$

注. 在扩张映射 E_m 和拓扑 Markov 链 σ_A 情形, 也可证明周期点形成 (n, ε_0) 分离集, ε_0 为某常数. 这令我们可对三个情形按统一方法得到不等式 $h_{\text{top}} \geqslant p$.

扩张映射与环面自同构之间的另一个类似是用基本群熵 h_* 工作. 基本群 $\pi_1(\mathbb{T}^2,(0,0))=\mathbb{Z}^2$ 和作用在自然生成子 $\gamma_1=(1,0)$ 和 $\gamma_2=(0,1)$ 上的映射 F_{L_*} 如 $F_{L_*}(\gamma_1)=2\gamma_1+\gamma_2, F_{L_*}(\gamma_2)=\gamma_1+\gamma_2$. 由于这个群是 Abel 自由群, 形如 (3.1.22) 的 $F_{L_*}^n\gamma_i, i=1,2$ 的表示可化为对应于矩阵 L^n 的行的一个典范形. 由此立刻得知 $h_*(F_L)=\log\dfrac{3+\sqrt{5}}{2}$.

因此, 我们遇到一个有趣类型. 对这些具有复杂指数增长的轨道结构的光滑例子, 扩张映射与环面双曲自同构的轨道指数增长的三个自然测度: 周期点的增长率 p, 拓扑熵 h_{top}, 以及基本群熵 h_* 都是一致的. 前两个量的一致性虽然远不是通有现象, 但也相当普遍. 它与结构稳定性一样是与局部双曲结构 (见 6.4 节的定理 6.4.15 和 18.5 节的定理 18.5.1) 有关. h_* 与其他两个量的一致性带有更多的偶然性, 它依赖于双曲性与低维数. 对高维环面自同构, 我们已经看到它可不一致 (见练习 3.2.8). 但是, 定理 8.1.1 将证明 $h_*\leqslant h_{\mathrm{top}}$. 对拓扑 Markov 链周期点的增长率与拓扑熵也一致. 这里双曲性也有有关解释, 因为由 2.5c 节中的构造, 拓扑 Markov 链拓扑共轭于某个光滑系统在具有双曲性态的特殊的不变集上的限制.

f. Lipschitz 映射的熵的有限性. 在我们所有的例子中, 我们考虑的映射的拓扑熵都是有限的. 现在我们证明对紧度量空间中的 Lipschitz 连续映射, 特别对可微映射与移位这也永远成立.

定义 3.2.7. 设 (X,d) 是一个紧度量空间, $b(\varepsilon)$ 是 X 的 ε 球覆盖的最小势. 则称

$$D(X):=\varlimsup_{\varepsilon\to 0}\frac{\log b(\varepsilon)}{|\log\varepsilon|}\in\mathbb{R}\cup\{\infty\}$$

为 X 的球维数.

[124] **注.** $D(X)$ 在取双 Lipschitz 等价度量下显然是不变的. 不难看出 $D([0,1]^n)=n$, 而且对微分流形球维数是一个拓扑维数. 最后, 当 $Y\subset X$ 时明显有 $D(Y)\leqslant D(X)$. 但是, 这个球维数不是一个拓扑不变量.

定义 3.2.8. 设 (X,d) 是一个度量空间, $f: X\to X$ 是 Lipschitz 连续映射. 则 f 的 Lipschitz 常数定义为

$$L(f):=\sup_{x\neq y}\frac{d(f(x),f(y))}{d(x,y)}.$$

定理 3.2.9. 设 (X,d) 是一个有限球维数 $D(X)$ 的紧度量空间, $f: X\to X$ 是 Lipschitz 连续映射. 那么

$$h_{\mathrm{top}}(f)\leqslant D(X)\max(0,\log L(f)).$$

证明. 设 $L>\max(1,L(f))$. 则对所有 $x,y\in X$ 有 $d(f(x),f(y))\leqslant Ld(x,y)$. 特别地, 当 $0\leqslant m\leqslant n$ 时 $f^m(B_d(x,L^{-n}\varepsilon))\subset B_d(f(x),\varepsilon)$, 因此, 对所有 $x\in X,n\in\mathbb{N}$ 和 $\varepsilon>0$ 有 $B_d(x,L^{-n}\varepsilon)\subset B_{d_n^f}(x,\varepsilon)$. 从而

$$S(f,\varepsilon,n)\leqslant b(L^{-n}\varepsilon).$$

由于 $|\log(L^{-n}\varepsilon)|=n\log L-\log\varepsilon$, 我们有

$$n=\left|\frac{\log(L^{-n}\varepsilon)}{\log L}\right|\left(1+\frac{\log\varepsilon}{|\log(L^{-n}\varepsilon)|}\right)=\frac{1}{\log L}|\log(L^{-n}\varepsilon)|\left(1+O\left(\frac{1}{n}\right)\right),$$

所以

$$\varlimsup_{n\to\infty}\frac{\log S(f,\varepsilon,n)}{n}\leqslant\varlimsup_{n\to\infty}\frac{\log b(L^{-n}\varepsilon)}{n}=\log L\varlimsup_{n\to\infty}\frac{\log b(L^{-n}\varepsilon)}{|\log(L^{-n}\varepsilon)|}=D(X)\log L$$

而且, $h_{\text{top}}(f)\leqslant D(X)\log L<\infty$. □

由于对流形, 球维数等于通常的维数, 对紧 Riemann 流形的 C^1 映射 f 我们有 $L(f)=\sup\limits_x\|Df_x\|$, 于是得到

推论 3.2.10. 对紧 Riemann 流形的 C^1 映射 $f:M\to M$, 我们有

$$h_{\text{top}}(f)\leqslant\max(0,\dim M\log\sup_x\|Df_x\|)<\infty.$$

当然后一个估计对 M 上的任何度量也成立. 自然要尝试最小化范数 $\|Df\|$. 事实上代替这个范数可利用后面 (3.2.6) 定义的常数 $l(f)$, 它与 Riemann 度量的选择无关 (练习 3.2.10 和 3.2.11).

g. 可扩映射. 在子节 c, d 和 e 的论述中, 注意到在计算拓扑熵时我们取 $\varepsilon\to0$ [125]
时的极限, 其实这是不必要的, 因为量 $h_d(f,\varepsilon)$ 对充分小的 ε 稳定. 虽然这并不普遍成立, 但由于有一定的拓扑性质, 它本身也是有意义的. 如前令 X 是一个紧度量空间.

定义 3.2.11. 一个同胚 (相应地, 连续映射) $f:X\to X$ 称为可扩的, 如果存在常数 $\delta>0$ 使得若对所有 $n\in\mathbb{Z}$ (相应地, $n\in\mathbb{N}_0$) 有 $d(f^n(x),f^n(y))<\delta$, 则 $x=y$. 连续流 φ^t 称为可扩的, 如果给定满足 $s(0)=0$ 的任何连续函数 $s:\mathbb{R}\to\mathbb{R}$, 且 $d(\varphi^t(x),\varphi^{s(t)}(x))<\delta$, 则对某个 $\tau\in\mathbb{R}$ 由 $d(\varphi^t(x),\varphi^{s(t)}(y))<\delta$ 得到 $y=\varphi^\tau(x)$.

通常称满足这个性质的最大数 δ_0 为这个动力系统的可扩性常数. 由紧性, 可扩性质不依赖 X 上由拓扑定义的度量的特殊选择, 因此它是一个拓扑共轭不变量. 但是, 可扩性常数依赖度量的选择.

容易看到, 在我们观察的第一批例子中 (圆周上的旋转, 环面上的平移, 环面上的线性流, 完全可积的 Hamilton 系统, 梯度流) 没有一个是可扩的. 然而, 第二批例子 (圆周上的扩张映射, 拓扑 Markov 链, 环面双曲自同构) 都是可扩的.

扩张映射的可扩性证明包含在命题 3.2.3 的证明中. 对拓扑 Markov 链和对任何符号动力系统这个性质是不言自明的: 对某个 n, $\omega \neq \omega'$ 意味着 $\omega_n \neq \omega'_n$. 但是应用移位的 n 次迭代后所得元素的零坐标是不同的. 任何这样的两个元素之间的距离大于一个固定的常数.

最后, 对环面双曲自同构 F, 利用我们在证明拓扑横截性时的同一技巧 (命题 1.8.1) 以及周期点的分离性技巧 (本节的子节 e). 就是说, 如果 $x, y \in \mathbb{T}^2$ 靠近, 则成立三个可能性之一. 即或者两点位于扩张直线的同一短弧段上, 或者在压缩直线的同一短弧段上, 或者可从 x 和 y 的扩张与压缩直线的弧段构造唯一最小矩形. 前面两个情形非常类似于扩张映射. 就是说, 点 x, y 正 (对应地, 负) 迭代之间的距离等于沿着扩张 (对应地, 压缩) 直线的距离并指数增长, 只要它小于 $1/(3+\sqrt{5}) = 1/2\lambda$. 在最后一个情形, 可以利用前面的论述用 z 代替 y 和 x 的不稳定弧与 y 的稳定弧的交, 并利用三角不等式. x 和 z 的正迭代之间的距离增长直到它至少达到 $1/(2\lambda)$, 同时 z 和 y 正迭代之间的距离等于 $\operatorname{dist}(y, z) \cdot \lambda^{-n}$.

现在我们讨论可扩性的主要理由是由于它在计算拓扑熵中有用.

[126] **引理 3.2.12.** *设 X 是紧度量空间, $f: X \to X$ 是可扩同胚, 可扩常数为 δ_0. 则对 $0 < \varepsilon < \delta_0/2$ 和 $\delta > 0$ 存在 $C_{\delta,\varepsilon}$, 使得对所有 $n \in \mathbb{N}$ 有*

$$N_d(f, \delta, n) \leqslant C_{\delta,\varepsilon} N_d(f, \varepsilon, n).$$

证明. 对 $0 < \varepsilon < \delta_0/2$, 设 $N \in \mathbb{N}$ 和 $\alpha > 0$ 使得

$$d^f_{2N+1}(f^{-N}(x), f^{-N}(y)) \leqslant 2\varepsilon \Rightarrow d(x, y) < \delta,$$

以及 $d(x, y) \leqslant \alpha \Rightarrow d^f_{2N+1}(f^{-N}(x), f^{-N}(y)) \leqslant \delta$. 这种 N 的存在性由可扩性得知, α 由一致连续性得知. 如果 E 是极大 (n, δ) 分离集, F 是极大 (n, ε) 分离集, 则对 $x \in E$ 存在 $z(x) \in F$ 使得 $d^f_n(x, z(x)) < \varepsilon$. 因此 $\operatorname{card}(E) \leqslant \sum_{z \in F} \operatorname{card}(E_z)$, 其中 $E_z := \{x \in E | z(x) = z\}$, 而且一旦我们求得在 $\operatorname{card}(E_z)$ 上的上界不依赖 n 时引理论断立刻得知.

但是, 如果 $x, y \in E_z$, 则由 E_z 的定义得 $d^f_n(x, y) \leqslant 2\varepsilon$, 因此对 $i \in [N, n-N)$ 由 N 的选择 $d(f^i(x), f^i(y)) \leqslant \delta$, 从而由 α 的选择, 以及由于 $\{x, y\}$ 是 (n, δ) 分离的, $d(x, y) > \alpha$ 或者 $d(f^n(x), f^n(y)) > \alpha$.

因此, 由于 $(x, f^n(x))$ 正好组成这样一个 α 分离集, 我们有

$$\begin{aligned}\operatorname{card}(E_z) &= \operatorname{card}\{(x, f^n(x)) | x \in E_z\}\\ &\leqslant \max\{\operatorname{card} A | A \subset X \times X \text{ 和 } \forall a, b \in A, d(a,b) > \alpha\} =: M.\end{aligned}$$ □

注. 显然对 $\delta > \varepsilon$ 可取 $C_{\delta,\varepsilon} = 1$.

推论 3.2.13. 如果 $f : X \to X$ 是可扩的, δ 小于可扩性常数 δ_0 的一半, 则 $h_d(f, \delta) = h(f)$. 对于流这同样成立.

对可扩映射, 联系拓扑熵与周期轨道增长 (3.1.1) 的一个同样容易的性质是

命题 3.2.14. 对紧度量空间的可扩同胚 f, 我们有 $p(f) \leqslant h_{\text{top}}(f)$.

证明. 如果 δ_0 是可扩性常数, 则对所有 $n \in \mathbb{N}$, $\operatorname{Fix}(f^n)$ 是 (n, δ_0) 分离集, 因为如果 $x \neq y \in \operatorname{Fix}(f^n)$ 以及 $\delta := \max\{d(f^i(x), f^i(y)) | 0 \leqslant i < n\}$, 则对 $i \in \mathbb{Z}$ 有 $d(f^i(x), f^i(y)) \leqslant \delta$, 因此 $\delta > \delta_0$. 从而对 $\varepsilon < \delta_0$ 有 $P_n(f) \leqslant N(f, \varepsilon, n)$, 命题得证. □

下面是可扩映射的另一个性质, 它应用于结构稳定性证明中的其他事情.

命题 3.2.15. 如果 $f : X \to X$ 是可扩的, 可扩性常数为 δ_0, $h : X \to X$ 是对所有 x 满足 $d(x, h(x)) < \delta_0$ 的连续映射, 而且 $f \circ h = h \circ f$, 那么 h 等于恒同.

证明. 假设 $h(x) = y \neq x$ 且 $d(f^n(x), f^n(y)) \geqslant \delta_0$. 则由于 $f^n(y) = f^n(h(x)) = h(f^n(x))$, 我们有 $d(f^n(x), h(f^n(x))) \geqslant \delta_0$, 这与我们的假设矛盾. □

练 习 [127]

3.2.1. 设 $f : [0,1] \to [0,1]$ 是一个同胚, 证明 $h(f) = 0$.

3.2.2. 设 $f : S^1 \to S^1$ 是连续映射. 证明 $h(f) \geqslant \log|\deg f|$.

3.2.3. 证明如果 $f : S^1 \to S^1$ 是一个单调映射 (即它到 $\mathbb{R}$ 的提升是单调函数), 则 $h(f) = \log|\deg f|$.

3.2.4. 计算拓扑 Markov 链 σ_A 的拓扑熵的最小正值, 其中 A 是 3×3 矩阵.

3.2.5. 计算问题 1.9.10 中定义的符号动力系统 S_2 和 S_3 的拓扑熵.

3.2.6. 对二维环面的放射映射 A_α

$$A_\alpha(x, y) = (x + \alpha, y + x) \pmod 1$$

计算拓扑熵 (参考练习 1.4.4).

3.2.7. 设 L 是整数元素的 $m\times m$ 矩阵, 它的行列式为 $+1$ 或 -1. 设 $\lambda_1,\cdots,\lambda_m$ 是 L 的特征值, 包括它们的重次. 对自同构 $F_L:\mathbb{T}^m\to\mathrm{T}^m$ 证明

$$h_{\text{top}}(F_L)\geqslant\sum_{i:|\lambda_i|>1}\log|\lambda_i|.$$

3.2.8. 求满足 $h_{\text{top}}(F_L)>h_*(F_L)$ 的双曲矩阵 $L\in SL(4,\mathbb{Z})$.

3.2.9. 证明存在正常数 l, 使得对 M 上的任一 Riemann 度量, 存在另一个常数 $c=c(f,\sigma)$, 满足对每个 $x,y\in M$ 和每个 $n\in\mathbb{N}$ 有

$$d_\sigma(f^n(x),f^n(y))\leqslant cl^n d_\sigma(x,y),\tag{3.2.6}$$

其中 d_σ 是由 Riemann 度量 σ 生成的距离.

记满足 (3.2.6) 的最小常数 l 为 $l(f)$.

3.2.10. 在推论 3.2.10 的假设下证明 $h_{\text{top}}(f)\leqslant l(f)\dim M$.

3.2.11. 证明推论 3.2.13 对不可逆映射的对应.

[128] 3.3. 回复性质

我们已经在前面遇到与回复性态特征相关的性质, 包括拓扑传递性 (定义 1.3.1)、极小性 (定义 1.3.2) 和拓扑混合性 (定义 1.8.2). 所有周期点的集合 $\mathrm{Per}(f)$ 的闭包的拓扑类型是这个类型的另一个不变量. 此外, 对每一点 x, 它的 f 不变 ω 极限集和 α 极限集由定义 1.6.2 定义. 拓扑共轭的某些不变量可从 α 极限集和 ω 极限集的同胚类族中产生. 例如, 拓扑传递性等价于这类族之一包含整个空间. 所有 α 极限集或 ω 极限集的并可能不是闭的. 这类并的每一个的闭包的同胚类自然是拓扑共轭的一个不变量. 我们用 $\alpha(f)$ 和 $\omega(f)$ 记这类闭包.

ω 极限点的概念与拓扑动力系统的一类非常重要的不变量有关. 通常我们仅给出离散时间情形的定义, 因为对应的连续时间情形是很显然的.

定义 3.3.1. 紧集 A 称为 f 的一个吸引子, 如果存在 A 的邻域 V 和 $N\in\mathbb{N}$, 使得 $f^N(V)\subset V$ 和 $A=\bigcap\limits_{n\in\mathbb{N}}f^n(V)$.

注. 通过考虑 $V'=\bigcap\limits_{n=0}^{N-1}V$ 可在定义中取 $N=1$.

如果 A 是一个吸引子, 则存在 A 的开邻域 V, 使得对所有 $x\in V$ 有 $\omega(x)\subset A$. 但是, 其逆并不成立, 作为例子考虑由映射

$$x\mapsto x+\frac{1}{10}\sin^2\pi x\pmod 1$$

诱导的微分同胚 $f: S^1 \to S^1$. 点 $x=0$ 不是吸引子, 但 $\alpha(f)=\omega(f)=\{0\}$. 在一边吸引在另一边排斥的点称为是半稳定的.

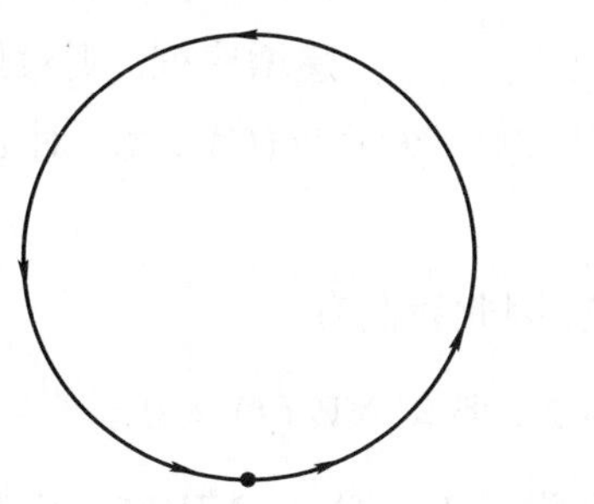

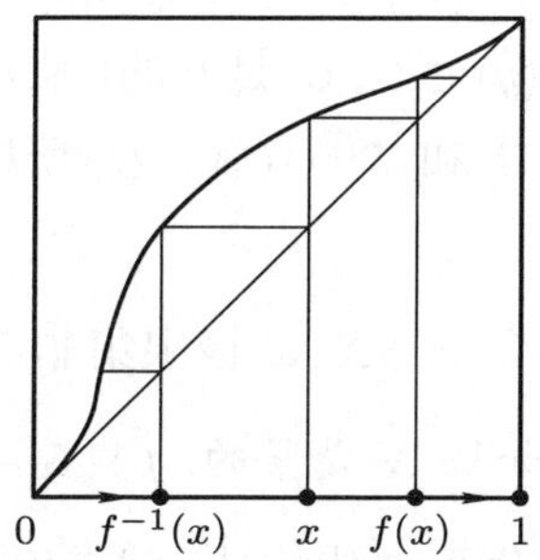

图 3.3.1. 不是吸引子

现在我们介绍经常出现的个别轨道的两类回复性态. 由于离散时间与连续时间没有什么差别, 我们仅对前一情形定义. [129]

定义 3.3.2. 点 $x \in X$ 是正向回复的, 如果 $x \in \omega(x)$, 即对某个序列 $n_k \to \infty$ 有 $x = \lim f^{n_k}(x)$.

设 f 可逆, 如果 $x \in \alpha(x)$, 则 x 是负向回复的. 最后, x 是回复的, 如果它既正向回复又负向回复.

回复性这个概念非常自然又很直接, 不足之处是要受到约束, 例如, 正向回复未必导致负向回复 (参看练习 3.3.1), 而且所有正向回复点集、负向回复点集和回复点集通常并不是闭的, 例如在全移位中存在点, 它们的正半轨和负半轨稠密, 也存在点它们既不正向回复也不负向回复. 用 $R^+(f), R^-(f)$ 和 $R(f)$ 分别记这三个集合的闭包.

定义 3.3.3. 一点 $x \in X$ 称为映射 $f: X \to X$ 的非游荡点, 如果对任何开集 $U \ni x$ 存在 $N>0$, 使得 $f^N(U) \cap U \neq \varnothing$. f 所有非游荡点的集合记为 $NW(f)$.

等价地, 可以假设 N 任意大. 因为如果对每个 U 和 $N \geqslant N_0$ 有 $f^N(U) \cap U \neq \varnothing$, 则 x 不是周期点. 因此可找邻域 $V \ni x$ 使得对 $i=0,1,\cdots,N_0$ 有 $f^i(V) \cap V = \varnothing$. x 可以不是非游荡点. 在流的这个定义中我们从开始就应该要求回复时间不能太小. 另一个简单说明是对可逆的 f, 非游荡点 x, 以及开的 $V \ni x$, 存在任意大的负数 N 使得 $f^N(V) \cap V \neq \varnothing$.

命题 3.3.4. 集合 $NW(f)$ 是闭且 f 不变的. 它包含所有点的所有 ω 极限点和 α 极限点.

证明. 设 $x_n \in NW(f), x_n \to x \in U$, 假设 $NW(f)$ 是开的. 则对足够大 n,

$x_n \in U$, 从而对某个 N 和 $x \in NW(f)$, $f^N(U) \cap U$ 非空. 由 f 不变性立刻得到: 设 $f(x) \in U$ 和 $V = f^{-1}(U)$ 是 U 的完全原像. 如果 $x \in NW(f)$, 则对某个 $N > 0$ 有 $V \cap f^N(V) \neq \varnothing$. 但是如此, $f(V \cap f^N(V)) = U \cap f^N(U) \neq \varnothing$. 最后, 令 $x = \lim\limits_{n_k \to \infty} f^{n_k}(y) \in U$, U 是开的. 假设 n_k 是一个递增序列. 则对任何足够大的 k 有 $f^{n_k}(y) \in U$ 和 $f^{n_{k+1}}(y) \in U$, 所以 $U \cap f^{n_{k+1}-n_k}(U) \neq \varnothing$. 对 α 极限点的论述完全类似. □

由于对每个 $x \in X$, ω 极限集非空, 因此我们有

推论 3.3.5. 如果 X 是紧的, $f: X \to X$, 那么 $NW(f) \neq \varnothing$.

非游荡点集可迭代构造. 就是说, 设 $NW_1(f) = NW(f)$, 由归纳法可证明 $NW_{n+1}(f) = NW(f|_{NW_n(f)})$. 用这个方法我们得到一个闭 f 不变的嵌套序列, 它们的交记为 $NW_\omega(f)$, 然后这个构造可再开始. 简言之, 利用超限归纳法这个
[130] 过程在一个可数序数停止. 最后的集合称为这个动力系统的中心. 由于回复点本质上是仅利用它们自己的轨道定义, 对它们可递归地应用命题 3.3.4, 得到所有回复点集的闭包 $R(f)$ (我们还不知道它是否非空) 包含在这个中心内. 事实上, 直观上在所有有趣的例子中这个构造很快就稳定, 至多经一两步, 所以这个中心或者是 $NW(f)$ 或者是 $NW_2(f)$, 尽管构造这个情况不成立的例子并不困难 (参看练习 3.3.2 和 3.3.3).

因此, 显然集合 $NW(f)$ 是回复性态的核心, 因为它包含所有 α 极限点和 ω 极限点以及回复点, 自然也包含所有周期点. 考虑到命题 3.2.3, 命题 3.2.5 和命题 3.2.6, 看来似乎它也应该包含足够多的轨道去计算拓扑熵. 事实上成立着:

$$h_{\text{top}}(f) = h_{\text{top}}(f|_{NW(f)}). \tag{3.3.1}$$

但这个事实的直接证明不是十分简单, 它是以 3.2b 节用的简单思想为基础的相当深远的发展. 我们将从考虑不变测度 (见 4.1 节) 和建立拓扑熵与熵关于不变测度之间关系的变分原理定理 4.5.3 来导出 (3.3.1). 由于不变测度的支集属于 $NW(f)$ (见命题 4.1.18), 由变分原理得到 (3.3.1).

利用方程 (3.3.1) 可看到 h_{top} 一般是不连续的. 为此考虑 $\mathbb{C}$ 中由 $f_\lambda(z) = (1-\lambda)z^2, 0 \leqslant \lambda \leqslant 1$ 给出的闭单位圆盘上的映射族 f_λ. 对 $\lambda = 0$, 限制 $f_0|_{NW(f_0)} = f_0|_{S^1 \cup \{0\}}$, 由于 $f_0|_{S^1} = E_2$, 且 E_2 有拓扑熵 $\log 2$, 因此有 $h_{\text{top}}(f_0) = \log 2$, 鉴于对 $\lambda > 0$ 非游荡点集在原点, 所以 $h_{\text{top}}(f_\lambda) = \log 2$.

周期点代表回复性的最完美情形. 但并不是紧相空间上的每个动力系统都有周期点. 下一个非常强的情形和一致回复性由极小集表示.

命题 3.3.6. 紧度量空间 X 中的每个连续映射有不变极小子集.

证明. 考虑 f 所有闭 f 不变子集的由包含作为偏序的集族 $\mathcal{C}$. 由于任意多个闭不变子集的交仍是闭不变集, $\mathcal{C}$ 的任何全序子集有下界. 由 Zorn 引理 $\mathcal{C}$ 有极小元素, 即闭 f 不变集 A, 它没有闭 f 不变子集. 因此每一点 $x \in A$ 的轨道在 A 中稠密, 即 A 是极小集. □

由于极小集的每一点显然都是回复的, 因此我们得到 [131]

推论 3.3.7. $R(f) \neq \varnothing$.

用 $M(f)$ 记 f 所有不变极小集的并的闭包.

迄今为止, 我们总结已经讨论过的不同类的回复性态的关系如下:

$$\mathrm{Per}\,(f) \subset M(f) \subset R(f) \subset R^+(f) \cup R^-(f) \subset NW(f). \tag{3.3.2}$$

所有这些集合的同胚类型是拓扑共轭不变的. 对于流的轨道等价性这同样成立. (3.3.2) 中的所有集合除了可能的 $\mathrm{Per}\,(f)$ 以外都是非空的. 最后 (3.3.2) 中 5 个包含的每一个可以是真的. 练习 3.3.1, 3.3.2 和 3.3.5 提供了某些适当例子.

通常称非周期回复点的存在为*非平凡回复性*, 这特别出现在常微分方程的文献中. 这是复杂渐近性态的第一个迹象. 在某些低维情形如圆周同胚 (第 11 章) 和曲面上的流有可能给出出现非平凡回复性的综合描述.

练　　习

3.3.1. 在空间 Ω_2 构造点使得它关于全 2 移位 σ_2 是正向回复但不负向回复. 证明这种点在 Ω_2 中满足稠密性质.

3.3.2. 对任何给定的自然数 n 构造一个符号动力系统 f, 使得对 $k = 1, \cdots, n$, $NW_k(f)$ 都不同, 但 $NW_n(f) = NW_{n+1}(f)$.

3.3.3. 构造紧度量空间的一个同胚, 使得对 $n \in \mathbb{N}$, 集合 $NW_n(f)$ 都逐点不同.

3.3.4*. (S. Simpson) 不用 Zorn 引理或选择公理证明不变极小集的存在性 (命题 3.3.6).

3.3.5. 构造一个紧流形的拓扑传递动力系统的例子, 使得它唯一的极小集是不动点.

3.3.6. 证明如果 f 是完美连通的紧度量空间 X 的同胚, 集合 $\mathrm{Per}(f)$ 在 X 中稠密, 以及对任何 $n \in \mathbb{N}$ 有 $f^n \neq \mathrm{Id}$, 则 f 有非周期的回复点.

3.3.7. 给出定理 2.9.4 的另一个证明, 考虑 $F: X \times \mathbb{R} \to X \times \mathbb{R}, (x,t) \mapsto (f(x), t + g(x))$ 和 $T_\lambda: X \times \mathbb{R} \to X \times \mathbb{R}, (x,t) \mapsto (x, t+\lambda)$, 证明定理 2.9.4 的假设保证 F 的紧极小集的存在性.

第 4 章　轨道的统计性态与遍历理论介绍 [133]

我们从通过展示各种回复性质开始, 如轨道回复性 (定义 3.3.2)、拓扑传递性 (定义 1.3.1)、极小性 (定义 1.3.2) 以及拓扑混合性 (定义 1.8.2), 说明如何可以通过考虑对应出现的回复性类型的渐近频率来加强我们的定量方法. 为了证明对某些轨道存在这种渐近频率必须求助于测度论. 后面我们将发现增长不变量、拓扑熵等虽然已经被量化, 但也有与之紧密联系的统计对应.

4.1. 轨道的渐近分布与统计性态

a. 渐近分布, 不变测度. 设 f 是可度量化空间 X 的一个连续自映射, 对 $x \in X$ 和一个 "充分好" 的集合 $U \subset X$, 令 $F_U(f,x,n)$ 是使得 $f^k(x) \in U$ 的整数 $k \in [0, n-1]$ 的个数, 即点 x 在 f 的前 n 次迭代下访问集合 U 的次数. 如果极限

$$F_U(f,x) := \lim_{n\to\infty} \frac{F_U(f,x,n)}{n} \tag{4.1.1}$$

存在, 则它给出集合 U 与它的补 $X \backslash U$ 之间的分布的*渐近密度*. 不像 x 的轨道闭包告诉我们相空间的哪个部分通过 x 的迭代被访问, 对不同集合如对小球的这个渐近密度给出关于这种访问频率的信息. 我们可以通过指出 $f^k(x) \in U$ 来重叙渐近频率 $F_U(f,x)$ 的定义, 当且仅当集合 U 的特征函数 χ_U 在点 $f^k(x)$ 的值等于 1. 因此 [134]

$$
\begin{aligned}
F_U(f,x,n) &= \sum_{k=0}^{n-1} \chi_U(f^k(x)) \quad \text{和} \\
F_U(f,x) &= \lim_{n\to\infty} \frac{1}{n} \sum_{k=0}^{n-1} \chi_U(f^k(x)).
\end{aligned} \tag{4.1.2}
$$

称表达式 (4.1.2) 为函数 χ_U 的时间平均或 Birkhoff 平均. 较方便的是考虑函数的时间平均而不是特征函数, 连续函数是最自然的候选者. 因此, 假设对给定的 $x \in X$ 和 X 上的每个连续函数 φ, 时间平均

$$
I_x(\varphi) := \lim_{n\to\infty} \frac{1}{n} \sum_{k=0}^{n-1} \varphi(f^k(x)) \tag{4.1.3}
$$

存在. 在这个记号中我们隐去了对 f 的依赖性, 因为在下面的讨论中 f 将被固定, 集中考虑对 x 和 φ 的依赖性. 如通常, 设 $C(X)$ 是 X 上所有具一致拓扑的连续函数空间. 于是时间平均 $I_x : C(X) \to \mathbb{R}$ 满足下列性质:

(1) 线性性: $I_x(\alpha\varphi + \beta\psi) = \alpha I_x(\varphi) + \beta I_x(\psi), \alpha, \beta \in \mathbb{R}$;

(2) 有界性: $|I_x(\varphi)| \leqslant \sup\limits_{y\in X} |\varphi(y)|$;

(3) 非负性: $I_x(\varphi) \geqslant 0$, 如果 $\varphi \geqslant 0$ 和 $I_x 1 = 1$;

(4) f 作用下的不变性: $I_x(\varphi \circ f) = I_x(\varphi)$, 或者等价地, $I_{f(x)}(\varphi) = I_x(\varphi)$.

由性质 (1) 和 (2) 得到 I_x 连续. 性质 (4) 由以下简单计算得到:

$$
\begin{aligned}
I_x(\varphi \circ f) - I_x(\varphi) &= \lim_{n\to\infty} \frac{1}{n} \left(\sum_{k=0}^{n-1} \varphi(f^{k+1}(x)) - \sum_{k=0}^{n-1} \varphi(f^k(x)) \right) \\
&= \lim_{n\to\infty} \frac{1}{n} (\varphi(f^n(x)) - \varphi(x)) = 0.
\end{aligned}
$$

现在我们可以利用 Riesz 表示定理 A.2.7, 该定理说, 对 $C(X)$ 上任何满足 (1)—(3) 的正有界线性泛函 $I : C(X) \to \mathbb{R}$, 存在唯一 Borel 概率测度 μ, 使得 $I(\varphi) = \int_X \varphi d\mu$. 性质 (4) 等价于 μ 的 f 不变性, 即对任何可测集 A 有 $\mu(f^{-1}(A)) = \mu(A)$. (这里出现逆, 因为 $\chi_U \circ f = \chi_{f^{-1}(U)}$.) 可以证明通过先考虑满足 $\mu(\partial U) = 0$ 的开集 U, 用连续函数 f_n 从上面逼近特征函数 χ_U 使得 $\int f_n d\mu \to \mu(U)$, 然后用这种开集逼近更一般的集合. 于是我们证明了

$$
I_x(\varphi) = \int_X \varphi d\mu_x, \tag{4.1.4}
$$

[135] 其中 μ_x 是 X 上 f 不变的 Borel 概率测度.

由此产生两个主要问题:

(A) 是否有使得存在渐近分布 I_x 的点 x?

(B) 什么时候不变测度确定轨道的任何渐近分布, 就是说, 给定一个 f 不变的概率测度 μ, 能否找到点 x, 使得对所有 $\varphi \in C(X)$ 有 $\int \varphi d\mu = I_x(\varphi)$?

这两个问题由两个基本定理的组合来回答: 一个来自拓扑动力学, 另一个来自遍历理论.

b. 不变测度的存在性.

定理 4.1.1.(Krylov–Bogolubov 定理)[1] 可度量化的紧空间上的任何连续映射有一个不变 Borel 概率测度.

证明. 设 $f: X \to X$ 和 $x \in X$. 在空间 $C(X)$ 上取稠密可数集 $\{\varphi_1, \varphi_2, \cdots\}$. 对每个 m 序列 $\frac{1}{n}\sum_{k=0}^{n-1} \varphi_m(f^k(x))$ 有界, 因此它包含收敛子序列. 由对角线法则可找子序列 n_k, $k = 1, 2, \cdots$, 使得对每个 $m = 1, 2, \cdots$ 极限

$$\lim_{k\to\infty} \frac{1}{n_k} \sum_{l=0}^{n_k-1} \varphi_m(f^l(x)) =: J(\varphi_m)$$

存在. 现在令 φ 是任一连续函数. 固定 $\varepsilon > 0$ 并取 φ_m 使得 $\sup\limits_{x\in X} |\varphi(x) - \varphi_m(x)| < \varepsilon$. 于是

$$\frac{1}{n_k} \sum_{l=0}^{n_k-1} \varphi(f^l(x)) = \frac{1}{n_k} \sum_{l=0}^{n_k-1} \varphi_m(f^l(x)) + \frac{1}{n_k} \sum_{l=0}^{n_k-1} (\varphi(f^l(x)) - \varphi_m(f^l(x))).$$

第一项收敛于 $J(\varphi_m)$, 第二项的绝对值有界于 ε. 因此左边和式的所有极限点相差不多于 ε. 由于 ε 任意, 下面极限存在:

$$\lim_{k\to\infty} \frac{1}{n_k} \sum_{l=0}^{n_k-1} \varphi(f^l(x)) =: J(\varphi). \tag{4.1.5}$$

显然由 (4.1.5) 定义的泛函 $J: C(X) \to \mathbb{R}$ 是线性、有界和正的, 它也是不变的. 这可如 (4) 中相同计算得到. 从而由 Riesz 表示定理 A.2.7, 得到 $J(\varphi) = \int \varphi d\mu_x$, 其中 μ_x 是 f 不变的 Borel 概率测度. □

注. 如果 f 是同胚, μ 是 f 不变测度, 以及 $A \subset X$ 可测, 则 $\mu(f(A)) = \mu(A)$.

对某些应用, 测度空间的适当概念是 Lebesgue 空间 (定义 A.6.4), 即直到相 [136]
差一个零测度集合同构于有 Lebesgue 测度的区间的空间, 这个 Lebesgue 测度至多有可数多个 "原子", 即附有正测度的点. 奇怪的是, 这个概念没有受太多限

制, 事实上在分析和几何中出现的每个概率空间几乎都有此性质. 例如, 完全的可分度量空间上的任何 Borel 测度都产生 Lebesgue 空间. 见定义 A.6.4 和它前面的更详细讨论. 测度空间到它自己的变换 (不必可逆) $T: X \to X$ 称为保测的, 如果对任何可测集 A, 原像 $T^{-1}(A)$ 也可测且 $\mu(T^{-1}(A)) = \mu(A)$. 因此, 由 Krylov–Bogolubov 定理得知, 可度量化紧空间的每个连续映射可看作为由 X 上的 Borel 测度生成的 Lebesgue 空间的保测变换.

c. Birkhoff 遍历定理. Birkhoff 遍历定理处理抽象空间中的保概率测度的变换.

定理 4.1.2. (Birkhoff 遍历定理)[2] 设 $T: (X, \mu) \to (X, \mu)$ 是概率空间的一个保测变换, $\varphi \in L^1(X, \mu)$. 则对 μ-几乎每个 $x \in X$, 时间平均

$$\lim_{n\to\infty} \frac{1}{n} \sum_{k=0}^{n-1} \varphi(T^k(x)) =: \varphi_T(x) \tag{4.1.6}$$

存在.

证明. 设 $f \in L^1(\mu), \mathcal{I}: \{A \in \mathcal{B} | T^{-1}(A) = A\}$ 是不变的 σ 代数, $f_{\mathcal{I}} := \left[\dfrac{(f\mu)|_{\mathcal{I}}}{\mu|_{\mathcal{I}}}\right]$ 是 (不变) Radon–Nikodym 导数, $F_n := \max\limits_{k \leqslant n} \sum\limits_{i=0}^{k-1} f \circ T^i$. 则

$$\overline{\lim_{n\to\infty}} \frac{1}{n} \sum_{k=0}^{n-1} f \circ T^k \leqslant \overline{\lim_{n\to\infty}} \frac{F_n}{n} \leqslant 0, \text{ 离开 } A := \{x | F_n(x) \to \infty\} \in \mathcal{I}, \tag{4.1.7}$$

但是在 A 上有 $F_{n+1} - F_n \circ T = f - \min(0, F_n \circ T) \downarrow f$, 因此, 由控制收敛定理得到 $0 \leqslant \displaystyle\int_A (F_{n+1} - F_n) d\mu = \int_A (F_{n+1} - F_n \circ T) d\mu \to \int_A f d\mu = \int_A f_{\mathcal{I}} d\mu|_{\mathcal{I}}$, 而且如果 $f_{\mathcal{I}} < 0$, 则 $\mu(A) = 0$. 现在取 $f = \varphi - \varphi_{\mathcal{I}} - \varepsilon$, 则 $f_{\mathcal{I}} = -\varepsilon < 0$, 所以 μ-几乎处处 $\displaystyle\overline{\lim_{n\to\infty}} \frac{1}{n} \sum_{k=0}^{n-1} (\varphi \circ T^k) - \varphi_{\mathcal{I}} - \varepsilon \leqslant 0$. 由 (4.1.7), 以 $-\varphi$ 代替 φ 给出 μ-几乎处处 $\displaystyle\underline{\lim_{n\to\infty}} \frac{1}{n} \sum_{k=0}^{n-1} \varphi \circ T^k \geqslant \varphi_{\mathcal{I}} - \varepsilon$. 因此 μ-几乎处处 $\varphi_T = \varphi_{\mathcal{I}}$. □

从而 φ_T 是可测且 T 不变的, 又 $\varphi_T = \varphi_{\mathcal{I}}$, 故

$$\int \varphi_T d\mu = \int \varphi d\mu. \tag{4.1.8}$$

如果 T 可逆, 将 Birkhoff 遍历定理应用到 T^{-1} 得到负时间平均

$$\frac{1}{n} \sum_{k=0}^{n-1} \varphi(T^{-k}(x)) \to \overline{\varphi}_T(x) \tag{4.1.9}$$

的几乎处处收敛性, 因此双边时间平均 [137]

$$\frac{1}{2n-1}\sum_{k=-n+1}^{n-1}\varphi(T^k(x))$$

也几乎处处收敛.

命题 4.1.3. 几乎处处成立 $\varphi_T(x)=\overline{\varphi}_T(x)$.

证明. 如果这不成立, 则存在 $\varepsilon>0$ 和正测度的 T 不变集 E, 使得对 $x\in E$ 有 $\varphi_T(x)>\overline{\varphi}_T(x)+\varepsilon$ (或者, 对 $x\in E$ 有 $\varphi_T(x)<\overline{\varphi}_T(x)-\varepsilon$). 但将 (4.1.8) 应用于 $\varphi\cdot\chi_E$, 得到 $\int_E\varphi_Td\mu=\int_E\varphi d\mu=\int_E\overline{\varphi}_Td\mu$. □

d. 渐近分布的存在性. 当然, 也可能不存在依赖于函数 φ 的正或负的时间平均的例外集. 但是, 由于可数多个零测度集的并仍有零测度, 所以可对任何函数的可数集, 例如对连续函数的稠密集找平均收敛的全测度的公共集. 于是如 Krylov–Bogolubov 定理证明的相同论述, 可在全测度的相同集合上对所有连续函数建立收敛性. 因此, 我们有

推论 4.1.4. 设 X 是可度量化的紧空间, f 是连续映射. 那么 $\left\{x\in X\,\middle|\,\lim\limits_{n\to\infty}\frac{1}{n}\sum\limits_{k=0}^{n-1}\varphi(f^k(x)),\text{ 对所有连续函数 }\varphi\text{ 存在}\right\}$ 关于任何 f 不变的 Borel 概率测度有全测度. 如果 f 是一个同胚, 则对集合 $\left\{x\in X\,\middle|\,\lim\limits_{n\to\infty}\frac{1}{n}\sum\limits_{k=0}^{n-1}\varphi(f^k(x))=\lim\limits_{n\to\infty}\frac{1}{n}\cdot\sum\limits_{k=0}^{n-1}\varphi(f^{-k}(x)),\text{ 对 }\varphi\in C(X)\right\}$ 相同的结论也成立.

结合 Birkhoff 遍历定理 4.1.2 的这个推论与 Krylov–Bogolubov 定理 4.1.1, 得到问题 (A) 的一肯定个回答:[3]

推论 4.1.5. 对紧度量空间的任何连续映射 $f:X\to X$, 存在点 $x\in X$ 使得对 X 上的每个连续函数 φ, 时间平均 $\frac{1}{n}\sum\limits_{k=0}^{n-1}\varphi(f^k(x))$ 有极限, 又若 f 是一个同胚, 则此外 $\frac{1}{n}\sum\limits_{k=0}^{n-1}\varphi(f^{-k}(x))$ 收敛于同一个极限.

e. 遍历性与唯一遍历性.

定义 4.1.6. 称 f 不变测度 μ 关于 f 是遍历的, 如果对任何可测的 f 不变集 $A\subset X$ 有 $\mu(A)=0$, 或者有 $\mu(X\backslash A)=0$.

有时我们说 f 关于 μ 是遍历的是同一个意思.

定义 4.1.7. 可度量化的紧空间的连续映射 $f: X \to X$ 称为唯一遍历的, 如果它只有一个不变的 Borel 概率测度.

[138] **命题 4.1.8.** 唯一遍历映射 f 只有不变的概率测度 μ 是遍历的.

证明. 对满足 $\mu(A) > 0$ 的可测集 $A \subset X$, 用 μ_A 记由

$$\mu_A(B) := \frac{\mu(B \cap A)}{\mu(A)} \tag{4.1.10}$$

定义的条件测度. 如果 μ 不是遍历的, 则可找满足 $0 < \mu(A) < 1$ 的 f 不变的可测集. 于是 μ_A 和 $\mu_{X \setminus A}$ 是 f 不变的概率测度. 它们是不相同的, 因为 $\mu_A(A) = 1$, $\mu_{X \setminus A}(A) = 0$. □

用泛函分析语言可重叙遍历性为: 保 μ 的 $f: X \to X$ 是遍历的, 如果任何可测的 f 不变的实值函数在零测度集外是常数.

现在我们有 Birkhoff 定理 4.1.2 的一个重要推论, 它说对遍历变换时间平均几乎处处等于空间平均.

推论 4.1.9. 如果 $f: X \to X$ 是一个遍历的保 μ 变换, 且 $\mu(X) = 1$ 和 $\varphi \in L^1(X, \mu)$, 则对零测度集外的每个 x,

$$\varphi_f(x) = \lim_{n \to \infty} \frac{1}{n} \sum_{k=0}^{n-1} \varphi(f^k(x)) = \int_X \varphi d\mu.$$

证明. 由于 φ_f 是 f 不变的, 它几乎处处为常数. 但由 (4.1.8) 这个常数必须是 $\displaystyle\int_X \varphi d\mu$. □

因此, 我们回答了子节 a 中提出的问题 (B). 如果不变测度是遍历的, 则它确定 μ-几乎每一点的渐近分布. 我们指出, 非遍历的不变测度 μ 也可确定某些轨道的渐近分布, 但这种轨道永远是 μ 测度零的集合 (参看练习 4.1.3).

由推论 4.1.9 自然产生一个问题, 是否每个连续映射有遍历的不变测度. 回答是肯定的. 此外, 保测变换的每个不变测度可分解为 "遍历分支". 对紧可度量化空间的连续映射, 后一事实是凸分析的一个有力结果, 即 Choquet 定理 A.2.10 的一个推论. 首先我们仅利用 Krylov–Bogolubov 定理 4.1.1 和某些泛函分析初步证明遍历测度的存在性. 我们从用泛函分析术语描述遍历性开始. 紧可度量化空间上的所有 Borel 概率测度的集合 $\mathfrak{M}$ 具有自然的凸结构和称为弱 * 拓扑的自然拓扑. 即对每个连续函数 φ, 如果 $\displaystyle\int_X \varphi d\mu_n \to \int \varphi d\mu$, 则有 $\mu_n \to \mu$. $\mathfrak{M}$ 关于这个

拓扑是紧的, 这可从通常的对角线法则容易看出.

对 $f: X \to X$, 设 $\mathfrak{M}(f)$ 是所有 f 不变的 Borel 概率测度的集合. $\mathfrak{M}(f)$ 是 [139]
凸闭的, 因此是 $\mathfrak{M}$ 的紧子集 (见定义 A.2.8).

引理 4.1.10. 如果 $\mu \in \mathfrak{M}(f)$ 不是遍历的, 则存在 $\mu_1, \mu_2 \in \mathfrak{M}(f)$, 使得对 $\mu_1 \neq \mu_2$ 和 $0 < \lambda < 1$ 满足 $\mu = \lambda\mu_1 + (1-\lambda)\mu_2$.

证明. 如果 A 是 f 不变集, $0 < \mu(A) < 1$, 由 (4.1.10) 定义的 $\mu_1 = \mu_A$ 和 $\mu_2 = \mu_{X \setminus A}$ 得到 $\mu = \mu(A)\mu_1 + (1-\mu(A))\mu_2$. □

因此 $\mathfrak{M}(f)$ 的极值点是遍历测度. 在有限维情形的 Perron–Frobenius 定理 1.9.11 的证明中我们已经用了极值点的概念. 集合 $\mathfrak{M}(f)$ 一般是无限维的. 现在我们证明极值点的存在性.

定理 4.1.11. 可度量化的紧空间 X 上的每个连续映射 f 有遍历不变的 Borel 概率测度.

证明. 设 $\{\varphi_i\}_{i \in \mathbb{N}}$ 是连续函数的稠密集, 用 $\mathfrak{M}_0 := \mathfrak{M}(f)$ 定义集合的嵌套序列 $\mathfrak{M}_0 \supset \cdots \supset \mathfrak{M}_n \supset \cdots$,

$$\mathfrak{M}_{i+1} := \left\{ \mu \in \mathfrak{M}_i \,\middle|\, \int \varphi_{i+1} d\mu = \max_{\nu \in \mathfrak{M}_i} \int \varphi_{i+1} d\nu \right\}.$$

由于 $\nu \mapsto \displaystyle\int \varphi_{i+1} d\nu$ 在 $\mathfrak{M}_i$ 上连续, 这些是非空紧凸集, 所以它们的交 $\mathfrak{C}$ 非空. 为了证明这个集合由极值点组成, 取 $\mu \in \mathfrak{C}$ 并假设 $\mu = \lambda\mu_1 + (1-\lambda)\mu_2$, 其中 $\mu_1, \mu_2 \in \mathfrak{M}(f)$. 则对所有连续函数 φ 有 $\displaystyle\int \varphi d\mu = \lambda \int \varphi d\mu_1 + (1-\lambda) \int \varphi d\mu_2$. 从而我们归纳地看到, 对每个 $i \in \mathbb{N}$ 有 $\displaystyle\int \varphi_i d\mu_1 = \int \varphi_i d\mu_2 = \int \varphi_i d\mu$, $\mu_1, \mu_2 \in \mathfrak{M}_i$. 因此对所有连续函数 φ, 由 $\{\varphi_i\}_{i \in \mathbb{N}}$ 的稠密性得 $\displaystyle\int \varphi d\mu_1 = \int \varphi d\mu_2 = \int \varphi d\mu$. 由 Riesz 表示定理 A.2.7 中表示的唯一性得到所要求的 $\mu_1 = \mu_2 = \mu$. 因此存在 $\mathfrak{M}(f)$ 的极值点 μ, 又由引理 4.1.10 这些都是遍历测度. □

事实上, 由引理 4.1.10 和 Choquet 定理 A.2.10 一起得到下面更强的遍历分解定理:

定理 4.1.12. 对可度量化的紧空间 X 上的连续映射 f, 每个不变的 Borel 概率测度在下面意义下可分解为遍历不变的 Borel 概率测度的积分: 存在 X 到不变子集 X_α 的一个分割 (模零集), 其中 $\alpha \in A$, A 是 Lebesgue 空间, 以及每个有 f 不变测度 μ_α 的 X_α, 使得对每个函数 φ 有 $\displaystyle\int \varphi d\mu = \int\int \varphi d\mu_\alpha d\alpha$.

命题 4.1.13. 如果 $f: X \to X$ 是唯一遍历的, 则对连续函数 φ 时间平均 $\frac{1}{n}\sum_{k=0}^{n-1}\varphi(f^k(x))$ 一致收敛.

证明. 假设对某个连续函数 φ 存在非一致收敛性. 则可找数 $a < b$, 点列 $x_k, y_k \in$
[140] X, $k = 1, 2, \cdots$ 和序列 $n_k \to \infty$, 使得

$$\frac{1}{n_k}\sum_{l=0}^{n_k-1}\varphi(f^l(x_k)) < a, \quad \frac{1}{n_k}\sum_{l=0}^{n_k-1}\varphi(f^l(y_k)) > b.$$

由对角线法则可找子序列 n_{k_j}, 使得对每个 $\psi \in C(X)$, 以下两个极限

$$J_1(\psi) = \lim_{j\to\infty}\frac{1}{n_{k_j}}\sum_{l=0}^{n_{k_j}-1}\psi(f^l(x_{k_j})) \quad 和 \quad J_2(\psi) = \lim_{j\to\infty}\frac{1}{n_{k_j}}\sum_{l=0}^{n_{k_j}-1}\psi(f^l(y_{k_j}))$$

都存在. J_1 和 J_2 都是有界线性正 f 不变泛函, 因此 $J_1(\psi) = \int\psi d\mu_1, J_2(\psi) = \int\psi d\mu_2$, 其中 μ_1 和 μ_2 都是 f 不变概率测度. 由于 $J_1(\varphi) \leqslant a < b \leqslant J_2(\varphi)$, 我们有 $\mu_1 \neq \mu_2$, 所以 f 不是唯一遍历的. □

注. 这个命题的逆不成立 (见练习 4.2.2). 但如果 f 是拓扑传递的则成立 (练习 4.1.5).

推论 4.1.14. 设 μ 是唯一遍历映射 $f: X \to X$ 的不变概率测度. $U \subset X$ 是开集且 $\mu(\partial U) = 0$. 则时间平均 $\frac{1}{n}\sum_{k=0}^{n-1}\chi_U(f^k(x))$ 一致收敛于 $\mu(U)$.

证明. 设 $\overline{\varphi}_m \geqslant \chi_U$ 和 $\underline{\varphi}_m \leqslant \chi_U$ $(m \in \mathbb{N})$ 是连续函数序列, 使得 $\int\overline{\varphi}_m d\mu \to \mu(U)$ 和 $\int\underline{\varphi}_m d\mu \to \mu(U)$. 则对每个 $n \in \mathbb{N}$ 和 $x \in X$, 我们有

$$\frac{1}{n}\sum_{k=0}^{n-1}\underline{\varphi}_m(f^k(x)) \leqslant \frac{1}{n}\sum_{k=0}^{n-1}\chi_U(f^k(x)) \leqslant \frac{1}{n}\sum_{k=0}^{n-1}\overline{\varphi}_m(f^k(x)). \tag{4.1.11}$$

固定 $\delta > 0$ 并求 m 使得 $\int\underline{\varphi}_m d\mu > \mu(U) - \delta/2$ 和 $\int\overline{\varphi}_m d\mu < \mu(U) + \delta/2$. 由命题 4.1.13 和 (4.1.11) 对充分大的 n, 我们有

$$\mu(U) - \delta \leqslant \frac{1}{n}\sum_{k=0}^{n-1}\chi_U(f^k(x)) \leqslant \mu(U) + \delta.$$

由于 δ 是任意的, 推论得证. □

注. 条件 $\mu(\partial U)=0$ 对时间平均的一致收敛性是需要的. 事实上, 在正测度的无处稠密集上我们不能有平均的一致收敛性, 见练习 4.1.7.

命题 4.1.15. 如果对空间 $C(X)$ 中的稠密集 Φ 上的每个连续函数 φ, 时间平均 $\frac{1}{n}\sum_{k=0}^{n-1}\varphi(f^k(x))$ 一致收敛于常数, 则 f 是唯一遍历的. [141]

证明. 首先, 我们证明对每个连续函数 ψ 时间平均也一致收敛. 这实际上是用于 Krylov–Bogolubov 定理 4.1.1 证明论述的另一个重叙. 固定 $\varepsilon>0$ 找 $\varphi\in\Phi$, 使得 $\max\limits_{x\in X}|\varphi(x)-\psi(x)|<\varepsilon$. 设 φ_0 是 φ 的平均的极限值. 于是对所有 n 有

$$\left|\frac{1}{n}\sum_{k=0}^{n-1}\psi(f^n(x))-\frac{1}{n}\sum_{k=0}^{n-1}\varphi(f^n(x))\right|<\varepsilon.$$

由此得到

$$\left|\sup_{x\in X}\sup_{n\to\infty}\frac{1}{n}\sum_{k=0}^{n-1}\psi(f^k(x))-\varphi_0\right|<\varepsilon$$

和

$$\left|\varphi_0-\inf_{x\in X}\inf_{n\to\infty}\frac{1}{n}\sum_{k=0}^{n-1}\psi(f^k(x))\right|<\varepsilon.$$

由于 ε 是任意的, ψ 的时间平均一致收敛于常数 ψ_0. 如果 μ 是 f 不变的概率测度, 则 $\int\psi_0 d\mu=\int\psi d\mu$. 因此 μ 是唯一的. □

f. 统计性态与回复性.

定义 4.1.16. 对可分的可度量化空间 X 上的 Borel 测度 μ, 定义 μ 的支集为下面的集合

$$\operatorname{supp}\mu:=\{x\in X|\mu(U)>0,\ 若\ x\in U,U\ 为开集\}.$$

命题 4.1.17. (1) $\operatorname{supp}\mu$ 是闭集.

(2) $\mu(X\backslash\operatorname{supp}\mu)=0$.

(3) 有全测度的任何集合在 $\operatorname{supp}\mu$ 中稠密.

证明. (1) 设 $\{x_n\}_{n\in\mathbb{N}}\subset\operatorname{supp}\mu, x_n\to x$, U 是开集, $x\in U$. 则对充分大的 n 有 $x_n\in U$, 因此 $\mu(U)>0$.

(2) 每一点 $y\in X\backslash\operatorname{supp}\mu$ 有开邻域 U 使得 $\mu(U)=0$. 由于 X 是可分的, 集合 $X\backslash\operatorname{supp}\mu$ 可被至多可数多个这样的邻域所覆盖, 由 μ 的 σ 可加性 $\mu(X\backslash\operatorname{supp}\mu)=0$.

(3) 如果 $A\subset X$ 以及 $x\in U:=\operatorname{supp}\mu\backslash\overline{A}$, 则 $\mu(X\backslash A)\geqslant\mu(U)>0$. □

命题 4.1.18. 设 f 是完全可分的可度量化空间 X 的一个连续映射. 那么

(1) 对任何 f 不变的 Borel 概率测度 μ 有 $\operatorname{supp}\mu \subset R(f)$.

(2) 如果 μ 是遍历的, 则 $f|_{\operatorname{supp}\mu}$ 有稠密轨道.

(3) 如果 X 是紧的且 $f|_{\operatorname{supp}\mu}$ 是唯一遍历的, 则 $\operatorname{supp}\mu$ 是一个极小集.

在 (1) 的证明中我们将利用遍历理论中的一个重要事实, 它还有许多其他应用.

[142] **定理 4.1.19.(Poincaré 回归定理)** 设 T 是概率空间 (X,μ) 的一个保测变换, $A\subset X$ 是可测集. 则对任何 $N\in\mathbb{N}$,

$$\mu(\{x\in A|\{T^n(x)\}_{n\geqslant N}\subset X\backslash A\})=0.$$

证明. 用 T^N 代替 T, 我们看到, 只需对 $N=1$ 证明这个论述就够了. 集合

$$\widetilde{A}:=\{x\in A|\{T^n(x)\}_{n\in\mathbb{N}}\subset X\backslash A\}=A\cap\left(\bigcap_{n=1}^{\infty}T^{-n}(X\backslash A)\right)\tag{4.1.12}$$

是可测的. 对每个 n 有 $T^{-n}(\widetilde{A})\cap\widetilde{A}=\varnothing$. 因此对所有 $m,n\in\mathbb{N}$ 有

$$T^{-n}(\widetilde{A})\cap T^{-m}(\widetilde{A})=\varnothing.$$

由于 T 保 μ, 有 $\mu(T^{-n}(\widetilde{A}))=\mu(\widetilde{A})$. 因此 $\mu(\widetilde{A})=0$, 因为 $1=\mu(X)\geqslant\mu\left(\bigcup_{n=0}^{\infty}T^{-n}(\widetilde{A})\right)=\sum_{n=0}^{\infty}\mu(T^{-n}(\widetilde{A}))=\sum_{n=0}^{\infty}\mu(\widetilde{A})$. □

命题 4.1.18 的证明. (1) 取 X 的开子集可数基 $\{U_1,U_2,\cdots\}$, 令 R_+ 为所有点 x 的集合, 使得如果 $x\in U_m$, 那么 x 的无穷多次正迭代也属于 U_m. 应用 Poincaré 回归定理 4.1.19 到每个 U_i 将 R_+ 化为有全测度. 如果 T 可逆, 通过类似于 R_+ 的构造对集合 R_- 作相同论述但作负迭代得到的也有全测度. 因此 $R:=R_-\cap R_+$ 有全测度, 再由命题 4.1.17 的 (3), R 在 $\operatorname{supp}\mu$ 中稠密. 另一方面, 如果 $x\in R$, $U\ni x$ 是开集, 则对某个 m 有 $U_m\subset U$, 因此无穷多个正的和负的 n 次迭代位于 U 中, 即 R 由正向回复点组成. 因此 $\overline{R}=\operatorname{supp}\mu\subset R(f)$.

(2) 对 $\operatorname{supp}\mu$ 上的诱导拓扑取开集的可数基$\{U_1,U_2,\cdots\}$. 由定义对 $m\in\mathbb{N}$ 有 $\mu(U_m)>0$. 对特征函数 χ_{U_n} 应用推论 4.1.9 得到全测度集 R, 使得对 $x\in R, m\in\mathbb{N}$,

$$\lim_{n\to\infty}\frac{1}{n}\sum_{i=0}^{n-1}\chi_{U_m}(f^i(x))=\mu(U_m)>0.$$

因此任何点 $x\in R$ 的轨道与所有 U_m 相交, 从而稠密.

(3) 如果存在真闭 f 不变子集 $\Lambda \subset \operatorname{supp}\mu$, 则由 Krylov–Bogolubov 定理 4.1.1 存在对 $f|_\Lambda$ 不变的 Borel 概率测度 ν. 但这样 $\operatorname{supp}\nu \subset \Lambda$. 因此 $\mu \neq \nu$. 矛盾. □

因此, 我们找到了关于不变测度的典型性态是回复性的统计对应, 遍历性是拓扑传递性的对应, 而唯一遍历性则像极小性. 重要的是要注意, 命题 4.1.18 的任何陈述的逆并不成立, 即使此外我们假设 f 是紧流形的微分同胚. 换句话说, 所有 f 不变测度的支集的并的闭包一般可能小于这个映射回复点集的闭包, 拓扑传递映射可能没有具有全支集的遍历测度 (即在所有非空开集上为正), 以及极小集可支撑多个不变测度. 然而, 虽然相应的反例不能被看作为病态, 但它们仍然应该被考虑为是某种程度的非典型性. (例如, 见练习 4.1.9 和推论 12.6.4.) 通过研究第 1 章的例子, 我们将证明在拓扑性质与它们的统计类似之间存在着自然的对应. [143]

g. 测度论同构与因子. 我们在处理测度空间中的保测变换时已经遇到一些性质 (遍历性) 和结果 (Poincaré 回归定理 4.1.19, Birkhoff 遍历定理 4.1.2), 它们都没有利用拓扑和其他额外的结构. 这自然将我们带入到研究这类变换的遍历理论领域. 类似于光滑动力系统与拓扑动力学, 它有一个双重议程: 直到相差一个自然等价关系的各种保测变换类的分类, 以及在这些关系下各种渐近性质不变量的研究. 遍历性是这种不变量的一个例子, 它是拓扑传递性的对应; 在 4.2d 节将研究的混合性是另一个回复型不变量; 最重要的增长型不变量, 测度论熵是 4.3 和 4.4 节的主题. 现在我们来定义和讨论遍历理论中最自然的等价关系.

定义 4.1.20. 设 $T: X \to X$ 和 $S: Y \to Y$ 分别是空间 (X, μ) 和 (Y, ν) 的保测变换. T 和 S 称为是*度量同构的*, 如果存在同构 $R: (X, \mu) \to (Y, \nu)$, 即存在一个单射 (mod 0) 变换使得 $R_*\mu = \nu$, 而且

$$S = R \circ T \circ R^{-1}.$$

定义 4.1.21. 在相同记号下, 称 S 为 T 的 (度量) *因子*, 如果存在保测映射 $R: X \to Y$ (一般不可逆), 使得 $R_*\mu = \nu$, 而且

$$S \circ R = R \circ T.$$

所有我们要讨论的保测变换的性质都是度量同构不变量, 遍历性显然就是. 进一步, 遍历变换的因子也是遍历的: 如果 S 是 T 的一个因子, 而且 $A \subset Y$ 是 S 不变的, $0 < \nu(A) < 1$, 那么 $B := R^{-1}(A)$ 是 T 不变的, 而且 $\mu(A) = \mu(B)$. [144]

在某些情形, 度量同构不变量对光滑动力系统和拓扑动力系统的性质提供一定的启示. 例如, 唯一遍历映射的度量同构类是拓扑共轭的一个重要不变量. 变分原理定理 4.5.3 提供了这类问题的另一个联系.

研究保测变换的一个有力工具由谱分析给出. 与 $T:(X,\mu)\to(X,\mu)$ 相应的是由

$$(U_Tf)(x):=f(T(x))$$

定义的等距算子 $U_T:L^2(X,\mu)\to L^2(X,\mu)$. 如果 T 可逆, 则 U_T 也可逆, 这时 U_T 是酉算子. 如果 T 和 S 通过 R 度量同构, 则 U_T 和 U_S 是酉等价的, 就是说,

$$U_S=U_R^{-1}\circ U_T\circ U_R,$$

其中 $U_R:L^2(X,\mu)\to L^2(Y,\nu)$,

$$(U_Rf)(x):=f(R(x)).$$

因此 U_T 的谱不变量, 例如包括重次的特征值, 谱或者谱测度都是 T 的度量同构不变量.

但是, 即使对可逆的度量非同构的遍历保测变换 T 和 S, 也有可能有与酉算子相应的酉等价 (见练习 4.4.3 和 4.4.4).

练　　习

4.1.1. 证明由

$$f(x)=\begin{cases}x/2, & 当\ 0<x\leqslant 1,\\ 1, & 当\ x=0\end{cases}$$

定义的 $f:[0,1]\to[0,1]$ 没有不变的 Borel 概率测度.

4.1.2. 证明不同的遍历概率测度是相互奇异的.

4.1.3. 设 $\overline{0},\overline{1}$ 是空间 Ω_2 中两个分别完全由 0 和 1 组成的序列. 证明存在点 $\omega\in\Omega_2$ 使得对每个连续函数 φ,

$$\lim_{n\to\pm\infty}\frac{1}{n}\sum_{k=0}^{n-1}\varphi(\sigma_2^k\omega)=\frac{1}{2}\varphi(\overline{0})+\frac{1}{2}\varphi(\overline{1})=\int\varphi d\mu,$$

其中 μ 是满足 $\mu(\{\overline{0}\})=\mu(\{\overline{1}\})=1/2$ 的概率测度.

[145] **4.1.4.** 设 (X,μ) 是一个测度空间, $A\subset X$ 是满足 $\mu(A)>0$ 的可测集, $T:X\to X$ 是保测变换, 以及 μ_A 是 A 上由 (4.1.10) 定义的条件测度. 对 $x\in A$ 令 $n(x):=\min\{n\in\mathbb{N}|T^n(x)\in A\}$. 证明公式 $T_A(x):=T^{n(x)}(x)$ 定义 A 的一个保 μ_A 变换. 称映射 T_A 为由 T 诱导的集合 A 上的第一回复映射.

4.1.5. 假设 f 是紧空间 X 的一个拓扑传递的连续映射, 且对每个连续函数 φ,

平均 $\frac{1}{n}\sum_{k=0}^{n-1}\varphi(f^k(x))$ 一致收敛. 证明 f 是唯一遍历的.

4.1.6. 证明唯一遍历性是一个拓扑不变量.

4.1.7. 证明如果 $f: X \to X$ 是遍历的, $N \subset X$ 是有正测度的无处稠密集, 则时间平均 $\frac{1}{n}\sum_{k=0}^{n-1}\chi_N(f^k(x))$ 不可能一致收敛.

4.1.8. 证明在 3.3 节提及的由 $f(x) = x + \frac{1}{10}\sin^2(\pi x) \pmod 1$ 定义的微分同胚 $f: S^1 \to S^1$ 是唯一遍历的, 但不是拓扑传递的.

4.1.9. 证明在二维环面的无理线性流 $\{T_\omega^t\}$ 上通过在一点为 0 的一个适当 "时间改变", 可以构造一个实解析拓扑传递流, 它的唯一不变 Borel 概率测度是集中在不动点的 δ 测度.

4.1.10. (M. Boshernitzan) 对区间 $[0,1]$ 上的可测变换 T 改进 Poincaré 回归定理 4.1.19, 使得对几乎每个 $x \in [0,1]$, 保 Lebesgue 测度满足如下条件:

$$\varliminf_{n\to\infty} n \cdot |T^n(x) - x| \leqslant 1.$$

4.1.11. 证明保测变换 T 是遍历的, 当且仅当 1 是 U_T 的单特征值.

4.1.12. 证明对遍历保测变换 T 相应于等距算子 U_T 的每个特征值是单的.

4.1.13. 证明相应于保测变换的等距算子的特征值组成一个群.

4.2. 遍历性例子, 混合性 [146]

前面我们已经提到过几次, 我们将具有非平凡回复性的动力系统例子分成两个不同组:

(1) 对不同轨道具有类似性态的系统以及大范围轨道结构有低复杂性的系统. 该组系统包括圆周上的旋转 (1.3 节), 环面上的平移 (1.4 节) 和线性流 (1.5 节), 以及在很大程度上完全可积的 Hamilton 系统 (1.5 节).

(2) 对不同初始条件有不同渐近性态的系统, 关于初始条件渐近性态不稳定的系统, 以及, 例如由周期轨道的指数增长和正拓扑熵表达的大范围轨道结构的高 (指数) 复杂性系统. 该组系统包括圆周上的扩张映射 (1.7 节), 环面上的双曲自同构 (1.8 节), 以及包括全移位传递的拓扑 Markov 链 (1.9 节).

这一节将研究这两组例子的统计性态.

a. 旋转. 我们从圆周上的无理旋转 R_α 开始. 每个旋转保 Lebesgue 测度.

命题 4.2.1.(Kronecker–Weyl 等分布定理) 任何无理旋转是唯一遍历的.

证明. 由定理 4.1.15, 只需验证连续函数的稠密集中的每个连续函数的时间平均一致收敛于常数. 由 Weierstrass 定理, 在一致拓扑下三角多项式组成所有连续函数的稠密集. 此外, 一致收敛于常数是一个线性性质, 即如果它对 φ 和 ψ 成立, 则它对 $a\varphi + b\psi$ 也成立, 其中 a 和 b 是常数. 因此, 只需对函数的任何一个完全系, 例如对特征函数系 $\chi_m(x) = e^{2\pi imx}$ 验证一致收敛性. 对 $m \neq 0$ 我们有 $\chi_m(R_\alpha x) = e^{2\pi im(x+\alpha)} = e^{2\pi im\alpha}e^{2\pi imx} = e^{2\pi im\alpha}\chi_m(x)$, 以及 $n \to \infty$ 时

$$\left|\frac{1}{n}\sum_{k=0}^{n-1}\chi_m(R_\alpha^k(x))\right| = \left|\frac{1}{n}\sum_{k=0}^{n-1}e^{2\pi imk\alpha}\right| = \frac{|1-e^{2\pi imn\alpha}|}{n|1-e^{2\pi im\alpha}|} \leqslant \frac{2}{n|1-e^{2\pi im\alpha}|} \to 0. \quad \square$$

这个论述可直接推广到环面上的任何平移 T_γ, 其中 $\gamma = (\gamma_1, \cdots, \gamma_n)$ 满足 $\gamma_1, \cdots, \gamma_n, 1$ 有理无关. 由命题 1.4.1 这个条件是 T_γ 极小性的充分必要条件. 事实上, 在 1.4 节我们已经证明这个条件对拓扑传递性是必要的, 从而, 由于 Lebesgue
[147] 测度的支集是整个环面, 由命题 4.1.18 (2) 它也是关于 Lebesgue 测度遍历性的必要条件.

如果 ω 满足命题 1.5.1 中的条件, 相同的证明也可对线性流 T_ω^t 进行. 这个条件再次对拓扑传递性和关于 Lebesgue 测度的遍历性是必要的, 对极小性和唯一遍历性是充分的.

现在我们叙述环面上的平移的唯一遍历性的另一个证明. 这包含两部分. 首先, 利用 Fourier 分析证明遍历性. 这类论述对许多代数特性的动力系统非常有用, 包括扩张映射与环面上的双曲自同构. 在平移情形我们对拓扑传递性的证明 (命题 1.4.1) 实际上包含了对遍历性的证明.

命题 4.2.2. 如果 $\gamma_1, \cdots, \gamma_n, 1$ 有理无关, 则平移 T_γ 关于 Lebesgue 测度是遍历的.

证明. 如在命题 1.4.1 的证明中, 令 χ 是在 T_γ 作用下不变的有界可测函数, 例如, 不变集的特征函数. 考虑 Fourier 展开

$$\chi(x_1, \cdots, x_n) = \sum_{(k_1,\cdots,k_n)\in\mathbb{Z}^n} \chi_{k_1,\cdots,k_n} \exp\left(2\pi i\sum_{j=1}^n k_jx_j\right).$$

利用命题 1.4.1 证明中的计算, 对任何 $k_1, \cdots, k_n$ 由 χ 的 T_γ 不变性, 得到

$$\chi_{k_1,\cdots,k_n}\left(1 - \exp\sum_{j=1}^n k_jx_j\right) = 0.$$

由有理无关性条件得到 $\chi_{k_1,\cdots,k_n} = 0$, 除了可能的 $k_1 = k_2 = \cdots = k_n = 0$. 因此, 除了零测度集 χ 是常数, 而且 T_γ 是遍历的. $\square$

第二步由关于 Lebesgue 测度的遍历性导致唯一遍历性的证明组成. Lebesgue 测度的一个特殊性质是它关于所有平移不变. 因此这个论述的自然背景是紧 Abel 群上的乘法变换 (见 1.3 节末尾). 但是, 证明中所用的方法在其他地方也有用 (见练习 4.2.3—4.2.7, 那里用它来证明多项式分数部分的等分布).

设 G 是紧可度量化 Abel 群. 存在在所有乘法 $L_{g_0}: g \to g_0 g$ 下不变的 Borel 概率测度 λ_G. 这个测度称为 Haar 测度. 对环面 $\mathbb{T}^n$, Haar 测度就是通常的 Lebesgue 测度. 我们证明命题 1.3.4 的下面的统计对应.

命题 4.2.3. *如果紧可度量化 Abel 群 G 上的平移 L_{g_0} 关于 Haar 测度 λ_G 是遍* [148]
历的, 那么它是唯一遍历的.

证明. 设 μ 是任何 L_{g_0} 不变的 Borel 概率测度. 由于 g_0 与 G 的任何其他元素可交换, 我们看到, 对任何 $g \in G$, 由

$$\mu_g(A) := \mu(L_g A)$$

定义的拉回测度 μ_g 也是 L_{g_0} 不变的. 由于集合 $\mathfrak{M}(L_{g_0})$ 是弱 * 闭且凸的, 可对正 Haar 测度的任何可测集 E 通过

$$\mu_E(A) = \frac{1}{\lambda_G(E)} \int_E \mu_g(A) d\lambda_G(g) \tag{4.2.1}$$

定义 L_{g_0} 不变测度 μ_g. 如果 $E \cap F = \varnothing$, 那么

$$\lambda_G(E \cup F)\mu_{E \cup F} = \lambda_G(E)\mu_E + \lambda_G(F)\mu_F. \tag{4.2.2}$$

交换 (4.2.1) 中的积分变量, 可以证明对任何 $g \in G$ 测度 μ_G 是 L_g 不变的, 因此, 由 Haar 测度的唯一性,

$$\mu_G = \lambda_G. \tag{4.2.3}$$

假设 $\mu \neq \lambda_G$. 那么存在连续函数 φ, 使得 $\displaystyle\int_G \varphi d\mu \neq \int \varphi d\lambda_G$. 但是由于 $\mu_G = \lambda_G$, 我们有

$$\int \varphi d\lambda_G = \int_G \left(\int \varphi d\mu_g \right) d\lambda_G = \int_G \left(\int (\varphi \circ L_g) d\mu \right) d\lambda_G.$$

函数 $\overline{\varphi}_g = \displaystyle\int \varphi \circ L_g d\mu$ 关于 g 连续, 又因为我们假设 $\overline{\varphi}_{\mathrm{Id}} \neq \displaystyle\int \overline{\varphi}_g d\lambda_G$, 故 $\overline{\varphi}_g$ 不是常数. 因此可找数 a 使得 $\lambda_G(E) > 0$ 和 $\lambda_G(F) > 0$, 其中 $E = \{g | \varphi_g \geqslant a\}, F = G \backslash E$.

于是 $\displaystyle\int \varphi d\mu_E \geqslant a$ 和 $\displaystyle\int \varphi d\mu_F < a$, 所以

$$\mu_E \neq \mu_F. \tag{4.2.4}$$

但是由 (4.2.2) 和 (4.2.3),

$$\lambda_G(E)\mu_E + \lambda_G(F)\mu_F = \mu_{E\cup F} = \mu_G = \lambda_G. \tag{4.2.5}$$

为了完成命题的证明, 还需要引理 4.1.10 的逆, 这个我们以后也要用到.

引理 4.2.4. *如果 f 不变的概率测度 μ 可表示为 $\lambda\mu_1+(1-\lambda)\mu_2$, 其中 $0<\lambda<1$, μ_1,μ_2 是 f 不变的概率测度, 而且 $\mu_1\neq\mu_2$, 那么 f 关于 μ 不是遍历的.*

引理 4.2.4 的证明. 由于每个 μ 零测度集有 μ_1 和 μ_2 零测度, 由 Radon–Nikodym 定理, 测度 μ_1 和 μ_2 关于 μ 可用密度 ρ_1 和 ρ_2 表示, 即 $\int\varphi d\mu_i=\int\rho_i\varphi d\mu, i=1,2$. 由假设, $\lambda\rho_1+(1-\lambda)\rho_2=1, \int\rho_1 d\mu=\int\rho_2 d\mu=1$, 且 $\rho_1\neq\rho_2$. 因此 $\rho_1\neq$ 常数. 由于 ρ_1 是 f 不变的 L^1 函数, 故 μ 不是遍历的. □

[149] 由 (4.2.4), (4.2.5) 和引理 4.2.4 以及反证法得命题 4.2.3. □

注. 引理 4.2.4 和 4.1.10 说遍历测度可被刻画为所有 f 不变的 Borel 概率测度的集合 $\mathfrak{M}(f)$ 的极值点.

尽管我们已经给出环面上平移的遍历性的两个证明, 我们再给出拓扑传递性导致遍历性的证明的一个概要. 这个证明相当几何化, 而且还介绍了一些思想方法, 这些在动力系统广泛类, 包括那些没有明显代数结构的系统 (例如, 见命题 5.1.24 和定理 12.7.2) 的研究中都有用.

每个在小尺度下的可测集是稠密集中的, 它几乎完全填满某些小球或小立方体, 且几乎没有其他的, 因为它可用立方体的有限族 (按测度) 任意逼近. 固定一个不变集 A 和 $\varepsilon>0$ 求小立方体 Δ 使得 $\lambda(A\cap\Delta)>(1-\varepsilon)\lambda(\Delta)$. Δ 在我们映射迭代下的像有相同性质, 因为 λ 和 A 都是不变的. 由于我们的映射是等距的, Δ 的任何像又是相同大小的立方体. 由拓扑传递性可找没有太多重叠但几乎一致覆盖整个相空间的像族. 事实上只需假设每一点被覆盖不多于 N 次, 其中 N 与 ε 无关, 因为那样 A 的测度必须大于 $1-\varepsilon N$. 由于 ε 可选择任意小, 这导致 A 有全测度.

b. 旋转的扩张. 现在我们叙述一类与旋转密切相关的例子. 在 12.4 节我们将证明它包含某些极小非遍历的例子. 设 $\alpha\in\mathbb{R}\backslash\mathbb{Q}$.

命题 4.2.5. *考虑环面 $\mathbb{T}^2$, 函数 $\varphi: S^1\to\mathbb{R}$, 以及 $\mathbb{T}^2$ 的映射 $f:(x,y)\mapsto(x+\alpha,y+\varphi(x))$. 如果对某个 Lebesgue 可测函数 $\Phi: S^1\to\mathbb{R}, \varphi(x)=\Phi(x+\alpha)-\Phi(x)$, 则对任何遍历不变测度, f 度量同构于旋转 R_α, 并存在不可数多个不同的遍历不变测度.*

证明. 取 $h(x,y)=(x,y+\Phi(x))$. 则 $h^{-1}\circ f\circ h(x,y)=(x+\alpha,y)$. 由于这个旋转是唯一遍历的, f 的任何不变测度投射到圆周上的 Lebesgue 测度, 因此 h 对任何这种测度定义一个度量同构. 从而 f 的不变遍历测度正好是由圆周上的测度诱导的测度. 这种测度存在不可数多个, 因为对任何 $c\in\mathbb{R}$, $\Phi+c$ 的图像支撑这种测度. □

命题 4.2.6. *考虑环面 $\mathbb{T}^2$, 函数 $\varphi: S^1\to\mathbb{R}$, 以及 $\mathbb{T}^2$ 的映射 $f:(x,y)\mapsto(x+\alpha,y+\varphi(x))$. 那么或者对某个连续函数 $\Phi: S^1\to\mathbb{R}$ 和 $r_1,r_2\in\mathbb{Q}$ 有 $\varphi(x)=\Phi(x+\alpha)-\Phi(x)+r_1\alpha+r_2$, 或者 f 是极小的.*

注. 对 Φ 是连续情形, 且 $r=0$, 上面的映射 h 在 $\mathbb{T}^2$ 上提供 $\mathbb{R}_\alpha\times\mathrm{Id}$ 的一个拓扑共轭. 注意这是出现非扭转上同调方程的另一个例子 (参看 2.9 节).

证明. 由命题 3.3.6 存在 f 的不变极小集 M, 这个集合在第一个坐标上的投影是不变的, 因此是 S^1 的. 考虑 M 与纤维 $\{x\}\times S^1$ 的交. 我们证明, 如果它包含两点 y 和 $y+\tau$, 则它通过 τ 在平移作用下在这纤维内不变. 就是说, 由极小性存在任意接近于 $(x,y+\tau)$ 的点 $z=f^N(x,y)$, 所以点 $f^{kN}(x,y)\in M$ 凝聚在 $(x,y+k\tau)$ 上, 因此它们在 M 内. 从而或者闭集 $M\cap(\{x\}\times S^1)$ 是由 $r\in\mathbb{Q}$ 生成的 $\{x\}\times S^1$ 的一个有限子群, 或者它等于 $\{x\}\times S^1$. 由于 M 是闭的, 对所有 x 出现同样情形, 由连续性对所有 x 我们得到相同子群, 因此或者给出极小性, 或者给出 f 不变的闭曲线族. 为了完成命题的证明, 还需证明这些曲线是第一个坐标函数的图像. 如果有必要将此情形通过因子分解第二个坐标模 $1/q$ 化为单个这种曲线. 因此 M 与每条铅垂线刚好相交一次, 从而它是连续函数的图像. 在通有覆盖上它提升到满足 $\Phi'(x+1)=\Phi'(x)+k$ 的函数 Φ' 的图像和它的所有整数平移. 由不变性对某个 $n\in\mathbb{Z}$ 在提升 F 作用下得到 $(x+\alpha,\Phi'(x)+\varphi(x))=F(x,\Phi'(x))=(x+\alpha,\Phi'(x+\alpha)+n)$. 因此得到 $\varphi(x)=\Phi'(x+\alpha)-\Phi'(x)+n$. 回忆我们通过 $1/q$ 因子分解了第二个坐标, 记 $\Phi'(x)=\Phi(x)+kx$ 得到命题 4.2.6, 其中 $r_1=k/q$ 和 $r_2=n/q$. □ [150]

上述两个结果的一个有趣应用是, 对某个可测函数 Φ, 上面形式的圆周扩张可写为 $\varphi(x)=\Phi(x+\alpha)-\Phi(x)$, 但对是极小非遍历微分同胚例子的任何连续函数 Φ 不能写为 $\varphi(x)=\Phi(x+\alpha)-\Phi(x)+r$. 在推论 12.6.4 中我们将构造刚好有这个性质的函数 φ.

c. 扩张映射. 现在我们讨论第二组例子, 先从线性扩张映射 E_m 开始. 这个映射保 Lebesgue 测度 λ, 因为任何长度为 l 的区间的原像由 $|m|$ 个互不相交的长度为 l/m 的区间组成.

命题 4.2.7. *映射 E_m, $|m|\geqslant 2$ 关于 Lebesgue 测度是遍历的.*

我们将给出这个事实的两个证明. 它们与环面平移的第二个和第三个证明有关.

第一个证明. 设 φ 是有界可测的 E_m 不变函数. 利用 Fourier 展开

$$\varphi(x) = \sum_{k=-\infty}^{\infty} \varphi_k \exp(2\pi ikx),$$

得到 $\varphi(E_m(x)) = \sum\limits_{k=-\infty}^{\infty} \varphi_k \exp(2\pi ikmx)$.

因此, 由于几乎处处 $\varphi(x) = \varphi(E_m(x))$, 我们有

$$\varphi_k = \varphi_{k\cdot m}, \quad m \in \mathbb{N}. \tag{4.2.6}$$

因为 $\varphi \in L^1$, 所以 $k \to \infty$ 时 $|\varphi_k| \to 0$. 因此由 (4.2.6), 对 $k \neq 0$ 得到 $\varphi_k = 0$, 而且几乎处处有 $\varphi \equiv \varphi_0$. □

[151] **第二个证明.** 设 $A \subset S^1$ 是正 Lebesgue 测度的可测的 E_m 不变集. 由 $f^{-1}(A) = A$ 得到 $S^1 \backslash A = f(S^1 \backslash A)$ 的前不变性. 如在环面平移的第三个证明, 固定 $\varepsilon > 0$ 并对某个 m 求长度为 $|m|^{-n}$ 的开区间 Δ, 使得

$$\lambda(\Delta \backslash A) > (1-\varepsilon)\lambda(\Delta) = (1-\varepsilon)|m|^{-n}.$$

由于 E_m 有常数导数, 它刚好扩张任何集合的 Lebesgue 测度 $|m|$ 倍, 只要 E_m 在那个集合上是一个单射. 因此, $\lambda(E_m^n(\Delta) \backslash A) = |m|^n \lambda(\Delta \backslash A) > 1 - \varepsilon$. □

d. 混合性. 现在我们尝试了解无理旋转 R_α 与线性扩张映射 E_m 之间的轨道统计性态的区别. 首先, 前者是唯一遍历的, 后者有许多不同的概率不变测度, 除了 Lebesgue 测度每个具有一致 δ 测度的周期轨道显然是遍历的. Cantor 集 K 是具有 Lebesgue 测度的 E_3 不变拉回集. E_2 在 $E_3|_K$ 与 E_2 之间的自然共轭作用下存在许多遍历的不变测度. 除此以外我们看到, 借助关于 Lebesgue 测度本身的性态这两者有着本质的区别. 还要看到这个区别不仅是扩张映射是不可逆的这一明显事实的结论, 而且也可追踪到环面的双曲自同构情形. 这条线索由拓扑混合概念 (定义 1.8.2) 提供, 它通过平移区别扩张映射与环面自同构. 在如遍历性的相同意义下, 我们尝试找一个类似拓扑混合的统计性质, 它类似于拓扑传递性.

定义 4.2.8. 保测变换 $T : (X, \mu) \to (X, \mu)$ 称为是混合的,[1] 如果对任何两个可测集 A 和 B,

$$\mu(T^{-n}(A) \cap B) \to \mu(A) \cdot \mu(B), \quad 当\ n \to \infty. \tag{4.2.7}$$

显然混合性是一个度量同构不变量 (定义 4.1.20). 此外, 类似于 4.1g 节对遍历性的论述, 得知混合映射的任何因子 (定义 4.1.21) 是混合的.

由于对每个 T 不变集 A 和每个 n, 有 $\mu(T^{-n}(A)\cap(X\backslash A))=0$, 我们立刻看到, 由混合性对这样的集合得到 $\mu(A)\cdot\mu(X\backslash A)=0$, 就是说 T 是遍历的.

注. 显然, 如果连续映射 f 有混合不变测度 μ, 则 $f|_{\operatorname{supp}\mu}$ 是拓扑混合的, 因为若 $A,B\subset\operatorname{supp}\mu$ 是开子集且 n 为充分大, 那么 $\mu(T^{-n}(A)\cap B)$ 是正的, 因此这个交非空. 但是其逆不真: 即使拓扑混合映射是极小的, 也可能没有关于全支集的混合不变测度. 然而, 类似其他性质的情况, 这个现象并非是典型的, 例如在子节 a 中讨论的拓扑传递性与遍历性. 如我们立刻将看到的, 我们的拓扑混合例子关于自然不变测度是混合的.

定义 4.2.9. 测度空间 (X,μ) 中的一个可测集族 $\mathfrak{U}$ 称为是稠密的, 如果对任何可测集 A 和任何 $\varepsilon>0$, 可找 $A'\in\mathfrak{U}$, 使得 [152]

$$\mu(A\triangle A')<\varepsilon.$$

称可测集的集族 $\mathcal{C}$ 是充分的, 如果 $\mathcal{C}$ 的元素的有限互不相交并组成一个稠密族.

命题 4.2.10. (1) 如果 (4.2.7) 对任何 $A,B\in\mathcal{C}$ 成立, 其中 $\mathcal{C}$ 是集合的充分族, 那么 T 是混合的.

(2) T 是混合的, 当且仅当对 L^2 中给定的函数完全系 Φ 和任何 $\varphi,\psi\in\Phi$,

$$\int_X\varphi(T^nx)\overline{\psi}(x)d\mu\to\left(\int\varphi d\mu\right)\cdot\left(\int\overline{\psi}d\mu\right),\quad 当\ n\to\infty. \tag{4.2.8}$$

证明. (1) 设 $A_1,\cdots,A_k,B_1,\cdots,B_l\in\mathcal{C}, A=\bigcup_{i=1}^kA_i, B=\bigcup_{j=1}^lB_j,\quad A_i\cap A_{i'}=\varnothing$, 对 $i\neq i', B_j\cap B_{j'}=\varnothing$, 对 $j\neq j'$. 则 $\mu(A)=\sum_{i=1}^k\mu(A_i)$, $\mu(B)=\sum_{j=1}^l\mu(B_j)$. 由假设

$$\mu(T^{-n}(A)\cap B)=\sum_{i=1}^k\sum_{j=1}^l\mu(T^{-n}(A_i)\cap B_j)\to\sum_{i=1}^k\sum_{j=1}^l\mu(A_i)\cdot\mu(B_j)=\mu(A)\cdot\mu(B).$$

因此, (4.2.7) 对由 $\mathcal{C}$ 元素的有限并组成的稠密族 $\mathfrak{U}$ 的任何元素成立. 现在令 A,B 是任何可测集. 求 $A',B'\in\mathfrak{U}$ 使得 $\mu(A\triangle A')<\varepsilon/4, \mu(B\triangle B')<\varepsilon/4$, 于是利

用三角不等式得到

$$\begin{aligned}
&|\mu(T^{-n}(A)\cap B)-\mu(A)\mu(B)|\\
\leqslant\ &\mu(T^{-n}(A\triangle A')\cap B)+\mu(T^{-n}(A')\cap(B\triangle B'))\\
&+|\mu(T^{-n}(A')\cap B')-\mu(A')\cdot\mu(B')|\\
&+\mu(A)\cdot\mu(B\triangle B')+\mu(B')\cdot\mu(A\triangle A')\\
\leqslant\ &|\mu(T^{-n}(A')\cap B')-\mu(A')\cdot\mu(B')|+\varepsilon.
\end{aligned}$$

由于 $\varepsilon>0$ 可选择任意小, 得到 (4.2.7).

(2) 首先我们证明, 如果 (4.2.8) 对 $\varphi,\psi\in\Phi$ 成立, 则它对 $L^2(X,\mu)$ 中任意两个函数也成立. 由于 (4.2.8) 的两端对 φ 线性对 ψ 反线性, 因此它对 Φ 中函数的任何有限线性组合成立, 即对稠密子集 $L(\Phi)\subset L^2(X_\mu)$ 中的 φ 和 ψ 成立.

为了证明它对任意函数成立, 利用本质上如 (1) 中相同的逼近论述. 设 $\varphi,\psi\in L^2(X,\mu)$. 固定 $\varepsilon>0$ 并找 $\varphi',\psi'\in L(\Phi)$, 使得 $\|\varphi-\varphi'\|<\varepsilon,\|\psi-\psi'\|<\varepsilon$.

[153] 然后利用 Schwarz 不等式和 μ 在 T 下的不变性, 我们有

$$\begin{aligned}
&\left|\int\varphi(T^n(x))\overline{\psi}(x)d\mu-\int\varphi d\mu\int\overline{\psi}d\mu\right|\\
=&\left|\int\varphi(T^n(x))(\overline{\psi(x)-\psi'(x)})d\mu+\int(\varphi(T^n(x))-\varphi'(T^n(x)))\overline{\psi'}(x)d\mu\right.\\
&+\int\varphi'(T^n(x))\overline{\psi'}(x)d\mu-\int\varphi'd\mu\int\overline{\psi'}d\mu\\
&\left.+\int\varphi'd\mu\int\overline{\psi'-\psi}d\mu+\int(\varphi'-\varphi)d\mu\int\overline{\psi}d\mu\right|\\
\leqslant&\|\varphi\circ T^n\|\cdot\|\psi-\psi'\|+\|(\varphi-\varphi')\circ T^n\|\\
&+\left|\int\varphi'(T^n(x))\overline{\psi'}(x)d\mu-\int\varphi'd\mu\int\overline{\psi'}d\mu\right|\\
&+\left|\int\varphi'd\mu\right|\cdot\|\psi-\psi'\|+\|\varphi-\varphi'\|\cdot\left|\int\overline{\psi}d\mu\right|\\
\leqslant&\left|\int\varphi'(T^n(x))\overline{\psi'}(x)d\mu-\int\varphi'd\mu\int\overline{\psi'}d\mu\right|\\
&+\varepsilon\left(\|\varphi\|+1+\left|\int\varphi'd\mu\right|+\left|\int\overline{\psi}d\mu\right|\right).
\end{aligned}$$

因为 ε 可选择任意小, 得到 (4.2.8). 特别地, 如果 $\varphi=\chi_A$ 和 $\psi=\chi_B$ 则 (4.2.8) 变成 (4.2.7), 混合性得证.

另一方面, 可测集的特征函数组成 $L^2(X,\mu)$ 中的一个完全系, 由前面的混合性论述对所有 L^2 数得到 (4.2.8). □

命题 4.2.11. (1) 没有环面上的平移 T_γ 关于 Lebesgue 测度是混合的.

(2) 每个扩张自同态 $E_m, |m| \geqslant 2$, 关于 Lebesgue 测度是混合的.

证明. (1) 由于由混合性得到遍历性, 故只需考虑遍历的 T_γ. 如果 Δ 是一个小球, 那么由于 T_γ 是一个拓扑传递的等距, 存在无穷多个 n_k, 使得 $T_\gamma^{-n_k}(\Delta) \cap \Delta = \varnothing$. 因此 $\lambda(T^{n_k}(\Delta) \cap \Delta) = 0$.

(2) 由命题 4.2.10 的 (1) 只需对区间 A 和 B 建立 (4.2.7). 原像 $E_m^{-n}(A)$ 由 $|m|^n$ 个长度为 $|m|^{-n}$ 的区间组成. $\lambda(A)$ 一致地散布在 S^1 上, 就是说, 每个区间 $\Delta = (i/|m|^n, (i+1)/|m|^n)$ 刚好包含原像 $E_m^{-n}(A)$ 的一个分支. 因此对大的 n, B 近似地包含 $E_m^{-n}(A)$ 的 $|m|^n \cdot \lambda(B)$ 个分支, 而且, $\lambda(E_m^{-n}(A) \cap B)$ 收敛于 $|m|^n \lambda(B) |m|^{-n} \lambda(A) = \lambda(A) \cdot \lambda(B)$. □

e. 环面双曲自同构. 线性映射 $L : \mathbb{R}^m \to \mathbb{R}^m$ 保 Lebesgue 测度 λ, 当且仅当 $|\det L| = 1$. 可将这推广到非线性映射. 就是说, 设 $U \subset \mathbb{R}^m$ 是开集, $f : U \to \mathbb{R}^m$ 是可微单射. 则对任何邻域 $V \subset U$ 有 [154]

$$\lambda(f(V)) = \int_V |\det Df(x)| d\lambda(x).$$

因此, 由 $|\det Df| \equiv 1$ 得知这个 Lebesgue 测度保持. 反之, 如果 $|\det Df(x_0)| > 1$, 例如对包含 x_0 的充分小邻域 V 有 $\lambda(f(V)) > \lambda(V)$. 于是可对 C^1 单射 $f : \mathbb{T}^m \to \mathbb{T}^m$ 同样论述. 特别地, 任何线性自同构是单射, 它的行列式或者等于 $+1$ 或者等于 -1. 因此它保 Lebesgue 测度.

在 5.1 节中我们将在更一般情况下讨论保测条件而且更系统化.

命题 4.2.12. 二维环面的任何双曲自同构是遍历的, 而且它关于 Lebesgue 测度是混合的.

证明. 类似于命题 4.2.2 和命题 4.2.7 第一个证明的论述, 首先我们利用 Fourier 分析分别证明遍历性和混合性. 此外, 我们还将叙述另一个更几何且直观的混合性证明, 它类似于我们对命题 4.2.11(2) 的证明, 这较少依赖映射的代数结构.

设 $F_L : \mathbb{T}^2 \to \mathbb{T}^2$ 由

$$F_L(x, y) = (ax + by, cx + dy) \pmod 1$$

给出, 其中矩阵 $L = \begin{pmatrix} a & b \\ c & d \end{pmatrix}$ 的行列式等于 $+1$ 或 -1, 它的特征值是实数且不为 ± 1. 考虑 F_L 在特征

$$\chi_{m,n}(x, y) = \exp(2\pi i(mx + ny));$$

$$\chi_{m,n}(F_L(x, y)) = \exp(2\pi((am + cn)x + (bm + dn)y)) = \chi_{am+cn, bm+dn}(x, y)$$

上的作用. 如果在整数格 $\mathbb{Z}^2$ 上特征 $\chi_{m,n}$ 与向量 (m,n) 等同, 则由 F_L 诱导的映射在格上通过转移矩阵 L^t 作用. 这个作用的所有轨道是无穷的, 除了在原点的不动点. 因此如果

$$\varphi(x,y)=\sum_{(m,n)\in\mathbb{Z}^2}\varphi_{m,n}\chi_{m,n}(x,y)$$

是有界 F_L 不变函数, 则

$$\varphi_{m,n}=\varphi_{am+cn,bm+dn},$$

就是说, φ 的 Fourier 系数在格 $\mathbb{Z}^2$ 上由 F_L 诱导的作用的轨道上是常数 (比较 (4.2.6)). 由此得知, 或者对 $(m,n)\neq(0,0)$ 有 $\varphi_{m,n}=0$, 因此 $\varphi\equiv$ 常数 $(\bmod 0)$,
[155] 或者 φ 有无穷多个彼此相等的非零 Fourier 系数. 后一个可能性与下面熟知的事实矛盾, 即对任何 L^1 函数 φ 当 $m^2+n^2\to\infty$ 时 $|\varphi_{m,n}|\to 0$. 这证明了遍历性.

由于对 $(m,n)\in\mathbb{Z}^2$ 特征 $\chi_{m,n}$ 组成一个函数的完全系, 由命题 4.2.10(2), 如果我们证明

$$\int\chi_{m,n}(F_L^N(x,y))\overline{\chi_{k,l}(x,y)}d\lambda\xrightarrow[N\to\infty]{}\int\chi_{m,n}d\lambda\int\overline{\chi_{k,l}}d\lambda,\tag{4.2.9}$$

则混合性得证. 若 $m=n=k=l=0$, 则 (4.2.9) 的两端对所有 N 等于 1; 因此可假设 $(m,n)\neq(0,0)$. 于是右端等于 0, 因为除了常数所有特征的积分为零. 对任何 $(m,n)\neq(0,0)$, 当 $N\to\infty$ 时向量 $(L^t)^N(m,n)$ 的范数趋于无穷, 因此对任何充分大 N,

$$(L^t)^N(m,n)\neq(k,l).\tag{4.2.10}$$

(4.2.9) 的左端等于 $\int\chi_{(L^t)^N_{(m,n)-(k,l)}}(x,y)d\lambda$, 因此只要 (4.2.10) 成立它就等于零.□

混合性的第二个证明. 在 $\mathbb{T}^2$ 上考虑边平行于矩阵 L 的特征向量的所有平行四边形族. 由于这些平行四边形组成一个充分族, 按照命题 4.2.10(1) 只需对任何两个这样的平行四边形 A 和 B 建立 (4.2.7). 对大的 n, $F_L^{-n}(A)$ 是 $\mathbb{R}^2$ 中很长且薄的平行四边形到 $\mathbb{T}^2$ 的投影. 它的长边是无理线性流 $\{T_\omega^t\}$ 的长度为 $l_n=l_0\lambda_1^n$ 的轨道段, 其中 λ_1 是 L 特征值绝对值的较大者, $\omega=(\omega_1,\omega_2)$ 是 L 较小 (压缩) 特征值对应的特征向量. 设 $J=\{T_\omega^t(x)\}_{t=0}^{l_n}$ 是任何这样的轨道段. 它位于 B 内的部分的长度等于

$$\frac{1}{l_n}\int_0^{l_n}\chi_B(T_\omega^{-t}(x))dt.\tag{4.2.11}$$

由推论 4.1.14 对流的对应, 当 $n \to \infty$ 时 (4.2.11) 关于 x 一致收敛于 $\lambda(B)$. 因此对大的 n 和每个包含 $F_L^{-n}(A)$ 的线段 J,

$$\left|\frac{\text{length}\,(J \cap B)}{l_n} - \lambda(B)\right| < \varepsilon. \tag{4.2.12}$$

沿着 $F_L^{-n}(A)$ 的短边积分 (4.2.12), 得到 (4.2.7). □

f. 符号系统. 我们通过考虑符号动力系统来结束我们对第 1 章介绍的具体例子 [156]
的统计性质的概述. 与刚才讨论的光滑例子相反, 对符号动力系统没有出现类似于 Lebesgue 测度那样的 "自然" 不变测度. 稍后我们将看到 (命题 4.4.2, 练习 4.5.3), 至少传递的拓扑 Markov 链的某个不变测度在某种意义上可视为被挑选提供轨道最典型的统计渐近性态. 我们从对全移位 σ_N 和 σ_N^R 的某些相当明显的不变测度开始.

每个概率分布 $p = (p_0, \cdots, p_{N-1})$ 分别在空间 Ω_N 和 Ω_N^R 上确定积测度 μ_p 和 μ_p^R, 其中对 $i = 0, \cdots, N-1$, $0 \leqslant p_i \leqslant 1$ 且 $\sum\limits_{i=0}^{N-1} p_i = 1$. 就是说, 对任何柱体 $C_{\alpha_1,\cdots,\alpha_k}^{n_1,\cdots,n_k} = \{\omega \in \Omega_N | \omega_{n_i} = \alpha_i, i = 1, \cdots, k\}$, 令 $\mu_p(C_{\alpha_1,\cdots,\alpha_k}^{n_1,\cdots,n_k}) = \prod\limits_{i=1}^{k} p_{\alpha_i}$, 然后按标准方法将 μ_p 扩展到所有 Borel 集的 σ 代数. 测度 μ_p^R 类似定义. 因此定义的测度 μ_p 和 μ_p^R 显然是移位不变的. 有时称这两个积测度为 Bernoulli 测度, 作为关于这种测度的保测变换, 考虑的移位通常称为 Bernoulli 移位. 作为应用于遍历理论中更常见术语的一个仿制品, 对拓扑动力系统创造一个术语叫 "拓扑 Bernoulli 移位". 注意, 当 p 只有一个分量非零时测度 μ_p 和 μ_p^R 是原子, 所以通常我们排除这个情形.

命题 4.2.13. *移位 σ_N 和 σ_N^R 分别关于 μ_p 和 μ_p^R 是混合的.*

证明. 我们仅考虑 σ_N, 另一个情形完全类似. 因为对称柱体 $C_\alpha^m = \{\omega \in \Omega_N | \omega_i = \alpha_i, i = -m, \cdots, m\}$ 组成 μ_p 可测集的一个充分族, 故只需证明

$$\mu_p(\sigma_N^{-n}(C_\alpha^k) \cap C_\beta^l) \xrightarrow[n\to\infty]{} \mu_p(C_\alpha^k) \cdot \mu_p(C_\beta^l) = \prod_{i=-k}^{k} p_{\alpha_i} \prod_{j=-1}^{l} p_{\beta_j}.$$

由于 $\sigma_N^{-n}(C_\alpha^k) = C_{\alpha_{-k},\cdots,\alpha_k}^{n-k,\cdots,n+k}$, 对 $n \geqslant 2k + 2l + 2$ 有 $\sigma_N^{-n}(C_\alpha^k) \cap C_\beta^l = C_{\beta_{-l},\cdots,\beta_l,\alpha_{-k},\cdots,\alpha_k}^{-l,\cdots,l,n-k,\cdots,n+k}$, 由测度 μ_p 的定义,

$$\mu\left(C_{\beta_{-l},\cdots,\beta_l,\alpha_{-k},\cdots,\alpha_k}^{-l,\cdots,l,n-k,\cdots,n+k}\right) = \prod_{i=-k}^{k} p_{\alpha_i} \cdot \prod_{j=-l}^{l} p_{\beta_j} = \mu(C_\alpha^k) \cdot \mu(C_\beta^l).$$ □

Ω_N 上的积测度对应于具有某些特殊性质的一致分布 $(1/N,\cdots,1/N)$. 回忆 1.9a 节我们可以通过利用坐标式加法模 N 在 Ω_N 上引入一个 Abel 群结构. 换句话说, 如果 $\omega=(\cdots,\omega_{-1},\omega_0,\omega_1,\cdots)$, $\alpha=(\cdots,\alpha_{-1},\alpha_0,\alpha_1,\cdots)$, 则 $\omega+\alpha=(\cdots,\beta_1,\beta_0,\beta_1,\cdots)$, 其中 $\beta_n=\alpha_n+\omega_n\ (\mathrm{mod}\,N)$ 和 $\beta_n\in\{0,1,\cdots,N-1\}$.
[157] 这个运算关于积拓扑是连续的. Ω_N^R 中的群结构类似定义. 移位 σ_N 和 σ_N^R 变成群自同构和自同态, 相应地加强了与环面自同构和线性扩张映射的类似性.

Ω_N 和 Ω_N^R 上的 Haar 测度与积测度 $\mu_{(1/N,\cdots,1/N)}$ 和 $\mu^R_{(1/N,\cdots,1/N)}$ 重合. 对 Haar 测度前面的记号要稍作修改, 我们将分别用 λ_N 和 λ_N^R 记这两个测度.

设 $\mu_{N,n}$ 是移位 σ_N 的所有周期 n 周期点集上的一致 δ 测度. 显然对任何对称柱体 C_α^m 和 $n\geqslant 2m+1$ 有

$$\mu_{N,n}(C_\alpha^m)=N^{-2m-1}=\lambda_N(C_\alpha^m).$$

因此, 序列 $\mu_{N,n}$ 按弱 * 拓扑收敛于测度 λ_N. 这意味着在某种程度上测度 λ_N 反映了移位 σ_N 的周期点的渐近分布. 经过明显的修改同样的构造可对单边移位 σ_N^R 进行.

N 移位的不变测度的更一般类和拓扑 Markov 链是 *Markov 测度*. 设 $\Pi:=\{\pi_{ij}\}_{i,j=0,\cdots,N-1}$ 是元素非负的 $n\times n$ 矩阵, 且对 $j=0,\cdots,N-1$ 满足 $\sum\limits_{i=0}^{N-1}\pi_{ij}=1$. 这样的矩阵称为*随机矩阵*. 类似于 0-1 矩阵 (见定义 1.9.6) 情形, 称随机矩阵 Π 是*传递的*, 如果对某个 m, Π^m 的所有元素都为正. 下面的事实是 Perron–Frobenius 定理 1.9.11 的一个容易推论和它证明中的某些论述.

命题 4.2.14. *每个随机矩阵 Π 有非负坐标的不变向量 p. 如果 Π 是传递的, 这样的向量 (直到相差一个数量) 唯一, 1 是 Π 的单特征值, Π 所有其他特征值的绝对值都小于 1.*

证明. 每个随机矩阵保持超平面 $x_1+\cdots+x_N=1$ 和具有非负坐标的向量锥 P. 因此它保持复形

$$\Sigma:=\left\{(x_1,\cdots,x_N)\middle|x_i\geqslant 0,\sum_{i=1}^N x_i=1\right\}.$$

这时 Perron–Frobenius 定理 1.9.11 证明中定义的映射 $T:\sigma\to\sigma$ 简单地与 Π 在复形 Σ 上的限制重合. 按照 Perron–Frobenius 定理的证明得到 Π 保持凸集

$$\sigma_0:=\bigcap_{n=0}^{\infty}\Pi^n\sigma$$

至多有 N 个极值点. 记这些极值点为 $p_1, \cdots, p_s$, 它们的平均 $(p_1 + \cdots + p_s)/S$ 记为 p. 由于 Π 与 $(p_1, \cdots, p_s)$ 可置换, 得到 $\Pi p = p$.

现在假设 Π 是传递的. 此时直接应用 Perron–Frobenius 定理得到具正坐标 [158]
的唯一不变向量 $p \in \sigma$. □

给定随机矩阵 Π 和向量 $p \in \sigma$, 定义 Ω_N 上的 Markov 测度 $\mu_{\Pi,p}$ 为

$$\mu_{\Pi,p}(C_\alpha^m) = \left(\prod_{i=-m}^{m-1} \pi_{\alpha_i \alpha_{i+1}} \right) p_{\alpha_m}. \tag{4.2.13}$$

我们强调, π_{ij} 表示柱体 C_j^0 (它的测度是 p_j) 转移到 C_i^0 部分的测度. (比较 $\sum\limits_j \pi_{ij} p_j = p_i$.) 这使得这个矩阵的随机性是测度不变性的一个明显的必要条件. 直接计算显示 $\Pi p = p$ 保证 $\mu_{\Pi,p}$ 的 σ_N 不变性.

现在假设 A 是 0-1 矩阵, 随机矩阵 Π 满足若 $a_{ij} = 0$ 则 $\pi_{ij} = 0$. 那么显然有 $\operatorname{supp} \mu_{\Pi,p} \subset \Omega_A$, 因此 $\mu_{\Pi,p}$ 可看作为拓扑 Markov 链 σ_A 的不变测度. 如果 Π 是传递矩阵, 我们就简单地用 μ_Π 表示测度 $\mu_{\Pi,p}$, 因为向量 p 在此时是唯一的.

命题 4.2.15. 如果 Π 是传递的随机矩阵, 则移位 σ_N 关于测度 μ_Π 是混合的.

引理 4.2.16. 如果 $\Pi^n = \{\pi_{ij}^{(n)}\}$, 则 $n \to \infty$ 时 $\pi_{ij}^{(n)} \to p_i$.

证明. 由命题 4.2.14 得到 Π^n 是随机矩阵序列, 它收敛于向量 p 生成的投影直线 l. 由于随机性是一个闭性质, 这个极限也是随机矩阵. 但只有将 $\mathbb{R}^N$ 投射到 l 的随机矩阵是其列为向量 p 的拷贝的矩阵. □

命题 4.2.15 的证明. 对 $n > 2m + 2$, 交 $\sigma_N^{-n}(C_\alpha^m) \cap C_\beta^m$ 是对所有 $\gamma = (\gamma_{m+1}, \cdots, \gamma_{n-m-1})$ 形如 $C_{\beta_{-m}, \cdots, \beta_m, \gamma_{m+1}, \cdots, \gamma_{n-m-1}, \alpha_{-m}, \cdots, \alpha_m}^{-m, \cdots, m, m+1, \cdots, n-m-1, n-m, \cdots, n+m}$ 的柱体的并. 这种柱体的 μ_Π 测度等于

$$\mu_\Pi(C_\beta^m) \cdot p_{\beta_m}^{-1} \cdot \mu_\Pi(C_\alpha^m) \cdot \pi_{\beta_m \gamma_{m+1}} \prod_{k=1}^{n-m-2} \pi_{\gamma_{m+k} \gamma_{m+k+1}} \cdot \pi_{\gamma_n \alpha_{-m}}.$$

将这些表达式对所有 γ 求和, 得到

$$\mu_\Pi(\sigma_N^{-n}(C_\alpha^m) \cap C_\beta^m) = \mu_\Pi(C_\beta^m) \cdot \mu_\Pi(C_\alpha^m) \cdot p_{\beta_m}^{-1} \cdot \pi_{\beta_m \alpha_{-m}}^{(n-m)}.$$

由引理 4.2.16, 当 $n \to \infty$ 时 $\pi_{\beta_m \alpha_{-m}}^{(n-m)} \to p_{\beta_m}$. 因此 $\mu_\Pi(\sigma_N^{-n}(C_\alpha^m) \cap C_\beta^m) \to \mu_\Pi(C_\beta^m) \cdot \mu_\Pi(C_\alpha^m)$, 又因为对各个 m, 对称的柱体系是充分的, 由命题 4.2.10(1), σ_N 的混合性得证.

[159]

练 习

4.2.1. 证明环面的每个平移有一个纯点谱, 即相应的酉算子有特征函数的完全正交系.

4.2.2. 考虑映射 $f: S^1 \times [0,1] \to S^1 \times [0,1], f(x,t) = (x+\alpha, t)$, 其中 α 是无理数. 证明每个连续函数 φ 的平均一致收敛, 但 f 不是唯一遍历的.

4.2.3. 证明对出现在练习 1.4.4 和 3.2.6 中的二维环面的放射映射 A_α:

$$A_\alpha(x,y) = (x+\alpha, y+x) \pmod 1,$$

如果其中的 α 是无理数, 则它关于 Lebesgue 测度是遍历的.

4.2.4. 证明无理映射 A_α 是唯一遍历的. 当 α 是有理数时求 A_α 所有不变的 Borel 概率测度.

4.2.5. 证明任何二次多项式 $\alpha n^2 + bn + \gamma$, $n = 0, 1, \cdots$ 的分数部分是区间 $[0,1]$ 上的一致分布, 其中 α 是无理数, 就是说, 如果 $x_n = \alpha n^2 + \beta n + \gamma - [\alpha n^2 + \beta n + \gamma]$, $0 \leqslant a < b < 1$, 而且

$$N_n(a,b) = \operatorname{card}\{i \in [0, \cdots, n-1] | a \leqslant x_n < b\},$$

则 $\dfrac{1}{n} N_n(a,b) \to b - a$.

4.2.6. 证明 $\mathbb{T}^2$ 上的下面的仿射映射 $A_{\alpha,m}$:

$$A_{\alpha,m}(x_1, \cdots, x_m) = (x_1 + \alpha, x_2 + x_1, x_3 + x_2, \cdots, x_m + x_{m+1})$$

的唯一遍历性, 其中 α 是无理数.

4.2.7. 证明对 $n \in \mathbb{N}_0$, 任何多项式

$$\alpha n^m + \alpha_1 n^{m-1} + \cdots + \alpha_m$$

的分数部分是 $[0,1]$ 上的一致分布, 其中 α 是无理数.[2]

4.2.8. 证明出现在练习 2.5.1 中由

$$g(x) = \begin{cases} 2x, & 0 \leqslant x \leqslant \dfrac{1}{2}, \\ 2 - 2x, & \dfrac{1}{2} \leqslant x \leqslant 1 \end{cases}$$

给出的 “帐篷” 映射 $g: [0,1] \to [0,1]$ 保 Lebesgue 测度且关于 Lebesgue 测度是遍历的.

4.2.9. 证明由 $f_4(x) = 4x(1-x)$ 给出的映射 $f_4 : [0,1] \to [0,1]$ 有等价于 Lebesgue [160]
测度的遍历不变测度.

4.2.10*. 设 $0 < \alpha < \beta < 1$, 考虑区间 $[0,1)$ 到它自己的逐段连续变换 $I_{\alpha,\beta}$:

$$I_{\alpha,\beta}(x) := \begin{cases} x+1-\alpha, & 0 \leqslant x \leqslant \alpha, \\ x-\alpha+1-\beta, & \alpha \leqslant x \leqslant \beta, \\ x-\beta, & \beta \leqslant x < 1. \end{cases}$$

证明 $I_{\alpha,\beta}$ 是一个保 Lebesgue 测度的单射. 而且 $I_{\alpha,\beta}$ 关于 Lebesgue 测度是遍历的当且仅当 $\beta/(1+\beta-\alpha)$ 是无理数.

4.2.11. 证明由行列式为 ± 1 的 $m \times m$ 整数矩阵 L 确定的自同构 $F_L : \mathbb{T}^m \to \mathbb{T}^m$ 关于 Lebesgue 测度是遍历的, 当且仅当矩阵 L 没有特征值是单位根. 证明任何遍历的 F_L 事实上是混合的.

4.2.12. 在出现单位根是特征值时证明存在非常数 F_L 不变的三角多项式, 故 F_L 不是拓扑传递的, 因此不是遍历的.

4.2.13. 证明混合变换有连续谱, 就是说, 相应的等距算子没有非常数特征函数.

4.2.14. 假设 Π 是非传递随机矩阵. 证明在测度 $\mu_{\Pi,p}$ 中存在有限多个遍历测度, 而且每个测度 $\mu_{\Pi,p}$ 是这些测度的凸线性组合.

4.2.15. 证明每个遍历测度 $\mu_{\Pi,p}$ 有以下结构: 存在整数 m 使得对 σ_N 的 m 次幂 σ_N^m, $\mu_{\Pi,p}$ 不是遍历的, 即 $\mu_{\Pi,p} = \sum\limits_{i=1}^{m} \mu^{(i)}$, 其中每个测度 $\mu^{(i)}$ 是不变的, 而且 σ_N^m 的混合与 σ_N 循环地交换 $\mu^{(i)}$.

4.2.16. 对测度 μ_Π, 其中 Π 是传递随机矩阵, 证明柱体上的混合是指数型的, 就是说, 对任何柱体 C, C', 以及对某个 $c > 0, \alpha > 0$, 我们有

$$|\mu_\Pi(\sigma_n^{-N}(C) \cap C') - \mu_\Pi(C) \cdot \mu_\Pi(C')| < c\exp(-\alpha n).$$

4.3. 测度论熵 [161]

我们从前面几节已经看到有关轨道统计性态的几个基本性质, 即关于不变测度的典型回复性态, 遍历性, 唯一遍历性以及混合性都可相应地看作为 “定性的” 回复性质的较强的 “定量” 对应, 即轨道回复性, 拓扑传递性, 极小性, 以及拓扑混合性 (见命题 4.1.18 和定义 4.2.8 后面的注). 现在我们考虑大范围轨道增长不变量的统计对应, 拓扑熵. 称这个量为保测变换的熵, 或者关于不变测度

的熵 (见定义 4.3.7 和定义 4.3.9). 遍历测度熵情形可类似地描述它的拓扑对应,[1] 如同以任意细致但有限精度区分统计意义下轨道段个数的指数增长率.

拓扑熵与关于不变测度的熵这两个概念之间的联系, 比以下各对的联系更完全和更确切: 即, 轨道回复性 – 关于不变测度的典型回复性, 拓扑传递性 – 遍历性, 极小性 – 遍历性, 以及拓扑混合性 - 混合性. 这些情形是单向的: 由统计性质得到它的拓扑对应, 但一般不能反过来. 在熵情形这个联系通过变分原理 (定理 4.5.3) 提供, 它断言连续映射的拓扑熵等于这个映射关于它所有不变测度的熵的上确界. 因此不仅统计性质 (熵关于不变测度的正性) 保证它的拓扑对应 (在正拓扑熵情形), 而且反之, 正拓扑熵导致具有正熵的不变测度的存在性, 因此它提供了在映射具有正拓扑熵情形的 Krylov–Bogolubov 定理 4.1.1 的定量推广.

在讨论变分原理之前, 这一节我们发展关于不变测度熵的一般理论, 再在下一节用我们一系列的标准例子对它进行测试.

a. 分割的熵与条件熵. 设 $(X,\mathcal{B},\mu)$ 或 (X,μ) 是概率空间, I 是指标的有限集或可数集. 称可测子集族 $\xi=\{C_\alpha\in\mathcal{B}|\alpha\in I\}$ 为 X 的可测分割, 如果对 $\alpha_1\neq\alpha_2$, 有 $\mu\left(X\setminus\bigcup\limits_{\alpha\in I}C_\alpha\right)=0$ 和 $\mu(C_{\alpha_1}\cap C_{\alpha_2})=0$. 我们大部分将考虑 X 到正测度集上的有限可测分割. 按测度论中的自然习惯将考虑可测分割 mod 0. 这意味着两个分割 ξ 和 η 等同, 如果可找测度为零的集合 A, 使得 ξ 和 η 在 $X\setminus A$ 上的限制重合. 等价地, $\xi=\eta\ (\mathrm{mod}\,0)$, 如果对正测度的任何元素 $C\in\xi$ 可找元素 $D\in\eta$ 使得 $\mu(C\triangle D)=0$. 这里 $\triangle$ 指对称差: $A\triangle B=(A\cup B)\setminus(A\cap B)=(A\setminus B)\cup(B\setminus A)$.

[162] **定义 4.3.1.** 可测分割 ξ 的熵由

$$H(\xi):=H_\mu(\xi):=-\sum_{\substack{\alpha\in I\\ \mu(C_\alpha)>0}}\mu(C_\alpha)\log\mu(C_\alpha)\geqslant 0$$

定义.

另外, 我们约定 $0\log 0=0$, 并记

$$H_\mu(\xi)=-\sum_{\alpha\in I}\mu(C_\alpha)\log\mu(C_\alpha).$$

对可数分割 ξ 这个熵可以为无穷.

在大多数情形下, 我们禁止熵关于这个测度的依赖性, 但在有关的讨论中多于一个测度的情况将用较低的指标.

如果 $T:X\to X$ 是保测变换, ξ 是 X 的可测分割, 以及 $T^{-1}(\xi):=\{T^{-1}(C_\alpha)|\alpha\in I\}$, 那么, 显然

$$H(T^{-1}(\xi))=H(\xi).\tag{4.3.1}$$

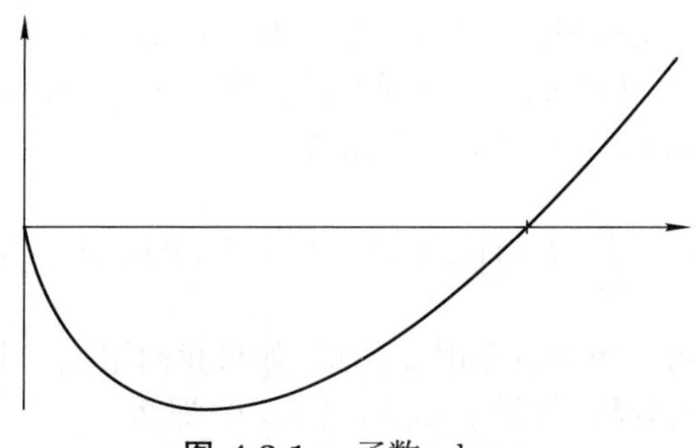

图 4.3.1. 函数 $x\log x$

对可测分割 ξ 和 $x \in X$, 令 $C_\xi(x)$ 是 ξ 包含 x 的元素. 函数 $I_\xi : X \to \mathbb{R}$,

$$I_\xi(x) = -\log \mu(C_\xi(x)) \tag{4.3.2}$$

称为分割 ξ 的信息函数. 在这个定义中我们忽略了测度为零的集合, 对此 $\mu(C_\xi(x)) = 0$. 利用 (4.3.2) 可将熵写为

$$H_\mu(\xi) = \int_X I_\xi d\mu. \tag{4.3.3}$$

熵的这个表示阐述并自然作出下面一个分割关于另一个分割的条件熵概念, 它 [163]
在保测变换的熵理论中起着核心作用.

当考虑一个分割时, 较方便的是通过令 $\mu(A|B) := \mu(A \cap B)/\mu(B)$ 利用对应于分割元素的条件测度 μ_A 的另一个概念.

定义 4.3.2. 设 $\xi = \{C_\alpha | \alpha \in I\}, \eta = \{D_\alpha | \alpha \in J\}$ 是 (X, μ) 的两个可测分割. ξ 关于 η 的条件熵是

$$H(\xi|\eta) := -\sum_{\beta \in J} \mu(D_\beta) \sum_{\alpha \in I} \mu(C_\alpha | D_\beta) \log \mu(C_\alpha | D_\beta).$$

注. 如果 $\nu = \{X\}$ 是平凡分割, 则 $H(\xi) = H(\xi|\nu)$. 类似于 (4.3.3) 可将条件熵的定义改写为

$$H(\xi|\eta) = \int_X I_{\xi,\eta} d\mu, \tag{4.3.4}$$

其中 $I_{\xi,\eta}$ 是由

$$I_{\xi,\eta}(x) = -\log \mu(C_\xi(x) | C_\eta(x))$$

定义的条件信息函数.

即使在某些情形下, ξ 是一个连续分割时, 也允许用公式 (4.3.4) 定义条件熵. 但对连续分割没有可测性和条件测度的一般讨论, 我们将通过例子阐明这个情

形. 设 X 是有 Lebesgue 测度的单位正方形 $D=[0,1]\times[0,1]$, ξ 是它划分为铅垂区间 $\{x\}\times[0,f(x)]$ 和 $\{x\}\times(f(x),1]$ 的分割, 其中 $f:[0,1]\to[0,1]$ 是可测函数, η 是分为铅垂区间 $\{x\}\times[0,1]$ 的分割. 那么

$$H(\xi|\eta)=-\int_0^1[f(x)\log f(x)+(1-f(x))\log(1-f(x))]dx.$$

在回到有限或可数可测分割时要注意, 如果我们用 ξ_{D_β} 记集合 D_β 划分为交 $D_\beta\cap C_\alpha,\alpha\in I$ 的分割, 使得 $\mu(D_\beta\cap C_\alpha)>0$, 那么

$$H(\xi|\eta)=\sum_{\beta\in J}\mu(D_\beta)H(\xi_{D_\beta}),$$

其中 $H(\xi_{D_\beta})$ 是关于条件测度 μ_β 计算的.

分割之间存在一个明显的偏序关系 $\xi\leqslant\eta$, 当且仅当对所有 $D\in\eta$, 存在
[164] $C\in\xi$ 使得 $D\subset C$. 如果 $\xi\leqslant\eta$ 我们就说 η 是 ξ 的一个加细, ξ 是 η 的从属. 两个分割 ξ 和 η 同时加细的明显构造是联合分割

$$\xi\vee\eta:=\{C\cap D|C\in\xi,D\in\eta,\mu(C\cap D)>0\}$$

(比较练习 3.1.7).

最后, 我们说两个分割是独立的, 如果对所有 $C\in\xi,D\in\eta$ 有

$$\mu(C\cap D)=\mu(C)\cdot\mu(D).$$

下面的命题总结了熵与条件熵的基本性质, 它们在后面将有系统的应用.

命题 4.3.3. 设 $(X,\mathcal{B},\mu)$ 是概率空间, $\xi=\{C_\alpha|\alpha\in I\},\eta=\{D_\alpha|\alpha\in J\},\zeta=\{E_\alpha|\alpha\in K\}$ 是 X 的有限或可数可测分割, 以及 $\nu=\{X\}$. 那么

(1) $0<-\log\left(\sup\limits_{\alpha\in I}\mu(C_\alpha)\right)\leqslant H(\xi)\leqslant\log\operatorname{card}\xi$; 此外, 如果 ξ 是有限的, 则 $H(\xi)=\log\operatorname{card}\xi$, 当且仅当 ξ 的所有元素都有相同测度.

(2) $0\leqslant H(\xi|\eta)\leqslant H(\xi)$; $H(\xi|\eta)=H(\xi)$, 当且仅当 ξ 和 η 独立; $H(\xi|\eta)=0$ 当且仅当 $\xi\leqslant\eta\ (\bmod 0)$. 如果 $\zeta\geqslant\eta$, 则 $H(\xi|\zeta)\leqslant H(\xi|\eta)$.

(3) $H(\xi\vee\eta|\zeta)=H(\xi|\zeta)+H(\eta|\xi\vee\zeta)$. 特别地, 对 $\zeta=\nu$ 得到

$$H(\xi\vee\eta)=H(\xi)+H(\eta|\xi).\tag{4.3.5}$$

(4) $H(\xi\vee\eta|\zeta)\leqslant H(\xi|\zeta)+H(\eta|\zeta)$; 特别地, $H(\xi\vee\eta)\leqslant H(\xi)+H(\eta)$.

(5) $H(\xi|\eta)+H(\eta|\zeta)\geqslant H(\xi|\zeta)$.

(6) 如果 λ 是 X 上的另一个测度, 则对每个可测分割 ξ, 以及 μ,λ 和任何 $p\in[0,1]$ 有

$$pH_\mu(\xi)+(1-p)H_\lambda(\xi)\leqslant H_{p\mu+(1-p)\lambda}(\xi).$$

推论 4.3.4. 对两个满足 $H(\xi)<\infty, H(\eta)<\infty$ 的可测分割 ξ,η, 令

$$d_R(\xi,\eta):=H(\xi|\eta)+H(\eta|\xi). \tag{4.3.6}$$

那么 d_R 是具有有限熵的可测分割 (f 的所有等价类 mod 0) 集合上的度量. 称它为 Rokhlin 度量.

推论的证明. 由 (2) 得 $d_R(\xi,\eta)\geqslant 0$. 如果 $d_R(\xi,\eta)=0$ 则 $H(\xi|\eta)=H(\eta|\xi)=0$. 由 (2) 得 $\xi\geqslant\eta$ 和 $\eta\geqslant\xi$. 但由此立刻得知 $\xi=\eta \pmod 0$. 由 (4.3.6) 立刻得知 d_R 的对称性. 最后, 由 (5) 得到

$$\begin{aligned}d_R(\xi,\zeta)&=H(\xi|\zeta)+H(\zeta|\xi)\\&\leqslant H(\xi|\eta)+H(\eta|\zeta)+H(\zeta|\eta)+H(\eta|\xi)=d_R(\xi,\eta)+d_R(\eta,\zeta).\end{aligned}$$

□

命题的证明. (1) 由定义 $H(\xi)\geqslant 0$; 如果 ξ 至少包含有正测度的两个元素, 则 [165]
$H(\xi)>0$; 因此由 $H(\xi)=0$ 得到 $\xi=\nu \pmod 0$, $-\log(\sup_{\alpha\in I}\mu(C_\alpha))=\inf I(\xi)$, 从而由 (4.3.3) 得到 $H(\xi)\geqslant -\log(\sup_{\alpha\in I}\mu(C_\alpha))$.

为了证明 $H(\xi)\leqslant\log\operatorname{card}\xi$, 可假设 ξ 是有限分割. 考虑函数

$$\phi(x)=\begin{cases}x\log x, & \text{如果 } x\geqslant 0,\\ 0, & \text{如果 } x=0.\end{cases}$$

由于 $\phi''(x)=1/x>0$, 所以 ϕ 是严格凸函数, 就是说, 对满足 $\sum\limits_{i=1}^{\infty}a_i=1$ 的非负数 $a_1,\cdots,a_n$ 有 $\phi\left(\sum\limits_{i=1}^{\infty}a_ix_i\right)\leqslant\sum\limits_{i=1}^{\infty}a_i\phi(x_i)$, 等号仅当 ($a_i\neq 0\neq a_j$ 时) $x_i=x_j$ 时成立. 现在令 $\xi=(C_1,\cdots,C_k)$, 并对 $i=1,\cdots,k$ 取 $a_i=1/k, x_i=\mu(C_i)$. 由 ϕ 的凸性, 得

$$-\frac{1}{k}\log k=\phi\left(\frac{1}{k}\right)=\phi\left(\frac{1}{k}\sum_{i=1}^{k}\mu(C_i)\right)\leqslant\sum_{i=1}^{k}\frac{1}{k}\phi(\mu(C_i))=-\frac{1}{k}H(\xi), \tag{4.3.7}$$

即 $H(\xi)\leqslant\log k$. 由 ϕ 的严格凸性, 得到 (4.3.7) 中的等式等价于对所有 i 有 $\mu(C_i)=1/k$.

(2) 再次由 ϕ 的凸性得到不等式

$$
\begin{aligned}
0 \leqslant H(\xi|\eta) &= -\sum_{\beta \in J} \mu(D_\beta) \sum_{\alpha \in I} \phi(\mu(C_\alpha|D_\beta)) \\
&= -\sum_{\alpha \in I} \sum_{\beta \in J} \mu(D_\beta) \phi(\mu(C_\alpha|D_\beta)) \\
&\leqslant -\sum_{\alpha \in I} \phi\left(\sum_{\beta \in J} \mu(D_\beta)\mu(C_\alpha|D_\beta)\right) \\
&= -\sum_{\alpha \in I} \phi(\mu(C_\alpha)) = H(\xi).
\end{aligned}
\tag{4.3.8}
$$

现在对 $0 < x < 1$ 有 $\phi(x) < 0$, 因此如果 $H(\xi|\eta) = 0$, 则对每个满足 $\mu(D_\beta) > 0$ 的 β, 对所有 $\alpha \in I$ 有 $\phi(\mu(C_\alpha|D_\beta)) = 0$, 因此 $\xi \leqslant \eta$. 如果 $H(\xi|\eta) = H(\xi)$, 则在 (4.3.8) 中关于 α 求和的每一项必须有等式, 即有

$$
\phi(\mu(C_\alpha)) = \phi\left(\sum_{\substack{\beta \in J \\ \mu(D_\beta)>0}} \mu(D_\beta)\mu(C_\alpha|D_\beta)\right) = \sum_{\substack{\beta \in J \\ \mu(D_\beta)>0}} \mu(D_\beta)\phi(\mu(C_\alpha|D_\beta)).
$$

由函数 ϕ 的严格凸性得到, 如果 $\mu(D_\beta) > 0$ 和 $\mu(C_\alpha) > 0$, 则 $\mu(C_\alpha|D_\beta) = \mu(C_\alpha)$, 即 $\mu(C_\alpha \cap D_\beta) = \mu(C_\alpha) \cdot \mu(D_\beta)$.

应用不等式 $H_{\mu_C}(\xi|\zeta) \leqslant H_{\mu_C}(\xi)$ 于分割 η 的每个元素 C 的条件测度 μ_C, 并在这个分割上积分, 得到 $H(\xi|\zeta) = H(\xi|\zeta \vee \eta) \leqslant H(\xi|\eta)$.

(3)

[166]

$$
\begin{aligned}
H(\xi \vee \eta|\zeta) &= -\sum_{(\alpha,\beta,\gamma)\in I\times J\times K} \mu(C_\alpha \cap D_\beta \cap E_\gamma) \log \frac{\mu(C_\alpha \cap D_\beta \cap E_\gamma)}{\mu(E_\gamma)} \\
&= -\sum_{\alpha,\beta,\gamma} \mu(C_\alpha \cap D_\beta \cap E_\gamma) \log \frac{\mu(C_\alpha \cap E_\gamma)}{\mu(E_\gamma)} \\
&\quad -\sum_{\alpha,\beta,\gamma} \mu(C_\alpha \cap D_\beta \cap E_\gamma) \log \frac{\mu(C_\alpha \cap D_\beta \cap E_\gamma)}{\mu(C_\alpha \cap E_\gamma)} \\
&= -\sum_{\alpha,\gamma} \mu(C_\alpha \cap E_\gamma) \log \frac{\mu(C_\alpha \cap E_\gamma)}{\mu(E_\gamma)} + H(\eta|\xi \vee \zeta) \\
&= H(\xi|\zeta) + H(\eta|\xi \vee \zeta).
\end{aligned}
$$

(4) 这由 (3) 得到, 由 (2) 得不等式 $H(\eta|\xi \vee \zeta) \leqslant H(\eta|\zeta)$, 因为 $\xi \vee \zeta \geqslant \zeta$.

(5) 由 (3) 和 (4) 我们有 $H(\zeta|\xi \vee \eta) = H(\xi \vee \zeta|\eta) - H(\xi|\eta) \leqslant H(\zeta|\eta)$. 利用

(3) 多次, 得到

$$\begin{aligned}H(\zeta|\eta)+H(\eta|\zeta) &= H(\xi\vee\eta)+H(\eta\vee\zeta)-H(\eta)-H(\zeta)\\ &= H(\xi\vee\eta)+H(\zeta|\eta)-H(\zeta)\\ &= H(\xi\vee\eta\vee\zeta)-H(\zeta|\xi\vee\eta)+H(\zeta|\eta)-H(\zeta)\\ &\geqslant H(\xi\vee\eta\vee\zeta)-H(\zeta)\geqslant H(\xi\vee\zeta)-H(\zeta)=H(\xi|\zeta).\end{aligned}$$

(6) 这由函数 ϕ 的凸性立刻得到, 因为

$$\begin{aligned}pH_\mu(\xi)+(1-p)H_\lambda(\xi) &= -p\sum_{\alpha\in I}\phi(\mu(C_\alpha))-(1-p)\sum_{\alpha\in I}\phi(\lambda(C_\alpha))\\ &\leqslant -\sum_{\alpha\in I}\phi((p\mu+(1-p)\lambda)(C_\alpha))=H_{p\mu+(1-p)\lambda}(\xi).\end{aligned}$$ □

对测度空间 (X,μ) 和 $m\in\mathbb{N}$, 考虑 X 到至多 m 个可测集的所有分割的等价类 $\bmod 0$ 的空间 $\mathcal{P}_m$. 如果必要加入零集, 可假设 $\mathcal{P}_m$ 中的每个分割恰有 m 个元素. 对 $\xi,\eta\in\mathcal{P}_m$ 现在考虑 ξ 和 η 元素之间的双射 σ 的集合, 并令

$$\mathcal{D}(\xi,\eta):=\min_\sigma\sum_{C\in\xi}\mu(C\triangle\sigma(C)). \tag{4.3.9}$$

显然 $\mathcal{D}$ 是一个度量. 我们需要在这个度量下的收敛性以保证在 Rokhlin 度量下的收敛性事实.

命题 4.3.5. *给定 $\varepsilon>0$ 存在 $\delta>0$, 使得由 $\mathcal{D}(\xi,\eta)<\delta$ 得到 $d_R(\xi,\eta)<\varepsilon$.*

注. 事实上, 度量 $\mathcal{D}$ 和 d_R 在空间 $\mathcal{P}_m$ 内等价 (练习 4.3.1).

证明. 由对称性只需估计 $H(\eta|\xi)$. 如果 $\mathcal{D}(\xi,\eta)=\delta$, 记 $\xi=(A_1,\cdots,A_m),\eta=$ [167]
$(B_1,\cdots,B_m)$, 按此方式 $\sum\limits_{i=1}^{m}\mu(A_i\triangle B_i)=\delta$. 对 $i\in\{1,\cdots,m\}$ 使得 $\mu(A_i)>0$, 并令 $\alpha_i:=\mu(A_i\backslash B_i)/\mu(A_i)$. 于是对定义 4.3.2 中 $H(\eta|\xi)$ 的表达式, A_i 的作用是

$$\begin{aligned}&-\mu(B_i\cap A_i)\log\frac{\mu(B_i\cap A_i)}{\mu(A_i)}-\sum_{j\neq i}\mu(B_j\cap A_i)\log\frac{\mu(B_j\cap A_i)}{\mu(A_i)}\\ &\leqslant \mu(A_i)[-(1-\alpha_i)\log(1-\alpha_i)-\alpha_i\log\alpha_i+\alpha_i\log(m-1)]\\ &= \mu(A_i)\left[(1-\alpha_i)\log\frac{1}{1-\alpha_i}+\alpha_i\log\frac{m-1}{\alpha_i}\right]\leqslant\mu(A_i)\log m.\end{aligned}$$

其中第一个不等式是由命题 4.3.3(1), 通过考虑在 $A_i\backslash B_i=\bigcup\limits_{j\neq i}(A_i\cap B_j)$ 上的诱

导测度, 以及 η 关于这个测度的熵的估计得到. 最后这个不等式利用 $-\log x$ 的凸性得到. 因此

$$H(\eta|\xi) \leqslant \sum_{\mu(A_i)\geqslant\sqrt{\delta}} \mu(A_i)[-(1-\alpha_i)\log(1-\alpha_i) - \alpha_i\log\alpha_i + \alpha_i\log(m-1)] + \sum_{\mu(A_i)<\sqrt{\delta}} \mu(A_i)\log m.$$

第二项不超过 $m\log m\sqrt{\delta}$. 为了估计第一项, 注意

$$\alpha_i\mu(A_i) = \mu(A_i\backslash B_i) = \sum_{j\neq i}\mu(B_j\cap A_i) \leqslant \sum_{j=1}^{m}\mu(A_j\triangle B_j) = \delta,$$

所以对 $\mu(A_i) \geqslant \sqrt{\delta}$ 得到 $\alpha_i \leqslant \sqrt{\delta}$. 现在 $\varphi(x) := -x\log x - (1-x)\log(1-x)$ 在 $(0,1/2)$ 上递增, 从而对 $\delta < 1/4$ 第一个和式受 $\varphi(\sqrt{\delta}) + \sqrt{\delta}\log(m-1)$ 控制, 从而 $H(\eta|\xi) \leqslant \varphi(\sqrt{\delta}) + \sqrt{\delta}(m\log m + \log(m-1))$. 因为 $x \to 0$ 时 $\varphi(x) \to 0$, 命题得证. □

在拓扑情形, 熵和条件熵这两个概念都有其对应. 就是说, 如果令 $\mathcal{A}$ 是紧可度量化空间 X 的有限开覆盖, $N(\mathcal{A})$ 是子覆盖的最小势, 则 $H(\mathcal{A}) := \log N(\mathcal{A})$(见练习 3.1.7) 是熵在这个情形的自然对应. 此外, 对子集 $Y \subset X$, 令 $N_Y(\mathcal{A})$ 为 $\mathcal{A}$ 的元素也覆盖 Y 的最小个数. 则对两个覆盖 $\mathcal{A}$ 和 $\mathcal{B}$,

$$H(\mathcal{A}|\mathcal{B}) := \log((\max_{B\in\mathcal{B}})N_B(\mathcal{A}))$$

是条件熵的类似. 但是, 这个类似仅仅是部分的. 虽然如

$$H(\mathcal{A}|\mathcal{B}\vee\mathcal{C}) \leqslant H(\mathcal{A}|\mathcal{B}) \leqslant H(\mathcal{A})$$

这样的不等式成立, 但不存在命题 4.3.3(3) 和 (2) 的独立性部分的拓扑对应. 这个不同解释了为什么遍历理论中的测度论熵比拓扑动力系统中的拓扑熵是更有效的定量工具.

[168] **b. 保测变换的熵.** 对可测分割 ξ 和保测 (不必可逆的) 变换 T 定义联合分割 ξ_{-n}^{T}:

$$\xi_{-n}^{T} := \xi \vee T^{-1}(\xi) \vee \cdots \vee T^{-n+1}(\xi).$$

从现在起, 除非另有说明, 我们将假设所有分割都是有有限熵的有限或可数可测分割.

命题 4.3.6. $\lim\limits_{n\to\infty}\dfrac{1}{n}H(\xi_{-n}^{T})$ 存在.

证明. 由 (4.3.5) 和 (4.3.1) 立刻看到, $H(\xi_{-n-m}^T) \leqslant H(\xi_{-n}^T) + H(\xi_{-m}^T)$, 命题得证. □

注. 这是继引理 3.1.5 和 (3.1.20) 的证明以后, 第三次利用次可加性证明与指数增长有关量的极限存在性. 后面我们还有几次机会利用这个简单有效的方法的各种修改形式 (见命题 9.6.4).

定义 4.3.7. 称 $h(T,\xi) := h_\mu(T,\xi) := \lim_{n\to\infty} \frac{1}{n} H(\xi_{-n}^T)$ 为变换 T 相对于分割 ξ 的度量熵.

下面命题给出极限 $h(T,\xi)$ 存在性的另一证明以及它的另一表达式.

命题 4.3.8. $h(T,\xi) = \lim_{n\to\infty} H(\xi|T^{-1}(\xi_{-n}^T))$ 和 $H(\xi|T^{-1}(\xi_{-n}^T))$ 关于 n 是非增的.

证明. 递归地利用 (4.3.5), 并考虑到不变性质 (4.3.1), 得到

$$\begin{aligned}H(\xi_{-n}^T) &= H(T^{-1}(\xi_{-n+1}^T)) + H(\xi|T^{-1}(\xi_{-n+1}^T))\\&= T(\xi_{-n+1}^T) + H(\xi|T^{-1}(\xi_{-n+1}^T)) = T(\xi_0^T) + \sum_{k=0}^{n-1} H(\xi|T^{-1}(\xi_{-k}^T)).\end{aligned}$$

由于当 k 增加时上述 "分母" 中的分割 $T^{-1}(\xi_{-k}^T)$ 加细, 由命题 4.3.3(2) 序列

$$b_n := H(\xi|T^{-1}(\xi_{-n}^T))$$

是非增的. 因此 $h_\mu(T,\xi) = \lim_{n\to\infty} \frac{1}{n}\sum_{k=0}^{n-1} b_k = \lim_{n\to\infty} b_n$. □

定义 4.3.9. T 关于 μ 的熵 (或 μ 的熵) 是: [169]

$$h(T) := h_\mu(T) := \sup\{h_\mu(T,\xi)|\xi \text{ 是满足 } H(\xi)<\infty \text{ 的可测分割}\}.$$

显然熵在度量同构下是不变的. 然而我们将很快看到这个定义似乎更具有构造性, 在许多情形当适当选择 ξ 时有 $h_\mu(T) = h_\mu(T,\xi)$ (例如, 见推论 4.3.14).

回忆分割熵是通过信息函数 (4.3.2)—(4.3.3) 定义的, 除了任意长的过去知识我们可将熵 $h_\mu(T,\xi)$ 解释为由 "现在状态" 的知识所提供的平均信息量. 因此, 熵为零的系统在整个过去的近似知识 (即关于有限分割的过去旅程) 精确地确定将来旅程的意义下可看作为有强烈的确定性.

c. 熵的性质. 下面的命题概括了熵 $h(T,\xi)$ 作为分割 ξ 的函数的基本性质. 它们为下面计算变换熵 $h(T)$ 的准则准备了方法.

命题 4.3.10. 设 $T:(X,\mu)\to(X,\mu)$ 是概率空间的一个保测变换, ξ,η 是具有有限熵的可测分割. 那么

(1) $0 \leqslant \varlimsup_{n\to\infty} -\frac{1}{n}\log\left(\sup_{C\in\xi_{-n}^T} \mu(C)\right) \leqslant h(T,\xi) \leqslant h(\xi)$.

(2) $h(T,\xi\vee\eta) \leqslant h(T,\xi) + h(T,\eta)$.

(3) $h(T,\eta) \leqslant h(T,\xi) + H(\eta|\xi)$; 特别地, 如果 $\xi \leqslant \eta$, 则 $h(T,\xi) \leqslant h(T,\eta)$.

(4) $|h(T,\xi) - h(T,\eta)| \leqslant h(\xi|\eta) + H(\eta|\xi)$ (Rokhlin 不等式).

(5) $h(T,T^{-1}(\xi)) = h(T,\xi)$, 而且如果 T 可逆, 则 $h(T,\xi) = h(T,T(\xi))$.

(6) $h(T,\xi) = h\left(T, \bigvee_{i=0}^{k} T^{-i}(\xi)\right)$, 对 $k \in \mathbb{N}$, 如果 T 可逆, 则对 $k \in \mathbb{N}$ 有 $h(T,\xi) = h\left(T, \bigvee_{i=-k}^{k} T^{i}(\xi)\right)$.

(7) 如果 ν 是另一个测度, $p \in [0,1]$, 则

$$ph_\mu(T,\xi) + (1-p)h_\nu(T,\xi) \leqslant h_{p\mu+(1-p)\nu}(T,\xi).$$

注. 性质 (4) 意味着 $h(T,\cdot)$ 是由 Rokhlin 度量 (4.3.6) 提供的有有限熵的分割空间上的 Lipschitz 函数, Lipschitz 常数为 1.

证明. (1) 中的中间不等式直接由命题 4.3.3(1) 得到, 右边的不等式由命题 4.3.8 和命题 4.3.3(2) 得到.

(2) 由于 $(\xi\vee\eta)_{-n}^T = \xi_{-n}^T \vee \eta_{-n}^T$, 这个论断由命题 4.3.3(3) 的一个特殊情形 (4.3.5) 得到.

[170] (3) 由 (4.3.5), $H(\xi_{-n}^T) \leqslant H(\xi_{-n}^T \vee \eta_{-n}^T) = H(\eta_{-n}^T) + H(\xi_{-n}^T|\eta_{-n}^T)$, 递归地利用命题 4.3.3(3), 得到

$$\begin{aligned}
H(\xi_{-n}^T|\eta_{-n}^T) &= H(\xi|\eta_{-n}^T) + H(T^{-1}(\xi_{1-n}^T)|\xi\vee\eta_{-n}^T) \\
&\leqslant H(\xi|\eta) + H(T^{-1}(\xi_{1-n}^T)|\eta_{-n}^T) \\
&\leqslant H(\xi|\eta) + H(T^{-1}(\xi)|T^{-1}(\eta)) + H(T^{-2}(\xi_{2-n}^T)|\eta_{-n}^T) \\
&\leqslant nH(\xi|\eta).
\end{aligned}$$

性质 (4) 直接由 (3) 得知.

性质 (5) 由不变性质 (4.3.1) 得到, 因为

$$H((T^{-1}(\xi))_{-n}^T) = H(T^{-1}(\xi_{-n}^T)) = H(\xi_{-n}^T),$$

类似地, 如果 T 可逆, 则

$$H((T(\xi))_{-n}^T) = H(T(\xi_{-n}^T)) = H(\xi_{-n}^T).$$

(6) $\left(\bigvee_{i=0}^{k} T^{-i}(\xi)\right)_{-n}^{T} = \xi_{-n-k}^{T}$, 因此

$$H\left(T, \bigvee_{i=0}^{k} T^{-i}(\xi)\right) = \lim_{n\to\infty} \frac{1}{n} H(\xi_{-n-k}^{T}) = \lim_{n\to\infty} \frac{1}{n+k} H(\xi_{-n-k}^{T}) = h(T, \xi).$$

对可逆 T 的论述完全相似.

性质 (7) 直接由命题 4.3.3(6) 得知. □

现在我们可叙述计算保测变换熵的某些准则. 有趣地指出, 可逆变换和不可逆变换必须分开处理.

定义 4.3.11. 称具有有限熵的可测分割族 Ξ 为关于保测变换 T 是充分的, 如果

(1) 对不可逆 T 的从属于形如 $\bigvee_{i=0}^{k} T^{-i}(\xi)(\xi \in \Xi, k \in \mathbb{N})$ 的分割, 在由以 Rokhlin 度量 (4.3.6) 为有限熵的所有分割的空间内组成一个稠密子集;

(2) 对可逆 T, 同样对从属于 $\bigvee_{i=-l}^{l} T^{i}(\xi)(\xi \in \Xi, l \in \mathbb{N})$ 的分割成立.

注. 在这个定义中命题 4.3.5 允许我们用 (4.3.9) 中的度量 $\mathcal{D}$ 代替 Rokhlin 度量. 在紧度量空间中的非原子 Borel 测度情形, 保证族 $\Xi = \{\xi_n\}_{n\in\mathbb{N}}$ 的充分的更明显条件是 $\operatorname{diam}(\xi_n) \to 0$, 其中 $\operatorname{diam}(\xi) := \sup_{C\in\xi}(\operatorname{diam}(C))$.

定理 4.3.12. 对分割的任何充分族 Ξ, $h_\mu(T) = \sup_{\xi\in\Xi} h_\mu(T, \xi)$. [171]

证明. 设 η 是 X 满足 $H_\mu(\eta) < \infty$ 的一个任意可测分割. 固定 $\varepsilon > 0$, 并求 $\xi \in \Xi$ 和 $k \in \mathbb{N}$, 使得对某个分割 $\zeta \leqslant \bigvee_{i=0}^{k} T^{-i}(\xi)$ (如果 T 不可逆) 和某个分割 $\zeta \leqslant \bigvee_{i=-k}^{k} T^{i}(\xi)$ (如果 T 可逆), 有

$$d_R(\eta, \zeta) = H(\eta|\zeta) + H(\zeta|\eta) < \varepsilon.$$

递归地利用命题 4.3.10(4), (3) 和 (6), 在不可逆情形, 得到 $h_\mu(T, \eta) \leqslant h_\mu(T, \zeta) + \varepsilon \leqslant h_\mu(T, \bigvee_{i=0}^{k} T^{-i}(\xi)) + \varepsilon = h_\mu(T, \xi) + \varepsilon$ (如果 T 可逆则类似). 由于 ε 任意, 定理得证. □

定义 4.3.13. 如果 $\Xi = \{\xi\}$ 是一个充分族, 则称分割 ξ 为 T 的生成子.

下面的推论是计算熵的最著名和最简单的探测准则.

推论 4.3.14. 如果 ξ 是 T 的生成子, 则 $h_\mu(T) = h_\mu(T, \xi)$.

强调可逆和不可逆情形之间的差别是有用的. 我们称分割 ξ 是可逆保测变换 T 的单边生成子, 如果从属于形如 $\bigvee_{i=0}^{k} T^{-i}(\xi)$ $(k \in \mathbb{N})$ 的分割在度量 d_R 下稠密.

命题 4.3.15. 如果可逆的保测变换具有单边生成子, 那么 $h_\mu(T) = 0$.

证明. 单边生成子 ξ 显然是 T 的生成子, 所以, 由推论 4.3.14 只需证明 $h_\mu(T, \xi) = 0$. 由命题 4.3.10(5) 这等价于 $h_\mu(T, T\xi) = 0$. 假设 ξ 是单边生成子, 以及 $\varepsilon > 0$. 则取 $k \in \mathbb{N}$ 和 $\zeta \leqslant \bigvee_{i=0}^{k} T^{-i}(\xi)$ 使得 $d(T(\xi), \zeta)) < \varepsilon$, 因此, $H\left(T(\xi) \middle| \bigvee_{i=0}^{k} T^{-i}(\xi)\right) \leqslant H(T(\xi)|\zeta) < \varepsilon$. 从而由于序列 $a_n := H\left(T(\xi) \middle| \bigvee_{i=0}^{n} T^{-i}(\xi)\right)$ 非增, 由命题 4.3.8 得 $h_\mu(T, T(\xi)) < \varepsilon$. 又因为 ε 任意, 故有 $h(T, T(\xi)) = 0$. □

下面的命题是命题 3.1.6 和命题 3.1.7 对保测变换的对应.

命题 4.3.16. (1) 如果 $S : (Y, \nu) \to (Y, \nu)$ 是 $T : (X, \mu) \to (X, \mu)$ 的一个因子 (定义 4.1.21), 则 $h_\nu(S) \leqslant h_\mu(T)$.

(2) 如果 A 对 T 不变且 $\mu(A) > 0$, 则 $h_\mu(T) = \mu(A) h_{\mu_A}(T) + \mu(X \backslash A) h_{\mu_{X \backslash A}}(T)$.

(3) 如果 μ, λ 是 T 的两个不变概率测度, 则对任何 $p \in [0, 1]$ 有

$$h_{p\mu + (1-p)\lambda}(T) \geqslant p h_\mu(T) + (1-p) h_\lambda(T).$$

[172] (4) 对任何 $k \in \mathbb{N}$, 有 $h_\mu(T^k) = k h_\mu(T)$. 如果 T 是可逆的, 则 $h_\mu(T^{-1}) = h_\mu(T)$, 因此对任何 $k \in \mathbb{Z}$ 有 $h_\mu(T^k) = |k| h_\mu(T)$.

(5) $h_{\mu \times \lambda}(T \times S) = h_\mu(T) + h_\lambda(S)$.

证明. (1) 对 Y 的任何可测分割 η, 因子映射 R 的原像

$$R^{-1}(\eta) = \{R^{-1} D | D \in \eta\}$$

是 X 的可测分割, 由定义得到 $H_\mu(R^{-1}\eta) = H_\nu(\eta)$ 和 $H_\mu(T, R^{-1}\eta) = h_\nu(S, \eta)$. 因此

$$\begin{aligned} h_\mu(T) = \sup\{h_\mu(T, \xi) | H_\mu(\xi) < \infty\} &\geqslant \sup\{h_\mu(T, R^{-1}(\eta)) | H_\mu R^{-1}(\eta)) < \infty\} \\ &= \sup\{h_\nu(S, \eta) | H_\nu(\eta) < \infty\} = h_\nu(S). \end{aligned}$$

(2) 设 ξ 是 X 的可测分割, $H_\mu(\xi) < \infty$, 且 $\zeta = \{A, X \backslash A\}$. 如果有必要用 $\xi \vee \zeta$ 代替 ξ, 于是我们可假设 $\xi \geqslant \zeta$. 从而, 由于 A 是 T 不变的, 因此 $H_\mu(\xi_{-n}^T) = \mu(A) H_{\mu_A}(\xi_{-n}^T) + \mu(X \backslash A) H_{\mu_{X \backslash A}}(\xi_{-n}^T)$.

(3) 这由应用命题 4.3.3(6) 于分割 ξ_{-n}^T 得到.

(4) 如果 $k \in \mathbb{N}$, 则

$$\frac{1}{n} H_\mu\left(\bigvee_{j=0}^{n-1} T^{-kj}\left(\bigvee_{i=0}^{k-1} T^{-i}(\xi)\right)\right) = \frac{k}{nk} H_\mu\left(\bigvee_{i=0}^{nk-1} T^{-i}(\xi)\right)$$

且 $h_\mu\left(T^k, \bigvee_{i=0}^{k-1} T^{-i}(\xi)\right) = k h_\mu(T, \xi)$. 此外, 由于 $\xi_{-n}^T = T^{-n+1}(\xi_{-n}^{T^{-1}})$ 有 $h_\mu(T, \xi) = h_\mu(T^{-1}, \xi)$.

(5) 设 ξ 和 η 分别是 X 和 Y 的可测分割. 考虑 X 和 Y 的平凡分割 $\nu_X = \{X\}$ 和 $\nu_Y = \{Y\}$. 则 $\xi \times \eta = (\xi \times \nu_Y) \vee (\nu_X \times \eta)$, 这里 $\zeta \times \nu_Y$ 和 $\nu_X \times \eta$ 与 $X \times Y$ 的分割无关.

由命题 4.3.3(2) 和 (3) 得到, 对独立的分割 α 和 β 有 $H(\alpha \vee \beta) = H(\alpha) + H(\beta)$. 因此

$$H_{\mu \times \lambda}(\zeta \times \eta) = H_{\mu \times \lambda}(\xi \times \nu_Y) + H_{\mu \times \lambda}(\nu_Y \times \eta) = H_\mu(\xi) + H_\lambda(\eta).$$

由于 $(\xi \times \eta)_{-n}^{T \times S} = \xi_{-n}^T \times \eta_{-n}^S$, 得知 $h_{\mu \times \lambda}(T \times S, \xi \times \eta) = h_\mu(T, \xi) + h_\lambda(S, \eta)$, 因此 $h_{\mu \times \lambda}(T \times S) \leqslant h_\mu(T) + h_\lambda(S)$. 但是 $X \times Y$ 的形如 $\xi \times \eta$ 的分割族关于 $X \times Y$ 的任何保测变换是充分的, 其中 $H_\mu(\xi) < \infty$ 和 $H_\lambda(\eta) < \infty$. 因此由定理 4.3.12 得 $h_{\mu \times \lambda}(T \times S) = h_\mu(T) + h_\lambda(S)$. □

推论 4.3.17. 如果 μ, ν 是 f 的两个相互奇异的不变概率测度, 且 $\alpha \in [0,1]$, 那么 $h_{\alpha\mu + (1-\alpha)\nu}(f) = \alpha h_\mu(f) + (1-\alpha) h_\nu(f)$.

证明. 设 $A \subset X$ 满足 $\mu(A) = \nu(X \backslash A) = 1$. 则对 $\alpha \in (0,1)$, $\mu = (\alpha\mu + (1-\alpha)\nu)_A$ 和 $\nu = (\alpha\mu + (1-\alpha)\nu)_{X \backslash A}$, 再应用命题 4.3.16(2), 推论得证. □

事实上, 即使两个测度不是相互奇异, 命题 4.3.17 仍然成立. 这可以利用测 [173]
度分解为遍历测度的遍历分解定理 4.1.12 证明, 它将不变测度唯一表示为遍历测度上的一个积分 (因此不变测度的集合实际上是一个复形). 然而, 作为测度的函数的度量熵的性态却很微妙, 因为它通常 (关于弱拓扑) 不连续. 这个 "线性性" 与不连续性的共存与即使在遍历测度的集合上熵不连续的事实有关, 例如, 周期的 δ 测度的弱极限可以有正熵.

练 习

4.3.1. 设 $\xi, \eta \in \mathcal{P}_m$. 证明对任何 $\varepsilon > 0$, 存在 $\delta > 0$, 使得由 $d_R(\xi,\eta) < \delta$ 得知 $\mathcal{D}(\xi,\eta) < \varepsilon$.

4.3.2. 证明如果保测变换 $T:(X,\mu)\to(X,\mu)$ 有 k 个元素的生成子, 则 $h_\mu(T) \leqslant \log k$.

4.3.3. 证明如果在上一个练习的假设下 T 可逆且 $h_\mu(T) = \log k$, 则 T 度量同构于有一致 Bernoulli 测度 $\mu_{(1/k,\cdots,1/k)}$ 的全 k 移位 σ_k.

4.4. 计算测度论熵的例子

a. 旋转与平移. 我们自然期望旋转关于 Lebesgue 测度 λ 的熵为零. 有几个方法可建立这个事实. 最直接的是可取分为 N 个相等区间的分割 ξ_N. 由定义 4.3.11 后面的注, 显然族 $\{\xi_N\}_{n\in\mathbb{N}}$ 是充分的. 迭代 (或联合) 分割 $(\xi_N)_n^{R_\alpha} = \bigvee_{i=0}^{n-1} R_\alpha^{-1}(\xi_N)$ 中的元素不多于 $N\cdot n$ 个 (如果 α 是无理数则正好有这么多). 因此, 由命题 4.3.3(1),

$$H\left(\bigvee_{i=0}^{n-1} R_\alpha^{-i}(\xi_N)\right) \leqslant \log Nn = \log N + \log n$$

以及 $h_\lambda(R_\alpha,\xi_N) \leqslant \lim\limits_{n\to\infty} \dfrac{1}{n}(\log N + \log n) = 0$.

另一个证明是利用以下事实, 对无理数 α, 将 S^1 分为区间的任何分割 ξ 实际上是一个单边生成子. 这由以下事实得到, 迭代的分割

$$\xi_{-n}^{R_\alpha} := \bigvee_{i=0}^{n-1} R_\alpha^{-i}(\xi)$$

[174] 由区间组成, 它们的端点是包括 ξ 的区间端点的原像. 由于每个半轨是稠密的, $\xi_{-n}^{R_\alpha}$ 中的区间的最大长度随着 $n\to\infty$ 趋于零. 因此, 由命题 4.3.15 对无理数 α 得到 $h_\lambda(R_\alpha) = 0$. 对有理数 $\alpha = \dfrac{p}{q}$ 我们有 $R_{p/q}^q = \mathrm{Id}$, 又因为显然 $h_\lambda(\mathrm{Id}) = 0$, 由命题 4.3.16(4) 得到 $h_\lambda(R_{p/q}) = \dfrac{1}{q} h_\lambda(\mathrm{Id}) = 0$.

对环面上的平移 T_γ, 证明 $h_\lambda(T_\gamma) = 0$ 的最容易方法是利用命题 4.3.16(5). 为此, 如果 $\gamma = (\gamma_1,\cdots,\gamma_m)$, 则 $T_\gamma = R_{\gamma_1}\times R_{\gamma_2}\times\cdots\times R_{\gamma_m}$, 因此 $h_\lambda(T_\gamma) = \sum\limits_{i=1}^{m} h(R_{\gamma_i}) = 0$. 另一个方法可重复对旋转的第一个证明, 证明对分为边长为 $1/N$

的相等立方体的环面分割 $\eta = \xi_N \times \cdots \times \xi_N$, 迭代分割 $\eta_n^{T_\gamma}$ 中的元素个数的增长不快于 $(nN)^m$. 因此由命题 4.3.3(1),

$$h_\lambda(T_\gamma, \eta) = \lim_{n\to\infty} \frac{1}{n} H(\eta_{-n}^{T_\gamma}) \leqslant \lim_{n\to\infty} \frac{1}{n}(m\log n + m\log N) = 0.$$

由于 $\{\xi_N \times \cdots \times \xi_N\}_{N\in\mathbb{N}}$ 是分割的充分族, 由定理 4.3.12 得 $h_\lambda(T_\gamma) = 0$.

b. 扩张映射. 对映射 E_k, 分为区间 $\left[\frac{m}{|k|}, \frac{m+1}{|k|}\right], m = 0, \cdots, k-1$ 的标准分割 ξ_1 是一个生成子, 因为迭代分割 $\bigvee_{i=0}^{n-1} E_k^{-i}(\xi_1) =: \xi_n$ 是分为长为 $|k|^{-n}$ 的相等区间的分割, 它的熵是 $n\log|k|$. 因此, 由推论 4.3.14,

$$h_\lambda(E_k) = h_\lambda(E_k, \xi_1) = \lim_{n\to\infty} \frac{1}{n} H(\xi_n) = \log|k|.$$

将这个结果与推论 3.2.4 比较, 得到 $h_\lambda(E_k) = h_{\text{top}}(E_k)$.

c. Bernoulli 测度与 Markov 测度. 考虑由 Bernoulli 测度 μ_p 提供的 N 移位 σ_N. 分为 1-柱体

$$C_\alpha^0 = \{\omega \in \Omega_N | \omega_0 = \alpha\}, \quad \alpha = 0, \cdots, N-1$$

的标准分割 ξ_0 是一个生成子, 因为 $\bigvee_{i=-m}^{m} \sigma_N^i(\xi_0)$ 是分为对称 m-柱体的分割, 故在由 1.9 a 节定义的任何度量 d_λ 下, 这些分割的直径当 $m\to\infty$ 时趋于 0. 由于分割 $\sigma_N^i(\xi_0)$ 对不同 i 独立, 由命题 4.3.3(2) 和 (3), 我们有

$$h_{\mu_p}(\sigma_N) = h_{\mu_p}(\sigma_N, \xi_0) = \lim_{n\to\infty} \frac{1}{n} H\left(\bigvee_{i=0}^{n-1} \sigma_N^{-i}(\xi_0)\right) = \frac{nH(\xi_0)}{n} = -\sum_{i=1}^{N} p_i \log p_i.$$

因此, 在此情形我们看到序列 $\frac{1}{n} H\left(\bigvee_{i=0}^{n-1} \sigma_N^{-i}(\xi_0)\right)$ 事实上已经稳定化.

由命题 4.3.3(1) 和 3.2d 节我们有

推论 4.4.1. $h_{\mu_p}(\sigma_N) \leqslant h_{\text{top}}(\sigma_N)$, 等号成立当且仅当 $p = (1/N, \cdots, 1/N)$. [175]

对 Markov 测度 $\mu_{\Pi,p}$, 计算熵的最容易方法是将命题 4.3.8 用于 1- 柱体分割 ξ_0. 通过直接计算我们看到, 由测度 $\mu_{\Pi,p}$ 在柱体上的定义 (4.2.13), 对任何 $n \geqslant 1$,

$$H(\xi_0 | \sigma_N^{-1} \vee \cdots \vee \sigma_N^{-n}(\xi_0)) = -\sum_{i,j=1}^{N} p_j \pi_{ij} \log \pi_{ij}.$$

由于 ξ_0 是一个生成子, 由推论 4.3.14 得到

$$h_{\mu_{\Pi,p}}(\sigma_N) = -\sum_{i,j=1}^{N} p_j \pi_{ij} \log \pi_{ij}. \tag{4.4.1}$$

Markov 测度在子空间 Ω_A 的支集上存在一个重要的特殊情形, 其中 A 是 0-1 传递矩阵. 设 $q=(q_1,\cdots,q_N)$ 是 A 的一个正特征向量, $v=(v_1,\cdots,v_N)$ 是转置矩阵 A^T 的正特征向量, 按

$$\sum_{i=1}^{N} q_i v_i = 1 \tag{4.4.2}$$

标准化. 由 Perron–Frobenius 定理 1.9.11, 这两个向量直到相差一个正数乘数是唯一的. 由于 A 的最大特征值与 A^T 的相同, 我们有

$$\sum_{j=1}^{N} a_{ij} q_j = \lambda q_i, \quad 对\ i=1,\cdots,N \tag{4.4.3}$$

和

$$\sum_{i=1}^{N} a_{ij} v_i = \lambda v_j, \quad 对\ j=1,\cdots,N. \tag{4.4.4}$$

令

$$\pi_{ij} = \frac{a_{ij} v_i}{\lambda v_j}. \tag{4.4.5}$$

$\Pi = \{\pi_{ij}\}_{i,j=1,\cdots,N}$ 是随机矩阵, 因为对所有 j,

$$\sum_{i=1}^{N} \pi_{ij} = \sum_{i=1}^{N} \frac{a_{ij} v_i}{\lambda v_j} = \frac{\lambda v_j}{\lambda v_j} = 1.$$

由于向量 v 有正坐标, 故对所有满足 $a_{ij}=1$ 的 i,j 矩阵 Π 有非零元素. 又因 A
[176] 是 0-1 传递矩阵, 立刻得知 Π 是传递矩阵, 这是因为对 m 次幂 Π^m, 元素 $\pi_{ij}^m > 0$ 当且仅当 $a_{ij}^{(m)} > 0$.

向量 $p=(p_1,\cdots,p_N)$, 其中

$$p_i := q_i v_i \tag{4.4.6}$$

在 Π 作用下不变:

$$\sum_{j=1}^{N} \pi_{ij} p_j = \sum_{j=1}^{N} \frac{a_{ij} v_i}{\lambda v_j} q_j v_j = \frac{\lambda v_i q_i}{\lambda} = p_i.$$

因为由命题 4.2.15, $\operatorname{supp} \mu_{\Pi,p} = \Omega_A$, 得知拓扑 Markov 链 σ_A 关于测度 $\mu_{\Pi,p} = \mu_\Pi$ 是混合的. 称这个测度为拓扑 Markov 链 σ_A 的 Parry 测度.

最后, 我们计算测度论熵 $h_{\mu_\Pi}(\sigma_A)$. 将 (4.4.6) 和 (4.4.5) 代入熵公式 (4.4.1), 得到

$$\begin{aligned} h_{\mu_\Pi}(\sigma_A) &= -\sum_{i,j=1}^{N} \frac{q_i a_{ij} v_i}{\lambda} \log \frac{a_{ij} v_i}{\lambda v_j} \\ &= \sum_{i,j=1}^{N} \frac{q_i a_{ij} v_i}{\lambda} \log \lambda + \left(\sum_{i,j=1}^{N} \frac{q_i a_{ij} v_i}{\lambda} (\log v_j - \log a_{ij} v_i) \right). \end{aligned}$$

由 (4.4.2), (4.4.3) 和 (4.4.4) 得知上式第一项等于 $\log\lambda$, 即 σ_A 的拓扑熵 (见命题 3.2.5), 第二项等于零, 因为再次利用 (4.4.3) 和 (4.4.4), 得到

$$\sum_{i,j=1}^{N} \frac{a_{ij} q_j v_i}{\lambda} \log v_j = \sum_{j=1}^{N} v_j q_j \log v_j$$

和

$$\sum_{i,j=1}^{N} \frac{a_{ij} q_j v_i}{\lambda} \log a_{ij} v_i = \sum_{i,j=1}^{N} \frac{a_{ij} q_j v_i}{\lambda} \log v_i = \sum_{i,j=1}^{N} v_i q_i \log v_i,$$

其中第一个等式的得到是因为如果 $a_{ij} = 0$, 则两部分的对应项都等于零.

从而我们证明了

命题 4.4.2. 传递的拓扑 Markov 链 σ_A 关于测度 μ_Π 的熵等于 σ_A 的拓扑熵, 因此等于周期轨道的增长 $p(\sigma_A)$, 其中 $\Pi = \{\pi_{ij}\}_{i,j=1,\cdots,N}$ 由 (4.4.5) 给出.

我们指出, 测度 μ_Π 的这个性质类似于线性扩张映射 E_k 的 Lebesgue 测度和全移位 σ_N 的一致 Bernoulli 测度的性质 (参看推论 4.4.1). 下一节我们将看到, 所有这些测度在所给变换的所有不变测度中最大化熵的值. 推论 20.1.5 证明 [177] μ_Π 是唯一最大熵测度.

出于 0–1 矩阵 A, 由 (4.4.5) 构造的随机矩阵 Π 看上去有点神秘, 但它事实上允许有自然解释. 测度 μ_Π 除了拓扑 Markov 链 σ_A 的周期轨道的渐近分布没有什么新意. 为了看到这一点, 我们应该回顾 1.9c 节的讨论, 从那里得知, 在基本 0-柱体 C_i^0 内的周期 n 的不同周期轨道数等于矩阵 A^n 的对角线元素 $a_{ii}^{(n)}$. 由 Perron–Frobenius 定理 1.9.11 得知 $a_{ij}^{(n)}/\lambda^n \to v_i q_j$, 其中 q 和 v 由 (4.4.3) 和 (4.4.4) 定义. 因此由 (4.4.2), 周期 n 周期点属于 C_i^0 的比例是

$$\frac{a_{ii}^{(n)}}{\mathrm{tr} A^n} \to \frac{q_i v_i}{\sum_{k=1}^{N} q_k v_k} = q_i v_i,$$

它正好就是 (4.4.6). 现在 $C_i^0 \cap \sigma_A(C_j^0)$ 中的周期点数是 $a_{ij}a_{ji}^{(n-1)}$. 这个数对 $a_{jj}^{(n)}$ 的比收敛于

$$a_{ij}\frac{\lambda^{n-1}v_iq_j}{\lambda^nq_jv_j} = a_{ij}\frac{v_i}{\lambda v_j},$$

它正好是 (4.4.5). 详细见练习 4.4.2.

d. 环面双曲自同构. 为了简化记号, 我们在这一节用 F 记环面双曲自同构 F_L, 用 λ 而不用 λ_1 记最大特征值. 设 ξ 是 $\mathbb{T}^2$ 划分为元素直径小于 1/10 的分割. 我们通过从上面估计直径来从下面估计 $H\left(\bigvee_{k=-n}^{n} F^k(\xi)\right) = H(\xi_{-2n-1}^F)$, 因此它是 ξ_{-2n-1}^F 元素的 Lebesgue 测度. 设 $C \in \bigvee_{k=-n}^{n} F^k(\xi)$ 且 $x, y \in C$. 考虑通过点 x 平行于特征值 $\lambda > 1$ 的特征向量的直线, 以及通过点 y 平行于第二个特征向量的直线. 如在 3.2e 节定义 z 为这些直线的第一个交点. 于是 $d(F^k(x), F^k(y)) \leqslant d(F^k(x), F^k(z)) + d(F^k(z), F^k(y))$. 首先令 $k > 0$. 于是 $d(F^k(z), F^k(y)) = \lambda^{-k}d(z, y) \leqslant \lambda^{-k}d(x, y) < \lambda^{-k}/10$. 由于对 $k = 1, \cdots, n$ 点 $F^k(x), F^k(y)$ 属于分割 ξ 的同一个元素, 我们有 $d(F^k(x), F^k(y)) < 1/10$, 因此 $d(F^k(x), F^k(z)) < 1/10 + \lambda^{-k}/10 < 1/5$. 由归纳法得知, 连接 $F^k(x)$ 和 $F^k(z)$ 的线段的长度小于 1/5. 因此, $d(x, z) = \lambda^{-n}d(F^n(x), F^n(z)) < \lambda^{-n}/5$. 对负 k 类似的论述显示 $d(y, z) < \lambda^{-n}/5$, 因此有 $d(x, y) < 2\lambda^{-n}/5$. 从而 $\bigvee_{-n}^{n} F^{-k}(\xi)$ 的任何元素的直径至多是 $2\lambda^{-n}/5$, 因此, 由等周不等式它的 Lebesgue 测度至多是 $2\pi\lambda^{-2n}/5$. 故由命题 4.3.10(1), 左边的不等式给出 $h(F, \xi) \geqslant \log\lambda$. 因为划分为直
[178] 径至多是 1/10 的分割族显然是充分的, 故对 Lebesgue 测度 m, 得到

$$h_m(F) \geqslant \log\lambda = h_{\text{top}}(F).$$

现在来得到反向不等式 $h_m(F) \leqslant \log\lambda$, 从而得到

$$h_m(F) = \log\lambda. \tag{4.4.7}$$

下面我们用一般方法的初等形式来得到光滑动力系统关于不变测度熵的一个上界估计. 一般论述见补遗第 2 节.

首先, 由命题 4.3.16(4) 对任何 $n \in \mathbb{N}$ 有

$$h_m(F) = \frac{1}{n}h_m(F^n).$$

固定 $\varepsilon > 0$ 取 n 使得 $\lambda^{-n} < \varepsilon/10$. 现在对分割的充分族, 即对划分为边长 $1/N$ 的正方形的任何分割估计 $h_m(F^n, \xi)$, 其中 N 充分大. 由命题 4.3.8, $h_m(F^n, \xi) \leqslant$

$H(\xi|F^{-n}(\xi))$. 为了估计 $H(\xi|F^{-n}(\xi))$, 我们对任何给定的 $C \in F^{-n}(\xi)$, 估计与 C 有非空交的元素 $D \in \xi$ 的个数 $\mathcal{N}(C)$. 由命题 4.3.3(1) 和条件熵的定义 4.3.2, 对 $C \in F^{-n}(\xi)$ 我们有

$$H(\xi|F^{-n}(\xi)) < \max \log \mathcal{N}(C).$$

$F^{-n}(\xi)$ 的任何元素 C 是平行四边形, 它的边是铅垂线段和水平线段在 F^n 下的像. C 的直径小于 $\sqrt{2}\lambda^n/N$, 由假设它的 "宽度", 即包含每对平行边的直线之间的距离, 至多是 $\lambda^{-n}/N < \varepsilon/10N$. 如果与 C 相交的元素 $D \in \xi$ 位于 C 的 $\sqrt{2}/N$ 邻域内, 则当 n 充分大和 $\varepsilon < 1$ 时这个邻域的整个面积小于

$$\frac{\sqrt{2}\lambda^n + 2\sqrt{2}}{N} \times \frac{2\sqrt{2} + \varepsilon}{N} < \frac{10\lambda^n}{N^2}.$$

我们强调 N 比 n 甚至比 λ^n 大得多. 由于 ξ 的任何元素的面积是 $1/N^2$, 我们得到 $\mathcal{N}(C) < 10\lambda^n$, 以及

$$H(\xi|F^{-n}(\xi)) < \log \lambda + \log 10.$$

因此 $h_m(F) = \dfrac{1}{n} h_m(F^n) < \log \lambda + \dfrac{\log 10}{n}$.

不等式 $h_m(F) \leqslant \log \lambda$ 也可由变分原理的定理 4.5.3 得到. 其他计算环面双曲自同构的熵的方法在练习 4.4.6 和 4.4.7 中介绍.

练 习 [179]

4.4.1. 证明环面上任何一个拓扑传递平移有一个由两个元素组成的单边生成子.

4.4.2. 设 A 是传递的 $N \times N$ 的 0-1 矩阵, $C \subset \Omega_A$ 是柱体, $\mathcal{N}(n, C)$ 是 C 中 σ_A 的周期 n 周期轨道数. 证明

$$\lim_{n\to\infty} \frac{\mathcal{N}(n, C)}{\operatorname{tr}(A^n)} = \mu_\Pi(C),$$

其中矩阵 Π 由 (4.4.5) 给出.

4.4.3. 证明保测变换 $(\sigma_2, \mu_{(1/2,1/2)})$ 和 $(\sigma_3, \mu_{(1/3,1/3,1/3)})$ 不是度量同构的.

4.4.4. 证明 U_{σ_2} 和 U_{σ_3} (如前有 Bernoulli 测度) 是酉等价的.

4.4.5*. 对至少有两个非零坐标的任何概率分布 $p = (p_0, \cdots, p_{N-1})$, 考虑与 Bernoulli 测度相应的算子 U_{σ_N}. 证明这些算子的任何两个都是酉等价的.

4.4.6. 证明 Lebesgue 测度在由 2.5 d 节中 Markov 分割给出的拓扑 Markov 链的环面双曲自同构 F 的半共轭作用下的像是 Markov 测度 μ_Π.

4.4.7*. 证明上一个练习中的测度 μ_Π 的传递矩阵 Π 由 (4.4.5) 给出. 利用它给出 $h_m(F) = \log\lambda$ 的一个新证明.

4.4.8. 利用练习 4.4.2 和 4.4.7, 严格叙述并证明陈述 "环面双曲自同构 F 的周期点关于 Lebesgue 测度是一致分布的".

4.5. 变分原理

实际上, 我们在 3.1 节中引入的拓扑熵其发现迟于测度论熵. 测度论熵是从不变测度看到的给出动力系统复杂性的一个定量测度. 而拓扑熵的找到仅仅是从拓扑动力学的相同不变量概念中提取的. 虽然在它们的定义中存在某些类似, 但在拓扑动力学中由于缺乏集合大小的自然测度而导致这两个概念之间的某些差异. 值得注意的是, 两个不变集的并的测度论熵是这两个不变集熵之和, 由命
[180] 题 4.3.16 通过它们的测度加权, 而由命题 3.1.7(2), 对拓扑熵, 并的熵是两个分支熵的最大者. 因此由拓扑熵测量动力学的最大复杂性不同于由测度论熵反映的平均复杂性. 因而人们期望测度论熵不大于拓扑熵. 此外, 测量分配高度复杂性的大部分区域应该有测度论熵接近于拓扑熵. 这实际上就是说, 拓扑熵是测度论熵的上确界.

为了研究紧度量空间 X 的同胚 f 的可测结构, 我们首先从 4.1 节回忆, X 上的 f 不变的 Borel 概率测度的集合 $\mathfrak{M}(f)$ 是 X 上 Borel 概率测度的紧集 $\mathfrak{M}$ 的非空紧凸子集 (在弱 * 拓扑下). (极值点是遍历测度的.) 为了讨论我们需要找具有良好度量性质的分割. 以 $\overline{A}$ 记 $A \subset X$ 的闭包, ∂A 记 A 的边界, 并令 $\partial\{A_1, \cdots, A_k\} := \bigcup_{i=1}^{k} \partial A_i$.

引理 4.5.1. 设 X 是一个紧度量空间, $\mu \in \mathfrak{M}$.

(1) 对 $x \in X, \delta > 0$, 存在 $\delta' \in (0, \delta)$ 使得 $\mu(\partial B(x, \delta')) = 0$.

(2) 对 $\delta > 0$, 存在有限可测分割 $\xi = \{C_1, \cdots, C_k\}$, 其中对所有 i 有 $\operatorname{diam}(C_i) < \delta$ 和 $\mu(\partial\xi) = 0$.

证明. (1) $\bigcup_{\delta' \in (0,\delta)} \partial B(x, \delta')$ 是有有限测度的一个不可数互不相交的并.

(2) 设 $\{B_1, \cdots, B_k\}$ 是 X 的半径小于 $\delta/2$ 的一个球覆盖, 对 $0 < i \leqslant k$ 有 $\mu(\partial B_i) = 0$. 设 $C_1 = \overline{B}_1$, $C_i = \overline{B}_i \Big\backslash \bigcup_{j=1}^{i-1} \overline{B}_j, i > 1$, 以及 $\xi := \{C_1, \cdots, C_k\}$. 则 ξ 是所要求的, 因为 $\partial\xi \subset \bigcup_{i=1}^{k} \partial B_i$. □

注. 注意, 如果 $\mu(\partial\xi)=0$ 且 f 是保测的, 则对任何 $n\in\mathbb{N}$, $\mu(\partial\xi_{-n}^{f})=0$. 今后要用这种分割的一个重要性质是, 对弱 * 收敛序列 $\mu_n\to\mu$, 我们得到 $H_{\mu_n}(\xi)\to H_\mu(\xi)$.

现在描述一个后面要多次用到的构造大熵测度的方法. 用 δ_x 表示支撑在 $\{x\}$ 上的概率测度, 并令 $f_*\mu(A):=\mu(f^{-1}(A))$, 其中 μ 是 Borel 测度, f 可测, 以及 A 为 Borel 集.

引理 4.5.2. 设 (X,d) 是一个紧度量空间, $f:X\to X$ 是同胚, $E_n\subset X$ 是 (n,ε) 分离集, $\nu_n:=(1/\operatorname{card}(E_n))\displaystyle\sum_{x\in E_n}\delta_x$ 是 E_n 上的一致 δ 测度, 以及 $\mu_n:=\dfrac{1}{n}\displaystyle\sum_{i=0}^{n-1}f_*^i\nu_n$. 那么存在 $\{\mu_n\}_{n\in\mathbb{N}}$ 的聚点 μ (在弱 * 拓扑下), 它是 f 不变的, 且满足

$$\varlimsup_{n\to\infty}\frac{1}{n}\log\operatorname{card}(E_n)\leqslant h_\mu(f).$$

证明. 对满足 $\lim\limits_{k\to\infty}\log\operatorname{card}(E_{n_k})=\varlimsup\limits_{n\to\infty}\log\operatorname{card}(E_n)$ 的序列 n_k, 取序列 μ_{n_k} 的任一聚点 μ. 聚点的存在性由 $\mathfrak{M}$ 的弱 * 紧性得知, μ 的 f 不变性是显然的, 因为 $f_*\mu_n-\mu_n=(f_*^n\nu_n-\nu_n)/n$ 和 ν_n 是概率测度. 因此如在引理 4.5.1 中考虑元 [181]
素直径小于 ε 和 $\mu(\partial\xi)=0$ 的分割 ξ. 首先注意 $\log\operatorname{card}(E_n)=H_{\nu_n}(\xi_{-n}^{f})$, 因为每个 $C\in\xi_{-n}^{f}$ 至多包含一个 $x\in E_n$, 所以存在 ξ_{-n}^{f} 的元素 $\operatorname{card}(E_n)$ 有 ν_n 测度 $1/\operatorname{card}(E_n)$. 现在假设 $0<q<n$, 并令 $a(k):=[(n-k)/q]$ 是当 $0\leqslant k<q$ 时 $(n-k)/q$ 的整数部分. 于是 $\{0,1,\cdots,n-1\}=\{k+rq+i|0\leqslant r<a(k),0<i\leqslant q\}\cup S$, 其中 $S=\{0,1,\cdots,k,k+a(k)q+1,\cdots,n-1\}$, 且 $\operatorname{card}(S)\leqslant 2q$, 因为由 $a(k)$ 的定义, $k+a(k)q\geqslant n-q$. 因此由命题 4.3.3(1) 和 (4),

$$\xi_{-n}^{f}=\left(\bigvee_{r=0}^{a(k)-1}f^{-(rq+k)}(\xi_{-q}^{f})\right)\vee\left(\bigvee_{i\in S}f^{-i}(\xi)\right)$$

以及

$$\begin{aligned}\log\operatorname{card}(E_n)=H_{\nu_n}(\xi_{-n}^{f})&\leqslant\sum_{r=0}^{a(k)-1}H_{\nu_n}(f^{-(rq+k)}(\xi_{-q}^{f}))+\sum_{i\in S}H_{\nu_n}(f^{-i}(\xi))\\&\leqslant\sum_{r=0}^{a(k)-1}H_{f_*^{rq+k}\nu_n}(\xi_{-q}^{f})+2q\log\operatorname{card}(\xi).\end{aligned}\tag{4.5.1}$$

从而由命题 4.3.3(6) 得

$$q \log \operatorname{card}(E_n) = \sum_{k=0}^{q-1} H_{\nu_n}(\xi_{-n}^f) \leqslant \sum_{k=0}^{q-1} \left(\sum_{r=0}^{a(k)-1} H_{f_*^{rq+k}\nu_n}(\xi_{-q}^f) + 2q\log \operatorname{card}(\xi) \right)$$
$$\leqslant nH_{\mu_n}(\xi_{-q}^f) + 2q^2 \log \operatorname{card}(\xi).$$

因此 $\overline{\lim_{n\to\infty}} \frac{1}{n} \log \operatorname{card}(E_n) \leqslant \lim_{k\to\infty} H_{\mu_{n_k}}(\xi_{-q}^f)/q = H_\mu(\xi_{-q}^f)/q$, 所以

$$\overline{\lim_{n\to\infty}} \frac{1}{n} \log \operatorname{card}(E_n) \leqslant h_\mu(f,\xi) \leqslant h_\mu(f). \qquad \square$$

现在我们证明下面的变分原理: 拓扑熵是度量熵的上确界.

定理 4.5.3 (变分原理). 设 $f: X \to X$ 是紧度量空间 (X,d) 的一个同胚, 那么 $h_{\text{top}}(f) = \sup\{h_\mu(f) | \mu \in \mathfrak{M}(f)\}$.

证明. 如果 $\xi = \{C_1, \cdots, C_k\}$ 是 X 的一个可测分割, 则由于 μ 是 Borel 测度 (参看定义 A.6.6), $\mu(C_i) = \sup\{\mu(B) | B \subset C_i 为闭\}$. 于是可选紧集 $B_i \subset C_i$ 使得对满足 $B_0 = X \setminus \bigcup_{i=1}^{k} B_i$ 的 $\beta = \{B_0, B_1, \cdots, B_k\}$ 有 $H(\xi|\beta < 1)$ (想象 $\{B_1, \cdots, B_k\}$ 是 "岛", B_0 是 "海"). 由命题 4.3.10 (3) 得

$$h_\mu(f,\xi) \leqslant h_\mu(f,\beta) + h_\mu(\xi|\beta) \leqslant h_\mu(f,\beta) + 1.$$

现在 $\mathcal{B} := \{B_0 \cup B_1, \cdots, B_0 \cup B_k\}$ 是 X 的一个开覆盖. 由命题 4.3.3(1), $H_\mu(\beta_{-n}^f) \leqslant$
[182] $\log \operatorname{card} \beta_{-n}^f \leqslant \log(2^n \operatorname{card} \mathcal{B}_{-n}^f)$. 如果 δ_0 是 $\mathcal{B}$ 的 Lebesgue 数, 即使得每个 δ 球包含在 $\mathcal{B}$ 的一个元素内的 $\delta > 0$ 的上确界, 则 δ_0 也是 $\mathcal{B}_{-n}^f$ 关于度量 d_n^f 的一个 Lebesgue 数. 由于 $\mathcal{B}_{-n}^f$ 是一个最小覆盖, 每个 $C \in \mathcal{B}_{-n}^f$ 包含点 x_C 但不在 $\mathcal{B}_{-n}^f$ 的任何其他元素内. x_C 组成 δ_0 分离集. 因此 $h_\mu(f,\beta) \leqslant h_{\text{top}}(f) + \log 2$ 和 $h_\mu(f,\xi) \leqslant h_\mu(f,\beta) + 1 \leqslant h_{\text{top}}(f) + \log 2 + 1$. 从而利用命题 4.3.16 (4) 和命题 3.1.7 (3), 得到对所有 $n \in \mathbb{N}$ 有 $h_\mu(f) = h_\mu(f^n)/n \leqslant (h_{\text{top}}(f^n) + \log 2 + 1)/n = h_{\text{top}}(f) + (\log 2 + 1)/n$, 因此 $h_\mu(f) \leqslant h_{\text{top}}(f)$.

另一方面, 对 X 中的极大 (n,ε) 分离集利用引理 4.5.2, 对对应的聚点 $\mu \in \mathfrak{M}(f)$, 得到

$$\overline{\lim_{n\to\infty}} \frac{1}{n} N_X(f,\varepsilon,n) \leqslant h_\mu(f).$$

因此

$$\overline{\lim_{n\to\infty}} \frac{1}{n} \log N_X(f,\varepsilon,n) \leqslant \sup_\mu h_\mu(f),$$

令 $\varepsilon \to 0$ 证明了变分原理. $\square$

注. 注意如果 f 是可扩的, δ_0 是可扩常数, 则由推论 3.2.13 对 $\varepsilon < \delta_0$ 得到 $\overline{\lim\limits_{n\to\infty}} \frac{1}{n} \log N_X(f,\varepsilon,n) = h_{\text{top}}(f)$. 从而由变分原理的证明立刻得到:

定理 4.5.4. 紧度量空间的可扩映射有最大熵测度.

一个非常自然的问题是这种测度的唯一性条件. 显然我们可以取相同可扩系统的几个不相交拷贝的并, 明显它是可扩的, 或者是几个有相同熵的不同系统的并, 于是由命题 3.1.7 (2) 和命题 4.3.16 (2) 存在多于 1 个最大熵测度. 加入拓扑传递性也没有什么帮助 (练习 4.5.2). 但是, 如我们在 20.1 节中看到的可扩动力系统的一大自然类, 特别地, 它包含所有传递的拓扑 Markov 链, 环面双曲自同构, 马蹄, 扩张映射等, 其最大熵的不变测度事实上是唯一的.

练习

4.5.1. 构造紧度量空间的一个具有有限拓扑熵但没有最大熵测度的同胚.

4.5.2. 构造紧度量空间的有多于一个最大熵的拓扑传递的可扩同胚例子.

第 5 章　具有光滑不变测度的系统以及更多例子

[183]

不变测度的某些类型自然是针对光滑系统的. 例如绝对连续测度, 即在局部坐标卡下由密度给出的测度. 第 1 节我们对三类动力系统建立这类测度存在性的一般准则: 离散时间的可逆和不可逆系统, 以及连续时间的可逆系统. 我们阐明如何利用这些准则证明扩张映射的光滑不变测度的存在性和唯一性. 本章其余部分用来刻画来自经典力学和微分几何中的几类动力系统. 由于所呈现的额外结构, 所有这些系统都保持自然定义的光滑不变测度. 一路上我们通过几个有趣的主题来丰富我们所收集的标准例子.

5.1. 光滑不变测度的存在性

a. 光滑测度类. Krylov–Bogolubov 定理 4.1.1 对紧可度量空间上的任何拓扑动力系统建立了不变测度的存在性. 推论 4.1.4 说明不变测度反映了几乎所有点关于那个测度的渐近性态. 但它真正给出多少信息还不大清楚. 例如, 如果存在周期点, 则可考虑集中在周期轨道上的测度. 它是不变的而且平凡地反映了周期点的渐近性, 但没有给出任何其他点的信息. 虽然下一章我们将得到周期点邻域内某些轨道性态的渐近信息, 但它对 "大多数" 轨道的渐近性态仍没有给出充分的结论. 另一方面, 在研究 4.2a, c 和 e 各子节中的例子时我们自然取 Lebesgue 测度. 一般地, 动力系统可有非常丰富的不变测度, 其中许多具有某些复杂性态. 4.2f [184]
节中的全移位例子就是这种情形, 它具有 Bernoulli 测度和 Markov 测度, 而且事实上许多其他测度是集中在周期轨道上的测度. 那时我们或许有兴趣可选择一些对于了解动力学的更多相关测度. 我们希望能够确定一个不变测度是否在重要方面反映轨道的渐近性态, 以及在出现的不变测度中能够选择更有意义的测度加以考虑. 4.4c 节中构造的传递的拓扑 Markov 链的特殊 Markov 测度 (Parry 测度) 就是这种动力学意义测度的一个例子.[1]

另一方面, 在流形 M 上光滑动力系统的重要测度概念中, 至少有一个具有自然意义. 即由光滑结构定义的一个测度类, 它在微分同胚和许多其他可微映射作用下是不变的. 等价地, 在这种映射作用下自然存在不变的测度为零的集族. 简单地这是集合 A 的族, 使得对任何光滑局部卡 (U,φ), 集合 $\varphi(U\cap A)\subset\mathbb{R}^n$ 的 Lebesgue 测度为零.

定义 5.1.1. 微分流形上的测度 μ 称为是*绝对连续的*, 如果它在任何光滑局部卡下由积分密度给出. 当这个密度在任何卡下几乎处处为正时, 这样的测度称为是*正的*. 称它是*光滑正的*, 如果这个密度是光滑正函数.

所有正测度都是等价的, 即它们都有相同的零集族. 任何绝对连续测度关于任何正测度是绝对连续的. 正测度类在微分同胚和不太退化的可微满射下是不变的, 就是说, 在局部坐标下由映射偏导数组成的 Jacobi 的行列式仅在零集是 0.

如果问题中的流形是可定向的, 则这些测度类可通过 n 次微分形式引入. 特别地, 任何光滑正测度由光滑非退化的 n 次微分形式的积分得到, 反之亦然. 在不可定向流形 M 上不存在非退化的 n 次微分形式. 此时存在两个利用无穷小语言的方法. 一个是我们可引入的定向的二重覆叠 $\pi: M_0\to M$, 它有与 π 可交换的对合 I, 并可考虑 M_0 上的非退化 n 次微分形式 ω, 使得 $I_*\omega=-\omega$. 另一个是可引入奇 n 次微分形式概念, 它是切丛 TM 的 n 次外幂上的一个函数, 使得这个形式的值通过矩阵 A 的线性坐标变换乘上 $|\det A|$. 这些方法的说明见练习 5.1.1—5.1.3. 称奇 n 次微分形式是*非退化的*, 如果它在基上非零.

某类不变测度的唯一性与遍历性之间存在简单的联系. 即若 $T:(M,\mu)\to(M,\mu)$ 是保测变换, ν 是关于 μ 绝对连续的另一个测度, 密度为 ρ. 又如果 ν 是
[185] T 不变的, f 是可测的, 那么

$$\int\rho f d\mu=\int f d\nu=\int f\circ T d\nu=\int\rho(f\circ T)d\mu=\int\rho\circ T^{-1}f d\mu,$$

即 $\rho\circ T^{-1}=\rho$. 如果 μ 是遍历的, 这导致 $\rho=$ 常数, 如果 μ 和 ν 都是概率测度, 那么这意味着 $\rho=1$. 因此我们有

命题 5.1.2. 如果 μ 是遍历的 T 不变概率测度, 则 T 没有其他关于 μ 绝对连续的不变概率测度.

对光滑流形上的光滑动力系统自然要问下面的问题: 对给定的光滑动力系统是否有绝对连续的不变测度或者光滑的正不变测度?

这一节我们给出研究这个问题的一个框架, 以及存在这种测度的某些条件, 并叙述一个不平凡应用. 我们将仅限制讨论可定向流形和保定向映射的情形, 不可定向的情形留作练习.

b. Perron–Frobenius 算子与散度. 对光滑测度, 微分同胚 f 下的不变性变成一个微分 (无穷小) 条件. 如果 Ω 是一个不变体积, 即不变的非退化 n 次微分形式, 则

$$\int_A \Omega = \mu(A) = \mu(f^{-1}(A)) = \int_{f^{-1}(A)} \Omega = \int_A f_*\Omega,$$

即 $f_*\Omega = \Omega$, 其中 $f_*\Omega(v_1, \cdots, v_n) = \Omega(Df^{-1}v_1, \cdots, Df^{-1}v_n)$ 是 Ω 在 f 作用下的前推. 我们可以将它写为如下的等价形式. 假设 Ω 是一个体积形式, 但不必是不变的. 类似于微积分, 通过体积畸变定义 f 关于 Ω 的 Jacobi $Jf : M \to \mathbb{R}$, 即令

$$\int_A (Jf)\Omega = \int_{f(A)} \Omega,$$

这等于说 $(Jf)\Omega = f^*\Omega$, 其中 $f^*\Omega$ 是由 f 通过 $f^*\Omega(v_1, \cdots, v_n) = \Omega(Dfv_1, \cdots, Dfv_n)$ 定义的 Ω 的拉回. 这个定义是合理的, 因为我们有

命题 5.1.3. 设 $\Omega = dx_1 \wedge \cdots \wedge dx_n$ 是 $\mathbb{R}^n$ 中的标准体积形式. 如果 f 是一个微分同胚, 则 $f^*\Omega = (\det Df)\Omega$.

证明. [186]

$$\begin{aligned} f^*\Omega &= \Omega(Df(\cdot), Df(\cdot), \cdots, Df(\cdot), Df(\cdot)) = f^*dx_1 \wedge f^*dx_2 \wedge \cdots \wedge f^*dx_n \\ &= \left(\sum_{i=1}^n \frac{\partial f_1}{\partial x_i} dx_i\right) \wedge \cdots \wedge \left(\sum_{i=1}^n \frac{\partial f_n}{\partial x_i} dx_i\right) \\ &= \sum_{i_1, \cdots, i_n = 1}^n \frac{\partial f_1}{\partial x_{i_1}} \cdots \frac{\partial f_n}{\partial x_{i_n}} dx_{i_1} \wedge \cdots \wedge dx_{i_n} \\ &= \Omega \sum_{\sigma \in S(n)} \frac{\partial f_1}{\partial x_{\sigma(1)}} \frac{\partial f_2}{\partial x_{\sigma(2)}} \cdots \frac{\partial f_n}{\partial x_{\sigma(n)}} = (\det Df)\Omega. \end{aligned}$$

□

因此, 现在我们可定义相应的 Jacobi:

定义 5.1.4. 设 M 是一个流形, Ω 是体积形式, $f : M \to M$ 是可微映射 (不必是微分同胚). 那么 f 关于 Ω 的 Jacobi Jf 是 M 上由 $Jf\Omega = f^*\Omega$ 定义的唯一函数, 即

$$Jf(x) \cdot \Omega_x = \Omega_{f(x)}(Df(\cdot), \cdots, Df(\cdot)).$$

因此, 体积形式 Ω 的不变性由要求 $f^*\Omega = \Omega$ 刻画, 即 $Jf = 1$.

现在假设 f 是一个微分同胚, $\rho: M \to \mathbb{R}_+$ 是 f 不变测度关于 Ω 的密度. 于是重复用 $Jf\rho\Omega$ 代替 Ω, 经计算证明必须有 $Jf\rho = \rho \circ f^{-1}$, 或者

$$\rho \circ f = \frac{\rho}{Jf}.$$

类似地, 在不可逆情形, 我们看到不变密度必须满足

$$\rho(x) = \sum_{y \in f^{-1}(\{x\})} \frac{\rho(y)}{Jf(y)}.$$

因此我们证明了

命题 5.1.5. 设 M 是一个光滑流形, Ω 是体积形式, $f: M \to M$ 是可微映射, 以及 $\rho: M \to \mathbb{R}$ 是绝对连续的 f 不变测度的密度. 则对所有 $x \in M$, 有 $\rho(x) = \sum_{y \in f^{-1}(\{x\})} \frac{\rho(y)}{Jf(y)}$. 特别地, 如果 f 是微分同胚, 则 $\rho \circ f = \rho / J(f)$.

如果 ρ 不为零, 则后面这个关系式可写为 $Jf = \rho / \rho \circ f$, 在周期轨道上迭代这个条件得到

[187] **命题 5.1.6.** 设 M 是一个光滑流形, Ω 是体积形式, 以及 $f: M \to M$ 是微分同胚, 它有处处定义且为正的密度 $\rho: M \to \mathbb{R}_+$ 的绝对连续的 f 不变测度. 那么对每个 $x \in \mathrm{Fix}(f^n)$ 有 $Jf^n(x) = 1$.

受命题 5.1.5 的启发我们有下面定义:

定义 5.1.7. 设 M 是有体积形式 Ω 的一个光滑流形, $f: M \to M$ 是满可微映射. 与 f 相应的 Perron–Frobenius 算子是在非负可测函数上由

$$(\mathcal{F}\rho)(x) = \sum_{y \in f^{-1}(\{x\})} \frac{\rho(y)}{Jf(y)}$$

定义的算子.

因此, 我们注意到, 这个不变密度就是 Perron–Frobenius 算子的不动点.

刻画在流作用下的体积形式的不变性条件比较简单. 由于光滑流 φ^t 是一个单参数微分同胚族, 故可明显采用上面讨论的不变形式, 说体积形式 Ω 是 φ^t 不变的, 当且仅当对所有 t 有 $(\varphi^t)^*\Omega = \Omega$. 在 $t = 0$ 微分这个表达式, 得到 $\frac{d}{dt}(\varphi^t)^*\Omega = 0$, 即

$$\mathcal{L}_v\Omega = 0,$$

其中 $v = \left.\frac{d}{dt}\varphi^t\right|_{t=0}$ 是产生 φ^t 的向量场, $\mathcal{L}$ 是 Lie 导数.

定义 5.1.8. 向量场 v 关于体积形式 Ω 的散度由满足

$$\mathcal{L}_v\Omega = \operatorname{div} v \cdot \Omega$$

的唯一函数 $\operatorname{div} v$ 定义.

命题 5.1.9. 设 M 是具有体积形式 Ω 的一个流形, φ^t 是流, 且 $v := \dot{\varphi}^t$. 那么 $\operatorname{div} v = 0$, 当且仅当 φ^t 保持 Ω.

由定义此命题本质上成立. 我们证明 $\mathbb{R}^n$ 中散度的这个定义与熟悉用偏导数定义的是一致的.

命题 5.1.10. 设 $\Omega = dx_1 \wedge \cdots \wedge dx_n$ 是 $\mathbb{R}^n$ 上的标准体积形式. 如果 v 是 $\mathbb{R}^n$ 上的向量场, 则 $\mathcal{L}_v\Omega = \operatorname{div} v \cdot \Omega$.

证明.

$$\begin{aligned}\mathcal{L}_v\Omega &= d(\Omega \lrcorner v) + d\Omega \lrcorner v = d(\Omega \lrcorner v) = d\left(\sum_{i=1}^n v_i dx_1 \wedge \cdots \wedge \widehat{dx_i} \wedge \cdots \wedge dx_n\right) \\ &= \sum_{i=1}^n \frac{\partial v_i}{\partial x_i} dx_1 \wedge \cdots \wedge dx_i \wedge \cdots \wedge dx_n = \Omega \sum_{i=1}^n \frac{\partial v_i}{\partial x_i} = (\operatorname{div})\Omega. \qquad \square\end{aligned}$$

从现在起, 假设 M 是一个紧可定向流形. 对光滑体积形式 Ω, 用 $\operatorname{Diff}^r(M,\Omega)$ [188]
表示具有诱导 C^r 拓扑的保 Ω 的 C^r 微分同胚空间. 显然它是 $\operatorname{Diff}^r(M)$ 的一个闭子集. 稍作努力即可证明它有局部的 Banach 结构. 在流情形令 $\Gamma^r(TM,\Omega) \subset \Gamma^r(TM)$ 是其流保 Ω 的向量场集合. 由于这些正是无散的 C^r 向量场, 它们组成 $\Gamma^r(TM)$ 的闭线性子空间, 因此是一个 Banach 空间.

现在我们建立流的不变体积与流截面的回复映射 (参看 0.3 节) 的不变体积之间的联系. 这是一个局部事实, 其中我们仅需考虑局部截面, 得到一个不变体积形式 ω, 也称它为流形上涉及体积 Ω 的局部构造中通过局部截面的流量.

命题 5.1.11. 设 M 是一个流形, $\varphi^t: M \to M$ 是可微流, Ω 是不变体积形式. 如果 τ 是与流横截的圆盘, 则 τ 上的体积形式 $\omega = \Omega \lrcorner X$ 在回复映射作用下不变, 其中 $X = \dot{\varphi}^t$ 是产生 φ^t 的向量场.

证明. 对 $p \in \tau$, 考虑在 p 的一个标架 $(X, v_2, \cdots, v_n)$, 其中 $(v_2, \cdots, v_n)$ 是 $T_p\tau$ 的标架. $(v_2, \cdots, v_n)$ 在到 τ 的回复映射的微分作用下的像 $(w_2, \cdots, w_n)$ 与 $(X, v_2, \cdots, v_n)$ 在由 $w_i' - w_i = c_i \cdot X$ 给出的流作用下的像 $(X, w_2', \cdots, w_n')$ 相关. 因此利用多重线性和 Ω 是另一个形式的事实, 得到 $\Omega(X, w_2', \cdots, w_n') = \Omega(X, v_2, \cdots, v_n)$. 由于 X 和 Ω 是 φ^t 不变的, 这证明 $\Omega \lrcorner X$ 在回复映射下保持.$\square$

c. 光滑不变测度的存在性准则. 通过上一子节的讨论, 除了命题 5.1.6 还得到存在光滑不变测度的必要条件. 因为我们早先已经注意到不变测度关于 Ω 的密度 ρ 有 $Jf = \rho/\rho \circ f$, 从而立刻看到有

命题 5.1.12. 设 M 是一个光滑流形, Ω 是它的体积形式, $f: M \to M$ 是微分同胚. 如果存在有正连续密度的绝对连续的 f 不变测度, 那么 $\{Jf^n(x) | n \in \mathbb{Z}, x \in M\}$ 有界.

证明. 如果 ρ 是密度, 则 $Jf^n(x) = \dfrac{\rho(x)}{\rho(f^n(x))} \leqslant \dfrac{\max\limits_{x\in M} \rho(x)}{\min\limits_{x\in M} \rho(x)}$. □

我们找到了光滑不变测度存在的必要条件, 现在要看是否还存在充分条件. 如果我们放松关于密度的假设, 仅假设它是一个正 Borel 函数, 则存在一个充分条件:

定理 5.1.13. 假设 (M, Ω) 是具体积形式 Ω 的一个流形, 以及 $f: M \to M$ 是保定向的微分同胚. 如果 $\{Jf^n(x) | n \in \mathbb{Z}\}$ 对几乎每点 $x \in M$ 有界, 则存在 Borel 函数 $\omega: M \to \mathbb{R}_+$, 使得 $\omega \geqslant 1/Jf$, 且 $\omega\Omega$ 是 f 不变的. 如果 $\{Jf^n(x) | n \in \mathbb{Z}\}$ 对
[189] 所有 x 和 n 一致有界, 则 ω 有界.

证明. 记 $\Phi(x) := -\log Jf(x)$, 假设 $e^{\varphi}\Omega$ 是 f 不变的. 则

$$
\begin{aligned}
0 = (f^* e^{\varphi}\Omega)_x - (e^{\varphi}\Omega)_x &= e^{\varphi(f^{-1}(x))}\Omega_{f^{-1}(x)}(Df^{-1}(\cdot), \cdots, Df^{-1}(\cdot)) - e^{\varphi(x)}\Omega_x \\
&= e^{\varphi(f^{-1}(x))}(Jf(x))^{-1}\Omega_x - e^{\varphi(x)}\Omega_x = (e^{\varphi(f^{-1}(x))}e^{\Phi(x)} - e^{\varphi(x)})\Omega.
\end{aligned}
$$

因此, 我们需要求解上同调方程

$$
\varphi(f^{-1}(x)) - \varphi(x) = -\Phi(x). \tag{5.1.1}
$$

由定理 2.9.3 证明得知

$$
\varphi(x) := \sup_{n\in\mathbb{N}} \sum_{i=0}^{n} \Phi(f^{-i}(x)) \geqslant \Phi(x), \tag{5.1.2}
$$

这是 (5.1.1) 的解, 它是一个有定义的 Borel 函数, 且几乎处处有限. 因此 $\omega := e^{\varphi} \geqslant e^{\Phi} = 1/Jf$ 是所需的密度. 一般它可以不是 L^1 的, 因此不变测度可以无穷. 但是, 如果 $Jf^n(x)$ 关于 x 和 n 一致有界, 则可直接应用定理 2.9.3, 故由 (5.1.2) 定义的函数 φ 有界, 因而这个不变测度是有限的. □

注. 由定理 5.1.13 的充分条件得到命题 5.1.6 的必要条件. 因为如果对某个 $x = f^n(x)$ 有 $Jf^n(x) = \lambda \neq 1$, 则当 $m \to \infty$ 或 $m \to -\infty$ 时 $Jf^{mn}(x) = \lambda^m$ 趋于 ∞.

定理 19.2.7 断言, 对某类光滑动力系统 (Anosov 系统, 见定义 6.4.2 和 17.4.2), 后面的条件事实上是存在光滑不变正测度的充分条件, 从而由定理 5.1.13 得到前者.

接下来, 我们对不可逆映射推导一个类似但看起来更复杂的条件, 用它证明圆周扩张映射绝对连续测度的存在性.

考虑可微映射 $f: M \to M$, 使得每一点 $x \in M$ 仅有有限多个原像, M 上的体积形式为 Ω.

定义 5.1.14. x 的原像的截面是一个有限子集 $S \subset M$, 使得任何无穷半轨 $\{x_{-n}\}_{n\in\mathbb{N}_0}$ 恰好包含 S 的一个元素, 其中 $x_0 = x, f(x_n) = x_{n+1}$. 设 $S = \{y_1, \cdots, y_k\}$ 是 x 的原像的一个截面, $n_1, \cdots, n_k$ 由 $f^{n_i}(y_i) = x$ 定义. 称 n_i 的最大值为 S 的秩, n_i 的最小值为 S 的深度. 定义函数 Φ 为

$$\Phi(S) = \sum_{i=1}^{k} (Jf^{n_i}(y_i))^{-1}, \tag{5.1.3}$$

其中 Jacobi 关于 Ω 取. [190]

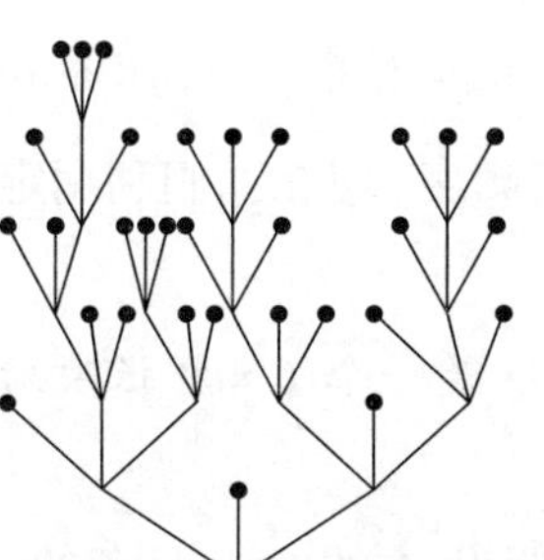

图 5.1.1. 原像的截面

设 $x_1, \cdots, x_m$ 是 x 的原像, 对应地, $S_1, \cdots, S_m$ 是点 $x_1, \cdots, x_m$ 的原像的任何截面. 则 $S = \bigcup_{i=1}^{m} S_i$ 是 x 的原像的一个截面. 进一步直接计算证明

$$\Phi(S) = \sum_{i=1}^{m} \frac{\Phi(S_i)}{Jf(x_i)}, \tag{5.1.4}$$

以及, $\operatorname{rank} S = 1 + \max\limits_{1\leqslant i\leqslant m} \operatorname{rank} S_i$.

反之, 秩大于零的 x 的原像的任何截面 (即任何 $S \neq \{x\}$) 自然分裂为 $x_1, \cdots, x_m$ 的原像的截面的互不相交并.

设 $\rho_n(x)$ 是 $\Phi(S)$ 在深度至少是 n 的 x 的原像的所有截面上的上确界, 以及

$$\rho(x) := \lim_{n\to\infty} \rho_n(x) = \inf_{n\to\infty} \rho_n(x).$$

注意在 (5.1.4) 中, $\operatorname{depth}(S_i) \geqslant \operatorname{depth}(S) - 1$, 所以

$$\rho(x) = \sum \frac{\rho(x_i)}{Jf(x_i)}.$$

因此, 如果 ρ 处处有限 (或几乎处处有限), 则它是 Perron–Frobenius 算子的不动点 (参看定义 5.1.7), 从而给出绝对连续 f 不变测度的密度. 为了保证 ρ 是 L^1 函数, 因此 $\rho\Omega$ 是一个有限测度, 只需看到 ρ 一致有界. 进一步, 如果 ρ 还有正下界, 则测度 $\rho\Omega$ 事实上等价于 Ω. 因此我们证明了定理 5.1.13 对不可逆映射的下面对应:

[191] **定理 5.1.15.** *设 $f: M \to M$ 是一个可微映射, 使得任何点 $x \in M$ 有有限多个原像. 又若存在正常数 C_1, C_2, 使得对任何 $x \in M$ 和 x 的原像的任何截面 S,*

$$C_1 < \Phi(S) < C_2, \tag{5.1.5}$$

则 f 有不变测度 $\rho\Omega$, 其中 ρ 是正有界函数, 上界异于零.

d. 扩张映射的绝对连续不变测度. 现在我们利用定理 5.1.15 证明圆周扩张映射有绝对连续测度.[2]

定理 5.1.16. *设 $f: S^1 \to S^1$ 是一个 C^2 扩张映射, 即 $|f'| > 1$. 则 f 保由连续正密度给出的测度.*

证明. 如有必要可通过 f^2 假设 f 的度 k 是正的. 这就足够了, 因为对任何 f^2 不变测度 μ, 测度 $\mu + f_*\mu$ 是 f 不变的. 记得从定理 2.4.6, f 拓扑共轭于线性映射 E_k. 标准 k 分区间 $\Delta_n^m = [m/k^n, (m+1)/k^n]$, $m = 0, \cdots, k^n - 1$ 的共轭在 h 作用下的像 Γ_m^n 组成 S^1 的一个分割. 此外, 由于 f 共轭于 E_k, 不同点上的截面可典范等同. 就是说, 任给 x^0 的原像的截面 $\sigma^0 = \{y_1^0, \cdots, y_m^0\}$, 存在任何其他点 x^1 的原像的唯一截面 $\sigma^1 = \{y_1^1, \cdots, y_m^1\}$ 按下面意义同伦于 σ^0: 如果 $c: [0,1] \to S^1$ 是满足 $c(0) = x^0, c(1) = x^1$ 的一条曲线, 而且 $f^{n_i}(y_i^0) = x^0$, 则 σ^1 恰好由 $c_i(0) = y_i^0, f^{n_i} \circ c_i = c$ 定义的曲线 c_i 的端点组成. 用 $\sigma^0 \sim \sigma^1$ 记这个情况. 换句话说, 截面可由特殊点独立地组合定义:

定义 5.1.17. 组合截面是 S^1 到原像截面族的映射 σ, 使得对所有 $x \in S^1$, $\sigma(x)$ 是 x 的原像的截面, 且对所有 $x, y \in S^1$ 有 $\sigma(x) \sim \sigma(y)$. 用 $\sigma_n(x) = f^{-n}(\{x\})$ 定义全秩 n 截面 σ_n.

引理 5.1.18. 存在常数 $C_1, C_1' \in \mathbb{R}$, 使得对 $n, m \in \mathbb{N}$ 和 $x, y \in \Gamma_n^m$, 有

$$\exp(C_1'|f^n(x) - f^n(y)|) < \frac{(f^n)'(x)}{(f^n)'(y)} < \exp(C_1|f^n(x) - f^n(y)|).$$

证明. 如果 $x, y \in \Gamma_n^m$, 以及 $x_i := f^i(x), y_i := f^i(y)$, 则 $|x_i - y_i| < \lambda^{n-i}|x_n - y_n|$, 其中 $\lambda^{-1} > 1$ 是 f' 的下界. 因此, 利用中值定理对 x_i 和 y_i 之间的某个点 z_i, 我们有

$$\begin{aligned}\frac{(f^n)'(x)}{(f^n)'(y)} &= \frac{\prod\limits_{i=0}^{n-1} f'(f^i(x))}{\prod\limits_{i=0}^{n-1} f'(f^i(y))} = \prod_{i=0}^{n-1}\left(1 + \frac{f'(x_i) - f'(y_i)}{f'(y_i)}\right) \\ &= \prod_{i=0}^{n-1}\left(1 + \frac{x_i - y_i}{f'(y_i)} f''(z_i)\right) \leqslant \prod_{i=0}^{n-1}\left(1 + M\lambda^{n-i}|x_n - y_n|\right) \\ &\leqslant \exp(C|x_n - y_n|).\end{aligned}$$

这里我们利用了不等式 $\log \Pi(1 + a_n) = \sum \log(1 + a_n) \leqslant \sum \log a_n$. 另一个不等 [192]
式由对称性得到. □

注. 称这个引理中的这类不等式为有界畸变估计. 这类估计在研究一维系统时将出现多次, 不管可逆的还是不可逆.[3] 这个不等式还可被用以代替定理 5.1.16 中的 C^2 假设.

将这个不等式代入 Φ 的定义 (5.1.3), 得到

引理 5.1.19. 设 σ 是一个组合截面, $x, y \in S^1$. 那么

$$\exp(C_1'|x - y|) < \frac{\Phi(\sigma(x))}{\Phi(\sigma(y))} < \exp(C_1|x - y|),$$

其中 C_1, C_1' 如前.

证明. 利用由 $ca_i \leqslant b_i \leqslant c'a_i$ 得到 $c\sum a_i \leqslant \sum b_i \leqslant c' \sum a_i$ 的事实. □

为了控制在绝对项中 Φ 的大小, 我们指出:

引理 5.1.20. 对 $n \in \mathbb{N}$, 我们有 $\int_{S^1} \Phi(\sigma_n(x))dx = 1$.

证明. 由变量变换 $\int_{S^1} \Phi(\sigma_n(x))dx = \int_{S^1} \sum_{f^n(y)=x} \frac{1}{(f^n)'(y)} dx = \int_{S^1} dy = 1.$ □

推论 5.1.21. 存在 $C_2 > C_2' > 0$, 使得对 $n \in \mathbb{N}$ 和 $x \in S^1$ 有 $C_2' < \Phi(\sigma_n(x)) < C_2$.

证明. 由引理 5.1.19 得知 $\Phi\circ\sigma_n$ 连续, 从而由上一引理存在 p_n 使得 $\Phi(\sigma_n(p_n))=1$. 于是 $\Phi(\sigma_n x)\leqslant\Phi(\sigma_n(p_n))\exp(C_1|x-p_n|)\leqslant e^{C_1}$. 同样我们得到 $C_2'=e^{C_1'}$. □

下面我们证明

引理 5.1.22. *如果 S 是 x 的原像的截面, 其秩为 n 且 $N\geqslant n$, 则*

$$C_2'<\frac{\Phi(S)}{\Phi(\sigma_N(x))}<C_2.$$

证明. 如果 $y\in S, y^l(y)=x$, 用 $f^{l-N}(\{y\})=\{z_1,\cdots,z_s\}\subset\sigma_n(x)$ 代替 y, 则 $\Phi(\sigma_N(x))$ 中对应项之和为

$$\sum_{i=1}^{s}\frac{1}{(f^N)'(z_i)}=\frac{1}{(f^l)(y)}\sum_{i=1}^{s}\frac{1}{(f^{N-l})'(z_i)}=\frac{\Phi(\sigma_{l-N}(y))}{(f^l)'(y)},$$

从而由推论 5.1.21 总改变在因子 C_2, C_2' 之内. □

[193] 由推论 5.1.21 和引理 5.1.22 得到

命题 5.1.23. *存在 $C_3>C_3'>0$, 使得对所有 x 和 x 的原像的所有截面 S, 我们有*

$$C_3'<\Phi(S)<C_3.$$

因此, 由定理 5.1.15 得到关于正有界密度的不变测度的存在性, 其中有界常数异于零. 密度的连续性 (实际上是 Lipschitz 连续性) 由引理 5.1.19 得到. 即首先注意由引理 5.1.19, $\log\Phi\circ\sigma$ 是 Lipschitz 连续 (关于 σ 一致) 的, 因此由上一个命题 $\Phi\circ\sigma$ 也 Lipschitz 连续 (关于 σ 一致). 现在 $\rho_n(x)=\sup_\sigma\Phi(\sigma(x))$ 在深度至少是 n 的所有组合截面上取. 因此 ρ_n 是有相同 Lipschitz 常数的 Lipschitz 函数, 这对 ρ 同样成立. □

命题 5.1.24. *定理 5.1.16 中构造的扩张映射的不变测度 μ 是遍历的.*

推论 5.1.25. *任何 C^2 扩张映射 $f:S^1\to S^1$ 有唯一绝对连续的不变测度.*

证明. 这由命题 5.1.24 和命题 5.1.2 得到. □

命题 5.1.24 的证明. 我们将利用与命题 4.2.7 第二个证明的相同方法. 引理 5.1.18 的有界畸变估计允许我们用这个方法于非线性情形.

假设 $A\subset S^1$ 是正 Lebesgue 测度的一个 f 不变集. 给定 $\varepsilon>0$ 存在区间 $\Gamma_n^m=[a,b]$ 使得

$$\lambda(A\cap\Gamma_n^m)>(1-\varepsilon)\lambda(\Gamma_n^m)=(1-\varepsilon)(b-a),\tag{5.1.6}$$

其中 λ 是 Lebesgue 测度 (因为 Lebesgue 测度是通过区间覆盖定义的). 由 A 的不变性, 我们有 $f^n(A\cap\Gamma_n^m)\subset A$. 由 Γ_n^m 的定义, Γ_n^m 的第 n 个像覆盖圆周一次, 因此

$$\int_a^b (f^n)'dx=1.$$

特别地, 存在 $p_n\in\Gamma_n^m$ 使得 $(f^n)'(p_n)=1/(b-a)$. 因此由引理 5.1.18,

$$\max_{\Gamma_n^m}(f^n)'<e^C/(b-a).$$

在 $\Gamma_n^m\backslash A$ 上积分 $(f^n)'$ 并利用 (5.1.6), 得到

$$\lambda(S^1\backslash A)\leqslant\max_{\Gamma_n^m}(f^n)'\cdot\lambda(\Gamma_n^m)\leqslant\frac{e^C}{b-a}\varepsilon(b-a)=\varepsilon e^C.$$

由于 ε 任意, $\lambda(S^1\backslash A)=0$, 又因为不变测度 μ 关于 λ 绝对连续, 因此有 $\mu(S^1\backslash A)=0$, μ 是遍历的. □

现在我们对映射 f 引入平均扩张率: [194]

$$\chi:=\int_{S^1}\log|f'(x)|d\mu(x).$$

由于 $(f^n)'(x)=\prod_{k=0}^{n-1}f'(f^k(x))$, 由命题 5.1.24 和 Birkhoff 遍历定理 4.1.2 的推论 4.1.9, 对几乎每个 $x\in S^1$ 有

$$\chi=\lim_{n\to\infty}\log(f^n)'(x).\tag{5.1.7}$$

命题 5.1.26. $h_\mu(f)=\chi$.[4]

证明. 不失一般性, 再次设 $k=\deg(f)>0$. 由于 $\xi_1:=\{\Gamma_1^0,\cdots,\Gamma_k^0\}$ 是 f 的一个生成子, 故只需计算 $h_\mu(f,\xi_1)$. 由分割 ξ_n 的构造得 $(\xi_1)_{-n}^f=\xi_n$, 因此

$$h_\mu(f,\xi_1)=\lim_{n\to\infty}\left(-\sum_{i=0}^{k^n-1}\frac{1}{n}\mu(\Gamma_n^i)\log\mu(\Gamma_n^i)\right).\tag{5.1.8}$$

因为由定理 5.1.16 比 $\lambda(A)/\mu(A)$ 一致有上下界, 上界常数为正. 我们可在 (5.1.8) 的右端以 $\log\lambda(\Gamma_n^i)$ 代替 $\log\mu(\Gamma_n^i)$ 而不改变此极限. 此外, 如命题 5.1.24 的证明由引理 5.1.18, $(f^n)'(x)\lambda(\Gamma_n^i)$ 在 Γ_n^i 上一致有上下界, 有界常数为正, 所以可用 $\log(f^n)'$ 在 Γ_n^i 上的平均代替 $-\log\lambda(\Gamma_n^i)$, 即用 $\int_{\Gamma_n^i}\log(f^n)'(x)dx/\lambda(\Gamma_n^i)$ 代替, 得到

$$h_\mu(f,\xi_1)=\lim_{n\to\infty}\sum_{i=0}^{k^n-1}\mu(\Gamma_n^i)\int_{\Gamma_n^i}\frac{1}{n}\log(f^n)'(x)dx/\lambda(\Gamma_n^i).\tag{5.1.9}$$

函数序列 $\varphi_n(x)=\dfrac{1}{n}\log(f^n)'(x)$ 一致有界, 且由 (5.1.7) 几乎处处收敛于 χ. 由此得知 (5.1.9) 右端的平均序列也收敛于 χ. □

e. Morse 定理. 下面的结果属于 Jürgen Moser, 他证明紧可定向流形上的所有光滑正测度直到相差一个同胚都等价. 这个结果在几个构造中都有用, 它使我们能够假设同胚保持光滑测度实际上也保持任何一个方便的标准体积. 此外, 证明用了一个有时称为 "同伦技巧" 的论述, 它将再次应用于 Darboux 定理 5.5.9 的证明和 6.6 节的局部光滑线性化的修改形式, 以及第 14 章曲面上保面积流的光滑轨道分类 (也见附录中 Poincaré 引理 (定理 A.3.11) 的证明).[5]

[195] **定理 5.1.27 (Moser 定理).** 设 M 是紧光滑可定向流形, Ω_0,Ω_1 是 M 上两个有相同全体积 $\displaystyle\int_M\Omega_0=\int_M\Omega_1$ 的体积形式. 那么存在微分同胚 f 使得 $f^*\Omega_1=\Omega_0$.

证明. 设 $\Omega':=\Omega_1-\Omega_0$. 则 $\Omega_t:=\Omega_0+t\Omega'$ 是对 $t\in[0,1]$ 的一个体积形式. 此外, $\displaystyle\int_M\Omega'=0$, 所以由引理 A.3.13, 对某个 $n-1$ 次微分形式 Θ 得 $\Omega'=d\Theta$. 由于 Ω_t 是非退化的, 存在唯一 (光滑) 向量场 X_t 使得 $\Omega_t\lrcorner X_t=\Omega_t(X_t,\cdot,\cdots,\cdot)=-\Theta$. 由于 M 是紧的, 我们可积分 X_t, 得到一个单参数微分同胚族 $\{\varphi^t\}_{t\in[0,1]}$, 使得 $\dot\varphi^t=X_t$ 和 $\varphi^0=\mathrm{Id}$. 于是由 (A.3.3) 得到

$$\frac{d}{dt}\varphi^{t^*}\Omega_t=\varphi^{t^*}(\mathcal{L}_{X_t}\Omega_t)+\varphi^{t^*}\frac{d}{dt}\Omega_t=\varphi^{t^*}d(\Omega_t\lrcorner X_t)+\varphi^{t^*}\Omega'=\varphi^{t^*}(-d\Theta+\Omega')=0.$$

从而 $\varphi^{1*}\Omega_1=\varphi^{0*}\Omega_0=\Omega_0$, 即 φ^1 是所求的坐标变换. □

练　习

5.1.1. 设 M 是一个可定向流形, ω 是 n 次微分形式, 对 $x\in M,\xi_1,\cdots,\xi_n\in T_xM$ 定义 $|\omega|(\xi_1,\cdots,\xi_n):=|\omega(\xi_1,\cdots,\xi_n)|$. 求证 $|\omega|$ 是奇 n 次微分形式.

5.1.2. 设 M 是一个光滑流形, 不必是紧的. 证明 M 上存在一个奇 n 次微分形式.

5.1.3. 设 M 是一个可定向流形, α 是 M 上的一个奇 n 次微分形式. 证明 M 上存在奇 n 次微分形式 ω, 使得 $\alpha=|\omega|$.

5.1.4. 证明如果 M 是一个不可定向流形, $\pi:M_0\to M$ 是可定向的二重覆叠, $I:M_0\to M_0$ 是对应的对合, 则 M_0 上存在一个非退化光滑 n 次微分形式, 使得 $I_*\omega=-\omega$, 因此 $\pi_*|\omega|$ 是 M 上的一个奇 n 次微分形式.

5.1.5. 利用奇 n 次微分形式叙述并证明定理 5.1.27 对不可定向流形的对应.

5.1.6. 考虑满足下面条件的 "类帐篷" 映射 $f:[0,1]\to[0,1]$:

(1) $f(0) = f(1) = 0$,

(2) 对某个 $a \in (0, 1)$, $f(a) = 1$,

(3) 对 $0 < x < a$, $f'(x) > \lambda > 1$,

(4) 对 $a < x < 1$, $f'(x) < -\lambda$,

(5) f 有异于零的二阶界导数.

证明 f 关于 Lebesgue 测度有有界正密度的不变测度.

5.1.7. 证明如果 v 是光滑流形 M 上的一个向量场, Ω 是 n 次微分形式, 则 $\rho\Omega$ 在由 v 生成的流作用下不变, 当且仅当 $\mathcal{L}_v\rho + \rho \cdot \operatorname{div} v = 0$.

5.2. Newton 系统的例子 [196]

本章的余下部分将讨论来自经典力学和微分几何中的几类动力系统. 由于所有这些系统所呈现的特殊结构, 它们都具有自然的光滑不变体积.

a. Newton 方程. 经典力学中的最基本定律是 Newton 定律

$$f = ma,$$

它刻画了 $\mathbb{R}^n$ 中质点 m 在力 f 作用下的运动由加速度 a 给出. 这是借助二阶常微分方程描述的一个例子: 如果点的位置取为点 $x \in \mathbb{R}^n$, 则加速度是 $a := \ddot{x} = \dfrac{d^2x}{dt^2}$. 假设力 f 仅是 x 的函数, 则得方程

$$m\frac{d^2x}{dt^2} = f(x).$$

为了研究这类二阶常微分方程系统, 通过将速度 $v := \dot{x} = \dfrac{dx}{dt} \in \mathbb{R}^n$ 定义为另一个独立变量, 把它化为一阶方程组

$$\frac{d}{dt}x = v,$$
$$\frac{d}{dt}mv = f(x).$$

这个常微分方程的一般解按坐标 (x, v) 在 $\mathbb{R}^n \times \mathbb{R}^n$ 上定义了一个动力系统. 这种方程是无散的, 因此在相空间保持 Lebesgue 测度 $dxdv$ (见命题 5.1.10).

量 $p := mv$ 称为动量. 动能由 $\frac{1}{2}m\langle v, v\rangle$ 给出.

当力 f 由梯度场 $f = -\nabla V$ 表示时, 函数 $V : \mathbb{R}^n \to \mathbb{R}$ 称为势能. 此时

$$\frac{d}{dt}mv = -\nabla V. \tag{5.2.1}$$

直接计算显示总能量 $H=\dfrac{1}{2}m\langle v,v\rangle+V$ 保持 (守恒):

$$\frac{dH}{dt}=\langle v,m\dot{v}\rangle+\frac{dV}{dt}=\langle v,m\dot{v}\rangle+\langle\dot{x},\nabla V\rangle=\langle v,m\dot{v}+\nabla V\rangle=0.$$

现在我们讨论几个具有这个特性的具体例子.

b. 环面上质点的自由运动. 考虑平坦环面 $\mathrm{T}^n=\mathbb{R}^n/\mathbb{Z}^n$ 上无外力的质点运动.
[197] 这个运动由二阶常微分方程 $\ddot{x}=0$ 描述, 其中 x 由模 $\mathbb{Z}^n$ 定义. 或者将这个方程写为

$$\begin{aligned}\dot{x}&=v\\ \dot{v}&=0,\end{aligned}$$

我们看到, 由于 v 是保守的, 这个运动沿着直线的速度为常数. 这意味着 v 的 n 个分量是运动的积分. 对任意给定的 v, 运动对应于线性流 T_t^v (参看 1.5 节). 因此我们可视相空间 $T\mathbb{T}^n$ 为描述如下动力学的 $\mathbb{R}^n\times\mathbb{T}^n$: 环面 $\{v\}\times\mathbb{T}^n$ 是不变的, $\{v\}\times\mathbb{T}^n$ 上的运动由 $\{v\}\times T_t^v$ 给出. 因此这个系统是完全可积的, 它的自然坐标是如 1.5 节讨论的作用量角坐标. Hamilton 函数是动能 $H(x,v)=\langle v,v\rangle/2$, 非退化二次微分形式是 $\omega=\sum\limits_i dx_i\wedge dv_i$.

c. 数学摆. 考虑平面中由质点附上一个连接固定点的杆的摆. 如果我们取 $2\pi x$ 为从铅垂偏离的角度, 则摆由微分方程

$$\ddot{x}+\sin 2\pi x=0$$

描述, 或者等价地由一阶常微分方程系统

$$\begin{aligned}\dot{x}&=v,\\ \dot{v}&=-\sin 2\pi x\end{aligned}\tag{5.2.2}$$

描述, 其中 $x\in S^1, v\in\mathbb{R}$. 总能量为 $H(x,v)=\dfrac{1}{2}v^2-\dfrac{1}{2\pi}\cos 2\pi x$, 它在流作用下不变, 因为由 (5.2.2),

$$\frac{d}{dt}H(x,v)=v\dot{v}+\dot{x}\sin 2\pi x=0.$$

相空间是柱面 $S^1\times\mathbb{R}$, 轨道是等位线 $H=$ 常数. 对 $-1/2\pi<H<1/2\pi$, 每条能量等位线由对应于围绕稳定平衡点 $(x,v)=(0,0)$ 的振动的单闭曲线组成. 这些轨道被对应于围绕连接点旋转的高能量轨道所分开, 这种轨道是由不稳定平衡

点 $(x, v) = (1/2, 0)$ 的同宿回路 $H = 1/2\pi$ 组成. 对 $H > 1/2\pi$ 每条能量等位线由两条对应于方向相反的旋转的轨道组成.

在相空间中我们可以将标准的不变体积 $dx \wedge dy$ (这是面积或 Lebesgue 测度) 写为 $dHdl$, 其中 dH 是流不变的, 因为 H 是流不变的, dl 是沿着曲线 $H =$ 常数通过 $\|\nabla H\|$ 分割的长度元素. 由 (5.2.2), $\|\nabla H\|$ 是沿着 $H =$ 常数的运动速 [198]
度, 所以 dl 也是流不变的.

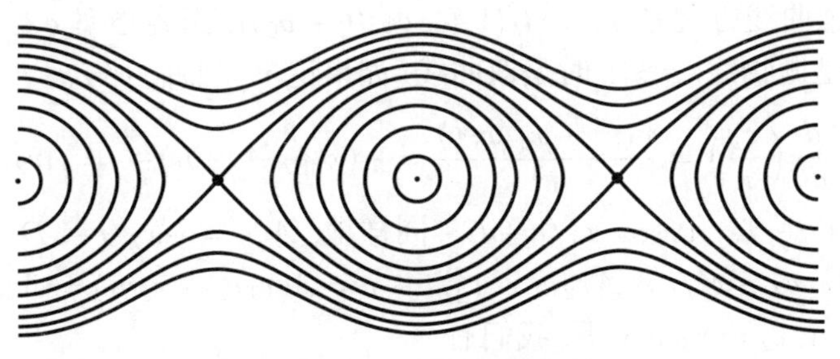

图 5.2.1. 数学摆的相图

d. 中心力.[1] 经典力学中的一个主要科目是天体力学. 我们描述它的一个最简单模型. 如果仅考虑二体的自由运动, 但受万有引力相互吸引, 则我们可以将坐标集中在系统的质量中心 (见练习 5.2.2), 或者假设它们中的一个 (太阳) 比另外一个重, 因此基本上是固定的 (或者更确切地说, 以常数速度运动). 从而可将第二个物体 (行星) 的位置写为 $x \in \mathbb{R}^3 \backslash \{0\}$, 它的速度 $v \in \mathbb{R}^3$. 这个引力场的势能为 $V(x) = -1/\|x\|$, 从而牛顿方程变成

$$\ddot{x} = \nabla \frac{1}{\|x\|} = -\frac{x}{\|x\|^3}$$

或者

$$\dot{x} = v,$$
$$\dot{v} = -\frac{x}{\|x\|^3}.$$

如通常动能是 $\langle v, v\rangle/2$. 因此总能量为 $E(x, v) = \langle v, v\rangle/2 - 1/\|x\|$. 它是保守的, 因为我们的方程有形式 (5.2.1). 这里如在子节 b, 存在其他积分, 即由 $x \times v = (x_2v_3 - x_3v_2, x_3v_1 - x_1v_3, x_1v_2 - x_2v_1)$ 给出的角动量的分量. 为了验证这一点, 例如, 注意

$$\frac{d}{dt}(x_1v_2 - x_2v_1) = \dot{x}_1v_2 + x_1\dot{v}_2 - \dot{x}_2v_1 - x_2\dot{v}_1 = v_1v_2 - \frac{x_1x_2}{\|x\|^3} - v_2v_1 + \frac{x_2x_1}{\|x\|^3} = 0.$$

事实上, 这个系统是完全可积的. 我们不像 1.5 节直接引入作用量角坐标, 而是在 "完全可积" 概念的经典意义的精神下通过明显求解运动方程描述它的动力

[199] 学. 注意 $v \perp x \times v$, 所以运动在垂直于 $x \times v$ 的平面内. 因此, 对 $x \times v$ 的任一给定方向, 这个问题化为在 $\mathbb{R}^2 \backslash \{0\}$ 中的问题. 即适当选取坐标以后使得 $x_3 = v_3 = 0$.

顺便指出, $x_1v_2 - x_2v_1$ 是由顶点 $0, x, x+v$ 组成的三角形的面积的 2 倍. 因此 $x_1v_2 - x_2v_1$ 是由 x 扫过的面积的导数的 2 倍. 它是常数的这一事实称为开普勒第二定律.

如果 $A := x_1v_2 - x_2v_1 \neq 0$, 则可证明轨道是圆锥曲线. 从解析几何知道, 在极坐标下圆锥曲线方程是 $r = ed/(1 + e\cos(\theta - \theta_0))$, 当离心率 $e \in (0,1)$ 时是椭圆, $e = 1$ 时是抛物线, $e > 1$ 时是双曲线. 如果记 $r = \|x\|$, 那么

$$\frac{d}{dt}\left(\frac{x_1}{r}\right) = \frac{v_1r^2 - x_1\langle x, v\rangle}{r^3} = -(x_1v_2 - x_2v_1)\frac{x_2}{r^3} = A\dot{v}_2,$$

因此对某个 $C \in \mathbb{R}$, $Av_2 = x_1/r + C$. 同样地, $Av_1 = -x_2/r - D$. 于是 $Cx_1 + Dx_2 + r = Ax_1v_2 - x_1^2/r - Ax_2v_1 - x_2^2/r + r = A(x_1v_2 - x_2v_1) = A^2$, 所以在极坐标 $x_1 = r\cos\alpha, x_2 = r\sin\alpha$ 下, 我们有

$$r(\alpha) = \frac{rA^2}{r + Cx_1 + Dx_2} = \frac{A^2}{1 + C\cos\alpha + D\sin\alpha} = \frac{A^2}{1 + \sqrt{C^2 + D^2}\cos(\alpha - \beta)}, \tag{5.2.3}$$

其中 $\cos\beta = C/\sqrt{C^2 + D^2}, \sin\beta = D/\sqrt{C^2 + D^2}$, 即 β 使得 $r(\beta)$ 为极小 (近日角). 方程 (5.2.3) 是圆锥曲线方程, 离心率 $e = \sqrt{C^2 + D^2}$ 由 E 和 A 确定, 即由能量和角动量的值确定: $e^2 = C^2 + D^2 = (Av_2 - x_1/r)^2 + (Av_1 + x_2/r)^2 = (x_1^2 + x_2^2)/r^2 + 2A^2((v_1^2 + v_2^2)/2) - 2A((x_1v_2 - x_2v_1)/r) = 1 + 2EA^2$. 因此, 如果 $E < 0$ 轨道是椭圆, $E > 0$ 是双曲线, $E = 0$ 则是抛物线.

练 习

5.2.1. 考虑 n 个质点的系统, 它们两两作用仅依赖于它们相互之间的距离, 就是说 $V(x) = \sum V_{ij}(\|x_i - x_j\|)$. 证明重心速度的坐标和角动量是第一积分.

5.2.2. (平面二体问题) 证明平面上如上一练习的相互作用的两个质点系统, 它的 4 个积分 (能量, 角动量, 引力中心的速度坐标) 是独立的. 描述相对于引力中心的运动.

5.2.3. 考虑球面摆, 即附有杆的质点受重力作用. 求与能量无关的第二个运动积分, 并对两个积分的固定值描述运动.

[200]

5.3. Lagrange 力学

a. 构形空间中的唯一性. 从 Newton 力学摆脱出来的 Lagrange 力学围绕着二阶常微分方程转. 因此在开始讨论 Lagrange 力学之前, 我们先谈论一点二阶常微

分方程. 后面将有多次地方用到它. 在同一点不同方向开始的二阶常微分方程的解在某个时间区间上是不同的.

命题 5.3.1. 如果 $f:\mathbb{R}^n\times\mathbb{R}^n\to\mathbb{R}^n$ 是 C^2 的, $R>0$, 则存在 $\varepsilon>0$, 使得对 $i=1,2$, 有 $v_1\neq v_2\in\mathbb{R}^n,\|v_i\|\leqslant R, y_i:=\mathbb{R}\to\mathbb{R}^n, y_i''=f(y_i,y_i'), y_i(0)=0, y_i'(0)=v_i, t\in(0,\varepsilon]$, 则 $y_1(t)\neq y_2(t)$.

注. 这不是常微分方程解唯一性的直接推论, 因为这个命题断言唯一性是在构形空间内的. 注意 ε 与初始条件无关.

证明. 设 $g:\mathbb{R}\to\mathbb{R}^n, g(t)=y_1''(t)-y_2''(t)$. 由于 $f\in C^2$, 存在与 v_1,v_2 无关的 $k,l\in\mathbb{R}$, 使得 $\|g(0)\|=\|f(0,v_1)-f(0,v_2)\|\leqslant k\|v_1-v_2\|$ 和 $\|g'(0)\|\leqslant l\|v_1-v_2\|$. 因此存在与 v_1,v_2 无关的 $\varepsilon>0$, 使得对 $t\in(0,\varepsilon)$, $\|g(t)\|\leqslant\|v_1-v_2\|/\varepsilon$. 从而, 对 $t\in(0,\varepsilon)$ 我们有 $\left\|\dfrac{d}{dt}(y_1-y_2)(t)\right\|=\left\|v_1-v_2+\displaystyle\int_0^t g(s)ds\right\|\geqslant(1-t/\varepsilon)\|v_1-v_2\|>0$. 由于 $(y_1-y_2)(0)=0$, 对 $t\in(0,\varepsilon]$ 我们有 $\|y_1(t)-y_2(t)\|>0$. □

表达这个结果的一个方式是, 由微分方程诱导的可微映射

$$\exp:\{v\in\mathbb{R}^n|\|v\|\leqslant R\}\to\mathbb{R}^n, v\mapsto y_v(\varepsilon)$$

是一个单射, 其中 $y_v(0)=0, y_v'(0)=v$, 因此是 R 球 $\{v\in\mathbb{R}^n|\|v\|\leqslant R\}$ 到它的像的同胚.

b. Lagrange 方程. 如果考虑由

$$L(x,v)=\frac{1}{2}m\langle v,v\rangle-V(x) \tag{5.3.1}$$

给出的函数 L, 则 Newton 方程变成

$$\frac{d}{dt}\frac{\partial L}{\partial v}=\frac{\partial L}{\partial x}. \tag{5.3.2}$$

称它为 Lagrange *方程*或 Euler–Lagrange *方程*. Lagrange 引入这个形式的原因是因为当考虑例如约束系统时用早先的 "$f=ma$" 刻画变得相当费劲. 例如由质点附着杆连接固定点组成的三维摆, 这时约束质点在球面上运动 (练习 5.2.3). 在处理这个问题时我们必须发展约束力的概念, 即系统在任何时候都要服从约 [201]
束力. 这里 Lagrange 的方法大大简化了这个问题. 通常约束的特性是系统的构形空间被限制在某个流形 $M\subset\mathbb{R}^n$ 上. 于是系统由分配在 M 每一点的势能和由 TM 上每个 (切) 向量的正定二次型 $K(v)=\dfrac{1}{2}k_x(v,v)$ 给出的动能适当刻画, 在局部坐标下这个二次型的系数依赖于点, 即依赖于点 $x\in M$ 的数量积. 因此

选定动能无疑是选定构形空间上的一个 Riemann 度量. 现在 Lagrange 函数呈下面形式:

$$L(x,v)=\frac{1}{2}k_x(v,v)-V(x). \tag{5.3.3}$$

此外, 从 Lagrange 函数的形式 (5.3.3) 容易看到 Lagrange 方程在坐标变换下不变. 设 y 是满足 $x=f(y)$ 的不同坐标. 则在切空间内有 $v=\dot{x}=Df\dot{y}=Dfw$. 从而, 因为 $\frac{\partial x}{\partial w}=0$, 可将 L 关于 y 的导数写为

$$\begin{aligned}\frac{\partial L}{\partial y}&=\frac{\partial L}{\partial x}\frac{\partial x}{\partial y}+\frac{\partial L}{\partial v}\frac{\partial v}{\partial y},\\ \frac{\partial L}{\partial w}&=\frac{\partial L}{\partial v}\frac{\partial v}{\partial w}+\frac{\partial L}{\partial x}\frac{\partial x}{\partial w}=\frac{\partial L}{\partial v}\frac{\partial x}{\partial y}.\end{aligned}$$

利用沿着任何曲线有 $\frac{d}{dt}x=v$ 的事实, 即 $\frac{d}{dt}\frac{\partial}{\partial y}x=\frac{\partial v}{\partial y}$, 我们有

$$\begin{aligned}\frac{d}{dt}\frac{\partial L}{\partial w}-\frac{\partial L}{\partial y}&=\left(\frac{d}{dt}\frac{\partial L}{\partial v}\right)\frac{\partial x}{\partial y}+\frac{\partial L}{\partial v}\left(\frac{d}{dt}\frac{\partial}{\partial y}x\right)-\frac{\partial L}{\partial x}\frac{\partial x}{\partial y}-\frac{\partial L}{\partial v}\frac{\partial v}{\partial y}\\ &=\left(\frac{d}{dt}\frac{\partial L}{\partial v}-\frac{\partial L}{\partial x}\right)\frac{\partial x}{\partial y}.\end{aligned}$$

因为 $\frac{\partial x}{\partial y}=Df$ 非奇异, 上式两端同时为零.

c. Lagrange 系统. 这允许我们定义大范围 Lagrange 动力系统. 我们从称为构形空间的流形 M 开始. 一般它不必是紧的, 尽管在下面讨论的大多数情形它是紧的. 动力系统的相空间是切丛 TM. 系统本身由称为 Lagrange 函数的可微函数 $L:TM\to\mathbb{R}$ 确定. 它由 M 上的二阶常微分方程给定, 即由 TM 上的一阶常
[202] 微分方程 (5.3.2) 给定. 由上面的论述, 这个由常微分方程确定的动力系统与写为 (5.3.2) 的局部坐标卡的选择无关. 一般地, 这个动力系统仅对有限时间确定. 但是在 M 是紧的情形以及 L 为形式 (5.3.3) 时, 它对所有时间有定义并在 TM 上确定一个完全流, 即对所有 t 有定义的流. 这可证明如下.

命题 5.3.2. 对 Lagrange 动力系统, 总能量 $H=\frac{1}{2}k_x(v,v)+V(x)$ 是动力学不变的.

证明. 注意, 动能是 v 的二次齐次函数, 因此 $\langle\partial K/\partial v,v\rangle=2K$, 其中 $\langle\cdot,\cdot\rangle$ 表示标准的 Euclid 内积. (如果 $K(v)=\langle A_xv,v\rangle$, 则 $\langle\partial K/\partial v,w\rangle=\langle A_xv,w\rangle+\langle A_xw,v\rangle$.) 因此由 Lagrange 方程 $\frac{d}{dt}\frac{\partial L}{\partial v}=\frac{\partial L}{\partial x}$ 和 $\dot{x}=v$, 沿着构形空间内的任何曲线, 我们有 $H=\langle\partial L/\partial v,v\rangle-L$, 以及

$$\frac{d}{dt}H=\left\langle\frac{d}{dt}\frac{\partial L}{\partial v},v\right\rangle+\left\langle\frac{\partial L}{\partial v},\dot{v}\right\rangle-\left\langle\frac{\partial L}{\partial x},\dot{x}\right\rangle-\left\langle\frac{\partial L}{\partial v},\dot{v}\right\rangle=0.$$ □

推论 5.3.3. 如果构形空间 M 是紧的, 那么 Lagrange 方程在 TM 上确定一个大范围流.

证明. 由紧性势能有下界, 因此任何等位集 $H =$ 常数是紧的. 由命题 5.3.2, 任何轨道停留在等位集中. 因此等位集中由任何初始条件确定的解至少对固定的时间 $\varepsilon > 0$ 存在, 从而迭代地任何解可无限延拓. □

这个 Lagrange 形式对力学系统的变分描述提供了依据, 我们将在 9.4 节叙述它.

d. 测地流. 与构形空间中质点自由运动的 Lagrange 系统对应的一个特殊情形后面还要讨论.

定义 5.3.4. 设 (M,g) 是 Riemann 度量为 $g_x(\cdot,\cdot)$ 的一个 Riemann 流形, 定义 Lagrange 函数为

$$L(x,v) = \frac{1}{2}g_x(v,v). \tag{5.3.4}$$

TM 上对应于这个 Lagrange 函数的 Lagrange 系统, 以及它在单位切丛 TM 上的限制称为 Riemann 流形 (M,g) 的测地流.

测地流保持切向量的长度, 因为总能量为 $\dfrac{1}{2}g_x(v,v)$.

测地线是流形上任何充分接近的两点之间的最短连接曲线. 在 9.5 节我们将 [203]
看到测地流的轨道投射到构形空间中的测地线, 且可验证局部极小性质, 以及发展测地线的某些大范围分析.

由命题 5.3.2, 任何紧流形上的测地流是完全流. 此外, 命题 5.3.1 证明在同一点但以不同方向开始的测地线并不立刻再次相交. 特别地, 存在由从 T_xM 中的小球到 $x \in M$ 的邻域将切向量 v 映到点 $\gamma_v(1)$ 定义的指数映射, 这里 γ_v 是满足 $\gamma_v(0) = x$ 和 $\dot\gamma_v(0) = v$ 的测地线. 这个局部微分同胚将用在许多情形. 一个典型应用是对 T_xM 给定任一基, 可求围绕 x 的坐标卡使得诱导基 $\left\{\dfrac{\partial}{\partial x_1},\cdots,\dfrac{\partial}{\partial x_n}\right\}$ 与在 x 的所给基重合. 就是说, 利用 $\exp_x^{-1}$ 得到从这个流形的一个邻域到切空间中的一个球, 后者可线性地映到 $\mathbb{R}^n$.

e. Legendre 变换. 回忆线性空间 E 中的数量积通过在 E 上指定向量 v 的形式 $\langle v,\cdot\rangle$, 定义此空间与它的对偶空间 E^* 之间的一个自然同构. 如果我们有 Riemann 流形, 则通过 Riemann 度量这个变换在每个切空间 T_xM 上是确定的, 所以由映射 $\mathcal{L}\colon TM \to T^*M$ 得到余切丛 T^*M 与 TM 的一个自然等同. 我们描述在局部坐标下这个映射与 Lagrange 系统对应的变换. 用 x_i 记局部卡的坐标. 回忆向量 $v \in T_xM$ 的诱导坐标是关于标准基 $\dfrac{\partial}{\partial x_i}$ 的系数, 形式 $\omega \in T_x^*M$ 的坐

标由关于对偶于 $\dfrac{\partial}{\partial x_i}$ 的标准基 dx_i 的系数给出. 于是

$$\mathcal{L}(x,v)=\left(x,\frac{\partial K}{\partial v}\right), \tag{5.3.5}$$

如前, 这里 $K(v)=g_x(v,v)$, 如果将 x_i 视作构形空间中的坐标, 则 v_i 是速度, 变量 $p_i=\partial K/\partial v_i$ 是动量.

命题 5.3.5. 映射 $\mathcal{L}$ 将 Lagrange 方程映为 Hamilton 系统

$$\dot p=-\frac{\partial H}{\partial q},\quad \dot q=\frac{\partial H}{\partial p}, \tag{5.3.6}$$

如命题 5.3.2 其中 H 是总能量.

证明. Lagrange 方程可写为 $\dot p=\partial L/\partial q$ 和 $H=\langle p,v\rangle-L$. 因此, 一方面

$$dH=\frac{\partial H}{\partial p}dp+\frac{\partial H}{\partial q}dq,$$

[204] 另一方面

$$dH=d(p\dot q-L)=\dot q dp-\frac{\partial L}{\partial q}dq,$$

比较系数得到 Hamilton 方程. □

对 Lagrange 函数的更一般类可定义变换 $\mathcal{L}$ (注意, 在 $\mathcal{L}$ 的定义中可用 Lagrange 函数 L, 不用 K), 就是说, Lagrange 函数是 v 的 C^2 凸函数. 因此这样的一个 Lagrange 函数 L 确定了一个变换 $\mathcal{L}(x,v)=(x,\partial L/\partial v)$, 称之为 Legendre 变换, 但是要注意, 此时的 Legendre 变换对 v 不是线性的. 这种情况的一个特殊情形由练习 5.3.1 描述.

在子节 b 我们已经证明 Lagrange 方程在构形空间 (适当地扩张到相空间) 的坐标变换下不变. 因此, Hamilton 方程在构形空间 (自然地扩张到余切丛) 的坐标变换下也不变. 更确切地说, 如果 $y=f(x)$, 则在切空间内我们的映射是

$$(x,v)\mapsto(f(x),Df_xv),$$

在余切空间的映射则是 $(x,p)\mapsto(f(x),(Df_x^t)^{-1}p)$, 其中 $A\mapsto A^t$ 表示转置. 后一映射是保持 Hamilton 方程的一大类变换的一个特殊情形. T^*M 上的二次微分形式 $\Omega:=dp\wedge dq=\sum dp_i\wedge dq_i$ 与坐标选择无关, 而且如我们在 1.5 节 (方程 (1.5.5) 和 (1.5.6)) 指出的, Hamilton 系统由形式 Ω 和 Hamilton 函数 H 确定 (更详细见 5.5c 节). 因此, 任何保 Ω 的变换保持方程的 Hamilton 形式. 通常称这些变换为正则变换.

Lagrange 动力学和 Hamilton 动力学的一个重要性质是, 它们都正则地保持确定的体积形式. 首先我们从坐标形式 (5.3.6) 立刻得知, Hamilton 方程是无散的, 所以它们在 (x,p) 空间中保持相体积, 事实上, 它是 Ω 的 n 次外幂. 通过 Legendre 变换的逆变换回到切丛, 我们看到, 不变体积由流形上的体积形式和通过 Riemann 度量在切空间定义的 Euclid 体积的积给出. Lagrange 系统保持超曲面 $H=$ 常数, 所以它对 H 的每个正则值化为超曲面 $H=$ 常数上的不变体积形式. 这对测地流情形特别简单, 其中的不变超曲面正好是球面丛 $\{\|v\|=$ 常数$\}$, 而且流的不变体积是 Riemann 体积与球上的典范 (角的) 体积的积. 因此, 我们证明了今后要应用多次的下面重要事实:

命题 5.3.6. *完全的 Riemann 流形 M 的单位切丛 SM 上的测地流保持一个称* [205]
为 Liouville 测度的光滑测度. 如果 M 是紧的, 则这个 Liouville 测度是有限的, 因此可正规化.

注意, 测地流自然是 Hamilton 流. 一方面由 Lagrange 系统产生的 Legendre 变换由余切丛中 Hamilton 系统的测地流给出. 但另一方面存在切丛与 Riemann 流形的余切丛的自然等同, 即由于 Riemann 度量的非退化性, 向量与余向量之间的对应 $v\mapsto\langle v,\cdot\rangle$ 是一个同构. 因此, 测地流是切丛上的 Hamilton 流, 从而保持光滑体积, 等等.

练 习

5.3.1. 考虑比 (5.3.1) 更一般的 Lagrange 函数类, 即

$$L(x,v)=K(x,v)-V(x),$$

其中 K 是二次齐次函数, 除了在 0 它二次可微, 而且是凸的. 证明由 (5.3.5) 定义的 Legendre 变换除了零截面在 TM 与 T^*M 之间仍定义一个微分同胚.

5.3.2. Lagrange 变换将坐标 (x,v) 变换到坐标 (q,p). 证明再次应用它到这些坐标给出逆变换, 其中 (5.3.5) 中的 K 用 L 代替.

5.4. 测地流例子

a. 具有多个对称性的流形. 当一个 Riemann 流形具有许多等距性和 "对称性" 时, 在某些情形 (定义 5.3.4) 可不用明显求解 Lagrange 方程来刻画测地流. 我们从一个对我们能够做到的抽象引理开始, 接下来讨论球面和平坦环面的熟悉情形, 然后讨论更有趣的双曲平面和它的因子情形.

引理 5.4.1. 设 M 是一个 Riemann 流形, Γ 是等距群. 假设 Γ 在单位向量上是传递的, 即若 $v, v' \in SM$, 则存在 $\varphi \in \Gamma$ 使得 $\varphi(v) = v'$. 如果 $\mathcal{C}$ 是满足下列性质的单位速度曲线 $c : \mathbb{R} \to M$ 的非空族:

(1) 若 $c \in \mathcal{C}$ 和 $\varphi \in \Gamma$, 则 $\varphi \circ c \in \mathcal{C}$,

(2) 若 $c, c' \in \mathcal{C}$, 则存在 $\varphi_{c,c'} \in \Gamma$ 使得 $\varphi_{c,c'} \circ c = c'$,

(3) 若 $c \in \mathcal{C}$, 则存在 $\varphi_c \in \Gamma$ 使得 $\mathrm{Fix}(\varphi_c) = c(\mathbb{R})$,

[206] 那么 $\mathcal{C}$ 是 M 的单位速度测地线族.

证明. 为了证明 $\mathcal{C}$ 包含所有测地线, 考虑在点 $p \in M$ 的单位切向量 v. 它确定了满足 $\dot{\gamma}_v(0) = v$ 的唯一测地线 γ_v. 我们证明 $\gamma_v \in \mathcal{C}$. 为此取某个 $c \in \mathcal{C}$ 并令 $v' = \dot{c}(0)$. 则存在 $\varphi \in \Gamma$ 使得 $D\varphi(v') = v$, 即 $c' := \varphi \circ c$ 与 γ_v 相切. 现在考虑 $\varphi_{c'} \in \Gamma$. 这是一个映 γ_v 为测地线的等距. 并且它使 c' 不动, 所以 $\varphi \circ \gamma_v$ 与 γ_v 相切于 p, 由唯一性它们 (在参数化下) 重合, 即 $\varphi_c|_{\gamma_v(\mathbb{R})} = \mathrm{Id}$. 另一方面, $\mathrm{Fix}(\varphi_{c'}) = c'(\mathbb{R})$, 所以 $\gamma_v = c' \in \mathcal{C}$.

现在考虑 $c \in \mathcal{C}$. 由于 $\mathcal{C}$ 包含测地线, 由性质 (2) 知 c 是测地线的等距像, 因此是测地线. □

b. 球面与环面. 利用引理 5.4.1 可容易地刻画球面和 (平坦) 环面上的测地线.

定理 5.4.2. 二维标准球面上的测地线刚好是由单位速度参数化的最大圆.

证明. 球面上的等距群是由最大圆的旋转与反射生成. 显然它在点上是传递的, 即如果 $x, y \in S^2$, 则存在包含这两点的最大圆, 围绕垂直于最大圆的平面的轴的适当旋转将 x 送到 y. 此外, 接下来可应用围绕通过 y 轴的旋转, 将在 x 的任何单位向量映到在 y 的任何单位向量. 旋转和反射, 从而等距保持最大圆, 并可将任一最大圆按任何方向用相同论述映到其他任何最大圆. 于是由引理 5.4.1 得到定理. □

因此, 球面上的测地流动力学极其简单: 在固定能量的等位线上的所有轨道都是有相同周期的周期轨道, 其周期与能量的平方根成反比.

定理 5.4.3. $\mathbb{R}^2$ 上的测地线刚好是直线.

证明. $\mathbb{R}^2$ 的等距由直线的平移、旋转和反射生成. 所有这些都保持直线, 而且可将任何切向量通过平移和旋转映到任何其他向量, 任何参数化直线通过平移和旋转映到任何其他的直线. 再次利用引理 5.4.1 得到定理结论. □

推论 5.4.4. (平坦) 环面 $\mathbb{T}^2 = \mathbb{R}^2/\mathbb{Z}^2$ 上的测地线正好是直线的投影.

在 5.2.b 节中我们已经描述了平坦环面上的测地流动力学. 它是不变环面 $\{(x, v) | x \in \mathbb{T}^2, v = \omega\}$ 上具有频率向量 ω 的一个完全可积系统.

c. 双曲平面的等距. 用 $\mathbb{H}$ 表示 $\mathbb{R}^2$ 中的上半平面 $\mathbb{R}\times\mathbb{R}_+$. 作为 $\mathbb{R}^2$ 的开子集它 [207]
是一个光滑流形. 我们从定义 $\mathbb{H}$ 上的 Riemann 度量开始. 如果我们视 $\mathbb{H}$ 为

$$\mathbb{H}=\{z\in\mathbb{C}|\operatorname{Im}z>0\},$$

则 $\mathbb{H}$ 的切向量自然地写为复数. 因此对 $z\in\mathbb{H}, u+iv, u'+iv'\in T_z\mathbb{H}$, 定义

$$\langle u+iv,u'+iv'\rangle_z:=\operatorname{Re}\frac{(u+iv)(u'-iv')}{(\operatorname{Im}z)^2}.$$

由于这明显是对称、$\mathbb{R}$ 双线性和正定的, 因此定义了一个 Riemann 度量 $\langle\cdot,\cdot\rangle$, 称它为*双曲度量*. 通常称赋予双曲度量的半平面 $\mathbb{H}$ 为 *Poincaré 上半平面*. 在 Lobachevsky 第一个发现非欧几何以后, 有时称这个抽象的 Riemann 流形为 *Lobachevsky 平面*. 由于这个双曲度量与 Euclid 度量 $\operatorname{Re}(u+iv)(u'-iv')$ 仅差一个数量因子 $(\operatorname{Im}z)^2$, 因此双曲角与 Euclid 角重合.

了解 $\mathbb{H}$ 几何的主要工具是 $\mathbb{H}$ 的等距. 我们从 Möbius 变换开始. 用 $GL_+(2,\mathbb{R})$ 表示具有正行列式的 2×2 矩阵族, 与每个 $\begin{pmatrix}a&b\\c&d\end{pmatrix}\in GL_+(2,\mathbb{R})$ 相对应, 由

$$T(z)=\frac{az+b}{cz+d}\tag{5.4.1}$$

定义映射 $T:\psi\begin{pmatrix}a&b\\c&d\end{pmatrix}:\mathbb{H}\to\mathbb{H}$. 用 $\mathcal{M}$ 记所得的映射集合. 注意 $T'(z)=\dfrac{ad-bc}{(cz+d)^2}$, 所以

$$\begin{aligned}\operatorname{Im}T(z)&=\frac{1}{2i}\left(\frac{az+b}{cz+d}-\frac{a\bar{z}+b}{c\bar{z}+d}\right)=\frac{(az+b)(c\bar{z}+d)-(a\bar{z}+b)(cz+d)}{2i(cz+d)(c\bar{z}+d)}\\&=|T'(z)|\operatorname{Im}(z),\end{aligned}$$

因此, T 映上半平面 $\mathbb{H}=\{z\in\mathbb{C}|\operatorname{Im}z>0\}$ 到它自己.

注意, $\mathcal{M}$ 在复合作用下是一个群, $\psi:GL_+(2,\mathbb{R})\to\mathcal{M}$ 是一个同胚, 它的核由恒同的数量倍数组成.

引理 5.4.5. *映射 $T\in\mathcal{M}$ 是双曲度量的等距.*

证明.

$$\begin{aligned}&\langle T'(z)(u+iv),T'(z)(u'+iv')\rangle_{T(z)}\\&=\operatorname{Re}\frac{T'(z)(u+iv)\overline{T'(z)(u'+iv')}}{(\operatorname{Im}T(z))^2}\\&=\frac{T'(z)\overline{T'(z)}}{|T'(z)|^2}\operatorname{Re}\frac{(u+iv)(u'-iv')}{(\operatorname{Im}(z))^2}=\langle u+iv,u'+iv'\rangle_z.\end{aligned}$$

□

[208] 注意, 所有 $T \in \mathcal{M}$ 通过令 $T(-d/c) = \infty$ 和 $T(\infty) = a/c$ (或者, 如果 $c = 0$, 令 $T(\infty) = \infty$) 自然扩展到 $\mathbb{H} \cup \mathbb{R} \cup \{\infty\}$. Möbius 变换的例子有 $z \mapsto -1/z, z \to z + b (b \in \mathbb{R})$ 和 $z \mapsto az$ $(a > 0)$. 从 Lobachevsky 平面内蕴几何观点, 它们对应地分别代表三类 Möbius 变换: 椭圆的 (Euclid 旋转的直接对应), 这时平面内具有单个不动点, 抛物的, 这时平面内没有不动点, 也没有不变的测地线, 以及双曲的, 这时没有不动点, 但有唯一的测地线 (坐标轴). $\mathbb{H}$ 上的抛物映射在 $\mathbb{R} \cup \{\infty\}$ 上有唯一不动点, 双曲映射在 $\mathbb{R} \cup \{\infty\}$ 上有两个不动点. 抛物映射和双曲映射都是 Euclid 平面平行平移的对应.

还存在不是 Möbius 变换的等距. 显然 $z \mapsto -\bar{z}$ 和 $z \mapsto 1/\bar{z}$ 就是这种例子. 几何上前者是关于虚轴的反射, 后者是关于单位圆的反演. 现在我们利用 Möbius 变换研究测地线. 首先研究虚轴 I 的等距像 (通过 $t \to ie^t$ 单位速度的参数化).

引理 5.4.6. 如果 C 是任何铅垂直线, 或者中心在实直线上的半圆, 那么存在 $T \in \mathcal{M}$ 使得 $TI = C$. 此外, 任给 C 上点的单位切向量 v, 可取 T 使得它映 $i \in I$ 上的铅垂向上向量 i 为 v.

证明. 如果 C 是铅垂直线 $\{z|\mathrm{Re}\,(z) = b\}$, 则取 $T(z) = z + b$. 如果 C 是一个半圆, 两个端点为 $x, x + r \in \mathbb{R}$, 则注意 $T_1 : z \mapsto z/(z + 1)$ 映 I 到端点为 0 和 1 的半圆 (因为 $\left|\dfrac{it}{1+it} - \dfrac{1}{2}\right| = \left|\dfrac{2it - (1+it)}{2(1+it)}\right| = \dfrac{1}{2}$). 令 $T_2(z) = rz, T_3(z) = z + x$ 和 $T = T_3 \circ T_2 \circ T_1$. 为了使得映切向量为所要求的, 注意存在 Möbius 变换 T_0, 使得 $DT_0(\mathrm{i}) = DT^{-1}(v)$, 即对某个 $c \in \mathbb{R}_+$ 或者 $T_0(z) = cz$, 或者 $T_0(z) = -\dfrac{c}{z}$. 于是 $T \circ T_0$ 就是所要求的映射. □

注. 考虑铅垂直线或中心在实轴上的圆. 取曲线 C 的任何单位速度参数化. 我们已经证明, 如果 I 由 $t \mapsto ie^t$ 参数化, 则存在 Möbius 变换将 C 映为 I 并保持这个参数化.

推论 5.4.7. 如果 $v \in T_z\mathbb{H}, w \in T_{z'}\mathbb{H}, \|v\| = \|w\| = 1$, 则存在 $T \in \mathcal{M}$ 使得 $T(z) = z'$ 和 $T'(z)v = w$, 就是说, $\mathcal{M}$ 在单位切丛上传递地作用于 $\mathbb{H}$.

反之, 现在我们证明, 每个 Möbius 变换映直线和圆为直线和圆.

命题 5.4.8. 如果 C 是一条铅垂直线或中心在实轴上的圆, φ 是 Möbius 变换, 或者 $\varphi(z) = -\bar{z}$, 则 $\varphi(C)$ 是铅垂直线或中心在实轴上的圆.

[209] **证明.** 对 $\varphi(z) = -\bar{z}$ 这是显然的. 对 Möbius 变换, 注意只需验证, 铅垂直线的像是铅垂直线或者中心在实轴上的圆: 如果 C 是铅垂直线或中心在实轴上的圆, M 是 Möbius 变换, 则存在另一个 Möbius 变换 N 使得 N 映虚轴到 C. 然后只

需知道 Möbius 变换 $M \circ N$ 映虚轴到铅垂直线或中心在实轴上的圆.

现在 $\dfrac{az+b}{cz+d} = \dfrac{a}{c} + \dfrac{(bc-ad)/c^2}{z+d/c}$, 只要 $c \neq 0$, 以及 $\dfrac{az+b}{d} = \dfrac{a}{d}z + \dfrac{b}{d}$, 就是说, 每个 Möbius 变换是形如 $z \mapsto z+\alpha, z \mapsto \beta z$ 和 $z \to -1/z$ 的映射的复合. 因此只需分开验证这些变换的每一个的断言. 前两个映直线到直线和圆到圆, 后一个映 $x+i\mathbb{R}$ 到圆: $\left|-\dfrac{1}{x+it} + \dfrac{1}{2x}\right| = \left|\dfrac{1}{2x}\dfrac{x-it}{x+it}\right| = \left|\dfrac{1}{2x}\right|$. □

d. 双曲平面的测地线. 现在我们可利用引理 5.4.1 描述 Lobachevsky 平面的测地线:

定理 5.4.9. Poincaré 上半平面的测地线正好是铅垂直线和中心在实轴上的圆.

证明. 考虑由 Möbius 变换群 $\mathcal{M}$ 和变换 $S : x \mapsto -\overline{z}$ 生成的群 Γ. 它在单位向量上传递. 令 $\mathcal{C}$ 是铅垂直线族和中心在实轴上的所有可能的单位速度参数化圆. 于是由命题 5.4.8 和引理 5.4.6 证明引理 5.4.1 的 (1) 和 (2). 对引理 5.4.1 的 (3), 通过注意 S 正好是固定虚轴 I 的等距. 因此, 对 $c \in \mathcal{C}$ 可取 $\varphi_c = \varphi_{c,I} S \varphi_{I,c}$ 证明 (3). □

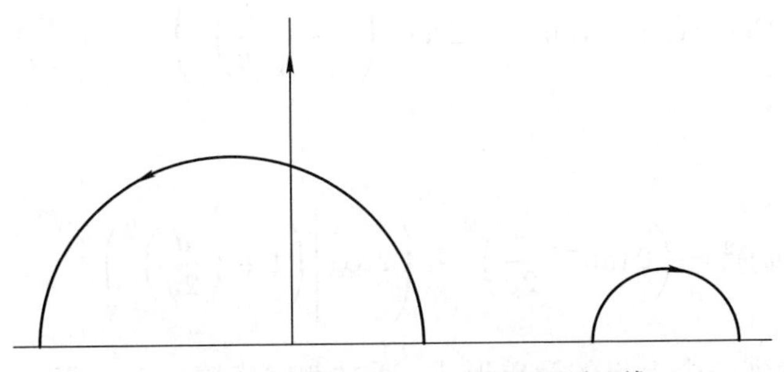

图 5.4.1. Lobachevsky 平面的测地线

我们指出, 事实上群 Γ 是整个等距群:

命题 5.4.10. $\mathbb{H}$ 的等距群是由 $\mathcal{M}$ 和对称 $S : z \mapsto -\overline{z}$ 生成. [210]

证明. 设 ϕ 是 $\mathbb{H}$ 的任一等距. 注意任何等距保持测地线, 它的切向量等于在那个测地线上的恒同. 由于 $\phi(I)$ 是测地线, 定理 5.4.9 和引理 5.4.6 给出 $T \in \mathcal{M}$, 使得 $T^{-1}\phi|_I = \mathrm{Id}|_I$. 故只需证明或者 $T^{-1}\phi$ 在 $\mathbb{H}$ 上是恒同, 或者它与对称 S 重合, $S(z) = -\overline{z}$. 考虑端点为 $-r$ 和 r 的测地线 C. 它包含点 $ir \in I$, 因此 $T^{-1}\phi(C)$ 也如此 (因为 $T^{-1}\phi|_I = \mathrm{Id}|_I$). 由于 $T^{-1}\phi$ 保持角度, 这些测地线在 ir 都与 I 垂直. 因此它们直到定向重合, 即或者对 $z \in C$ 有 $T^{-1}\varphi(z) = z$, 或者对 $z \in C$ 有 $T^{-1}\varphi(z) = -\overline{z}$, 因此 $T^{-1}\varphi$ 在 ir 的导数或者是恒同, 或者是 I 中的反射. 因为

等距变换光滑, 对 I 上的所有点出现相同情况, 因此可对所有这些测地线同样选择, 即在 $\mathbb{H}$ 上有 $T^{-1}\varphi = \mathrm{Id}$ 或 $T^{-1}\varphi = S$. 从而 $\phi \in \mathcal{M}$ 或 $\phi \circ S \in \mathcal{M}$. □

现在在 $\mathbb{H}$ 的单位切丛上引入一个方便的距离. 即对 $v, w \in S_z\mathbb{H}$ 取角度 $\measuredangle v, w$ 作为从 v 到 w 的距离. 现在考虑 $z, z' \in \mathbb{H}$ 以及 $v \in S_z\mathbb{H}, w \in S_{z'}\mathbb{H}$. 存在连接 z 和 z' 的唯一测地线 $\gamma : [0,1] \to \mathbb{H}$, 用 X 记沿着 γ 满足 $X(0) = v$, 以及对所有 $t \in [0,1]$ 有 $\measuredangle X(t), \dot\gamma(t) = \measuredangle v, \dot\gamma(0)$ 的连续向量场. 于是定义

$$\mathrm{dist}\,(v, w) = \sqrt{(\measuredangle x(1), w)^2 + (d(z, z'))^2}. \tag{5.4.2}$$

注. 我们刚才描述的初等术语可平行翻译为 v 沿着 γ 到 $z' \in \mathbb{H}$ 并在那里测量角度. 由此得到距离的标准定义. 注意, 特别地, 那个距离实际上定义了一个距离函数 (参看 A.4 节末尾).

例子. 设 $v \in T_{x+iy}\mathbb{H}, w \in T_{x+d+iy}\mathbb{H}$ 为铅垂单位向量. 如果 $\alpha = \tan^{-1}(d/2y)$, 则用上面记号 $\measuredangle x(1), w = 2\alpha$. 如果 $r^2 = y^2 + (d/2)^2$, 则连接 $x + iy$ 与 $x + d + iy$ 的测地线段可参数化为 $\gamma(t) = x + d/2 + ire^{it}, t \in [-\alpha, \alpha]$, 并有长度

$$2\log|\sec\alpha + \tan\alpha| = 2\log\left|\left(1 + \left(\frac{d}{2y}\right)^2\right)^{-1/2} + \frac{d}{2y}\right|.$$

因此

$$(\mathrm{dist}\,(v, w))^2 = \left(2\tan^{-1}\frac{d}{2y}\right)^2 + \left(2\log\left|\left(1 + \left(\frac{d}{2y}\right)^2\right)^{-1/2} + \frac{d}{2y}\right|\right)^2.$$

很容易找到一个上界的简单形式: 通过考虑连接 $x + iy$ 和 $x + d + iy$ 的水平线段求得它们的距离小于 d/y. 由于对 $x > 0$ 有 $\tan^{-1} x < x$, 得到

$$\mathrm{dist}\,(v, w) < \sqrt{2}d/y. \tag{5.4.3}$$

[211] 现在我们可以研究测地流 $g^t : S\mathbb{H} \to S\mathbb{H}$. 先从考虑在 i 的铅垂向上的单位向量 $\mathfrak{i}$ 开始. 它的轨道投射到测地线 $t \mapsto ie^t$. 事实上, 对 $x \in \mathbb{R}$ 若令 w 是在 $x + i \in \mathbb{H}$ 的铅垂向上向量, 则 w 的轨道投射到测地线 $t \mapsto x + ie^t$. 如我们刚才看到的, 在 ie^t 对应的单位向量 $\mathfrak{i}_t$ 与在 $x + ie^t$ 对应的 w_t 之间的距离以 $\sqrt{2}xe^{-t}$ 为界. 因此在点 $x + i \in \mathbb{R} + i$ 的铅垂向上的单位向量的轨道正向渐近于 $\mathfrak{i}$ 的轨道.

因此, 利用变换 $z \mapsto -1/z$, 我们看到半径为 1/2、中心在 $i/2$ 的圆的单位外法线的轨道负向渐近于 $\mathfrak{i}$ 的轨道.

定义 5.4.11. 称水平直线 $\mathbb{R}+ir=\{t+ir|t\in\mathbb{R}\}$ 为中心在 ∞ 的极限圆. 在 $x\in\mathbb{R}$ 切于 $\mathbb{R}$ 的圆称为中心在 x 的极限圆. 如果 $\gamma:\mathbb{R}\to\mathbb{H}$ 是一条测地线, 则 $\gamma(-\infty)$ 和 $\gamma(\infty)\in\mathbb{R}\cup\{\infty\}$ 分别是 $t\to-\infty$ 和 $t\to+\infty$ 时 γ 的极限点. 如果 $v\in T_z\mathbb{H}$ 则令 $\pi(v):=z$.

引理 5.4.12. 对每个极限圆 H, 存在 Möbius 变换 $T\in\mathcal{M}$, 使得 $T(\mathbb{R}+i)=H$.

证明. 对极限圆 $H=\mathbb{R}+ir$ 取 $T(z)=rz$. 对中心在 $x\in\mathbb{R}$ 和 Euclid 直径 r 的极限圆取 $T_1(z)=-1/z, T_2(z)=rz, T_3(z)=z+x$, 以及 $T=T_3\circ T_2\circ T_1$. □

为了进一步研究 H 上的测地流动力学, 用下面 $\mathbb{H}$ 上由 $t,u,v\in\mathbb{R}$ 参数化了的单位向量的集合 $S\mathbb{H}$ 是有用的: 给定一个固定的参考向量 $q\in S\mathbb{H}$ 和不铅垂指向下的向量 $p\in S\mathbb{H}$, 令 H_p 是有内 (外) 法向量 p 的极限圆, γ 是连接 H_q 和 H_p 的中心 (即与实轴切触的点) 的测地线, v 是 H_p 在 $\gamma\cap H_p$ 与 p 的足点 $\pi(p)$ 之间的弧的定向双曲长度, t 是 γ 在 H_q 与 H_p 之间的定向弧长, u 是 H_q 在 $\gamma\cap H_q$ 与 $\pi(q)$ 之间的定向弧长. 容易看出局部地 $\phi:(t,u,v)\mapsto p$ 是 $\mathbb{R}^3$ 与 $S\mathbb{H}$ 之间的一个微分同胚. 但是, 注意这没有参数化任何铅垂向下的向量. 从 $-q$ 开始的第二个卡覆盖这些向量.

如果 $W^s(p)$ 表示 H_p 的单位 (内或外) 法线向量的集合 (p 的稳定流形), 那么由命题 5.4.10 任何 $p'\in W^s(p)$ 的轨道正向渐近于 p 的轨道, 因为 $\mathbb{R}+i$ 的铅垂向上单位向量的轨道有逐对渐近轨道. 注意, $W^s(p)$ 是 (t,u) 的水平集. 事实上 $W^s(q)=\phi(\{0\}\times\{0\}\times\mathbb{R})$. 我们称 $W^{s0}(q):=\phi(\mathbb{R}\times\{0\}\times\mathbb{R})$ 为 q 的弱稳定流形. 同样 $W^u(p):=-W^s(-p)$ (p 的不稳定流形, H_{-p} 的外单位向量) 的点有负向渐近轨道, 且 $W^u(q)=\phi(\{0\}\times\mathbb{R}\times\{0\})$. $W^{u0}(q):=\phi(\mathbb{R}\times\mathbb{R}\times\{0\})$ 称为 q 的弱不稳定流形. 对铅垂向下的向量我们必须用从 $-q$ 开始的对应卡作这些定义.

总结铅垂切向量之间的距离的衰减估计 (5.4.3)、定义 5.4.11、引理 5.4.12 以及上面的定义如下: [212]

命题 5.4.13. $v\in S\mathbb{H}$ 关于测地流 g^t 的稳定流形是中心在 $\gamma_v(\infty)$ 的极限圆的包含 v 的单位法向量场. $v\in S\mathbb{H}$ 的不稳定流形是中心在 $\gamma_v(-\infty)$ 的极限圆的包含 v 的单位法向量场. 特别地, 所有稳定和不稳定流形都是一维的, 压缩率和扩张率分别为 e^{-1} 和 e.

e. 紧因子. 为了某些目的, 特别为了讨论下面问题, 需要用到 Lobachevsky 平面的另一个模型. 映射 $f:\mathbb{H}\to\mathbb{C}, z\mapsto\dfrac{z-i}{z+i}$ 映 Poincaré 上半平面 $\mathbb{H}$ 为 $\mathbb{C}$ 中由单位圆 $S^1=\{z\in\mathbb{C}||z|=1\}$ 所围的单位开圆盘 $\mathbb{D}$, 因为当 $z\in\mathbb{R}$ 时 $|f(z)|=1$ 和

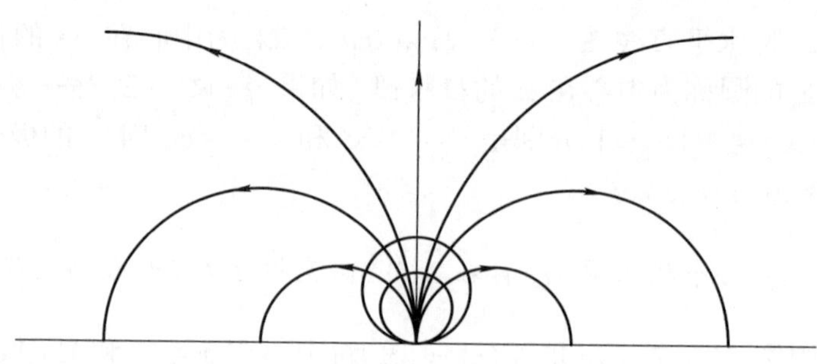

图 5.4.2. 双曲平面中的测地线与极限圆

$f(i)=0$. 在 $\mathbb{H}$ 上前推双曲 Riemann 度量 $\langle\cdot,\cdot\rangle$ 到由

$$\langle v,w\rangle := \langle Df^{-1}v, Df^{-1}w\rangle$$

给出单位圆盘上的度量, 使得 f 是一个等距. 具有这个度量的单位圆盘称为 Poincaré 圆盘. 由于 f 将直线和圆映为直线和圆, 且保持角度, 因此立刻得知 Poincaré 圆盘中的测地线是 S^1 的直径和垂直于 S^1 的圆弧. 我们将用这个图形展示局部等距于 $\mathbb{H}$ 的紧流形的一个例子, 并通过等距离散群的因子分解来实现它.

考虑 $\mathbb{C}$ 中的 Poincaré 圆盘, 并画出以 $v_k = de^{-k\pi i/4}, k=0,\cdots,7$ 为顶点, 垂直于单位圆的圆弧连接它们的正则 (双曲) 八边形 $\mathcal{Q}$ (见图 5.4.3). 其中 $d\in(0,1)$,
[213] 且当 $d\to 1$ 时内角之和收敛于零. 另一方面, 内角之和当 $d\to 0$ 时趋于 6π, 即 $d\to 0$ 时 Euclid 八边形相应的值. 显然, 通过保持 d 固定并无限增加 Poincaré 圆盘的大小使得圆弧趋于直线段.

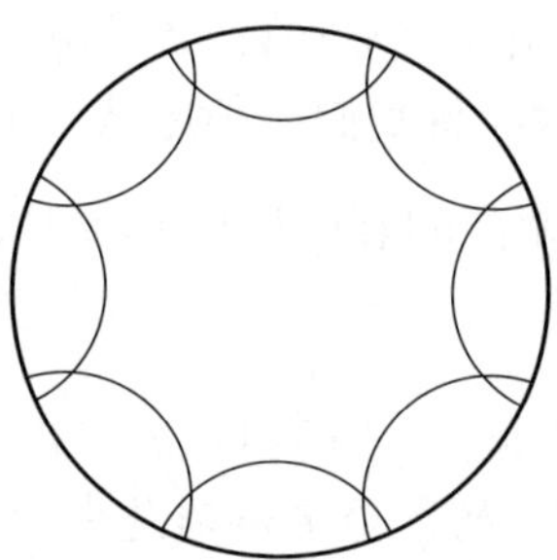

图 5.4.3. 双曲八边形

这个观察的要点是由于角度连续变化, 我们可固定 d 使得内角增加直到 2π. 为了标记棱, 我们按逆时针方向从第一象限开始给它们依次命名为 $\alpha_1,\alpha_2,\alpha_3,\alpha_4,\alpha_1',\alpha_2',\alpha_3',\alpha_4'$. α_i 按逆时针方向, α_i' 按顺时针方向, α_i 与 $\alpha_i', i=1,2,3,4$ 通过关于直径与两个轴等距的反射等同.

所得的等化空间是亏格为 2 的曲面 τ. 由于 $\mathcal{Q}$ 的内角增加到 2π, 黏合映射在顶点光滑 (所有的都黏合于一点), 因此可将 $\mathcal{Q}$ 上的度量下推到 τ. 所得的紧流形局部等距于 $\mathbb{H}$. 拓扑地这个流形同胚于带两个柄的球面, 即最简单的 "麻花形" 曲面. 还可证明 τ 是通过等同由映 α_i 到 α_i' 的等距 $A_i, i = 1, \cdots, 4$ 生成的群 Γ 的轨道所得的空间. 换句话说, τ 的基本群可与双曲 Möbius 变换的离散群 Γ 等同.

在这个构造中用 $4g$ 条弧代替 8 条弧, 其中 $g \geqslant 2$, 得到的度量局部同构于亏格为 g 的可定向曲面 (带 g 个柄的球面) 上 $\mathbb{H}$ 的度量.

如果 Möbius 变换 γ 保持测地线, 则每个测地线是唯一的, 称它为 γ 的轴. 事实上, 每条 $\gamma \in \Gamma$ 都有轴, 但我们不需要这个事实. 这些测地线到 $M := \Gamma \backslash \mathbb{D}$ 的投影正好是 M 的闭测地线. 当然这些是切丛到 M 的测地流闭轨的投影.

与曲面上任何 C^2 Riemann 度量相应的是这个度量的 Gauss 曲率, 它是一个等距不变的实值函数. 由于 $\mathbb{D}$ 的等距群是传递的, $\mathbb{D}$ 的曲率是常数 k. 因此从八边形基本区域构造的亏格为 2 的紧因子 τ 上诱导的度量有常数曲率 k. 于是 [214]
由 Gauss–Bonnet 定理

$$k \cdot \operatorname{vol} M = 2\pi\chi$$

显示 $k < 0$, 因为 τ 的 Euler 示性数 χ 是负的. 反之, 这证明 $\mathbb{D}$ 的任何紧因子有负的 Euler 示性数, 因此亏格至少是 2. 从而 $\mathbb{D}$ 的紧因子同胚于带有几个柄的球面. 事实上, 任何具有负常数曲率的度量的可定向紧曲面通过 $\mathbb{D}$ 的等距离散群等距于因子 $\Gamma \backslash \mathbb{D}$.[1] 为了看到八边形基本区域的图像如何在一般情形发展, 考虑产生紧因子的 Poincaré 圆盘 $\mathbb{D}$ 的保定向等距的离散群. 对任给的点 $p \in \mathbb{D}$ 可以通过考虑 Dirichlet 区域

$$D := D_p := \{x \in \mathbb{D} | d(x, p) \leqslant d(x, \gamma p), \text{ 对所有 } \gamma \in \Gamma\}$$

选择 Γ 的一个基本区域. 对任何 $\gamma \in \Gamma$ 显然有 $D_{\gamma p} = \gamma(D_p)$. 当 $\gamma \neq \mathrm{Id}$ 时 D_p 和 $D_{\gamma p}$ 的内部互不相交, 又因为 Γ 是离散的, 故只存在有限多个 $\gamma \in \Gamma$ 使得 $D_p \cap D_{\gamma p} \neq \varnothing$. 如果 $\gamma \in \Gamma$ 是这些元素中的一个, 则 $D_p \cap D_{\gamma p}$ 由 p 和 γp 的等距点组成, 即它是测地线段 (见练习 5.4.2). 因此 D 是双曲多边形, 就是说, 它由有限多条测地线弧围成. 我们假设 $\Gamma \backslash \mathbb{D}$ 是紧的意味着 D 是紧的. 由构造我们也注意到集合 $D_{\gamma p}$ 覆盖 $\mathbb{D}$, 所以, 事实上在 Γ 作用下 $\mathbb{D}$ 被 D 的像镶嵌.[2]

双曲平面的紧因子不能等距嵌入 $\mathbb{R}^3$. 负常数曲率曲面的一个等距嵌入的阐明由伪球面提供, 它的基本区域和嵌入如图 5.4.4 所示.

f. 紧双曲曲面上的测地流动力学. 不像子节 b 中考虑的圆球面和平坦环面上的测地流, 那里产生的动力学相当简单, 双曲平面的紧因子则有复杂动力学特性的

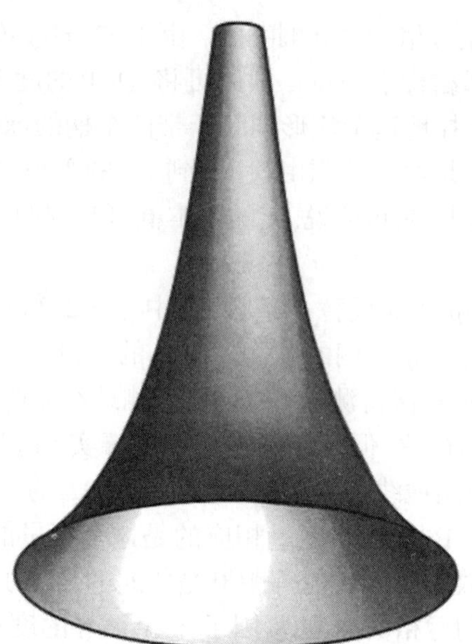

图 5.4.4.　伪球面

测地流, 它与第 1 章第 2 组例子 (圆周扩张映射, 环面双曲自同构, 拓扑 Markov 链) 所出现的特性颇为相似. 虽然这个类似的整个内容只有当我们发展了双曲动力系统理论 (17.5 节和第 18 章) 以后才变得清楚, 不过我们现在对双曲平面紧因子上的测地流所建立的某些性质也是我们所要考虑的典型复杂动力学行为, 即闭轨的稠密性, 拓扑传递性, 以及关于 Liouville 测度的遍历性 (见命题 5.3.6).
[215] 这种性质的另一个是练习 5.4.10 中建立的拓扑熵的正性. 对亏格至少是 2 的曲面的任意度量的后面这个性质的讨论将接在定理 9.6.7 的后面.

现在我们可以证明闭轨的稠密性:

定理 5.4.14. *设 Γ 是 $\mathbb{D}$ 的无不动点等距离散群, 使得 $M := \Gamma\backslash\mathbb{D}$ 是紧的. 则 SM 上的测地流的周期轨道在 SM 中稠密.*

证明. 我们将利用 Poincaré 圆盘 $\mathbb{D}$ 的模型. 设 $v \in SM$ 并对 Γ 取 Dirichlet 区域 D, 令 $w \in S\mathbb{D}$ 是足点在 D 中的 v 的提升, c 是 $\mathbb{D}$ 中满足 $\dot{c}(0) = w$ 的测地线, x 和 y 是 c 在 Poincaré 圆盘边界上的两个端点. 我们的思想是找双曲元素 $\gamma \in \Gamma$, 使得它的轴的端点分别位于点 $x =: c(-\infty)$ 和 $y =: c(\infty)$ 所给的小 δ 邻域 U 和 V 内. 然后可在与这轴相切的向量中找接近于 w 的向量. 这个轴到 M 的投影将是所要的闭测地线.

作为开始, 我们指出, 给定 $\varepsilon > 0$ 存在 $\delta > 0$, 使得当 $p \in \mathbb{D}$ 在 $\partial\mathbb{D}$ 的 δ 邻域时, 通过 p 的任何两条 Euclid 长度大于 ε 的测地线, 它们相互之间的交角至多

是 $\pi/4$. 我们的目的是构造测地线 κ, 其端点都非常接近于 x, 而且基本群的元素 $\gamma\in\Gamma$, 使得 κ 在 γ 作用下的像是一条测地线, 其端点都非常接近于 y.

考虑那些与 c 相交的 D 的像序列. 特别地, D 分别在 U 和 V 中存在像 D_1
和 D_2, 以及 $\gamma\in\Gamma$ 使得 $\gamma(D_1)=D_2$, 而且 γ 保持 D 的像序列的次序. 选取点 [216]
$z\in D_1$. 于是 $\gamma(z)\in D_2$. 但是由早先的观察, 通过 z 的大多数测地线整个地包含在 U 内 (在选择 D_1 的 Euclid 大小充分小以后). 由于 γ 保持角度, 而且相同的观察可应用于通过 $\gamma(z)$ 的测地线, 事实上可求通过 z 并包含在 U 内的测地线 κ, 使得 γ_κ 包含在 V 内. 现在由于 γ 保持覆盖 c 的 D 的像的次序, 得知 γ 映 U 内由 κ 所围的区域到由 γ_κ 所围的区域且包含 V 的补. 所以 γ 在 $\partial\mathbb{D}$ 上有两个不动点, 它们分别在 U 和 V 内. 因此 γ 的轴 d 一致接近于 c, 特别地, 通过取 δ 足够小我们有所要的接近于给定向量 $w=\dot c(0)$ 的切向量. □

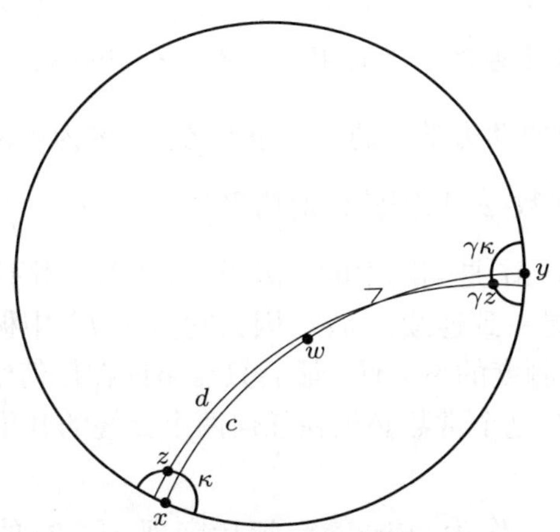

图 5.4.5. 闭测地线的稠密性

定理 5.4.15. 设 Γ 是 $\mathbb{D}$ 的无不动点等距的一个离散群, 使得 $M:=\Gamma\backslash\mathbb{D}$ 是紧的. 则 SM 上的测地流在 SM 中有稠密轨道, 即它是拓扑传递的.[3]

证明. 由定理 5.4.14 和引理 1.4.2, 只需证明对任何两个周期点 $u,v\in SM$ (它们到 $\mathbb{D}$ 的提升也记为 u 和 v), 以及 u 和 v 的邻域 U,V, 存在 $t\in\mathbb{R}$ 使得 $g^t(U)\cap V\neq\varnothing$. 在 $\mathbb{D}$ 中取测地线 c_u 和 c_v 满足 $\dot c_u(0)=u$ 和 $\dot c_v(0)=v$, 并用 c 记端点为 $c(-\infty)=c_u(-\infty)$ 和 $c(\infty)=c_v(\infty)$ 的测地线. 如果必要就用 γu 代替 u, 因此可假设 $c_u(-\infty)\neq c_v(\infty)$. 由命题 5.4.13, 对每个 $t\in\mathbb{R}$ 可找数
$f(t),g(t)\in\mathbb{R}$ 使得 $t\to-\infty$ 时 $d(\dot c_u(f(t)),c(t))$ 指数式地收敛于零, 以及 $t\to\infty$ [217]
时 $d(\dot c_v(g(t)),c(t))$ 指数式地收敛于零. 由于 $\dot c_u$ 和 $\dot c_v$ 投射到测地流的闭轨, 这证明存在 t_1 和 t_2 使得 $\dot c(t_1)$ 到 SM 的投影在 U 内, $\dot c(t_2)$ 到 SM 的投影在 V 内. 这得到了定理的断言. □

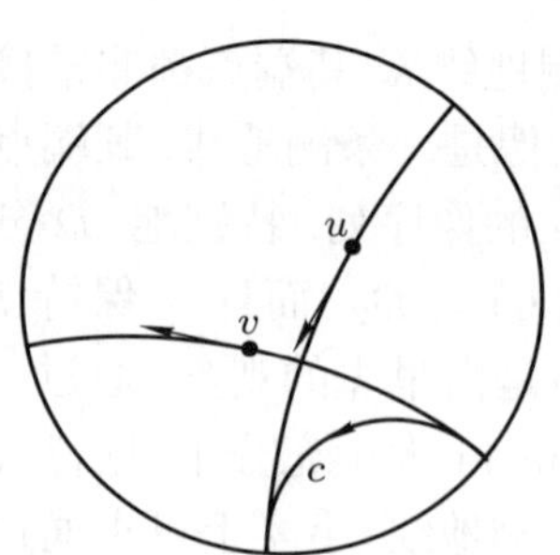

图 5.4.6. 测地流的横截性

现在我们证明一个更强的结论, 即证明在 $\mathbb{H}$ 紧因子上的测地流关于由命题 5.3.6 得到的自然光滑不变测度是遍历的.

定理 5.4.16. $\mathbb{H}$ 的紧连通因子上的测地流的 Liouville 测度是遍历的.

证明. 证明思想是双曲动力学中的一个重要方法, 称为 Hopf 论证.[4] 首先注意, 对 SM 上每个可积函数 φ, 只需验证遍历平均 $\varphi_{g^t}(x) := \lim\limits_{T\to\infty}\dfrac{1}{T}\displaystyle\int_0^T \varphi(g^t(x))dt$ 几乎处处是常数, 其中 M 是问题中的紧因子, 再利用光滑不变测度. 接下来注意只需考虑连续 (因此是一致连续) 函数, 因为它们在 L^1 中稠密. 此外, 可以验证模零集关于任何光滑测度的不变性. 最后只需验证在任何给定开集上 φ_{g^t} 几乎处处是常数, 因为这时这个常数必须在任何两个交叠的开集上一致, 且 M 是连通的.

考虑这样的 φ. 作为 Birkhoff 遍历定理 4.1.2 的一个结论, $\lim\limits_{T\to\infty}\dfrac{1}{T}\cdot\displaystyle\int_0^T \varphi(g^t(x))dt$ 几乎处处存在 (离散时间到连续时间的扩张, 对一致连续函数这特别容易). 我们首先指出, 如果这个极限对某个 $p \in SM$ 存在, 则它也对所有 $q \in W^s(p)$ 存在, 且与 $q \in W^s(p)$ 无关: 由一致连续性, 给定 $\varepsilon > 0$ 存在 $T_0 > 0$ 使得对 $t > T_0$ 有 $|\varphi(g^t(p)) - \varphi(g^t(q))| < \varepsilon$. 但这意味着对所有充分大的
[218] T, $\left|(1/T)\displaystyle\int_0^T (\varphi(g^t(p)) - \varphi(g^t(q)))dt\right| < \varepsilon$, 这是所要求的. 因此 φ_{g^t} 在稳定叶上是常数. 由于这个极限的存在性以及这个极限值是 g^t 不变的, 事实上 φ_{g^t} 在弱稳定流形上是常数.

再考虑负时间平均 $\overline{\varphi}_{g^t} := \lim\limits_{T\to\infty}\displaystyle\int_{-T}^0 \varphi(g^t(x))dt$, 它也几乎处处存在且在不稳定流形上是常数. 但是, 此外由 Birkhoff 遍历定理的命题 4.1.3, $\overline{\varphi}_{g^t}$ 与 φ_{g^t} 几乎处处重合. 借助子节 e 末尾在小开集 U 上引入的 C^1 局部坐标 (t, u, v), Fubini 定

理告诉我们在全测度集 C 上对 t 和几乎所有 (u,v) 有 $\varphi_{g^t}(t,u,v)=\overline{\varphi}_{g^t}(t,u,v)$. 但是那样对任何这种 $t_1,t_2,(u,v)$ 的对应集相交 (因为它们都有全测度), 因此对所有 (u,v) 有 $\varphi_{g^t}(t_1,u,v)=\varphi_{g^t}(t_2,u,v)$, 从而 φ_{g^t} 在 C 上如所要求的是常数. □

练　习

5.4.1. 利用引理 5.4.1 将定理 5.4.2 和推论 5.4.4 推广到 n 维情形, 即在单位球面 $S^n\subset\mathbb{R}^{n+1}$ 和平坦环面上描述测地线, 前者的度量由嵌入诱导.

5.4.2. 在双曲平面上给定两点 p,q, 证明与 p 和 q 等距的点的轨迹是一条测地线.

5.4.3. 给定 $\mathbb{H}$ 的双曲 Möbius 变换 $f(z)=\dfrac{az+b}{cz+d}$, 点 z_0 在它的轴上, 计算 z_0 和 $f(z_0)$ 之间的双曲距离.

5.4.4. 给定 $\mathbb{H}$ 的两个双曲 Möbius 变换 f 和 g, 使得在 f 的轴上存在 z_1, 在 g 的轴上存在 z_2, 对此 $d(z_1,f(z_1))=d(z_2,f(z_2))$, 证明存在 $h\in\mathcal{M}$ 使得 $f=hgh^{-1}$.

5.4.5. 给定一条测地线 $\gamma\subset\mathbb{H}$ 以及 $p\in\mathbb{H}\backslash\gamma$, 证明集合 $E:=\{q\in\mathbb{H}|d(q,\gamma)=d(p,\gamma)\}$ 是两个等距光滑曲线的并, 其中 $d(q,\gamma)=\inf\limits_{x\in\gamma}d(q,x)$, 这两条曲线在 γ 的各边一条, 且都不是测地线. 求这些曲线在上半平面的表示.

5.4.6. 证明

$$d(v,w)=\left|\log\frac{|v-u_1|}{|v-u_2|}\cdot\frac{|w-u_2|}{|w-u_1|}\right|,$$

其中 u_1 和 u_2 是实轴与表示通过 v 和 w 的测地线的圆的交点, 如果此测地线是一条直线则令 $u_2=\infty$.

5.4.7. 证明如果 $M=\Gamma\backslash\mathbb{D}$ 是紧的, 则 M 上的测地流只有有限多个周期小于任何给定数的闭轨, 或者等价地, Γ 只有有限多个元素, 它们的迹的绝对值小于所给的正数.

5.4.8*. 证明任何紧因子 $\Gamma\backslash\mathbb{H}$ 的等距群是有限的. [219]

5.4.9*. 设 $G=\{g^t\}$ 是 $S(\Gamma\backslash\mathbb{H})$ 上的测地流, 其中 $\Gamma\backslash\mathbb{H}$ 是一个紧曲面. 证明 $h_{\text{top}}(G)\geqslant 1$.

5.5. Hamilton 系统

我们已经在例子或在 Lagrange 系统中遇到过几次 Hamilton 系统. 本节的目的是对 Hamilton 动力学的现代方法给出一个简短的公理化介绍, 以及展示这个理论的某些结构性结果, 在某些情形它们导致这个动力学的完全定性描述.

a. 辛几何. 迄今为止, 在我们看到的 Hamilton 系统的例子中, 相空间上总有一个实值函数 H, 以及由 Hamilton 方程 (5.3.6) 刻画的系统. 按照这个方法, Hamilton 系统是由 Hamilton 函数和非退化二次微分形式 $dp \wedge dq$ 确定. 现在我们用更一般的方法对它作更详细的描述, 在 (1.5.6) 我们曾第一次提到它. 为此, 我们从 Euclid 空间中的非退化反对称二次微分形式的研究开始.

定义 5.5.1. 设 E 是一个线性空间. 称二维张量 $\alpha: E \times E \to \mathbb{R}$ 是非退化的, 如果 $\alpha^\flat : v \mapsto \alpha(v, \cdot)$ 是从 E 到它的对偶空间 E^* 的同构. 称它是反对称的, 或斜对称的, 如果 $\alpha(v, w) = -\alpha(w, v)$. 非退化的反对称二次微分形式称为辛形式. 具有辛形式的线性空间称为辛向量空间, 如果 $(E, \alpha), (F, \beta)$ 是辛向量空间, 又若 $T^*\beta = \alpha$, 则称线性映射 $T: E \to F$ 为辛映射.

注. 如果 E 上的数量积 $\langle \cdot, \cdot \rangle$ 已定, 较方便的是记 $\alpha(\cdot, \cdot) = \langle \cdot, A \cdot \rangle$, 于是将张量与它关于给定基的矩阵表示等同.

命题 5.5.2. 设 E 是线性空间. 如果 α 是 E 上的一个辛形式, 则对某个 $n \in \mathbb{N}$ 有 $\dim E = 2n$, 以及存在 E 的基 $e_1, \cdots, e_{2n}$, 使得若 $i = 1, \cdots, n$ 则 $\alpha(e_i, e_{n+i}) = 1$, 和若 $|i - j| \neq n$ 则 $\alpha(e_i, e_j) = 0$. 因此, 如果我们固定一个数量积, $e_1, \cdots, e_{2n}$ 关于它是规范正交基, 那么关于这个基有 $A = \begin{pmatrix} 0 & I \\ -I & 0 \end{pmatrix}$, 其中 I 是 $n \times n$ 单位矩阵.

证明. 由于 α 是非退化的, 存在 e_1, e_{n+1} 使得 $\alpha(e_1, e_{n+1}) \neq 0$, 不失一般性可假设 $\alpha(e_1, e_{n+1}) = 1$. 由反对称性 $\alpha(e_1, e_1) = \alpha(e_{n+1}, e_{n+1}) = 0$ 和 $\alpha(e_{n+1}, e_1) = -1$, 所以 $\alpha|_{E_1}$ 关于 (e_1, e_{n+1}) 的矩阵是 $\begin{pmatrix} 0 & 1 \\ -1 & 0 \end{pmatrix}$, 其中 $E_1 = \operatorname{span}\{e_1, e_{n+1}\}$. 现在用
[220] 归纳法. 考虑 $E_2 := \{v \in E | \alpha(v, w) = 0, 对所有 w \in E_1\}$. 于是 $E_1 \cap E_2 = \{0\}$ 以及 $E_1 \oplus E_2 = E$, 因为对 $v \in E$ 有 $v - \alpha(v, e_{n+1})e_1 + \alpha(v, e_1)e_{n+1} \in E_2$. 由归纳法得结论. □

定义 5.5.3. 辛线性空间 (E, α) 的子空间 V 称为是迷向的, 如果 $\alpha|_V = 0$. 迷向的 $n = \dim E/2$ 维子空间称为 Lagrange 子空间.

注. 因此, 命题中的 "适当" 基给出 E 分解为两个 Lagrange 子空间的直和. 注意由 α 的非退化性, 迷向子空间的维数至多是 $n = \dim E/2$, 所以 Lagrange 子空间是最大迷向子空间.

非退化性的一个有趣描述是下面的

命题 5.5.4. 设 α 是线性空间 E 上的反对称二次微分形式. 则 α 是非退化的, 当且仅当 E 是偶数维的, 且 α 的 n 次外幂 α^n 不为零.

证明. $\Leftarrow$: 如果 α 是退化的, 则映射 $\alpha^\flat$ 有非平凡核, 即存在向量 v 使得对所有 w 有 $\alpha(v,w)=0$. 于是, 由外幂定义对所有 $v_2,\cdots,v_n$ 有 $\alpha^n(v,v_2,\cdots,v_n)=0$.

$\Rightarrow$: 如果 α 是非退化的, 由命题 5.5.2 可假设 $\alpha=\sum\limits_{i=1}^{n}dx_i\wedge dx_{i+n}$. 于是

$$\alpha^n=\sum_{i_1,\cdots,i_n=1}^{n}dx_{i_1}\wedge dx_{i_1+n}\wedge\cdots\wedge dx_{i_n}\wedge dx_{i_n+n}=n!(-1)^{[n/2]}dx_1\wedge\cdots\wedge dx_{2n}\neq 0.\square$$

直接观察上面的结果得到

命题 5.5.5. 如果 $T:(E,\alpha)\to(F,\beta)$ 是一个辛映射, 则 T 保持体积和定向. 特别地, T 是有 Jacobi 1 的可逆辛映射.

因此, 辛映射 $(E,\alpha)\to(E,\alpha)$ 的集合是一个群, 我们称它为 (E,α) 的辛群. 现在我们假设给定一个数量积 $\langle\cdot,\cdot\rangle$, α 是标准形式 $J=\begin{pmatrix}0 & I\\ -I & 0\end{pmatrix}$. 这里辛映射有进一步的某些简单性质.

命题 5.5.6. 假设 (E,α) 是一个辛向量空间, $T:(E,\alpha)\to(E,\alpha)$ 是辛映射. 如果 λ 是 T 的特征值, 则 $\overline{\lambda},1/\lambda,1/\overline{\lambda}$ 也是. 如果 T 关于基有形式 $\begin{pmatrix}A & B\\ C & D\end{pmatrix}$, 对此 $\alpha(v,w)=\langle v,Jw\rangle$, 那么 A^tC 和 B^tD 是对称的, 且 $A^tD-C^tB=I$.

证明. 如果 T 保持 α 且 $\alpha(v,w)=\langle v,Jw\rangle$, 则辛性意味着 $T^tJT=J$. 通过计算得知 A^tC 和 B^tD 是对称的且 $A^tD-C^tB=I$. 由于特征多项式 $P(\lambda)=\det(T-\lambda I)$ 是实系数的, 因此如果 λ 是特征值, 则 $\overline{\lambda}$ 也是特征值. 此外, $JTJ^{-1}=(T^{-1})^t$, 所以

$$\begin{aligned}P(\lambda)&=\det(T-\lambda I)=\det(J(T-\lambda I)J^{-1})=\det(T^{-1})^t(I-\lambda T^t)\\&=\det((I-\lambda T)T^{-1})=\det(\lambda(\lambda^{-1}I-T))=\lambda^{2n}P(\lambda^{-1}),\end{aligned}$$

因此, 由于 0 不是特征值, $P(\lambda)=0$, 当且仅当 $P(1/\lambda)=0$. $\square$ [221]

练习 5.5.3 给出这个结果的逆的适当形式.

现在我们准备好了讨论流形上的辛形式.

定义 5.5.7. 设 M 是一个光滑流形. 二次微分形式 ω 是 M 到反对称二维张量场空间 $\wedge^2T^*M$ 的一个光滑映射, 即对每一点 $x\in M$ 它在 T_xM 上指定一个反对称二维张量. 称二次微分形式 ω 是非退化的, 如果它在每一点非退化. 满足

$d\omega=0$ 的非退化二次微分形式 ω 称为辛形式. 光滑流形和辛形式的偶 (M,ω) 称为辛流形. 若 (M,ω) 是一个辛流形, 称 M 的切丛 TM 的子丛为迷向的, 如果在每一点 $p\in M$ 它定义 T_pM 的一个迷向子空间. 称它为 Lagrange 的, 如果它在每一点 $p\in M$ 定义 T_pM 的一个 Lagrange 子空间. 辛流形的光滑子流形称为是迷向的, 如果它的切丛是迷向子丛, 是 Lagrange 的, 如果它的切丛是 TM 的 Lagrange 子丛. 辛流形间满足 $f^*\eta=\omega$ 的微分同胚 $f:(M,\omega)\to(N,\eta)$ 称为辛微分同胚. 如果 $(M,\omega)=(N,\eta)$, 则也称它为一个正则变换.

由命题 5.5.4 直接得到

命题 5.5.8. 如果 (M,ω) 是一个辛流形, 那么 M 是偶数维的而且 ω^n 是体积形式. 特别地, M 可定向.

由命题 5.5.2 我们可以找任何给定点 x 的坐标, 使得在 T_xM 上诱导的坐标将辛形式化为标准形. 这可通过引入任何坐标系并在那个系统中作适当的坐标变换得到. 但是不像在 Riemann 度量情形, 有可能找到局部卡使得这个辛形式在这个卡的每一点是标准形. 我们叙述的这个证明属于 Moser, 它是我们在 5.1e 节看到的方法的另一个应用.

定理 5.5.9 (Darboux 定理). 设 (M,ω) 是一个辛流形. 对每一点 $x\in M$ 存在 x 的邻域 U 和坐标 $\varphi:U\to\mathbb{R}^{2n}$ 使得在每一点 $y\in U,\omega$ 关于基 $\left\{\dfrac{\partial}{\partial x_1},\cdots,\dfrac{\partial}{\partial x_{2n}}\right\}$ 是标准形.

称这些坐标为 Darboux 坐标或辛坐标.

证明. 正如我们已经指出过的, 可以假设已有坐标系使得 ω 在 x 关于基 $\left\{\dfrac{\partial}{\partial x_1},\cdots,\dfrac{\partial}{\partial x_{2n}}\right\}$ 是标准形. 因此, 需要求坐标使得在这些坐标系下 ω 是常数. 由于我们已经有这个坐标系, 可假设 $M=\mathbb{R}^{2n}$ 和 $x=0$. 用 α 记具有矩阵 $J=\begin{pmatrix}0&I\\-I&0\end{pmatrix}$ 的这个形式. 设 $\omega'=\alpha-\omega$ 和 $\omega_t=\omega+t\omega'$, 对 $t\in[0,1]$. 于是
[222] 存在围绕 0 的球, 在此球上所有 ω_t 都是非退化的 (因为对每个 t 存在这样的球, 而且它连续依赖于 t). 从而对某个一次微分形式 θ 由 Poincaré 引理 $\omega'=d\theta$, 而且, 不失一般性可假设 $\theta(0)=0$.

由于 ω_t 是非退化的, 存在唯一 (光滑) 向量场 X_t 使得 $\omega_t\lrcorner X_t=\omega_t(X_t,\cdot)=-\theta$. 由于 $X_t(0)=0$, 我们可以在围绕 0 的小球上积分 X_t, 得到一个单参数微分同胚族 $\{\varphi^t\}_{t\in[0,1]}$, 使得 $\dot\varphi^t=X_t$ 和 $\varphi^0=\mathrm{Id}$. 于是如 5.1e 节, 得到

$$\frac{d}{dt}\varphi^{t^*}\omega_t=\varphi^{t^*}(\mathcal{L}_{X_t}\omega_t)+\varphi^{t^*}\frac{d}{dt}\omega_t=\varphi^{t^*}d(\omega_t\lrcorner X_t)+\varphi^{t^*}\omega'=\varphi^{t^*}(-d\theta+\omega')=0,$$

从而 $\varphi^{1*}\omega_1 = \varphi^{0*}\omega_0 = \omega$, 即 φ^1 是要找的坐标变换. □

注. 如在前面提到过的, 这个结果与 Riemann 度量情形矛盾, 为此这种卡仅仅对平坦度量存在. 一个解释是这里的条件 $d\omega = 0$ 可考虑为 Riemann 度量平坦性的一个类似.

辛流形 (M,ω) 上的辛 C^r 微分同胚组成 C^r 拓扑下 $\mathrm{Diff}^{\,r}(M)$ 的闭子集.

b. 余切丛. 现在我们描述一类具有典范辛结构的非常重要的空间, 即光滑流形的余切丛, 它在 5.3e 节联系 Legendre 变换时第一次出现过. 不仅余切丛有典范的辛结构, 而且此外由底流形上的坐标诱导的自然坐标是辛坐标.

设 M 是一个光滑流形, 考虑局部坐标 $\{q_1, \cdots, q_n\}$. 在余切丛上这些坐标诱导坐标 $\{q_1, \cdots, q_n, p_1, \cdots, p_n\}$. 通过令

$$\theta = -\sum_{i=1}^{n} p_i dq_i \tag{5.5.1}$$

定义一次微分形式 θ. 于是它的外导数是

$$\omega = \sum_{i=1}^{n} dq_i \wedge dp_i, \tag{5.5.2}$$

即 Darboux 坐标下的辛形式. 下面的引理证明这个定义与流形上的坐标选择无关. 另外它证明流形的这个微分同胚诱导余切丛的辛微分同胚:

引理 5.5.10. 设 M 是一个光滑流形, $f: M \to M$ 是微分同胚. 那么余切丛上的拉回 D^*f 是一个辛微分同胚.

证明. 如果我们记 $(Q_1, \cdots, Q_n) = f(q_1, \cdots, q_n)$, 那么

$$D^*f(q_1, \cdots, q_n, p_1, \cdots, p_n) = (Q_1, \cdots, Q_n, P_1, \cdots, P_n),$$

其中 $p_i = \sum_{i=1}^{n} \frac{\partial Q_i}{\partial q_j} P_j$. 因此 [223]

$$\sum_{i=1}^{n} P_i dQ_i = \sum_{i,j=1}^{n} P_i \frac{\partial Q_i}{\partial q_j} dq_j = \sum_{j=1}^{n} p_j dq_j,$$

而且保 θ, 从而保 ω. □

c. Hamilton 向量场与流. 现在我们开始在一般框架下研究 Hamilton 方程.

定义 5.5.11. 设 (M,ω) 是一个辛流形, $H: M \to \mathbb{R}$ 是光滑函数. 则由 $\omega \lrcorner X_H = dH$ 定义的向量场 $X_H = dH^{\#}$ 称为相应于 H 的 Hamilton 向量场或 H 的辛梯度. 满足 $\dot{\varphi}^t = X_H$ 的流 φ^t 称为 H 的 Hamilton 流.

Hamilton 向量场是 C^r 的, 当且仅当 Hamilton 函数是 C^{r+1} 的. 因此可与 C^r Hamilton 流的空间等同, 它是 $\Gamma^r(TM)$ 关于空间 $C^{r+1}(M,\mathbb{R})$ 的闭线性子空间.

现在我们证明这事实上是 Hamilton 方程的形式. 通常的 Hamilton 方程是

$$\dot{q}_i = \frac{\partial H}{\partial p_i}, \quad \dot{p}_i = -\frac{\partial H}{\partial q_i}.$$

因此, 为了看到 $\dot{\varphi}^t = X_H$ 给出这些方程, 需要验证 $X_H := \left(\dfrac{\partial H}{\partial p_i}, -\dfrac{\partial H}{\partial q_i}\right)$ 在 Darboux (辛) 坐标下满足 $\omega \lrcorner X_H = dH$. 但是

$$\begin{aligned}\omega \lrcorner X_H = \sum_{i=1}^{n}(dq_i \wedge dp_i)\lrcorner X_H &= \sum_{i=1}^{n}(dq_i \lrcorner X_H)\wedge dp_i - \sum_{i=1}^{n} dq_i \wedge (dp_i \lrcorner X_H)\\ &= \sum_{i=1}^{n}\frac{\partial H}{\partial p_i}dp_i + \frac{\partial H}{\partial q_i}dq_i = dH,\end{aligned}$$

这是因为由 X_H 的定义有 $(dq_i \lrcorner X_H) = \partial H/\partial p_i$ 和 $(dp_i \lrcorner X_H) = -\partial H/\partial q_i$.

容易看到, Hamilton 流是典范变换的单参数群的实例:

命题 5.5.12. *Hamilton 流是辛流, 因此保体积.*

注. Hamilton 流保体积的结论是熟知的 Liouville *定理*. 这推广了 5.3e 节的讨论. 特别地, 它推广了命题 5.3.6.

[224] **证明.** 设 (M,ω) 是一个辛流形, $H : M \to \mathbb{R}$ 是光滑函数, $\omega \lrcorner X_H = dH$ 和 $\dot{\varphi}^t = X_H$, 那么

$$\begin{aligned}\frac{d}{dt}\varphi^{t^*}\omega = \varphi^{t^*}(\mathcal{L}_{X_H}\omega) &= \varphi^{t^*}(d(\omega \lrcorner X_H) + (d\omega \lrcorner X_H))\\ &= \varphi^{t^*}(d(\omega \lrcorner X_H)) = \varphi^{t^*}(ddH) = 0.\end{aligned}$$ □

应该注意, 这个逆并不成立. 即存在不是 Hamilton 的辛流. 考虑在二维环面上由标准体积的二次微分形式 $dx \wedge dy$ 提供的线性流. 这种流保面积, 因此是辛流. 它的速度场是非零常数. 因此如果它是 Hamilton 流, Hamilton 函数必须有非零常数梯度. 另一方面, Hamilton 函数达到它的最大值, 因此有临界点, 矛盾. 顺便提醒大家, 线性流到 $\mathbb{R}^2$ 的提升实际上是 Hamilton 的. 如果一个向量场 X 生成一个辛流, 则上面的计算证明一次微分形式 $\omega \lrcorner X$ 是闭的. 因此事实上这个拓扑特性妨碍了它是 Hamilton 的 (就是说, 闭一次微分形式 $\omega \lrcorner X$ 的上同调类等于零). 有关现象的讨论可见练习 5.5.4.

这里我们所讨论的仅考虑 Hamilton 流.

另外, 作为我们在特殊情形 (见 5.2a 节, 命题 5.3.2 和命题 5.3.5) 观察到的, 现在可以证明 Hamilton 流保持能量.

命题 5.5.13. *设 (M,ω) 是一个辛流形, $H: M \to \mathbb{R}$ 是光滑函数, $\omega \lrcorner X_H = dH$, 且 $\dot{\varphi}^t = X_H$, 那么 $H(\varphi'(x))$ 不依赖于 t.*

证明.

$$\begin{aligned}\frac{d}{dt}H|_{\varphi^t(x)} = dH(\varphi^t(x))\dot{\varphi}^t(x) &= \omega(X_H(\varphi^t(x)), \dot{\varphi}^t(x)) \\ &= \omega(X_H(\varphi^t(x)), X_H(\varphi^t(x))) = 0.\end{aligned}$$

□

d. Poisson 括号. 现在我们引入一个在 Hamilton 力学中先于辛方法的概念, 即 Poisson 括号. 传统上它用于坐标计算, 但也用于以几何为背景的 Lie 代数结构.

定义 5.5.14. 设 (M,ω) 是一个辛流形, $f, g: M \to \mathbb{R}$ 是光滑函数. 则 f 和 g 的 Poisson 括号定义为

$$\{f,g\} := \omega(X_f, X_g) = df(X_g),$$

其中 $X_f = df^{\#}$ 和 $X_g = dg^{\#}$ (参看定义 5.5.11), 即 $\omega \lrcorner X_f = df$ 和 $\omega \lrcorner X_g = dg$. 函数 f 和 g 称为是对合的, 如果它们的 Poisson 括号等于零.

命题 5.5.15. *在辛坐标 $\{q_1, \cdots, q_n, p_1, \cdots, p_n\}$ 下我们有* [225]

$$\{f,g\} = \sum_{i=1}^{n}\left(\frac{\partial f}{\partial q_i}\frac{\partial g}{\partial p_i} - \frac{\partial f}{\partial p_i}\frac{\partial g}{\partial q_i}\right). \tag{5.5.3}$$

Poisson 括号是反对称的, 而且 $\{\cdot, f\} = \mathcal{L}_{X_f}$. f 是 H 的流的积分, 当且仅当 $\{f,H\} = 0$.

证明. 由定义并利用 $X_g = (\partial g/\partial p_i, -\partial g/\partial q_i)$, 得到方程 (5.5.3). 反对称性由 ω 的反对称性得到. $\{\cdot, f\} = \mathcal{L}_{X_f}$, 因为 $\mathcal{L}_{X_f} g = dg \lrcorner X_f = (\omega \lrcorner X_g) \lrcorner X_f = \omega(X_g, X_f) = \{g, f\}$. 如果 φ^t 是 H 的 Hamilton 流, 那么 $(d/dt) f \circ \varphi^t = {\varphi^t}^* \mathcal{L}_{X_H} f = {\varphi^t}^* \{f, H\}$ 等于零, 当且仅当 $\{f, H\} = 0$. □

注. 特别地, 由于 $\{H,H\} = 0$ 我们证明了 H 的不变性.

利用这个设置也可容易证明 Hamilton 系统一个著名的对称性结果:

命题 5.5.16 (Noether 定理). *设 (M,ω) 是一个辛流形, $H: M \to \mathbb{R}$ 是光滑函数, $\omega \lrcorner X_H = dH$, 以及 $\dot{\varphi}^t = X_H$, 如果 H 在由 Hamilton 函数 f 生成的单参数辛变换族下是不变的, 那么 f 是 φ^t 的一个不变积分.*

证明. 此假设表明 H 是 f 的流的积分, 即 $\{f, H\} = 0$, 因此, 反之 f 是 H 的流的积分. □

注. 当系统的相空间是一个余切丛, 而且 Hamilton 函数在构形空间的微分同胚的单参数族在余切丛上的作用下是不变时, 可产生一个有趣情形, 因为此时这种对称性往往容易被破坏, 从而这一结果给求这类积分提供了一个容易的方法.

例子. 考虑 5.2c 节的中心力问题. 这时 Hamilton 函数显然在绕原点的旋转下不变. 特别地, 它在 xy 平面中的旋转下不变, 如果我们选择记这个坐标为 (q_1, q_2), 则它由 Hamilton 函数 $q_1p_2 - q_2p_1$ 产生. 因此 $q_1p_2 - q_2p_1$ 是一个第一积分. 它刚好是角动量的 z 分量. 其他两个分量通过在其他平面内的旋转不变性是不变的. 类似的论证应用于 5.2 节练习 (见练习 5.5.7) 考虑的问题.

命题 5.5.17. *设 (M,ω) 是一个辛流形, 那么有 Poisson 括号 $\{\cdot,\cdot\}$ 的线性空间 $C^\infty(M)$ 是一个 Lie 代数.*

证明. 由构造, Poisson 括号 $\{\cdot,\cdot\}$ 在 $\mathbb{R}$ 上是双线性和反对称的. 通过利用 (5.5.3) 费力的坐标计算, 可以证明有 Jacobi 恒等式 $\{\{f,g\},h\}+\{\{g,h\},f\}+\{\{h,f\},g\}=$
[226] 0. 另外注意

$$\begin{aligned}&\{\{f,g\},h\}+\{\{g,h\},f\}+\{\{h,f\},g\}=\mathcal{L}_{X_h}\{f,g\}+\mathcal{L}_{X_f}\{g,h\}+\mathcal{L}_{X_g}\{h,f\}\\=&\mathcal{L}_{X_h}\mathcal{L}_{X_g}f+\mathcal{L}_{X_f}\mathcal{L}_{X_h}g+\mathcal{L}_{X_g}\mathcal{L}_{X_f}h=\mathcal{L}_{X_h}\mathcal{L}_{X_g}f+(\mathcal{L}_{X_g}\mathcal{L}_{X_f}-\mathcal{L}_{X_f}\mathcal{L}_{X_g})h\end{aligned}$$

不包含 h 的二阶导数, 因为由坐标计算 $\mathcal{L}_{X_g}\mathcal{L}_{X_f}-\mathcal{L}_{X_f}\mathcal{L}_{X_g}$ 是一阶微分算子. 同样不存在 f 和 g 的二阶导数. 经过坐标计算可看到这种成对的一阶项都消失. □

由此立刻给出向量场的 Lie 代数结构.

定义 5.5.18. 设 M 是一个光滑流形. 如果 X, Y 是 M 上的向量场, 则 Lie 括号 $\mathbb{Z}=[X,Y]$ 定义为满足 $\mathcal{L}_Z=\mathcal{L}_Y\mathcal{L}_X-\mathcal{L}_X\mathcal{L}_Y$ 的唯一向量场.

注. Lie 括号测量两个向量场的流的不可交换程度. 事实上两个向量场的 Lie 括号恒等于零, 当且仅当对应的流可交换.

对 Jacobi 恒等式, 我们有

推论 5.5.19. $X_{\{f,g\}}=-[X_f,X_g]$.

注. 因此, Hamilton 向量场组成一个 Lie 代数.

进一步的推论是下面的结果:

命题 5.5.20 (Poisson). *设 (M,ω) 是一个辛流形, $H: M\to\mathbb{R}$ 是光滑函数, $\omega\lrcorner X_H=dH$, 且 $\dot{\varphi}^t=X_H$, 以及 f,g 是 φ^t 的积分. 那么 $\{f,g\}$ 也是 φ^t 的积分.*

证明. 由于 f 是 H 的 Hamilton 流的积分, 当且仅当 $\{f,H\}=0$, 而这由 Jacobi 恒等式得到. □

注. 这给了知道了两个积分求新积分的一个方法. 有时这确实可能会成功. 但另一方面, 通常我们得到的 "新" 积分只不过是前面得到的函数.

e. 可积系统. 在 Poincaré 年代之前, 经典力学的主要目的是明显求解运动方程再讨论动力学. 这对求 Hamilton 系统的积分提供了一个重要启示, 因为如果知道了足够多的积分, 轨道就可由积分确定. 对 $2n$ 维相空间的系统先验地应该努力求得 $2n-1$ 个独立积分, 它们共同的等位集是一维的, 从而确定了一个轨道. 但是, 由于 Hamilton 方程的辛结构, 事实上在对合下有 n 个的独立积分就够了, 即为了能够求解运动方程要求 Poisson 括号成对为零. 因而这种系统称为*完全可积系统*, 或者通常就称之为*可积系统*. 在这种情况下, 事实上运动方程可求解不 [227]
只是一个原则, 而且 (通过 "求积分") 也是明确的. 除了说明如何求解完全可积系统的运动方程以外, Liouville 定理给出轨道结构直到光滑共轭的完全描述, 这证明了我们在 1.5 节给出的武断预览. 由于该定理的这部分容易证明, 而且对我们来说下面给出的证明也是最有趣味的.

定理 5.5.21 (Liouville–Arnold 定理). *假设* (M,ω) *是一个* $2n$ *维辛流形*, $H=f_1,f_2,\cdots,f_n\in C^\infty(M),\{f_i,f_j\}=0\ (i,j=1,\cdots,n)$, *以及* $x\in\mathbb{R}^n$, *使得微分* Df_i *在*

$$M_z:=\{x\in M|f_i(x)=z_i,i=1,\cdots,n\}$$

上 (逐点) 线性无关. 那么

(1) M_z *在* H *的 Hamilton 流* φ_H^t *作用下 (事实上在任何 Hamilton 流* $\varphi_{f_i}^t$ *下) 是光滑 Lagrange 不变子流形.*

(2) *如果* M_z *是紧连通的, 则* M_z *微分同胚于* n *维环面* $\mathbb{T}^n$.

(3) *通过这个微分同胚,* $\varphi_H^t|_{M_z}$ *共轭于线性流.*

注. Liouville 定理的全部力量在于它断言, 在 M_z 的邻域内可求得辛坐标变换, 使得在新坐标 $(y_1,\cdots,y_n,\varphi_1,\cdots,\varphi_n)$ 下 Hamilton 函数仅依赖 $(y_1,\cdots,y_n)$. 这些坐标称为*作用量角坐标*. 但是, 为了了解 Hamilton 流的轨道结构, Liouville 定理的这个较弱形式已足够.[1]

证明. (1) 由于 Df_i 逐点独立, 由隐函数定理 M_z 是一个光滑子流形. 此外, 注意 X_{f_i} 切于 M_z, 因为它们的积分流保持所有的 $f_1,\cdots,f_n$. 由于 Df_i 逐点独立, 所以 X_{f_i} 也是, 而且 $\omega(X_{f_i},X_{f_j})=\{f_i,f_j\}=0$, 从而 M_z 是 Lagrange 的.

(2) 定义

$$\alpha:\mathbb{R}^n\times M_z\to M_z,\quad \alpha(t,x):=\varphi_{f_1}^{t_1}\circ\varphi_{f_2}^{t_2}\circ\cdots\circ\varphi_{f_n}^{t_n}(x).$$

现在从推论 5.5.19 由 $\{f_i,f_j\}=0$ 得知 $[X_{f_i},X_{f_j}]=0$, 从而流 $\varphi_{f_i}^t$ 与流 $\varphi_{f_j}^t$ 可交

换, 因此 $\alpha(t+s,x)=\alpha(s,\alpha(t,x))$, 就是说, α 在 M_z 上定义了加法群 $\mathbb{R}^n$ 的一个作用.

对 $x\in M_z$, 映射 $g_x:=\alpha(\cdot,x):\mathbb{R}^n\to M_z$ 有最大秩, 因为 $Dg_x|_0=(X_{f_1},\cdots,X_{f_n})$. 因此由隐函数定理 g_x 是一个局部微分同胚. 这证明稳定化子 $S(x_0):=\{t\in\mathbb{R}^n|\alpha(t,x_0)=x_0\}$ (显然它是子群) 是离散的, 即存在围绕
[228] $0\in\mathbb{R}^n$ 的球 $B(0,\delta)$ 使得 $B(0,\delta)\cap S(x_0)=\{0\}$, 因此对每个 $t\in S(x_0)$ 有 $B(t,\delta)\cap S(x_0)=\{t\}$. 进一步我们要证明作用 α 是传递的, 即 g_x 是满的. 为此首先注意如果 $y=g_x(t)$, 则 $g_y(s)=g_x(t+s)$, 就是说, 当 $y\in g_x(\mathbb{R}^n)$ 时 $g_y(\mathbb{R}^n)\subset g_x(\mathbb{R}^n)$. 现在固定 $x_0\in M_z$, 并考虑 $x\in M_z$. M_z 是一个连通流形, 因此是道路连通的. 从而存在连接 x_0 和 x 的弧 c_x. 它有像 $g_{x_i}(B(0,\delta_i))$ 的有限覆盖, 所以由前面的观察有 $x\in g_{x_0}(\mathbb{R}^n)$, 故 g_x 对所有 $x\in M_z$ 是满的. 从而我们证明了每个 g_x 通过 $\mathbb{R}^n$ 是 M_z 的覆叠.

因此, 我们证明了 α 用离散稳定化子群定义了 $\mathbb{R}^n$ 的一个传递作用. 现在对某个 k 利用 $\mathbb{R}^n$ 的离散子群共轭于 $\mathbb{Z}^k$ 的事实, 即 $\Gamma=S(x_0)$ 有线性无关的生成子集合 $\{\gamma_1,\cdots,\gamma_k\}$, 使得 $t\in\Gamma$, 当且仅当存在 $a\in\mathbb{Z}^k$ 使得 $t=\sum_{i=1}^{k}a_i\gamma_i$. 这个生成子集合可通过取 γ_1 为 Γ 的有最小 Euclid 范数的元素, 取 γ_2 为到直线 $\mathbb{R}\gamma_1$ 有最小非零距离的元素等得到. 换句话说, 如果 $\{e_1,\cdots,e_n\}$ 是 $\mathbb{R}^n$ 的典范基, $F:\mathbb{R}^n\to\mathbb{R}^n$ 是一个同构, 使得对 $i\in\{1,\cdots,k\}$ 有 $F(e_i)=\gamma_i$, 那么 $F^{-1}S_{x_0}F=\mathbb{Z}^k$. 特别地, 如果 $\pi:\mathbb{R}^n\to\mathbb{T}^k\times\mathbb{R}^{n-k}$ 是标准覆叠, 那么 F 诱导唯一同胚 $f:\mathbb{T}^k\times\mathbb{R}^{n-k}\to M_z$, 使得 $g_{x_0}\circ F=f\circ\pi$. 由 M_z 的紧性得知 $k=n$, 这证明了 (2).

最后, 由构造现在 (3) 是明显的. 事实上, 所有 $\varphi^t_{f_i}$ 通过 f 是平移. □

练 习

5.5.1. 设 L 是辛向量空间 E 的 Lagrange 子空间. 证明 L 有 Lagrange 补, 即有满足 $L\cap M=\{0\}$ 的 Lagrange 子空间 M.

5.5.2. 证明在 Lagrange 子空间 $L\subset E$ 中, 命题 5.5.2 中的基 $e_1,\cdots,e_{2n}$ 可选为 $e_1,\cdots,e_n\in L$.

5.5.3. 设 $\Lambda=(\lambda_1,\cdots,\lambda_{2n})$ 是满足下列性质的非零复数集:

(1) Λ 包含偶数个 1 和奇数个 -1.

(2) 若 $\lambda\in\Lambda$ 是实数, $\lambda\neq\pm1$, 则 $1/\lambda\in\Lambda$ (包括重次).

(3) 若 $\lambda\in\Lambda,|\lambda|=1$, 且 $\lambda\neq\pm1$, 则 $\overline{\lambda}\in\Lambda$ (包括重次).

(4) 若 $\lambda \in \Lambda, |\lambda| = 1, \lambda \notin \mathbb{R}$, 则 $\lambda^{-1}, \overline{\lambda}, \overline{\lambda}^{-1} \in \Lambda$ (包括重次).
证明存在线性辛映射 $T : (\mathbb{R}^{2n}, \omega) \to (\mathbb{R}^{2n}, \omega)$, 其中 ω 是标准辛形式使得 Λ 是 T 的特征值集 (包括重次).

5.5.4*. 证明 $2n$ 维紧流形 M 上的任何非退化闭二次微分形式的二次上同调类是非零的.

5.5.5. 证明 $2n$ 维球面 $(n \geqslant 2)$ 上不存在辛结构, 即没有辛流形 (S^{2n}, ω). [229]

5.5.6. 假设 $\{\omega_t\}_{0 \leqslant t \leqslant 1}$ 是紧流形 M 上的非退化闭二次微分形式族. 证明存在微分同胚族 $\varphi_t : M \to M$ 使得 $\varphi_t^* \omega_t = \omega_0$, 当且仅当形式 ω_t 的上同调类都相同.

5.5.7. 由 Noether 定理 5.5.16 推导练习 5.2.1 的结果.

5.5.8. 证明任何对合曲面上的测地流有与总能量无关的第一积分. 这个积分称为 Clairaut 积分.

5.5.9. 利用定理 5.5.21 证明中的构造要点, 证明对某 $k \leqslant n$, $\mathbb{R}^n$ 的任何离散子群是 $\mathbb{Z}^k$.

5.5.10*. 设 (M, ω) 是一个辛流形, $\{\varphi^t\}$ 是 Hamilton 流, 它的轨道是有相同最小周期的周期轨道. 固定 Hamilton 的值 c, 考虑由流作用的等位空间 M_c 的因子空间 N. 证明 ω 在 M_c 上的限制投射到 N 上的非退化二次微分形式.

5.5.11. 证明标准 n 维球面上的测地流满足上一练习的条件. 利用此练习的步骤求得 $2n-2$ 维辛流形. 对 $n = 2$ 详细描述这个流形.

5.6. 切触系统

a. 保一次微分形式的 Hamilton 系统. 从经典力学的观点最重要 (至少是最传统) 的辛流形是, 具有标准辛结构的 $\mathbb{R}^{2n}$ 和具有 5.5b 节描述的辛形式 ω 的微分流形 M (力学系统的构形空间) 的余切丛. 注意, 在这两个情形辛流形 (相空间) 本身不是紧的, 虽然在第二个情形构形空间 M 可能是紧的, 在许多重要的经典问题如刚体运动中这是正确的. 当然 $\mathbb{R}^{2n}$ 可看作为 $T^*\mathbb{R}^n$, 所以第一个情形是第二个情形的特例.

本书主要考虑紧相空间上的动力系统. 为了将本书讨论的概念和方法用到具有 Hamilton 函数 H 的 Hamilton 系统中去, 考虑限制在超曲面 $H = c$ 上的动力学, 这种曲面在许多情况下是紧的, 例如紧 Riemann 流形上的测地流, 那里
这种超曲面是构形空间上的球面丛. 有时可用第一积分作进一步简化而不用能 [230]
量. 如果 c 不是 Hamilton 的临界值, 且超曲面 $H_c := \{x | H(x) = c\}$ 是紧的, 则

Hamilton 系统保持非退化 $2n-1$ 次微分形式 ω_c, 对它可描述如下. 我们可以局部地对所有充分小 $|\delta|$ 将由 ω 生成的 $2n$ 维测度分解为 $H_{c+\delta}$ 上的 $2n-1$ 维测度, 并考虑条件测度, 每一个确定直到相差乘上一个常数. 因此, 此时鉴于命题 5.5.12, 可用 Poincaré 回归定理 4.1.19, Birkhoff 遍历定理 4.1.2, 以及遍历理论的其他事实到 Hamilton 系统在 H_c 上的限制.

当不变的 $2n-1$ 次微分形式可以特别的自然方式描述时存在一个重要情况. 注意在 $\mathbb{R}^{2n}$ 和 T^*M 两个情形, 形式 ω 不仅是闭的, 而且是正合的. 由 $\sum\limits_{i=1}^{n} p_i dq_i$ 定义的一次微分形式 θ 在第一个情形是大范围的, 在第二个情形是局部的, 即明显满足 $d\theta = \omega$. 引理 5.5.10 证明中的计算表明在 T^*M 上定义的 θ 与局部坐标的选择无关. 当然一般 T^*M 上的 Hamilton 系统不保持 θ, 或外导数等于 ω 的任何其他一次微分形式. 我们看加在 Hamilton 上的什么条件能使 θ 有不变性. 我们有

$$\mathcal{L}_{X_H}\theta = d\theta \lrcorner X_H + d(\theta \lrcorner X_H) = dH + d(\theta \lrcorner X_H).$$

因此, 如果 $\theta \lrcorner X_H = -H$, 则一次微分形式 θ 是不变的. 在 Darboux 坐标下进行局部计算给出 $\theta \lrcorner X_H = -\sum p_i \dfrac{\partial H}{\partial p_i}$. 注意对给定的向量场 X_H, Hamilton 的选择直到一个可加常数是唯一的. 因此我们证明了下面的事实:

命题 5.6.1. *T^*M 上的 Hamilton 向量场 X_H 保持一次微分形式 θ, 当且仅当这个 Hamilton 可选为 p 的一次正齐次式, 即对 $\lambda > 0$ 有 $H(q, \lambda p) = \lambda H(q, p)$.*

沿着超曲面 $H=$ 常数存在 Hamilton 的广泛类保持形式 θ. 此时不变性条件变成

$$d(\theta \lrcorner X_H)(\xi) = 0, \quad 如果\ dH(\xi) = 0,$$

换句话说, 函数 $\theta \lrcorner X_H$ 在超曲面 $H=$ 常数的每个连通分支上是常数. 如果

$$\theta \lrcorner X_H = \varphi(H),$$

这条件满足, 就是说利用 Darboux 条件,

$$H(q, \lambda p) = \Phi(\lambda) H(q, p),$$

其中 $\Phi' = \varphi$. 如果 $\varphi(\lambda) \neq 0$, 则称这样的 Hamilton 函数为 (关于 p 的) *广义齐次*
[231] *Hamilton 函数*. 离开零截面的每个这样的 Hamilton 函数是一次齐次 Hamilton 函数, 即 $H_1(q,p) = \Phi^{-1}(H(q,p))$, 这里 Φ^{-1} 是 Φ 的逆. 经计算立刻得知, 对任何 C^1 函数 ρ 有 $X_{\rho(H)} = \rho' X_H$, 因此, 通过广义齐次 Hamilton 函数生成的流由

保持 θ 的 Hamilton 函数生成的流的时间改变得到, 而且这个时间改变在每个曲面 $H=$ 常数上是常数.

特别地, 由于测地流的 Hamilton 函数是 p 的二次函数, 它保持 θ 在任何能量曲面上的限制.

b. 切触形式. 对 H 的非临界值 c, 形式 θ 在曲面 $H=c$ 上的限制是使得 $\theta \wedge (d\theta)^{n-1}$ 为非退化的一次微分形式的一个例子. 这启发下面定义.

定义 5.6.2. $2n-1$ 维可定向流形 M 上的一次微分形式 θ 称为一个*切触形式*, 如果 $2n-1$ 次微分形式 $\theta \wedge (d\theta)^{n-1}$ 是非退化的. 因此, 具有切触形式的光滑流形的偶 (M,θ) 称为*切触流形*. M 上保切触形式的流称为 M 上的*切触流*. 保切触形式的微分同胚称为*切触微分同胚*.

不像辛流形容许有各种 Hamilton 向量场, 切触流形都配有由 $v \lrcorner \theta = 1$ 和 $v \lrcorner d\theta = 0$ 定义的典范向量场 v. 这是唯一的, 因为 $d\theta^n$ 的核是一维的, 而且由非退化性假设它与 θ 不相交. 注意, Lie 导数 $\mathcal{L}_v\theta$ 等于零, 因为 $v \lrcorner \theta =$ 常数, 所以称为切触形式的*特征流*, v 的流保 θ, 从而保由 θ 定义的所有结构, 特别地, 保体积. 因此特征流提供了保体积流的一个例子.

现在假设 X 是产生保切触形式 θ 的流的一个向量场. 则它必须保核 $d\theta^n$, 因此它必须与 θ 的特征流可交换. 从而切触流总是作为与切触形式的特征流可交换的流出现. 同样情况对切触微分同胚也成立.

此外, 如果切触流形是如上一节的齐次 Hamilton 的等位集, 则 v 正好是 Hamilton 向量场. 事实上, 切触形式总是由广义齐次 Hamilton 函数 (见命题 5.6.4) 以这种方式出现. 相反, 5.3 节末的注和上个子节的观察可归纳如下.

命题 5.6.3. *测地流是有齐次 Hamilton 函数的 Hamilton 流. 特别地, 齐次 Hamilton 函数的 Hamilton 流、测地流都是特征流, 因此是切触流.*

命题 5.6.4. *假设 (M,θ) 是一个切触流形. 则 M 可以按环绕辛形式在 M 上的限制是 $d\theta$ 的方式嵌入辛流形 (N,ω).*

注. 按这种方式嵌入的切触流形称为*切触型子流形*. [232]

证明. 如果 $N=M\times\mathbb{R}$ 和 $\omega_{x,t}=d(e^t\theta_x)$, 则 $\omega^n=e^{nt}(ndt\wedge\theta\wedge(d\theta)^{n-1})$ 是一个体积, 所以 (N,ω) 是辛流形, ω 在 $M\times\{0\}$ 上的限制是 $d\theta$. □

命题 5.6.5. *设 ω 是 $\mathbb{R}^{2n}$ 上的标准辛形式, $M=f^{-1}(c)\subset\mathbb{R}^{2n}$ 是光滑函数 $f:\mathbb{R}^{2n}\to\mathbb{R}$ 满足 c 是正则值的等位集. 那么 M 是切触型子流形, 当且仅当在 M 的邻域 U 内, 存在与 M 横截的向量场 ξ, 满足 $\mathcal{L}_\xi\omega=\omega$.*

注. 在上一子节描述齐次 Hamilton 函数的情况下, ξ 简单地是 $\sum_{i=1}^{n} p_i\partial/\partial p_i$.

证明. 设 $\theta' = \xi\lrcorner\omega$ 和 $\theta = \theta'|_M$. 注意由于 $d\omega = 0$ 有 $\mathcal{L}_\xi\omega = d(\xi\lrcorner\omega)$, 因此在 M 上 $d\theta = \mathcal{L}_\xi\omega = \omega$. 为了证明 θ 是一个切触形式, 首先注意, 横截性假设意味着对 M 上的梯度向量场 ∇f 有

$$0 \neq \langle\xi, \nabla f\rangle = Df(\xi) = \omega(X_f, \xi) = (-\xi\lrcorner\omega)X_f = -\theta(X_f).$$

此外 $\ker d\theta$ 是一维的, 因为 θ 是从非退化形式 ω 通过压缩一个向量得到的. 这证明 $\theta\wedge(d\theta^n)$ 定义一个体积.

为了证明 "必要性", 假设 (M, θ) 是切触型的. 由 Poincaré 引理 θ 可在 M 的邻域 U 内扩展到 θ', 使得在 U 上 $d\theta' = \omega$. 于是 $\xi\lrcorner\omega = \theta'$ 唯一确定 ξ, 且有 $\langle\nabla f, \xi\rangle = Q(X_f) \neq 0$, 因此 ξ 与 M 横截. 最后, $\mathcal{L}_\xi\omega = d(\xi\lrcorner\omega) = d\theta' = \omega$. □

注. 最后, 介绍 Poincaré 引理的一个应用, 它必须工作在 $\mathbb{R}^{2n}$ 中.

类似于辛形式可将切触形式局部地化为标准形. 事实上, 下面的结果是 Darboux 定理 5.5.9 对辛形式的简单推论.

定理 5.6.6 (切触形式的 Darboux 定理). *设 $\theta_0 = x_1dy_1 + \cdots + x_ndy_n + dz$ 是 $\mathbb{R}^{2n+1}$ 的典范切触形式, (M, θ) 是 $2n+1$ 维切触流形. 则对 $x \in M$ 存在 x 的邻域 U, 对其中的坐标有 $\theta = \theta_0$.*

证明. 对 $x \in M$, 在 $\ker\theta_x$ 内取 0 的邻域 V_0, 并令 $V = V_0 \times (-\varepsilon, \varepsilon), U' = \exp V, U'_t = \exp(V_0 \times \{t\}) \subset M$. $d\theta$ 在 U'_t 上的限制是一个辛形式, 所以由 Darboux 定理 5.5.9 每一点 $y \in U'_t$ 有邻域 $U_t \subset U'_1$, 其中存在 Darboux 坐标 $x_1, \cdots, x_n, y_1, \cdots, y_n, z$, 即 $d\theta = \sum dx_i \wedge dy_i$. 因此在 $U := \bigcup_{-\varepsilon<t<\varepsilon} U_t$ 上有 $d\left(\theta - \sum dx_i \wedge dy_i\right) = 0$, 因为 $\theta = \sum dx_i \wedge dy_i + dz$, 故 $x_1, \cdots, x_n, y_1, \cdots, y_n, z$ 是所求坐标. □

[233] 练 习

$\mathbb{R}^n$ 中的超曲面 M 称为是*星形的*, 如果存在点 c 使得每个从 c 到 ∞ 的半直线与 M 恰好交于一点.

5.6.1. 证明 $\mathbb{R}^{2n}$ 中任何星形超曲面提供的标准辛结构是切触型的.

5.6.2. 刻画对应于向量场 $\xi = \dfrac{1}{2}\sum_{i=1}^{n}\left(p_i\dfrac{\partial}{\partial p_i} + q_i\dfrac{\partial}{\partial q_i}\right)$ 的 $S^{2n-1} \subset \mathbb{R}^{2n}$ 上的切触形式和特征向量场.

5.6.3. 在上一问题的设置下, 通过令 $z = p + iq$ 使 $\mathbb{R}^{2n}$ 与 $\mathbb{C}^n$ 等同. 求证向量场 v 的所有轨道都是闭的, 而且因子是复射影空间 $\mathbb{CP}^n = S^{2n-1}/S^1$.

5.6.4. 考虑与星形超曲面中的每个纤维相交的光滑流形的余切丛 T^*N 中的超曲面 M. 证明 M 关于标准辛结构是切触型的.

5.6.5. 考虑具有由 (5.5.1) 通过 Legendre 变换 (5.3.5) 给出的标准一次微分形式得到的一次微分形式 α 的平坦环面的单位切丛 $S\mathbb{T}^n$. 描述微分同胚群和 $S\mathbb{T}^n$ 上保持 α 的向量场.

5.7. 代数动力学: 齐次系统与仿射系统

设 G 是一个局部紧的可度量化拓扑群. 一方面, 这类群包括我们在 1.3 节第一次遇到的 Abel 群, 另外也包括 Lie 群, 如双曲平面的等距群 (见 5.4 节和 17.5 节). 环面属于这两类.

假设 G 是幺模的, 即它关于左右平移有一个局部有限的 Borel 不变测度. 设 $\Gamma \subset G$ 是 G 中的一个格 (见 A.8 节). 由于 G 上的右平移与任何左平移可交换, 它们投射到 $\Gamma \backslash G$ 中的映射. 事实上, 由于 Γ 是闭的, 任何右平移定义 $\Gamma \backslash G$ 上的一个同胚. 由于 G 是幺模的而且 $\Gamma \subset G$ 是一个格, 右平移保持 $\Gamma \backslash G$ 上的有限 Haar 测度. 任何这样的平移 $T : \Gamma \backslash G \to \Gamma \backslash G$ 称为一个*齐次动力系统*; 平移的单参数群称为*齐次流*. 因此, 类似于前面几节讨论的 Hamilton 系统和切触系统, 齐次系统是一个拓扑动力系统, 同时也是一个保测变换. 然而应该指出, 这个相空间仅对一致格是紧的.

紧 Abel 群上的平移 (1.3 节和 1.4 节) 是齐次动力系统的例子, 环面上的线性流 (1.5 节) 是齐次流的例子. 我们将在 17.5 节中看到, 双曲平面紧因子上的测地流 (5.4e 节) 可自然通过某个紧 (一致) 格 Γ 表示为 Möbius 变换群 $PSL(2, \mathbb{R})$ 的因子上的齐次流. 其中 $PSL(2, \mathbb{R})$ 是所有行列式为 1 的 2×2 矩阵通过由 $\pm\mathrm{Id}$ [234]
组成其中心的群 $SL(2, \mathbb{R})$ 的因子. 读者如果对此表达式感兴趣可马上查阅 17.5 节. 在 17.7 节我们将进一步发展这类结构, 并讨论由某些特殊的高维 Riemann 流形的测地流产生的重要齐次流.

另一类很好定义代数结构的动力系统由圆周上的线性扩张映射 (1.7 节) 和环面自同构以及自同态 (1.8 节) 表示. 由紧 Abel 群上的正规化 Haar 测度的唯一性, 这种群的任何自同构必须保持这个测度和任何自同态乘上一个常数; 对后一情形这个测度在 4.1b 末的定义意义下仍保持. 与环面不同的紧 Abel 群的自同构的一个有趣例子出现在练习 17.1.2 中.

存在某些情形, 那里非紧的自同构和自同态的局部紧群生成紧齐次空间的变换. 这类例子将在 17.3 节讨论, 那里 G 是一个幂零非 Abel Lie 群.

最后, 存在一类包括齐次系统和自同构的代数动力系统, 称之为仿射系统, 它们可作为群 G 中的仿射映射的有限测度因子上的适当投射描述. 仿射映射是自同态与平移的复合. 具有与平移和自同构不同性质的仿射映射的有趣的最简单例子是我们在练习 1.4.4, 3.2.6 和 4.2.3 讨论过的二维环面映射 A_α. 4.2 节后面的几个练习显示, 一方面, 这些映射的动力学性质与高维类似的仿射映射的动力学性质之间, 另一方面与多项式的分式部分的一致分布的动力学性质之间存在密切的联系. 这是代数动力系统 (齐次系统与仿射系统) 与数论之间卓有成效联系的第一个迹象.

对这些代数动力系统类 (齐次、自动态和仿射) 的渐近性质的研究, 不论是拓扑的还是测度论的, 都是发展远景很好的领域, 它结合了遍历理论、拓扑动力学和微分动力学中的一般思想和方法, 其中更特殊的方法考虑这些系统在整个相空间的一致局部结构. 我们在 1.4 节和 4.2 节看到利用 Fourier 分析的这类特殊方法的一个面貌. 存在有明确定义的不变结构, 使得除了 0.1 节讨论的主要分支以外, 有理由将这个领域考虑为动力系统理论的一个分开分支. 对它在还没有被普遍接受的名字之前, 称它为代数动力学我们认为是十分合适的.

第 2 部分 [235]
局部分析与轨道增长

第 6 章　局部双曲理论与它的应用 [237]

本章执行 0.4 节概述计划的一部分. 这部分分析的主要范例是沿着某些特定轨道的线性化动力系统的一类双曲性. 我们证明, 对非线性系统这转化为在参考轨道附近的一个类似性态 (Hadamard–Perron 定理 6.2.8). 来自线性化系统的局部双曲性与非平凡回复性相结合, 其本质是一个非线性现象, 它产生丰富的周期轨道 (Anosov 封闭引理, 定理 6.4.15), 其他丰富和稳定的轨道结构将在本书第 4 部分进一步探讨.

6.1. 引言

为了避免记号的混乱, 我们大部分时间考虑离散时间动力系统 $f: M \to M$. 固定一个 "参考" 初始条件 $p \in M$. 我们的主要任务是确定那些初始条件 x, 经过 f 充分长的正或负的时间迭代的发展与跟随 p 的发展充分接近, 以及了解 $f^n(x)$ 相对于 $f^n(p)$ 的渐近性态. 特别地, 我们对所有正或负的 n 值 $f^n(x)$ 停留在靠近 $f^n(p)$ 的那种 x 感兴趣.

这个分析中的主要工具是 n 趋于 $+\infty$ 或 $-\infty$ 时关于线性映射 $(Df^n)_p$ 渐近性态的信息, 这在一定意义上反映了 "初始条件无限接近于 p" 的渐近性态. 我们尝试说明在某些条件下, 非线性系统 f 的某些轨道性态与模拟线性化系统的轨道性态的参考轨道有关.

这种分析的最自然的设置出现在参考轨道是周期 m 周期轨道时, 即微分 $(Df^m)_p$ 在定义 1.2.5 的意义下是双曲线性映射时. 这样的轨道通常称为**双曲周期轨道**. 映射在双曲周期轨道附近的结构将在 6.2 节和 6.3 节开始研究.

[238] 存在将这个设置推广到非双曲参考轨道的几个情形. 其中一个将在 6.2 节详细讨论. 它涉及沿着参考轨道将线性化系统分裂为一致指数压缩不变子空间和一致指数扩张向量 (见定义 6.2.6). 有时我们称这种情况为*一致双曲分裂*.

虽然我们在这一章中的主要兴趣集中在出现不同定性性态现象的双曲情形, 但考虑到不同的应用自然要考虑指数分裂的某些更一般情形 (定义 6.2.6). 即定理 6.2.8 中的方法, 它是本章的一个主要技术结果.

沿着参考轨道有一致双曲分裂情况的局部分析, 建立在对一类非常重要的*双曲*动力系统提供大范围和半局部理论基础的定理的基础上. 这类系统包括我们所有以前具有复杂轨道结构的可逆光滑动力系统的例子, 即环面双曲自同构 (1.8, 3.2e, 4.2c 和 4.4d 节), 它们的 C^1 扰动 (2.6 节), 各种 "马蹄"(2.5c 节), 和圆周扩张映射 (1.7, 2.4, 3.2c, 4.2b, 4.4c, 5.1c 节), 二次映射的马蹄型不变集 (2.5b 节), 以及在连续时间情形的双曲平面紧因子上的测地流 (5.4f 节).

双曲动力系统的一般概念在 6.4 节中介绍, 那里除了叙述前面局部分析的几个直接结果, 还为了朝着证明与我们研究的例子的结果相一致, 即非线性系统中的双曲性趋于产生丰富的周期轨道, 而作了开始的几步. 在 6.5 节我们将看到, 马蹄型双曲集在半局部分析中将以非常自然的方式出现. 对双曲动力系统的更系统研究将在本书的第 4 部分中进行.

与一致双曲分裂情形一样重要的是其假设有点太严格, 特别是为了动力系统的大范围分析 (不是半局部分析) 目的. 换句话说, 不像双曲不变集 (定义 6.4.1 和 6.4.3) 经常出现在一大类光滑动力系统中, 在整个紧流形上映射或流的双曲性是非常重要但也是很特殊的现象. 较弱的局部条件与*非一致双曲性*有关, 或者, 更一般地, "非一致指数分裂" 成为非常广泛的光滑动力系统类的大范围分析的更合适且富有成效的工具, 特别是在对它们的随机性态的研究中, 与在这个主题的更多拓扑方面. 关于这个理论的介绍见本书后面的补遗. 我们指出, 在对 6.2 节中的设置和方法作相对较小调整后就可适用于非一致情形.

[239] 迄今为止, 我们讨论的局部方法是以假设线性化系统作为非线性系统局部性态的模型服务为基础, 因此这意味着构成相当恼人的扰动的非线性项应该处于被控制之下. 在局部分析中, 接下来一步自然是尝试考虑在更系统和具体的方法中 (相对线性项) 的高阶项, 并试图更精确地确定在何种程度应该考虑它们的影响, 或者它们是否可完全忽略. 我们在 6.6 节考虑这个问题. 双曲周期轨道又是这种分析的最好设置. 这里关键现象是线性化映射的特征值之间的某类 "共振". 它们的出现与不出现取决于必须考虑什么样的高阶项. 在非双曲情形这类分析主要是*形式的*, 就是说, 鉴于在双曲情形它产生一个光滑共轭, 我们只能进行到它的 (任意) 高阶项.

练 习

6.1.1. 设 M 是一个紧流形, $f: M \to M$ 是 C^1 映射, p 是 f 的不动点, λ 是微分 Df_p 的一个特征值. 证明 $|\lambda| \leqslant l(f)$, 其中 $l(f)$ 如 (3.2.6) 中所述的.

6.2. 稳定与不稳定流形

a. 双曲周期轨道. 在紧不变集的邻域内, 特别在周期轨道的邻域内, 研究轨道的自然设置已经在 0.4 节刻画过. 即设 M 是一个光滑流形, $U \subset M$ 是开子集, $f: U \to M$ 是到它的像的 C^1 微分同胚, p 是周期 n 周期点, 它的轨道在 U 内.

定义 6.2.1. 假设 p 是 f 的一个*双曲周期点*, 如果 $(Df^n)_p: T_pM \to T_pM$ 是双曲线性映射 (定义 1.2.5), 则称它的轨道为*双曲周期轨道*.

自然, f 的周期 n 的双曲周期点是 f^n 的不动点, 反之亦然. 因此, 为了局部分析的目的通常只需考虑双曲不动点就够了.

为了完整起见, 我们也给出连续时间动力系统的类似定义. 此时我们假设光滑向量场 ξ 定义在 U 内, 点 $p \in U$ 的轨道停留在 U 内并在时间 t_0 封闭. 存在两个可能性: $\xi(p) = 0$ 或 $\xi(p) \neq 0$.

定义 6.2.2. 若 $\xi(p) = 0$, 称点 p 为由 ξ 生成的 (局部) 流 φ^t 的*双曲不动点*, 如果对每个 $t \neq 0$, $(D\varphi^t)_p: T_pM \to T_pM$ 是双曲线性映射.

若 $\xi(p) \neq 0$, 则称点 p 为流 φ^t 的周期 t *双曲周期点*, 如果 $\varphi^t(p) = p$, 而且线性算子 $(D\varphi_t)_p: T_pM \to T_pM$ 有 1 作为其单特征值, 但没有其他绝对值为 1 的特征值.

我们也可利用 Poincaré 映射 (0.3 节) 刻画连续时间系统周期点的双曲性. 就 [240]
是说, 设 N 是包含 p 并且横截于向量场 ξ 的余维 1 小圆盘. 则对开子集 $V \subset N$, 其中 $p \in V$, Poincaré (第一回复) 映射 $F_N: V \to N$ 有定义, 而且 $F_N(p) = p$. 于是 p 是流 φ^t 的双曲周期点, 当且仅当它是映射 F_N 的双曲不动点.

回忆对线性映射 $A: \mathbb{R}^n \to \mathbb{R}^n$, A 的所有特征值集合记为 $\operatorname{sp}(A)$ (定义 1.2.1). 如果 A 是双曲的, 定义 A 的最慢压缩率和扩张率为

$$\lambda(A) := r(A|_{E^-}) = \sup\{|\chi| \ \ |\chi \in \operatorname{sp}(A), |\chi| < 1\}$$

和

$$\mu(A) := 1/r(A^{-1}|_{E^+}) = \inf\{|\chi| \ \ |\chi \in \operatorname{sp}(A), |\chi| > 1\}.$$

(子空间 E^+ 和 E^- 的定义见 (1.2.4) 和 (1.2.5).)

由命题 1.2.2, 对 $\varepsilon > 0$ 可在 $\mathbb{R}^n$ 中引入范数, 使得 $\|A|_{E^-}\| < \lambda(A) + \delta$ 和 $\|A^{-1}|_{E^+}\| < \mu^{-1}(A) + \delta$.

定理 6.2.3. *设 p 是局部 C^r 微分同胚 $f: U \to M, r \geqslant 1$ 的一个双曲不动点. 则存在 C^r 嵌入圆盘 W_p^+, $W_p^- \subset U$, 使得 $T_pW_p^\pm = E^\pm(Df_p), f(W_p^-) \subset W_p^-$ 和 $f^{-1}(W_p^+) \subset W_p^+$, 以及存在 $C(\delta)$, 使得对任何 $y \in W_p^-, z \in W_p^+, m \geqslant 0$,*

$$\operatorname{dist}(f^m(y), p) < C(\delta)(\lambda(Df_p) + \delta)^m \operatorname{dist}(y, p),$$
$$\operatorname{dist}(f^{-m}(z), p) < C(\delta)(\mu^{-1}(Df_p) + \delta)^m \operatorname{dist}(z, p).$$

此外, 存在 $\delta_0 > 0$ 使得

如果对 $m \geqslant 0$, 有 $\operatorname{dist}(f^m(y), p) \leqslant \delta_0$, 则 $y \in W_p^-$,

如果对 $m \leqslant 0$, 有 $\operatorname{dist}(f^m(z), p) \leqslant \delta_0$, 则 $z \in W_p^+$.

事实上, 存在 p 的邻域 $O \subset U$ 和 C^r 坐标 $\psi: O \to \mathbb{R}^n$, 使得 $\psi(W_p^+ \cap O) \subset \mathbb{R}^k \oplus \{0\}$ 和 $\psi(W_p^- \cap O) \subset \{0\} \oplus \mathbb{R}^{(n-k)}$ (适应坐标).

注. 圆盘 W_p^+ 和 W_p^- 并不唯一确定. 但对 W_p^+ 满足定理断言的任何两个圆盘, 它们的交都包含它们各自的 p 邻域. 换句话说, 它们是公共较大子流形的开子集. 对 W_p^- 成立同样性质.

定义 6.2.4. 满足定理 6.2.3 断言的任何圆盘 W_p^+ (对应地, W_p^-) 称为 f 在点 p 的*局部稳定流形* (对应地, *局部不稳定流形*). 流形

$$W^u = W_p^u = \bigcup_{m \geqslant 0} f^m(W_p^+)$$

[241] 和

$$W^s = W_p^s = \bigcup_{m \leqslant 0} f^m(W_p^-)$$

分别称为 f 在点 p 的 (大范围) *不稳定流形*和*稳定流形*.

不像局部稳定和不稳定流形, 大范围稳定和不稳定流形通常以复杂方式浸入相空间. 稳定和不稳定流形的典型图像见图 6.5.2. 在不致混淆情况下我们就省略 f, 简单地说点的局部和大范围稳定和不稳定流形.

推论 6.2.5.

$$W_p^u = \{y \in U | \operatorname{dist}(f^{-m}(y), p) \xrightarrow[m \to \infty]{} 0\},$$
$$W_p^s = \{y \in U | \operatorname{dist}(f^m(y), p) \xrightarrow[m \to \infty]{} 0\}.$$

因此, 双曲不动点的稳定和不稳定流形是按拓扑术语定义的. 由于定理 6.2.3 专门处理点 p 邻域内的动力学, 故可用局部术语对它重叙. 即可在 p 附近引入坐标卡将 p 作为原点, $E^+(Df_p)$ 和 $E^-(Df_p)$ 分别切于 $\mathbb{R}^k\times\{0\}$ 和 $\{0\}\times\mathbb{R}^{n-k}$. 在这个局部 (或 Euclid) 形式下定理 6.2.3 变成本节主要结果 (定理 6.2.8) 的一个特殊情形. 光滑适应坐标由定理 6.2.8 证明中的坐标 $\psi_0: U\to\mathbb{R}^k\oplus\mathbb{R}^l$ 得到, 其中, 通过映 $(x,y)\in\mathbb{R}^k\oplus\mathbb{R}^l$ 到 $(x',y')=(x-\varphi^-(y),y-\varphi^+(x))$, W^u_{loc} 是函数 $\varphi^+:\mathbb{R}^k\to\mathbb{R}^l$ 的图像, W^s_{loc} 是函数 $\varphi^-:\mathbb{R}^l\to\mathbb{R}^k$ 的图像.

b. 指数分裂. 现在我们在一般 (非周期) 轨道附近进行局部分析.

如同我们在 0.4 节讨论的, 沿着这种轨道迭代 $f^k, k\in\mathbb{Z}$ 的微分不能化为单个线性映射的迭代, 而应看作为不同线性映射的积. 因此, 不能再谈论特征值什么的, 而应该用切向量的扩张和压缩定义双曲性. 我们还将通过容许线性映射指数分裂的更一般类将这个情况推广到 "快扩张" 方向或 "快压缩" 方向以及其他情形. 如在单个点情形可选择中心在参考轨道上的点的适当坐标, 并在这些坐标下表达非线性映射和它的导数. 这种简化的更详细讨论连同定理 6.4.9 的证明将在 6.4 节给出.

定义 6.2.6. 设 $\lambda<\mu$. 称可逆线性映射序列 $L_m:\mathbb{R}^n\to\mathbb{R}^n, m\in\mathbb{Z}$ 为容许 (λ,μ) [242]
分裂, 如果存在分解 $\mathbb{R}^n=E^+_m\oplus E^-_m$, 使得 $L_mE^\pm_m=E^\pm_{m+1}$ 以及

$$\|L_m|_{E^-_m}\|\leqslant\lambda, \|L_m^{-1}|_{E^+_{m+1}}\|\leqslant\mu^{-1}.$$

我们说 $\{L_m\}_{m\in\mathbb{Z}}$ 容许指数分裂, 如果对某个 λ,μ 和 $\mu<1,\dim E^-_m\geqslant1$, 或者对 $\mu>1,\dim E^+_m\geqslant1$, 它容许 (λ,μ) 分裂. 称 $\{L_m\}_{m\in\mathbb{Z}}$ 为双曲的 (或一致双曲的), 如果对某个 $\lambda<1<\mu$ 它容许 (λ,μ) 分裂.

将 $\mathbb{R}^n$ 看作为标准积 $\mathbb{R}^k\times\mathbb{R}^{n-k}$, 且在 $\mathbb{R}^n$ 中作正交坐标变换序列, 在上述定义中可假设, 对某个 $k, 0\leqslant k\leqslant n$ 和所有 m 有 $E^+_m=\mathbb{R}^k\times\{0\}, E^-_m=\{0\}\times\mathbb{R}^{n-k}$.

因此, 我们已将参考轨道附近的微分同胚的迭代的局部性态问题, 化为对局部微分同胚序列 $f_m:U_m\to\mathbb{R}^n$ 的研究, 其中每个 U_m 是 $\mathbb{R}^n$ 中包含某些固定半径、中心在原点的球邻域, 使得在原点的线性映射序列 $(Df_m)_0, m\in\mathbb{Z}$ 容许指数分裂. 虽然我们仅对逐个像停留在这个邻域内的点感兴趣, 但利用下面事实可人为地将我们的映射从某个较小邻域方便地扩充到整个空间 $\mathbb{R}^n$.

引理 6.2.7 (扩张引理). 设 U 是 $0\in\mathbb{R}^n$ 的有界开邻域, $f:U\to\mathbb{R}^n$ 是满足 $f(0)=0$ 的局部微分同胚. 则对 $\varepsilon>0$ 存在 $\delta>0$ 和微分同胚 $\bar f:\mathbb{R}^n\to\mathbb{R}^n$, 使得在 $B(0,\delta)$ 上 $\|\bar f-Df_0\|_{C^1}<\varepsilon$ 且 $\bar f=f$.

证明. 对 $\eta>0$ 取 $C^1\rho:\mathbb{R}^n\to[0,1]$, 使得在 $B(0,\delta)$ 上 $\rho=1$, 在 $B(0,\eta)$ 外 $\rho=0, \|D\rho\|\leqslant C_0/\eta$ 和 $\bar f=\rho\cdot f+(1-\rho)Df_0$ (其中当 $\rho=0$ 时 $\rho\cdot f$ 取为零, 即使 f 无定义). 于是 $\bar f-Df_0=\rho\cdot(f-Df_0)$. 由于 f 是 C^1 的, 我们有 $\|f-Df_0\|_{C^0}=o(\eta)$. 此外, 对 η 有 $\|D(\bar f-Df_0)\|\leqslant\|D\rho(f-Df_0)\|+\|\rho(Df-Df_0)\|=o(1)$. 引理得证. □

c. Hadamard–Perron 定理. 现在我们准备好了叙述局部分析中的中心事实, 即稳定不稳定流形定理. 虽然我们的主要应用将是双曲情形, 但我们将以更一般的形式叙述此定理. 为此, 注意, 在双曲情形我们得到的不变流形的光滑性与这个映射的一样.

定理 6.2.8 (Hadamard–Perron 定理). 设 $\lambda<\mu, r\geqslant 1$, 以及对每个 $m\in\mathbb{Z}$ 令 $f_m:\mathbb{R}^n\to\mathbb{R}^n$ 是 (满) C^r 微分同胚, 使得对 $(x,y)\in\mathbb{R}^k\oplus\mathbb{R}^{n-k}$ 以及满足 $\|A_m^{-1}\|\leqslant\mu^{-1}, \|B_m\|\leqslant\lambda$ 和 $\alpha_m(0)=0, \beta_m(0)=0$ 的某些线性映射 $A_m:\mathbb{R}^k\to\mathbb{R}^k$
[243] 与 $B_m:\mathbb{R}^{n-k}\to\mathbb{R}^{n-k}$ 有

$$f_m(x,y)=(A_mx+\alpha_m(x,y), B_my+\beta_m(x,y)).$$

那么, 对 $0<\gamma<\min(1,\sqrt{\mu/\lambda}-1)$ 和

$$0<\delta<\min\left(\frac{\mu-\lambda}{\gamma+2+1/\gamma}, \frac{\mu-(1+\gamma)^2\lambda}{(1+\gamma)(\gamma^2+2\gamma+2)}\right),$$

我们有: 如果对所有 $m\in\mathbb{Z}, \|\alpha_m\|_{C^1}<\delta$ 和 $\|\beta_m\|_{C^1}<\delta$, 则存在

(1) 唯一 k 维 C^1 流形族 $\{W_m^+\}_{m\in\mathbb{Z}}$

$$W_m^+=\{(x,\varphi_m^+(x))|x\in\mathbb{R}^k\}=\operatorname{graph}\varphi_m^+ \quad 和$$

(2) 唯一 $n-k$ 维 C^1 流形族 $\{W_m^-\}_{m\in\mathbb{Z}}$

$$W_m^-=\{(\varphi_m^-(y),y)|y\in\mathbb{R}^{n-k}\}=\operatorname{graph}\varphi_m^-,$$

其中 $\varphi_m^+:\mathbb{R}^k\to\mathbb{R}^{n-k}, \varphi_m^-:\mathbb{R}^{n-k}\to\mathbb{R}^k, \sup\limits_{m\in\mathbb{Z}}\|D\varphi_m^\pm\|<\gamma$, 而且成立下列性质:

(i) $f_m(W_m^-)=W_{m+1}^-, f_m(W_m^+)=W_{m+1}^+$,

(ii) $\|f_m(z)\|<\lambda'\|z\|$, 对 $z\in W_m^-, \|f_{m-1}^{-1}(z)\|<(\mu')^{-1}\|z\|$, 对 $z\in W_m^+$, 其中 $\lambda':=(1+\gamma)(\lambda+\delta(1+\gamma))<\dfrac{\mu}{1+\gamma}-\delta=:\mu'$.

(iii) 设 $\lambda'<\nu<\mu'$. 若对所有 $L\geqslant 0$ 和某个 $C>0$ 有 $\|f_{m+L-1}\circ\cdots\circ f_m(z)\|<C\nu^L\|z\|$, 则 $z\in W_m^-$.

类似地, 若对所有 $L\geqslant 0$ 和某个 $C>0$ 有 $\|f_{m-L}^{-1}\circ\cdots\circ f_{m-1}^{-1}(z)\|<C\nu^{-L}\|z\|$, 则 $z\in W_m^+$.

最后, 在双曲情形 $\lambda<1<\mu$, 族 $\{W_m^+\}_{m\in\mathbb{Z}}$ 和 $\{W_m^-\}_{m\in\mathbb{Z}}$ 组成 C^r 流形.

在证明这个定理之前, 先作些说明以解释定理的叙述和意义. 我们这里的大多数估计用不到假设 $\gamma < 1$. 读者第一次阅读可忽略我们的数据关于 m 的依赖性, 并设想用单个局部定义的映射 f 的迭代代替. 这给出定理 6.2.3 的局部形式.

固定 $r > 0$, 令

$$D_r = \{(x, y) \in \mathbb{R}^k \oplus \mathbb{R}^{n-k} | \ \|x\| \leqslant r, \|y\| < r\}, W_{m,r}^{\pm} = W_m^{\pm} \cap D_r.$$

如果 $\lambda' < 1$ (如果 $\lambda < 1$, γ 和 δ 充分小, 这成立), 则由 (ii) 有 $f_m(W_{m,r}^-) \subset W_{m+1,r}^-$, 且 W_m^- 在 f_m 作用下压缩. 因此, 此时 $W_{m,r}^-$ 仅由 f_m 在 D_r 上的作用确定. 如果 $\mu' > 1$, 类似的论述应用于 W_m^+. 因此, 在这些情形我们可由局部数据得到有用的对象.

但是, 明白以下事实非常重要, 即如果我们尝试通过局部卡和上面的扩张步骤应用定理 6.2.8, 那么我们得到的有意义对象 (与扩张无关并由局部数据确定) 仅对上节的两个情形 (对 W^- 的 $\lambda' < 1$ 或者对 W^+ 的 $\mu' > 1$) 有意义. [244]

特别在双曲情形, 对充分小 γ, δ 我们有 $\lambda' < 1 < \mu'$, 而且 W_m^+ 和 $W_{m,r}^+$ 都是局部确定的. 这时 W_m^- 和 W_m^+ 通常对应地称为在原点的稳定流形和不稳定流形. 进一步, 可以在 (iii) 中令 $\nu = 1$. 这说明稳定和不稳定流形纯粹是用拓扑定义的, 即

$$W_m^- = \{z \in \mathbb{R}^n | \ \|f_{m+L-1} \circ \cdots \circ f_m z\| \xrightarrow[L\to\infty]{} 0\},$$
$$W_m^+ = \{z \in \mathbb{R}^n | \ \|f_{m-L}^{-1} \circ \cdots \circ f_{m-1}^{-1} z\| \xrightarrow[L\to\infty]{} 0\}.$$

在证明过程中我们证明微分序列 $(Df_m)_0, m \in \mathbb{Z}$ 容许 (λ', μ') 分裂. 由此立刻得到 $T_0 W_m^{\pm} = E_m^{\pm}$.

通过考虑任何点 p 对 $m \geqslant 0$ 的逐次像 $p_m = f_{m-1} \circ \cdots \circ f_0(p)$ 和对 $m < 0$ 的逐次像 $p_m = f_m^{-1} \circ f_{m+1}^{-1} \circ \cdots \circ f_{-1}^{-1}(p)$, 以及平移坐标系使得它们变为中心在 p_m, 于是得到满足定理假设的映射

$$f_m^p(z) = f_m(z + p_m) - p_{m+1}.$$

因此, 可以构造通过 p 并满足适当修改假设的流形 $W_{m,p}^+$ 和 $W_{m,p}^-$. 特别地, 由 (ii) 和 (iii) 得到, 如果 $W_{m,p}^+ \cap W_{m,q}^+ \neq \varnothing$, 则 $W_{m,p}^+ = W_{m,q}^+$ (对 $W_{m,p}^-$ 类似). 此外, $f_m(W_{m,p}^{\pm}) = W_{m+1,f_m p}^{\pm}$. 从而, $\mathbb{R}^n$ 按两个方式分裂为不变流形族. 自然, 这些流形的切平面场在微分 Df_m 下不变.

d. Hadamard–Perron 定理的证明. Hadamard–Perron 定理证明所阐明的方法在双曲动力系统理论中起着核心作用.[1] 证明包括为了系统地在构造的适当泛函空间中利用压缩映射原理而设置了各个阶段. 我们的证明由 5 步组成.

第 1 步. 构造不变锥族.

第 2 步. 在不变锥族内构造不变的平面场序列. 在这步我们还解释存在不变锥的其他应用, 这在后面多个场合还要用到.

第 3 步. 通过对适当算子 (图像变换) 的压缩映射原理的应用, 构造不变的 Lipschitz 图像.

第 4 步. 验证可微性.

[245] **第 5 步**. 证明在双曲情形的 C^r 光滑性.

为了在 Euclid 空间中区分点和切向量, 通常用 $(x,y)\in\mathbb{R}^k\oplus\mathbb{R}^{n-k}$ 表示 $\mathbb{R}^n$ 中的点, 用 $(u,v)\in\mathbb{R}^k\oplus\mathbb{R}^{n-k}\cong T_{(x,y)}\mathbb{R}^n$ 表示在 (x,y) 的切向量.

第 1 步.

定义 6.2.9. 在 $p\in\mathbb{R}^n$ 的标准水平锥由

$$H_p^\gamma=\{(u,v)\in T_p\mathbb{R}^n|\ \ \|v\|\leqslant\gamma\|u\|\}$$

定义. 在 p 的标准铅垂锥是

$$V_p^\gamma=\{(u,v)\in T_p\mathbb{R}^n|\ \ \|u\|\leqslant\gamma\|v\|\}.$$

$\mathbb{R}^n$ 中的更一般锥 K 定义为标准锥在可逆线性映射下的像.

现在考虑几个例子来阐明这里所包含的图像. 在二维情形所有锥看上去都是相同的. 水平锥 $|x_2|\leqslant\gamma|x_1|$ 如图 6.2.1 所示.

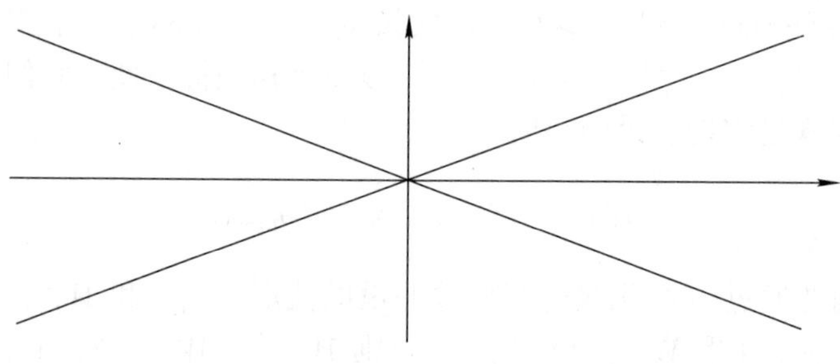

图 6.2.1. 水平锥

它的补的闭包 $|x_1|\leqslant|x_2|/\gamma$ 是铅垂锥.

在维数 $n=3$, 下面的显然是一个锥: $u=x_1, v=(x_2,x_3), \sqrt{x_2^2+x_3^2}\leqslant\gamma|x_1|$. 但是, 这里锥的补的闭包也是锥, 因此, $u=(x_2,x_3), v=x_1, |x_1|\leqslant\sqrt{x_2^2+x_3^2}/\gamma$ 给出了锥的另一个例子, 它不像那些用来装冰淇淋而设计的杯子.

所谓锥场意指对应每一点 $p \in \mathbb{R}^n$ 在 $T_p\mathbb{R}^n$ 中有锥 K_p 的映射. 微分同胚 $f: \mathbb{R}^n \to \mathbb{R}^n$ 自然作用在这个锥场

$$(f_*K)_p = Df_{f^{-1}(p)}(K_{f^{-1}(p)})$$

上. [246]

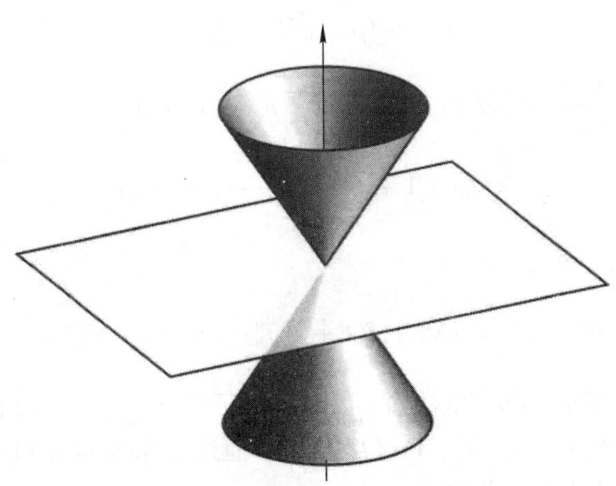

图 6.2.2. 铅垂锥

锥族意指锥场序列. 微分同胚序列 $f = \{f_m\}_{m\in\mathbb{Z}}$ 通过

$$(f_*K)_{p,m} = (Df_{m-1})_{f_{m-1}^{-1}(p)}(K_{f_{m-1}^{-1}(p),m-1})$$

作用在锥族上. 如果

$$(f_*K)_{p,m} \subset \operatorname{Int} K_{p,m} \cup \{0\},$$

则称锥族 K 是 (严格) 不变的. 对所有 m 和指定的 $p \in \mathbb{R}^n$, 分别考虑满足定理 6.2.8 假设的序列 $f = \{f_m\}_{m\in\mathbb{Z}}$ 在标准水平锥 H_p^γ 和铅垂锥 V_p^γ 上的作用.

引理 6.2.10. *如果* $\delta < \dfrac{\mu - \lambda}{2 + \gamma + 1/\gamma}$, *那么*

$$(Df_m)_p(H_p^\gamma) \subset \operatorname{Int} H_{f_m(p)}^\gamma \quad \text{以及} \quad (Df_m)_p^{-1}(V_{f_m(p)}^\gamma) \subset \operatorname{Int} V_p^\gamma.$$

证明. 如果 $(u, v) \in H_p^\gamma$, 即 $\|v\| \leqslant \gamma\|u\|$, 以及

$$(u', v') = (Df_m)_p(u, v) = (A_m u + (D\alpha_m)_p(u, v), B_m v + (D\beta_m)_p(u, v)),$$

那么

$$\|v'\| = \|B_m v + (D\beta_m)_p(u, v)\| \leqslant \|B_m v\| + \|(D\beta_m)_p(u, v)\| < \lambda\|v\| + \delta\|(u, v)\|. \tag{6.2.1}$$

[247] 我们也有

$$\|u'\| = \|A_m u + (D\alpha_m)_p(u,v)\| \geqslant \|A_m u\| + \|(D\alpha_m)_p(u,v)\| > \mu\|u\| - \delta\|(u,v)\|.$$

由于 $\|(u,v)\| \leqslant \|u\| + \|v\| \leqslant (1+\gamma)\|u\|$, 得到

$$\|u'\| > (\mu - \delta(1+\gamma))\|u\|. \tag{6.2.2}$$

现在 $\delta < \dfrac{\mu-\lambda}{2+\gamma+1/\gamma}$, 所以 $\delta(1+\gamma)^2 < \gamma(\mu-\lambda)$, 因此

$$\lambda\gamma + \delta(1+\gamma) < \gamma(\mu - \delta(1+\gamma)) \tag{6.2.3}$$

以及

$$\|v'\| < \lambda\|v\| + \delta\|(u,v)\| \leqslant (\lambda\gamma + \delta(1+\gamma))\|u\| < \gamma(\mu - \delta(1+\gamma))\|u\| < \gamma\|u'\|.$$

为了证明铅垂 γ 锥的不变性, 注意, 我们需要证明 $V^\gamma_{f_m(p)} \subset \operatorname{Int}(Df_m)_p V^\gamma_p$, 或者等价地, 证明 $(Df_m)_p(H_p^{1/\gamma}) \subset \operatorname{Int}(H^{1/\gamma}_{f_m(p)})$. 但这个事实可通过注意当 γ 用 $1/\gamma$ 代替时上面的估计仍成立得到. □

设 $\tilde{V}^\gamma = f_* V^\gamma$. 现在我们证明水平锥中的向量扩张, 铅垂锥中的向量压缩.

引理 6.2.11.

$$\|(Df_m)_p(u,v)\| > \left(\frac{\mu}{1+\gamma} - \delta\right)\|(u,v)\|, \quad 对\ (u,v) \in H^\gamma_p$$

和

$$\|(Df_m)_p(u,v)\| < (1+\gamma)(\lambda+\delta)\|(u,v)\|, \quad 对\ (u,v) \in \tilde{V}^\gamma_p.$$

证明. 利用上面的记号由 (6.2.3) 对 $(u,v) \in H^\gamma_p$, 得到

$$\|(u',v')\| \geqslant \|u'\| > (\mu - \delta(1+\gamma))\|u\| \geqslant \frac{\mu - \delta(1+\gamma)}{1+\gamma}\|(u,v)\|.$$

现在由 (6.2.2) 对 $(u,v) \in \tilde{V}^\gamma_p$, 得到

$$\begin{aligned}\|(u',v')\| &\leqslant \|u'\| + ||v'\| \leqslant (1+\gamma)\|v'\| \\ &< (1+\gamma)[\lambda\|v\| + \delta\|(u,v)\|] \leqslant (1+\gamma)(\lambda+\delta)\|(u,v)\|,\end{aligned}$$

因为 $(u',v') \in V^\gamma_{f_m(p)}$. □

注意, 在这些估计以及下面的估计中我们对正交向量的范数用了三角不等式. 如果用勾股 (Pythagoras) 定理代替则所得结果将以 $\sqrt{1+\gamma^2}$ 代替 $1+\gamma$, 并

改进根据 λ, μ, γ 对 δ 的估计. 这也许与特殊动力系统的锥方法的应用有关. 但是在现在的局部设置下 δ 可选择任意小, 所以由代数复杂化对估计的改进并不能保证额外的努力有结果.

第 2 步. 现在我们解释不变锥序列的存在性与线性映射序列的指数分裂之间的关系. 沿着每个轨道应用引理 6.2.10 和引理 6.2.11 的结论, 然后将这一步的结果用于我们的设置. [248]

命题 6.2.12. 设 $\lambda' < \mu', \gamma_m, \gamma'_m > 0\ (m \in \mathbb{Z})$, 并令 $L_m : \mathbb{R}^k \times \mathbb{R}^{n-k} \to \mathbb{R}^k \times \mathbb{R}^{n-k}$ 是可逆线性映射序列, 使得

(1) $L_m H^{\gamma_m} \subset \operatorname{Int} H^{\gamma_{m+1}}$;

(2) $L_m^{-1} V^{\gamma'_{m+1}} \subset \operatorname{Int} V^{\gamma'_m}$;

(3) $\|L_m(u,v)\| > \mu' \|(u,v)\|$, 对 $(u,v) \in H^{\gamma_m}$;

(4) $\|L_m(u,v)\| < \lambda' \|(u,v)\|$, 对 $(u,v) \in L_m^{-1} V^{\gamma'_{m+1}}$.

那么

$$E_m^+ := \bigcap_{i=0}^{\infty} L_{m-1} \circ L_{m-2} \circ \cdots \circ L_{m-i} H^{\gamma_{m-i}}$$

是 H^{γ_m} 内的 k 维子空间, 以及

$$E_m^- := \bigcap_{i=0}^{\infty} L_m^{-1} \circ L_{m+1}^{-1} \circ \cdots \circ L_{m+i}^{-1} V^{\gamma'_{m+i+1}}$$

是 $V^{\gamma'_m}$ 内的 $n-k$ 维子空间.

证明. 由于对所有 $\gamma, \mathbb{R}^k \times \{0\} \subset H^\gamma$, 由条件 (1) 得

$$\begin{aligned} S_j &:= L_{m-1} \circ L_{m-2} \circ \cdots \circ L_{m-j}(\mathbb{R}^k \times \{0\}) \\ &\subset L_{m-1} \circ L_{m-2} \circ \cdots \circ L_{m-j} H^{\gamma_{m-j}} =: T_j. \end{aligned}$$

对每个 S_j 取有序正交基并考虑一个子序列, 使得基元素序列都收敛. 由于 T_j 与单位球的交是紧的, 它包含组成基元素的极限的基. 同样讨论得知, 由固定的系数集合定义的任何向量序列收敛于 T_j 中的向量. 因此, 极限基张成的 S 属于所有 T_j, 故属于它们的交. 我们需要证明 $S = E_m^+$.

如果 $(u,v) \in E_m^+$, 那么, 由于 $S \subset H^{\gamma_m}$ 交于 $\{0\} \times \mathbb{R}^{n-k}$, 可记 $(u,v) = (u,v') + (0,v'')$, 其中 $(u,v') \in S$.

如果令

$$\begin{aligned} (u_j, v_j) &= L_{m-j}^{-1} \circ \cdots \circ L_{m-1}^{-1}(u,v), \\ (u'_j, v'_j) &= L_{m-j}^{-1} \circ \cdots \circ L_{m-1}^{-1}(u,v'), \\ (u''_j, v''_j) &= L_{m-j}^{-1} \circ \cdots \circ L_{m-1}^{-1}(u,v''), \end{aligned}$$

那么, 由 $(u,v)\in E_m^+$ 得到 $(u_j,v_j)\in H^{\gamma_{m-j}}$, 由 (3) 得到 $\|(u_j,v_j)\|\leqslant(\mu')^{-j}\|(u,v)\|$.
[249] 通过相同说明得到 $\|(u'_j,v'_j)\|\leqslant(\mu')^{-j}\|(u,v')\|$. 因此由于 $(u''_j,v''_j)\in V^{\gamma'_{m-j}}$, 由 (4) 对所有 $j\in\mathbb{N}$, 我们有

$$\begin{aligned}\|v''\|&\leqslant(\lambda')^j\|(u''_j,v''_j)\|\\&\leqslant(\lambda')^j(\|(u_j,v_j)\|+\|(u'_j,v'_j)\|)\leqslant\left(\frac{\lambda'}{\mu'}\right)^j(\|(u,v)\|+\|(u,v')\|),\end{aligned}$$

因为 $v''=0$ 和 $(u,v)\in S$.

用族 $\{L_m^{-1}\}$ 代替 L_m, 对 E_m^- 的论述完全类似. □

注. 注意, E_m^+ 和 E_m^- 分别是锥 H_m^γ 和 $V_m^{\gamma'}$ 内唯一不变子空间序列.

推论 6.2.13. 如果在命题 6.2.12 的假设下有 $\lambda'<1<\mu'$, 那么, $\{L_m\}$ 是容许 (λ',μ') 分裂的双曲线性映射族.

推论 6.2.14. 如果 $\gamma<\sqrt{(\mu/\lambda)-1}$ 且

$$0<\delta<\min\left(\frac{\mu-\lambda}{\gamma+1/\gamma+2},\frac{\mu-(1+\gamma)^2\lambda}{(2+\gamma)(1+\gamma)}\right),\tag{6.2.4}$$

那么

$$(E_p^+)_m=\bigcap_{i=0}^{\infty}((f_*)^iH^\gamma)_{p,m}=\bigcap_{i=0}^{\infty}(f_*(f_*(\cdots f_*(H^\gamma)\cdots)))_{p,m}$$

是 H_p^γ 内的 k 维子空间,

$$(Df_m)_p(E_p^+)_m=(E_{f_m(p)}^+)_{m+1},$$

以及对每个 $\xi\in(E_p^+)_m$,

$$\|(Df_m)_p\xi\|\geqslant\left(\frac{\mu}{1+\gamma}-\delta\right)\|\xi\|.$$

类似地, $(E_p^-)_m=\bigcap_{i=0}^{\infty}((f_*^{-1})^iV^\gamma)_{p,m}$ 是 V_p^γ 内的一个 $n-k$ 维不变子空间,

$$(Df_m)_p(E_p^-)_m=\left(E_{f_m(p)}^-\right)_{m+1},$$

以及对每个 $\xi\in(E_p^-)_m$,

$$\|(Df_m)_p\xi\|\leqslant(1+\gamma)(\lambda+\delta)\|\xi\|.$$

证明. 由引理 6.2.10 和引理 6.2.11 以及条件 (6.2.4), 我们可应用命题 6.2.12, 其中 $\lambda'=(1+\gamma)(\lambda+\delta)$ 和 $\mu'=(\mu/(1+\gamma)-\delta)$, 因为在我们的假设下沿着序列 $\{f_m\}$ 的每个轨道有 $\lambda'<\mu'$. □

引理 6.2.15. 对每个 $m \in \mathbb{Z}$, 子空间 $(E_p^+)_m$ 和 $(E_p^-)_m$ 连续依赖于 p. [250]

证明. 向量 $v \in (E_p^-)_m$ 由不等式

$$\|(Df_{m+j})(Df_{m+j-1})\cdots(Df_m)_p v\| \leqslant (\lambda')^{j+1}\|v\| \quad (j \in \mathbb{N}) \tag{6.2.5}$$

刻画. 对序列 $p_l \to p$ 取 $(E_{p_l}^-)_m$ 的正交基 $\xi_1^l, \cdots, \xi_k^l$. 不失一般性假设 $\lim\limits_{l\to\infty} \xi_i^l = \xi_i$ $(i = 1, \cdots, k)$. 由于向量 ξ_i^l 对每个固定 i 和所有 l 满足 (6.2.5), 由所有 Df_m 的连续性得到 ξ_i 满足 (6.2.5), 因此 $\xi_i \in (E_p^-)_m$. 因为 $\dim(E_p^-)_m$ 不依赖 p, 得知 $\lim\limits_{l\to\infty}(E_{p_l}^-)_m = (E_p^-)_m$. □

$(E_p^+)_m$ 和 $(E_p^-)_m$ $(m \in \mathbb{Z})$ 是证明描述中提到的平面场的不变序列.

第 3 步. 为了得到不变图像, 即满足 $f_m(\operatorname{graph}\varphi_m^+) = \operatorname{graph}\varphi_{m+1}^+$ 和 $\varphi_m^+(0) = 0$ 的 Lipschitz 函数族 $\{\varphi_m^+ : \mathbb{R}^k \to \mathbb{R}^{n-k}\}_{m\in\mathbb{Z}}$, 令 $C_\gamma(\mathbb{R}^k)$ 是 Lipschitz 函数 $\varphi : \mathbb{R}^k \to \mathbb{R}^{n-k}$ 集, Lipschitz 常数为 γ. 令 $C_\gamma^0(\mathbb{R}^k)$ 是 $\varphi \in C_\gamma(\mathbb{R}^k)$ 满足 $\varphi(0) = 0$ 的空间. 下面引理可看作引理 6.2.10 的非线性对应, 并显示映射 f_m 作用在空间 $C_\gamma(\mathbb{R}^k)$ 和 $C_\gamma^0(\mathbb{R}^k)$ 上:

引理 6.2.16. 如果 (9.2.4) 成立, 且 $\varphi \in C_\gamma(\mathbb{R}^k)$, 那么, 对某个 $\psi \in C_\gamma(\mathbb{R}^k)$ 有 $f_m(\operatorname{graph}\varphi) = \operatorname{graph}\psi$. 对 $C_\gamma^0(\mathbb{R}^k)$ 同样成立.

证明. 由

$$G_\varphi^m(x) = A_m x + \alpha_m(x, \varphi(x)) \tag{6.2.6}$$

给出的映射 $G_\varphi^m : \mathbb{R}^k \to \mathbb{R}^k$ 代表 f_m 作用在图像 φ 上的 x 坐标.

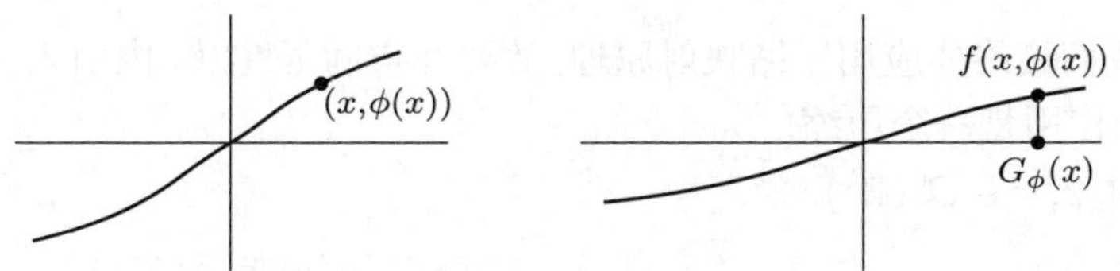

图 6.2.3. 图像变换

为了证明 $f_m(\operatorname{graph}\varphi)$ 是一个图像, 需要证明 G_φ^m 是一个双射. 因此对 $x_0 \in \mathbb{R}^k$ 需要求唯一 $x \in \mathbb{R}^k$ 使得 $x_0 = G_\varphi^m(x)$, 或者等价地,

$$x = F(x), \quad \text{这里} \quad F(x) = A_m^{-1}x_0 - A_m^{-1}(\alpha_m(x, \varphi(x))). \tag{6.2.7}$$

$F : \mathbb{R}^k \to \mathbb{R}^k$ 是一个压缩映射, 因为由 (6.2.4) 的第二个不等式, [251]

$$\begin{aligned}\|F(x_1)-F(x_2)\| &= \|A_m^{-1}(\alpha_m(x_1,\varphi(x_1))-\alpha_m(x_2,\varphi(x_2)))\|\\ &\leqslant \mu^{-1}\|\alpha_m\|_{C^1}\cdot(1+\gamma)\|x_1-x_2\|\\ &< \delta\mu^{-1}(1+\gamma)\|x_1-x_2\|\end{aligned}$$

以及 $\delta\mu^{-1}(1+\gamma)<1$. 由压缩映射原理 (命题 1.1.2) 方程 (6.2.7) 有唯一解, 就是说 $f_m(\operatorname{graph}\varphi)=\operatorname{graph}\psi$.

下面我们证明 ψ 是 Lipschitz 连续的, Lipschitz 常数为 γ. 假设 $\psi(x_1')=y_1'$ 和 $\psi(x_2')=y_2'$, 取 $(x_1,y_1),(x_2,y_2)\in\operatorname{graph}\varphi$, 使得对 $i=1,2$,

$$(x_i',y_i')=f_m(x_i,y_i)=(A_mx_i+\alpha_m(x_i,\varphi(x_i)),B_m\varphi(x_i)+\beta_m(x_i,\varphi(x_i))).$$

则

$$\begin{aligned}\|y_2'-y_1'\| &= \|B_m(\varphi(x_2)-\varphi(x_1))+\beta_m(x_2,\varphi(x_2))-\beta_m(x_1,\varphi(x_1))\|\\ &< \lambda\gamma\|x_2-x_1\|+\delta(1+\gamma)\|x_2-x_1\| \qquad (6.2.8)\\ &= (\lambda\gamma+\delta(1+\gamma))\|x_2-x_1\|\end{aligned}$$

和

$$\begin{aligned}\|x_2'-x_1'\| &= \|A_m(x_2-x_1)+\alpha_m(x_2,\varphi(x_2))-\alpha_m(x_1,\varphi(x_1))\|\\ &> \mu\|x_2-x_1\|-\delta(1+\gamma)\|x_2-x_1\| \qquad (6.2.9)\\ &= (\mu-\delta(1+\gamma))\|x_2-x_1\|.\end{aligned}$$

因此, $\|y_2'-y_1'\|\leqslant\dfrac{\lambda\gamma+\delta(1+\gamma)}{\mu-\delta(1+\gamma)}\|x_2-x_1\| =: \gamma'\|x_2-x_1\|$, 但是直接计算显示 (6.2.4) 的第一个条件等价于 $\gamma'<\gamma$. 这证明 f_m 作用在 $C_\gamma(\mathbb{R}^k)$ 上. 对 $C_\gamma^0(\mathbb{R}^k)$ 这同样成立, 因为 $f_m(0)=0$. □

由于我们最终要应用压缩映射原理, 故要在空间 $C_\gamma^0(\mathbb{R}^k)$ 内引入一个度量并证明 f_m 的作用是一个压缩.

首先对 $\varphi,\psi\in C_\gamma^0(\mathbb{R}^k)$, 令

$$d(\varphi,\psi):=\sup_{x\in\mathbb{R}^k\setminus\{0\}}\frac{\|\varphi(x)-\psi(x)\|}{\|x\|}.$$

由于 $\varphi(0)=\psi(0)=0$, 且 φ 和 ψ Lipschitz 连续, 这个度量有定义. 利用这个度量容易验证 $C_\gamma^0(\mathbb{R}^k)$ 是一个完全度量空间.

下面的引理显示由

$$f_m(\operatorname{graph}\varphi)=\operatorname{graph}((f_m)_*\varphi)$$

给出的 f_m 在 $C_\gamma^0(\mathbb{R}^k)$ 上的作用是一个压缩映射.

引理 6.2.17. 对 $\varphi,\psi\in C^0_\gamma(\mathbb{R}^k)$ 有 $d((f_m)_*\varphi,(f_m)_*\psi)\leqslant\dfrac{\lambda+\delta(1+\gamma)}{\mu-\delta(1+\gamma)}d(\varphi,\psi)$. [252]

证明. 令 $\varphi'=(f_m)_*\varphi$ 和 $\psi'=(f_m)_*\psi$. 利用由 (6.2.6) 定义的映射 G^m_φ 以及 $\psi'\in C^0_\gamma(\mathbb{R}^k)$ 的事实, 我们有

$$
\begin{aligned}
&\|\varphi'(G^m_\varphi(x))-\psi'(G^m_\varphi(x))\|\\
\leqslant{}&\|\varphi'(G^m_\varphi(x))-\psi'(G^m_\psi(x))\|+\|\psi'(G^m_\psi(x))-\psi'(G^m_\varphi(x))\|\\
\leqslant{}&\|(B_m(\varphi(x))+\beta_m(x,\varphi(x)))-(B_m(\psi(x))+\beta_m(x,\psi(x)))\|\\
&+\gamma\|G^m_\psi(x)-G^m_\varphi(x)\|\\
\leqslant{}&\|B_m(\varphi(x)-\psi(x))\|+\|\beta_m(x,\varphi(x))-\beta_m(x,\psi(x))\|\\
&+\gamma\|\alpha_m(x,\psi(x))-\alpha_m(x,\varphi(x))\|\\
<{}&\lambda\|\varphi(x)-\psi(x)\|+\delta\|\varphi(x)-\psi(x)\|+\gamma\delta\|\varphi(x)-\psi(x)\|\\
={}&(\lambda+\delta(1+\gamma))\|\varphi(x)-\psi(x)\|.
\end{aligned}
$$

另一方面,

$$
\begin{aligned}
\|G^m_\varphi(x)\|=\|A_mx+\alpha_m(x,\varphi(x))\|&\geqslant\|A_mx\|-\|\alpha_m(x,\varphi(x))\|\\
&\geqslant\mu\|x\|-\delta(1+\gamma)\|x\|=(\mu-\delta(1+\gamma))\|x\|.
\end{aligned}
$$

因此

$$
\begin{aligned}
\frac{\|(f_m)_*\varphi(G^m_\varphi(x))-(f_m)_*\psi(G^m_\varphi(x))\|}{\|G^m_\varphi(x)\|}&\leqslant\frac{\lambda+\delta(1+\gamma)}{\mu-\delta(1+\gamma)}\cdot\frac{\|\varphi(x)-\psi(x)\|}{\|x\|}\\
&\leqslant\frac{\lambda+\delta(1+\gamma)}{\mu-\delta(1+\gamma)}\cdot d(\varphi,\psi).
\end{aligned}
$$
□

注意, 由 (6.2.4), $\dfrac{\lambda+\delta(1+\gamma)}{\mu-\delta(1+\gamma)}=\gamma^{-1}\dfrac{\lambda\gamma+\delta\gamma(1+\gamma)}{\mu-\delta(1+\gamma)}\leqslant\gamma^{-1}\dfrac{\lambda\gamma+\delta(1+\gamma)}{\mu-\delta(1+\gamma)}<1$, 因为 $\gamma<1$ (见 (6.2.3)).

现在用 C^0_γ 记 $C^0_\gamma(\mathbb{R}^k)$ 中的函数族 $\{\varphi_m\}_{m\in\mathbb{Z}}$ 空间. 由

$$f_m(\operatorname{graph}\varphi_m)=\operatorname{graph}((f_*\varphi)_{m+1})$$

给出的 $f=\{f_m\}_{m\in\mathbb{Z}}$ 在空间 C^0_γ 上的作用称为图像变换. 上面引理证明这个图像变换关于度量

$$d(\{\varphi_m\}_{m\in\mathbb{Z}},\{\psi_m\}_{m\in\mathbb{Z}}):=\sup_{m\in\mathbb{Z}}d(\varphi_m,\psi_m)$$

是压缩的. 由于 C^0_γ 在这个度量下是完全的, 由压缩映射原理命题 1.1.2, 得到 f 的这个作用的唯一不动点, 因此图像的不变族 $\{\varphi^+_m\}$ 是所求的.

注. 如果 $\lambda < 1$, 通过仅考虑由 $\delta/(1-\lambda)$ 界定的 $\varphi \in C^0_\gamma(\mathbb{R}^k)$ 可证明 $\|\varphi^+_m\|_{C^0} < \delta/(1-\lambda)$, 而且可证明这个条件在 f_* 作用下的不变性. 此时引理 6.2.17 证明中的第一个估计也证明这个图像变换关于 C^0 拓扑是压缩的.

[253] 为了构造函数 φ^-_m, 我们沿着同一思路进行. 利用在第一步所得的估计, 用 $1/\gamma$ 代替 γ 证明映射 Df^{-1}_m 作用在原点为零的 γ-Lipschitz 函数族 $\varphi: \mathbb{R}^{n-k} \to \mathbb{R}^k$, 且是压缩的.

这里我们自然要证明 (ii), 因为我们利用估计 (6.2.8) 和 (6.2.9). 首先在 (6.2.9) 中用 $(0,0)$ 代替 (x_1, y_1), 用 $(x, \varphi^+_m x)$ 代替 (x_2, y_2). 于是

$$\begin{aligned}\|f_m(x, \varphi^+_m(x))\| &\geqslant \|A_m x + \alpha_m(x, \varphi^+_m(x))\| \\ &> (\mu - \delta(1+\gamma))\|x\| \\ &\geqslant \frac{\mu - \delta(1+\gamma)}{1+\gamma}\|x, \varphi^+_m(x)\|.\end{aligned}$$

另一方面, 应用 (6.2.8) 于 $(0,0)$ 和 $(\varphi^-_m(y), y)$, 并利用 φ^-_m 是 γ-Lipschitz 的事实, 得到

$$\begin{aligned}\|f_m(\varphi^-_m(y), y)\| &\leqslant (1+\gamma)\|B_m(y) + \beta_m(\varphi^-_m(y), y)\| \\ &< (1+\gamma)(\lambda\|y\| + \delta(1+\gamma)\|y\|) \\ &= (1+\gamma)(\lambda + \delta(1+\gamma))\|\varphi^-_m(y), y)\|.\end{aligned}$$

第 4 步. 为了证明在上一步得到的不变函数族由连续可微函数组成, 我们引入图像的切线集概念. 由第 2 步的结果, 连续平面场的唯一不变族存在, 因此这些图像的每一个的切线集是连续平面场. 但由定义由此得到的这个图像是 C^1 函数的图像.

定义 6.2.18. 设 $\varphi \in C^0_\gamma(\mathbb{R}^k), x \in \mathbb{R}^k$,

$$\Delta_y \varphi := \frac{(y, \varphi(y)) - (x, \varphi(x))}{\|(y, \varphi(y)) - (x, \varphi(x))\|}, \quad 对\ y \neq x,$$

$t_x\varphi := \{v \in T_x\mathbb{R}^n | \exists \{x_n\}_{n \in \mathbb{N}}$, 使得 $\lim\limits_{n\to\infty} x_n = x$ 和 $\lim\limits_{n\to\infty} \Delta_{x_n}\varphi = v\}$. 则 $\tau_x\varphi := \bigcup\limits_{v \in t_x\varphi} \mathbb{R}v$ 称为 φ 在 x 的切线集, 这里 $\mathbb{R}v := \{av | a \in \mathbb{R}\}$ 是包含 v 的直线, 称它为 φ 在 x 的切线集. 称不相交并 $\tau\varphi := \bigcup\limits_{x \in \mathbb{R}^k} \tau_x\varphi$ 为 φ 的切线集.

注意, 由于对每个 $v \in \mathbb{R}^k$, 按定义可选 $y = x + tv$, 因此 $\tau_x\varphi$ 投射上 $\mathbb{R}^k$.

作为例子考虑 $\varphi(x) = x\sin(1/x) \in C^0_\gamma(\mathbb{R})$, 对此 $\tau_0\varphi = \{(x,y) \in \mathbb{R}^2 |\ |y| \leqslant |x|\} = H^1_0$. 事实上, 对 $\varphi \in C^0_\gamma(\mathbb{R}^k)$ 和 $x \in \mathbb{R}^k$, 我们总有 $\tau_x\varphi \subset H^\gamma_x$, 因为 φ 有

Lipschitz 常数 γ. 另一个重要观察是 $\varphi \in C^0_\gamma(\mathbb{R}^k)$ 在 x 可微, 当且仅当 $\tau_x\varphi$ 是 k 维平面.

现在我们可以证明由第 3 步得到的不变族 $\varphi^+ = \{\varphi^+_m\}_{m\in\mathbb{Z}}$ 是由 C^1 函数组成. 与 φ^+ 相应的是函数 $\varphi^+_m, m\in\mathbb{Z}$ 的切线集族 $\tau\varphi^+ := \{\tau\varphi^+_m\}_{m\in\mathbb{Z}}$. 由于 φ^+ 是 $f = \{f_m\}_{m\in\mathbb{Z}}$ 的不变函数族, 相应的切线集族 $\tau\varphi^+$ 在微分 Df_m 作用下不变. 在 [254]
第 2 步中我们已经证明, γ 锥内任何这样的不变族包含在那里得到的连续平面场的唯一不变族 E^+_m 内. 由于每个切线集 $\tau_p\varphi^+_m$ 投射上 $\mathbb{R}^k$, 得到 $\tau_p\varphi^+_m = (E^+_p)_m$, 即 φ^+_m 是 C^1 函数.

φ^-_m 的光滑性证明类似. 这结束了 (i) 的证明.

余下证明 (iii). 在叙述这个定理后我们曾经提醒, 对任何点 $p=(x,y)$ 我们可以构造流形 $(W^-_m)_p$ 和 $(W^+_m)_p$. 对某个 γ-Lipschitz 函数 $(\varphi^+_m)_p : \mathbb{R}^k \to \mathbb{R}^{n-k}$ 和 $(\varphi^-_m)_p : \mathbb{R}^{n-k} \to \mathbb{R}^k$ 仍有 $(W^+_m)_p = \operatorname{graph}(\varphi^+_m)_p$ 和 $(W^-_m)_p = \operatorname{graph}(\varphi^-_m)_p$, 以及类似于 (i) 和 (ii) 的性质.

引理 6.2.19. 对 $p, q \in \mathbb{R}^n$, 交 $(W^+_m)_p \cap (W^-_m)_q$ 恰好由一点组成.

证明. 如果 $z = (x,y) \in (W^+_m)_p \cap (W^-_m)_q$, 那么 $x = (\varphi^-_m)_q(y)$ 和 $y = (\varphi^+_m)_p(x)$, 因此 $x = (\varphi^-_m)_q \circ (\varphi^+_m)_p(x)$. 由此再次得到 $(x, (\varphi^+_m)_p(x)) \in (W^+_m)_p \cap (W^-_m)_q$. 但是由于我们可假设 $\gamma < 1$, 因此映射 $(\varphi^-_m)_q \circ (\varphi^+_m)_p : \mathbb{R}^k \to \mathbb{R}^k$ 是压缩的, 从而有唯一不动点. □

现在假设 $p \notin (W^-_m)_0$. 由引理 6.2.19 存在唯一 $q \in (W^-_m)_0 \cap (W^+_m)_p$. 对 $(W^-_m)_0$ 和 $(W^+_m)_p$, 利用 (ii), 我们看到

$$\begin{aligned}
&\|f_{m+L-1} \circ \cdots \circ f_m(p)\| \\
\geqslant\ &\|f_{m+L-1} \circ \cdots \circ f_m(p) - f_{m+L-1} \circ \cdots \circ f_m(q)\| - \|f_{m+L-1} \circ \cdots \circ f_m(q)\| \\
\geqslant\ &(\mu')^L \|p-q\| - (\lambda')^L \|q\| = (\mu')^L \left(\|p-q\| - \left(\frac{\lambda'}{\mu'}\right)^L \|q\| \right).
\end{aligned}$$

只要 $\lambda' < \nu < \mu'$ 和 $C \in \mathbb{R}$, 对充分大的 $L \in \mathbb{N}$, 这个量将超过 $C \cdot \nu^L \|p\|$.

与对 $(W^+_m)_0$ 的平行叙述一起这证明了 (iii), 因此也得到对 W^+_m 和 W^-_m 的唯一性.

这结束了 Hadamard–Perron 定理一般部分的证明.

第 5 步. 为了完成定理 6.2.8 的证明, 现在证明在双曲情形的叶与微分同胚有一样的光滑性. 事实上我们将证明更强的结论, 即如果在定理 6.2.8 中 $\mu \geqslant 1$, 那么 $\{W^+_m\}_{m\in\mathbb{Z}}$ 组成的流形有如微分同胚相同的光滑性. Df_m 有分块形 $\begin{pmatrix} A^{uu}_m & A^{su}_m \\ A^{us}_m & A^{ss}_m \end{pmatrix}$,

其中 A_m^{uu} 是满足 $\|(A_m^{uu})^{-1}\| \leqslant 1/(\mu-\delta)$ 的 $k\times k$ 矩阵, A_m^{ss} 是满足 $\|A_m^{ss}\| \leqslant \lambda+\delta$ 的 $(n-k)\times(n-k)$ 矩阵, 以及 $\|A_m^{su}\| < \delta, \|A_m^{us}\| < \delta$. 由前面几步, 特别地, 注意到引理 6.2.16, 通过取光滑函数 $\varphi_m^0 \in C_\gamma^0(\mathbb{R}^k)$ (例如 $\varphi_m^0 = 0$) 得到 W_m^+, 重复利用图像变换, 得到对 $i\in\mathbb{N}$ 的族 $\{\varphi_m^i\}$, 再对 $i\to\infty$ 时取极限. 我们用归纳法证明当 $i\to\infty$ 时 φ_m^i 的 $r+1$ 阶导数收敛, 只要 f 是 C^{r+1} 的. 为此注意 $D\varphi_m^i$
[255] 是 $\mathbb{R}^k$ 到 $\mathbb{R}^{n-k}$ 的线性映射 E_m^i 的图像, 或者 等价地, 是映射 $\begin{pmatrix} I \\ E_m^i \end{pmatrix}: \mathbb{R}^k \to \mathbb{R}^n$ 的像. 注意, $D\varphi_m^i$ 在 Df_m 作用下的像是线性映射

$$\begin{pmatrix} A_m^{uu} & A_m^{su} \\ A_m^{us} & A_m^{ss} \end{pmatrix}\begin{pmatrix} I \\ E_m^i \end{pmatrix} = \begin{pmatrix} A_m^{uu} + A_m^{su}E_m^i \\ A_m^{us} + A_m^{ss}E_m^i \end{pmatrix}$$

的像. 如果引用 (6.2.6), 令 $g_m^i := (G_{\varphi_{m-1}^i}^{m-1})^{-1}$, 那么它必须与 $\begin{pmatrix} I \\ E_{m+1}^{i+1}\circ(g_{m+1}^i)^{-1} \end{pmatrix}$ 的像重合, 这与

$$\begin{pmatrix} A_m^{uu} + A_m^{su}E_m^i \\ (E_{m+1}^{i+1}\circ(g_{m+1}^i)^{-1})(A_m^{uu} + A_m^{su}E_m^i) \end{pmatrix}$$

的像相同, 所以

$$(E_{m+1}^{i+1}\circ(g_{m+1}^i)^{-1})(A_m^{uu} + A_m^{su}E_m^i) = A_m^{us} + A_m^{ss}E_m^i.$$

与 g_{m+1}^i 复合并微分 r 次得到

$$\begin{aligned} &D^rE_{m+1}^{i+1}(\alpha_{m+1,i+1}^u)^{-1} + E_{m+1}^{i+1}(A_m^{su}\circ g_{m+1}^i)(D^rE_m^i\circ g_{m+1}^i)(Dg_{m+1}^i)^{\otimes r} \\ &= (A_m^{ss}\circ g_{m+1}^i)(D^rE_m^i\circ g_{m+1}^i)(Dg_{m+1}^i)^{\otimes r} + \zeta_{m+1,i+1}(\alpha_{m+1,i+1}^u)^{-1}, \end{aligned}$$

其中 $\zeta_{m+1,i+1}$ 是 E_{m+1}^{i+1} 和 E_m^i 以及 $\alpha_{m+1,i+1}^u := [(A_m^{uu}\circ g_{m+1}^i)+(A_m^{su}\circ g_{m+1}^i)\,(E_m^i\circ g_{m+1}^i)]^{-1}$ 的低阶导数的多项式. 令 $\alpha_{m,i}^s := (A_{m-1}^{ss}\circ g_m^{i-1}) - E_m^i(A_{m-1}^{su}\circ g_m^{i-1})$, 得到

$$\begin{aligned} D^rE_m^i &= \alpha_{m,i}^s(D^rE_{m-1}^{i-1}\circ g_m^{i-1})(Dg_m^{i-1})^{\otimes r}\alpha_{m,i}^u + \zeta_{m,i} \\ &= \alpha_{m,i}^s(\alpha_{m-1,i-1}^s\circ g_m^{i-1}) \\ &\quad \times(D^rE_{m-2}^{i-2}\circ g_{m-1}^{i-2}\circ g_m^{i-1})(Dg_{m-1}^{i-2})^{\otimes r}(\alpha_{m-1,i-1}^u\circ g_m^{i-1})(Dg_m^{i-1})^{\otimes r}\alpha_{m,i}^u \\ &\quad +\alpha_{m,i}^s(\zeta_{m-1,i-1}\circ g_m^{i-1})(Dg_m^{i-1})^{\otimes r}\alpha_{m,i}^u + \zeta_{m,i} \\ &= \cdots. \end{aligned}$$

递归地应用它我们得到 $D^r E_m^i$ 的一个表达式, 其中含有 $D^r E_{m-i}^0$ 的主项, 位于项 $\alpha_{m-l,i-l}^s$ 的 i- 折积

$$\alpha_{m,i}^s(\alpha_{m-1,i-1}^s \circ g_m^{i-1})(\alpha_{m-2,i-2}^s \circ g_{m-1}^{i-2} \circ g_m^{i-1}) \cdots$$

与项 $\alpha_{m-l,i-l}^u$ 和出现 i 的 $(Dg_{m-l}^{i-l-1})^{\otimes r}$ 的 i- 折积

$$\cdots (Dg_{m-2}^{i-3})^{\otimes r}(\alpha_{m-2,i-2}^u \circ g_{m-1}^{i-2} \circ g_m^{i-1})(Dg_{m-1}^{i-2})^{\otimes r}(\alpha_{m-1,i-1}^u \circ g_m^{i-1})(Dg_m^{i-1})^{\otimes r}\alpha_{m,i}^u$$

之间. 这一项当 $i \to \infty$ 时一致收敛于零: 由 φ_{m-i}^0 的选择 $\|D^r E_{m-i}^0\|$ 一致有界, 而且通过取小 δ 使得一致地有 $\|\alpha_{m-l,i-l}^s\|\|\alpha_{m-l,i-l}^u\| < 1$. 最后, 这一步假设 [256]
$\mu \geqslant 1$ 保证因子 $(Dg_{m-l}^{i-l-1})^{\otimes r}$ 不至于造成指数增长.

在 $D^r E_m^i$ 的表达式中的剩余 i 个加项的第 j 个, 类似地由项 $\alpha_{m-l,i-l}^s$ 的 j- 折积与 $\alpha_{m-l,i-l}^u$ 和出现 j 的 $(Dg_{m-l}^{i-l-1})^{\otimes r}$ 的 j- 折积之间的 $\zeta_{m-j-1,i-j-1}$ 组成. 如前, 这些项当 $j \to \infty$ 时一致趋于零给出 $\zeta_{m-j-1,i-j-1}$ 的一致控制. 但是, 这些仅涉及诸 E_l^k 的低阶导数, 由归纳法假设它们都一致有界, 由于 $f \in C^{r+1}$, Df 的系数直到 r 阶导数也有界. 因此, 这些剩余项给出一个指数收敛级数的部分和. 我们已经知道, 当 $i \to \infty$ 时 E_m^i 的低阶导数收敛, 因此 E_m^i 的极限是所期望的 C^r 的. □

注意对 $p \in \mathbb{R}^n$, $(W_m^+)_p$ 和 $(W_m^-)_p$ 连续依赖于 p: 由定理 6.2.8 的性质 (iii) 得到

命题 6.2.20. 如果当 $l \to \infty$ 时 $p_l \to p \in \mathbb{R}^n$, 且对所有 $l \in \mathbb{N}$, $y_l \in (W_m^+)_{p_l}$, 以及 $l \to \infty$ 时 $y_l \to y \in \mathbb{R}^n$, 那么 $y \in (W_m^+)_p$.

证明. 固定 $L \in \mathbb{N}$. 由定理 6.2.8 的 (ii), 对 $\nu < \mu'$ 和所有 $l \in \mathbb{N}$, 得到

$$\|f_{m-L}^{-1} \circ \cdots \circ f_{m-1}^{-1}(y_l) - f_{m-L}^{-1} \circ \cdots \circ f_{m-1}^{-1}(p_l)\| \leqslant \nu^{-L}\|y_l - p_l\|.$$

由此与 f_m 的连续性得

$$\|f_{m-L}^{-1} \circ \cdots \circ f_{m-1}^{-1}(y) - f_{m-L}^{-1} \circ \cdots \circ f_{m-1}^{-1}(p)\| \leqslant \nu^{-L}\|y - p\|,$$

又因为 L 任意, 命题由 (iii) 得证. □

由于在任何固定的紧集上, y_l (通过取子序列) 收敛, 即 $p_l \to p$ 时 $(W_m^+)_{p_l} \to (W_m^+)_p$ 的假设是多余的. 这里的收敛性是在这个命题的逐点意义下. 由于我们知道 E_m^+ 连续, 故有 W_m^+ 和它的切空间的连续性. 相似的叙述对 W_m^- 也成立.

另一个相关说明是我们得到的 W^+ 和 W^- 事实上关于考虑的映射族 f_m 是连续依赖的. 由于 Hadamard–Perron 定理 6.2.8 证明的主要成分是所得的不变流形和它们的切线分布是作为与族 f_m 相应的压缩算子的不动点, 因此可以利用命题 1.1.5 推断不变流形在 C^1 拓扑下对微分同胚的连续依赖性.

命题 6.2.21. 如果当 $\sup_m d_{C^1}(f_m, g_m)$ 很小时, 我们利用由 $\{f_m\}_{m\in\mathbb{N}}, \{g_m\}_{m\in\mathbb{N}}$ 是 C^1 接近的定义的 C^1 拓扑, 则 Hadamard–Perron 定理 6.2.8 中得到的不变流形 (关于 C^1 拓扑) 连续依赖于族 f_m.

为了下一节的目的, 我们指出:

[257] **推论 6.2.22.** 如果当 $l \to \infty$ 时 $p_l \to p \in \mathbb{R}^n$ 以及 $q \in \mathbb{R}^n$, 那么由 $(W_m^+)_{p_l} \cap (W_m^-)_q = \{y_l\}$ 给出的序列 y_l 收敛于由 $\{y\} = (W_m^+)_p \cap (W_m^-)_q$ 给出的 y.

这由命题 6.2.21 和引理 6.2.19 得到, 因为 $(W_m^+)_{p_l}$ 是 Lipschitz 图像, 故 y_l 包含在紧集内.

警告: 与 $(W_m^+)_0$ 和 $(W_m^-)_0$ 不同, $(W_m^+)_p$ 与 $(W_m^-)_p$ 的构造和特征依赖那种轨道不位于原点邻域内的点的性态. 因此它们依赖扩张引理 6.2.7 中的扩张的选择, 从而并不代表流形上与参考轨道邻域相应的有意义的对象.

定理 6.4.9 给出了 Hadamard–Perron 定理 6.2.8 的一个更易直接利用的应用.

e. 倾角引理. 从 Hadamard–Perron 定理 6.2.8 证明的设置与估计立刻得到的结果将用于 6.5 节的是倾角引理. 该引理说与双曲不动点的稳定流形横截的圆盘的逐次像 (在 C^1 拓扑下) 凝聚在这点的不稳定流形上. 为了叙述这个结果, 较方便的是如定理 6.2.3 利用适应坐标, 并令 $\pi_1 : \mathbb{R}^k \oplus \mathbb{R}^{(n-k)} \to \mathbb{R}^k$ 是到第一个坐标的投射,

命题 6.2.23 (倾角引理). 在定理 6.2.3 的假设下, 考虑 $f : U \to M$ 的双曲不动点 p 的邻域 O 内的 C^r 适应坐标. 给定 $\varepsilon, K, \eta > 0$, 存在 $N \in \mathbb{N}$ 使得如果 $\mathcal{D}$ 是包含 $q \in W_p^- \cap O$ 的 C^1 圆盘, 其中所有切空间在水平 K 锥内, 并使得 $\pi_1(\mathcal{D})$ 包含围绕 $0 \in \mathbb{R}^k \oplus \{0\}$ 的 η 球, 且 $n \geqslant N$, 那么, $\pi_1(f^n(\mathcal{D})) = W_p^+ \cap O$, 而且对每个 $z \in f^n(\mathcal{D})$, $T_z f^n(\mathcal{D})$ 包含在水平 ε 锥内.

证明. 由于 $\mathbb{R}^k \oplus \{0\}$ 和 $\{0\} \oplus \mathbb{R}^{n-k}$ 是 f 不变的, f 是 C^1 的, 它在点 $(x, y) \in \mathbb{R}^k \oplus \mathbb{R}^{n-k}$ 的微分 Df 取形式

$$Df_{(x,y)} = \begin{pmatrix} A_z^{uu} & A_z^{su} \\ A_z^{us} & A_z^{ss} \end{pmatrix},$$

其中

$$\begin{aligned} A_z^{uu} &\in M_{k,k}, \quad \|(A_z^{uu})^{-1}\| \leqslant \frac{1}{\mu - \delta}, \\ A_z^{ss} &\in M_{n-k,n-k}, \quad \|A_z^{ss}\| < \lambda + \delta, \\ A_z^{us} &\in M_{n-k,k}, \quad \|A_z^{us}\| = o(\|y\|), \\ A_z^{su} &\in M_{k,n-k}, \quad \|A_z^{su}\| = o(\|x\|). \end{aligned}$$

如前, 其中 $\lambda < 1 < \mu$ 是压缩率和扩张率. δ 可通过收缩邻域 O (由它在迭代 f^n
作用下的像代替 $\mathcal{D}$, 所以 $\mathcal{D}$ 与 O 中点 p 的稳定叶相交) 的大小取任意小. 类似
于稳定和不稳定流形的光滑性证明, 现在较方便的是考虑水平 γ 锥中的平面, γ
锥为线性映射的图像, 它的算子范数 (用 $\|\cdot\|$ 记) 以 γ 为界. 或经收缩 $\mathcal{D}$ 后可 [258]
假设 $\mathcal{D}\cap(\{0\}\oplus\mathbb{R}^{n-k}) = \{z\}$ 是单个点. 于是我们的第一步是由证明以下事实组
成, 即对某个 $n \in \mathbb{N}$, 证明 $T_{z_n}f^n(\mathcal{D})$ 包含在水平 $\varepsilon/2$ 锥内, 其中 $z_i = f^i(z)$. 为此
考虑线性映射 $E_z : \mathbb{R}^k \to \mathbb{R}^{n-k}$, 其中 $\|E\| \leqslant K$. 它的参数化图像为线性映射

$$\begin{pmatrix} I \\ E_z \end{pmatrix} : \mathbb{R}^k \to \mathbb{R}^k \oplus \mathbb{R}^{n-k}$$

的像, 其中 $I : \mathbb{R}^k \to \mathbb{R}^k$ 是恒同映射. 显然这个图像在 Df_z 作用下的像参数化为线性映射

$$Df_z \circ \begin{pmatrix} I \\ E_z \end{pmatrix} : \mathbb{R}^k \to \mathbb{R}^k \oplus \mathbb{R}^{n-k}$$

的像. 在我们的坐标下这个复合通过矩阵乘积

$$\begin{pmatrix} A_z^{uu} & A_z^{su} \\ A_z^{us} & A_z^{ss} \end{pmatrix} \begin{pmatrix} I \\ E_z \end{pmatrix} = \begin{pmatrix} A_z^{uu} + A_z^{su}E_z \\ A_z^{us} + A_z^{ss}E_z \end{pmatrix} \tag{6.2.10}$$

得到, 此时 $A_z^{su} = 0$. 由于 $A_z^{uu} : \mathbb{R}^k \to \mathbb{R}^k$ 非奇异, $\begin{pmatrix} A_z^{uu} \\ A_z^{us} + A_z^{ss}E_z \end{pmatrix}$ 的像与 $\begin{pmatrix} A_z^{uu} \\ A_z^{us} + A_z^{ss}E_z \end{pmatrix} \circ (A_z^{uu})^{-1} = \begin{pmatrix} I \\ A_z^{us}A_z^{uu-1} + A_z^{ss}E_zA_z^{uu-1} \end{pmatrix}$ 的像重合. 换句话说, $Df_z(T_z\mathcal{D})$ 是线性映射

$$E_{z_1} = A_z^{us}(A_z^{uu})^{-1} + A_z^{ss}E_z(A_z^{uu})^{-1}$$

的图像. 注意 $\|E_{z_1}\| \leqslant \dfrac{\|A_{z_0}^{us}\|}{\mu-\delta} + \dfrac{\lambda+\delta}{\mu-\delta}\|E_{z_0}\|$, 递归地有

$$\|E_{z_n}\| \leqslant \sum_{i=0}^{n-1} \frac{(\lambda+\delta)^{n-i-1}}{(\mu-\delta)^{n-i}}\|A_{z_i}^{us}\| + \frac{(\lambda+\delta)^n}{(\mu-\delta)^n}\|E_{z_0}\|.$$

由于 $\|A_{z_i}^{us}\| = o(\|y_i\|)$, 其中 $z_i = (x_i, y_i)$, 存在 $N \in \mathbb{N}$ 使得对 $n > N$, $\displaystyle\sum_{i=N}^{n-1} \frac{(\lambda+\delta)^{n-i-1}}{(\mu-\delta)^{n-i}}\|A_{z_i}^{us}\| < \varepsilon/6$ 和 $\dfrac{(\lambda+\delta)^n}{(\mu-\delta)^n}\|E_{z_0}\| < \varepsilon/6$ 都成立. 如果此外 $N' \in \mathbb{N}$ 使得 $\displaystyle\sum_{i=0}^{N-1} \frac{(\lambda+\delta)^{N'+N-i-1}}{(\mu-\delta)^{N'+N-i}}\|A_{z_i}^{us}\| < \varepsilon/6$, 那么对 $n \geqslant N + N' =: N_0$ 我们有

$\|E_{z_n}\| < \varepsilon/2$.

在增加 N_0 后可假设 $\|A^{us}_{(x,y)}\| < (1-\lambda-\delta)\varepsilon$, 只要 $\|(x,y)\| \leqslant \|z_{N_0}\|$. 因此, 通过收缩 $\mathcal{D}$, 可假设 $f^{N_0}(\mathcal{D})$ 的所有切平面位于水平 ε 锥内, 而且对 $z \in \bigcup_{i \geqslant N_0} f^i(\mathcal{D})$
[259] 有 $\|A^{us}_z\| < (1-\lambda-\delta)\varepsilon$. 如果 ε 充分小, 那么 $\|(A^{uu}_z + A^{su}_z E)^{-1}\| < 1$, 只要 $\|E\| < \varepsilon$. 利用参数的这个选择, f 的作用保持水平 ε 锥, 因为如果 $\|E_{z_i}\| < \varepsilon$, 则由 (6.2.10), $\|E_{z_i+1}\|$ 至多是

$$\begin{aligned}
&\|(A^{us}_{z_i} + A^{ss}_{z_i} E_{z_i})(A^{uu}_{z_i} + A^{su}_{z_i} E_{z_i})^{-1}\| \\
\leqslant &\|A^{us}_{z_i} + A^{ss}_{z_i} E_{z_i}\| \|(A^{uu}_{z_i} + A^{su}_{z_i} E_{z_i})^{-1}\| \\
< &\|A^{us}_{z_i}\| + \|A^{ss}_{z_i} E_{z_i}\| < (1-\lambda-\delta)\varepsilon + (\lambda+\delta)\varepsilon = \varepsilon.
\end{aligned}$$

最后, 注意, 引理 6.2.16 证明, 只要 n 足够大, $f^n(\mathcal{D})$ 在投射 π_1 作用下覆盖 $W^n_{\text{loc}}(p)$. □

练　　习

6.2.1. 对一般 (非双曲) 不动点, 叙述考虑稳定和不稳定流形的定理 6.2.8 的一个推论, 它是定理 6.2.3 的推广.

6.2.2. 证明在非双曲不动点邻域内, 存在不变的 C^1 流形切于由 (1.2.6) 定义的空间 E^0.

6.2.3. 设 f 是向量场 $v = (-x, -y^3)$ 的时间 1 映射. x 轴在 f 作用下不变. 证明

(1) v 的异于 y 轴的轨道是所有导数在 0 为零的函数的图像.

(2) f 有切于但不同于 x 轴的 C^∞ 不变流形, 它与 x 轴相交的无穷多个点凝聚在原点.

6.2.4. 证明在辛微分同胚的双曲不动点的邻域内的局部稳定和不稳定流形是 Lagrange 的 (定义 5.5.7). 将这一阐述推广到辛微分同胚的非双曲不动点情形.

6.2.5. 对于流证明定理 6.2.3 的两个对应:

(1) 在双曲不动点附近.

(2) 在双曲周期点附近.

6.3. 双曲周期点的局部稳定性

[260] **a. Hartman–Grobman 定理**. 上一节已经证明, 双曲性的局部分析是一个非常强大的工具. Hadamard–Perron 定理证明双曲映射的动力学非常类似于它的线

性部分的动力学. 下一节将这个结果用于大范围分析和半局部分析. 这里我们离题证明一个局部结果, 它证明映射在双曲不动点附近拓扑共轭于它的线性部分.[1]

定理 6.3.1 (Hartman–Grobman 定理). 设 $U \subset \mathbb{R}^n$ 是一个开集, $f: U \to \mathbb{R}^n$ 连续可微, $O \in U$ 是 f 的双曲不动点. 那么存在 O 的邻域 U_1, U_2, V_1, V_2 和微分同胚 $h: U_1 \cup U_2 \to V_1 \cup V_2$, 使得在 U_1 上有 $f = h^{-1} \circ Df_0 \circ h$, 即下面图表可交换:

$$\begin{array}{ccc} f: U_1 & \longrightarrow & U_2 \\ h\downarrow & & \downarrow h \\ Df_0: V_1 & \longrightarrow & V_2 \end{array}$$

我们将看到, f 在 O 附近的拓扑特性由 f 在稳定和不稳定流形上的定向和它们的维数确定.

证明. 我们从对上一节的结果作一点进一步发展开始.

在 Hadamard–Perron 定理的讨论中, 注意到对映射 $f_m: \mathbb{R}^n \to \mathbb{R}^n$, 可以对所有 $p \in \mathbb{R}^m$ 构造流形 $W_m^+(p)$ 和 $W_m^-(p)$. 如果局部分析所围绕的参考轨道是双曲不动点, 则导致考虑单个映射 $f: \mathbb{R}^n \to \mathbb{R}^n$. 代替可数族, 此时对每一点 $p \in \mathbb{R}^n$ 的稳定和不稳定流形的构造, 正好得到一个稳定流形和一个不稳定流形. 这由 $W_{m+1}^+(f(p))$ 和 $f(W_m^+(p))$ 是从定理 6.2.8 中的 (iii) 按相同方法刻画的事实得知, 对 W^- 类似. 考虑点 $p \in \mathbb{R}^m$. 交 $W^-(p) \cap W^+(0)$ 刚好由一点 $(x, \varphi^+(x))$ 组成, 交 $W^+(p) \cap W^-(0)$ 刚好由一点 $(\varphi^-(y), y)$ 组成, 反之 $\{p\} = W^+(\varphi^-(y), y) \cap W^-(x, \varphi^+(x))$. 因此点 p 按这个方法由 x 和 y 唯一确定. 故用这个构造可引入新坐标 $(x(p), y(p))$. 由推论 6.2.22 这是一个连续坐标变换. 这些坐标在可写为

$$f(x, y) = (f_1(x), f_2(y))$$

的意义下适应于 f, 因为由构造, 对所有 x_1, x_2, y_1 和 y_2, $f(x_1, y_1)$ 和 $f(x_1, y_2)$ 有相同的 x 坐标, 以及 $f(x_1, y_1)$ 和 $f(x_2, y_1)$ 有相同的 y 坐标. 在这些坐标下 f_1 和 f_2 事实上是 C^1 的, 因为 $f_1(x)$ 是 $f(x, \varphi^+(x))$ 的 x 坐标, $f_2(y)$ 是 $f(\varphi^-(y), y)$ 的 y 坐标.

此外, 注意 f_1^{-1} 和 f_2 是压缩映射, 由扩张引理 6.2.7, 可假设它们 C^1 接近 [261]
于它们的线性部分 $(Df_1^{-1})_0$ 和 $(Df_2)_0$.

引理 6.3.2. 可逆线性压缩 $L: \mathbb{R}^m \to \mathbb{R}^m$ 的 C^1 扰动 f 拓扑共轭于 L.

由这个引理得到定理, 因为它提供了同胚 h_1 和 h_2, 使得 $h_1 \circ f_1^{-1} = (Df_1^{-1})_0 \circ h_1$ 和 $h_2 \circ f_2 = (Df_2)_0 \circ h_2$, 因此 Descartes 积 $h = (h_1, h_2), (x, y) \mapsto (h_1(x), h_2(y))$ 共轭 f 与 Df_0, 因为 $h \circ f = Df_0 \circ h$. 最后, 注意由扩张引理 6.2.7, 通过定理中

的映射 $f: U \to \mathbb{R}^n$ 得到的映射 $f: \mathbb{R}^n \to \mathbb{R}^n$ 在原点某个邻域内与 $f: U \to \mathbb{R}^n$ 重合. 从而得到 Hartman–Grobman 定理 6.3.1. □

引理 6.3.2 的证明. 为了构造所要的同胚 $h: \mathbb{R}^m \to \mathbb{R}^m$, 我们利用第一次出现在 2.1c 节的一维情形的基本域法 (2.7a 节). 在 $\mathbb{R}^m$ 的单位球面 S 上令 $h_0 : h|_S := \mathrm{Id}$. 然后注意, 为了满足 $h \circ f = L \circ h$, 必须令 $h_1 := h|_{fS} := L \circ f^{-1}$. 下面证明, 如果 B 表示单位闭球, 那么存在同胚 $h' : B \backslash \operatorname{Int} f(B) \to B \backslash \operatorname{Int} LB$, 使得 $h'|_S = h_0$ 和 $h'|_{fS} = h_1$. 由此得到共轭如下: 对 $x \in \mathbb{R}^m \backslash (0)$ 存在唯一 $k(x) \in \mathbb{Z}$, 使得 $x \in f^{k(x)}(B \backslash f(B))$, 从而可定义

$$h(x) = \begin{cases} L^{k(x)} \circ h' \circ f^{-k(x)}(x), & \text{对 } x \in \mathbb{R}^m \backslash \{0\}, \\ 0, & \text{对 } x = 0. \end{cases}$$

为了构造 h', 要将 $A_1 : B \backslash \operatorname{Int} f(B)$ 和 $A_2 : B \backslash \operatorname{Int} LB$ 与 $S \times [0,1]$ 等同. 在 A_2 情形首先观察通过 $v \in \mathbb{R}^m$ 的任何射线 $\{tv | t \geqslant 0\}$ 刚好交 S 于一点 $v/\|v\|$. 利用 L 我们看到, 相同射线 $\{tv | t \geqslant 0\} = L\{tL^{-1}v | t \geqslant 0\}$ 刚好交 LS 于一点 $L\left(\dfrac{L^{-1}v}{\|L^{-1}v\|}\right)$. 因此对每个 $v \in S$ 刚好存在连接它与 LS 上的点的径向线段. 通过 $[0,1]$ 中的参数, 将它们每个都参数化使得它有常数速度, 以得到同胚 $k_2 : S \times [0,1] \to A_2$, 将 $v \in S$ 和 $t \in [0,1]$ 映到通过 v、参数值为 t 的线段上的点.

为了对 A_1 作相同构造需要证明每条径向射线交 $f(S)$ 刚好于一点.

注意, 参数化曲线 $(L^{-1}tv) = tL^{-1}v$ 的范数增加, 增加率 $\|L^{-1}v\| > 0$. 因为 $f^{-1}(L(L^{-1}tv))$ 是这条曲线的 C^1 小扰动, 它的范数作为 t 的函数也增加, 因此与 S 存在唯一交点. 从而曲线 $tv = f(f^{-1}(LL^{-1}tv))$ 与 $f(S)$ 刚好相交于一点. 因而给出了产生同胚 $k_1 : S \times [0,1] \to A_1$ 的步骤.

[262] 如果我们选择 k_1 和 k_2 使得 $k_i(\cdot, 0) = \mathrm{Id}_S$, 令 $\bar{k}_i := k_i|_{S \times \{1\}}$, 那么在这些坐标下 h_0 和 h_1 分别由 $S \times \{1\}$ 上的 $h_0' = \mathrm{Id}_{S \times \{0\}}$ 和 $h_1' = \bar{k}_2^{-1} \circ L \circ f^{-1} \circ \bar{k}_1$ 表示.

显然, 由这些得到 S 的同胚 $\bar{h}_0$ 和 $\bar{h}_1$, 其中 $\bar{h}_0 = \mathrm{Id}_S$ 和 $\bar{h}_1$ 接近于 Id_S. 因此 $\bar{h}(x,t) := \left(\dfrac{t\bar{h}_0(x) + (1-t)\bar{h}_1(x)}{\|t\bar{h}_0(x) + (1-t)\bar{h}_1(x)\|}, t\right)$ 定义了 $S \times [0,1]$ 的一个同胚, 它在边界分支上与 h_0' 和 h_1' 重合, 从而 $h' := k_2 \circ \bar{h} \circ k_1^{-1}$ 是所要求的同胚. □

b. 局部结构稳定性.

引理 6.3.3. *两个有相同定向的可逆线性压缩是拓扑共轭的.*

证明. 如同在引理 6.3.2 的证明中, 我们可用标准坐标 $S \times [0,1]$. 然后证明保定向的线性映射同伦于恒同. 如前, 在没有负特征值的情形下这由直线同伦完成, 因为对所有 $t \in [0,1]$, $tL + (1-t)\mathrm{Id}$ 是非奇异的. 如果存在负特征值, 则由定向

假设, 它们存在偶数个, 相应的根空间可以写为 $\mathbb{R}^2$ 的拷贝之积. 如果 E_+ 是余下特征值的根空间, 则对 $t \in [0,1]$, 由 $E_+ \times \mathbb{R}^2 \times \cdots \times \mathbb{R}^2$ 上的映射

$$R_t = \mathrm{Id} \times \begin{pmatrix} \cos t & \sin t \\ -\sin t & \cos t \end{pmatrix} \times \cdots \times \begin{pmatrix} \cos t & \sin t \\ -\sin t & \cos t \end{pmatrix}$$

得到没有负特征值时线性映射 L 和 L' 之间的同伦 $R_t L$. 再将上述情形的论述应用到 L' 得引理. □

由这个引理得到

推论 6.3.4. *假设 $f: U \to \mathbb{R}^n, g: V \to \mathbb{R}^n$ 分别有双曲不动点 $p \in U$ 和 $q \in V$, 以及, $\dim E^+(Df_p) = \dim E^+(Dg_q), \dim E^-(Df_p) = \dim E^-(Dg_q)$, sign det $Df_p|_{E^+(Df_p)} =$ sign det $Dg_q|_{E^+(Dg_q)}$ 和 sign det $Df_p|_{E^-(Df_p)} =$ sign det $Dg_q|_{E^-(Dg_q)}$.*

那么, 存在邻域 $U_1 \subset U$ 和 $V_1 \subset V$ 以及同胚 $h: U_1 \to V_1$, 使得 $h \circ f = g \circ h$.

这个推论的得到是因为由 Hartman–Grobman 定理, f 和 g 局部共轭于它们的线性部分, 又由引理 6.3.3 这两个线性部分共轭. 特别地, 任何 C^1 微分同胚在双曲不动点的邻域内是局部结构稳定的. 命题 7.3.1 证明其逆也成立: 不动点的双曲性对局部结构稳定性是必要的.

练 习 [263]

6.3.1. 设 $f: \mathbb{R}^n \to \mathbb{R}^n$ 是保定向压缩的 C^1 微分同胚. 证明它拓扑共轭于线性映射 $x \mapsto x/2$.

6.4. 双曲集

a. 定义与不变锥. 在 6.2 节中我们通过沿着参考轨道取线性化映射作为模型, 集中研究轨道相对于参考轨道的性态. 正如我们已经提到的, 有趣的定性现象出现在大范围或半局部分析的上下文中局部双曲图像与非平凡回复性相结合时, 这本质上是一个非线性现象.

设 M 是一个光滑流形, $U \subset M$ 是开子集, $f: U \to M$ 是到它的像的 C^1 微分同胚, 以及 $\Lambda \subset U$ 是紧 f 不变集.

定义 6.4.1. 称集合 Λ 为映射 f 的双曲集, 如果在 Λ 的开邻域 U 内存在一个称为 Lyapunov 度量的 Riemann 度量以及 $\lambda < 1 < \mu$, 使得对任何点 $x \in \Lambda$, 微分序列 $(Df)_{f_x^n}: T_{f_x^n}M \to T_{f_x^{n+1}}M, n \in \mathbb{Z}$, 容许 (λ, μ) 分裂.

通常用 $E_x^+ \oplus E_x^-$ 表示在 $x \in \Lambda$ 的双曲分裂. 练习 6.4.1 和练习 6.4.2 给出与 Riemann 度量无关的双曲集的一个等价定义.

定义 6.4.2. 紧流形 M 上的一个 C^1 微分同胚 $f: M \to M$ 称为 Anosov 微分同胚, 如果 M 是 f 的一个双曲集.

双曲集的最简单例子是双曲周期轨道. 在 1.8, 2.5d, 2.6, 3.2e, 4.2d 和 4.4d 诸节讨论的二维环面的双曲自同构 F_L:

$$F_L(x,y) = (2x+y, x+y) \pmod 1$$

($L = \begin{pmatrix} 2 & 1 \\ 1 & 1 \end{pmatrix}$) 是一个 Anosov 微分同胚. 此时 $\mathbb{T}^2$ 上的标准 Euclid 度量是一个 Lyapunov 度量. $\lambda = \dfrac{3-\sqrt{5}}{2}, \mu = \dfrac{3+\sqrt{5}}{2}$ 是矩阵 $\begin{pmatrix} 2 & 1 \\ 1 & 1 \end{pmatrix}$ 的特征值, 在每一点的双曲分裂由这点平移到这个矩阵的特征空间得到 (参看 1.8 节).

更一般地, 1.8 节末尾定义的 n 维环面的任何双曲自同构是一个 Anosov 微分同胚. 此时可利用命题 1.2.2 得到 $\mathbb{R}^n$ 中的一个 Euclid 范数, 使得矩阵 L 在空间
[264] $E^-(L)$ 中压缩, 在空间 $E^+(L)$ 中扩张 (参看 (1.2.4) 和 (1.2.5)), 由这个范数生成的 Riemann 度量投射到 $\mathbb{T}^n$, 并在每一点考虑不变分裂为平行于 $E^+(L)$ 和 $E^-(L)$ 的子空间. 对任何小 $\delta > 0$ 可取 $\lambda = r\left(L|_{E^-(L)}\right) + \delta, \mu = r\left(L^{-1}|_{E^+(L)}\right)^{-1} - \delta$.

Anosov 微分同胚是一个相对特殊的对象. 通常我们遇到更多的双曲集不是流形. 这样的集合的一个典型例子是 2.5c 节刻画的 "马蹄". 这时可取 Euclid 度量, $\lambda = 1/2, \mu = 2$, 并将水平方向和铅垂方向的分裂作为双曲分裂. 双曲集和 Anosov 系统的更多例子将在 6.5 节和第 17 章中讨论.

将双曲集概念扩展到不可逆系统时出现一个奇怪问题. 双曲分裂的压缩部分 E_x^- 由沿着 x 的正半轨的性态确定, 此时可自然定义, 而扩张部分 E_x^+ 得由考虑 x 的负半轨确定, 且对不可逆映射它不是唯一确定的. 这使得双曲性的一般概念不大方便, 因此我们不能描述它. 但是, 存在一个特殊情形, 那里可毫不含糊地选择扩张部分, 即当压缩部分根本不存在时, 从而扩张部分必须是整个切空间. 我们在 2.4a 节已经讨论过扩张映射 (见定义 2.4.1). 这种映射有些特殊, 类似于它们的可逆对应, 即 Anosov 微分同胚. 对可逆映射, 类似于双曲集的更一般现象由下面定义刻画.

定义 6.4.3. 设 Λ 是 C^1 映射 $f: U \to M$ 的紧不变集. 称 Λ 为*双曲排斥子*, 如果在 Λ 的邻域内存在 Riemann 度量, 使得对所有点 $x \in \Lambda$ 有 $\|Df|_x\|^{-1} < 1$.

显然对扩张映射, 整个流形是双曲排斥子. 2.5b 节介绍的二次映射的不变集 Λ 是 Cantor 集的一个例子, 它们也是双曲排斥子. 我们将在 16.1,16.2 和 17.8 节遇到更多的双曲排斥子例子. 现在我们回到可逆情形.

下面的事实接近于引理 6.2.15 的对应:

命题 6.4.4. 设 Λ 是 $f: U \to M$ 的一个双曲集. 则子空间 E_x^- 和 E_x^- 的维数局部是常数, 且这些子空间关于 x 连续变化.

证明. 设 $\dim M = s$. 由定义 6.4.1 得知, 对任何 $x \in \Lambda, \xi \in E_x^-$ 和 $n \geqslant 0$ 有

$$\|Df_x^n \xi\| \leqslant \lambda^n \|\xi\|, \tag{6.4.1}$$

由这些不等式刻画子空间 E_x^-. 设 $x_m \to x$. 如果有必要可通过取子序列假设 $E_{x_m}^- =$ 常数 $=:k$, 因此可在每个 $E_{x_m}^-$ 中选择一个正交基 $(\xi_m^{(1)}, \cdots, \xi_m^{(k)})$, 使得 [265]
$\xi_m^{(i)} \to \xi^{(i)} \in T_x M, i = 1, \cdots, k$. 由映射 Df^n 的连续性, 对 $\xi = \xi_m^{(i)}$ 由不等式 (6.4.1), 得到

$$\|Df_x^n \xi^{(i)}\| \leqslant \lambda^n \|\xi^{(i)}\| = \lambda^n.$$

因此 $\xi^{(i)} \in E_x^-, \dim E_x^- \geqslant k$, 以及 $E_x^- \supset \lim\limits_{m\to\infty} E_{x_m}^-$.

类似地, 对所有 $n \geqslant 0$, 向量 $\eta \in E_x^+$ 由不等式

$$\|Df_x^{-n} \eta\| \leqslant \mu^{-n} \|\eta\|$$

刻画, 重复上面的论述给出 $E_x^+ \supset \lim\limits_{m\to\infty} E_{x_m}^+$ 和 $\dim E_x^+ \geqslant s - k$.

由此得知, $E_x^- = \lim\limits_{m\to\infty} E_{x_m}^-$, $E_x^+ = \lim\limits_{m\to\infty} E_{x_m}^+$. □

推论 6.4.5. 子空间 E_x^- 和 E_x^+ 是一致横截的, 即存在 $\alpha_0 > 0$ 使得对任何 $x \in \Lambda, \xi \in E_x^-, \eta \in E_x^+$, ξ 和 η 之间的角度至少是 α_0.

证明. 设 $\alpha(x)$ 是 $\xi \in E_x^+$ 与 $\eta \in E_x^-$ 之间的最小角度. 由于 $E_x^+ \cap E_x^- = \{0\}, \alpha(x) > 0$. 由命题 6.4.4, $\alpha(x)$ 是 Λ 上的连续函数. 因此它达到正的最小值 α_0. □

显然, f 的双曲集的每个闭不变子集也是双曲集. 更有趣的是我们有时可以通过更大的双曲集发展所给的双曲集.

命题 6.4.6. 设 Λ 是 $f: U \to M$ 的双曲集. 那么存在开邻域 $V \supset \Lambda$, 使得在 C^1 拓扑下对充分接近于 f 的任何 g, 不变集

$$\Lambda_V^g = \bigcap_{n\in\mathbb{Z}} g^n \bar{V}$$

是双曲的.

注. 显然 $\Lambda_V^f \supset \Lambda$. 在许多情形 (例如, 对双曲周期轨道, 或者对 "马蹄"), 只要 V 是 Λ 的足够小邻域, 就有 $\Lambda_V^f = \Lambda$. 对 $g \neq f$ 我们还没有证明 Λ_V^g 非空. 后面我们还将讨论这个问题 (参看定理 18.2.1).

证明. 我们扩展对 $x \in \Lambda$ 定义的不变双曲分裂 $T_xM = E_x^+ \oplus E_x^-$ 到在开邻域 $V_1 \supset \Lambda$ 内对所有 x 定义的连续 (一般不再不变) 分裂. 固定充分小的 $\gamma > 0$, 考虑标准水平锥族 $H_x^\gamma = \{\xi + \eta | \xi \in E_x^+, \eta \in E_x^-, \|\eta\| \leqslant \gamma\|\xi\|\}$, 以及类似定义的铅垂锥族 V_x^γ.

对 $x \in \Lambda$, 有 (λ, μ) 分裂, 故得到

$$
\begin{aligned}
&Df_x H_x^\gamma \subset H_{f_x}^{\lambda\mu^{-1}\gamma}, \quad Df_x^{-1} V_x^\gamma \subset N_{f^{-1}\gamma}^{\lambda\mu^{-1}\gamma},\\
&\|Df_x\xi\| \geqslant \frac{\mu}{1+\gamma}\|\xi\|, \text{ 对 } \xi \in H_x^\gamma,\\
&\|Df_x\eta\| \geqslant (1+\gamma)\lambda^{-1}\|\eta\|, \text{ 对 } \eta \in V_x^\gamma.
\end{aligned}
\tag{6.4.2}
$$

[266] 因此, 如果固定任何 $\delta > 0$, 由 Df, Df^{-1} 的连续性和扩张分裂, 可找到开邻域 $V \supset \Lambda$, 使得对任何 $x \in \bar{V}$, 用 $\lambda + \delta$ 代替 λ 和用 $\mu - \delta$ 代替 μ, 类似于 (6.4.2) 的条件不仅对 f 而且对在 C^1 拓扑下足够接近 f 的 g 成立. 由此得到, 对任何点 $x \in \Lambda_V^g$, 命题 6.2.12 中的假设满足, 其中 $\lambda' = (1+\gamma)(\lambda+\delta), \mu' = (\mu-\delta)/(1+\gamma), L_m = Dg_{g_x^m}, \gamma_m = \gamma'_m = \gamma$. 因此微分序列 $Dg_{g_x^m}$ 容许 (λ', μ') 分裂. 如果 γ 和 δ 充分小, 则 $\lambda' < 1 < \mu'$, 所以 Λ_V^g 是双曲集. □

推论 6.4.7. *Anosov 微分同胚的任何充分小 C^1 扰动是一个 Anosov 微分同胚.*

此外, 在命题 6.4.6 的证明中, 用不变锥准则 (命题 6.2.12) 可对双曲性直接提供更方便的有用描述. 下面的论述是在我们的设置下对锥准则推论 6.2.13 的一个重叙.

推论 6.4.8. *紧 f 不变集 Λ 是双曲的, 如果存在 $\lambda < 1 < \mu$, 使得对每个 $x \in \Lambda$ 存在分解 $T_xM = S_x \oplus T_x$ (一般地, 不是 Df 不变的), 以及与这个分解相应的水平锥族 $H_x \supset S_x$ 和铅垂锥族 $V_x \supset T_x$, 使得*

$$
\begin{gathered}
Df_x H_x \subset \operatorname{Int} H_{f(x)}, \quad Df_x^{-1} V_{f(x)} \subset \operatorname{Int} V_x,\\
\|Df_x\xi\| \geqslant \mu\|\xi\|, \text{ 对 } \xi \in H_x, \text{ 以及 } \|Df_x^{-1}\xi\| \geqslant \lambda^{-1}\|\xi\|, \text{ 对 } \xi \in V_{f(x)}.
\end{gathered}
$$

b. 稳定与不稳定流形. 下面我们证明如何应用 Hadamard–Perron 定理 6.2.8 到双曲集的问题.

为此需要刻画某个局部化过程, 即在流形每一点附近如何选择一个漂亮的坐标系.

对每一点 $x \in \Lambda$, 在切空间 T_xM 中固定一个坐标系使得分解 $E_x^+ \oplus E_x^-$ 与标准分解 $\mathbb{R}^n = \mathbb{R}^k \oplus \mathbb{R}^{n-k}$ 等同, 而且 T_xM 中的 Riemann 度量变成 $\mathbb{R}^n$ 中的标准 Euclid 度量. 固定足够小的 $\varepsilon > 0$, 用 D_ε 记 $\mathbb{R}^k$ 和 $\mathbb{R}^{n-k}$ 中围绕原点的 ε 球的积. 然后利用指数映射 (参看 (9.5.1)) $\exp_x : D_\varepsilon \to M$. 鉴于 Λ 的紧性可取 ε 使得对

每点 $x \in \Lambda$ 映射 $\exp_x$ 是一个单射, 因此它是 D_ε 与 M 中 x 的某个邻域 $P_\varepsilon(x)$ 之间的一个微分同胚. 从而可定义映射族 $f_{x,\varepsilon} = \exp_{fx}^{-1} \circ f \circ \exp_x : D_\varepsilon \to \mathbb{R}^n$.

特别地, 指数映射在原点的微分是恒同映射的事实, 以及 $\exp_x$ 光滑依赖于 x 的性质, 保证对充分小 $\varepsilon > 0$, 每个映射 $f_{x,\varepsilon}$ 是 C^1 接近于它在原点的微分, 它在我们的坐标下简单地表示为 $(Df)_x$. 再利用扩张引理 6.2.7, 对某个 $\varepsilon_1 < \varepsilon$ 将映射 f_{x,ε_1} 扩展到整个空间 $\mathbb{R}^n$. 简单地记这种扩展的映射为 f_x. 因此, 对 $x \in \Lambda$ 沿着每个轨道 $\{f^m(x)\}_{m\in\mathbb{Z}}$ 得到满足定理 6.2.8 条件的映射序列 $f_m = f_{f^m(x)} : \mathbb{R}^n \to \mathbb{R}^n$.
特别地, 通过减少 ε 甚至进一步减少 ε_2 可使得出现在这个定理叙述中的 δ 任意 [267]
小. 借助原来的映射 f 重叙定理, 得到下面的双曲集的稳定和不稳定流形定理.

定理 6.4.9. 设 Λ 是 C^1 微分同胚 $f : V \to M$ 的一个双曲集, 使得 Df 在 Λ 上容许 (λ, μ) 分裂, 其中 $\lambda < 1 < \mu$. 那么, 对每个 $x \in \Lambda$ 存在一对分别称为 x 的局部稳定和局部不稳定流形的 C^1 嵌入圆盘 $W^s(x), W^u(x)$, 使得

(1) $T_xW^s(x) = E_x^-, T_xW^u(x) = E_x^+$;

(2) $f(W^s(x)) \subset W^s(f(x)), f^{-1}(W^u(x)) \subset W^u(f^{-1}(x))$;

(3) 对每个 $\delta > 0$, 存在 $C(\delta)$ 使得对 $n \in \mathbb{N}$,

$$\begin{aligned} \operatorname{dist}(f^n(x), f^n(y)) &< C(\delta)(\lambda+\delta)^n \operatorname{dist}(x,y), \text{ 对 } y \in W^s(x), \\ \operatorname{dist}(f^{-n}(x), f^{-n}(y)) &< C(\delta)(\mu-\delta)^{-n} \operatorname{dist}(x,y), \text{ 对 } y \in W^u(x); \end{aligned}$$

(4) 存在 $\beta > 0$ 以及包含半径为 β、围绕 $x \in \Lambda$ 的球的邻域族 O_x, 使得

$$\begin{aligned} W^s(x) &= \{y | f^n(y) \in O_{f^n(x)}, \quad n = 0, 1, 2, \cdots\}, \\ W^u(x) &= \{y | f^{-n}(y) \in O_{f^{-n}(x)}, \ n = 0, 1, 2, \cdots\}. \end{aligned}$$

注. 局部稳定和不稳定流形不是唯一的, 一般没有特别的典范方法去固定它们. 但是, 从 (3) 和 (4) 立刻得知, 对任何两个满足定理断言的局部稳定流形, 譬如 $W_1^s(x)$ 和 $W_2^s(x)$, 它们的交包含它们中的 x 的开邻域. 等价地, 我们可以说, 对某个 $n \geqslant 0$ 有 $f^n(W_1^s(f^{-n}(x))) \subset W_2^s$ 和 $f^n(W_2^s(f^{-n}(x))) \subset W_1^s$. 事实上, 这样的数 n 可对所有 $x \in \Lambda$ 一致地选取. 用 $-n$ 代替 n 对局部不稳定流形自然同样成立.

这也得到大范围稳定和不稳定流形

$$\begin{aligned} \widetilde{W}^s(x) &= \bigcup_{n=0}^{\infty} f^{-n}(W^s(f^n(x))), \\ \widetilde{W}^u(x) &= \bigcup_{n=0}^{\infty} f^n(W^u(f^{-n}(x))) \end{aligned} \tag{6.4.3}$$

的定义与局部稳定和不稳定流形的选择无关, 而且拓扑地可描述为

$$\begin{aligned}\widetilde{W}^s(x) &= \{y \in U | \operatorname{dist}(f^n(x), f^n(y)) \to 0, \quad n \to \infty\}, \\ \widetilde{W}^u(x) &= \{y \in U | \operatorname{dist}(f^{-n}(x), f^{-n}(y)) \to 0, \quad n \to \infty\}.\end{aligned}$$

[268] **推论 6.4.10.** 微分同胚在双曲集上的限制是可扩的 (见定义 3.2.11).

证明. 如果对 $n \in \mathbb{Z}$ 有 $\operatorname{dist}(f^n(x), f^n(y)) < \beta$, 则由定理 6.4.9(4), 得到 $f^n(y) \in O_{f^n(x)}$ 和 $y \in W^s(x) \cap W^u(x) = \{x\}$. □

下面的论述建立局部稳定和不稳定流形的一类唯一性.

命题 6.4.11. 如果 $x, y \in \Lambda, z \in W^s(x) \cap W^s(y)$, 则交 $W^s(x) \cap W^s(y)$ 包含两个流形内 z 的开邻域. 类似的论述对局部不稳定流形成立.

证明. 由定理 6.4.9 (3) 得到当 $n \to \infty$ 时 $\operatorname{dist}(f^n(x), f^n(y)) \leqslant \operatorname{dist}(f^n(x), f^n(z)) + \operatorname{dist}(f^n(z), f^n(y)) \to 0$. 因此由定理 6.4.9(4), 对任何充分大的 n, $f^n(y) \in W^s(f^n(x))$. 同样对任何充分大的 n, 得到

$$f^n(W^s(y)) \subset W^s(f^n(x)).$$

因为 $f^n(W^s(y))$ 和 $f^n(W^s(x)) \subset W^s(f^n(x))$ 是开圆盘, 它们的交在 $W^s(f^n(x))$ 中是开的, 因此在 $f^n(W^s(x))$ 和 $f^n(W^s(y))$ 中. 由于 $z \in f^{-n}(f^n(W^s(y)) \cap f^n(W^s(x)))$, 命题得证. □

推论 6.4.12. 如果对 $x, y \in \Lambda$, (6.4.3) 定义中的大范围稳定流形 $\widetilde{W}^s(x)$ 和 $\widetilde{W}^s(y)$ 有非空交, 那么 $\widetilde{W}^s(x) = \widetilde{W}^s(y)$.

另一方面, 补的叶正好交于一点: 因为 E^+ 和 E^- 在 Λ 上连续且一致横截 (推论 6.4.5), 由 $W^s(x)$ 和 $W^u(x)$ 的光滑性, 得到

命题 6.4.13. 用 $W_\varepsilon^s(x)$ 和 $W_\varepsilon^u(x)$ 分别表示 $\widetilde{W}^s(x)$ 和 $\widetilde{W}^u(x)$ 内的 ε 球. 则存在 $\varepsilon > 0$ 使得对任何 $x, y \in \Lambda$, 交 $W_\varepsilon^s(x) \cap W_\varepsilon^u(y)$ 至多由一点 $[x, y]$ 组成, 而且存在 $\delta > 0$ 使得只要对某个 $x, y \in \Lambda, d(x, y) < \delta$, 那么 $W_\varepsilon^s(x) \cap W_\varepsilon^u(y) \neq \varnothing$.

注. 推论 6.2.22 证明 $[\cdot, \cdot]$ 是连续的.

命题 6.4.14. 设 Λ 是 $f: U \to M$ 的一个紧双曲集. 那么存在 Λ 的开邻域 V_0 和 $\alpha_0 > 0$, 使得只要 $x, y \in \Lambda$ 和 $\{z\} = W^s(x) \cap W^u(y) \subset V_0$, 则对任何 $\xi \in T_z W^s(x)$ 和 $\eta \in T_z W^u(y)$, ξ 和 η 之间的交角大于 α_0.

证明. 如命题 6.4.6, 选择 Λ 的邻域 V. 由于 Λ 是紧的, Λ 与 $M \backslash V$ 之间的距离为正, 设它为 δ. 如果 V_0 是 Λ 的 δ 邻域, 则它满足命题 6.4.6 的断言. 对所有

$x \in \Lambda$ 选择 $W^s(x)$ 和 $W^u(x)$ 的大小小于 δ. 于是由定理 6.4.9(3) 证明, 如果对某个 $x, y \in \Lambda$, $\{z\} = W^s(x) \cap W^u(y) \subset V_0$, 则对 $n \in \mathbb{Z}$ 有 $f^n(z) \in V_0$. 从而由命题 6.4.6 得 $z \in \Lambda_{V_0}^f$, 再由推论 6.4.5 得到命题. □

c. 封闭引理与周期轨道. 接下来我们证明双曲性提供一个寻求许多周期轨道的机制. 这是在一般设置下第一次显示如何模拟线性部分的局部性态结合由非线性必然引起的回复性而产生复杂和丰富的轨道结构. 当然我们已经在具体情形看到过这个现象的一些特殊显示 (命题 1.7.2, 命题 1.8.1, 推论 2.5.1, 定理 5.4.14). 这个问题的进一步应用将在第 18 章探讨. [269]

称点列 $x_0, x_1, \cdots, x_{m-1}, x_m = x_0$ 为 ε 周期轨道, 或周期伪轨, 如果对 $k = 0, \cdots, m-1$ 有 $\operatorname{dist}(f(x_k), x_{k+1}) < \varepsilon$ (也见定义 18.1.1).

定理 6.4.15 (Anosov 封闭引理). 设 Λ 是 $f: U \to M$ 的一个双曲集. 则存在开邻域 $V \supset \Lambda$ 和 $C, \varepsilon_0 > 0$, 使得对 $\varepsilon < \varepsilon_0$ 和任何 ε 周期轨道 $(x_0, \cdots, x_m) \subset V$, 存在点 $y \in U$, 满足对 $k = 0, \cdots, m-1$ 有 $f^m(y) = y$ 和 $\operatorname{dist}(f^k(y), x_k) < C\varepsilon$.

注. ε 周期轨道的一个特殊情形是满足 $\operatorname{dist}(f^m(x_0), x_0) < \varepsilon$ 的轨道段 $x_0, f(x_0), \cdots, f^{m-1}(x_0)$. 因此, 特别地, Anosov 封闭引理意味着在双曲集中任何几乎返回的轨道段附近有一个紧跟它的周期轨道.

但是在后一情形, 这个封闭引理的结论可大大加强. 这由在双曲集上和在双曲集附近的轨道的指数不稳定性的一般性质得到.

命题 6.4.16. 设 Λ 是 $f: U \to M$ 的一个双曲集, 它有 (λ, μ) 分裂. 则对任何 $\alpha \geqslant \max(\lambda, \mu^{-1})$ 存在 $\delta > 0$ 和 $C > 0$, 使得如果 $x \in \Lambda, y \in U$, 以及对 $k = 0, \cdots, n$ 有 $\operatorname{dist}(f^k(y), f^k(x)) < \delta$, 那么事实上有

$$\operatorname{dist}(f^k(y), f^k(x)) < C\alpha^{\min(k, n-k)} \cdot (\operatorname{dist}(x, y) + \operatorname{dist}(f^n(x), f^n(y))).$$

证明. 这个论述可直接由上一子节开始描述的局部化过程立刻得到, 其中 x 的轨道作为参考轨道. 在定理 6.2.8 的设置下, 由映射 f_m 的这个形式以及关于线性部分和非线性部分的估计, 这个断言是显然的. □

推论 6.4.17. 设 Λ 是 $f: U \to M$ 的有 (λ, μ) 分裂的一个双曲集. 则对任何 $\alpha > \max(\lambda, \mu^{-1})$ 存在邻域 $U \supset \Lambda$ 和 $C_1, \varepsilon_0 > 0$, 使得如果对 $k = 0, \cdots, n$ 有 $f^k(x) \in U$ 和 $\operatorname{dist}(f^k(x), x) < \varepsilon_0$, 则存在周期点 y 使得 $f^n(y) = y$, 而且

$$\operatorname{dist}(f^k(y), f^k(x)) < C_1\alpha^{\min(k, n-k)} \operatorname{dist}(f^n(x), x).$$

证明. 首先利用定理 6.4.15 得到周期点 y. 由命题 6.4.6 可假设 $y \in \Lambda$. 再由命题 6.4.16 给出推论结论. □

[270] **定理 6.4.15 的证明.**[1] 由相同的局部化过程得知, 对每个 $x \in \Lambda$ 的邻域 V_x, 允许我们利用由 $f_k(u,v) = (A_k u + \alpha_k(u,v), B_k u + \beta_k(u,v))$ 给出的双曲线性映射的小扰动序列重叙这个问题, 其中对所有 k 和某个 $C_1 > 0$ 满足 $\|\alpha_k\|_{C^1} < C_1\varepsilon$ 和 $\|\beta_k\|_{C^1} < C_1\varepsilon$. 不像定理 6.2.8 的证明, 这里不假设映射 f_x 使原点固定.

注意, 序列 $(u_k, v_k) \in V_{x_k}, k = 0, \cdots, m-1$ 是一个周期轨道, 当且仅当

$$\begin{aligned}(u,v) &:= ((u_0,v_0),(u_1,v_1),\cdots,(u_{m-1},v_{m-1}))\\ &= (f_{m-1}(u_{m-1},v_{m-1}), f_0(u_0,v_0),\cdots,f_{m-2}(u_{m-2},v_{m-2})) =: F(u,v).\end{aligned}$$

因此我们需要求映射 $F: \mathbb{R}^N \to \mathbb{R}^N$ $(N = m \cdot \dim M)$ 的不动点, 其中 $\mathbb{R}^N$ 的范数为 $\|(x_0, x_1, \cdots, x_{m-1})\| := \max\limits_{0 \leqslant i \leqslant m-1} \|x_i\|$. 为此将 F 表示为

$$F(u,v) = L(u,v) + S(u,v),$$

其中

$$\begin{aligned}&S((u_0,v_0),(u_1,v_1),\cdots,(u_{m-1},v_{m-1}))\\ :=\ &((\alpha_{m-1}(u_{m-1},v_{m-1}),\beta_{m-1}(u_{m-1},v_{m-1})),\\ &\cdots,(\alpha_{m-2}(u_{m-2},v_{m-2}),\beta_{m-2}(u_{m-2},v_{m-2}))),\\ &L((u_0,v_0),(u_1,v_1),\cdots,(u_{m-1},v_{m-1}))\\ :=\ &((A_{m-1}u_{m-1},B_{m-1}v_{m-1}),(A_0u_0,B_0v_0),\cdots,(A_{m-2}u_{m-2},B_{m-2}v_{m-2})).\end{aligned}$$

L 是双曲的: 它扩张子空间 $((u_0,0),(u_1,0),\cdots,(u_{m-1},0))$ 以及压缩子空间 $((0,v_0),(0,v_1),\cdots,(0,v_{m-1}))$. 于是 $(L-\mathrm{Id})$ 可逆, 且对某个 $C_2 = C_2(f,\Lambda) > 0$ 有 $\|(L-\mathrm{Id})^{-1}\| \leqslant C_2$. 注意, 对某个 $C_3 = C_3(f,\Lambda) > 0$ 也有 $\|S(u,v) - S(u',v')\| \leqslant C_3 \cdot \varepsilon \cdot \|(u,v) - (u',v')\|$.

因此, $Fz = z$ 或者 $Lz + Sz = z$ 的解可作为

$$z = -(L - \mathrm{Id})^{-1} S(z) =: \mathcal{F}(z)$$

的解得到. 如果我们取 $\varepsilon < 1/C_2C_3$, 那么 $\|\mathcal{F}(z) - \mathcal{F}(z')\| \leqslant C_2 \cdot C_3 \cdot \varepsilon \|z - z'\|$, 因此映射 $\mathcal{F}: \mathbb{R}^N \to \mathbb{R}^N$ 是压缩的. 由压缩映射原理 (命题 1.1.2) $\mathcal{F}$ 在 $\mathbb{R}^N$ 内存在唯一不动点 $z_0 = \mathcal{F}(z_0)$, 因此 $Fz_0 = z_0$ 有唯一解.

为了完成定理的证明, 需要证明对应的周期轨道停留在邻域 V_{x_k} 内, 因此它实际上是 f 的一个周期轨道, 且对某个 $C > 0$ 它到 x_k 的距离不超过 $C\varepsilon$. 事实上, 由于选择 ε 充分小, 由后一个断言得到前一个断言.

[271] 注意, $z_0 = \lim\limits_{i \to \infty} \mathcal{F}^i(x)$, 其中 x 是序列 $(x_0, x_1, \cdots, x_{m-1})$, 因此

$$\|z_0 - x\| \leqslant \sum_{i=1}^{\infty} \|\mathcal{F}^i(x) - \mathcal{F}^{i-1}(x)\|.$$

递归地我们求得 $\|\mathcal{F}^k(x) - \mathcal{F}^{k-1}(x)\| \leqslant C_2C_3\varepsilon\|\mathcal{F}^{k-1}(x) - \mathcal{F}^{k-2}(x)\| \leqslant (C_2C_3\varepsilon)^{k-1} \cdot \|\mathcal{F}(x) - x\|$, 因此

$$\|z_0 - x\| \leqslant \left(\sum_{k=0}^{\infty}(C_2C_3\varepsilon)^k\right)\|\mathcal{F}(x) - x\|.$$

由于对某个 v, $Fx = x + v$, 其中 $\|v\| < \varepsilon$, 我们有 $Sx = -(L - \mathrm{Id})x + v$ 或者 $\mathcal{F}(x) = x - (L - \mathrm{Id})^{-1}v$, 因此 $\|\mathcal{F}(x) - x\| \leqslant C_2 \cdot \varepsilon$. 但这证明 $\|z_0 - x\| \leqslant C_2\left(\sum_{k=0}^{\infty}(C_2C_3\varepsilon)^k\right) \cdot \varepsilon$. 证毕. □

d. 局部极大双曲集. Anosov 封闭引理 (定理 6.4.15) 并不断言提供的周期轨道在双曲集 Λ 内. 虽然对迄今为止我们所遇到的所有例子这都成立, 但事实上这并不永远正确 (练习 6.4.7). 这是因为这些例子中的双曲集在下面意义下是开邻域中的极大集 (如命题 6.4.6 后面的注). 存在 Λ 的开邻域 V, 使得

$$\Lambda = \Lambda_V^f := \bigcap_{n\in\mathbb{Z}} f^n(\bar{V}).$$

我们将在本书的第 4 部分系统地应用这个性质, 所以得给它一个名字.

定义 6.4.18. 设 Λ 是 $f : U \to M$ 的一个双曲集. 如果存在 Λ 的一个开邻域 V 使得 $\Lambda = \Lambda_V^f$, 则称 Λ 为*局部极大的*或者*基*.[2]

注意, 如果 V 是 Λ 的一个开邻域, 则 V 中任何周期点都包含在 Λ_V^f 内. 如果 V 充分小且 Λ 是局部极大的, 则这些轨道在 Λ 内. 此时由下面推论, Λ 中有许多个周期轨道.

推论 6.4.19. *设 Λ 对 $f : U \to M$ 和 V 是一个双曲集, 使得 Λ_V^f 是双曲的. 那么周期点在 $NW(f|_{\Lambda_V^f})$ 中稠密 (见定义 3.3.3 和下面的讨论).*

证明. 对 $x \in NW(f|_{\Lambda_V^f})$ 和 $\varepsilon > 0$ 用 U_ε 记 x 在 Λ_V^f 内的 $\varepsilon/(2C+1)$ 邻域, 其中 C 如封闭引理中的. 则存在 $N \in \mathbb{N}$ 使得 $f^N(U_\varepsilon) \cap U_\varepsilon \neq \varnothing$. 对 $y \in f^N(U_\varepsilon) \cap U_\varepsilon$ 我们有 $\mathrm{dist}\,(f^N(y), y) < 2\varepsilon/(2C+1)$, 因此, 如果 ε 充分小, 则由封闭引理存在周期点 z, 使得对 $n \in \{0, \cdots, N-1\}$ 有 $\mathrm{dist}\,(f^n(z), f^n(y)) < 2C\varepsilon/(2C+1)$. 如果 ε 足够小则也有 $z \in V$, 因此 $z \in \Lambda_V^f$. 最后, $\mathrm{dist}\,(x, z) \leqslant \mathrm{dist}\,(x, y) + \mathrm{dist}\,(y, z) \leqslant \dfrac{(2C+1)\varepsilon}{2C+1} = \varepsilon$. □

[272] 利用局部极大性使得这个推论用起来更加方便.

推论 6.4.20. *设 Λ 是 $f: U \to M$ 的一个局部极大双曲集. 那么周期点在 $NW(f|_{\Lambda})$ 上稠密.*

从局部极大性得到的一个重要的技术性性质是出现*局部积结构*: 我们说双曲集 Λ 有局部积结构, 如果对充分小的 $\varepsilon > 0$ 由命题 6.4.13 提供的交点永远包含在 Λ 内.

命题 6.4.21. *紧的局部极大双曲集有局部积结构.*

证明. 取 ε 使得 Λ 的 ε 邻域 V 满足 $\Lambda = \Lambda_V^f$, 于是命题 6.4.13 中得到的所有点 $[x, y]$ 在 V 中, 因此在 Λ 中. □

在 18.4 节中我们将看到, 局部积结构的出现等价于局部极大性.

闭不变双曲集不是局部极大的一个自然例子由双曲周期轨道与横截同宿点的轨道一起给出 (见 0.4 节, 定义 6.5.4). 这个情形出现在马蹄中 (参看 2.5c 节), 例如, 由 0 和 1 的不多于一个 1 的序列的集合 Λ_0 的编码. 这个集合不是局部极大的, 因为对每个 $N \in \mathbb{N}$ 它包含在闭集 Λ_0^N 内, 这个闭集由使得任何两个 1 被至少 N 个 0 分开的所有序列组成, 而且对充分大的 N 和 Λ_0 的任何开邻域 V, 我们有 $\Lambda_0^N \subset V$.

不难看到, Λ_0^N 实际上是局部极大的, 因此, 对 Λ_0 的任何邻域 V 存在不变的局部极大双曲集 $\tilde{\Lambda}$, 满足 $\Lambda_0 \subset \tilde{\Lambda} \subset V$.

事实上, 虽然马蹄的任何一个闭不变子集是双曲的, 而且可有非常复杂的结构, 但它总可以 (如在命题 6.4.6 中对适当的开邻域 V 通过 Λ_V^f) 被局部极大集所包含 (参看练习 6.4.8 和 6.4.9).

但是, 一般地, 还不知道以下问题是否成立.

尚未解决的问题. 设 Λ 是 $f: U \to M$ 的一个双曲集, V 是 Λ 的开邻域. 是否存在满足 $\Lambda \subset \tilde{\Lambda} \subset V$ 的局部极大双曲不变集 $\tilde{\Lambda}$?

练　　习

6.4.1. 假设 Λ 是 C^1 映射 $f: U \to M$ 的一个双曲集. 证明对 U 上任一 Riemann 度量存在 $C > 0$ 和 $\lambda \in (0, 1)$, 使得对 $x \in \Lambda, v \in E_x^{\pm}$ 和 $n \in \mathbb{N}$ 有

$$\|Df_x^{\mp n} v\| \leqslant C\lambda^n \|v\|, \tag{6.4.4}$$

其中的范数由 Riemann 度量产生.

[273] **6.4.2.** 假设 Λ 是 $f: U \to M$ 的一个紧不变集, 而且存在 Df 不变分解 $T_\Lambda M =$

$E^+ \oplus E^-$, 使得 (6.4.4) 对某个 Riemann 度量成立. 证明 Λ 是一个双曲集.

6.4.3. 设 (M, ω) 是一个辛流形 (见定义 5.5.7), $U \subset M$ 是开集, $f: U \to M$ 是辛微分同胚. 又设 $\Lambda \subset U$ 是 f 的一个双曲集. 证明对所有 $x \in \Lambda$ 有 $\dim E_x^+ = \dim E_x^-$, $E_x^\pm$ 是 T_xM 的 Lagrange 子空间, $W^s(x)$ 和 $W^u(x)$ 是 M 的 Lagrange 子流形.

6.4.4. 叙述并证明 Anosov 封闭引理 (定理 6.4.15) 对双曲排斥极 (定义 6.4.3) 的对应.

6.4.5. 构造局部极大双曲集 Λ 的例子, 使得周期点在 Λ 上不稠密.

6.4.6. 证明双曲排斥极上任何点的原像个数一致有界. 证明如果映射在排斥极上是拓扑传递的, 则它是一个常数.

6.4.7*. 证明 2.5c 节的马蹄中的不变集 Λ 包含一个完美子集, 这个映射在其上是极小的. 推断由 Anosov 封闭引理 (定理 6.4.15) 保证的周期点可不属于这个双曲集.

6.4.8. 证明对马蹄中的不变集 Λ 的任何闭不变子集 S 和 S 的任何开邻域 U, 存在局部极大紧不变集 $\widetilde{S}$, 满足 $S \subset \widetilde{S} \subset U$.

6.4.9. 设 $F_L: \mathbb{T}^2 \to \mathbb{T}^2$ 是一个线性双曲自同构. 证明对任何闭 F_L 不变集 S 和 S 的任何开邻域 U, 存在局部极大紧不变集 $\widetilde{S}$, 满足 $S \subset \widetilde{S} \subset U$.

6.5. 同宿点与马蹄

这一节我们详细阐述在 2.5c 节中讨论过的 Smale 马蹄. 它是一个以自然而又非常方便的方式编码动力学的不平凡双曲集. 事实证明, 这个例子所代表的性态可在一大类动力系统中找到.

在 2.5c 节中处理的是限于二维的 "线性" 马蹄: 它是通过考虑在同胚 f 作用下矩形 Δ 的像 $f(\Delta)$ 与 Δ 自己的交在假设 f 在 $\Delta \cap f^{-1}(\Delta)$ 的每个分支上是一个仿射双曲映射下得到的. 现在我们给出高维非线性映射的马蹄定义. 由这个定义, 2.5c 节的编码构造明显地可逐字逐句地进行.

接下来我们讨论 0.4 节的横截同宿点. 这些作为一个例子出现用来激发半局部分析的某些方面. 这里我们将详细研究这方面的某一些, 从而得到这个动力 [274]
学描述导致我们证明了一个重要事实, 即在映射 f 出现横截同宿点时, 在这个同宿轨道的任意小邻域内存在 f 的某个迭代的马蹄.

a. 一般马蹄. $\mathbb{R}^n$ 中的矩形指集合 $\Delta = D_1 \times D_2 \subset \mathbb{R}^k \oplus \mathbb{R}^l = \mathbb{R}^n$, 其中 D_1 和 D_2 是圆盘. 用 $\pi_1: \mathbb{R}^n \to \mathbb{R}^k$ 和 $\pi_2: \mathbb{R}^n \to \mathbb{R}^l$ 记标准投射. 如在 6.2 节中将 $\mathbb{R}^k$ 方向

视为“水平方向”, $\mathbb{R}^l$ 方向视为“铅垂方向”.

定义 6.5.1. 假设 $\Delta \subset U \subset \mathbb{R}^n$ 是一个矩形, $f: U \to \mathbb{R}^n$ 是微分同胚. $\Delta \cap f(\Delta)$ 的连通分支 $C' = fC$ 称为 (对 f) 是全的, 如果

(1) $\pi_2(C) = D_2$, 以及

(2) 对任何 $z \in C, \pi_1|_{f(C\cap(D_1\times\pi_2(z)))}$ 是 D_1 上的一个双射.

几何上, 条件 (2) 意味着 C 中每个水平纤维的像与 Δ 相交且与 Δ 完全“横截”.

定义 6.5.2. 如果 $U \subset \mathbb{R}^n$ 是一个开集, 则称矩形 $\Delta = D_1 \times D_2 \subset U \subset \mathbb{R}^k \oplus \mathbb{R}^l = \mathbb{R}^n$ 为微分同胚 $f: U \to \mathbb{R}^n$ 的一个马蹄, 如果 $\Delta \cap f(\Delta)$ 至少包含两个全分支 Δ_0 和 Δ_1, 使得对 $\Delta' = \Delta_0 \cup \Delta_l$,

(1) $\pi_2(\Delta') \subset \operatorname{int} D_2, \pi_1(f^{-1}(\Delta')) \subset \operatorname{int} D_1$,

(2) $D(f|_{f^{-1}(\Delta')})$ 保持并扩张 $f^{-1}(\Delta')$ 上的水平锥族,

(3) $D(f^{-1}|_{\Delta'})$ 保持并扩张 Δ' 上的铅垂锥族.

由推论 6.4.8 和条件 (2) 和 (3) 得到, $\Lambda := \bigcap\limits_{n\in\mathbb{Z}} f^{-n}(\Delta')$ 是 f 的一个双曲集, 它具有“几乎水平”的扩张方向和“几乎铅垂”的压缩方向. 我们也指出, 如在 2.5c 节中, $\Lambda \subset \operatorname{Int}\Delta'$ 是 Δ' 的极大 f 不变子集.

因此, 通过限制 $\Delta' \subset \Delta$, 2.5c 节中直到推论 2.5.1 的解释现在实际上可逐字逐句用到这里所得的集合 Λ 上. 特别地, 我们通过与全 2 移位 σ_2 的拓扑共轭得到 Λ 上的动力学编码.

由于是 f 的马蹄的每个矩形也是在 C^1 拓扑下充分接近于 f 的任何微分同胚 f' 的马蹄, 从而我们得到下面的半局部结构稳定性结果.

命题 6.5.3. 设 $\Lambda = \bigcap\limits_{k\in\mathbb{Z}} f^{-k}(\Delta')$ 是 C^1 微分同胚 $f: U \to \mathbb{R}^n$ 马蹄内的极大不变集. 那么对任何 C^1 充分接近于 f 的 f', 存在 f' 不变集 Λ' 和同胚 $h: \Lambda \to \Lambda'$ 使得 $h \circ f|_\Lambda = f'|_{\Lambda'} \circ h$.[1]

b. 同宿点. 现在回忆我们对 0.4 节开始出现的横截同宿点的动力学讨论.

[275] **定义 6.5.4.** 设 $f: X \to X$ 是度量空间 (X, d) 的一个同胚. 点 $x \in X$ 称为点 $y \in X$ 的同宿点, 如果

$$\lim_{|n|\to\infty} d(f^n(x), f^n(y)) = 0.$$

称它为点 $y_1, y_2 \in X$ 的异宿点, 如果 $\lim\limits_{n\to\infty} d(f^n(x), f^n(y_1)) = \lim\limits_{n\to-\infty} d(f^n(x), f^n(y_2)) = 0$. 如果 M 是一个微分流形, $x \in M$ 是 $f \in \operatorname{Diff}^1(M)$ 的双曲不动

点, 称 $q \in M$ 是横截同宿点, 如果 q 是 x 的稳定流形与不稳定流形的横截交点.

我们从通过画出保面积微分同胚 $f : \mathbb{R}^2 \to \mathbb{R}^2$ 的横截同宿点的图像开始. 假设原点是 f 的一个不动点, 在原点附近 $f(x,y) = (2x, y/2)$. 原点的局部稳定和不稳定流形对应地是 y 轴和 x 轴上的线段. 假设它们的延长横截相交于点 q.

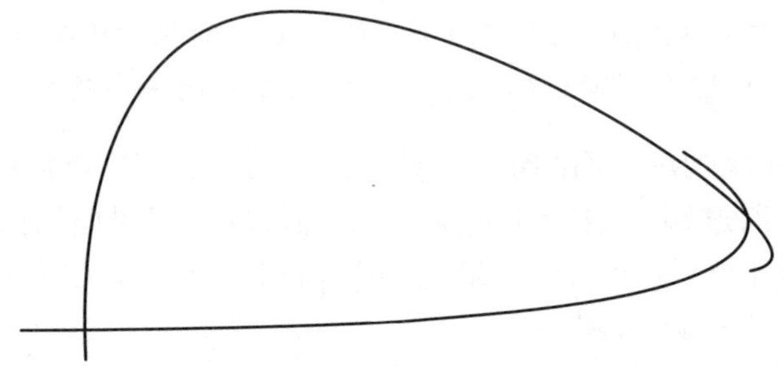

图 6.5.1. 同宿点

如在 0.4 节中注意到的, 显然我们有 $|n| \to \infty$ 时 $f^n(q) \to 0$. 由于 0 的不稳定流形和稳定流形在 f 作用下不变, 像 $f^n(q)$ 也是同宿点, 即原点的不稳定流形与稳定流形的交点. 由于在 q 的交是横截的, 而且 f 是一个微分同胚, 这对任何 n 在 $f^n(q)$ 上同样成立. 因此立刻得到可数多个横截同宿点.

这些点的任何两个之间有同宿闭路. 由于 f 彼此映这些闭路到闭路, 例如 q 和 r 之间的闭路映为 $f(q)$ 与 $f(r)$ 之间的闭路, 这些闭路有相同的面积, 因此它们随着 $f^n(q)$ 与 $f^n(r)$ 接近的增加而变大 (见图 6.5.2).

由于不稳定流形不能自交, 因此我们得到的越来越薄的闭路凝聚在不稳定流形上. 又由于对稳定流形有相同的论述, 得到它的类似振动, 因此完整的图像如图 6.5.2 所示. [276]

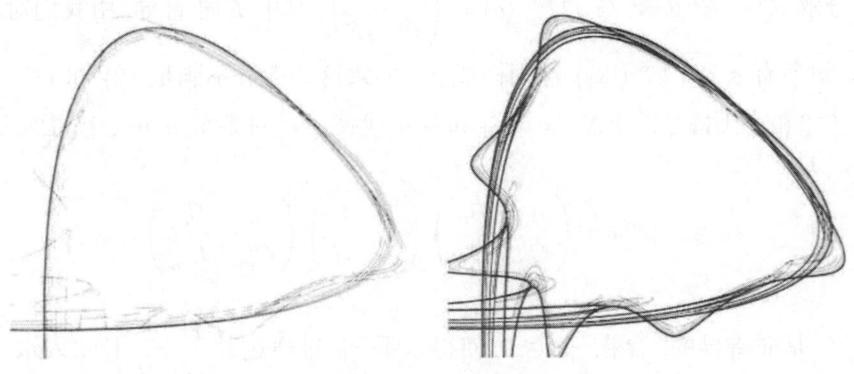

图 6.5.2. 同宿网

特别地, 我们得到 "新" 横截同宿点的整个网眼.

由倾角引理 (命题 6.2.23), 这个图像的成立与保面积无关, 或者与局部光滑线性化无关. 因此任何横截同宿点产生的同宿振动如图 6.5.2 所示.

c. 同宿点附近的马蹄. 现在我们可以建立横截同宿点与马蹄存在性之间的联系.

定理 6.5.5. *设 M 是一个光滑流形, $U \subset M$ 是开集, $f : U \to M$ 是一个嵌入, $p \in U$ 是有横截同宿点 q 的双曲不动点. 那么在 p 的任意小邻域内存在 f 某个迭代的马蹄. 此外, 这个马蹄中的双曲不变集包含 q 的一个迭代.*

证明. 我们将几次利用下面的记号. 对 $x \in A \subset \mathbb{R}^n$, 用 $\mathbb{CC}(A, x)$ 记 A 包含 x 的连通分支. 通过邻域 $\mathcal{O}$ 上的适应坐标可假设这个双曲不动点在原点, 以及 $W^u_{\mathrm{loc}}(0) := \mathbb{CC}(W^u(0) \cap \mathcal{O}, 0) \subset \mathbb{R}^k \oplus \{0\}$ 和 $W^s_{\mathrm{loc}}(0) := \mathbb{CC}(W^s(0) \cap \mathcal{O}, 0) \subset \{0\} \oplus \mathbb{R}^l$, 其中 $\mathbb{R}^n = \mathbb{R}^k \oplus \mathbb{R}^l$.

由于 $q' := f^{-N_0}(q) \in \operatorname{Int} D_1$ 是横截同宿点, 可取 $\delta > 0$ 充分小, 使得如果 $x \in \delta D_2 := \{\delta z | z \in D_2\}$, 则 $D_1 \times \{x\}$ 与 $W^s_{\mathrm{loc}}(q') := \mathbb{CC}(W^s(p) \cap \Delta, q')$ 横截相交, 其中 $\Delta := D_1 \times \delta D_2$. 由倾角引理和命题 6.2.23, 可选 $\delta > 0$ 和 $N_1 \in \mathbb{N}$, 使得如果 $z \in \delta D_2$ 和 $\mathcal{D}_z := \mathbb{CC}(f^{N_1}(D_1 \times \{z\}) \cap B, f^{N_1}(D_1 \times \{z\}) \cap W^s_{\mathrm{loc}}(q'))$, 则对 $x \in \mathcal{D}_z$, $T_x\mathcal{D}_z$ 在水平 ε 锥内, 且 $\pi_1 \mathcal{D}_z = D_1$.

这证明 $\Delta_1 := \bigcup\limits_{z \in \delta D_2} \mathcal{D}_z$ 是 $\Delta \cap f^{N_1}(\Delta)$ 的一个全分支. 事实上在自然意义下我们已经证明这个分支可取任意接近于水平. 与显然是全分支的 $\Delta_0 := \mathbb{CC}(\Delta \cap f^{N_1}(\Delta), 0)$ 一起, 我们验证了定义 6.5.2 的 (1). 剩下的是要证明双曲
[277] 性要求. 定义 6.5.2 中的条件 (2) 和 (3) 对点 $x \in f^{-N_1}(\Delta_0)$ 容易验证, 因为对 $i = 1, 2, \cdots, N_1$ 有 $f^i(x) \in \Delta$. 考虑 $f^{-N_1}(\Delta_1)$, 由于 $f^{N_1}(q')$ 是一个横截同宿点, 利用分解 $\mathbb{R}^n = \mathbb{R}^k \oplus \mathbb{R}^l$ 写 $Df^{N_1}(q) = \begin{pmatrix} E & F \\ G & H \end{pmatrix}$, 其中 E 非奇异. 由我们对 δ 的选择, 对所有 $x \in f^{-N_1}(\Delta_1)$ 这同样成立. 如果这些微分不满足 (2) 和 (3), 就用 $q'' = f^{-m}(q')$ 代替 q', 用 $N_2 = N_1 + m + n$ 代替 N_1, 对某个 $n, m \in \mathbb{N}$ 指定后者. 于是

$$Df^{N_2}(q'') = \begin{pmatrix} A_n & B_n \\ C_n & D_n \end{pmatrix} \begin{pmatrix} E & F \\ G & H \end{pmatrix} \begin{pmatrix} A'_m & B'_m \\ C'_m & D'_m \end{pmatrix}.$$

由于 E 是非奇异的, 存在 $\gamma_0 \in \mathbb{R}$ 使得水平 γ_0 锥通过 $\begin{pmatrix} E & F \\ G & H \end{pmatrix}$ 映入水平 γ_1 锥, 其中 $\gamma_1 < \infty$. 对 $\gamma \in \mathbb{R}_+$ 取 $m \in \mathbb{N}$ 使得水平 γ 锥通过 $\begin{pmatrix} A'_m & B'_m \\ C'_m & D'_m \end{pmatrix}$ 映入

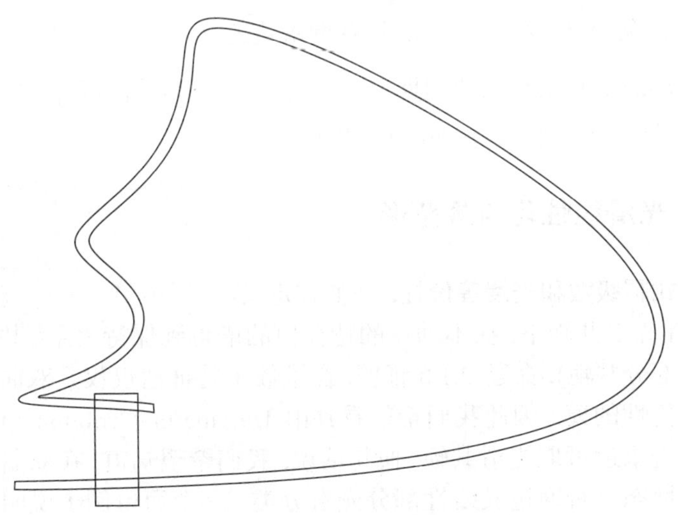

图 6.5.3. 得到的马蹄

水平 γ_0 锥, 以及对 $n \in \mathbb{N}$ 使得水平 γ_1 锥通过 $\begin{pmatrix} A_n & B_n \\ C_n & D_n \end{pmatrix}$ 映入水平 γ 锥. 因此 $Df^{N_2}(q'')$ 保持水平 γ 锥. 如果必要可进一步扩大 n, m, 证明 $Df^{N_2}(q'')$ 扩张 γ 锥内的向量. 由于这些估计可在 $f^{-N_2}(\Delta_1)$ 一致作出, 甚至对 $f^{-N_2}(\Delta_0)$ 更好 [278]
的估计也成立, 于是得到定义 6.5.2 中的 (2) 和 (3). □

注意, 特别地, 可用这里的论述证明同宿点是非游荡的 (定义 3.3.3).

推论 6.5.6. *双曲不动点或者周期点的每个横截同宿点属于周期点集的闭包, 因此是非游荡的.*[2]

证明. 设 q 是横截同宿点, Λ 是 f 的迭代 f^n 的马蹄内的不变集, 使得 $f^n|_\Lambda$ 是全 2 移位的同构. 则对某个 $m \in \mathbb{N}$ 有 $f^m(q) \in \Lambda$. 由命题 1.9.1, Λ 上的周期点稠密, 所以 $f^m(q)$, 从而 q 在周期点集的闭包内.

练　习

6.5.1. 证明定理 6.5.5 构造的马蹄中的不变集包含在 f 的局部极大双曲集 Λ 内, f 本身包含点 q. 进一步证明 $f|_\Lambda$ 共轭于传递的拓扑 Markov 链.

6.5.2. 设 $f: U \to M$ 是有双曲不动点 $p_1, \cdots, p_k$ 的微分同胚嵌入. 我们说 $p_1, \cdots, p_k = p_0$ 组成一个*异宿环*, 如果它们的稳定流形的维数相等, 而且对 $i = 0, \cdots, k$, $W^s(p_i)$ 与 $W^u(p_{i+1})$ 横截相交. 证明此时每个 p_i 有横截同宿点, 并推断

存在 f 的双曲集 Λ 包含 $p_1 \cdots, p_k$ 且有稠密轨道.

6.5.3. 构造环面上有两个双曲周期点 p 和 q 的 C^∞ 微分同胚 $f: \mathbb{T}^2 \to \mathbb{T}^2$, 使得 $W^s(p)$ 与 $W^u(p)$ 横截相交, 但 $h_{\text{top}}(f) = 0$.

6.6. 局部光滑线性化与规范形

a. 射式、形式幂级数和光滑等价性. 我们在定义 2.1.1 中引入 C^∞ 光滑等价性时已经看到, 在光滑共轭下, 在不动点的特征值的谱得到保持 (因为共轭的微分与映射的线性部分共轭). 命题 2.1.3 证明, 在维数 1 特征值仅仅是双曲不动点附近局部解析等价性的模. 因此我们希望看到由 Hartmann–Grobman 定理 6.3.1 给
[279] 出的共轭是否永远可取光滑共轭. 换句话说, 我们希望知道, 在双曲不动点微分同胚的局部性态是否通过其线性部分光滑分类. 一个简单例子说明这并不成立 (参看练习 6.6.1), 但我们可以指出, 在不动点的光滑分类如何才能合理进行.

首先我们应该找出除了来自映射在不动点的线性部分, 是否还有其他局部光滑共轭的*无穷小不变量*. 为此在映射 f 的不动点 p 附近固定局部坐标, 并考虑 f 的 k 次 Taylor 多项式的系数, 其中 $k = 2, 3, \cdots$. 这个系数集称为 f 在 p 的 *k 次射式* $J_p^k(f)$. 因此, 两个 C^k 映射 f 和 g 在点 p (不必是不动点) 有相同的 k 次射式, 如果 $\|f(x) - g(x)\| = o(\|x - p\|^k)$. 显然映射的第一个射式由映射的值和它的线性部分确定. 实解析映射是它的 k 次 Taylor 多项式当 $k \to \infty$ 时的极限. 对 C^∞ 映射我们可写出 Taylor 级数, 但它的不收敛点可能多于一个. 因此要考虑*形式幂级数*, 即由无穷多个单项式的和组成的形式表达式. 通过利用收敛幂级数的熟悉准则执行代数运算和变换.

显然 C^∞ 映射在一点的 (形式) 幂级数确定在那点的所有射式. 映射在一点的 k 次射式可以在局部坐标系下与多项式映射等同, 它们的复合通过取通常的复合并去掉高阶项定义. 此外, 不动点附近映射之间的局部 C^k 共轭产生在此不动点的 k 次射式之间的共轭. 因此这些射式的共轭类是我们要找的无穷小不变量. 对 C^∞ 映射的 C^∞ 局部共轭, 在参考点得到的形式 Taylor 级数是共轭的, 其中形式幂级数的复合由代换得到.

现在我们可以概括我们求光滑共轭问题的策略如下. 首先对任何 $k \in \mathbb{N}$ 求 k 次射式的共轭不变量. 得到所有这些不变量完全由这个映射的线性部分确定, 即由它的一次射式确定. 称两个 C^∞ 映射 f 和 g 在 p *C^∞ 相切*, 如果对所有 $k \in \mathbb{N}$ 有 $J_p^k(f) = J_p^k(g)$, 或者对所有 $k \in \mathbb{N}$ 有 $\|f(x) - g(x)\| = o(\|x - p\|^k)$, 或者等价地, 如果 f 和 g 在 p 的形式幂级数重合. 第二步证明如果 f 和 g 的所有射式共轭, 则存在 C^∞ 映射 h 使得 f 和 $f' := h^{-1} \circ g \circ h$ 是 C^∞ 相切的. 最后, 如果 f 在 p 的线性部分是双曲的, 而且 f' 与 f 在 p C^∞ 相切, 那么 f 与 f'

通过 C^∞ 相切于恒同的局部微分同胚是局部 C^∞ 共轭的. 最后一步可以用不同方法实现. 如果映射 f 的线性部分是压缩的, 则可如不动点方程考虑共轭方程 $h=(f')^{-1}\circ h\circ f$, 并利用压缩映射原理证明这个解 h 是 C^∞ 的. 在真双曲情形可以利用称为 Sternberg 楔方法的基本域法的改进形式. 我们将利用在证明定理 5.1.27 和定理 5.5.9 时用过的同伦技巧的形式来完成最后这一步. 这将把问题化为对扭转的上同调方程解的分析 (见 2.9 节).

b. 一般的形式分析. 为了方便处理 n 个变量的幂级数, 我们将系统地使用多重指标. 对 $k=(k_1,\cdots,k_n)\in\mathbb{N}_0^n$ 定义 k 的大小为 $|k|:=\sum_{i=1}^{n}k_i$, 而且若 $x=(x_1,\cdots,x_n)\in\mathbb{R}^n$, 则令 $x^k:=\prod_{i=1}^{n}x_i^{k_i}$. [280]

命题 6.6.1. 假设 $\lambda=(\lambda_1,\cdots,\lambda_n)\in\mathbb{R}^n$ 对所有 i 和所有 $k\in\mathbb{N}_0^n$ 满足 $\lambda_i\neq\lambda^k$. 考虑由

$$f_i(x)=\sum_{k\in\mathbb{N}^n}f_{i,k}x^k$$

给出的 f 的形式幂级数, 其中常数项等于零, 线性部分是 $\operatorname{diag}\lambda$ (即特征值 $\lambda_1,\cdots,\lambda_n$ 的对角矩阵). 设 g 是 f 的线性部分. 则存在共轭方程 $h\circ f=g\circ h$ 的形式幂级数解 h.

形如 $\lambda_i=\lambda^k$ 的关系式称为共振, 对应条件 "对所有 i 和所有 $k\in\mathbb{N}_0^n$ 满足 $\lambda_i\neq\lambda^k$" 称为非共振假设.

证明. 注意, 首先我们可以写

$$f_i(x)=\sum_{k\in\mathbb{N}^n}f_{i,k}x^k=\lambda_ix_i+\sum_{|k|>1}f_{i,k}x^k$$

为线性部分加上高阶项.

特别地, 对 $|k|=1$ 的非共振条件得到 λ_i 两两相异. 由于 h 的线性部分与 f 的线性部分可交换 (因为后者与 g 的线性部分重合), 所以 h 的线性部分必须是对角型, 譬如对角线元素为特征值 α_i. 从而可将候选者 h 写为

$$h_i(x)=\sum_{k\in\mathbb{N}^n}h_{i,k}x^k=\alpha_ix_i+\sum_{|k|>1}h_{i,k}x^k.$$

现在共轭方程 $h\circ f(x)=g\circ h(x)$ 的第 i 个坐标变为

$$\sum_{k\in\mathbb{N}^n}h_{i,k}(f(x))^k=\lambda_ih_i(x),$$

或者分离出线性部分,

$$\alpha_i f_i(x) + \sum_{|k|>1} h_{i,k} \left(\lambda_1 x_1 + \sum_{|j_1|>1} f_{1,j_1} x^{j_1} \right)^{k_1} \cdots$$
$$\left(\lambda_n x_n + \sum_{|j_n|>1} f_{n,j_n} x^{j_n} \right)^{k_n} = \lambda_i h_i(x).$$

借助 $f_{i,k}$ 的系数和 λ_i, 对 h 的系数 $h_{i,k}$ 递归地对 $m := |k|$ 求解这个方程. 换句话说, 要对 m 次射式构造一个共轭以给出 $m-1$ 次射式的共轭. 对 $m=1$, 这个选择是任意的, 例如, 可取 $Dh = \mathrm{Id}$. 假设 $m \in \mathbb{N}$ 且我们已经如所要求的对所有
[281] $|k| < m$ 确定了所有 $h_{i,k}$. 于是对任何使得 $|k| = m$ 的 k 考虑包含 x^k 的项的系数. 比较这些系数得到

$$\alpha_i f_{i,k} + \lambda^k h_{i,k} = \lambda_i h_{i,k} + C_{i,k}, \tag{6.6.1}$$

其中 $C_{i,k}$ 仅包含大小满足 $|j| < m$ 的指标 j 的系数, 因此它们完全由前面步骤确定. 从而求得解 $h_{i,k}$:

$$h_{i,k} = \frac{\alpha_i f_{i,k} - C_{i,k}}{\lambda_i - \lambda^k}, \tag{6.6.2}$$

由非共振假设这是有可能的. □

现在假设我们处于上一命题情形, 但是对某个 i 存在 $k \in \mathbb{N}^n$ 使得 $\lambda_i = \lambda^k$. 于是 (6.6.1) 中有 $h_{i,k}$ 的项消失了, 即我们不能从第 i 个坐标函数移去包含 x^k 的项. 通过这个观察导致我们对规范形的研究, 它是映射线性部分的自然推广.

定义 6.6.2. 从共振 $\lambda_i = \lambda^k$ 中出现的第 i 个坐标函数的非零项 $c \cdot x^k$ 称为共振项. 映射 f 的规范形是 f 光滑等价类中的映射, 它的幂级数仅包含线性项和共振项.

上述过程可推广到 g 有非线性项的情形, 即 $g_i(x) = \sum_{k \in \mathbb{N}^n} g_{i,k} x^k = \lambda_i x_i + \sum_{|k|>1} g_{i,k} x^k$. 于是 (6.61) 变成

$$\alpha_i f_{i,k} + \lambda^k h_{i,k} = \lambda_i h_{i,k} + \alpha^k g_{i,k} + C_{i,k}, \tag{6.6.3}$$

其中 $C_{i,k}$ 由前面步骤确定, 它们可能包含 g 的低阶项. 现在假设 g 仅有共振项且 h 的线性部分固定, 譬如为恒同. 于是 (6.6.2) 对非共振项仍成立, 对共振项由 (6.6.3) 得到 $g_{i,k} = f_{i,k} - C_{i,k}$, 就是说, 如果有形式共轭, 则 g 的共振项是唯一确

定的. 因此, 在形式共轭类 (具有对角线性部分) 中, 规范形的选择直到相差线性部分事实上是唯一确定的. 在这些非线性规范形中我们感兴趣的是, 通过对几个自然设置中所 "建立" 的共振事实的启发, 在映射的某些自然类中存在由这些映射的每个所展示的共振自然族. 这类问题的主要例子是保面积映射和辛映射.

如果 p 是保正绝对连续测度的映射的不动点, 那么微分 Df_p 的行列式是 ± 1 (参看处理保面积情形的命题 5.1.6). 因此, 如果 $\lambda_1, \cdots, \lambda_n$ 是 Df_p 的特征值, 包括计算重次, 那么

$$\lambda_1 \cdots \lambda_n = \pm 1$$

以及存在共振关系

$$\lambda_i = \lambda_1 \cdots \lambda_{i-1} \lambda_i^2 \lambda_{i+1} \cdots \lambda_n \tag{6.6.4}$$

或者 [282]

$$\lambda_i = \lambda_1^2 \cdots \lambda_{i-1}^2 \lambda_i^3 \lambda_{i+1}^2 \cdots \lambda_n^2. \tag{6.6.5}$$

类似地, 如果 p 是辛微分同胚的不动点, 则按照命题 5.5.6, 特征值可分为一对对互为倒数的数, 即特征值向量可排列如

$$(\lambda_1, \lambda_1^{-1}, \lambda_2, \lambda_2^{-1}, \cdots, \lambda_n, \lambda_n^{-1}),$$

因此存在 n 个共振关系

$$\lambda_i = \lambda_i^2 \lambda_i^{-1}, \quad i = 1, \cdots, n. \tag{6.6.6}$$

在二维情形那里保面积概念与辛性重合, 规范形 (6.6.2) 由练习 6.6.4 刻画. 注意, 比规范形 (6.6.7) 更特殊的是 $p = q = 1$ 的情形.

现在我们刻画二维双曲情形可能有的共振. 存在两个满足 $|\lambda_-| < 1 < |\lambda_+|$ 的特征值 λ_- 和 λ_+. 共振形式有 $\lambda_- = \lambda_-^k \lambda_+^l$ 或者 $\lambda_+ = \lambda_+^k \lambda_-^l$, 即 $\lambda_-^{k-1} = \lambda_+^{-l}$ 或者 $\lambda_+^{k-1} = \lambda_-^{-l}$, 其中 $k, l \in \mathbb{N}_0$ 为非负整数. 因此, 如果 $\varphi_\pm = |\log|\lambda_\pm||$, 则由共振得到 $\varphi_-/\varphi_+ \in \mathbb{Q}$. 反之, 容易看到, 由此存在一个共振. 如果 $\varphi_-/\varphi_+ = p/q$, 其中 $p, q \in \mathbb{N}$ 互素, 则说存在 (p, q) 共振. 为了在此情形刻画规范形, 又为了简单起见假设这两个特征值都是正的. 于是 $\lambda_-^q \lambda_+^p = 1$, 如果 $\lambda_- = \lambda_-^k \lambda_+^l$ 则对某个 $m \in \mathbb{N}$ 有 $k = mq + 1, l = mp$. 类似地, 由 $\lambda_+ = \lambda_+^k \lambda_-^l$ 得到 $k = mp + 1, l = mq$. 因此, 如果 f 是一个规范形, 那么

$$f(x, y) = \left(\lambda_- x \left(1 + \sum_{m=1}^{\infty} a_m (x^q, y^p)^m\right), \lambda_+ y \left(1 + \sum_{m=1}^{\infty} b_m (x^q y^p)^m\right)\right). \tag{6.6.7}$$

注意, 在保面积情形存在 (1, 1) 共振. 练习 6.6.4 提供 (6.6.7) 在此情形的一个特殊化.

c. 双曲光滑情形. 用幂级数验证形式处理的一个方法是证明所涉及的所有幂级数都有正的收敛半径. 这个方法对一维映射已展示在 2.1 节中. 虽然对解析线性化无共振可能还不充分, 即使在双曲情形的 C^∞ 范畴也是如此.[1] 基本概念是对任何形式幂级数存在 C^∞ 函数, 它的 Taylor 级数与所给的幂级数重合.

命题 6.6.3. 对任何序列 $\{a_k\}_{k\in\mathbb{N}_0^n}\subset\mathbb{R}$, 存在 C^∞ 函数 $f:\mathbb{R}^n\to\mathbb{R}^n$ 使得 a_k 是 f 的 Taylor 系数.

证明. 首先我们引入一个在多处要用到的概念, 即冲击函数, 它是一个在开集上具有紧支撑的非零光滑函数. 在实直线上它由

$$b_1(x):=\begin{cases}e^{2-(x+1)^{-2}-(x-1)^{-2}}, & 对\ |x|\leqslant 1,\\ 0, & 对\ |x|>1\end{cases}$$

[283] 给出, 因为 b_1 在 ±1 对所有阶为零. 注意 $b_2(x):=\int_{|x|}^{\infty}b_1(t-2)dt/\int_{-1}^{1}b_1(t)dt$ 定义一个冲击函数, 它在 $[-1,1]$ 上为 1. 通常我们用第二个类型的冲击函数.

现在我们证明这个命题. 令

$$f(x)=\sum_{k\in\mathbb{N}_0^n}a_kx^kb_2(|k|!C_{|k|}\|x\|^2),$$

其中 $C_N:=\sum_{l=0}^{N}\sum_{|i|=l}|a_i|$. 注意这个级数收敛, 因为对每个 $x\neq0$ 仅存在有限个非零项. 另外注意, 由于对所有非零项 $|k|!C_{|k|}\|x\|^2\leqslant 2$, 我们有

$$\begin{aligned}|a_kx^kb_2(|k|!C_{|k|}\|x\|^2)|&\leqslant|a_k|\|x^k\|^{|k|}b_2(|k|!C_{|k|}\|x\|^2)\\&\leqslant|a_k|\left(\frac{2C_{|k|}}{|k|!}\right)^{\frac{|k|}{2}}\leqslant\left(\frac{2}{|k|!}\right)^{\frac{|k|}{2}}.\end{aligned}\tag{6.6.8}$$

因此, 这个和式很快地一致收敛. 为了计算 N 阶导数, 考虑满足 $|k|!C_{|k|}\|x\|^2<1$ 的点 x. 对这些点我们有

$$f(x)=\sum_{|k|\leqslant N}a_kx^k+\sum_{|k|>N}a_kx^kb_2(|k|!C_{|k|}\|x\|^2).$$

由 (6.6.8), 上式第二个和是它的最低阶项 (从它们中分解出来的) 的和的有界倍数, 所以剩余的是阶数高于 N 的项与直到 N 阶的导数, 从而得到所要的系数. □

推论 6.6.4. 假设 f 是有不动点 p 的 C^∞ 映射, 使得其线性部分 $\operatorname{diag}\lambda$ (即特征值 $\lambda_1,\cdots,\lambda_n$ 的对角矩阵) 满足对所有 i 和所有 $k\in\mathbb{N}_0^n$ 的非共振条件 $\lambda_i\neq\lambda^k$. 那么存在一个局部 C^∞ 映射 h, 使得 $h\circ f\circ h^{-1}$ 与 f 的线性部分 C^∞ 相切.

证明. 由命题 6.6.1 取形式幂级数, 并从它利用命题 6.6.3 构造一个 C^∞ 映射 h. □

因此, 由下面定理得到没有共振的双曲不动点的局部光滑线性化.

定理 6.6.5. 设 f 是有双曲不动点 p 的 C^∞ 映射, g 是任何与 f C^∞ 相切的 C^∞ 映射. 那么存在 p 的邻域 U 以及与恒同 C^∞ 相切的 C^∞ 微分同胚 h, 使得 $h \circ f = g \circ h$.[2]

证明. 首先利用定理 6.2.3 引入原点在 p 的适应局部坐标, 使得 p 的稳定和不稳定流形分别是坐标空间 $\mathbb{R}^k$ 和 $\mathbb{R}^{n-k}$. 由于 g 的稳定和不稳定流形与 f 的稳定和不稳定流形 C^∞ 相切, 可以通过与恒同 C^∞ 相切的微分同胚共轭 g, 使得所得的稳定和不稳定流形与 f 的重合. 接下来通过扩张引理 6.2.7 可以构造 $\mathbb{R}^n$ 的使原点固定的 C^∞ 微分同胚, 它与 f 和 g 的坐标表示在原点的较小邻域内分别重 [284]
合, 在较大的邻域之外与 f 和 g 的线性部分重合, 并保持 $\mathbb{R}^k$ 和 $\mathbb{R}^{n-k}$, 而且是 C^1 接近于线性部分. 我们仍以 f 和 g 记这些映射. 于是 $a := f - g$ 在原点有所有阶的零次射式, 在 0 的某个邻域之外为零. 下面我们证明 α 可分解为

$$\alpha = \alpha^+ + \alpha^-, \tag{6.6.9}$$

其中 α^+ 和它的所有射式在 $\mathbb{R}^k$ 为零, α^- 和它的所有射式在 $\mathbb{R}^{n-k}$ 为零. 我们构造 f 与 $w := f + \alpha^-$ 之间以及 w 与 g 之间的与恒同 C^∞ 相切的共轭. 为了构造分解 (6.6.9), 在单位球面 S 上取 C^∞ 函数使得在 S 与水平锥 $H_{1/2}$ 的交上 $\rho \equiv 1$, 在交 $S \cap V_{1/2}$ 上 $\rho = 0$, 令

$$\alpha^-(x) = \alpha(x)\rho\left(\frac{x}{\|x\|}\right), \quad 对\ x \neq 0$$

和 $\alpha^-(0) = 0$. 再令 $\alpha^+ = \alpha - \alpha^-$. 显然这些都是所要求的, 除了我们还需要验证它们在原点都是 C^∞ 的以外. 注意, 对 $k \in \mathbb{N}_0^n$ 和 $m \in \mathbb{N}$ 有 $\|D^k\alpha(x)\| = o(\|c\|^m)$, 以及 ρ 的导数有界. 我们看到, 利用链规则在原点以外 $D^k\alpha^-$ 的表达式是 α, ρ 和 $\|x\|^{-1}$ 的导数的多项式, 且每个单项式含有 α 或它的某些导数. 这得到 $\|D^k\alpha^-(x)\| = o(\|x\|^m)$, 因此 α^- 是一个 C^∞ 函数.

现在令 $f_t := f + t\alpha^-, t \in [0,1]$. 我们求 C^∞ 微分同胚 h_t, 使得

$$f_0 = h_t^{-1} \circ f_t \circ h_t. \tag{6.6.10}$$

这个族由向量场族

$$v_t = \left.\frac{d(h_s h_t^{-1})}{ds}\right|_{s=t}$$

产生. 关于 s 微分关系式 $h_s \circ h_t^{-1} \circ f_t = f_s \circ h_s \circ h_t^{-1}$, 得到

$$v_t \circ f_t - Df_t(v_t) = \alpha^- \quad \text{或者} \quad v_t - (f_t)_* v_t = \alpha^- \circ f_t^{-1},$$

其中 $f_* v = Df(v \circ F^{-1})$. 求算子 $\mathrm{Id} - (f_t)_*$ 的逆, 形式地利用几何级数, 得到

$$v_t = \sum_{m=0}^{\infty} (f_t)_*^m \alpha^- \circ f_t^{-1} = \sum_{m=0}^{\infty} Df_t^m \alpha^- \circ f_t^{-m-1}. \tag{6.6.11}$$

为了证明 v_t 在原点邻域内是一个 C^∞ 向量场, 需要证明这个和式在 C^∞ 拓扑
[285] 下收敛, 就是说, 对每个 $k \in \mathbb{N}_0^n$, k 次导数的和收敛. 我们第一次在 Hadamard–Perron 定理 6.2.8 证明的第 5 步已作过这种观察了. 首先注意, 由链规则和 m 重复合的 k 阶导数的积规则, 增长率至多是 $C^m m^{|k|}$, 其中 C 是个别项直到 $|k|$ 阶导数的上界. 因此 f^{-m-1} 的 k 阶导数至多以 m 指数地增长. 接下来考虑 $\alpha^- \circ f_t^{-m-1}$ 的 k 阶导数. 由链规则这是 α^- 和 f_t^{-n-1} 的导数的多项式, 每一项包含 α^- 在 f^{-m-1} 计算的导数或 α^- 自己, 即指数地接近于 $\mathbb{R}^k$. 因此由 α^- 的构造这些因子超指数地小, 从而 $\alpha^- \circ f_t^{-m-1}$ 的 k 阶导数随 $m \to \infty$ 超指数地收敛于零. 再次, 整个和式的 k 阶导数是多项式, 它的每一项包含 $\alpha^- \circ f_t^{-m-1}$ 的导数. 因此每一项是超指数地小 (因为它是由超指数小的因子和 m 个有界因子组成), 所以事实上这些和式的 k 阶导数超指数地趋于零.

从而我们得到所求的族 h_t, 因此得到 f 与 $f + \alpha^-$ 之间的共轭. $f + \alpha^-$ 与 g 之间的第二个共轭可利用 f 的正迭代以及 α^+ 代替 α^- 类似地构造. □

现在我们完成了下面 Sternberg 线性化定理的证明:

定理 6.6.6. *假设 f 是有双曲不动点 p 的一个 C^∞ 微分同胚, 使得 f 在 p 的线性部分没有共振. 则 f 在 p 附近 C^∞ 共轭于它的线性部分.*

事实上, 上面的论述给出了即使出现共振情形的 C^∞ 共轭结果:

定理 6.6.7. *假设 f 是有双曲不动点 p 的一个 C^∞ 微分同胚, 使得 f 在 p 的线性部分是对角形, 而且 f 在 p 附近的规范形是收敛的幂级数. 那么 f 局部 C^∞ 共轭于它的规范形.*

证明. 首先, 定义 6.6.2 后面的讨论给出 f 与它的规范形之间的一个形式共轭, 因此由命题 6.6.3 得到一个 C^∞ 相切于这个规范形的映射的共轭, 再由定理 6.6.5 给出定理的结果. □

即使对解析映射规范形也可不收敛. 然而存在一些情况, 这可得到保证. 第一个这种情况是压缩映射. 此时只存在有限多个共振 (即不多于 $-\log r(Df^{-1})/\log r(Df)$, r 为谱半径), 因此这个规范形是一个多项式. 特别地, 通过束假设 (也参看 (19.1.1)) 排除所有共振:

推论 6.6.8. *假设 f 是有双曲不动点 p 的一个 C^∞ 微分同胚, 使得 $Df|_p$ 是对角形, 且 $-\log r(Df^{-1})/\log r(Df) < 2$. 那么 f 在 p 有光滑线性化.*

练习 6.6.1 显示这个条件有点偏高. 特别在束条件下不能允许有等式.

线性部分对角化的标准假设仅仅用于我们论述的形式部分, 实际上这些可 [286]
以被修改用于线性部分的非平凡 Jordan 标准形. 特别地, 推论 6.6.8 在没有对角化假设下也成立.

最后, 我们指出本节的论述可对可微性有限的映射工作, 但要失去几阶的可微性. 这本身不是一个令人惊讶的发现, 但要寻找最佳的结果而又想失去得最少, 那就得要求有更加细致的估计.

练　　习

6.6.1. 证明对任何 $\lambda \in (0,1)$ 和 $a \neq 0$, 映射 $(x,y) \mapsto (\lambda x, \lambda^2 y + ax^2)$ 不能 C^2 线性化.

6.6.2. 描述上一练习中的映射的中心化子, 即与映射可形式交换的形式幂级数集.

6.6.3. 假设 $f:\mathbb{R}^2 \to \mathbb{R}^2$ 是满足 $f(0)=0$ 的 C^∞ 映射, 在 0 的线性部分是 $\begin{pmatrix} \lambda & 1 \\ 0 & \lambda \end{pmatrix}$, 对某个 $\lambda \in (0,1)$. 证明 f 可光滑线性化.

6.6.4*. 设 $f:U \to \mathbb{R}^2$ 是一个 C^∞ 保面积微分同胚, 使得 $f(0)=0$, 以及 Df_0 是双曲的. 证明 f 形式地共轭于形式微分同胚

$$g(x,y) = (\lambda x\omega(xy), \lambda^{-1}y(\omega(xy))^{-1}), \tag{6.6.12}$$

其中 $\omega(t) = 1 + \sum_{k=1}^{\infty} \omega_k t^k$ 是形式幂级数, $\omega(t)^{-1}$ 是它的逆.

6.6.5. 在上一练习的假设下, 证明 f C^∞ 共轭于由 (6.6.12) 给出的映射 g, 其中 ω 是积 xy 的 C^∞ 函数.

第 7 章　横截性与通有性 [287]

本章将叙述动力系统各个自然类中的"大多数"系统所展示的几个有关性质的结果. 首先在无穷维空间中找"大"或"小"的自然概念. 我们的主要结果是 Kupka–Smale 定理 7.2.6, 它证明在某个较弱意义下双曲性态是一个典型性态. 在 7.3 节中我们给出分支这个重要概念的简短一瞥, 它显示典型性态是如何破裂的, 以及不同典型性态如何相互转化.

7.1. 动力系统的通有性质

a. 剩余集与第一范畴集. 在我们研究动力系统的各个不变量 (性质) 如何随着系统变化而变化时, 自然假设在所考虑的系统的空间的某个拓扑下, 最值得想望的性质不会改变, 至少局部不变, 即当原来系统仅受小扰动时不改变.

从应用观点这也是很自然的, 因为如果一个数学模型刻画一个物理系统, 模型中的参数通常仅以有限精度知道. 因此, 如果对动力系统的一个开集, 从而对参数的开集观察系统的一个特殊性质, 那么它很可能会反映该物理系统的一些真实性质.

结构稳定性代表这种情况的一个很好例子, 至少从拓扑观点, 结构稳定的系统的任何拓扑性质在小扰动下不改变. 对于流这要进行验证, 因为此时结构稳定系统可允许有非平凡的时间改变, 因此只有对时间变化不敏感的轨道结构的性质才是固定不变的.

对不是结构稳定的系统, 轨道结构的各个元素仍可以是稳定的. 例如, 双曲周期点在 C^1 扰动下得到保持 (命题 1.1.4). 但是, 对轨道结构的不同元素允许有 [288]

扰动的大小, 例如对不同的双曲周期点这并不一致, 而且当特殊性质的稳定性破裂时各种病态都可能发生. 这说明在非结构稳定情形, 对系统的一个开集, 轨道结构可能没有令人满意的描述. 代之以人们可能尝试对 "大多数" 系统能说些什么, 即刻画 "典型" 系统.

对光滑依赖于有限多个参数的系统族已经存在两个竞争的 "典型" 概念. 一个是利用参数空间中的自然测度类 (Lebesgue 测度): 一个性质在参数某个区域 D 内是典型的, 如果除了一个零测度集它对 D 内所有参数值都成立. 对有正测度的参数集成立的性质才是本质的.

另一方面, 我们可以考虑大的开稠集, 称一个性质是典型的或者是*通有的*, 如果它对 D 的开稠子集的可数交的参数集成立. 理由是 Baire 定理 A.1.22: 完全度量空间中的开稠集的可数交是稠集. 开集的可数交称为 G_δ 集. 一个集合称为是*通有的*或*剩余的*, 如果它包含稠密的 G_δ. 一个集合称为是无处稠密的, 如果它的闭包有空的内部. (例如开稠集的补.) 无处稠密集的可数并称为*第一范畴集*. Baire 定理的一个推论说通有集族在可数交下是闭的, 这类似于全测度集族. 通有集的补显然是第一范畴的. 因此第一范畴集族在可数并下是闭的, 由定义它可看作为零测度集的拓扑对应. 由 Baire 定理, 这些在下面意义下是非本质的: 考虑第一范畴集 F 以及非空开集 U. 则 $(X\backslash U)\cup F$ 永远不是通有的.

练习 7.1.4 和 7.1.5 证明存在 Lebesgue 测度为零的通有集, 所以这两个 "典型" 概念事实上是完全不同的.

进入无穷维情形我们就会失去 "典型" 的测度论概念: 在动力系统的自然无穷维空间中不存在自然的测度类. 但可用拓扑概念. 我们将在 C^r 拓扑下研究微分同胚和向量场的某些通有性质. 注意, 从这个观点 C^0 拓扑是非常特殊的.

附录里有动力系统空间中的主要拓扑回顾. 这里我们指出, 利用紧性讨论问题时 C^0 拓扑就很方便 (因为有 Arzelá–Ascoli 定理 A.1.24), 映射和同胚的 C^0 通有性质可能相当病态 (见练习 7.1.9 和 7.1.10). 理由还是 Arzelá–Ascoli 定理, 该定理断言 "适当的" 映射 (可微, Lipschitz, Hölder) 在 $C(X,X)$ 中是 σ 紧的, 因此相当 "稀薄", 特别是第一范畴集 (见练习 7.1.2 和练习 7.1.8).[1]

[289] **b. 双曲性与通有性.** 在处理 C^r 拓扑 ($r \geqslant 1$) 下的通有性质时, 我们将看到的关键性概念是*横截性*. 在不动点和周期点情形, 横截性意味着 1 不是微分的特征值 (见定义 7.2.1 和命题 7.2.2). 命题 1.1.4 证明这种点作为孤立不动点实际上是稳定的. 事实上, 扰动映射的不动点也是横截的. 为了看到这一点, 最容易的方法是在映射 f 原来的不动点 p 附近引入局部坐标并将 Df_p 写为矩阵形式. 设 q 是扰动映射 g 的不动点. 由于 g 是 C^1 接近于 f, Dg_q 的矩阵接近于 Df_p 的矩阵. 因为矩阵的特征值是特征多项式的根, 因此连续依赖于多项式的系数 (练习 1.2.2). 如果 g C^1 充分接近于 f, Dg_q 就没有特征值 1, 因此 q 是 g 的横截不动

点. 这一论述也适用于周期点, 而且也可证明双曲周期点在小扰动下是保持双曲的.

下面的简单例子说明横截性对不动点的稳定性是本质的. 利用任何一个自然拓扑, 如 C^r 拓扑, $0 \leqslant r \leqslant \infty$, 考虑一个问题, 即是否有不动点其性质在扰动下得到保持, 就是说, 如果 M 是一个光滑流形, $f \in \mathrm{Diff}\,(M), x \in M$ 是 f 的一个孤立不动点, $g \in \mathrm{Diff}\,(M)$"充分接近于"f, 问 g 在 x 附近有没有不动点? 回答一般是否定的: 例如第一次出现在练习 2.1.3 中的微分同胚 $f : \mathbb{R} \to \mathbb{R}, f : x \mapsto x + (x^2/1 + x^2)$ 有 0 作为它的唯一不动点. 但是对 $\varepsilon > 0$, $f + \varepsilon$ 没有任何不动点. 这个例子并不依赖于 $\mathbb{R}$ 的紧性: 如果 $M = S^1 = \mathbb{R}/\mathbb{Z}$, 以及 $f(x) = x + (1/2\pi) \sin^2 \pi x \pmod 1$ (见图 3.3.1), 那么 0 是仅有的不动点, 但对 $0 < \varepsilon < 1/2$, $f + \varepsilon$ 没有不动点. 因此命题 1.1.4 在没有横截性假设下不成立. 不过在下一章 (定理 8.4.4) 我们将会看到孤立不动点的某个纯拓扑性质, 即非零指标 (定义 8.4.2) 是不动点在 C^0 扰动下得到保持的一个充分条件.

下一节我们将证明双曲性态的某个特征, 即所有周期点的双曲性是通有的, 就是说, C^r 微分同胚集在 C^1 拓扑下是一个稠密 G_δ 集 (Kupka–Smale 定理 7.2.6). 由于我们已经对双曲周期点附近的局部拓扑性态有很好的了解 (Hartmann–Grobman 定理 6.3.1), 这个性质给出了 "大多数" 系统轨道结构的某个洞察. 下一章我们将用某些附加的代数重数 (指标) 开发一些计算周期点的工具 (见 Lefschetz 不动点公式 (8.6.1) 及其推论). 由于对双曲周期点这些重数总是 ± 1, 我们得到这些通有系统的周期点数的增长的有效下界.

练　　习

7.1.1. 证明度量空间的闭集是 G_δ 集.

7.1.2. 证明无穷维 Banach 空间的 σ 紧子集是第一范畴集. [290]

7.1.3. 给定 $c \in (0,1)$, 在 $[0,1]$ 中构造一个测度为 c 的开稠集.

7.1.4. 利用上一个练习构造一个稠密 G_δ 零集和全测度的第一范畴集.

7.1.5. 证明 Diophantus 实数集 (见定义 2.8.1) 有全测度 (即它的补有零测度), 且是第一范畴集.

7.1.6. 对给定函数 $f : \mathbb{N} \to \mathbb{R}$, 证明满足下面条件的 $\alpha \in \mathbb{R}$ 集合是第一范畴集: 存在 $c > 0$, 使得对所有互素的 $p, q \in \mathbb{Z}$ 有 $\left|\alpha - \dfrac{p}{q}\right| > cf(q)$.

7.1.7. 在 S^1 上给定一个不是三角多项式的 C^∞ 函数 f, 证明对于数 α 的一个

通有集, 上同调方程

$$\varphi(x)-\varphi(x-\alpha)=f-\int f$$

没有 L^2 解 φ, 对于这些数的全测度集它有 C^∞ 解.

7.1.8. 设 $\omega:[0,1]\to\mathbb{R}$ 是一个连续性模, 即满足 $\omega(0)=0$ 的连续递增函数. 证明单位区间上的连续函数空间 $C([0,1])$ 中具有连续性模 ω 的函数组成一个第一范畴集, 即存在 $\varepsilon>0$, 使得当 $|x-y|\leqslant\varepsilon$ 时 $|f(x)-f(y)|\leqslant\omega(|x-y|)$.

7.1.9. 证明满足下面条件的函数 f 在 $C[0,1]$ 中组成第一范畴集: 存在区间 $(a,b)\subset[0,1]$, 使得 f 在其上单调.

7.1.10. 证明在 $[0,1]$ 的同胚空间 $\mathrm{Hom}([0,1])$ 中存在有不可数个不动点的同胚剩余集.

7.2. 具有双曲周期点的系统的通有性

a. 横截不动点. 微分同胚 $f:M\to M$ 的不动点对应于图像 $f=\{(x,f(x))\in M\times M|x\in M\}$ 与对角集 $\Delta=\{(x,x)\in M\times M\}$ 的交. 这表明下面的定义是合理的.

定义 7.2.1. 光滑映射 $f:M\to M$ 的不动点 $p=f(p)$ 称为横截不动点, 如果在 $M\times M$ 中有 $\operatorname{graph} f\pitchfork_{(p,p)}\Delta$.

前面我们提到这种不动点的保持与命题 1.1.4 相关. 下面说明它们如何相关.

[291] **命题 7.2.2.** *$f:M\to M$ 的不动点是横截的, 当且仅当 1 不是 Df_p 的特征值.*

证明. 如果 p 不是横截的, 那么 $T_{(p,p)}\operatorname{graph} f+T_{(p,p)}\Delta\neq T_{(p,p)}(M\times M)$, 故存在非零向量 $v\in T_{(p,p)}\operatorname{graph} f\cap T_{(p,p)}\Delta$, 因为 $\dim T_{(p,p)}\operatorname{graph} f=\dim T_{(p,p)}\Delta=\dim T_pM=\dim T_{(p,p)}(M\times M)/2$. 于是存在 $w\in T_pM$ 使得 $(w,(Df_p)w)=v=(w,w)$, 因此 $w=Df_pw$ 是特征值 1 的特征向量.

另一方向的论述也一样. □

这个命题与横截相交的保持性 (命题 A.3.16) 一起给出了命题 1.1.4 的另一个证明.

作为映射不动点的横截性的一个特殊情形, 我们引入对应函数临界点的横截性概念. 就是说, 设 $f:M\to\mathbb{R}^2$ 是一个 C^2 函数. 则它的梯度流的时间 1 映射关于 M 上的任一 Riemann 度量是一个 C^1 微分同胚, 它的不动点正好是 f 的临界点. 因此, 我们称 f 的临界点 p 是*非退化的*, 如果它是 f 梯度流的时间 1 映射的横截不动点. 为了看到这个概念有定义, 需要证明它与我们得到的梯度流的

Riemann 度量选择无关. 为此, 在 T_pM 中选取一个正交基和 p 附近的局部坐标, 使得这个基是 $\left\{\frac{\partial}{\partial x_1}, \cdots, \frac{\partial}{\partial x_n}\right\}$. 于是, 如果 H 是 f 关于所给坐标在 p 的 Hesse 矩阵 (即二阶偏导数矩阵), 则这个梯度流的时间 1 映射的微分是 $\exp H$. 特别地, p 是非退化的当且仅当 $\det H \neq 0$. 如同在微积分, H 的正、负以及 0 的特征值个数与局部坐标的选择无关, 因此我们的设置与 Riemann 度量的选择无关.

非退化临界点是孤立的 (见练习 7.2.3). 函数在这种点附近的局部结构由命题 9.1.1 刻画.

定义 7.2.3. 微分流形 M 上的 C^2 函数 $f: M \to \mathbb{R}$ 称为 Morse 函数, 如果它所有的临界点是非退化的.

b. Kupka–Smale 定理. 应用横截性定理 A.3.20 到微分同胚的图像, 即在 Descartes 积下 $N = \Delta$ 是对角线集, 回忆上一节的 C^1 开性, 得到:

定理 7.2.4. 设 M 是 C^r 流形, $0 \leqslant r \leqslant \infty$. 则对任何 $n \in \mathbb{N}$, 只有具有周期至多是 n 的横截周期点的那些 $f \in \mathrm{Diff}^k(M)$ 是一个 C^1 开的 C^r 稠集.

下面我们证明微分同胚一般只有双曲周期点. 这是 Kupka–Smale 定理 7.2.6 的 (部分) 内容.

周期点以后, 下一个最简单的轨道类例子是渐近于周期轨道的点. 回忆定义 [292]
6.5.4, 点 q 称为同宿于周期点 p, 如果 $\lim\limits_{|n|\to\infty} d(f^n(p), f^n(q)) = 0$, 异宿于一对周期点 p_+ 和 p_-, 如果 $\lim\limits_{n\to\pm\infty} d(f^n(p_\pm), f^n(q)) = 0$. 如果问题中的周期点是双曲的, 那么同宿点和异宿点是对应的稳定流形与不稳定流形的交点 (见 0.4, 6.2 和 6.5 节). 容易看到, 如果这种相交不是横截的, 那么, 同宿 (异宿) 轨道在它的闭包 (它包含轨道和点 p 与 q) 不是双曲集的意义下不可能是双曲的. Kupka–Smale 定理断言, 一般地, 所有周期轨道都是双曲的, 而且所有同宿轨道和异宿轨道都是横截的. 正如我们在 6.5 节看到的, 出现横截同宿点意味着有相当复杂的轨道结构.

定义 7.2.5. 假设 M 是一个 C^k 流形, $f \in \mathrm{Diff}^k(M)$. 称 f (关于给定的 Riemann 度量) 是 n 阶 Kupka–Smale 的, 如果 f 所有周期至多为 n 的周期点都是双曲的, 而且任何 $x \in \mathrm{Fix}(f^n)$ 的稳定流形内半径为 n 的球与任何 $y \in \mathrm{Fix}(f^n)$ 的不稳定流形内半径为 n 的球横截. 称 f 为 Kupka–Smale 微分同胚, 如果它是所有阶的 Kupka–Smale 微分同胚.

定理 7.2.6 (Kupka–Smale 定理). 设 $0 < r \leqslant k \leqslant \infty$, M 是紧 C^k 流形. 那么对任何 $n \in \mathbb{N}$, n 阶 Kupka–Smale 微分同胚是 $\mathrm{Diff}^k(M)$ 内的 C^r 稠密的 C^1 开

集, 因此 (由 Baire 定理) Kupka–Smale 微分同胚是 $\mathrm{Diff}\,(M)$ 内的一个 C^r 稠密的 C^1 G_δ 集.

证明. 我们证明所给阶的 Kupka–Smale 微分同胚是 C^1 开的. 这由下面事实得到, 周期点的双曲性是 C^1 开的, 而且由紧性只存在有限多个任一周期的周期点 (如果所有的都是双曲的), 其次稳定和不稳定流形 (关于 C^1 拓扑) 连续依赖于这个映射, 因此由横截性的开性 (推论 A.3.18), 稳定和不稳定流形中的闭 n- 球的横截性是一个开性条件. 接下来我们证明这些只有双曲周期点的微分同胚的 C^r 稠密性. 由横截性定理 A.3.20, 只需证明任何只有横截周期点的 $f \in \mathrm{Diff}^{\,k}(M)$ 可以由只有双曲周期点的 $g \in \mathrm{Diff}^{\,k}(M)$ C^r 逼近.

定理 7.2.7. *如果 $f \in \mathrm{Diff}^{\,k}(M)$ 只有周期 n 的横截周期点, 以及 $\varepsilon > 0$, 那么存在只有周期 n 的双曲周期点的 $g \in \mathrm{Diff}^{\,k}(M)$ 在 C^r 拓扑下 ε 接近于 f.*

证明. 首先我们考虑不动点. 由命题 1.1.4, 横截不动点是孤立的, 所以可选覆盖 $\mathrm{Fix}\,(f)$ 的两两不相交的开集 O_i, 使得每个 O_i 位于 M 的坐标卡内. 设 p_i 是 O_i 内的不动点. 取 $0 < \delta_1 < \delta_2$ 足够小和 C^∞ 冲击函数 ρ, 使得在 $[0, \delta_1]$ 上
[293] $\rho = 1$, 在 $[0, \delta_2]$ 之外 $\rho = 0$. 令 $\rho_s = 1 + s\rho$, $\psi : O_i \to \mathbb{R}^m$ 为坐标卡使得 $\psi(p_i) = 0$. 考虑在 O_i 外与 f 重合的映射族 f_s: $f_s(x) = \psi^{-1}(\rho_s(\|\psi(x)\|)\psi(f(x)))$. 于是在 C^∞ 拓扑下当 $s \to 0$ 时 $f_s \to f$, 因此对足够小的 s, f_s 是 C^r 接近于 f 的 C^∞ 微分同胚, 其中 p_i 是 O_i 内的仅有不动点. 此外 p_i 是 f_s 的双曲不动点, 因为 $D_{p_i}f$ 不在单位圆上的所有特征值都是离开单位圆有一个固定距离, 因此 $\mathrm{spec}\,(D_{p_i}f_s) = (1+s)\mathrm{spec}\,(D_{p_i}f)$ 不与单位圆相交. 固定任何这样的 s, 对所有 $p_i \in \mathrm{Fix}\,(f)$ 逐个这样作完成对不动点的论述.

现在设 p 是最小周期 $n > 1$ 周期点. 取 p 的一个邻域 U 使得 $f^i(U), i = 0, 1, \cdots, n-1$, 两两不相交, 且它们中没有一个包含任何其他周期 n 或更小周期的周期点. 在 U 中固定一个坐标系将它平移到 $f^i(U), i = 0, 1, \cdots, n-1$, 并考虑 $f|_{f^{n-1}(U) \cap f^{-1}(U)}$. 现在取小圆盘 $\mathcal{D} \subset f^{n-1}(U) \cap f^{-1}(U)$, 并与不动点的证明完全一样进行. 得到在 $\mathcal{D}$ 外与 f 重合的扰动在 $\mathcal{D}$ 内有周期 n 的双曲周期点, 而且 $\mathcal{D}$ 内没有其他周期 n 或更小周期的周期点. □

由这个引理得到只有给定周期的双曲周期点的微分同胚的 C^r 稠密性: 由只有周期 n 的横截周期点的 $f \in \mathrm{Diff}^{\,k}(M)$ 的 C^r 稠密性 (定理 7.2.4), 得到只有周期 n 的双曲周期点的 $f \in \mathrm{Diff}^{\,k}(M)$ 的 C^r 稠密性. 注意后面的集合是 C^1 开的, 因此是 C^r 开的, 所以它在 C^r 拓扑下是开稠的. 对 n 取交由 Baire 定理 A.1.22 得到稠密集.

最后, 我们证明只有双曲周期点的微分同胚可经 C^r 扰动, 使得它是一个 n 阶 Kupka–Smale 同胚. 由于在任何两个周期点的稳定和不稳定流形中的闭 n-球的横截性是一个开性条件, 而且只可能存在可数多个周期点, 故只需证明具有两个双曲周期点 p 和 q 的映射可被扰动, 使得 $W^s(p) \pitchfork W^u(q)$. 由于对任何圆盘 $W^s_{\mathrm{loc}}(p) \subset W^s(p)$, 我们有 $W^s(p) \subset \bigcup\limits_{i=1}^{\infty} f^{-in}(W^s_{\mathrm{loc}}(p))$, 其中 n 是 p 和 q 周期的最小公倍数, 故只需证明存在 f 的扰动 g, 使得 p 和 q 是它的周期点且 $W^s_{\mathrm{loc}}(p) \pitchfork W^u(q)$. 设 $W^u_{\mathrm{loc}}(q) \subset W^u(q)$ 是满足 $W^u_{\mathrm{loc}}(q) \subset f^n(W^u_{\mathrm{loc}}(q))$ 和 $W^s_{\mathrm{loc}}(p) \cap f^n(W^u_{\mathrm{loc}}(q)) = \varnothing$ 的圆盘. 如果对所有 $k \in \mathbb{N}$ 有 $W^s_{\mathrm{loc}}(p) \pitchfork f^{kn}(W^u_{\mathrm{loc}}(q))$, 那么我们证明了定理. 否则, 设 m 是这种 k 的最小的. 则 $W^s_{\mathrm{loc}}(p) \pitchfork f^{mn}(W^u_{\mathrm{loc}}(q))$, 而 $W^s_{\mathrm{loc}}(p)$ 和 $f^{(m+1)n}(W^u_{\mathrm{loc}}(q))$ 不横截.

设 V 是 $f^{mn}(W^u_{\mathrm{loc}}(q)) \backslash f^{(m-1)n}(W^u_{\mathrm{loc}}(q))$ 的一个邻域. 利用如横截性定理 A.3.20 证明中的第二部分的构造, 对给定的 r, 在 C^r 拓扑下可得到任意接近于恒同的微分同胚 g, 使得 g 在 V 外是恒同映射, 且 $g(f^{mn}(W^u_{\mathrm{loc}}(q)) \backslash f^{(m-1)n}(W^u_{\mathrm{loc}}(q)))$ 与 $W^s_{\mathrm{loc}}(p)$ 横截. 取 $\widetilde{f} = g \circ f$ 给出所要的扰动. □

注. 注意, 事实上紧性假设可放宽为 σ 紧性, 因为它只需保证至多有可数多个任意给定周期的周期点的存在性. [294]

将 Kupka–Smale 定理应用于函数的梯度流, 并注意函数的 C^{r+1} 拓扑与梯度流的 C^r 拓扑重合, 得到

推论 7.2.8. 设 $2 \leqslant r \leqslant \infty$, 考虑光滑流形 M. 那么 M 上的 Morse 函数 (见定义 7.2.3) 在 M 上的 C^r 函数空间中组成一个 C^r 稠密的 C^2 开集.

Kupka–Smale 定理的另一个应用包括对区间上的结构稳定的微分同胚的描述.

命题 7.2.9. $[0,1]$ 上保定向的 C^r 微分同胚是 C^1 结构稳定的, 当且仅当它是一阶 Kupka–Smale 微分同胚.

证明. 假设 $f \in \mathrm{Diff}^{\,r}([0,1])$ 是保定向的且只有双曲不动点. 设 $0 = x_0 < x_1 < \cdots < x_k = 1$ 是不动点. 则这些点交替排斥和压缩. 因此对任何小的 C^1 扰动 g, 恰好存在 $k+1$ 个不动点 $0 = y_0, \cdots, y_k = 1$ 使得 y_i 接近于 x_i, 且它们都吸引或都排斥. 命题 2.1.7 的一个直接应用是证明 $f|_{[x_i,x_{i+1}]}$ 拓扑共轭于 $g|_{[y_i,y_{i+1}]}$. 将这些共轭黏合在一起给出 f 和 g 之间的共轭.

反之, 假设 f 结构稳定且有非横截不动点, 即有点 x_0, 在这点 $f'(x_0) = 1$. 由 Kupka–Smale 定理 f 只有孤立不动点, 因为在 f 的任何邻域内, 因此在 f 的拓

扑共轭类存在 Kupka–Smale 微分同胚. 由于 $f'(x_0)=1$, 存在一个小的 C^1 小扰动, 它有一个包含 x_0 的不动点区间, 因为 f 不结构稳定. 这样的映射可以通过在扩张引理 6.2.7 中用过的方法构造, 即通过在不动点邻域内构造一个与线性部分重合的近似. □

与 Kupka–Smale 定理一起, 得到

推论 7.2.10. $[0,1]$ 上的 C^1 结构稳定的保定向 C^r 微分同胚集是 C^1 稠密的.

流的横截性概念在 Kupka–Smale 定理中也起着重要作用. 流的轨道结构中存在两类不同元素, 即对应于映射的周期轨道的不动点和周期点, 对它们必须分别处理. 它们的双曲性由定义 6.2.2 定义.

[295] **定义 7.2.11.** 局部流的不动点 p 称为是横截的, 如果对 $t \neq 0$, 任何时间 t 映射在 p 的微分没有 1 为其特征值. 等价地, 向量场在 p 的线性部分没有 0 为其特征值.

流的周期 $t>0$ 周期点 p 称为是横截的, 如果 1 是这个流的时间 t 映射在 p 的微分的单个特征值. 等价地, p 是 p 附近流的横截线上 Poincaré 映射的一个横截不动点.

在流的情形, 双曲不动点的稳定和不稳定流形以及周期轨道可用 Hadamard–Perron 定理 6.2.8 如练习 6.2.5 指出的适当扩张来定义. 因此可以谈论这些流形的横截性. 注意这种流形由流的轨道组成, 因此横截相交只可能出现在它们维数之和严格大于流形的维数时.

定义 7.2.12. 称光滑流为 t 阶 Kupka–Smale 流, 如果所有不动点和所有周期小于 t 的周期轨道都是双曲的, 而且它们的稳定和不稳定流形内的 t-球是逐对横截的. 称它是 Kupka–Smale 流, 如果它是所有 $t>0$ 阶 Kupka–Smale 流.

我们叙述流的 Kupka–Smale 定理, 但不给证明. 与离散时间情形相比, 证明中的改变很清楚, 可留作为坚持学习的读者的工作.

定理 7.2.13. (Kupka, Smale) 设 $0<r\leqslant k\leqslant\infty$, M 是紧 C^r 流形. 则对任何 $t>0$, t 阶 Kupka–Smale 流是 C^r 稠密的 C^1 开集, 因此 Kupka–Smale 流是 C^r 流空间中的 C^r 稠密的 C^1 G_δ 集.

也存在微分同胚和保持额外结构的流情形的 Kupka–Smale 定理的对应. 这种结构的最重要和最常见的讨论是光滑正测度 (定义 5.1.1) 和辛形式 (定义 5.5.7). 鉴于共振性 (6.6.4), (6.6.5) 和 (6.6.6), 双曲性与通用性之间的关系有所变化.

二维辛形式简单地是体积元素. 因此保定向、保面积和辛情形相同. 此时存在两个特征值 λ 和 λ^{-1}, 以及, 如果一点是横截的那么 $\lambda\neq 1$. 因此, 或者 $\lambda\neq 1$

是实数, 或者是复数, $|\lambda| = 1$ 和 $\lambda^{-1} = \overline{\lambda}$. 排除情形 $\lambda = -1$, 得到两个情形, 一个是双曲的 (λ 为实数), 另一个是椭圆的 ($|\lambda| = 1, \lambda \neq \pm 1$), 它们都是开的. 在保定向情形特征值是实数, 且任何横截点是双曲的. 对维数至少是 3 的保体积映射, 共振条件 (6.6.4) 或 (6.6.5) 不影响非双曲性. 这时任何横截不动点可扰动成双曲不动点.

辛映射保持非双曲横截点的现象存在于任何维数中. 按照练习 5.5.3, $\mathbb{R}^{2n}$ 中 [296]
的线性辛映射的特征值集可以包含任意 $m \leqslant n$ 对绝对值为 1 的共轭复特征值. 假设所有这些特征值是单的, 那么我们立刻看到, m 对绝对值为 1 的相异复特征值的存在性在线性辛映射的小扰动下得到保持, 因此这对在横截不动点的辛映射的 C^1 小扰动的微分的特征值同样成立. 如果 $m = n$, 则称这种点为椭圆点.

因此, 虽然对维数至少是 3 的保体积映射 Kupka–Smale 定理逐字逐句成立, 但它对维数为 2 的保面积映射和辛映射的对应, 仅仅断言映射的周期点是横截的且有单的特征值的通用性. 证明中的关键是引理 7.2.7 证明中的构造的适当修改.

虽然可以希望 Kupka–Smale 微分同胚比 "非横截" 情形有较简单的轨道结构, 但这并不总会成立. 作为说明考虑下面的重要例子.

例子. 如在 5.2b 节考虑的由微分方程 $\ddot{x} + \sin 2\pi x = 0$ 描述的数学摆, 即对 $x \in S^1, v \in \mathbb{R}$ 的微分方程

$$\begin{aligned} \dot{x} &= v, \\ \dot{v} &= -\sin 2\pi x. \end{aligned}$$

它是一个完全可积系统 (见 1.5 节和 5.5e 节), Hamilton 函数为 $H(x, v) = v^2 + (1/2\pi)\cos 2\pi x$, 它在流作用下不变. 回忆这个相空间是一个柱面, 轨道在等位线 $H =$ 常数, 即对应于围绕稳定平衡点 $(x, v) = (0, 0)$ 振动的闭曲线上, 它们被对应于由包含不稳定平衡点 $(x, v) = (1/2, 0)$ 的同宿闭路 $H = 1/2\pi$ 表示的旋转的高能量轨道分开, 见图 5.2.1. 对于流和它的时间 1 映射显然都有相当简单的轨道结构, 例如拓扑熵是 0. 但对这个流的时间 1 映射我们可以构造一个扰动使得它有横截同宿点. Kupka–Smale 定理 (扩展到 σ 紧情形) 保证这个扰动可以作到使得所得映射是 Kupka–Smale 的. 正如我们在 6.5 节看到的, 横截同宿点的出现保证出现映射迭代的复杂不变集, 在这个集合上它拓扑共轭于全移位 σ_2 (2.5 节), 因此有正拓扑熵. 由于扰动的同宿轨道停留在曲线 $H = 1/2\pi$ 附近, 这个现象对没有紧性的相空间没有什么要做的, 但对紧流形的微分同胚实际上可重叙, 例如对椭圆中的弹子球的扰动 (见 9.2 节).

另一个重要说明是 Kupka–Smale 定理的横截性论述不能推广到非周期点的 [297]
稳定和不稳定流形. 例如, 如果 Λ 是双曲集, 那么 Λ 的每一点有稳定和不稳定流

形 (参看 6.4 节), 所以可能有不可数多个点的点集要考虑. 不难构造一个对扰动的开集出现两个不相交的局部极大双曲集的例子, 使得点的稳定流形之间的切点在一个集内, 点的不稳定流形之间的切点在另一个集内.[1]

练 习

7.2.1. 不用命题 1.1.4 的陈述和方法证明横截不动点是孤立的.

7.2.2. 假设微分流形 M 是 σ 紧的, 即它是紧子集的可数并. 证明 $\mathrm{Diff}\,(M)$ 中 f 关于 C^1 拓扑的 G_δ 集只有横截不动点.

7.2.3. 证明如果 M 是一个 σ 紧微分流形, 则 $f \in (\mathrm{Diff}\,(M), C^1$ 拓扑$)$ 的 G_δ 集只有双曲不动点.

7.2.4. 证明在练习 7.2.2 的假设下, 微分同胚的 G_δ 集只有横截周期点.

7.2.5. 证明在练习 7.2.3 的假设下, 微分同胚的 G_δ 集只有双曲周期点.

7.2.6. 证明对有非横截不动点 p 的任何微分同胚, 存在任意小的 C^1 扰动, 对此 p 是非孤立的不动点. 当 $r > 1$ 时这个论述对 C^r 扰动是否成立?

7.2.7. 证明紧流形上的 Morse 函数集在 $C^2(M)$ 中是开的.

7.2.8. 证明非横截同宿轨道或异宿轨道不可能是双曲集的一部分.

7.2.9. 证明命题 7.2.9 和推论 7.2.10 对区间的逆定向微分同胚的对应.

7.2.10. 叙述并证明命题 7.2.9 对有不动点的圆周微分同胚的对应.

7.2.11. 考虑 “铅垂” 环面 (见图 1.6.1) 上高度函数的负值. 证明可扰动这个环面上的 Riemann 度量使得梯度流的时间 1 映射是 Kupka–Smale 的.

[298]

7.3. 非横截性与分支

对 “大多数” 个别动力系统, 横截性是成立的, 但是当动力系统改变时, 譬如有一个或多个参数的光滑函数改变时, 这时轨道结构通常也会发生本质变化. 非横截行为影响轨道性态不稳定性表现在两个方面: 在给定的动力系统内部, 以及在小扰动下轨道结构的定性改变. 第二方面的影响特别重要, 因为通常来自科学中的问题的动力系统都包含参数, 了解参数变化时动力系统的定性性态如何改变相当重要. 因此即使对参数的 “典型” 值系统不具有非横截性态, 例如是结构稳定或是 Kupka–Smale 的, 还可能存在参数的某些值, 那里出现不同类型的轨道结构之间的转换. 这种变化通常称为*分支*. 它们对典型系统性质的了解是本质的, 因为它们显示横截的或典型性态的不同类型如何才能出现. 分支理论是动力系统理论的一个特殊分支. 它研究动力系统的有限参数族以及这种族中的系统的各种性质如何遵循典型方式变化. 在定义什么是典型族时横截性概念自然起着关键作用. 如同研究个别动力系统, 分支理论中也有局部、半局部和大范围问题. 我们不奢望对这个主题作任何介绍或总结, 仅通过考虑最简单且在某种程度上是最基本的局部分支给出对它的一瞥.① “分支” 这个词用得较广泛, 往往一不小心就用上了, 它的确切意义大家还没有协议. 我们这里讨论的分支是按下面限定的意义. 假设 $\{f_\tau\}_{\tau\in I}$ 是局部、半局部或大范围定义的动力系统的单参数族, 又假设某个性质对开区间 $J\subset I$ 内的 τ 成立, 但在任一更大区间内这个性质不成立. 考虑 J 的一个端点 a, 我们称它为*分支值*. 问题中的性质可以是结构稳定性, 周期点邻域内的局部稳定性, 周期点的特性, Kupka–Smale 性质, 以及其他性质等.

a. 结构稳定分支. 研究分支最基本和最彻底的是离散时间动力系统的不动点或周期点附近, 或者流的周期轨道附近的局部性态. 由推论 6.3.4 双曲不动点和双曲周期点是局部结构稳定的. 事实上, 微分的绝对值为 1 的特征值的出现是失去这种结构稳定性的原因. 因此, 出现非双曲周期点的参数值是分支值的主要考虑.

命题 7.3.1. *如果 f 是有非双曲不动点 p 的局部微分同胚, 那么 f 在 p 附近不局部结构稳定.*

证明. 首先假设 f 有特征值 1. 我们构造两个有不同轨道结构并任意接近 f 的 [299]
局部微分同胚 f' 和 g. 首先如命题 7.2.9 的证明取 $f'=Df$, 它在充分小的邻域内任意接近于 f. 由于 Df 有特征值 1, 存在包含 p 的不动点的单参数族. 另一方面, 存在任意接近于 Df 的双曲线性映射 L. 局部地令 $g=h$ 并利用扩张引理 6.2.7, 得到有孤立不动点的微分同胚. 当 Df 有单位根作为特征值时可同样论述, 因为可考虑用迭代代替. 最后. 如果 Df 有特征值在单位圆上, 它的辐角是无理数, 则可通过任意小扰动让这个特征值变为单位根. □

定义 7.3.2. 局部定义的 C^∞ 微分同胚族 $\{f_\tau\}$ 在参数值 τ_0 有*结构稳定分支*, 如果 f_{τ_0} 不局部结构稳定, 而且对 C^2 充分接近 $\{f_\tau\}$ 的局部定义的 C^∞ 微分同胚的任何单参数族 $\{g_\tau\}$, 存在 $\varepsilon>0$, $\{g_\tau\}$ 的递增重参数化 $\varphi(\tau)$ 和局部定义的同胚的连续单参数族 $\{h_\tau\}$, 使得

$$g_{\varphi(\tau)}=h_\tau^{-1}\circ f_\tau\circ h_\tau, \tag{7.3.1}$$

① 关于分支理论的详细论述, 对平面向量场分支理论可参看《向量场的分岔理论基础》, 张芷芬等著, 高等教育出版社, 1997; 对只用基础数学又较全面介绍分支的可参看《应用分支理论基础》, Kuznetsov 著, 金成桴译, 科学出版社, 2010; 对分支理论较高深的介绍, 特别是高维大范围分支理论的可参看《非线性动力学定性理论方法》第 1 卷, 第 2 卷, Shilnikov 等著, 金成桴译, 高等教育出版社, 2010. —— 译者注

只要它有定义.

一维情形的结构稳定分支可不太困难描述. 此时在不动点的微分的特征值只有实数, 因此在单位圆上的特征值只有 ± 1. 从而 f_{τ_0} 必须有特征值 1 或 -1.

我们首先讨论特征值为 1 的情形. 当映射的图像在分支值与对角线非退化相切时出现最简单的分支, 对分支值附近更大的值它局部分离, 而对较小的值它与对角线相交于靠近的两点.

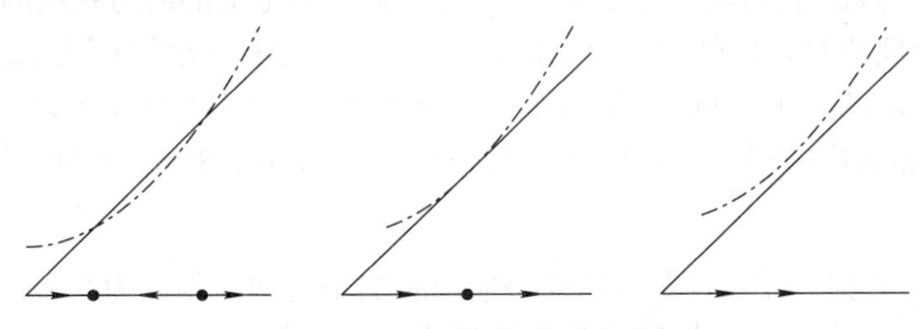

图 7.3.1. 最简单的一维分支

[300] 在动力学中这意味着对更小的参数值出现的压缩不动点和扩张不动点在分支值碰撞在一起, 产生半稳定点 (对一边的点吸引, 对另一边的点排斥). 对更大的参数值附近没有不动点. 这个现象的特别简单的例子由在 $x=0$ 和 τ 在 0 附近的族

$$f_\tau : x \mapsto x + x^2 + \tau \tag{7.3.2}$$

给出.

命题 7.3.3. 族 (7.3.2) 中的分支是结构稳定的, 而且在一维时在不动点具有导数 1 的任何局部结构稳定分支 (直到重参数化) 都 (拓扑) 等价于这个分支.

证明. 首先注意族 (7.3.2) 中导数为 1 的点 p_τ 的轨迹是原点. 考虑 (7.3.2) 的扰动 $g_\tau : x \mapsto x + x^2 + \tau + \eta_\tau(x)$, 注意解 $g'_\tau = 1$ 给出方程 $1 + 2x + \eta'_\tau(x) = 1$, 或者 $\eta'_\tau(x) = -2x$. 由于 η''_τ 很小, 故可用隐函数定理对这个方程求解 $x(\tau)$, 它是 C^1 小的. 因此曲线 $\tau \mapsto (x(\tau), g_\tau(x(\tau)))$ 与对角线横截相交于单个点, 即对 τ 的单个值 τ_0 相交. 注意由 g_τ 的凸性 (由 f 的凸性得知), 这意味着对 $\tau > \tau_0$, g_τ 的图像不与对角线相交, 因为对 $\tau < \tau_0$ 交点由两点组成, 一个吸引, 一个排斥. 利用命题 2.1.7 证明中的基本域法立刻得到对 $\tau > 0$, 与 (7.3.2) 拓扑共轭.

为了看到这是特征值 1 的结构稳定分支的仅有可能, 不失一般性假设分支出现在点 0 且分支值是 0. 我们首先证明在这个分支点的切性是非退化的, 就是说, 存在不平凡的二次项. 如果这个切性是高阶的, 则有 $f_0(x) = x + o(x^2)$. 这时可考虑扰动 $g_{\tau,\varepsilon} = f_\tau + \varepsilon x^2$. 但是对任何 $\varepsilon > 0$ 和足够小的 τ_1 和 τ_2, 由于同胚接近于恒同, 映射 $g_{\tau_1,\varepsilon}$ 和 $g_{\tau_2,-\varepsilon}$ 不共轭.

对 0 附近的每个 τ 存在唯一 $x(\tau)$, 在此 $f'_\tau(x)=1$, 由于 $\dfrac{\partial^2 f}{\partial x^2}\neq 0$, 由隐函数定理方程 $f'_\tau(x)=1$ 关于 τ 有唯一解 x. 这个分支是结构稳定的, 所以可假设 $\dfrac{\partial f}{\partial \tau}\neq 0$ (否则加入 $\varepsilon\tau$ 得到具有这个性质的族, 即由结构稳定分支定义, 它局部拓扑共轭于 f_τ). 由于

$$\frac{\partial}{\partial \tau}f_\tau(x(\tau))=\left(\frac{\partial f}{\partial \tau}\right)(x(\tau))+f'_\tau\frac{dx}{d\tau}=\frac{\partial f}{\partial \tau}(x(\tau))+\frac{dx}{d\tau}\neq\frac{dx}{d\tau},$$

曲线 $\tau\mapsto(x(\tau),f_\tau(x(\tau)))$ 横截相交于对角线. 因此在这个分支值的一边没有不动点, 在另一边有两个不动点, 由 f_τ 的凸性在 $x(\tau)$ 附近一个排斥一个吸引. □

我们指出, 一般地, 扰动族不微分共轭于 (7.3.2), 即使作了重参数化. 理由是在分支值的一边出现两个不动点. 如我们在 2.1c 节 (推论 2.1.6) 证明的, 这种类型的映射有无穷多个光滑共轭模, 所以一般两个单参数的 C^1 映射族由逐对 C^1 等价的映射组成, 不管有没有重参数化. [301]

特别地, 上面证明显示存在导数为 1 的不是结构稳定的分支, 那里不动点得到保持. 这个类型的分支出现在族 $x\mapsto x+\tau x+x^3$ 的 $\tau=0$ 附近. $\tau<0$ 时存在 3 个不动点, 在 $x=0$ 的这个稳定, 在它两边的另外两个不稳定. $\tau=0$ 时它们重合, $\tau>0$ 时原点是孤立排斥子. 为了看到这个分支不是结构稳定的, 给这个族扰动得到族 $x\mapsto x+\tau x+\varepsilon x^2+x^3$. 为了求它的分支值, 注意图像 $y=x+\tau x+\varepsilon x^2+x^3$ 与对角线 $y=x$ 切于 (x,τ) 的确切值, 在这个值图像 $y=\varepsilon x^2+x^3$ 与直线 $y=-\tau x$ 相切. 如我们看到的, 通过画出 $y=\varepsilon x^2+x^3$ 的图像, 对 τ 的两个值的每一个得到前面我们描述过的一类结构稳定分支.

现在考虑结构稳定分支, 其中有特征值 -1. 此时的不动点是横截的, 因此保持. 当不动点孤立时对结构稳定分支自然希望特征值从小于 -1 变到大于 -1, 或者, 反之亦然. 这伴随着在分支值的一边产生周期 2 轨道. 这类分支称为倍周期分支. 这类分支的典型例子由在 $\tau=1$ 附近的

$$f_\tau(x)=-\tau x+x^2$$

给出. 二次迭代 f_τ^2 是

$$f_\tau^2(x)=x[1+(\tau-1)(\tau+1+x\tau-2x^2)+x^2(x-2)].$$

因此, 我们可以通过求解方程 [302]

$$(\tau-1)[\tau+1+x\tau-2x^2]+x^2(x-2)=0 \tag{7.3.3}$$

寻找异于 0 的周期点.

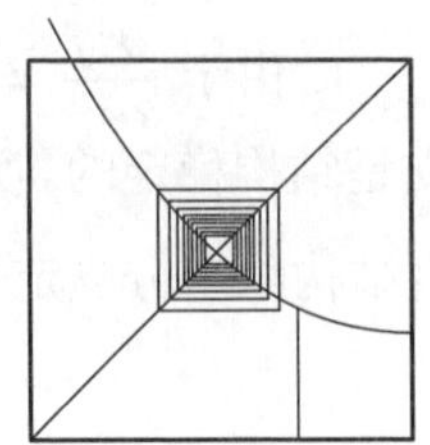 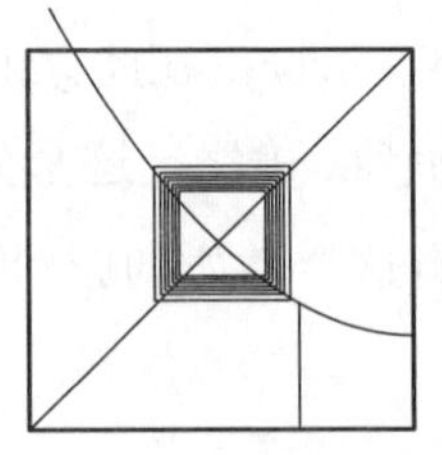 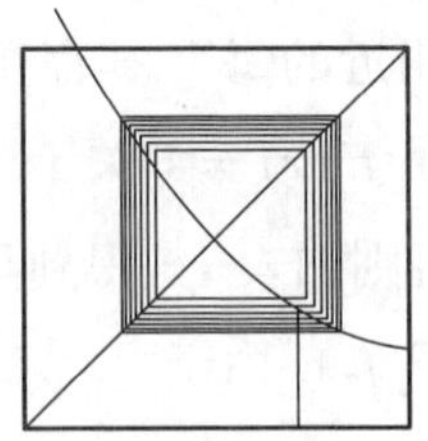

图 7.3.2. 倍周期分支

注意, 项 $x^2(x-2)$ 在 0 有二重根, 在 2 有单根. 加上项 $(\tau-1)(\tau+1+x\tau-2x^2)$ 对小的 x 值它被 $(\tau-1)(\tau+1)$ 优控, 所以 $\tau>1$ 时, (7.3.3) 在 0 附近有两个不同解, 对 $\tau<1$ 则没有. 因此, f_τ^2 的动力学可以描述如下. $\tau<1$ 时, 0 是孤立不动点, 事实上它是 f_τ^2 的压缩不动点. $\tau=1$ 时, 原点是一个退化不动点, 它仍是拓扑压缩. $\tau>1$ 时, 原点是扩张不动点, 且还存在两个新的压缩不动点. 由于 0 是 f_τ 的孤立不动点, 它们不是 f_τ 的不动点, 因此它们是周期 2 点. 注意, 这个分支看上去像我们考虑的由族 f_τ^2 描述的非结构稳定分支 (图 7.3.3).

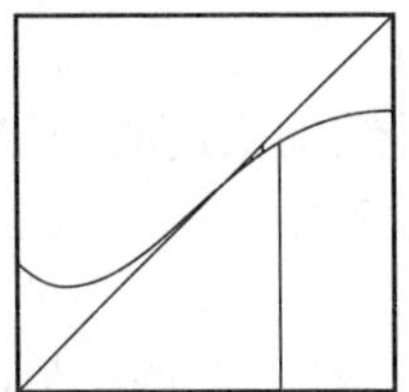 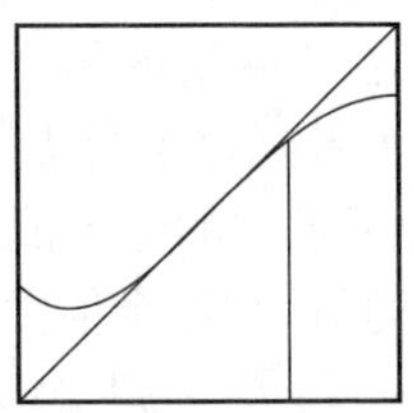 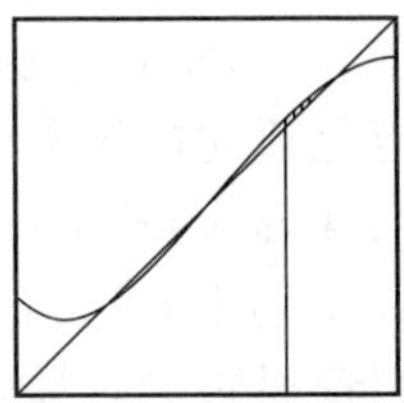

图 7.3.3. 二次迭代

类似于命题 7.3.3 的证明, 可以证明这是一个结构稳定分支, 这也是在特征值 -1 出现的唯一结构稳定分支 (练习 7.3.3).[1]

当微分同胚的微分的特征值是 1 或 -1, 其余的特征值在单位圆外, 这时出现高维中的结构稳定的局部分支. 作为我们描述的一个容易例子, 考虑由 (7.3.2) 与线性压缩的积给出的例子. 所得的分支称为*鞍结点分支*. 出现在一维例子 (7.3.2) 中的吸引不动点和排斥不动点现在分别是鞍点和结点 (见 1.2 节). 当参数趋于零时这两个不动点重合, 对 $\tau>0$ 的参数不存在不动点. 因此我们得到的图像如图 7.3.4 所示.

b. Hopf 分支. 流的结构稳定分支概念, 可类似于离散时间情形通过轨道等价性代替拓扑共轭, 如我们在 2.3 节的流的结构稳定性的定义那样定义. 二维不动点附近出现流的最简单非平凡结构稳定性分支是当吸引焦点变成排斥焦点时.
[303] 这对应于时间 t 映射有一对共轭复特征值通过单位圆时. 一个例子是由常微分

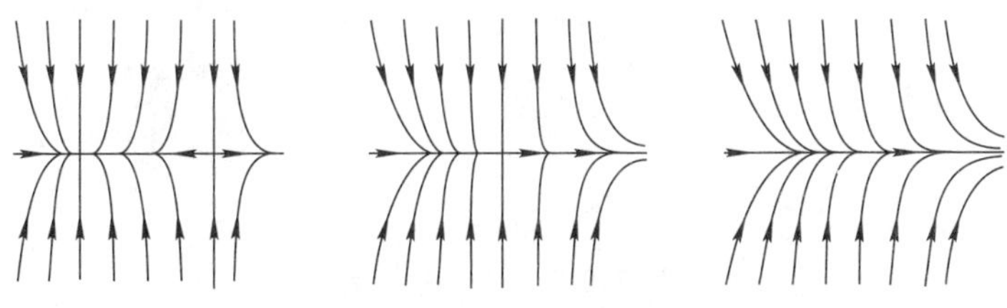

图 7.3.4. 鞍结点分支

方程

$$\begin{aligned}\frac{dx}{dt} &= (\tau - x^2 - y^2)x + \theta y,\\ \frac{dy}{dt} &= -\theta x + (\tau - x^2 - y^2)y\end{aligned} \tag{7.3.4}$$

产生的流给出. 对 $\tau < 0$ 原点是大范围指数吸引焦点, 因为

$$\frac{d\log(x^2+y^2)}{dt} = 2(\tau - x^2 - y^2) \tag{7.3.5}$$

在 $\tau < 0$ 是负的. 对 $\tau = 0$ 原点仍是大范围吸引的, 因为由 (7.3.5), 除了 0, $\dfrac{d\log(x^2+y^2)}{dt} < 0$, 但不是指数吸引的. 不过一旦 $\tau > 0$, 原点就是排斥焦点. 在这里出现一个新特性. 即注意到 $\dfrac{d\log(x^2+y^2)}{dt}$ 在圆周 $x^2+y^2=\tau$ 上改变符号, 因此它是一个不变环, 事实上, 它是一个吸引周期轨道 (极限环).

按照我们的定义 (利用轨道等价性) 这个分支是结构稳定的 (参看练习 7.3.4).

存在这种情况的离散对应, 它出现在映射的特征值是一对共轭复数并穿过单位圆时. 这个情形的一个简单例子是在 $\tau = 0$ 附近的映射族

$$(x,y) \mapsto (1+\tau-x^2-y^2)(x\cos\alpha(\tau)+y\sin\alpha(\tau), -x\sin\alpha(\tau)+y\cos\alpha(\tau)), \tag{7.3.6}$$

其中 α 是给定函数. 事实上, 这可嵌入流, 所以得到相同的定性性态, 即从吸引焦点变到排斥焦点时出现不变圆周. 通常称对连续时间和离散时间系统的这种分支为 Hopf *分支*. 后面这个分支不是结构稳定的. 例如, 不变圆周的旋转角度的极限 $\alpha(0)$ 是一个不变量. 然而, 出现不变圆周的这个特征在这个族的扰动下保持. 这可通过对族 (7.3.6) 的小扰动的形式分析证明, 且可证明控制项归入形式 (7.3.6), 但可能有不同的函数 α. [304]

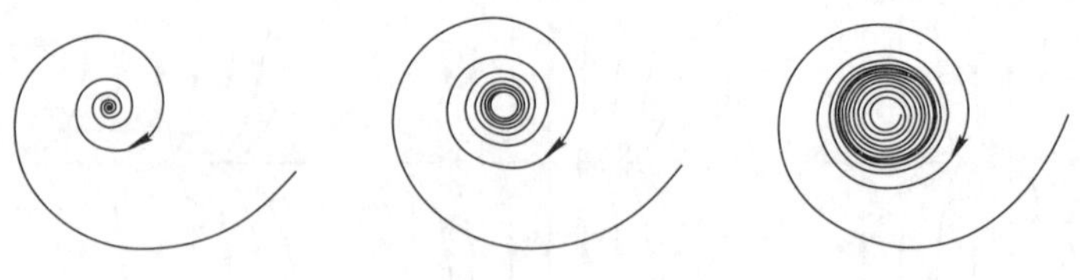

图 7.3.5. Hopf 分支

练习

7.3.1. 考虑 $[0,1]$ 上的二次族 $f_\lambda(x) = \lambda x(1-x)$. 证明在 $\lambda = 3$, 不动点 $x = 2/3$ 附近出现倍周期分支.

7.3.2. 证明出现在 $\lambda = 3$ 的周期 2 轨道, 接下来对某个更大的 λ 值产生倍周期分支.

7.3.3. 证明倍周期分支是特征值为 -1 时出现的仅有的结构稳定分支.

7.3.4. 证明 (7.3.5) 中的分支是结构稳定的.

7.4. Artin 和 Mazur 的定理

虽然 Kupka–Smale 定理保证任意给定周期的周期点数的有限性, 并给出周期点类型的控制, 但对它们数目的增长没有说什么. 因此它对下界估计是有用的 (如在 7.1b 节中指出的), 但没有对上界估计作出说明. 现在我们叙述一个一般结果, 它对动力系统的稠密集 (虽然不是通有的) 给出这类估计. 这得到那些孤立周期轨道至多指数增长的微分同胚是稠密的. 不幸的是, 我们不能保证我们构造的微分同胚只有孤立周期点, 然而, 这种微分同胚是有代数特性的微分同胚, 它们的某个周期的周期点是作为代数变量的有限并出现, 即是适当坐标系下多项式的零点集. 这类映射的周期点集的连通分支数是孤立周期点数的适当替代.

事实上, 指标型的某些代数信息 (8.4 节) 可从孤立周期点推广到连通分支. 因此大范围的拓扑信息可沿着 Lefschetz 不动点公式的路子与 Artin–Mazur 微分同胚相联系. 类似地, 我们可修改相应于周期轨道增长的 ζ 函数的定义 (3.1.3) (见 4.1a 节), 来包括周期点的整个连通分支. 对 Artin–Mazur 微分同胚, 这个修改的 ζ 函数有正的收敛半径.

[305] **定理 7.4.1 (Artin–Mazur 定理).** 设 M 是一个紧流形. 对 $f \in \mathrm{Diff}^{\infty}(M)$, 用 $\mathcal{P}_n(f)$ 记 $\mathrm{Fix}(f^n)$ 的连通分支数. 则

$$\left\{ f \in \mathrm{Diff}^{\infty}(M) \,\middle|\, \overline{\lim_{n\to\infty}} \frac{1}{n} \log \mathcal{P}_n(f) < \infty \right\}$$

在 $\mathrm{Diff}^{\infty}(M)$ 中稠密.

我们将这个结果作为 Nash 的嵌入定理 (这个我们不证明) 的结论得到.

证明. 我们的目的是安排所有周期轨道作为多项式方程的解出现, 从而得到周期点分支数的指数估计. 为此我们将这个流形作为几个多项式的联合水平集实现, 并由一个可被控制的多项式来近似给定的微分同胚. 第一个对象通过 Nash 嵌入定理来实现.

定理 7.4.2 (Nash 嵌入定理). [1] 任何紧 C^∞ 流形可作为某个实值多项式族的零点集的交嵌入 Euclid 空间, 就是说, 如果 M 是一个紧 C^∞ 流形, 则存在 $N, K \in \mathbb{N}$ 和多项式 $P_i : \mathbb{R}^N \to \mathbb{R}$ $(i = 1, \cdots, K)$, 使得 M 同胚于 $\bigcap\limits_{i=1}^{K} P_i^{-1}(\{0\})$.

从现在起我们将 M 与这个交等同.

注意, 虽然我们可能有 $K > m := \operatorname{codim} M = N - \dim M$, 但每一点 $p \in M$ 可有用 m 个多项式等于零刻画的邻域. 由紧性这意味着存在有限开覆盖 $M \subset \bigcup\limits_{i=1}^{Z} U_i$, 使得对某个子族 $\{P_j^i\}_{j=1}^m \subset \{P_j\}_{j=1}^K$, 每个 U_i 在 $\bigcap\limits_{j=1}^{m} (P_j^i)^{-1}(\{0\})$ 内是开的.

现在我们通过一个重要多项式来逼近所给的微分同胚 $f \in \mathrm{Diff}^{\infty}(M)$. 考虑 f 的一个扩张 $\widetilde{f} : U \to \mathbb{R}^N$, 它是 M 的邻域 U 和 $\widetilde{V}$ 之间的一个同胚. 我们可用多项式微分同胚 $\widetilde{g} : U \to \mathbb{R}^N$ 任意逼近 $\widetilde{f}$. 存在 M 的邻域 V 使得垂直投射 $\pi : V \to M$ 在 V 上有定义. 如果 $\widetilde{g}$ 充分接近于 $\widetilde{f}$, 则 $\widetilde{g}(M) \subset V$ 以及 $g : \pi \circ \widetilde{g}|_M \in \mathrm{Diff}^{\infty(M)}$ 逼近 f.

利用这些选择可写出描述周期性的方程. 假设 $x \in M$ 和 $y = g(x) \in U_i$, 则 $y = \pi(\widetilde{y})$, 其中 $\widetilde{y} = \widetilde{g}(x)$. 因此存在 $\lambda = (\lambda_1, \cdots, \lambda_{N-m}) \in \mathbb{R}^{N-m}$, 使得 $\widetilde{y} - y = \sum\limits_{j=1}^{N-m} \lambda_j \nabla_y P_j^i$, 其中 ∇_y 记在 y 的梯度 (向量). 由于 $y \in M$, 我们也有 $P_j^i(y) = 0, j = 1, \cdots, N-m$. 所以 g 的不动点 $x \in U_i$ 满足 $x = \widetilde{g}(x) - \sum\limits_{j=1}^{N-m} \lambda_j \nabla_x P_j^i$ 和 $P_j^i(x) = 0$. 同样周期点 $x \in M$ 满足

$$x_{k+1} = \widetilde{g}(x_k) - \sum_{j=1}^{N-m} \lambda_j^k \nabla_{x_{k+1}} P_j^{i_{k+1}}, \quad P_j^{i_{k+1}}(x_{k+1}) = 0,$$

其中 $x_k = g_k(x) \in U_{i_k}$ 和 $x_n = x_0$. 这些是 $nN + (N-m)n$ 个变量 $\{x_k\}_{k=0}^{n-1}, \{\lambda_k\}_{k=0}^{n-1}$ [306]

的 $nN+(N-m)n$ 个方程, 而且这个系统是多项式 P 的形式 $P(x,\lambda)=0$. 因此通过出现在方程中的最大次数的乘积, 解的连通集的数目有界. 对某个 K 这给出形式 K^n 与 n 无关的上界.

最后, 为了对所有周期点进行计算, 需考虑存在 Z^n 个可能的 n- 旅程 (由 $x_k \in U_{i_k}$ 给出), 所以 $\mathcal{P}_n(g) \leqslant (ZK)^n$. □

第 8 章　由拓扑产生的轨道增长 [307]

在 3.1 节中我们刻画了几个与轨道结构复杂性有关的渐近增长不变量. 这类不变量的大多数直接信息由周期轨道的增长 (3.1.1) 和在有限精度内反映可区别轨道个数增长的拓扑熵 (定义 3.1.3) 提供. 另外, 我们定义了基本群熵 (3.1.23) 和作用在同调上的谱半径 (3.1e 节), 从同伦和同调观点这较少直接反映轨道族的拓扑复杂性的增长. 后面这些不变量的一个明显优势是它们一般可更易于计算, 因为它们在同伦等价下不变. 例如, 由于环面上的每个映射同伦等价于线性映射 (详细见 2.6 节和 8.7 节), 因此在计算基本群熵和作用在同调上的谱半径时只需考虑线性映射. 这一章我们将说明如何从这些同伦不变量和同调不变量得到有关轨道增长的信息, 就是说, 我们一方面求周期轨道的增长 (特别是存在性) 与拓扑熵之间的定性关系, 另一方面也求它们的拓扑数据之间的关系.

我们指出, 一维拓扑数据 (即来自基本群和第一同调群的数据) 和高维拓扑数据之间的区别: 前一情形与任意连续映射的轨道增长相联系 (见 Manning 定理 8.1.1 和有关圆周映射的命题 8.2.4), 后一情形映射的光滑性通常是本质的 (Misiurewicz–Przytycki 定理 8.3.1 和推论 8.6.11).

虽然上面的所有概念都是大范围的, 它们中的某个关系是通过映射的不动点 (或周期点) 或者流的不动点的指标这一关键的局部概念建立的, 它反映了映射或流的时间 t 映射在不动点附近的拓扑性态. 特别地, 非零指标的特殊点在几 [308]
个方面都是本质的, 例如, 它们在 C^0 扰动下都不消失. 这个关系中的中心链接是 Lefschetz 不动点公式, 通过同调数据它表达不动点指标之和. 指标概念也是 Nielsen 理论的基础, 这使得我们可通过同伦数据估计周期点个数的下界. 下一章我们将说明如何将有关指标和梯度流的临界点的结构概念, 通过 “潜在轨道”

的辅助空间中对适当的函数梯度的考虑, 给某些保体积动力系统的轨道结构提供一定信息.

8.1. 拓扑熵与基本群熵

定理 8.1.1. 如果 f 是紧流形 M 上的一个连续映射, 那么 $h_{\rm top}(f) \geqslant h_*(f)$, 即 f 的拓扑熵至少与基本群熵一样大.

证明. 在 M 上固定任一度量. 注意, 存在数 $\lambda > 0$, 使得任何 λ- 球位于同胚于 Euclid 球的集合中. 于是任何两条具有相同端点且完全位于 M 上的 λ- 球内的曲线通过固定端点的同伦是同伦的, 就是说, 明显的直线拉回同伦在包含这个球像的 Euclid 球内.

引理 8.1.2. 设 λ 如前并取 $\lambda/4$ 稠密集 $\{w_1, \cdots, w_K\} \subset M$. 固定 $p \in M$, 连接 p 与 w_i 的弧 c_i, 以及连接 w_i 与 w_j 的弧 $c_{ij} \subset B(w_i, \lambda/4) \cup B(w_j, \lambda/4)$, 对这些 (i,j), $B(w_i, \lambda/4) \cap B(w_j, \lambda/4) \neq \varnothing$. 那么弧 $c_i c_{ij} c_j^{-1}$ 形成一个基本群 $\pi_1(M, p)$ 的生成子集 Γ.

证明. 考虑在 p 的闭路 γ, 将它分割为包含在两个球 $B(w_i, \lambda/4)$ 与 $B(w_j, \lambda/4)$ 的并内的弧段 σ. 取连接 $\sigma(0)$ 与 w_i 的路径 $\eta_0 \subset B(w_i, \lambda/4)$, 以及连接 $\sigma(1)$ 与 w_j 的路径 $\eta_1 \subset B(w_i, \lambda/4)$. 于是 σ 和 $\eta_0 c_{ij} \eta_1^{-1}$ 有相同端点且位于包含在 λ- 球内的 $B(w_i, \lambda/4) \cup B(w_j, \lambda/4)$, 所以 σ 与 $\eta_0 c_{ij} \eta_1^{-1}$ 是有固定端点的同伦. 但是显然 $\eta_0 c_{ij} \eta_1^{-1}$ 同伦于 $\eta_0 c_i^{-1} c_i c_{ij} c_j^{-1} \eta_1^{-1}$, 因此 γ 同伦于所求的形如 $c_i c_{ij} c_j^{-1}$ 的路径序列的复合.

□

由于 f 一致连续, 存在 $\mu \in (0, \lambda/4)$ 使得对每点 $x \in M$ 有 $y \in M$, 满足 $f(B(x,\mu)) \subset B(y, \lambda)$. 现在固定 $\varepsilon \in (0, \mu/4)$.

设 γ 是上面的生成子之一, 固定连接 p 与 $f(p)$ 的弧 α. 将 γ 和 α 划分成多于 N 个整个包含在 $\lambda/2$- 球内的弧段. 选择一个有 $S_d(f,\varepsilon,n)$ 元素的 (n,ε) 稠密集 S_n, 并令 σ 是这些弧段之一. 存在点 $x_0, \cdots, x_m \in S_n$ 和 σ 上的点 $\sigma(0) = z_0, \cdots, z_m = \sigma(1)$, 使得 $z_i \in B_f(x_i, \varepsilon, n)$ 和 σ 的连接 z_i 与 z_{i+1} 的子弧 $\{z_i, z_{i+1}\}$
[309] 包含在 $B_f(x_i,\varepsilon,n) \cup B_f(x_{i+1},\varepsilon,n)$ 内. 这里 $B_f(x,\varepsilon,n)$ 表示半径为 ε、围绕 x 的 d_n^f- 球, 记 $\{y,x\}^{-1}$ 为 $\{x,y\}$. 通过弧 $\{z_i, x_i\} \subset B_f(x_i,\varepsilon,n)$ 连接 z_i 与 x_i, 得到由

$$\{z_0,x_0\}\{x_0,z_0\}\{z_0,z_1\}\{z_1,x_1\}\{x_1,z_1\}\cdots\{z_{m-1},z_m\}\{z_m,x_m\}\{x_m,z_m\}$$

给出的路径 σ', 显然它通过有固定端点的同伦而同伦于 σ. 它被包含在 λ- 球内, σ' 依次同伦于弧 σ'', σ'' 由 σ' 通过移动由两点 x_i 和 x_j 重合得到的任何闭路得到. 因此 σ 同伦于由至多 $3S_d(f,\varepsilon,n)$ 个形如 $\{z_i,x_i\}, \{x_i,z_i\}$ 和 $\{z_i,z_{i+1}\}$ 的弧

段组成的 σ''. 考虑这样的弧段 $\{x,y\}$. 由于 $\{x,y\}\subset B(x,4\varepsilon)\subset B(x,\mu)$ (如果 $\{x,y\}=\{x_i,z_i\}$ 通过选择 x_i 和 z_i, 否则利用三角不等式), 它的像 $f(\{x,y\})$ 包含在 λ- 球内. 由相同理由我们也有 $f(y)\in B(f(x),4\varepsilon)$, $f(\{x,y\})$ 是有固定端点的、同伦于连接 $f(x)$ 与 $f(y)$ 的弧 $\eta\subset B(f(x,4\varepsilon))$. 递归地对 $i\in\{0,\cdots,n-1\}$ 找到的像 $f^i(\{x,y\})$ 同伦于 $B(f(x,4\varepsilon))$ 中连接 $f^i(x)$ 与 $f^i(y)$ 的弧.

因此闭路 $\alpha f(\alpha)f^2(\alpha)\cdots f^{n-1}(\alpha)f^n(\gamma)f^{n-1}(\alpha)^{-1}\cdots f(\alpha)^{-1}\alpha^{-1}$ 同伦于至多 $(2n+1)NS_d(f,\varepsilon,n)$ 个这样的弧 σ_k 的拼接, 而这又依次同伦于不多于 $(2n+1)NS_d(f,\varepsilon,n)$ 个形如 $\{\sigma_k(0),w_i\}c_{ij}\{w_j,\sigma_k(1)\}$ 的弧, 其中我们用了引理的记号. 因此

$$\alpha f(\alpha)f^2(\alpha)\cdots f^{n-1}(\alpha)f^n(\gamma)f^{n-1}(\alpha)^{-1}\cdots f(\alpha)^{-1}\alpha^{-1}$$

同伦于至多 $(2n+1)NS_d(f,\varepsilon,n)$ 个生成子 $\gamma_i\in\Gamma$ 的拼接. 引理得证. □

结合这个结果与不等式 (3.1.28), 得到按同调术语的拓扑熵的下界:

推论 8.1.3. $h_{\text{top}}(f)\geqslant\log|r(f_{*1})|$.

练 习

8.1.1. 设 M 是二维紧流形, $p_1,\cdots,p_n\in M$, $f:M\to M$ 是同胚, 使得 $f(p_i)=p_i, i=1,\cdots,n$. 证明 $h_{\text{top}}(f)\geqslant h_*(f|_{M\setminus\{p_1,\cdots,p_n\}})$.

8.1.2. 利用上一个练习构造二维圆盘 $\mathbb{D}^2$ 的同胚类, 它固定两点 p 和 q, 且通过固定 p 和 q 的同伦是逐对同伦的, 使得这类中的任何映射有正拓扑熵.

8.2. 度论概要 [310]

a. 动机. 我们在这一节解释的相同维数的紧定向流形之间的映射 $f:N\to M$ 的度的概念, 是描述 N 在映射作用下覆盖 M 的代数重数. 它与轨道结构的复杂性研究有关有两个有趣的理由: 第一, 流形到它自己的光滑映射的度直接与拓扑熵有关 (定理 8.3.1), 在圆周映射情形它以更初等形式与周期轨道的个数相联系. 第二, 球面映射的度是不动点指标定义中的主要因素 (定义 8.4.2).

在经过对圆周映射的度的简短讨论以后, 我们给出光滑映射的度的两个定义, 且只引用微分拓扑中的一个基本结果 (Sard 定理) 对主要性质给出一个初等证明. 通过光滑逼近我们把度的定义推广到连续映射. 度的最一般定义要用到同调理论, 附录的第 7 节给出这个理论的一个概要.

b. 圆周映射的度. 在定义 2.4.4 中我们定义了圆周映射的度. 现在我们进一步讨论这个初等概念. 当我们解释后面给出的度在高维中的各个定义时, 记住这个初

等概念给我们提供了启发和很好的模型.

命题 8.2.1. 度 $\deg(f)$ 是一个完全的同伦不变量, 即 $\deg(f) = \deg(g)$ 当且仅当 f 和 g 是同伦的.

证明. 同伦不变性由引理 2.4.5 得到. 因此余下的只需证明如果 $\deg(f) = k$, 则 f 同伦于它的线性扩张映射 E_k. 因此假设 $\deg(f) = k$, 并令 F 是 f 的一个提升. 则 $F_t := (1-t)F(x) + tkx$ 在 F 与 $k \cdot \mathrm{Id}$ 之间定义了一个同伦, 而且 $F_t(x+1) = (1-t)F(x+1)+tk(x+1) = (1-t)F(x)+(1-t)k+tk+tkx = F_t(x)+k$, 因此 $\pi(x) = \pi(y)$ 蕴含着 $\pi(F_t(x)) = \pi(F_t(y))$, 就是说, F_t 投射到 f 的同伦且 E_k 在 S^1 上. □

注意, 高维中一个类似的直线同伦已经用在定理 8.1.1 的证明中.

命题 8.2.2. $\deg(f \circ g) = \deg(f) \cdot \deg(g)$.

证明. 如果 $k = \deg(f), l = \deg(g)$, F 和 G 分别是 f 和 g 的提升, 则 $F \circ G$ 是 $f \circ g$ 的提升, 而且 $F \circ G(x+1) = F(G(x)+l) = F(G(x)) + kl$. □

推论 8.2.3. $\deg(f^n) = (\deg(f))^n$, 其中 $n \in \mathbb{N}$.

这一子节的重点是对圆周映射, 我们完全可以解释从度得到周期轨道的各个可能性. 如果如定义 1.7.1, 令 $P_n(f) := \mathrm{card}\,\mathrm{Fix}\,(f^n)$, 则我们有

[311] **命题 8.2.4.** 对任何连续映射 $f : S^1 \to S^1$, 我们有 $P_n(f) \geqslant |(\deg(f))^n - 1|$.

证明. 显然只需考虑度为 k 的 $f : S^1 \to S^1$, 并求 $|k-1|$ 个不动点. 注意由中值定理, 方程 $F(y) - y = 0 \pmod 1$ 至少有 $|k-1|$ 个解 $y \in [0,1)$, 因为 $F(1) - 1 = F(0) - 0 + k - 1$. 但由于 y 任意, 从而得到投射到 f 的不动点. □

通常由这个估计可给出周期点的大个数, 但是在某些情形存在比这个预测更多的周期点.

例子. 二次族中的映射 $f_4 : [0,1] \to [0,1], x \mapsto 4x(1-x)$ 投射到 S^1 上度为 0 的映射 f. 另一方面, 通过递归地画出 f_4^n 的图像并计算它们与对角线的交点容易验证 (练习 1.7.2) $P_n(f) = 2^n$.

一维映射由于 "开折" 而产生的许多周期点的这一现象将在第 15 章在全通有性下进行讨论 (推论 15.2.2 和命题 15.2.13).

c. 光滑映射的度的两个定义. 当映射的度是一个拓扑概念时其定义如本节末尾的, 对可微映射存在两个不同的直接定义. 现在我们就来讨论它们, 并作标准假设: N 和 M 是 n 维紧定向光滑流形, $f : N \to M$ 是 C^1 映射. 回忆流形之间的映射的正则值概念的一个特殊情形 (参看附录第 7 节).

定义 8.2.5. 称点 $x \in N$ 为 (f 的) 正则点, 如果在 x 的 Df 可逆. 称 $x \in M$ 为 (f 的) 正则值, 如果 $f^{-1}(\{x\})$ 由正则点组成, 否则称为奇异值.

正则值集合显然是开的. 由 Sard 定理 A.3.14 它有全测度, 因此也稠密.

引理 8.2.6. 若 x 是正则值, 则 $f^{-1}(\{x\})$ 有限.

证明. 假设 $x \in M$ 以及 $f^{-1}(\{x\})$ 无限. 则由 N 的紧性可选择满足 $f(x_i) = x$ 的序列 $x_i \to x_0$, 由连续性 $f(x_0) = x$. 但这证明 f 在 x_0 附近不是单射, 由隐函数定理 Df 在 x_0 不可逆, 因此 x 是一个奇异值, 矛盾. □

定义 8.2.7. 假设 x 是一个正则值, 对每个 $y \in f^{-1}(\{x\})$ 令 $\varepsilon_y := \pm 1$, 其中的符号取决于 $D_y f$ 保定向还是逆定向. 则 f 在 x 的度定义为

$$\deg_x(f) := \sum_{y \in f^{-1}(\{x\})} \varepsilon_y.$$

注意, 这个和式有意义且 $\deg(f)$ 永远有限, 因为由引理 8.2.6, $f^{-1}(\{x\})$ 有 [312]
限. 我们将证明事实上 $\deg_x(f)$ 与正则点 $x \in M$ 的选择无关.

这个在 x 的度的定义测量在 x 附近 f 覆盖 M 多少次, 包括计算适当的正或负的重次. 为了证明它与 x 无关, 引入一个以积分为基础的定义. 我们从对 5.1 节引入的概念稍作修改开始.

定义 8.2.8. M 上的正体积元是在正定向标架上的正连续 n 次微分形式 ω. 称它是正规化的, 如果 $\int_M \omega = 1$. ω 的拉回 $f^*\omega$ 是形式

$$(f^*\omega)(v_1, \cdots, v_n) = \omega(Df(v_1), \cdots, Df(v_n)).$$

(比较定义 5.1.1 和 5.1b 节开始的前推定义, 假设其中的 Df 可逆.)

定义 8.2.9. 如果 ω 是 M 上一个正的正规化体积元, 则 $f : N \to M$ 关于 ω 的度定义为

$$\deg_x(f) := \int_N f^*\omega.$$

现在我们证明定义 8.2.7 和定义 8.2.9 给出相同的数, 特别地, 定义 8.2.7 与正则点的选择无关, 定义 8.2.9 给出的积分与 M 上正的正规化体积元的选择无关.

引理 8.2.10. 设 $p \in M$ 是 $f : N \to M$ 的一个正则值, ω 为正的体积元. 那么 $\deg_p(f) = \deg_\omega(f)$.

证明. 由于 p 是正则值, 存在 $f^{-1}(p)$ 的点 $x_1, \cdots, x_k$ 的不相交开邻域 $U_1, \cdots,$

$U_k \subset N$, 使得 $\bigcup_{i=1}^{k} U_i$ 是 p 的邻域 V 的原像, 对所有 i, $f|_{U_i}$ 是微分同胚. 如果 ν 是在 V 上支撑的 n 次微分形式, 使得 $\int_V \nu = \int_M \nu =1$, 则由引理 A.3.13 对某个 $n-1$ 次微分形式 α 有 $\omega = \nu + d\alpha$, 所以 $\int_M f^*\omega = \int_M (f^*\nu + f^*d\alpha) = \int_M f^*\nu = \sum_{i=1}^{k} \left(\int f|_{U_i}\right)^* \nu = \sum_{i=1}^{k} \int_{U_i} f^*\nu$. 由变换规则, 后面的每个积分为 $\pm$, 符号按 $f|_{U_i}$ 或者等价地按 Df_{x_i} 保定向还是逆定向定. 因此 $\deg_\omega f = \int_M f^*\omega = \deg_p f$. □

从而, 我们现在可作如下定义:

定义 8.2.11. 设 $f: N \to M$ 是一个 C^1 映射. 则对任何正则值 $x \in M$, f 的度定义为 $\deg(f) := \deg_x(f)$.

由于这个度显然在 C^1 拓扑下是连续的, 因此局部是常数, 特别地, 我们有:

[313] **引理 8.2.12.** 这个度在由 C^1 映射组成的同伦作用下不变.

引理 8.2.13. 任何两个永不反垂足的 C^1 映射 $f_0, f_1: N \to S^n$ 光滑同伦.

证明.

$$f_t(x) := \frac{tf_0(x) + (1-t)f_1(x)}{\|tf_0(x) + (1-t)f_1(x)\|} \tag{8.2.1}$$

给出一个光滑同伦. □

更一般地, 我们有

引理 8.2.14. 任何两个 C^0 充分接近的 C^1 映射 $f_0, f_1: N \to M$ 通过 C^1 映射同伦.

证明. 为了替换 (8.2.1), 注意球面上的最大圆弧是连接任何两个非反垂足点的唯一最短曲线. 这样的最短曲线是定义 5.3.4 后面讨论的测地线. 下一章我们将证明这种曲线对有 Riemann 度量的任何紧流形上的任何一对充分接近的点是唯一确定的 (定理 9.5.5). 沿着这种具有长度参数的弧利用同伦得到我们的论断. □

推论 8.2.15. C^1 映射的度是一个同伦不变量.

事实上, 这允许我们通过光滑逼近定义连续映射的度:

定义 8.2.16. 连续映射 $f: N \to M$ 的度由 $\deg(f) := \deg(g)$ 定义, 其中 $f: N \xrightarrow{C^1} M$ 充分接近于 g.

显然连续映射的度也是同伦不变量. 但事实上, 我们可以利用有非零积分的任一 n 次微分形式定义度:

命题 8.2.17. 设 η 是满足 $\int_M \eta \neq 0$ 的连续 n 次微分形式, 以及 $f: N \to M$. 那么 $\deg(f) = \int_N f^*\eta \Big/ \int_M \eta$.

证明. 我们可记 $\eta = \omega_1 - \omega_2$, 其中 ω_i 是正体积元, 因为由紧性如果 ω 是任何正体积元, 则对充分大的 $\alpha \in \mathbb{R}$, $\eta + \alpha\omega$ 是正的. 但是由积分的线性性, $\int_M f^*\eta = \int_M f^*\omega_1 - \int_M f^*\omega_2 = \deg(f)\left(\int_M \omega_1 - \int_M \omega_2\right)$. □

下一节在讨论不动点的指标时要用到下面的观察.

命题 8.2.18. 设 W 是 $n+1$ 维具有边界 $N := \partial W$ 的一个定向流形, $F: W \to M$ 为连续映射. 又设 $f := F|_N$ 是 F 在 N 上的限制. 那么 $\deg(f) = 0$.

注. N 上的定向由 W 诱导. 如果 N 是连通的, 则可作任何定向.

证明. 如果 ω 是 M 上的体积, 则由 Stokes 定理 $\deg(f) = \int_N f_*\omega = \int_W d(f_*\omega) =$ [314]
$\int_W f_* d\omega = 0$. □

现在我们提及几个与动力系统有关的度的性质.

推论 8.2.19. 如果 $N \xrightarrow{f} N \xrightarrow{g} K$ 是连续映射, 那么 $\deg(g \circ f) = \deg(g)\deg(f)$.

证明. 可假设 f 和 g 是 C^1 的. 于是命题 8.2.17 显示 $\deg(g \circ f) = \int_N f^*g^*\omega \Big/ \int_K \omega = \deg(f)\int_M g^*\omega \Big/ \int_K \omega = \deg(f)\deg(g)$. □

由于度计算代数重数, 因此它显然给出正则点原像个数的下界:

推论 8.2.20. 设在有全测度的开集上 $f: M \to M$ 是 C^1 的. 那么对几乎每一点 $x \in M$, 我们有 $|\deg(f^m)| \leqslant \operatorname{card}(f^{-m}(\{x\})) < \infty$. 特别地, 如果 $|\deg(f)| \geqslant 2$, 则 $f^{-m}(\{x\})$ 的势关于 m 至少指数增长.

证明. 由 Sard 定理 (定理 A.3.14), 几乎每一点 x 是 f 所有迭代的正则点, 从而由度的定义得到推论的结论. □

在对 S^1 的映射的度的讨论中, 我们已经证明这个度是一个完全同伦不变量. 事实上这对 S^n 也成立. 特别地, 由此得到只存在 S^n 同胚的两个同伦型, 即保定向的和逆向的.

我们来看两个例子, 说明通过度测量的拓扑复杂性以何种程度反映动力学复杂性.

例子. 设 $\widehat{\mathbb{C}}:\mathbb{C}\cup\{\infty\}\sim S^2$ 是一个 Riemann 球面, 即复平面的单点紧化. $\{\infty\}$ 邻域的光滑结构由坐标 $w=1/z$ 给出. 考虑映射 $f:S^2\to S^2$, $z\to z^2$, 通过 $f(\infty):=\infty$ 延拓到 ∞. 于是对 ∞ 附近的 z, 我们有 $f(w)=w^2$, w 在 0 附近. 注意, $\deg f=2$, 因为 f 覆盖球面两次且保持定向. f 的动力学如下: 极点 0 和 ∞ 是压缩不动点, 赤道 $\{z\in\widehat{\mathbb{C}}|\ |z|=1\}$ 是不变集, 使得 f 的限制简单地是 (1.7.1) 定义的圆周扩张映射 E_2. 所有其他点在 $z\mapsto z^2$ 的迭代下收敛于这两个极点之一. 所有的周期点除了极点都在赤道上. 它们是 $z=f^n(z)=z^{2^n}$ 的解, 即

$$\{z\in\mathbb{C}\backslash 0|z^{2^n-1}=1\}.$$

这些是 2^n-1 个不相同的 2^n-1 次单位根. 因此, $P_n(f)=2+2^n-1=2^n+1=1+(\deg(f))^n$ 如 $(\deg(f))^n$ 近似增长.

[315] **例子.** 现在考虑 $g:S^2\to S^2, z\mapsto z^2/(2|z|)$, 通过 $g(\infty):=\infty$ 延拓到 ∞, 使得在 $w=0$ 附近 $g(w)=2w^2/|w|$. 因此 ∞ 是 (非光滑) 扩张不动点, 0 是压缩不动点. 注意, 在 g 作用下除了 ∞ 所有的点都收敛于 0, 因为 $|g(z)|=|z|/2$. 因此, 与前一例子有鲜明对比, 这里只有周期点 0 和 ∞. 另一方面, g 覆盖 S^2 两次, 事实上 $g=h\circ f$, 其中 h 是保定向同胚 $z\mapsto z/(2\sqrt{|z|})$. 因此, $\deg(g)=\deg(h\circ f)=\deg(h)\deg(f)=\deg(f)=2$. 由于只有 g 的不变测度是集中在 0 和 ∞ 的原子测度, 由变分原理定理 4.5.3, $h_{\text{top}}(g)=0$.

后一个例子说明, 通过度并不总能给出有关映射动力学的复杂性信息. 特别地, 由推论 8.2.20 提供的多个原像指数地凝聚在 ∞ 的单个不动点. 正如我们在后面将看到的 (由 Shub–Sullivan 定理 8.5.1), 这个例子之所以缺乏复杂动力学, 可解释为是因为在 ∞ 根本没有光滑性. 下一节我们将证明对 C^1 映射, 动力学复杂性实际上由度的绝对值至少是 2 所保证 (Misiurewicz–Przytycki 定理 8.3.1).

d. 度的拓扑定义. 我们通过直接给出度的拓扑定义来结束对度的讨论. 为了用拓扑术语定义维数相同的紧流形之间的映射 $f:N\to M$ 的度, 回忆 f 诱导同调上的一个作用, 所以特别在可定向流形 N 和 M 情形, 当 $H_n(N,\mathbb{Z})=H_n(M,\mathbb{Z})=\mathbb{Z}$ 时 f 诱导同胚 $f_{*n}:\mathbb{Z}\to\mathbb{Z}$.

定义 8.2.21. 设 N 和 M 是 n 维可定向流形, $f:N\to M$ 是连续映射, 用 $f_{*n}:H_n(N,\mathbb{Z})\to H_n(N,\mathbb{Z})$ 记在 $\mathbb{Z}$ 上诱导的同胚. 在 $H_n(N,\mathbb{Z})\simeq\mathbb{Z}$ 和 $H_n(M,\mathbb{Z})\simeq\mathbb{Z}$ 上固定一个定向. 于是 f 的度定义为

$$\deg(f):=f_{*n}(1).$$

利用同调与上同调之间的对偶, 以及通过微分形式对 de Rham 上同调的描述 (见附录的第 3 节), 容易建立这个定义与前面给出的体积形式的定义等价.

练　习

8.2.1. 考虑由 $z \mapsto z^2$ 给出的前面讨论过的映射 $f: S^2 \to S^2$. 证明 $h_{\text{top}}(f) = \log 2$.

8.2.2. 考虑由 $z \mapsto z^2/2|z|$ 给出的前面讨论过的映射 $g: S^2 \to S^2$. 试不利用变分原理 (定理 4.5.3) 证明 $h_{\text{top}}(f) = 0$.

8.3. 度与拓扑熵 [316]

从上一节我们看到, 通过度测量 "拓扑复杂性" 并不总能给出很多动力学复杂性. 其原因是在我们考虑的例子中缺乏光滑性. 对 C^1 映射我们已经看到可从度得到正拓扑熵. 现在我们将通过正则点的原像来应用度的这个定义.

定理 8.3.1 (Misiurewicz–Przytycki 定理). [1] 如果 M 是一个光滑紧可定向流形, $f: M \xrightarrow{C^1} M$, 那么 $h_{\text{top}}(f) \geqslant \log|\deg(f)|$.

证明. 固定 M 上的体积元 ω, $\alpha \in (0,1)$. 令 $L := \sup\limits_{x\in M} |Jf(x)|$, 其中 Jf 如定义 5.1.4 定义, $\varepsilon = L^{-\alpha/(\alpha-1)}$, 以及 $B: \{x|\ |Jf(x)| \geqslant \varepsilon\}$. 取 B 的一个开集覆盖, f 在其上是一个单射, 令 δ 是这个覆盖的 Lebesgue 数. 因此, 如果 $x, y \in B$ 且 $d(x,y) \leqslant \delta$, 则 $f(x) \neq f(y)$.

固定 $n \in \mathbb{N}$ 并令

$$A: \{x \in M | \text{card}\,(B \cap \{x, f(x), \cdots, f^{n-1}(x)\}) \leqslant \alpha n\}.$$

如果 $x \in A$, 则

$$|Jf^n(x)| = \prod_{j=0}^{n-1} |Jf(f^j(x))| < \varepsilon^{(1-\alpha)n} L^{\alpha n} = (\varepsilon^{(1-\alpha)} L^{\alpha})^n = 1,$$

所以 $f^n(A)$ 的体积小于 M 的体积, 由 Sard 定理 A.3.14, 存在 f^n 的正则值 $x \in M \backslash f^n(A)$.

现在在 $f^{-n}(\{x\})$ 中选择大的 (n,δ) 分离集. 由于 x 是 f 的正则值, 它至少有 $N := \deg(f)$ 个原像. 如果它们中 N 个在 B 内 ("好转移"), 则取 Q_1 为由 N 个这样的原像组成. 否则 ("坏转移") 取 Q_1 为 B 外的单个原像. 无论哪种转移, $Q_1 \subset f^{-1}(\{x\})$ 由 f 的正则值组成, 因为 x 是 f^n 的正则值. 因此, 可以对每个

$y \in Q_1$ 应用相同步骤, 以这种方式收集所有选择的点得到 $Q_2 \subset f^{-2}(\{x\})$, 等等. 从而我们得到的集合 $Q_n \subset f^{-n}(\{x\})$ 是一个 (n,δ) 分离集: 如果 $y_1, y_2 \in Q_n$, 且对 $k \in \{0, \cdots, n-1\}$ 有 $d(f^k(y_1), f^k(y_2)) \leqslant \delta$, 则 $f^{n-1}(y_1) = f^{n-1}(y_2)$, 因为否则由构造 $f^{n-1}(y_1) \in B$ 和 $f^{n-1}(y_2) \in B$, 又由 δ 的选择, 我们有 $x = f(f^{n-1}(y_1)) \neq f(f^{n-1}(y_2)) = x$. 同样地, $f^{n-2}(y_1) = f^{n-2}(y_2)$, 等等, 所以 $y_1 = y_2$.

现在 $Q_n \subset f^{-n}(\{x\}) \subset f^{-n}(M \backslash f^n(A)) \subset M \backslash A$, 即 $Q_n \cap A = \varnothing$. 因此, 对任何 $y \in Q_n$ (由 A 的定义) 存在多于 αn 个数 $k \in \{0, \cdots, n-1\}$ 使得 $f^k(y) \in B$. 所以至少存在 $m := [\alpha n] + 1$ 个通过 x 到任何 $y \in Q_n$ 的 “好转移”, 因此 $\operatorname{card} Q_n \geqslant N^m \geqslant N^{\alpha n}$. 从而 (n,δ) 分离集的最大势 $N_d(f,\delta,n)$ 至少是 $N^{\alpha n}$, 故对每个 $\alpha \in (0,1)$ 有 $h_{\text{top}}(f) \geqslant \alpha \log N$, 由此得到定理结论. □

[317] 令上面证明工作进行的光滑性的两个性质是, Jacobi 的有界性, 以及光滑映射在 Jacobi 非零的任何点附近是一个局部同胚这事实. 对映射 $z \mapsto z^2/2|z|$ 第二个性质在 ∞ 不成立.

存在某些情形, 那里由定理 8.3.1 给出的不等式变为等式. 圆周扩张映射提供这方面的一个例子 (推论 3.2.4). 这可推广到紧流形上的任意扩张映射 (见练习 8.3.2). 8.2c 节讨论的映射 $f(z) = z^2$ 提供了另一个例子, 如对任何 n 映射 $f(z) = z^n$ 所作的. 更大的推广包含 Riemann 球面上的任何有理映射, 即形如 $f(z) = \dfrac{P(z)}{Q(z)}$ 的映射, 其中 P 和 Q 是互素多项式, 尽管我们在这里只证明一个不等式. 这样的映射可如 Riemann 球面到它自己的全纯映射刻画. 由于这些映射是保定向的, 它们的度等于正则点的原像数, 即

$$\frac{P(z)}{Q(z)} = w \quad \text{或} \quad R_w(z) := P(z) - wQ(z) = 0$$

的解的个数. 通过选择 $w \neq 0$, 以避免当 $\deg P = \deg Q$ 时 P 和 Q 的主系数消失, 我们得到 $\deg R_w = \max(\deg P, \deg Q)$. 也可以选择 w 使得 R_w 没有重根, 因为这些仅出现在 w 是临界点的像时. 因此 f 的度等于 P 和 Q 的代数次数的最大值. 由定理 8.3.1,

$$h_{\text{top}}(f) \geqslant \log \max(\deg P, \deg Q).$$

事实上反向不等式也成立, 所以有

$$h_{\text{top}}(f) = \log \max(\deg P, \deg Q).$$

关于这一点, 我们没有适当机制去证明熵的上界估计.[2]

练　　习

8.3.1. 证明 Riemann 球面上的任何线性分式变换 $f(z)=\dfrac{az+b}{cz+d}, a,b,c,d\in\mathbb{C}$ 的拓扑熵是零.

8.3.2. 设 M 是一个紧 Riemann 流形, $f: M\to M$ 是扩张映射 (见定理 2.4.1). 证明 $h_{\mathrm{top}}(f)=\log|\deg f|$.

8.3.3. 设 $f: S^1\to S^1$ 是单调连续映射 (即 $\mathbb{R}$ 的任何提升是一个单调函数). 证明 $h_{\mathrm{top}}(f)=\log|\deg f|$.

8.4. 孤立不动点的指标理论 [318]

度通过提供的指标定义对孤立不动点的性态给予一个洞察力, 指标的一个最重要性质是孤立不动点有非零指标, 特别是它包含光滑映射的任何横截不动点 (参看定义 7.2.1), 并在 C^0 扰动下得到保持, 然而我们前面沿着这些路子的结果只是对 C^1 扰动来工作 (命题 1.1.4).

命题 8.4.1. 设 $x_0\in U\subset\mathbb{R}^n$, U 是开集, $f: U\to\mathbb{R}^n$ 连续, 使得对所有 $x\in U\backslash\{x_0\}$ 有 $f(x)\neq x$. 令 V 是具有自然定向的 n 维球的同胚像, $x_0\in V\subset\bar{V}\subset U$, 定义映射 $v_{f,V}:\partial V\to S^{n-1}, x\mapsto\dfrac{x-f(x)}{\|x-f(x)\|}$. 那么 $v_{f,V}$ 的度与 V 无关.

证明. 假设 V 和 V' 如所述的, 取包含 x_0 的球 $B\subset V\cap V'$. 只需证明 $\deg(v_{f,B})=\deg(v_{f,V})$, 因为由同样的论述我们有 $\deg(v_{f,B})=\deg(v_{f,V'})$, 于是命题得证. 给定这样的 B, 注意映射 $w: A:=\bar{V}\backslash B\to S^{n-1}, x\mapsto\dfrac{x-f(x)}{\|x-f(x)\|}$ 有定义且连续, 又由命题 8.2.18 得到 $\deg(w|_{\partial A})=0$. 现在 ∂A 是 ∂V 和 ∂B 的并, 但后者有负定向. 因此 $\deg(v_{f,V})-\deg(v_{f,B})=\deg(w|_{\partial A})=0$. □

注. 通常我们取 ∂V 为半径是 ε 的球面 S_ε, 记 $v_{f,\varepsilon}:=v_{f,V}$.

定义 8.4.2. 设 $x_0\in U\subset\mathbb{R}^n$, U 是开集, $f: U\to\mathbb{R}^n$ 连续, 使得对所有 $x\in U\backslash\{x_0\}$ 有 $f(x)\neq x$. 则对任何 V, 点 x_0 关于 f 的指标如命题 8.4.1 定义为

$$\operatorname{ind}_f x_0:=\deg(v_{f,V}).$$

显然这个指标始终是一个整数. 如果 x_0 不是不动点, 则映射 $x\mapsto\dfrac{x-f(x)}{\|x-f(x)\|}$ 在围绕 x_0 的球上有定义, 由命题 8.2.18 它在边界上的度为零, 因为 $\operatorname{ind}_f(x_0)=0$.

流形上映射的孤立不动点的指标通过围绕这点的坐标卡定义. 命题 8.4.1 证明这个定义与坐标卡的选择无关.

例子. 对区间映射, 指标是 0 维球面 $S_\varepsilon = \{-\varepsilon, \varepsilon\}$ 映射的度. 存在 $\{-\varepsilon, \varepsilon\}$ 的 4 个映射. 两个常数映射显然有度 0, 恒同映射 Id 有度 1, −Id 有度 −1. 因此对映射 f 的孤立不动点有

$$\operatorname{ind}_f x = \begin{cases} 0, & \text{如果 } \mathrm{Id} - f \text{ 在 } x \text{ 不单调}, \\ 1, & \text{如果 } \mathrm{Id} - f \text{ 在 } x \text{ 递增}, \\ -1, & \text{如果 } \mathrm{Id} - f \text{ 在 } x \text{ 递减}. \end{cases}$$

[319] 例如, 如果 $f(x) = x^3$, 则 $\operatorname{ind}_f 0 = 1$ 和 $\operatorname{ind}_f \pm 1 = -1$.

由度的同伦不变性 (推论 8.2.15) 立刻得到对指标的类似论述:

命题 8.4.3. 设 $f_t : U \to \mathbb{R}^n$ 是一个连续映射族, $p \in U$ 是所有 f_t 的公共孤立不动点. 则 p 的指标 $\operatorname{ind}_{f_t}(p)$ 不依赖于 t.

定理 8.4.4. 设 $x_0 \in U \subset \mathbb{R}^n$ 是 $f : U \to \mathbb{R}^n$ 的一个孤立不动点, 指标 $\operatorname{ind}_f x_0 \neq 0$. 那么, 存在 $\varepsilon > 0$ 使得对所有 $x \in U$, 所有满足 $\|g(x) - f(x)\| < \varepsilon$ 的 $g : U \to \mathbb{R}^n$ 在 x_0 附近都有不动点.

注. 因此, 指标非零的不动点, 特别是横截不动点在 C^0 扰动下得到保持. 注意, 扰动的不动点可不唯一也不孤立. 指标非零的这个假设不能去掉, 例如, 作为 $\mathbb{R}$ 上 $f : x \mapsto x + \dfrac{x^2}{1+x^2}$ 的孤立不动点 0 的例子显示: $f + \varepsilon$ 根本没有不动点 (这个例子已经在练习 2.1.3(1) 和 7.1c 节出现过).

证明. 设 $\varepsilon > 0$ 是使得半径为 ε 的球面 $\partial V = S_\varepsilon$ 如在命题 8.4.1 中的, $\delta := \inf\{\|x - f(x)\| \mid x \in S_\varepsilon(x_0)\}$, g 是 f 的 $\delta/3$ 扰动. 于是对所有 $x \in U$ 当 $\|x - f(x)\| \geqslant \delta$ 时 $\|(x - f(x)) - (x - g(x))\| = \|f(x) - g(x)\| < \delta/2$, 即 $v_{f,\varepsilon}$ 和 $v_{g,\varepsilon}$ 永不是反垂足的, 因此通过 $\dfrac{tv_{f,\varepsilon} + (1-t)v_{g,\varepsilon}}{\|tv_{f,\varepsilon} + (1-t)v_{g,\varepsilon}\|}$ 直线同伦. 从而 $\deg v_{g,\varepsilon} = \deg v_{f,\varepsilon} = \operatorname{ind}_f x_0 \neq 0$, 因此 g 必须在 x_0 的 ε 球内有不动点, 否则有 $\operatorname{ind}_g(x_0) = 0$. □

为了应用这个结果必须计算不动点的指标. 对可微映射的横截不动点这很容易, 因为我们可从它的线性部分得到:

命题 8.4.5. 假设 $f : U \to \mathbb{R}^n$ 在 $0 \in U \subset \mathbb{R}^n$ 可微, 0 是 f 的横截不动点. 那么 $\operatorname{ind}_f 0 = \inf_{Df(0)} 0$.

证明. 如果 $A := Df(0)$, 则横截性假设意味着 1 不是 A 的特征值, 即 $\mathrm{Id} - A$ 可

逆, 因此存在 $\delta > 0$ 使得对所有 x 有 $\|x - Ax\| > \delta\|x\|$. 另一方面, 存在 $\varepsilon > 0$ 使得在 S_ε 上有 $\|x - f(x) - (x - Ax)\| = \|Ax - f(x)\| < \delta\|x\|$, 因为 f 在 0 可微. 因此 $v_{f,\varepsilon}$ 和 $v_{A,\varepsilon}$ 永不会反垂足, 因此同伦. □

对线性映射, 指标容易计算:

命题 8.4.6. 如果 $1 \notin \mathrm{sp}\,(A)$, 则 $\mathrm{ind}\,_A(0) = \mathrm{sign}\,\det(\mathrm{Id} - A)$.

证明. 由于 A 是线性的, 可考虑 $v_A := v_{A,1} : x \mapsto \dfrac{x - Ax}{\|x - Ax\|}$. 这个映射可逆. 如果 $v_A(x) = v_A(y)$, 则 $x - Ax = \lambda(y - Ay)$ 和 $x - \lambda y = A(x - \lambda y)$, 所以 $x = \lambda y$, 因为 0 是 A 的唯一不动点. 但是 $\|x\| = \|y\| = 1$, 所以 $|\lambda| = 1$ 且 $x = \pm y$. 由于 $v_A(-x) = -v_A(x)$, 我们有 $x = y$. 所以 v_A 是球面的同胚, 因此, 如果 $\mathrm{Id} - A$ 保持定向, 则 $\deg(v_A) = 1$, 即 $\mathrm{sign}\,\det(\mathrm{Id} - A) = 1$; 否则 $\deg(v_A) = -1$.

$\mathrm{sign}\,\det(\mathrm{Id} - A)$ 可用特征值计算: [320]

推论 8.4.7. $\mathrm{ind}\,_A(0) = (-1)^{\mathrm{card}\,\{i|\lambda_i > 1\}}$, 其中 $\{\lambda_i\}_{i=1}^n$ 是 A 的特征值.

证明.

$$
\begin{aligned}
\mathrm{sign}\,\det(\mathrm{Id} - A) &= \mathrm{sign}\prod_{i=1}^n (1 - \lambda_i) \\
&= \mathrm{sign}\prod_{\lambda_i > 1}(1 - \lambda_i)\cdot\mathrm{sign}\prod_{\lambda_i < 1}(1 - \lambda_i)\cdot\mathrm{sign}\prod_{\lambda_i \in \mathbb{C}\setminus\mathbb{R}}(1 - \lambda_i) \\
&= (-1)^{\mathrm{card}\,\{i|\lambda_i > 1\}}\cdot 1\cdot\mathrm{sign}\prod_{\lambda_i \in \mathbb{C}\setminus\mathbb{R}}(1 - \lambda_i) = (-1)^{\mathrm{card}\,\{i|\lambda_i > 1\}},
\end{aligned}
$$

因为对成对共轭的复特征值, 我们有 $\prod_{\lambda_i \in \mathbb{C}\setminus\mathbb{R}}(1 - \lambda_i) > 0$. □

一个简单例子是 $A = \begin{pmatrix} 2 & 0 \\ 0 & 1/2 \end{pmatrix}$, 其中 0 是双曲不动点. 这里 $\mathrm{ind}\,_A(0) = -1$ 和 $\mathrm{ind}\,_{-A}(0) = 1$. 事实上不难列出线性映射 $A : \mathbb{R}^2 \to \mathbb{R}^2$ 所出现的所有情形. 用 λ_1, λ_2 记 A 的特征值, 并假设 A 保持定向 (即 $\lambda_1\lambda_2 > 0$) 且 1 不是特征值 (即 0 是孤立不动点). 于是存在 5 个可能类型的横截不动点: (见下页表).

向量场的孤立零点的指标概念与映射的平行, 在某种意义上它更简单. 就是说, 设 $U \subset \mathbb{R}^n$ 是一个开集, $v : U \to \mathbb{R}^n$ 是有孤立零点 $x_0 \in U$ 的向量场. 设 $V \subset U$ 是 n 维球的同胚像, $x_0 \in V \subset \bar{V} \subset U$. 于是定义指标 $\mathrm{ind}\,_v(x_0)$ 为映射 $\xi_{v,V} : \partial V \to S^{n-1}, \xi(x) = \dfrac{v(x)}{\|v(x)\|}$ 的度, 由此得知, 它与 V 的选择无关 (见练习 8.4.3).

	特征值	0 的指标	描述
1	$\|\lambda_1\| < 1, \|\lambda_2\| < 1$	$\operatorname{ind}_A(0) = 1$	压缩型
2	$\|\lambda_1\| > 1, \|\lambda_2\| > 1$	$\operatorname{ind}_A(0) = 1$	扩张型
3	$\|\lambda_1\| = \|\lambda_2\| = 1 \neq \lambda_i$	$\operatorname{ind}_A(0) = 1$	椭圆型
4	$0 < \lambda_1 < 1 < \lambda_2$	$\operatorname{ind}_A(0) = -1$	双曲 (鞍点) 型
5	$\lambda_1 < -1 < \lambda_2 < 0$	$\operatorname{ind}_A(0) = 1$	带旋转的双曲 (倒置鞍点) 型

作为一个简单例子, 考虑来自二维线性常系数微分方程系统 $\dot{x} = Ax$ 的保面积流, 即对某个矩阵 A 的形如 $\{e^{At}\}_{t\in\mathbb{R}}$ 的流, 其中 $e^{\operatorname{tr} A} = \det e^A = 1$, 或者 $\operatorname{tr} A = 0$. 此时横截不动点只可能是椭圆型不动点和鞍点型双曲不动点: 特征值是 λ 和 $-\lambda$, 我们可以假设 A 是 Jordan 型. 如果 $\lambda = 0$, 原点就不是孤立不动点.
[321] 如果 $\lambda \neq 0$, 则 λ 为或者 $is \in i\mathbb{R}$ 或者是实数. 对前者, e^{tA} 有特征值 $e^{\pm ist}$, 其中 $s \in \mathbb{R}$ 是某实数, 0 是椭圆型不动点. 否则 e^{tA} 有特征值 $e^{\pm st}$, $s \in \mathbb{R}$ 是某实数, 0 是双曲型不动点. 换句话说这里只存在两个情形:

	A 的特征值	0 的指标	描述
1	$\pm is \in i\mathbb{R}$	$\operatorname{ind}_{e^A}(0) = 1$	椭圆型
2	$\lambda, -\lambda \in \mathbb{R}$	$\operatorname{ind}_{e^A}(0) = -1$	双曲型

由于涉及球面映射度的指标定义并不永远容易确定, 此时那里的线性部分对非横截不动点不提供这个指标的任何信息. 但是, 在二维情形我们可相对容易地从局部图像读出指标.

例子. 考虑如图 8.4.1 左半部分所示的零附近流的时间 1 映射.

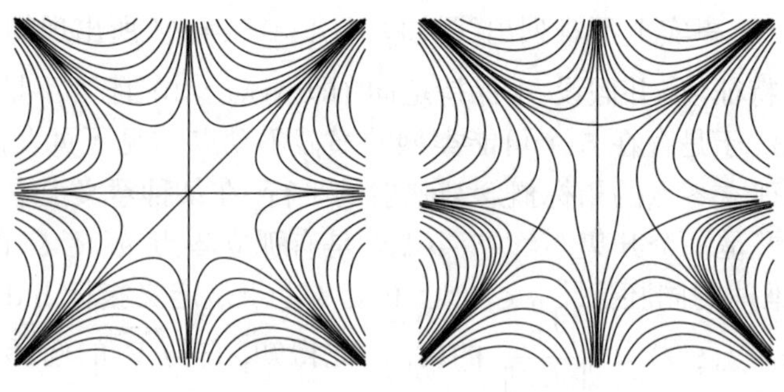

图 8.4.1. 三重鞍点和扰动

这类不动点称为多重 (这里是三重) 鞍点. 像这样的流可作为由 Hamilton 函数 $H(x,y)=xy(x+y)(x-y)$ 诱导的 Hamilton 流 φ_0 得到. 为了从图像确定 0 的指标, 按正方向 (↺) 横截单位圆指出流的单位切向量的方向. 为了找这个映射 $v:S^1\to S^1$ 的度, 注意 v 单调, 并用 θ 记 S^1 上的角度所列出的几个值:

θ	0	$\frac{\pi}{4}$	$\frac{\pi}{2}$	$\frac{3\pi}{4}$	π	$\cdots$	2π
ν	π	$\frac{\pi}{4}$	$-\frac{\pi}{2}$	$-\frac{5\pi}{4}$	-2π	$\cdots$	-5π

由于 v 覆盖 S^1 三次并递减, 它的度, 从而 0 的指标是 -3.

注. 在某种意义下, 这个鞍点可通过将三个指标为 -1 的简单鞍点黏合而成. 因 [322]
此这个指标可认为适合加法运算, 就是说, 如果 φ_0 出现在流的单参数族 φ_ε 中, 使得对 $\varepsilon>0$, φ_ε 有 3 个简单鞍点, 则原点自然是由 3 个简单鞍点聚成的一个多重鞍点, 即 $\varepsilon=0$ 是如 7.4 节定义的分支值. 由 Hamilton 函数 $H_\varepsilon(x,y):=\varepsilon x+xy(x+y)(x-y)$ 的流提供的例子对 $\varepsilon=0$ 和 $\varepsilon=1/10$ 如图 8.4.1 所示. 因此指标之和在这个设置中得到保持. 如果我们将这个局部图像嵌入一个紧流形, 则它是 Lefschetz 不动点公式 (定理 8.6.2) 的一个结论.

这些图像提供了一般现象的一个例子.

命题 8.4.8. 设 $f:M\to M$ 是连续映射, V 是 M 坐标卡内仅包含孤立不动点 $(x_1,\cdots,x_k)$ 的一个开子流形, 且在 ∂V 上没有不动点, 那么 $\deg(v_{f,V})=\sum_{i=1}^{k}\operatorname{ind}_f(x_i)$, 如前其中 $v_{f,V}=\dfrac{x-f(x)}{\|x-f(x)\|}$.

证明. 给定逐对不相交的球 B_i, 其中 $x_i\in B_i\subset\bar{B}_i\subset V$, 注意映射 $w:A:=\bar{V}\backslash\bigcup_{i=1}^{k}B_i\to S^{n-1}, x\mapsto\dfrac{x-f(x)}{\|x-f(x)\|}$ 有定义且连续, 由命题 8.2.18, $\deg(w|_{\partial A})=0$. 现在 ∂A 是 ∂V 与 $\bigcup_{i=1}^{k}\partial B$ 的并, 但是后者是负定向的. 因此, $\deg(v_{f,V})-\sum_{i=1}^{k}\operatorname{ind}_f(x_i)=\deg(v_{f,V})-\sum_{i=1}^{k}\deg(v_{f,B_i})=\deg(w|_{\partial A})=0$. □

现在我们可以将流形上的实值函数 f 的孤立临界点的指标定义为 f 的梯度流的时间 1 映射的不动点的指标. 命题 8.4.3 蕴含着这个定义与定义梯度流的 Riemann 度量的选择无关, 因为任何两个 Riemann 度量可通过直线形变连接, 因此这个梯度流通过固定临界点集的同伦是同伦的.

推论 8.4.7 对实值函数的非退化临界点的指标有以下应用:

推论 8.4.9. 设 f 是流形上的光滑实值函数, p 是非退化临界点. 则 p 的指标是 $\operatorname{sign}\det(\mathrm{Id}-\exp H)$, 如果 f 在 p 的 Hesse 矩阵 H 有奇数个正特征值, 则这个指标为 -1, 其他的为 1.

练　　习

8.4.1. 假设 0 是映射 $f:\mathbb{R}^2\to\mathbb{R}^2$ 的孤立不动点, 其中 $f(x,y)=(P(x,y),Q(x,y))$, P 和 Q 是多项式. 证明 $\operatorname{ind}_f 0\leqslant\max(\deg P,\deg Q)$.

[323] **8.4.2*.** 假设 0 是映射 $f:\mathbb{R}^n\to\mathbb{R}^n$ 的孤立不动点, 它的坐标是多项式. 证明 $\operatorname{ind}_f(0)$ 以仅依赖这些多项式的次数的函数为界.

8.4.3. 证明 $\deg\xi_{v,V}$ 与向量场 v 的孤立零点的充分小球的选择无关.

8.4.4. 假设 v 是有孤立零点 x_0 的向量场, 而且存在 $\varepsilon>0$ 和 x_0 的邻域 U, 使得由 v 生成的流 φ^t 在 U 内没有周期 $\leqslant\varepsilon$ 的周期轨道. 证明 $\operatorname{ind}_v x_0=\operatorname{ind}_{\varphi^\varepsilon}x_0$.

8.4.5. 设 $P(x,y)=\displaystyle\prod_{i=1}^{n}(\alpha_i x+\beta_i y)$, 其中 $\alpha_i,\beta_i\in\mathbb{R}$, α_i/β_i 两两相异. 证明对 P 的 Hamilton 向量场 v_P 有 $\operatorname{inf}_{v_P}0=1-n$.

8.4.6. 设 $P(x,y)=xy(x+y)+Q(x,y)$, 其中 Q 为次数至少是 4 的齐次多项式. 证明 $\operatorname{ind}_{v_P}0=-2$.

8.5. 光滑性的作用: Shub–Sullivan 定理

映射 f 的不动点当然也是 f 的任何迭代的不动点. 于是自然产生一个问题, 不动点的指标在 f 的迭代下是否与 f 的指标有关, 或者它们是否甚至可以被控制. 这个问题存在两个回答. 一个实际上可出现指标的指数增长:

例子. 在 Riemann 球面上考虑一个熟悉族 $g:S^2\to S^2, z\mapsto z^2/(2|z|)$. 由于对 $|z|=1$ 向量 $z-g^n(z)$ 永远指向单位圆 “内部”, 我们有 $\operatorname{ind}_{g^n}(\infty)=2^n$: 围绕 ∞ 在坐标 $w=1/z$ 下 g 由 $g(w)=2w^2/w$ 给出. 但是在单位圆 $|w|=1$ 上我们有 $\dfrac{w-g^n(w)}{|w-g^n(w)|}=\dfrac{w-2^nw^{2^n}}{|w-2^nw^{2^n}|}$, 它通过 $\dfrac{tw-2^nw^{2^n}}{|tw-2^nw^{2^n}|}, t\in[0,1], n\geqslant 1$ 同伦于主项 w^{2^n}. 但是主项 $w\mapsto -w^{2^n}$ 有度 2^n.

另一个回答是对光滑映射这不会发生, 事实上在迭代下指标甚至有界.

定理 8.5.1 (Shub–Sullivan 定理)[1]. 设 $U \subset \mathbb{R}^m$ 是开集, $0 \in U$, $f: U \to \mathbb{R}^m$ 连续可微. 如果 0 是 f^n $(n \in \mathbb{N})$ 的一个孤立不动点, 则 $\{\mathrm{ind}_{f^n}(0) | n \in \mathbb{N}\}$ 有界.

证明. 我们从两个容易的观察开始. 首先 $\sum_{i=0}^{n-1} Df^i$ 是奇异的当且仅当 $n = jk$, 其中 $k > 1$, Df 有 k 次单位原根作为特征值:

引理 8.5.2. 如果 $A := D_0 f$, 而且 [324]

$$\mathcal{R}_i^f := \{k \in \mathbb{N} | K > 1, \text{ 存在满足 } \det(\mu \mathrm{Id} - A^i) = 0 \text{ 的 } 1 \text{ 的 } k \text{ 次原根 } \mu\}$$

表示高于 A^i $(i \in \mathbb{N})$ 的谱中单位原根之一的阶数, 以及 $\mathbb{N}\mathcal{R}_i^f := \{jk | j \in \mathbb{N}, k \in \mathcal{R}_i^f\}$, 那么对所有 $n \notin \mathbb{N}\mathcal{R}_1^f$, $\sum_{i=0}^{n-1} A^i$ 可逆.

证明. 如果 $\sum_{i=0}^{n-1} A^i$ 是奇异的, 则 $\mathrm{Id} - A^n = \left(\sum_{i=0}^{n-1} A^i\right)(\mathrm{Id} - A)$ 也奇异, 且 A^n 有 1 作为其特征值, 即 $n = jk$ 使得 A 的谱中存在 k 次单位原根. 我们需要验证可取 $k > 1$. 如果不行则 1 是 A 的特征值, $\mathbb{R}^m = E_1 \oplus E'$, 其中 $E_1 : \{v \in \mathbb{R}^m | (A^n - \mathrm{Id})v = 0$, 对某个 $n\}$ 是 1 的根空间, E' 是剩余根空间之和, 所以 $\sum_{i=0}^{n-1} A^i$ 分解为 $\mathbb{R}^m = E_1 \oplus E'$ 上的积. 由构造 E_1 上的这个作用可逆, 将上面的论述应用到 E' 上, 现在必须得到 $k > 1$. □

这些 k 是 $\mathcal{R}_1^f$ 中 n 的因子. 现在我们从这些得到 n 的 "好" 值:

引理 8.5.3. 固定 $n \in \mathbb{N}$, 并令 $l_n := \mathrm{lcm}\{k \in \mathcal{R}_1^f | n\}$ 是 $\mathcal{R}_1^f$ 中 n 的因子的最小公倍数. 则 $n/l_n \notin \mathbb{N}\mathcal{R}_{l_n}^f$.

证明. 如果 λ 是 $\mathrm{spec}(A)$ 中 k 次单位原根, 则 λ^l 是 $\mathrm{spec}(A^l)$ 中 $\left(\frac{k}{\gcd(k, l)}\right)$ 次单位原根, 反之亦然, 因此, 如果 $\mathcal{R}_1^f = \{k_1, k_2, \cdots\}$, 则 $\mathbb{R}_{l_n}^f = \left\{\frac{k_1}{\gcd(k_1, l_n)}, \frac{k_2}{\gcd(k_2, l_n)}, \cdots\right\} \setminus \{1\}$. 所以如果 $\frac{n}{l_n} = j \frac{k_i}{\gcd(k_i, l_n)}$ 则 $n = \frac{j l_n}{\gcd(k_i, l_n)} k_i$, 即 $k_i | n$, 从而由 l_n 的定义 $k_i | l_n$, 和 $\gcd(k_i, l_n) = k_i$, 得知 $\frac{k_i}{\gcd(k_i, l_n)} = 1 \notin \mathcal{R}_{l_n}^f$. □

从这些观察得到定理证明的下面的关键一步:

引理 8.5.4. *如果* $\sum_{i=0}^{n-1}(D_0f)^i$ *可逆, 那么* $|\text{ind}_{f^n}0| = |\text{ind}_f 0|$.

由此得到定理: 固定 $n \in \mathbb{N}$ 并令 $m = n/l_n \in \mathbb{N}, g = f^{l_n}$. 于是 $\mathcal{R}_1^g = \mathcal{R}_{l_n}^f$, 又由引理 8.5.3 我们有 $m \notin \mathbb{N}\mathcal{R}_{l_n}^f = \mathbb{N}\mathcal{R}_1^g$, 因此由引理 8.5.2, $\sum_{i=0}^{m-1}(D_0g)^i$ 可逆, 而且由引理 8.5.4 有 $|\text{ind}_{f^n}0| = |\text{ind}_{g^m}0| = |\text{ind}_g 0| = |\text{ind}_{f^{l_n}}0|$. 但是, 注意由构造对所有 n 有 $l_n \leqslant \text{lcm}\,\mathcal{R}_1^f$. 因此, 对所有 n 有 $|\text{ind}_{f^n}0| \leqslant \max\{|\text{ind}_{f^l}0| \,|l \leqslant \text{lcm}\,\mathcal{R}_1^f\}$.

引理 8.5.4 的证明. 设 $A := D_0f, \Delta_i := f^i - A^i, \mathcal{A}_n := \sum_{i=0}^{n-1} A^i, \mathcal{F} := \text{Id} - f, \mathcal{E}_n := \mathcal{A}_n\Delta_1 - \Delta_n$, 则

$$\begin{aligned}\text{Id} - f^n = \text{Id} - A^n - \Delta_n &= \left(\sum_{i=0}^{n-1} A^i\right)(\text{Id} - A) - \Delta_n \\ &= \mathcal{A}_n(\text{Id} - f) + \mathcal{A}_n\Delta_1 - \Delta_n = \mathcal{A}_n\mathcal{F} - \mathcal{E}_n.\end{aligned}$$

令 $\gamma_n = \|\mathcal{A}_n^{-1}\|^{-1}$.

[325] **引理 8.5.5.** *存在* $\varepsilon > 0$, *使得对* $\|x\| < \varepsilon$ *有* $\|\mathcal{E}_n(x)\| < \gamma_n\|\mathcal{F}(x)\|$.

由此得到

$$\|(\text{Id} - f^n)(x) - \mathcal{A}_n\mathcal{F}(x)\| = \|\mathcal{E}_n(x)\| < \gamma_n\|\mathcal{F}(x)\| < \|\mathcal{A}_n\mathcal{F}(x)\|,$$

即 $\text{Id} - f^n$ 与 $\mathcal{A}_n\mathcal{F}$ 在 $B(0,\varepsilon)\backslash\{0\}$ 内直线同伦. 因此稍增加 ε 以后, 由 $v_{f^n,\varepsilon}(x) := \varepsilon\dfrac{x - f^n(x)}{\|x - f^n(x)\|}$ 和 $v_{(\text{Id}-\mathcal{A}_n\mathcal{F}),\varepsilon}(x) := \varepsilon\dfrac{\mathcal{A}_n\mathcal{F}(x)}{\|\mathcal{A}_n\mathcal{F}(x)\|}$ 给出 S_ε 的这两个映射同伦, 从而它们有相同的度, 由定义这也给出 f^n 的指标. 另一方面, $\mathcal{A}_n$ 可逆, 所以只要 ε 足够小, $|\text{ind}_{f^n}0| = |\deg(v_{(\text{Id}-\mathcal{A}_n\mathcal{F}),\varepsilon})| = |\deg(v_{(\text{Id}-\mathcal{F}),\varepsilon})| = |\text{ind}_f 0|$. 于是引理 8.5.4 得证. □

引理 8.5.5 的证明. 我们对 n 用归纳法证明下面的论断:

对所有 $n \in \mathbb{N}$ 存在 $\delta_n > 0$ 使得

$$\|\mathcal{E}_n(x)\| < \gamma_n\|\mathcal{F}(x)\|, \quad \text{当 } \|x\| < \delta_n$$

以及

$$\|(\text{Id} - f^n)(x)\| \leqslant \left(\gamma_n + \sum_{j=0}^{n-1}\|A^j\|\right)\|\mathcal{F}(x)\|.$$

对 $n=0$ 和 1 这成立, 因为 $\mathcal{E}_0=\mathcal{E}_1=0$. 假设 n 使得它们对所有 $i<n$ 都成立. 记

$$\begin{aligned}\Delta_{i+1}=f^{i+1}-D_0f^{i+1}&=f\circ f^i-D_0f\circ f^i+D_0f\circ f^i-D_0f\circ D_0f^i\\&=\Delta_1\circ f^i+A\circ\Delta_i,\end{aligned}$$

得到 $\Delta_n=\sum_{i=0}^{n-1}A^{n-i-1}\circ\Delta_1\circ f^i$, 因此

$$\mathcal{E}_n=\sum_{i=0}^{n-1}A^i\circ\Delta_1-\Delta_n=\sum_{i=1}^{n-1}A^{n-i-1}(\Delta_1-\Delta_1\circ f^i).$$

现在取 δ_n 使得

$$\|D\Delta_1\|_{\delta_n}:=\sup_{\|x\|<\delta_n}\|D_x\Delta_1\|<\gamma_n\left((\max_{0\leqslant j\leqslant n-2}\|A^j\|)\left(\sum_{i=1}^{n-1}K_i\right)\right)^{-1}.$$

于是, 由中值定理

$$\begin{aligned}\|\mathcal{E}_n(x)\|&\leqslant\|D\Delta_1\|_{\delta_n}\sum_{i=1}^{n-1}(\|A^{n-i-1}\|\cdot\|(\mathrm{Id}-f^i)(x)\|)\\&\leqslant\|D\Delta_1\|_{\delta_n}(\max_{0\leqslant j\leqslant n-2}\|A^j\|)\left(\sum_{i=1}^{n-1}K_i\|\mathcal{F}(x)\|\right)<\gamma_n\|\mathcal{F}(x)\|.\end{aligned}$$

我们也有 [326]

$$\begin{aligned}\|(\mathrm{Id}-f^n)(x)\|&=\|\mathcal{A}_n\mathcal{F}(x)+\mathcal{E}(x)\|\\&\leqslant\|\mathcal{A}_n\|\|\mathcal{F}(x)\|+\gamma_n\|\mathcal{F}(x)\|\\&\leqslant\left(\gamma_n+\sum_{j=0}^{n-1}\|A^j\|\right)\|\mathcal{F}(x)\|.\end{aligned}$$

□

8.6. Lefschetz 不动点公式与应用

在对圆周映射的度的讨论中, 我们发现用度可以推断 (许多) 周期点的存在性. 本质上我们是在通有覆盖与它自已的积 $\mathbb{R}\times\mathbb{R}$ 中计算图像与移位对角线的交点数. 同一思想的更复杂形式适用于更大的一般性并用不动点指标作为主要工具. 这里的意思是指 Lefschetz 不动点公式关系到同调群上的映射 f 对不动点指标之和的作用. 这建立了同调群上的映射的大范围性态与由不动点指标描述的在不动点的局部性态之间的深入联系. 特别如果我们知道不动点的指标不可

能很大 (例如由 Shub–Sullivan 定理) 时, 这将得到不动点个数的下界, 因此通过 f 的迭代得到周期点数的下界.

f 在同调群上作用的相关信息由 f 的 Lefschetz 数编码:

定义 8.6.1. 设 M 是一个紧流形, $H_k(M,\mathbb{Q}) \simeq \mathbb{Q}^{\beta_k}$ 是 M 的 k 次同调群的自由部分, $0 \leqslant k \leqslant \dim M$. 设 $f_{*k}: H_k(M,\mathbb{Q}) \to H_k(M,\mathbb{Q})$ 是 f 在 $H_k(M,\mathbb{Q})$ 上的作用, 注意 f_{*k} 有矩阵表示. 则称

$$L(f) := \sum_{k=0}^{\dim M} (-1)^k \mathrm{tr}\, f_{*k}$$

为 f 的 Lefschetz 数.

定理 8.6.2 (Lefschetz 不动点公式). 设 M 是一个紧流形, 可能带边界, $f: M \to M$ 是一个连续映射, 它的所有不动点是孤立的. 那么

$$L(f) = \sum_{x \in \mathrm{Fix}\,(f)} \mathrm{ind}_f x. \tag{8.6.1}$$

Lefschetz 不动点公式在动力系统中的最明显的应用是下面准则:

[327] **推论 8.6.3.** 紧流形 M (可能带边界) 上满足 $L(f^n) \neq 0$ 的连续映射 $f: M \to M$ 有周期 n 周期点.

这里有一个简单例子说明这如何工作:

推论 8.6.4. 连通的紧流形 (可能有边界) 的每个零伦映射有不动点.

证明. 对 $k \geqslant 1$, 零伦映射 f 映 f_{*k} 为零. 对连通流形有 $H_0(M,\mathbb{Q}) = \mathbb{Q}$ 和 $f_{*0} = \mathrm{Id}$. 因此 $L(f) = 1$. □

由于闭球的每个映射是零伦, 我们得到

定理 8.6.5 (Brouwer 不动点定理). 闭球的任何映射有不动点.

另一个重要特殊情形是同伦于恒同的映射. 如果映射 $f: M \to M$ 同伦于恒同, 则在 $H_k(M,\mathbb{Q}) \sim \mathbb{Q}^{\beta_k}$ 上 $f_{*k} = \mathrm{Id}$, 因此 $\mathrm{tr}\, f_{*k} = \beta_k$. 特别地, $L(f) = L(\mathrm{Id}) = \sum_{k=0}^{\dim M} (-1)^k \beta_k$. 此外, 由于 f^n 也同伦于恒同,

$$L(f^n) = \sum_{k=0}^{\dim M} (-1)^k \beta_k$$

与 n 无关. 因此, 由 Lefschetz 不动点公式, 得知

$$\sum_{x\in\mathrm{Fix}\, f^n} \mathrm{ind}_{\, f^n} x = \sum_{k=0}^{\dim M} (-1)^k \beta_k$$

与 n 无关. 回忆由 Euler–Poincaré 公式 (命题 A.7.7) $\sum\limits_{k=0}^{\dim M} (-1)^k\beta_k = \chi(M)$ 是 M 的 Euler 示性数, 它可通过计算 M 的任何三角剖分中的单形直接计算. 因此对同伦于恒同的仅具有孤立不动点的映射有

$$\sum_{x\in\mathrm{Fix}\, f^n} \mathrm{ind}_{\, f^n} x = \chi(M).$$

由于流的时间 t 映射通过同伦恒同构造, 由练习 8.4.4, 流的孤立不动点的指标等于时间 t 映射的指标, 特别地, 我们有下面定理:

定理 8.6.6 (Poincaré–Hopf 指标定理). 对有孤立不动点的光滑流 $\varphi^t : M \to M$, 我们有

$$\sum_{x\in\mathrm{Fix}\,(\varphi^t)} \mathrm{ind}_{\, \varphi^t} x = \chi(M).$$

推论 8.6.7. 设 M 是无边界紧微分流形, $f : M \to \mathbb{R}$ 是有孤立临界点的 C^2 函数. 那么临界点的指标之和等于 M 的 Euler 示性数.

证明. 应用定理 8.6.6 于 f 的梯度. □

对有特别简单的同调群结构的流形可容易计算 Lefschetz 数. 例如, 对球面映射我们得到下面的结果, 它应该与 S^1 映射的度进行比较, 特别与那里得到的周期点数比较. [328]

命题 8.6.8. 如果 $f : S^m \to S^m$, 那么 $L(f^n) = 1 + (-1)^m(\deg f)^n$.

证明. 对 S^m, Betti 数是 $\beta_0 = \beta_m = 1$, $\beta_k = 0$, 对 $0 < k < m$. 因此 f_{*0} 和 f_{*m} 仅仅是 f 的非平凡作用, 它们分别是 1×1 矩阵 1 和 $\deg f$, 因此 $L(f^n) = \sum\limits_{k=0}^{\dim M} (-1)^k \mathrm{tr}\,(f_{*k})^n = 1 + (-1)^m \deg f^n$. □

推论 8.6.9. 如果 m 是偶数, 且 $f : S^m \to S^m$, 则 $P_2(f) > 0$.

推论 8.6.10. 对满足 $|\deg f| \geqslant 2$ 的 S^m 映射 f, $L(f^n)$ 有关于 n 的指数增长.

因此, 我们可用 Lefschetz 不动点公式和它的推论建立周期轨道的增长, 而不仅是它的存在性. 这里有一个典型例子 (它已在 8.2c 节讨论过), 那里 Lefschetz 不动点公式可给出周期点的有关信息:

例子. 考虑 Riemann 球面 $\widehat{\mathbb{C}} = \mathbb{C}\cup\{\infty\}$, 即复平面的单点紧化上的映射 $f: S^2 \to S^2, z \mapsto z^2$. 因为 f 覆盖球面 2 次, 故 $\deg f = 2$. 从而 $L(f^n) = 1 + 2^n$, 又如 8.2 节证明的, $P_n(f) = 2 + 2^n - 1 = 2^n + 1 = L(f^n)$. 由此得知, 如前面解释的, 所有周期点都有相同的指标. 但另一方面, 我们熟悉的反例没有如 Lefschetz 数建议的那么多的周期点: $g: S^2 \to S^2, z \to z^2/(2|z|)$ 有度 2, 由 Lefschetz 不动点公式

$$1 + 2^n = L(g^n) = \sum_{x \in \operatorname{Fix} g^n} \operatorname{ind}_{g^n} x = \operatorname{ind}_{g^n} 0 + \operatorname{ind}_{g^n} \infty.$$

这正是 ∞ 的指标 $\operatorname{ind}_{g^n}(\infty) = 2^n$ 产生的指数增长.

这个例子说明, 在利用 Lefschetz 不动点公式得到许多周期点时的困难: 单个周期点可通过有无界指标的 Lefschetz 数的增长吸收. 但一个不动点吸收大多数 Lefschetz 数的这个现象本质上依赖于 g 在 ∞ 的非光滑性. Shub–Sullivan 定理 8.5.1 证明对每个 x, 可微映射的 $\operatorname{ind}_{f^n} x$ 有界且与 n 无关. 于是, 这通常意味着存在无穷多个周期点. 特别地, 现在我们可叙述上面结果和 Shub–Sullivan 定理 8.5.1 的几个推论.

推论 8.6.11. *设 M 是紧流形, $f: M \to M$ 连续可微, 使得 $\overline{\lim\limits_{n\to\infty}} L(f^n) = \infty$. 那么 f 有无穷多个周期点.*

结合推论 8.6.10 和 8.6.11, 我们得到

[329] **推论 8.6.12.** *满足 $|\deg(f)| \geqslant 2$ 的任何 C^1 映射 $f: S^m \to S^m$ 有无穷多个周期轨道.*

注意, Shub–Sullivan 定理断言, 所给周期点的指标的有界性并非与点无关. 换句话说, 这留下一个尚未解决的问题, 即是否 $\{\operatorname{ind}_{f^n}(p) | n \in \mathbb{N}, p \in M$ 是 f^n 的孤立不动点$\}$ 有界. 与推论 8.6.14 一起这启发提出下面的

问题. *光滑映射的周期点数是不是总是如 $L(f^n)$ 那样快地增长, 即是否有 $\lim\limits_{n\to\infty} \frac{1}{n} \log |L(f^n)| \leqslant p(f)$?*

回到球面映射, 我们注意, 在维数至少是 2 的情形, Misiurewicz–Przytycki 定理显示, 对满足 $|\deg(f)| \geqslant 2$ 的光滑映射, 其动力学性态是复杂的, 然而, 对连续映射这可能不成立. 但是, 那个定理对周期轨道的增长并不给出任何信息. 特别地, 上面问题针对球面情形是:

问题. *设 $f: S^n \to S^n$ 为 C^1 映射. 问是不是有 $p(f) \geqslant \log|\deg(f)|$?*

另一方面, 在某些一般假设下, 可用 Lefschetz 不动点公式估计周期轨道数的增长.

推论 8.6.13. 如果对所有 $x \in \mathrm{Fix}(f^n)$ 有 $|\mathrm{ind}_{f^n} x| = 1$, 那么 $P_n(f) \geqslant |L(f^n)|$.

如果 f 可微, $D_x f^n$ 没有特征值 1, 则由命题 8.4.6, $|\mathrm{ind}_{f^n} x| = 1$, 前一个条件是周期点的横截性条件. 因为对可微映射一般所有周期点都是横截的 (定理 7.2.4), 对通有映射推论 8.6.13 回答了上述问题:

推论 8.6.14. 一般地, $L(f^n) \leqslant P_n(f)$, 而且 $\lim\limits_{n\to\infty} \log|L(f^n)|/n \leqslant p(f)$.

推论 8.6.15. 对 C^r 映射 $f: S^n \to S^n$, 一般有 $p(f) \geqslant \log|\deg(f)|$.

更特殊的结果是

推论 8.6.16. 如果 $\varepsilon = \pm 1$, 且对所有 $x \in \mathrm{Fix}(f^n)$ 有 $\mathrm{ind}_{f^n} x = \varepsilon$, 那么 $P_n(f) = \varepsilon L(f)$.

由于 $(f^n)_{*k} = f^n_{*k}$, 在许多情形可期望 $L(f^n)$ 关于 n 指数增长 (练习 8.6.6). 因此由前面的推论得知周期点数至少指数增长. 另一方面, 一般很难得到周期点数的上界估计, 即使对 Kupka–Smale 映射, 因为很难控制增长周期的周期点指标的抵消 (见 7.4 节). 这反映了微分拓扑与微分动力系统之间的区别, 前者用代数量运算, 后者集中几何信息, 它与代数数据可以相关也可不相关. 有一个情形那里的几何图像可以用某些代数术语描述, 这就是 6.4d 节定义和第 18 章将详细研究的局部极大双曲集.

练　　习

8.6.1. 计算圆周映射的 Lefschetz 数. [330]

8.6.2. (Fuller) 设 f 是有非零 Euler 示性数的紧流形上的一个同胚. 证明 f 有周期至多是 $\max(\sum \beta_{2k}, \sum \beta_{2k-1})$ 的周期点.

8.6.3. 证明允许有 Anosov 微分同胚的紧可定向曲面 S 只能是环面.

8.6.4. 假设 $f: M \to M$ 是 Anosov 微分同胚, 不稳定丛 E^+ 在下面意义下是可定向的: 在不稳定子空间 E^+_x 内对每个标架指定一个符号, 使得当标架连续移动时它是常数. 证明 f 的 ζ 函数 (3.1.3) 是有理函数.

8.6.5*. 证明球面不允许有保面积的 Anosov 微分同胚.

8.6.6. 叙述并证明定理 8.6.6 对有边界的流形的形式.

8.6.7. 证明 $\overline{\lim\limits_{n\to\infty}} \dfrac{1}{n} \log L(f^n) = \max\limits_{0 \leqslant i \leqslant \dim M} r(f_{*i})$.

8.7. 环面映射的 Nielsen 理论与周期点

在某些情况下, 考虑指标型促使周期点数呈指数增长. 在最一般设置下这类问题是 Nielsen 理论的内容, 它通过考虑所给映射到通有覆盖的各种提升的不动点指标结合同调和同伦. 在流形的有限族内, 特别地, 我们在本书讨论这个理论, 得到任意维数的环面和高亏格曲面映射的不平凡结果. 这里我们将集中环面映射, 其中 Nielsen 理论的主要思想可以带点复杂拓扑并用非常形象的方式叙述.

由 Nielsen 理论提供的论述的最基本例子是命题 8.2.4, 它通过纯拓扑数据给出圆周映射不动点数的最佳估计. 这一节的主要目的是将这个命题推广到高维环面映射.

每个环面映射 $f:\mathbb{T}^n\to\mathbb{T}^n$ 直到同伦由它在基本群 $\mathbb{Z}^n$ 上的作用 f_* 确定, 此时这个基本群与第一同调群重合. 这个作用由 $n\times n$ 整数矩阵给出, 它在 f 的同伦类中也唯一确定线性映射 F_A. 我们的标准假设是 F_A 有孤立不动点, 这等价于 A 没有特征值 1, 或者

$$\det(A-\mathrm{Id})\neq 0.$$

[331] 如果没有这个假设, 可保证没有不动点 (练习 8.7.2). 首先, 我们注意到 F_A 的所有不动点的指标都是相同的, 由命题 8.4.6 它们为 $\operatorname{sign}\det(\mathrm{Id}-A)$. 因此, 由 Lefschetz 不动点公式有 $L(F_A)=\operatorname{sign}\det(\mathrm{Id}-A)\operatorname{card}\operatorname{Fix}(F_A)$.

计算 F_A 的不动点数的另一个方法是利用命题 1.8.1 证明的论述, 它包含对矩阵 $\begin{pmatrix}2&1\\1&1\end{pmatrix}$ 这特殊情形的计算: 如果对某个 $x\in\mathbb{T}^n$ 有 $F_A(x)=x$, 则对投射到 x 的任何 $v\in\mathbb{R}^n$ 有 $Av-v\in\mathbb{Z}^n$, 因此 $x=\pi v$ 是在 (不可逆) 映射 $F_{\mathrm{Id}-A}$ 作用下 0 的原像, 其中 π 是标准投射. 但是这个原像数恰好等于这个映射的度的绝对值, 由体积形式的定义它等于 $\det(\mathrm{Id}-A)$. 因此

$$L(F_A)=\det(\mathrm{Id}-A). \tag{8.7.1}$$

F_A 的不同不动点可黏合如下: 考虑映射 F_A 到通有覆盖的不同提升. 这些提升通过整数平移变换可不同. 因此每个提升可唯一表示为 $v\to Av+m$, 其中 $m\in\mathbb{Z}^n$. 如果 v 是任何提升的不动点, 则它的投影是 F_A 的不动点. 当然不同的 v 通过整数向量表示同一个不动点 x. 如果 $Av+m=v$, 则 $m=(\mathrm{Id}-A)v$. 现在假设 m_1 和 m_2 使得提升 $v\mapsto Av+m_i$ 对应的不动点 v_i 投射到相同的 $x\in\mathbb{T}^n$, 其中 $i=1,2$. 因此这意味着对某个 $k\in\mathbb{Z}^n$ 有 $m_1-m_2=(\mathrm{Id}-A)k$. 所以所有整数向量 m, 从而所有提升, 划分为等价类, 使得两个等价的提升的不动点投射到 F_A 在 $\mathbb{T}^n$ 上的相同不动点.

在用 Lefschetz 数对周期点数界定的一般讨论之前, 我们看对线性映射的扰动将会发生什么. 由命题 1.1.4, F_A 的任何周期点在充分小的 C^1 扰动下得到保持, 它的指标也保持相同. 值得注意的是如果 A 是双曲的, 则充分小的扰动事实上保持所有周期点的指标. 这可从下面事实看出: 由结构稳定性 (二维情形的定理 2.6.3 可逐字逐句推广到任意维数) 对足够接近于 F_A 的任何 f, 周期 n 的周期点数 $P_n(f)$ 是常数, 而且由推论 6.4.7 它们都是双曲的, 因此都有相同的指标, 因为 $L(f) = L(F_A)$.

现在我们考虑同伦于 F_A 的任一映射 f. 取 f 的任一提升 F. 对某个 $\mathbb{Z}^n$–周期的 $g : \mathbb{R}^n \to \mathbb{R}^n$, 它有形式 $v \mapsto Av + m + g$. 如前, 不动点的提升通过整数向量 m 分类, 虽然 F 的不动点可以不唯一, 但如果 $m_1 - m_2 = (\mathrm{Id} - A)k$, 则不同 m_i 给出相同的类. 我们将证明对 m 的每个等价类存在至少一个不动点的提升. 在 $\mathbb{R}^n$ 中取围绕仿射映射 $v \mapsto Av + m$ 的不动点的球 B, 使得到单位球面 S^{n-1} 上的映射 $v_{F,B} : v \mapsto \dfrac{v - F(v)}{|v - F(v)|}$ 永远不是反垂足于对应映射 $v_{A+m,B}$. 由于 F 是 $A + m$ 的有界扰动, 只要 B 足够大, 这永远成立. 于是 $v_{F,B}$ 的度与 $v_{A+m,V}$ 的 [332]
度相同, 从而它是 $\mathbb{R}^n$ 上 $A + m$ 的唯一不动点的指标且等于 $\det(\mathrm{Id} - A)$. 因此 F 在 B 内有不动点. 因而我们证明了可作为 Nielsen 理论典型结果的如下结果.

定理 8.7.1. *设 $f : \mathbb{T}^n \to \mathbb{T}^n$ 是一个连续映射, 使得 $f_* : \mathbb{Z}^n \to \mathbb{Z}^n$ 没有 1 作为其特征值. 那么 f 至少有 $|\det(\mathrm{Id} - f_*)|$ 个不同的周期点.*

更一般地, 设 $f : M \to M$ 是连通流形 M 的一个连续映射, $\tilde{M}$ 是 M 的通有覆盖. 则基本群通过覆叠变换 γ 作用. 于是两个提升 F_1, F_2 可称为是等价的, 如果存在覆叠变换 γ, 使得 $F_2 = \gamma^{-1} F_1 \gamma$. 用 $\sim$ 记这个关系. 于是, F_1 和 F_2 的不动点的投影重合且给出 (可能是空的) f 不动点的等价类. 这些类的并给出 f 所有不动点. 称不动点类为*本质的*, 如果在投射下它们原像的指标之和对这个覆盖上的任何提升是非零的. 注意对环面映射 f, 如果 $\det(\mathrm{Id} - f_*) \neq 0$, 则所有类都是本质的, 否则是非本质的. 这些类的中心性质是指标之和的同伦不变性. 在紧通有覆盖情形 (对 Nielsen 理论这不特别有兴趣) 这是 Lefschetz 不动点公式的一个结论. 本质不动点类的个数称为 f 的 Nielsen *数*, 记为 $N(f)$. 它是一个同伦不变量, 通常它可通过考虑同伦类中的特别简单的模型计算. 然而, 它的算法比计算 Lefschetz 数的算法少得多. 因此, Nielsen 数给出映射不动点数的一个下界估计. 事实上, 在大多数情形 (特别对环面情形) 这个估计是最佳的, 如同对映射的同伦类的估计.

不动点的等价类可以直接在流形 M 上定义如下: f 的两个不动点 p 和 q 是等价的 (记为 $p \sim' q$), 如果存在连接 p 和 q 的弧段使得 c 和 $f(c)$ 通过固定端点的同伦是同伦的. 在练习 8.7.4—8.7.6 中我们将看到这个定义与前面的定义重合.

练 习

8.7.1*. 计算 F_A 的 Lefschetz 数, 并利用定义 8.6.1 对任何整数矩阵 A 求 $p(F_A)$.

8.7.2. 证明如果 1 是整数矩阵 A 的一个特征值, 则存在同伦于 F_A 的映射 g 没有不动点.

8.7.3*. 考虑环面同胚 $f:\mathbb{T}^n\to\mathbb{T}^n$, 使得 $f_*:\mathbb{Z}^n\to\mathbb{Z}^n$ 没有 1 为其特征值, 且有不是单位根的特征值. 证明 $p(f)>0$.

[333] **8.7.4.** 设 $f:M\to M$ 且 $p\sim' q$ 是两个不动点. 证明存在 f 的提升 F 分别有投射到 p 和 q 的不动点 p' 和 q'.

8.7.5. 设 $f:M\to M$ 且 $p\sim q$ 是两个不动点. 证明存在 f 的提升 F 分别有投射到 p 和 q 的不动点 p' 和 q'.

8.7.6. 设 $f:M\to M$ 且 p,q 是不动点, 使得存在 f 的提升 F 分别有投射到 p 和 q 的不动点 p' 和 q'. 求证 $p\sim' q$.

第 9 章　动力学中的变分法 [335]

本章的目的是在动力学中引入变分法, 说明如何使得某些动力系统中的有趣轨道, 可以作为定义在潜在轨道的适当辅助空间中的泛函的临界点来寻找. 这个思想要追溯到经典力学中的变分原理 (Maupertuis, d'Alembert, Lagrange 等). 经典的连续时间系统出现了有关潜在轨道空间的无限维数的某些困难. 为了显示这个方法的本质特性并避免这些困难, 我们从 9.2 节开始, 用几何问题模拟刻画质点在凸域中的运动, 然后在 9.3 节考虑保面积二维动力系统的更一般类, 扭转映射, 它具有这个例子的本质特性, 并涵盖了许多其他有趣情形. 主要结果是定理 9.3.7, 它保证任何一个扭转映射的*无穷多个*具有特殊性态的周期轨道的存在性. 这个结果本身至少对涉及周期问题的作用量泛函 (9.3.7) 的机制是重要的, 第 13 章将它推广并给出有关非周期轨道的结果. 此外在发展了必要的局部理论以后, 可将这个方法经过加工研究连续时间系统. 虽然我们只讨论测地流问题, 但那里的作用量泛函却有着特别明显的几何解释. 这里一个重要因素是通过考虑 "折测地线" 将大范围问题化为有限维问题 (参看定理 9.5.8 的证明). 9.6 节和 9.7 节则集中注意大范围极小测地线组成的不变集, 即通有覆盖上的测地线是它们任何两点之间长度的极小化线段. 存在两个主要结论: 一个是联系通过通有覆盖上球体积的增长测量流形的几何复杂性与通过拓扑熵测量测地流的动力学复杂性的定理 9.6.7. 另一个是定理 9.7.2, 它容许我们对亏格大于 1 的曲面的任 [336]
一度量产生无穷多条闭测地线. 事实上, 这些测地线非常类似于定理 9.3.7 中的 "极小" Birkhoff 周期轨道.

9.1. 函数的临界点, Morse 理论与动力学

在第 5 章中, 我们概要刻画来自经典力学中的两个不同形式的动力系统. Hamilton 形式导致的动力系统由偶数维空间中的一个一阶常微分方程系统给出. 这个方法中的所有坐标都对称地出现. 另一个 Lagrange 形式仅涉及描述构形空间的坐标集, 并通过一组二阶常微分方程给出动力学. 由此得知, Lagrange 系统可通过考虑系统的 “潜在” 轨道来描述, 并从这些轨道得到真实轨道, 后者作为构形空间中的一个曲线集合上的某个泛函临界点. 这类描述通常称为变分法, 因为在找真实轨道时潜在轨道必须变化. Euler–Lagrange 方程 (5.3.2) 正好是 9.4 节讨论的对作用量泛函描述临界曲线的方程.

研究有限维或无限维空间中的函数的临界点有两个方面的问题: 处理孤立临界点的结构和稳定性的局部问题, 以及处理空间的大范围拓扑性质与该空间中临界点结构之间的关系的大范围问题, 有时称后者为 Morse 理论.

有限维局部结果的原型是下面的 Morse 引理:

命题 9.1.1. *设 p 是光滑流形 M 上的 C^r 函数的一个非退化临界点, $r \geqslant 2$. 那么存在 $0 \leqslant k \leqslant n$ 和 C^{r-2} 局部坐标系, p 为原点, 使得 f 在这些坐标下为*

$$f(x) = f(0) + \sum_{i=1}^{k} x_i^2 - \sum_{i=k+1}^{n} x_i^2.$$

注. 数 k 称为点 p 的 Morse 指标.

证明. 首先, 不失一般性假设 $f(0) = 0$. 其次, 通过坐标的线性变换可将 f 的二次项化为所要求的形式, 即可考虑

$$f(x) = \sum_{i=1}^{n} \varepsilon_i x_i^2 + g(x), \quad 其中\ g(x) = o\left(\sum_{i=1}^{n} x_i^2\right),$$

这里 $\varepsilon_i = \pm 1$. 现在对维数用归纳法求所求的坐标变换, 并证明它的线性部分是恒同. 对 $n = 1$ 我们有 $f(x) = \varepsilon x^2 + g(x)$. 令 $h(x) = g(x)/\varepsilon x^2$ 和 $y = x(1 + h(x))^{1/2}$,
[337] 得到 $f(x) = \varepsilon x^2(1 + h(x)) = \varepsilon y^2$, 新坐标 y 就是所求的. 现在 h 在 0 是 C^{r-2} 的, 离开 0 是 C^r 的, 因为 $g(x) = o(x^2)$ 且 g 是 C^r 的. 但是 $(1 + h(x))^{1/2}$ 是 C^{r-2} 的, 因为 $h(0) = 0$, 因此 y 是 C^{r-1} 的 (线性部分为恒同).

现在假设这个结果对 n 成立, 令 $f(x_1, \cdots, x_{n+1}) = \sum_{i=1}^{n+1} \varepsilon_i x_i^2 + g(x)$, 其中 $\varepsilon_i = \pm 1$, $g(x) = o\left(\sum_{i=1}^{n+1} x_i^2\right)$. 由隐函数定理, $\dfrac{\partial f}{\partial x_{n+1}} = 0$ 在 0 附近的解是函数

$x_{n+1}=\varphi(x_1,\cdots,x_n)$ 的图像, 且 $D\varphi(0)=0$. 对 $i\leqslant n$ 变换坐标到 $y_i=x_i, y_{n+1}=x_{n+1}-\varphi(x_1,\cdots,x_n)$, 对 $x_{n+1}=0$ 可假设有 $\dfrac{\partial f}{\partial x_{n+1}}=0$. 现在由归纳法假设可将 f 在超平面 $x_{n+1}=0$ 上的限制通过 C^{r-2} 坐标变换 $y_i=\psi_i(x_1,\cdots,x_n), i\leqslant n$, 化为所要求的形式, 并使得这个变换在 0 的微分是恒同. 由此通过令 $y_{n+1}=x_{n+1}$, 这个变换扩展到 0 的邻域上的微分同胚 (线性部分为恒同). 这将 f 化为形式

$$f(y_1,\cdots,y_{n+1})=\sum_{i=1}^{n}\varepsilon_i y_i^2+\varepsilon_{n+1}y_{n+1}^2(1+h(y_1,\cdots,y_{n+1})),$$

其中, 如在情形 $n=1$, h 是 C^{r-2} 的且 $h(y_1,\cdots,y_n,0)=0$. 这使得我们可作最后一个坐标变换 $z_i=y_i, i\leqslant n$, $z_{n+1}=y_{n+1}(1+h(y))^{1/2}$, 它是 C^{r-2} 的并将 f 变换成要求的形式. □

另一个重要的局部事实是, 由定理 8.4.4 得到有非零指标的临界点 (特别地, 任何非退化点) 在 C^1 拓扑下的函数小扰动下的持久性.

最简单的大范围事实是, 紧流形上的光滑函数至少有两个临界点, 一个是大范围极大, 另一个是大范围极小. 这个基本结果的一个有用变更是下面的事实. 如果 f 是不必为紧的流形上的一个光滑函数, 使得对某个 t 集合 $f^{-1}((-\infty,t])$ 紧且非空. 那么 f 至少有一个临界点, 它是大范围极小. 定理 9.3.7 中第一个 (p,q) 型 Birkhoff 周期轨道的存在性证明以这个最后论断为基础.

在某些情形下还存在产生不是极值点的其他临界点的方法. 这种类型最常见的论述是所谓 "山路" 原理. 我们描述一个简单形式.

命题 9.1.2. *设 M 是一个紧流形, $D\subset M$ 是有紧闭包的开集, $f: M\to\mathbb{R}$ 是具有下述性质的 C^1 函数:*

(1) f 在 D 内有两个局部极小 p 和 q.

(2) D 内存在连接 p 和 q 的路径 γ, 使得

$$\sup\{f(x)|x\in\gamma\}\leqslant\inf\{f(x)|x\in\partial D\}.$$

那么, f 在 D 内有另外不是局部极小的临界点. [338]

我们概要地说明这个事实的证明. 不失一般性可假设 γ 是逐段 C^1 的. 考虑 $\overline{D}$ 内连接 p 和 q、Lipschitz 常数充分大的所有 Lipschitz 路径组成的空间 $\mathcal{L}$. 由 Arzelá–Ascoli 定理 A.1.24, 在一致拓扑下 $\mathcal{L}$ 是紧的. 因此在 $\mathcal{L}$ 上函数

$$\mathcal{F}(c):=\max\{f(x)|x\in c\}$$

在一致拓扑下连续并达到大范围极小. 由 (2) 至少在一个路径上这个极小在 D 内达到. 设 c_0 是这样的路径. 沿着 c_0 函数的极大在 c_0 的闭子集 C 上达到. 如

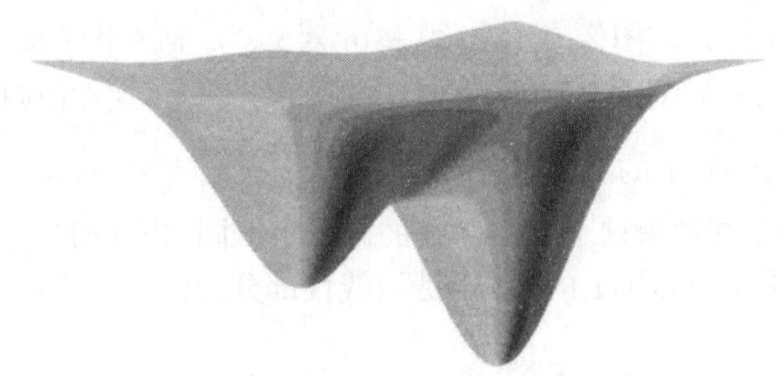

图 9.1.1. 山路

果 C 不包含临界点, 则用 $-f$ 的梯度流移动 c_0, 用在 C 上为正的非负函数重参数化, 它的支集与 f 的临界点集不相交. 因此新路径有比 c_0 更小的极大, 矛盾.

建立第二个 (p,q) 型 Birkhoff 周期轨道 (极小化极大) 的存在性定理 9.3.7, 证明中的论述事实上是如在命题 9.3.9 看到的山路型论述的一个例子.

有限维 Morse 理论的其他基本的大范围结果, 包括推论 8.6.7 以及不是球面的任何紧流形上的任何光滑函数至少有 3 个临界点.

在连续时间动力系统情形, 所有潜在轨道的集合在任何合理设置下是一个无穷维空间. 无穷维空间中的泛函临界点的局部分析所呈现的技术性问题将在 9.5 节第一次考虑离散时间系统时讨论, 它可以用变分法描述, 那里潜在的有限长度轨道段的空间是有限维的. 在某些情形无穷多个轨道可通过考虑具有正确选择边界条件的有限轨道段的适当极限直接 (周期情形) 或间接描述.

[339] **练 习**

9.1.1. 给出命题 9.1.2 的详细证明.

9.1.2. 证明如果 M 的维数大于 1, 则命题 9.1.2 产生的临界点不是局部极大点.

9.1.3. 假设 M 是一个紧光滑曲面, f 是正好有两个临界点的光滑函数 (不必是 Morse 函数). 证明 M 同胚于球面.

9.1.4. $\mathbb{T}^2$ 上的 Morse 函数的临界点的最小个数是什么?

9.1.5*. 在 $\mathbb{T}^n$ 上构造一个具有 $n+1$ 个临界点的 C^∞ 函数.

9.2. 弹子球问题

现在我们考虑质点 (或一束光线) 在平面内以 B 为光滑边界的凸有界区域 D 内的运动. 这种运动的轨道由 D 内按照入射角等于反射角规则连接边界点的直线段组成. 运动的速度是常数. 由于 D 有界, 与边界相继碰撞之间的时间有限. 这个系统的相空间方便地描述为以 D 的内点为基点的所有具有固定长度 (例如, 单位长度) 的切向量和边界点处指向区域内部的向量的集合. 自然坐标由基点的 Euclid 坐标 (x_1, x_2) 和循环角坐标 α 给出.

在边界的反射产生不连续性. 但是, 这个连续时间系统有在 0.3 节意义下的大范围自然截面 C, 如果 B 不包含直线段, 其上的回复映射是连续的. 它由 B 上所有指向内部的向量组成. 拓扑地 C 是沿着 B 由循环长度参数 s 参数化和与正切线方向所成的角度 $\theta \in [0, \pi]$ 组成的柱面.

截面上的 Poincaré 映射 $f : C \to C$ 通常称为*弹子球映射*, 或简单地称为*弹子映射*, 它可描述如下: 支点在 $p \in B$ 的向量 $v \in C$ 确定一条有向直线 l, 它与 B 相交于两点 p 和 p'. 于是 $f(v)$ 是在 p' 指向 l 关于 B 在 p' 点的切线的反射方向的向量. 相空间中的自然坐标是 B 上的循环长度参数 $s \in [0, L)$ 和与正向切线方向所成的角度 $\theta \in (0, \pi)$, 其中 L 是 B 的总长度. 换句话说, 边界与圆周 $\mathbb{R}/L\mathbb{Z}$ 等同.

后面我们将看到, 如果 B 是一条 C^r 曲线, 则在这些坐标下映射 f 是 C^{k-1} 的, $1 \leqslant k \leqslant \infty$. 如果曲线 B 是严格凸的, 即它不包含直线段, 则映射 f 可连续 [340]
扩张到这个柱面边界分支上的 Id. 设 $f(s, \theta) = (S(s, \theta), \Theta(s, \theta))$. 计算 S 和 Θ 相当麻烦, 事实上从它未必能了解多少动力学. 我们指出 f 的两个重要特性.

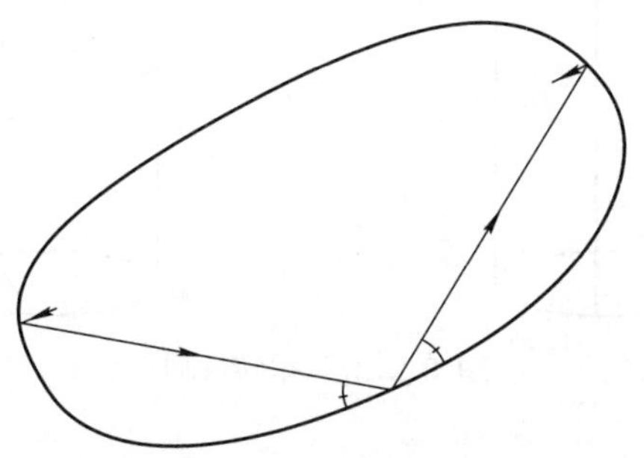

图 9.2.1. 凸弹子球

首先, $S(s_0, \cdot)$ 是 θ 的一个单调函数, 当 θ 从 0 到 π 变化时它从 s_0 增加到 $s_0 + L \pmod L$. 事实上, $\dfrac{\partial S}{\partial \theta} = \dfrac{h}{\sin \theta}$, 其中 h 是连接坐标为 (s, θ) 和 (S, Θ) 的边界点 p 和 P 的弧长. 因此, 对 $0 < \theta < \pi$,

$$\frac{\partial S}{\partial \theta} > 0. \tag{9.2.1}$$

(此外, 如练习 9.2.4 证明的, $\theta \to 0$ 或 π 时 $\dfrac{\partial S}{\partial \theta}$ 的极限等于在 p 的曲率半径.) 这个性质称为*扭转性质*, 它在以后的讨论中起着重要作用.

其次, f 保持体积元 $\sin\theta dsd\theta$. 这可从下面看出. 平面上具有单位速度的自由运动可写为

$$\begin{aligned}\dot{\alpha} &= 0,\\ \dot{x}_1 &= \cos\alpha,\\ \dot{x}_2 &= \sin\alpha,\end{aligned}$$

因此散度为零, 且保持体积形式 $dx_1dx_2d\theta$. 在边界点 p, 坐标 α 与坐标 θ 在截面 C 上直到相差一个加法常数重合. 因此这个形式可以写为 $dx_1dx_2d\theta = (dtds\sin\theta)d\theta$,
[341] 其中 t 是沿着轨道段的时间参数. 从而它是形式 $dt(ds\sin\theta d\theta)$, 即在截面 C 上 dt 乘上体积形式 $ds\sin\theta d\theta$, 它在 B 的 p 点的切线反射下不变. 因此后面的形式在 f 作用下不变 (这个论述正是命题 5.1.11 证明中用过的论述的一个特殊情形). 特别地, f 保持定向. 有时候用坐标 $r = -\cos\theta$ 代替 θ 较为方便, 因为在这些坐标 (s, r) 下弹子球映射将保持面积和定向. 但是付出的代价是在这些坐标下弹子球映射在相空间的边界不可微, 而在标准坐标下在那里是可微的, 只要 B 的曲率不为零.

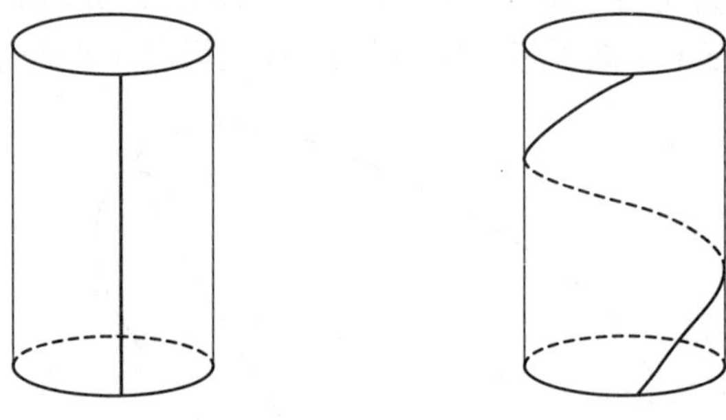

图 9.2.2. 扭转性质

弹子球映射 f 的每条轨道由边界 B 上碰撞点的序列完全确定. 我们看在什么条件下 B 上的点列对应于 f 的轨道. 首先考虑 B 上与坐标 s 和 s' 对应的两点 p 和 p', 并令 $H(s, s')$ 是 p 和 p' 之间的 Euclid 距离的负值. 称 H 为这个弹子球的生成函数. 直接计算显示 (练习 9.2.1)

$$\begin{aligned}\frac{\partial}{\partial s'}H(s, s') &= -\cos\theta',\\ \frac{\partial}{\partial s}H(s, s') &= \cos\theta,\end{aligned} \tag{9.2.2}$$

其中 θ' 是连接 p 和 p' 的线段与在点 p' 的负切线之间的交角, θ 是连接 p 和 p' 的线段与在点 p' 的正切线之间的交角. 如果我们用坐标 $r = -\cos\theta$ 代替, 则这

些方程简化为

$$\begin{aligned}\frac{\partial}{\partial s'}H(s,s')&=r',\\ \frac{\partial}{\partial s}H(s,s')&=-r,\end{aligned}\tag{9.2.3}$$

其中 $r' = -\cos\theta'$. 这些方程可看作为通常的 Hamilton 方程的离散类似 (见 (1.5.5) 和 5.5c 节). 通过简单计算容易验证它们也保面积: 如果 $\widetilde{H}(s,r) := H(s,S(s,r))$, 那么 [342]

$$\frac{\partial\widetilde{H}}{\partial s}=-r+R\frac{\partial S}{\partial s}$$

和

$$\frac{\partial\widetilde{H}}{\partial r}=R\frac{\partial S}{\partial r},$$

因此, 通过计算 $\dfrac{\partial^2\widetilde{H}}{\partial s\partial r}$ 得到

$$-1+\frac{\partial R}{\partial r}\frac{\partial S}{\partial s}+R\frac{\partial^2 S}{\partial s\partial r}=\frac{\partial^2\widetilde{H}}{\partial s\partial r}=\frac{\partial^2\widetilde{H}}{\partial r\partial s}=\frac{\partial R}{\partial s}\frac{\partial S}{\partial r}+R\frac{\partial^2 S}{\partial r\partial s}$$

和 $\dfrac{\partial R}{\partial r}\dfrac{\partial S}{\partial s}-\dfrac{\partial R}{\partial s}\dfrac{\partial S}{\partial r}=1$.

方程 (9.2.3) 对动力学编码如下: 如果这个动力学是由 $(s',r')=f(s,r)=(S(s,r),R(s,r))$ 给出, 则可证明, 由隐函数定理, 方程 (9.2.3) 局部确定函数 S 和 R. 为了对

$$0=F(s,s',r,r'):=\begin{pmatrix}\dfrac{\partial}{\partial s'}H(s,s')-r'\\ \dfrac{\partial}{\partial s}H(s,s')+r\end{pmatrix}$$

应用隐函数定理, 需要验证 F 关于 (s',r') 的全导数

$$\begin{pmatrix}\dfrac{\partial^2}{\partial s'^2}H(s,s') & -1\\ \dfrac{\partial^2}{\partial s\partial s'}H(s,s') & 0\end{pmatrix}$$

是非奇异的, 即 $0\neq\dfrac{\partial^2}{\partial s\partial s'}H(s,s')=\dfrac{\partial r'}{\partial s}$, 这实际上是扭转性质的一个结论. 为了在 s' 固定时求 $\dfrac{\partial H}{\partial s'}=r'$ 关于 s 的微分, 取单位速度曲线 $c(t)=(s(t),r(t))$ 使得 $S(c(t))\equiv s'$. 注意 $0=\dfrac{\partial S}{\partial s}\dfrac{ds}{dt}+\dfrac{\partial S}{\partial r}\dfrac{dr}{dt}$, 从而由扭转性质得 $\dfrac{dr}{dt}=-\left(\dfrac{\partial S}{\partial s}\Big/\dfrac{\partial S}{\partial r}\right)\dfrac{ds}{dt}$, 因为 $\dfrac{ds}{dt}$ 永不为零. 于是

$$\begin{aligned}\frac{ds}{dt}\frac{\partial^2}{\partial s\partial s'}H(s,s') &= \frac{d}{dt}R\circ c = \frac{\partial R}{\partial s}\frac{ds}{dt} + \frac{\partial R}{\partial r}\frac{dr}{dt} \\ &= \frac{\partial R}{\partial s}\frac{ds}{dt} - \frac{\partial R}{\partial r}\left(\frac{\partial S}{\partial s}\Big/\frac{\partial S}{\partial r}\right)\frac{ds}{dt} \\ &= -\left(\frac{\partial S}{\partial s}\frac{\partial R}{\partial r} - \frac{\partial S}{\partial r}\frac{\partial R}{\partial s}\right)\frac{ds}{dt}\Big/\frac{\partial S}{\partial r} = -\frac{ds}{dt}\Big/\frac{\partial S}{\partial r},\end{aligned}$$

[343] 因为 f 保面积. 因此由 (9.2.1) 得到

$$\frac{\partial^2}{\partial s\partial s'}H(s,s') = -1\Big/\frac{\partial S}{\partial r} < 0. \tag{9.2.4}$$

在下一节对扭转映射作了某些说明以后, 这个计算应该变得有明显的几何说明.

假设曲线 B 是 C^k 光滑的, 即其 Euclid 坐标是长度参数的 C^k 函数. 则对 $0 < r < 1$ 这个生成函数也是 C^k 的, 而且由隐函数定理, 函数 S 和 R 是 C^{k-1} 的.

现在考虑边界上的 3 个点. 不像一对点, 3 点总不会一起位于一条轨道的部分上. 这样的 3 点可描述为某个泛函的临界点. 考虑 B 上的 3 点 p_{-1}, p_0, p_1, 对应的坐标是 s_i. 如果它们是弹子球轨道的一部分, 则由定义连接 p_{-1} 与 p_0 以及 p_0 与 p_1 的线段使得它们与在 p_0 的切线有相同的交角. 因此在 $s = s_0$,

$$\frac{d}{ds}H(s_{-1},s) + \frac{d}{ds}H(s,s_1) = 0, \tag{9.2.5}$$

即 p_0 作为泛函 $s \mapsto H(s_{-1},s) + H(s,s_1)$ 的一个临界点得到. 这是我们遇到用定义在动力系统的"潜在"轨道段空间中的泛函临界点描述动力系统的轨道段的第一个情形. 这个过程可被迭代以产生作为依赖几个变量的泛函的临界点的轨道段. 这自然要求通过相空间的通有覆盖, 我们将在下一节讨论它.

现在考虑弹子球的几个例子, 并讨论直接建立在几何直观基础上的一些初等结果.

例子. (圆周) 设 D 是边界为 $B = \{(x,y)|x^2+y^2=1\}$ 的圆盘. 此时弹子球映射可明显地写为 $(s',\theta') = (s+2\theta,\theta)$, 所以角度 θ 是运动的一个积分, 相柱面分裂为不变圆周 $\theta = \theta_0$. 如果 θ_0 与 2π 可公度, 则圆周上的弹子球映射是周期的, 轨道对应于内接星形多边形. 如果 θ_0 与 2π 不可公度, 则由命题 1.3.3, 所有轨道在圆周上稠密, 圆周内弹子球映射的每个轨道在环域 $\cos^2\theta \leqslant x^2+y^2 \leqslant 1$ 内稠密. 此时的生成函数是 $H(s,s') = -2\sin\dfrac{1}{2}(s'-s)$.

例子. (椭圆) 考虑边界为 $B = \left\{(x,y)\middle|\dfrac{x^2}{a^2}+\dfrac{y^2}{b^2}=1\right\}$ 的椭圆区域 D. 我们立刻注意到, 对这个弹子球映射有两个特殊的周期 2 轨道, 即对应于椭圆的两个对称

轴的轨道. 在圆周情形代之以用直径表示的周期 2 轨道的整个单参数族. 长对称轴的两个端点为椭圆上具有最长距离的一对点, 即生成函数 H 的极小点. 同样地, 短对称轴的端点可用生成函数 H 的鞍点刻画. 长轴的长度等于椭圆的直径, 即区域内任何两点之间的最大距离. 短轴的长度等于椭圆的宽度, 它定义为包含椭圆的带形区域 (两条平行线之间) 的最小宽度. 我们马上看到, 任何弹子球至少有两个周期 2 轨道, 它们都可类似地描述. [344]

对弹子球的相图讨论之前, 注意在此情形有运动的积分. 它可描述如下: 包含特殊轨道段的直线刚好切于一个二次共焦椭圆. 由此得知弹子球映射保持这个性质, 即所有从单个轨道得到的直线都切于相同的二次曲线. 因此任何参数刻画这个族中的二次曲线, 例如, 二次曲线的离心率作为第一积分. 这些二次曲线分裂为两个族和两个奇异情形. 正离心率对应于共焦椭圆. 每个椭圆对应于相空间中围绕柱面的不变曲线. 负离心率对应于共焦双曲线. 每个这样的双曲线确定相空间中的一条不变曲线, 它们由对应于双曲线分支的两个不相交闭分支组成. 弹子球映射互相转换这些分支. 两个族被相空间中对应于通过焦点的轨道的曲线所分离. 每个这样的轨道 (除了长轴) 在这些焦点之间交错. (别忘了, 这就是为什么称这些点为焦点!) 当离心率跑向负无穷时共焦双曲线收敛于直线, 对应的轨道收缩到在短轴上的轨道.

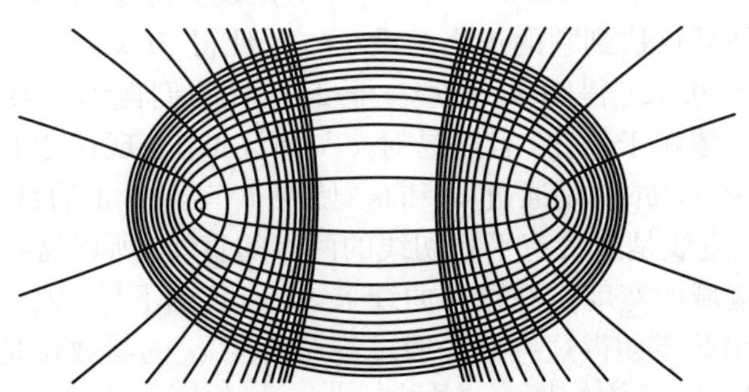

图 9.2.3. 具有共焦椭圆和双曲线的椭圆弹子球

长对称轴对应于周期 2 双曲点, 通过每个焦点的轨道组成包含这个轨道的奇异不变曲线的两个分支 (练习 9.2.5). 这些分支通过这个映射互相交换, 它们每一个组成周期轨道一点的稳定流形的分支和其他不稳定流形的分支. 所以这条曲线上的所有轨道都是非横截的异宿轨道, 按照 Kupka–Smale 定理弹子球映射的扰动产生有复杂性态的例子 (与 7.2 节末尾的例子比较). 短对称轴对应于椭圆轨道. 注意双曲轨道的指标如 Poincaré 映射的二次迭代的不动点指标是 -1, 椭圆轨道的指标是 $+1$ (见 8.4 节的表). [345]

共焦二次曲线族在弹子球映射作用下的不变性可纯几何地证明,[1] 以代替将概述这个结果的解析论述. 弹子球在内部的自由运动具有 3 个关于速度是线性的独立积分: 两个速度坐标 $v_1 := \dot{x}_1, v_2 := \dot{x}_2$, 还有一个角动量 $A := x_1\dot{x}_2 - x_2\dot{x}_1$ (参看 5.2d 节). 弹子球映射不改变支点和相当于瞬时变化的速度向量, 事实上它可描述为边界关于在反射点的切线的反射. 因此, 在边界任何点的反射作用下不变的这 3 个积分的任何一个函数是弹子球映射的运动积分. 具有这个对称性的最简单函数类是关于速度坐标的二次函数. 动能 $E := v_1^2 + v_2^2$ 显然是这种函数的一个, 它在任何反射作用下不变. 我们可以尝试通过取 v_1, v_2 和 A 的另一个二次函数求弹子球桌产生的映射的第二个运动积分, 例如, 对函数 $I := v_2^2 - A^2$ 构造一个对称轴的向量场 (事实上存在两个这样的向量场), 并考虑这个向量场的积分曲线为弹子球桌的边界. 事实上由函数 I 定义的向量场, 有闭共焦椭圆轨道以及其他产生共焦双曲线族的轨道 (参看练习 9.2.8—9.2.9). 现在我们推广上面的观察, 即周期 2 轨道可通过由这个区域的直径和宽度的几何描述得到.

命题 9.2.1. *设 D 是边界为 B 的严格可微的凸有界区域, 即边界是曲率非零的 C^2 曲线. 则相应的弹子球映射至少有以下两个不同的周期 2 轨道: 其中之一对应于两个边界点之间的距离是 D 的直径, 另一个对应于距离是 D 的宽度.*

证明. 考虑较早定义的生成函数 $H(s, s')$. 它在环面 $B \times B$ 上有定义且连续, 而且除了对角线以外都是可微的. 由于它在对角线上为零, 在其他地方为负, 所
[346] 以在对角线以外某点达到它的极小. 设 (s, s') 使得 $H(s, s') = d$. 由于 (s, s') 是临界点, 故由 (9.2.2) 得知 $\theta = \theta' = \pi/2$, 从而我们得到了第一个周期 2 轨道. 这个论述只依赖于凸性, 且容易对 C^1 曲线工作. 现在考虑环面上的曲线 $(s, g(s))$, 其中 $s' = g(s)$ 是通过 s 和 s' 使得 $\theta = -\theta'$ 的直线上除了 s 的边界点的坐标 (此直线是连接有平行切线的两点的直线, 所以这些直线长度的极小值应该就是区域的宽度). 在这条曲线上 H 有负的下界, 因此达到一个负的最大值 w. 曲率非零使得这些曲线通过绝对角度 α 的参数化是可微的. 注意到 $\dfrac{\partial H(s(\alpha), s'(\alpha))}{\partial \alpha} = \dfrac{\partial H}{\partial s}\dfrac{\partial s}{\partial \alpha} + \dfrac{\partial H}{\partial s'}\dfrac{\partial s'}{\partial \alpha} = \cos\theta\left(\dfrac{\partial s}{\partial \alpha} + \dfrac{\partial s'}{\partial \alpha}\right)$, 所以在临界点有 $\cos\theta = 0$, 因为括号中的两项是在各自边界点处的 B 的曲率半径, 因此它们都是正的. 从而得到第二个所要的周期 2 轨道. □

与命题 9.2.1 中的第一种轨道相似, 通过考虑最大周长的内接三角形可构造周期 3 轨道. 类似的构造也可对周期 4 轨道工作. 对更大的周期, 存在不同类型的轨道, 例如内接五边形和五角星形. 在保面积的扭转映射的更一般情形, 这种轨道结构的讨论将是我们下一节的主要内容.

在椭圆情形 (当然, 也对圆周), 所有周期大于 2 的轨道进入连续族. 这由可积性得到. 这些轨道是抛物的, 即在适当坐标下对此周期, 弹子球映射的微分的

矩阵有形式 $\begin{pmatrix} 1 & a \\ 0 & 1 \end{pmatrix}$. 在对一般情形讨论之前, 考虑另一个显示周期轨道有着非常不同性态的例子.

例子. (体育场)² 设 D 是单位正方形和放在两边的两个半圆盘的并. 边界 $B = \partial D$ 是 C^1 曲线, 但不是 C^2 的, 它的形状让人想到田径场.

由于存在 4 点 a, b, c, d, 在这些点边界的曲率不连续, 在 B 上的 Poincaré 映射的导数沿着 4 个线段不连续. 这一事实说明关于绝对连续测度 $\sin\theta d\theta$ 的典型轨道的性态的分析相当重要. 但是当讨论任何一个不通过 4 点 a, b, c, d 的任何点的周期轨道的有限族时, 缺乏光滑性是无关紧要的, 因为可以通过凸的 C^∞ 曲线代替体育场的边界, 使得在问题中周期轨道的足点邻域内这个曲线与 B 重合.

存在表示为水平对称轴的孤立周期 2 轨道. 类似于椭圆, 它是双曲的 (练习 9.2.6). 显然它对应于命题 9.2.1 中构造的第一个周期 2 轨道 ("直径"). 事实上, 第二个周期 2 轨道不唯一, 不像在椭圆情形, 现在存在铅垂线段的整个族 $V_x = \{(x, y) |\ |y| < 1\}, x \in [-1, 1]$. 所以这看上去有点退化.

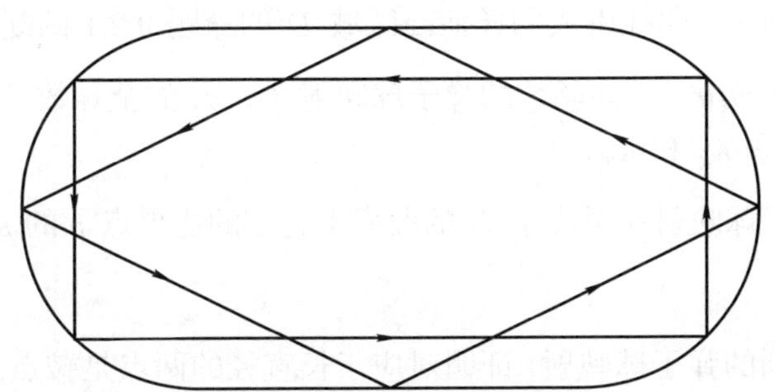

图 9.2.4. 具有两个周期 4 轨道的体育场

具有周期 4 轨道的情形更有趣且更有代表性. 有两个这样的轨道, 它们关于水平轴和铅垂轴对称. 第一个 γ_1 有矩形形状, 另一个 γ_2 有钻石形状. 直接计算长度显示 $l(\gamma_1) = 2\sqrt{2} + 2 > 2\sqrt{2} = l(\gamma_2)$. [347]

稍微更复杂一点的涉及计算导数 (但仍比较容易, 因为其中所有反映的曲线都是线段和圆弧, 见练习 9.2.7), 证明 γ_1 对应于指标为 -1 的双曲 (鞍点) 轨道, γ_2 不是椭圆轨道, 而是指标 $+1$ 的反转鞍点 (8.4 节表中的第 5 行). 于是如椭圆情形的孤立周期 2 点, 指标之和仍是 0, 但是第二个的轨道结构则不同. 这与下面所述的 Lefschetz 不动点公式 (定理 8.6.2) 的计算一致. 在边界的邻域内可扰动弹子球映射使之成为恒同, 故它与所给周期的周期轨道不相交. 于是可与环域的边界分支等同得到一个环面, 在这个环面上弹子球映射化为同伦于由矩阵 [348]

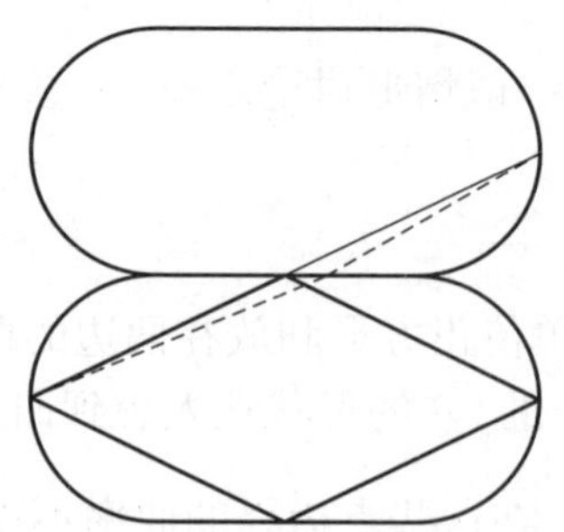

图 9.2.5.　钻石形状的没有极大

$\begin{pmatrix} 1 & 0 \\ 1 & 1 \end{pmatrix}$ 给出的线性映射. 我们立刻看到这个映射的任何迭代的 Lefschetz 数事实上是 0.

练　　习

9.2.1. 验证方程 (9.2.2).

9.2.2. 证明对由 C^1 曲线围成的任何凸区域 D 的命题 9.2.1 的断言.

9.2.3. 计算作为 θ, θ', H 的函数的弹子球映射 $f(s,\theta)$ 的全导数, 以及在对应于 s 和 s' 的点的曲率 κ_s 和 $\kappa_{s'}$.

9.2.4. 计算弹子球映射在对应于 B 的曲率不为零的边界点 p 的 s 值的一阶导数 $\left.\dfrac{\partial S}{\partial \theta}\right|_{\theta=0}$.

9.2.5. 考虑椭圆的弹子球映射. 证明对应于长直径的两点是鞍点, 通过焦点的轨道组成稳定和不稳定流形.

9.2.6. 证明对应于体育场的长对称轴的轨道是双曲的, 就是说, 对水平周期 2 轨道计算 f^2 的微分以证明这个轨道是一个鞍点.

9.2.7. 对体育场的弹子球轨道 γ_1 和 γ_2, 计算 f^4 的微分. 证明 γ_1 是一个鞍点, γ_2 是反转鞍点.

9.2.8. 考虑焦点在 $(\pm 1, 0)$ 的二次曲线. 证明在它们的切线的反射是函数 $I := v_2^2 - A^2$ 的对称.

9.2.9. 证明焦点在 $(\pm 1, 0)$ 的二次曲线的单位切向量集合是函数 $I := v_2^2 - A^2$ 的等位集.

9.3. 扭转映射 [349]

a. 定义与例子. 这一节考虑开柱面 $C := S^1 \times (0,1)$ 的某些映射. 它的通有覆盖是带域 $\mathbb{R} \times (0,1)$. 回忆映射 $f: C \to C$ 的提升是映射 $F = (F_1, F_2): \mathbb{R} \times (0,1) \to \mathbb{R} \times (0,1)$, 使得如果 $\pi: \mathbb{R} \times (0,1) \to S^1 \times (0,1), (x,y) \mapsto ([x], y)$ 表示到商 C 的投射, 则 $\pi \circ F = f \circ \pi$. 因此, 当 F_2 对第一个变量是周期时, F_1 与 x 方向的整数移位可交换. 在很多场合它已方便地对通有覆盖工作 (见 2.4, 2.6, 8.2, 8.7 等节). 这也将在这里的情形工作.

定义 9.3.1. 开柱面 $C = S^1 \times (0,1)$ 的一个 (满) 微分同胚 $f: C \to C$ 称为*保面积扭转映射*, 如果

(1) f 保面积,

(2) f 保定向,

(3) f 在下面意义下保边界分支, 存在 $\varepsilon > 0$ 使得如果 $(x,y) \in S^1 \times (0,\varepsilon)$, 那么 $f(x,y) \in S^1 \times (0,1/2)$, 以及

(4) 如果 $F = (F_1, F_2)$ 是 f 到 C 的通有覆盖 $S = \mathbb{R} \times (0,1)$ 的提升, 则 $\dfrac{\partial}{\partial y} F_1(x,y) > 0$.

注. 我们也将用这个定义对 $S^1 \times I$ 作明显修改, 其中 I 是实直线上的有限或无穷区间.

我们将利用以下事实, 当 f 限制在紧子集, 例如, 在 $C_\varepsilon := S^1 \times [\varepsilon, 1-\varepsilon]$ 上时, 存在 $\delta > 0$ 使得在 C_ε 上有 $\dfrac{\partial}{\partial y} F_1(x,y) > \delta$.

在这个定义中 S_1 对应于弹子球系统的构形空间, 我们将系统地利用这个类比. 条件 (4) 是扭转条件 (参看 (9.2.1)). 它与 (3) 一起意味着线段 $\{x\} \times (0,1) \in \mathbb{R} \times (0,1)$ 的像是连接边界分支的函数 $x' \mapsto h_1(x,x')$ (它不必单调) 的图像, 即满足 $\lim\limits_{y\to 0} F_2(x,y) = 0$ 和 $\lim\limits_{y \to 1} F_2(x,y) = 0$ 的曲线 $y \mapsto F(x,y)$, 且使得 $y \mapsto F_1(x,y)$ 严格递增. 注意, $h_1(\cdot, x')$ 递减.

注意, 这样的映射不能连续地扩展到闭柱面上. 自然例子由边界有直线段的如体育场区域的弹子球系统提供.

我们也指出, 两个扭转映射的复合并不总是扭转映射. 即使扭转映射的迭代也可以不是扭转映射. 另一方面, 我们的兴趣是研究这些映射的渐近性态, 因此要集中考虑其迭代. 这并不出现多少技术性问题, 但将看到在概念上有点不大满意. 事实上, 扭转映射的主要结果可扩展到扭转映射的复合 (见定义 9.3.18 和练习 9.3.4). 这类映射从本质上可作为 “正倾斜” 映射加以描述 (见练习 9.3.1). 与

[350] 这些映射 (不是作为扭转映射的复合) 直接工作的主要技术优势是它们不是由大范围定义的生成函数确定 (见子节 b).

定义 9.3.2. f 的扭转区间是满足下面条件的数 $\alpha \in \mathbb{R}$ 的集合, 对此数存在 $\varepsilon > 0$, 使得如果 $(x,y) \in \mathbb{R}\times(0,\varepsilon)$, 则 $F_1(x,y)-x \leqslant \alpha$, 以及, 如果 $(x,y) \in \mathbb{R}\times(1-\varepsilon,1)$, 则 $F_1(x,y) - x \geqslant \alpha$. 直到相差一个整数平移这都有定义.

注. 例如, 弹子球系统的扭转区间是 $(0,1)$.

如果一个扭转映射定义在闭柱面 $\overline{C} = S^1 \times [0,1]$ 上, 则可定义全扭转区间, 例如 (τ_0, τ_1), 其中 τ_0 和 τ_1 是 f 在 $S^1 \times \{0\}$ 和 $S^1 \times \{1\}$ 上关于相同提升的旋转数. 这个区间可大于上面定义的扭转区间. 但是, 当边界映射是旋转时, 则它们没有差别. 练习 13.2.6 将详细讨论它, 那时我们可用旋转数这个概念.

记住, 虽然我们用弹子球系统定义扭转映射, 但这个概念涵盖了从各个不同动机产生的许多其他有趣的例子.

例子. (可积扭转映射和扰动) 一个扭转映射称为是可积的, 如果它有形式

$$f(x,y) = (x + g(y), y).$$

可积扭转映射准许所有圆周 $S^1 \times \{y\}$ 不变, 且通过单调函数旋转它们. 因此, 对 g 的每个有理值有旋转数为 $g(y)$ 的不变圆周, 因此有无穷多个被具有无理旋转数的圆周分开的周期轨道族. 这个扭转区间是 $(\lim\limits_{y\to 0} g(y), \lim\limits_{y\to 1} g(y))$.

一个例子是上一节讨论的圆周的弹子球映射. 但是椭圆的弹子球映射不是可积扭转映射, 虽然它可作为一个完全可积的力学系统.

另一个例子是由 $\ddot{x} = 0$ 给出的来自平坦环面 $\mathbb{R}^2/\mathbb{Z}^2$ 上的质点自由运动 (5.2b 节). 考虑相空间中的柱面 $C := \{(x_1, x_2, v_1, v_2) | x_1 = 0, \|v\| = 1, v_1 > 0\}$. C 上的自然坐标是 $x = x_2 \in S^1$ 和 $y = v_2/v_1 \in \mathbb{R}$. 于是诱导映射是 $(x,y) \mapsto (x+y, y)$. 可交错地选择 $x = x_2$ 和 $y = v_2 \in (-1,1)$, 所以这个诱导映射变成 $(x,y) \to \left(x + \dfrac{y}{\sqrt{1-y^2}}, y\right)$. 在任一坐标系中这个扭转区间是整个实直线.

如果 f 是一个扭转映射, 其中提升 F 和 $\dfrac{\partial F_1}{\partial y}$ 有界异于零, 则 F 充分小的 C^1 扰动事实上仍是扭转映射. 扭转区间的端点连续依赖于这个扰动.

[351] **例子. (强迫振子)** 考虑依赖于时间和循环坐标 $x \in S^1$ 的二阶常微分方程 $\ddot{x} = h(x,t)$, 或者, 等价的 $\dot{x} = v, \dot{v} = h(h,t)$, 其中 $h : S^1 \times \mathbb{R} \to \mathbb{R}$ 有界连续可微. 则对足够小的 $t' - t$ 由这个常微分方程的解确定的从时间 t 到 t' 的映射

$f_{t,t'}: S^1 \times \mathbb{R} \to S^1 \times \mathbb{R}$ 是一个扭转映射. 因此 $f_{t,t'}$ 是对任何 t, t' 的扭转映射的积.

特别地, 考虑由 $\ddot{x} + \sin 2\pi x = g(t)$ 描述的周期强迫数学摆. 设 T 是 g 的周期. 如果 T 足够小, 则摆 $\ddot{x} + \sin 2\pi x = 0$ 的时间 T 映射 (见 5.2c 节) 是扭转映射, 因此, 如果 g 足够小, 则强迫数学摆的时间 T 映射也是扭转映射. 一般地说, 周期映射是扭转映射的积.

例子. (标准映射) 映射

$$F : \mathbb{R} \times \mathbb{R} \to \mathbb{R} \times \mathbb{R}, (x, y) \mapsto (x + y, y + V(x + y))$$

在柱面 $S^1 \times \mathbb{R}$ 上诱导的映射 f 称为标准映射, 其中 V 是周期函数. 由此立刻得知 f 是扭转映射: $x + y$ 关于 y 增加. 扭转区间是 $\mathbb{R}$. 对 $V = 0$ 我们得到一个非常简单的可积扭转. 从解析和几何观点这个例子是很吸引人的, 因为它由一个单变量函数确定, 又因为在扭转映射的分析中起着重要作用的铅垂线的像族是一族平行曲线. 事实上, 我们可将 F 写为 $F = T \circ F_0$, 其中 $F_0(x, y) := (x + y, y)$ 和 $T(x, y) := (x, y + V(x))$. 另一方面, 即使对 $V_\lambda(x) = \lambda \sin 2\pi x$, 这个标准映射具有一般情形所呈现的所有渐近性态的复杂性. 扭转映射的特殊族 $(x, y) \mapsto (x + y, y + V_\lambda(x + y))$ 已被广泛地数值和解析研究过.[1]

例子. (椭圆不动点的邻域) 考虑椭圆不动点在 0 的平面保面积映射 f. 这意味着 Df 有特征值 $e^{\pm 2\pi i\alpha}$, $\alpha \in \mathbb{R}$ 为某个实数. 下面解释对无理数 α 我们可形式地将 f 化为 Birkhoff 规范形 $(\theta, r) \mapsto (\theta + \omega(r), r)$, 其中 ω 是 r 的形式幂级数. 不久我们将看到这意味着对某个 $n \in \mathbb{N}$ 存在坐标 $(\theta, r) \in S^1 \times (0, \varepsilon)$, 使得 f 保面积 $d\theta dr$, 且有形式

$$f(\theta, r) = (\theta + \alpha + c_n r^n + g_n(r, \theta), r + h_n(r, \theta)), \tag{9.3.1}$$

其中 $g_n, h_n = o(r^n)$ 和 $c_n \neq 0$. 如果 $c_n > 0$, 则对充分小的 r,

$$\frac{\partial}{\partial r}(\theta + \alpha + c_n r^n + g_n(r, \theta)) > 0.$$

因此存在 $\delta > 0$ 使得扭转区间包含 $(\alpha, \alpha + c_n \varepsilon^n - \delta)$. 如果 $\varepsilon_n < 0$ 则 f 的逆是扭转映射.

这种简化的存在性与 6.6b 节给出的分析密切相关. 当特征值是 $\lambda_1 = e^{2\pi i\alpha}$ [352]
和 $\lambda_2 = \lambda_1^{-1}$ 时, 存在共振形式 $\lambda_1 = \lambda_1^{k+1}\lambda_2^k$ 和 $\lambda_2 = \lambda_1^k \lambda_2^{k+1} (k \in \mathbb{N})$. 任何其他共振形式 $\lambda_1 = \lambda_1^k \lambda_2^l$ 导致 $\lambda_1 = \lambda_2^{l-k} = \lambda_1^{k-l}$, 即 α 为有理数, 类似地有共振形式 $\lambda_2 = \lambda_1^k \lambda_2^l$. 利用复坐标对角化 f 在原点的线性部分, 并应用命题 6.6.1 证明的步

骤, 再回到极坐标, 我们立刻看到, 在原点附近 f 可形式地写为

$$f(\theta,r)=\left(\theta+\alpha+\sum_{n=1}^{\infty}c_n r^n, r+\sum_{n=2}^{\infty}d_n r^n\right).$$

于是 f 保面积的事实意味着 $d_n=0, n\geqslant 2$. 一旦我们建立了形式共轭, 就可求 C^∞ 坐标变换, 使得它在 0 的导数与这个形式的幂级数在 0 的导数重合 (见命题 6.6.3). 应用 C^∞ 坐标变换得到满足 (9.3.1) 的坐标. 其中 n 是使得 $c_n\neq 0$ 的最小自然数. 注意, 这种情形形式上非常类似于练习 6.6.4 和 6.6.5 中讨论的在双曲不动点附近的保面积映射情形. 但是, 此时保持形式共轭并不意味着存在 C^∞ 共轭, 或者甚至 C^0 共轭.

例子. (外弹子球) 考虑具有定向边界 B 的严格可微凸的有界区域 D, 我们在补 $\mathbb{R}^2\backslash\mathrm{Int}\ D$ 上, 定义动力系统如下, 其中 $\mathrm{Int}\ D$ 表示 D 的内部: 对每一点 $p\in\mathbb{R}^2\backslash\mathrm{Int}\ D$, 存在通过 p 的唯一直线 l 切于 B 的点 q, 使得它从 p 到 q 的方向关于 B 的定向是正的. 设 p' 是 l 上使得 q 是 p 与 p' 之间的中点. 联系 p' 和 p 的映射 $p\mapsto p'$ 称为外弹子球映射. $\mathbb{R}^2\backslash\mathrm{Int}\ D$ 可通过指定 p 的直线 l 关于 $\mathbb{R}^2$ 中的固定参考标架的角坐标 α 以及 p 和 q 之间的距离 r 参数化. 从几何上关于这些坐标的扭转性质是显然的 (练习 9.3.5).

b. 生成函数.

定义 9.3.3. 设 F 是保面积扭转映射 f 的一个提升. 如果 $(x,x')\in\mathbb{R}\times\mathbb{R}$ 使得存在点 $(x',h_1(x,x'))\in F(\{x\}\times(0,1))\cap(\{x'\}\times(0,1))$, 则用 $H(x,x')$ 记 S 中 $F(\{x\}\times(0,1))$ 的右边 (或 "下面") 和 $\{x'\}\times(0,1)$ 左边区域的面积. 称 $(x,x')\to H(x,x')$ 为 f 的生成函数.

注意对所有 $k\in\mathbb{Z}$ 有 $H(x+k,x'+k)=H(x,x')$. 由扭转条件, 交 $F(\{x\}\times(0,1))\cap\{x'\}\times(0,1)$ 至多由一点组成, 就是说, h_1 是唯一确定的. 当这个交空时我们用 $F^{-1}(x',h_1(x,x'))=(x,h_2(x,x'))$ 定义 h_2. 换句话说, $F(\{x\}\times(0,1))$ 是
[353] $x'\mapsto h_1(x,x')$ 的图像, $F^{-1}(\{x'\}\times(0,1))$ 是 $x\mapsto h_2(x,x')$ 的图像. H,h_1 和 h_2 依赖于用它们定义的提升 F, 但它们在覆叠整数移位 $(x,x')\mapsto(x+k,x'+k),k\in\mathbb{Z}$ 下不变. 从作为面积的 H 的定义立刻得到

$$\frac{\partial H}{\partial x'}=h_1(x,x').$$

但是 f 保面积, 所以 $H(x,x')$ 也是前面考虑的区域的原像的面积, 即 $\{x\}\times(0,1)$ 右边和 $F^{-1}(\{x'\}\times(0,1))$ 左边的面积. 这证明我们也有

$$\frac{\partial H}{\partial x}=-h_2(x,x').$$

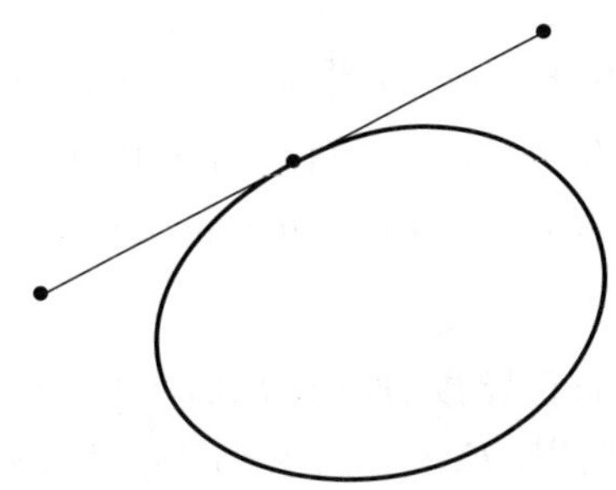

图 9.3.1. 外弹子球

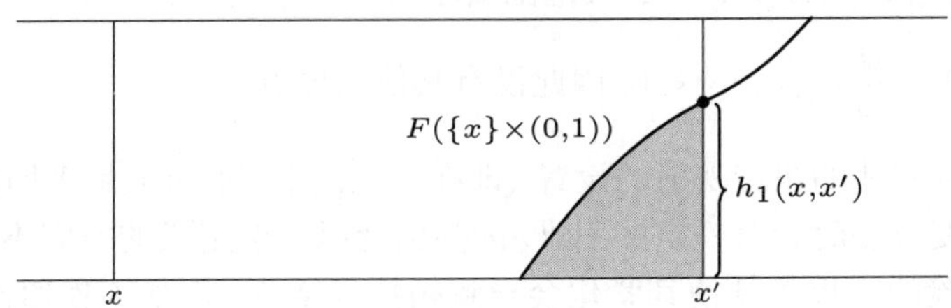

图 9.3.2. 生成函数

如果 $(x',y')=F(x,y)$, 则 $h_1(x,x')=y'$ 和 $h_2(x,x')=y$. 因此对保面积的扭转映射, 我们有对弹子球与 (9.2.3) 相同的描述:

$$\begin{aligned}\frac{\partial H}{\partial x'} &= y',\\ \frac{\partial H}{\partial x} &= -y.\end{aligned} \tag{9.3.2}$$

在 (9.2.3) 以后的讨论中仅用到扭转性质, 因此在这里也适用, 从而通过这个描述的生成函数唯一确定了动力学. 满足 (9.3.2) 的任何其他函数与 H 直到相差一个加法常数重合. 回忆 (9.2.4), 我们有 [354]

$$\frac{\partial^2 H}{\partial s\partial s'}<0. \tag{9.3.3}$$

事实上, 这也可从 $\dfrac{\partial H}{\partial s'}=h_1(s,s')$ 和 $h_1(\cdot,s')$ 递减直接看到.

我们在上一节中已经看到, 借助生成函数描述动力学, 要确定的轨道作为由生成函数建立的某类泛函的临界点. 这将是我们随后讨论的中心主题. 我们从重申 (9.2.5) 的上下文的一个简单命题开始.

命题 9.3.4. *假设 x_0 是 $x\mapsto H(x_{-1},x)+H(x,x_1)$ 的一个临界点. 则存在 $y_{-1},y_0,y_1\in(0,1)$, 使得 $F(x_{-1},y_{-1})=(x_0,y_0)$ 和 $F(x_0,y_0)=(x_1,y_1)$.*

证明. $0 = \dfrac{d}{dx}(H(x_{-1},x) + H(x,x_1))|_{x=x_0} = h_1(x_{-1},x_0) - h_2(x_0,x_1)$, 所以 $(x_0, h_1(x_{-1},x_0)) = (x_0, h_2(x_0,x_1)) \in F(\{x_{-1}\} \times (0,1)) \cap F^{-1}(\{x_1\} \times (0,1))$. 因此 $y_{-1} = h_2(x_{-1},x_0), y_0 = h_1(x_{-1},x_0) = h_2(x_0,x_1)$ 和 $y_1 = h_1(x_0,x_1)$ 是所要求的. □

注. 如果 $x \mapsto h_1(x_{-1},x)$ 有正导数 (所以, $F(\{x_{-1}\} \times (0,1))$ 是递增函数的图像), $x \mapsto h_2(x,x_1)$ 有负导数 (所以, $F^{-1}(\{x_1\} \times (0,1))$ 是递减函数的图像), 那么, 临界点 x_0 实际上是唯一的 (因为它可以作为递减函数的零点得到), 但是, 此外, 它是 $x \mapsto H(x_{-1},x) + H(x,x_1)$ 的大范围极小, 因为 $\dfrac{d^2}{dx^2}(H(x_{-1},x) + H(x,x_1)) = \dfrac{\partial}{\partial x}h_1(x_{-1},x) - \dfrac{\partial}{\partial x}h_2(x,x_1) < 0$, 因此没有其他临界点.

c. 扩张. 至今叙述的扭转映射的设置 (即在开柱面上) 本质上是半局部的. 这种叙述在利用变分法时会有一定的困难, 因为由泛函自然定义的空间不是紧的, 而通过加入先验的边界条件使其紧化会导致拓扑复杂化, 例如不连通性以及边界的复杂结构. 避免这些困难的一个方便方法是用一个大范围定义的映射代替所给映射, 即在 $S^1 \times \mathbb{R}$ 上除了边界邻域它与所给映射重合. 特别是我们可以选择大范围映射, 使得我们构造的轨道实际上就是原来映射的轨道. 对从局部到大范围的类似问题, 我们已经在 6.2b 节叙述 Hadamard–Perron 定理 6.2.8 的证明时为相同目的构造泛函空间时用过.

[355] **命题 9.3.5.** 设 $f : S^1 \times (0,1) \to S^1 \times (0,1)$ 是一个光滑保面积扭转映射. 则对所有 $\varepsilon > 0$ 存在保面积扭转映射 $\widetilde{f} : S^1 \times \mathbb{R}$, 使得在 $S^1 \times (\varepsilon, 1-\varepsilon)$ 上 $\widetilde{f} = f$, 且对 $\widetilde{f}$ 的任何提升 $\widetilde{F}$ 有 $\lim\limits_{y\to\pm\infty} \widetilde{F}_1(x,y) - x = \pm\infty$.

证明. 固定 $\varepsilon \in (0,1/2)$, 考虑对 $(x,y) \in S^1 \times (0,1)$ 由 $V_1(f(x,y)) = Df|_{(x,y)}e_2$, 和对所有 (x,y) 由 $V_2(x,y) = e_1 + e_2$, 分别定义的两个向量场 V_1 和 V_2, 其中 $\{e_1, e_2\} = \{(1,0),(0,1)\}$ 是标准基. 取光滑函数 $\rho : S^1 \times \mathbb{R} \to [0,1]$, 使得在 $f(S^1 \times (\varepsilon, 1-\varepsilon))$ 上 $\rho = 1$, 当 $y \notin (0,1)$ 时 $\rho = 0$. 令 $V = \rho V_1 + (1-\rho)V_2$. 注意 V 的第一个分量是正的, 因为由扭转条件 V_1 的第一个分量是正的. V 的每条积分曲线 γ_t 包含线段 $\{t\} \times (\varepsilon, 1-\varepsilon)$ 在 f 作用下的像. 例如通过参数 $s = x$ 参数化 γ_t. 现在我们得到 $f|_{S^1 \times (\varepsilon, 1-\varepsilon)}$ 的一个扩张. 通过参数 $y(s)$ 参数化铅垂线使得它与 $(\varepsilon, 1-\varepsilon)$ 上标准的 y 坐标重合, 在其他地方定义如下: 记 $f = (f_1, f_2)$, 给定 $t \in S^1$, 令 $s_t = f_1(t, 1-\varepsilon)$ 和 $y(s) := (1-\varepsilon) + \displaystyle\int_{s_1}^{s} \omega(x,t)dx$, 其中 $\omega(s,t)$ 在 $\gamma_t(s)$ 满足 $dxdy = \omega(s,t)dsdt$, 就是说, 它是通过叶层 γ_t 由面积诱导的关于 y_t 的条件测度在 $\gamma_t(s)$ 的密度. 由于 ω 有界异于零, $y(\cdot)$ 为满射. 令 $\widetilde{f}(t, y(s)) := \gamma_t(s)$. 于

是 $\widetilde{f}$ 将铅垂线映为曲线 y_t, 因此它也是一个扭转映射 (因为 V 的第一个分量为正). $\widetilde{f}$ 保面积, 因为

$$\begin{aligned}\int_{y(s_0)}^{y(s_1)}\int_{t_0}^{t_1} 1dxdy &= \int_{t_0}^{t_1}(y(s_1)-y(s_0))dx = \int_{t_0}^{t_1}\int_{s_0}^{s_1}\omega(s,t)dsdt \\ &= \iint_{\{\widetilde{f}(x,y)|y(s_0)\leqslant y\leqslant y(s_1),t_0\leqslant t\leqslant t_1\}} 1dxdy.\end{aligned}$$

又因为 $\mathbb{R}\times[0,1]$ 外的铅垂线在 $\widetilde{F}$ 作用下的像是斜率为 1 的直线, 这得到命题所述的渐近条件. □

d. Birkhoff 周期轨道. 在命题 9.3.4 证明的简单论述中, 包含求周期轨道和其他具有非常特殊性质的轨道的有用方法的萌芽. 这一节对扭转区间内的任何有理数求轨道, 使它们的 x 坐标的性态如同以这个数为旋转数的轨道. 第 13 章将对无理数给出类似的结果.

定义 9.3.6. 点 $w\in C$ 称为 (p,q) 型 Birkhoff 周期点, 它的轨道称为 (p,q) 型 Birkhoff 周期轨道, 如果对 p 的提升 $z\in S$, S 中存在一个序列 $\{(x_n,y_n)\}_{n\in\mathbb{Z}}$, 使得

(1) $(x_0,y_0)=z$,

(2) $x_{n+1}>x_n\ (n\in\mathbb{N})$,

(3) $(x_{n+q},y_{n+q})=(x_n+1,y_n)$,

(4) $(x_{n+p},y_{n+p})=F(x_n,y_n)$.

注. 序列 (x_n,y_n) 并不按照通过从 (x,y) 到 $F(x,y)$ 诱导的"动力学次序"参数化轨道, 而是按它到 S^1 上的投影的"几何次序"参数化. 事实上, 这个次序与圆周上的有理旋转 $R_{p/q}$ 的迭代次序一致. 此外, 如果考虑的 (p,q) 型 Birkhoff 周期轨道到圆周的投影是一个有限集, 并且由投射 F 诱导这个映射, 则这个映射可以逐段线性地扩张为圆周上的一个同胚. [356]

定理 9.3.7. 设 $f:S\to S$ 是一个保面积扭转映射, p/q 是扭转区间内的有理数, p,q 互素. 那么 f 存在两个 (p,q) 型 Birkhoff 周期轨道.

这个定理是用变分法产生无穷多个周期点的第一个例子. 前面我们遇到的有无穷多个周期轨道的情况是由双曲性 (推论 6.4.19), 或者由拓扑数据 (参看推论 8.6.11, 推论 8.6.12 和定理 8.7.1) 产生的. 后面我们还有利用变分法产生无穷多个周期轨道的其他例子, 即对测地流, 那里我们求无穷多个闭测地线 (定理 9.5.10) 以及极小测地线的大集合 (定理 9.6.7). 定理 9.3.7 的证明是有趣的, 所用变分法求临界点并不都很平凡, 而是要求有些拓扑论述. 尽管作为某个作用量的

极小得到第一个周期轨道的方法相对比较粗糙 (虽然是不平凡的), 但得到第二个的是变分法与微分拓扑通过简单的 Morse 理论, 或是沿着命题 9.1.2 思路的山路原理的某些相互作用. 这个论述的有趣方面是它利用了辅助空间 (1.6 节) 中的梯度流动力学. 这有点类似于我们为了得到周期点, 共轭等, 而在由动力系统构造的函数空间中利用压缩映射原理 (命题 1.1.4, 定理 2.4.6 和定理 2.4.9 的第二个证明, 定理 2.6.1, Hadamard–Perron 定理 6.2.8, 和 Anosov 封闭引理 (定理 6.4.15), 以及本书后面的许多情况).

在命题 9.2.1 中, 我们得到的两类弹子球周期 2 轨道是我们这里情形的一个特殊例子. 那里对应于作用量的极小的轨道比第二个周期轨道较容易求得, 第二个周期轨道是 "极小化极大". 就像在弹子球情形一样我们沉重地利用了 "构形空间".

定理 9.3.7 的证明.[2] 我们得到的 (p,q) 型 Birkhoff 周期轨道, 是通过它的 x 坐标序列作为 S^1 的通有覆盖 $\mathbb{R}$ 中的某个点列空间上定义的一个适当作用量的大范围极小得到. 事实上为了作这个构造, 不必利用命题 9.3.5 的扩展, 因为出现的
[357] 这个拓扑复杂性非常小. 作为一个轨道的 x 坐标的合理候选者, 考虑如下空间 Σ. 首先, 令 $\widetilde{\Sigma}$ 是实数的非减序列 $\{s_n\}_{n\in\mathbb{Z}}$ 的集合, 使得

$$s_{n+q} = s_n + 1 \tag{9.3.4}$$

且

$$F(s_n \times [\varepsilon, 1-\varepsilon]) \cap (s_{n+p} \times [\varepsilon, 1-\varepsilon]) \neq \varnothing, \tag{9.3.5}$$

其中取 $\varepsilon > 0$ 如下: 由于 p/q 在扭转区间内, 存在 $\delta \in (0, 1/2)$, 使得对所有 x, $F_1(x,\delta) - x < p/q$ 和 $F_1(x, 1-\delta) - x > p/q$. 取 $\varepsilon > 0$ 使得

$$\bigcup_{i=0}^{q-1} F^i(\mathbb{R} \times ((0,\varepsilon] \cup [1-\varepsilon, 1))) \subset \mathbb{R} \times ((0,\delta] \cup [1-\delta, 1)). \tag{9.3.6}$$

称这些序列为 (p,q) 型有序状态.

因此, 在通有覆盖中 x 坐标满足 (9.3.4) 和 (9.3.5) 的任何轨道其 y 坐标在 $(\varepsilon, 1-\varepsilon)$ 内. $\widetilde{\Sigma}$ 上通过 $s \sim s'$ 定义一个等价关系 $\sim$, 如果对所有 i 和某个固定 $k \in \mathbb{Z}$ 成立 $s_i - s_i' = k$. 令 $\Sigma := \widetilde{\Sigma}/\sim$.

条件 (9.3.4) 是周期性的, 条件 (9.3.5) 保证存在点 (x_n, y_n), 使得对某个 y_{n+p} 有 $F(s_n, y_n) = (s_{n+p}, y_{n+p})$. 满足 (9.3.4) 和 (9.3.5) 的序列通常不是一个轨道的 x 投影, 但是我们将找到一个这样的序列, 其对应的轨道正是所求的 (p,q) 型 Birkhoff 周期轨道.

注意, 每个序列只有 q 个 "独立变量" $s_0, \cdots, s_{q-1}$, 就是说, 由 (9.3.4), $\widetilde{\Sigma}$ 自然嵌入 $\mathbb{R}^q$. 归纳地利用条件 (9.3.5), 证明对任何 $s \in \widetilde{\Sigma}$, $\{s_n - s_0\}_{n=0}^{q-1}$ 有界, 因此

Σ 闭有界, 从而是 $\mathbb{R}^q/\mathbb{Z} \sim \mathbb{R}^{q-1} \times S^1$ 的紧子集. 由此从扭转区间的定义, 立刻得知 $\widetilde{\Sigma} \neq \varnothing$, 此外, 对任何 $x \in \mathbb{R}$ 由 $s_n = x + (n/q)$ 定义的序列 $\{s_n\}$ 位于 $\widetilde{\Sigma}$ 中.

在 Σ 上定义作用量泛函

$$L(s) := \sum_{n=0}^{q-1} H(s_n, s_{n+p}), \tag{9.3.7}$$

其中 H 是定义 9.3.3 中的生成函数. 由于 p 和 q 互素, 由 (9.3.4) 得知对任何 $j \in \mathbb{Z}$ 有 $L(s) = \sum\limits_{n=0}^{q-1} H(s_j, s_{j+np})$. 由于 L 在整数平移下不变, 故它在紧集 Σ 上有定义, 因此达到它的极大和极小, 但有可能它在边界上达到. 我们证明这个极小对应于 (p,q) 型 Birkhoff 周期轨道, 并得知它也不在边界上达到.

考虑任一序列 $s \in \Sigma$. 由 (9.3.4) 它不是常数. 所以, 对任何 $m \in \mathbb{Z}$, 存在 $n \in \mathbb{Z}$ 和 $k \geqslant 0$, 使得 $n \leqslant m \leqslant n+k$ 和 $s_{n-1} < s_n = \cdots = s_{n+k} < s_{n+k+1}$(如果 [358]
$k > 0$ 则 s 是 $\widetilde{\Sigma}$ 的边界点). 由于 s 是非减的, 由扭转条件得到

$$\begin{aligned} \varepsilon \leqslant h_1(s_{n+k-p}, s_{n+k}) \leqslant \cdots \leqslant h_1(s_{n-p}, s_n) \leqslant 1 - \varepsilon, \\ \varepsilon \leqslant h_2(s_n, s_{n+p}) \leqslant \cdots \leqslant h_2(s_{n+k}, s_{n+k+p}) \leqslant 1 - \varepsilon, \end{aligned}$$

因此, 或者

$$h_2(s_n, s_{n+p}) < h_1(s_{n-p}, s_n) \tag{9.3.8}$$

或者

$$h_1(s_{n+k-p}, s_{n+k}) < h_2(s_{n+k}, s_{n+k+p}) \tag{9.3.9}$$

或者

$$h_1(s_{n+l-p}, s_{n+l}) = h_2(s_{n+l}, s_{n+l+p}), \quad 对\ l \in \{0, \cdots, k\}. \tag{9.3.10}$$

对情形 (9.3.8), 考虑 $x = s_n$ 作为一个独立变量, 并保持所有其他的 s_i 固定, 于是我们有

$$\begin{aligned} \left.\frac{d}{dx}\right|_{x=s_n} L(s) &= \left.\frac{d}{dx}\right|_{x=s_n} \sum_{i=0}^{q-1} H(s_i, s_{i+p}) = \left.\frac{d}{dx}\right|_{x=s_n} \left(H(s_{n-p}, x) + H(x, s_{n+p})\right) \\ &= h_1(s_{n-p}, s_n) - h_2(s_n, s_{n+p}) > 0, \end{aligned}$$

由 (9.3.8) 我们可以稍微减少一点 s_n, 使得 $L(s)$ 变小又不离开 Σ, 所以 s 不是极小. 对情形 (9.3.9), 类似地, 令 $y = s_{n+k}$, 得到 $\left.\dfrac{d}{dy}\right|_{y=s_{n+k}} L(s) < 0$, 所以由 (9.3.9) 我们可以稍微增加一点 s_{n+k}, 从而减少 $L(s)$ 一点, 又不离开 Σ, 因此它不是极

小. 从而如果 s 是极小, 那么 (9.3.10) 对所有 $m \in \mathbb{Z}$ 成立, 因此

$$h_1(s_{m-p}, s_m) = h_2(s_m, s_{m+p}), \quad \text{对所有 } m \in \mathbb{Z}. \tag{9.3.11}$$

令 $(x_n, y_n) = (s_n, h_1(s_{n-p}, s_n))$, 现在得到了一个周期轨道. 注意, 对所有 $n \in \mathbb{Z}$ 必须有 $y_n \in (\varepsilon, 1-\varepsilon)$, 因为对任何 $n \in \mathbb{Z}$ 有 $y_n \leqslant \varepsilon$, 这意味着对所有 $n \in \mathbb{Z}$ 有 $y_n < \delta$, 由我们对 δ 的选择, 它与 (9.3.4) 和 (9.3.5) 不相容. 因此为了证明 (x_n, y_n) 事实上是 (p,q) 型 Birkhoff 周期轨道, 且 s 不在 Σ 的边界上, 只需证明 $s_n = x_n$ 是严格递增的. 假设 $s_n = s_{n+1}$. 如果必要, 通过选取不同的 n 使得可假设或者 $s_{n-1} < s_n$, 或者 $s_{n+1} < s_{n+2}$ (因为 s 不是常数). 于是, 由于 s 是非减的, 由扭转条件和 (9.3.11) 得到 $y_{n+1} = h_1(s_{n-p+1}, s_{n+1}) \leqslant h_1(s_{n-p}, s_{n+1}) \leqslant h_1(s_{n-p}, s_n) = y_n = h_2(s_n, s_{n+p}) \leqslant h_2(s_n, s_{n+p+1}) = y_{n+1}$, 且至少有一个不等式是严格的. 矛盾.

从而, 我们找到了 (p,q) 型 Birkhoff 周期轨道, 使得它的 x 坐标序列是 L 在 Σ 内部的一个大范围极小.

现在我们找第二个 (p,q) 型 Birkhoff 周期轨道, 它是极小化极大轨道. 对这
[359] 个构造, 我们假设这个映射已经如命题 9.3.5 中大范围化了, 因此解的候选者空间更加简单. 大范围化 f 如下: 由于 p/q 在扭转区间内, 故存在 $\delta \in (0, 1/2)$, 使得对所有 x 有 $F_1(x,\delta) - x < p/q$ 和 $F_1(x, 1-\delta) - x > p/q$. 取 $\varepsilon > 0$ 使得

$$\bigcup_{i=0}^{q-1} F^i(\mathbb{R} \times ((0,\varepsilon] \cup [1-\varepsilon, 1))) \subset \mathbb{R} \times ((0,\delta] \cup [1-\delta, 1)).$$

因此, 任何 x 坐标是 $\widetilde{\Sigma}$ 中的序列的轨道, 其 y 坐标在 $(\varepsilon, 1-\varepsilon)$ 中. 按对 ε 的这个选择应用命题 9.3.5. 这个扩张的任何 (p,q) 型 Birkhoff 周期轨道正好是原来映射的 (p,q) 型 Birkhoff 周期轨道.

事实上, 如同对旋转我们证明, 第二个 (p,q) 型 Birkhoff 周期轨道与第一个 "交结" 在一起, 就是说, 这些轨道到 S^1 上的投影可以通过公共的同胚映为有理旋转的两个轨道. 这是我们方法的一个自然副产品, 我们可通过考虑与第一个 (p,q) 型 Birkhoff 周期轨道的序列 s 交结在一起的序列来找第二个轨道. 为此对代表第一个 (p,q) 型 Birkhoff 周期轨道的所有序列 S, 令

$$\mathfrak{S} := \{\{s_n\}_{n\in\mathbb{Z}} | S_n \leqslant s_n \leqslant S_{n+1}, \quad \text{对 } n \in \mathbb{Z}\}.$$

注意这个空间是紧凸多面体. 现在我们的策略是在 $\mathfrak{S}$ 上寻找 L 异于 S 的临界点. 得到的是鞍点. 这将得到第二个 (p,q) 型 Birkhoff 周期轨道. 为此我们先作一个有用的观察:

引理 9.3.8. 假设 $s \in \mathfrak{S}$ 满足 $s_k = S_{k+1}$, 则 $h_2(s_k, s_{k+p}) \leqslant h_1(s_{k-p}, s_k)$, 等号成立当且仅当 $s_{k-p} = S_{k-p+1}$ 和 $s_{k+p} = S_{k+p+1}$. 如果 $s \in \mathfrak{S}$ 满足 $s_k = S_k$, 则 $h_1(s_{k-p}, s_k) \leqslant h_2(s_k, s_{k+p})$, 等号成立当且仅当 $s_{k-p} = S_{n-p}$ 和 $s_{k+p} = S_{k+p}$.

证明. 由于对 $n \in \mathbb{Z}$ 有 $s_n \leqslant S_{n+1}$, 由扭转条件得到

$$h_1(S_{k-p+1}, S_{k+1}) = h_1(S_{k-p+1}, s_k) \leqslant h_1(s_{k-p}, s_k),$$

等号成立当且仅当 $S_{k-p+1} = s_{k-p}$. 另一方面,

$$F_1(s_k, h_2(s_k, s_{k+p})) = s_{k+p} \leqslant S_{k+p+1} = F_1(S_{k+1}, h_1(S_{k-p+1}, S_{k+1})),$$

等号成立当且仅当 $s_{k+p} = S_{k+p+1}$, 所以, 由扭转条件我们有

$$h_2(s_k, s_{k+p}) \leqslant h_1(S_{k-p+1}, S_{k+1}) \leqslant h_1(s_{k-p}, s_k),$$

等号成立当且仅当 $s_{k-p} = S_{k-p+1}$ 和 $s_{k+p} = S_{k+p+1}$. 第二部分类似. □

引理 9.3.8 证明在 $\mathfrak{S}$ 的边界上不存在 L 异于 S 和 S' 的临界点, 其中 $S'_n = S_{n+1}$, 它们都表示极小的 (p,q) 型 Birkhoff 周期轨道. 现在证明在 $\mathfrak{S}$ 的内部存在 L 的临界点. 对 $\mathfrak{S}$ 的边界点有些不等式 $S_n \leqslant s_n \leqslant S_{n+1}$ 是等式. 现在限于注意左边的不等式并考虑 $\mathfrak{S}$ 的一个最高维面. 这意味着 $s_n = S_n$ 时有 $s_{n-p} < S_{n-p}$. 但此时引理 9.3.8 证明 L 随 s_n 减少, 反向不等式的情形类似. 在 $\mathfrak{S}$ 上考虑 $-L$ 的梯度流 $\mathcal{L}^t$ (参看 1.6 节). 利用 $-L$ 的梯度流的理由是使得与 "最速下降原理" 一致. 注意到在 $\mathfrak{S}$ 的每个全维面上 $-L$ 的梯度指向 $\mathfrak{S}$ 的内部. 这使得对所有正 t 值 $\mathcal{L}^t$ 在 $\mathfrak{S}$ 内有定义. 如果任一点 x 的轨道在时间 t 离开 $\mathfrak{S}$, 那么 x 的邻域 U 内的每一点的轨道也离开它, 有可能要稍微后一点时间离开. 因此 $\bigcup_{0<s<2t} \mathcal{L}^s(U) \cap \partial\mathfrak{S}$ 在 $\partial\mathfrak{S}$ 内是开的, 从而交于最高维面一个开集. 但这是不可能的, 因为负梯度点指向这些面的内部. 因此对任何 $t > 0$ 有 $\mathcal{L}^t(\mathfrak{S}) \subset \mathfrak{S}$. [360]

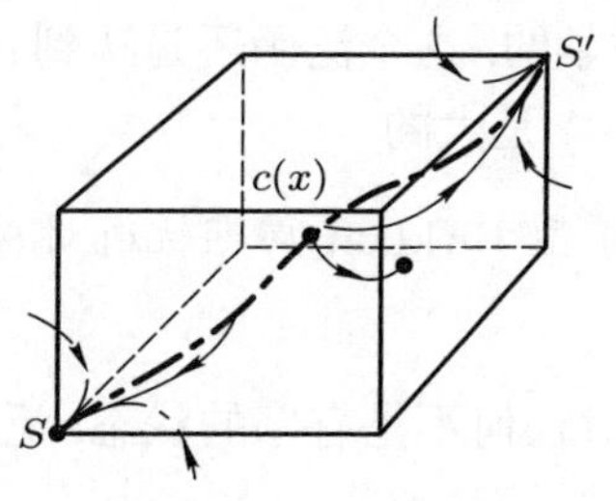

图 9.3.3. 梯度流

这个梯度流有两个吸引不动点, 即极小点 S 和 S'. 考虑满足 $c(0) = S$ 和 $c(1) = S'$ 的连续曲线 $c : [0,1] \to \mathfrak{S}$. 则存在最小的 $x > 0$ 使得 $\mathcal{L}^t(c(x))$ 不收敛

于 S. 但是由 c 的紧性, ω 极限集 $\omega(c(x))$ 非空, 由命题 1.6.3 它由临界点组成. 但它不能等于 S, 因为吸引 S 的点集是开的. 由于它与 $\{S, S'\}$ 不相交, 我们找到了一个新临界点. □

刚才构造的临界点对应于第二个 (p,q) 型 Birkhoff 周期轨道, 它不可能是泛函 L 的局部极小, 因为否则吸引它的点可形成一个包含 $c(x)$ 的开集, 这与 x 的定义矛盾. 有可能这种点不止一个, 但至少有一个可用 “山路原理” 描述.

[361] **命题 9.3.9.** *设 $L_{\min\max} := \inf_c \max\limits_{t\in[0,1]} L(c(t))$ 取遍所有满足 $c(0) = S$ 和 $c(1) = S'$ 的连续函数 $c: [0,1] \to \mathfrak{S}$. 那么 $L_{\min\max}$ 是泛函 L 在 $\mathfrak{S}$ 上的临界值.*

证明. 假设这不成立. 则由于临界值的集合是紧的, 存在 $\varepsilon > 0$ 使得在 $(L_{\min\max} - \varepsilon, L_{\min\max} + \varepsilon)$ 内没有临界值, 此外, 在 $L^{-1}(L_{\min\max} - \varepsilon, L_{\min\max} + \varepsilon)$ 上 $\|\nabla L\| \geqslant \delta$. 因此存在 $T > 0$ 使得 $\mathcal{L}^t(L^{-1}(-\infty, L_{\min\max} + \varepsilon)) \subset L^{-1}(-\infty, L_{\min\max} - \varepsilon)$. 从而, 如果我们如前考虑曲线 c 使得 $\max\limits_{t\in[0,1]} L(c(t)) < L_{\min\max} + \varepsilon$, 那么曲线 $c' := \mathcal{L}^t \circ c$ 是满足 $\max\limits_{t\in[0,1]} L(c'(t)) < L_{\min\max} - \varepsilon$ 的一条曲线, 这与 $L_{\min\max}$ 的定义矛盾. □

现在我们也给临界值 $L_{\min\max}$ 另一个描述. 考虑 $\mathfrak{S}$ 的递减的子集族 $L^{-1}((-\infty, t])$. $L_{\min\max}$ 是极小 t, 对此 S 和 S' 属于 $L^{-1}((-\infty, t])$ 的公共连通分支. 在某些退化情形 $L^{-1}((-\infty, L_{\min\max}])$ 的这个分支未必是道路连通的. 但对任何正则值 $t > L_{\min\max}$, 与集合 $L^{-1}((-\infty, t])$ 对应的分支是道路连通的.

e. Birkhoff 周期轨道的大范围极小性. 我们构造的第一个 (p,q) 型 Birkhoff 周期轨道是作为有序状态空间上的作用量泛函的大范围极小 (见 (9.3.4) 和 (9.3.5)). 代之以可考虑不用要求有单调性的更大状态族. 为了简单起见, 如同 9.2c 节从扩张过程所得的, 我们从考虑大范围定义的映射开始. 一个状态或 (p,q) 型状态简单地是满足 (9.3.4) 的周期序列, (p,q) 型状态空间中的作用量泛函由 (9.3.7) 定义. 虽然这个状态集合不是紧的, 这个泛函还是达到它的极小, 因为对扩张映射, 对大的 $s' - s$ 值面积 $H(s, s')$ 是大的.

定理 9.3.10. *第一个 (p,q) 型 Birkhoff 周期轨道对应于整个状态空间上 (9.3.7) 中的泛函 L 的极小.*

证明. 证明的思想是证明对任何不是有序的状态, 泛函 L 没有极小.[3]

引理 9.3.11. *如果 H 是扭转映射的一个生成函数, 而且 $\Delta s, \Delta s' \geqslant 0$, 那么*

$$H(s, s') + H(s + \Delta s, s' + \Delta s') \leqslant H(s, s' + \Delta s') + H(s + \Delta s, s'),$$

等号成立当且仅当 $\Delta s \Delta s' = 0$.

证明.

$$
\begin{aligned}
& H(s+\Delta s, s'+\Delta s') - H(s, s'+\Delta s') - H(s+\Delta s, s') + H(s, s') \\
= & \int_0^{\Delta s'} \int_0^{\Delta s} \frac{\partial^2 H}{\partial s \partial s'} ds ds',
\end{aligned}
$$

以及由 (9.3.3), $\dfrac{\partial^2 H}{\partial s \partial s'} < 0$.

命题 9.3.12. 考虑两个状态 x, x', 使得对某个 $i, k \in \mathbb{Z}$ 有 [362]

$$
x_i \leqslant x_i', x_{i+p} > x_{i+p}', \cdots, x_{i+(k-1)p} > x_{i+(k-1)p}', x_{i+kp} \leqslant x_{i+kp}'.
$$

对 $j = i + lp, 0 \leqslant l \leqslant k$, 令 $y_j := \min(x_j, x_j')$, 其他令 $y_j = x_j$. 由 $y_j + y_j' = x_j + x_j'$ 定义 y'. 那么

$$
L(y) + L(y') \leqslant L(x) + L(x').
$$

进一步, 如果 $x_i < x_i'$ 或者 $x_{i+kp} < x_{i+kp}'$, 那么 $L(y) + L(y') < L(x) + L(x')$.

证明.

$$
\begin{aligned}
& L(y) + L(y') - L(x) - L(x') \\
= & H(y_i, y_{i+p}) + H(y_i', y_{i+p}') - H(x_i, x_{i+p}) - H(x_i', x_{i+p}') \\
& + H(y_{i+(k-1)p}, y_{i+kp}) + H(y_{i+(k-1)p}', y_{i+kp}') \\
& - H(x_{i+(k-1)p}, x_{i+kp}) - H(x_{i+(k-1)p}', x_{i+kp}') \\
= & H(y_i, y_{i+p}) + H(y_i', y_{i+p}') - H(y_i, y_{i+p}') - H(y_i', y_{i+p}) \\
& + H(y_{i+(k-1)p}, y_{i+kp}) + H(y_{i+(k-1)p}', y_{i+kp}') \\
& - H(y_{i+(k-1)p}', y_{i+kp}) - H(y_{i+(k-1)p}, y_{i+kp}'),
\end{aligned}
$$

因此, 将引理应用于前 4 项和后 4 项即得命题结论. □

如果状态 s 不是有序的且 $s_n' := s_{n+1}$, 则序列 $s_n' - s_n$ 在 $n = 0$ 和 $n = q$ 之间改变符号. 由于 $s_q > s_0$, 存在 n 使得 $s_n' - s_n > 0$. 因此也存在 m, k, 使得 $s_m' - s_m \leqslant 0$, $s_{m+lp}' - s_{m+lp} < 0$ $(l \in \{0, \cdots, k\})$ 和 $s_{m+(k+1)p}' - s_{m+(k+1)p} \geqslant 0$. 构造两个状态 v, w 如下: $v_{m+lp+nq} := s_{m+lp+nq}'$, 其中 $l \in \{1, \cdots, k-1\}, n \in \mathbb{Z}$, 对所有其他 $i \in \mathbb{Z}$ 有 $v_i = s_i$. 取 w 使得 $v_i + w_i = s_i + s_i'$. 由此命题得 $2L(s) = L(s) + L(s') \geqslant L(v) + L(w)$. 若这个不等式是严格的, 则 $L(v) < L(s)$, 或者 $L(w) < L(s)$, 所以 s 不是 L 的极小.

按照这个命题等号只能发生在仅当存在 m, k, 使得 $s_m' - s_m < 0$, $s_{m+lp}' - s_{m+lp} = 0$ $(l \in \{0, \cdots, k\})$ 和 $s_{m+(k+1)p}' - s_{m+(k+1)p} > 0$. 此时新状态 v 和 w 不

可能都表示轨道 (由扭转性质和 (9.3.11) 后面的论述得知), 因此它们不可能是 L 的临界点. 从而不可能都表示极小, 故 s 也不是极小状态. □

如同 9.3.10 的证明的论述, 我们看到命题 9.3.12 有以下推论:

推论 9.3.13. 对两个状态 s 和 s' 令 $x_n := \min(s_n, s'_n)$ 和 $y := \max(s_n, s'_n)$. 则有 $L(s) + L(s') \geqslant L(x) + L(y)$. 这个不等式是严格的, 除非存在满足 $s_i = s'_i$ 的 $i \in \mathbb{Z}$.

[363] **命题 9.3.14.** 设 $f : S \to S$ 是一个保面积扭转映射, p/q 是扭转区间中的有理数, 且 $m \in \mathbb{N}$. 则 f 的 (p, q) 型的最小 Birkhoff 周期轨道实现 L 在 (mp, mq) 型状态上的极小.

证明. 这个极小出现在其 x 坐标给出 (mp, mq) 型有序状态 $\{s_n\}_{n\in\mathbb{Z}}$ 的轨道上, 即

$$s_{n+mq} = s_n + m \quad 和 \quad s_{n+1} > s_n.$$

现在考虑由 $s'_n = s_{n+q} - 1$ 定义的状态 s'. 注意对所有 $n \in \mathbb{Z}$ 有 $s_n \leqslant s'_n$, 反之亦然, 对状态 x 和 y 的其他情形, 定义 $x_n := \min(s_n, s'_n)$ 和 $y_n := \max(s_n, s'_n)$, 由推论 9.3.13 得到 $L(x) + L(y) \leqslant L(s) + L(s') = 2L(s)$. 如果这个不等式是严格的, 则 s 不是极小. 否则如定理 9.3.10 的论证, 我们看到 x 和 y 不表示轨道, 因此不是极小, 所以 s 不是极小.

从而 $s \leqslant s'$, 因而对所有 i 有 $s_i \leqslant s'_i = s_{i+q} - 1 \leqslant \cdots \leqslant s_{i+mq} - m = s_i$, 因此我们有 $s = s'$, 由于 s 是 q 周期的, 因此给出极小的 (p, q) 型 Birkhoff 周期轨道. □

定义 9.3.15. 对 $a, b \in \mathbb{R}, n \in \mathbb{N}$, 称有限序列 $\{x_i\}_{i=0}^n$ 为 (a, b, n) 状态, 如果 $x_0 = a$ 和 $x_n = b$. 记 (a, b, n) 状态集合为 $\Sigma(a, b, n)$, 或者在不致混淆情况下记为 Σ. 对 (p, q) 型周期状态 s 和 $m \in \mathbb{Z}, n \in \mathbb{N}$, 得到由 $x_i := s_{m+ip}$ 定义的 (s_m, s_{m+np}, n) 状态 x. 通过令

$$L(s) := \sum_{i=0}^{n-1} H(s_i, s_{i+1}) \tag{9.3.12}$$

定义 (a, b, n) 状态的空间 $\Sigma(a, b, n)$ 上的作用量泛函 L, 其中 H 是定义 9.3.3 中的生成函数.

注意, 不像 (9.3.7) 中的, 我们又回到了动力学次序. 由于 $\dfrac{\partial L}{\partial x_i} = h_1(x_{i-1}, x_i) - h_2(x_i, x_{i+1})$, 我们看到, L 的临界点对应于一个轨道段. 如果我们说 L 在 $\Sigma(a, b, n)$ 上的大范围极小 "在它的端点之间极小化", 则在它的端点之间极小化的线段对

应于一个轨道段. 如果一个轨道段在它的端点之间极小化, 则它的任何子段也极小化.

定义 9.3.16. 称 (p,q) 型状态是大范围极小的, 如果对任何 $m\in\mathbb{Z}, k\in\mathbb{N}$, 和式 $\sum\limits_{i=0}^{k-1} H(s_{n+ip}, s_{n+(i+1)p})$ 在 (s_m, s_{m+kp}, k) 状态空间上极小化泛函 L.

命题 9.3.17. 任何 (p,q) 型大范围极小状态表示一个 (p,q) 型极小 Birkhoff 周期轨道, 反之, 任何 (p,q) 型的极小 Birkhoff 周期轨道是大范围极小的.

证明. 考虑 (p,q) 型极小 Birkhoff 周期轨道. 它确定状态 s. 选择 $m\in\mathbb{Z}$ 和 $k\in\mathbb{N}$. 取 $N\in\mathbb{N}$ 使得 $k\leqslant qN$. 由命题 9.3.14, 和式 $\sum\limits_{i=0}^{Nq-1} H(s_{n+ip}, s_{n+(i+1)p})$ 在 [364]
所有 (Np, Nq) 型状态的空间中是极小的. 特别地, 这个段 $\{s_{n+ip}\}_{i=0}^{N}q$ 在端点之间极小化, 因此它的所有子段也极小化. 这证明了第二个论断.

设 s 是一个大范围极小状态. 考虑和式 $\sum\limits_{i=0}^{q-1} H(s_{ip}, s_{(i+1)p})$, 并假设它大于 (p,q) 型状态空间上的极小 $L_{\min}$. 设 s' 是满足 $\sum\limits_{i=0}^{q-1} H(s'_{ip}, s'_{(i+1)p}) = L_{\min}$ 和 $|s'_0 - s_0| < 1$ 的一个状态. 给定 $N\in\mathbb{N}$, 状态 s 的段 $\{s_{ip}\}_{i=0}^{Nq-1}$ 在 $NL(s)$ 作用下在它的端点 s_0 与 $s_{Nq} = s_0 + n$ 之间极小化. 用 $\{s_0, s'_p, s'_{2p}, \cdots, s'_{(Nq-1)p}, s_0 + N)$ 代替这一段, 得到一个 $(s_0, s_0 + N, Nq)$ 状态, 由 N 的常数独立性它的作用量不同于 $NL_{\min}$. 如果 N 足够大, 这与 s 的大范围极小性矛盾. □

在 9.7 节当我们研究曲面上的极小测地线时还会遇到类似的论述. 在第 13 章我们将再回到对扭转映射的讨论.

练 习

定义 9.3.18. 正倾斜映射是一个使得下面条件成立的 C^1 映射 $f: S^1\times(0,1)\to S^1\times(0,1)$. 用 $\theta(x,y)\in\mathbb{R}$ 记 $Df|_{(x,y)}e_2$ 和 e_2 之间的角度, 其中 e_2 是铅垂单位向量, 按这个方法定义的 $\theta(x,0)\in(0,\pi)$, 而且 θ 连续. 于是要求 $\theta > 0$.[4]

9.3.1. 证明两个扭转映射的复合是一个正倾斜映射.

定义 9.3.19. 称同胚 $f: S^1\times(0,1)\to S^1\times(0,1)$ 为扭转同胚, 如果对任何提升 $F=(F_1,F_2)$, 函数 F_1 关于 y 严格单调.

9.3.2. 证明从定理 9.3.7 证明中得到的第一个 (p,q) 型 Birkhoff 周期轨道也可由开集上是正的保测连续扭转同胚得到.

9.3.3. 证明定理 9.3.7 对两个扭转映射的复合 $f_2 \circ f_1$ 也成立.

9.3.4. 证明定理 9.3.7 对有限多个扭转映射的复合也成立.

9.3.5. 证明正文中关于坐标描述的外弹子球映射是具有保 Lebesgue 测度的扭转区间 $[0,\pi]$ 上的扭转映射.

9.3.6. 证明由命题 9.3.5 得到的扩张 $\widetilde{f}$ 可使得在 (大的) 紧集外与标准的可积扭转映射 $(x,y)\mapsto(x+y,y)$ 重合.

[365] 9.4. Lagrange 系统的变分描述

现在我们从扭转映射的特殊离散时间情形转入到如 5.3 节中描述的 Lagrange 力学的一般设置. 我们要证明求解 Lagrange 方程 (5.3.2) 可重叙为求解 (9.4.2), 从而事实上将 Newton 动力学的描述最后化为求解一个变分问题, 即求某个泛函的临界点. 不像前面研究的离散时间情形, 现在自然作用量泛函定义在某个无穷维空间上. 这导致应考虑的许多技术复杂性, 因此有必要发展局部理论. 后面我们将像刚才在离散时间情形所作的可求如下定义的作用量泛函的极小. 首先我们讨论 Lagrange 方程与作用量泛函的临界点之间的关系.

假设 L 是 $(x,v)\in\mathbb{R}^n\times\mathbb{R}^n$ 的光滑函数. 给定 $x,y\in\mathbb{R}^n$ 和 $T>0$, 考虑满足 $c(0)=x, c(T)=y$ 的光滑曲线 $c:[0,T]\to\mathbb{R}^n$. 于是

$$F(c) := \int_0^T L(c(t),\dot{c}(t))dt \tag{9.4.1}$$

有定义. 我们要求它的极小, 即求曲线 c 使得 $F(c)$ 极小. 为此考虑光滑依赖于 $s\in(-\varepsilon,\varepsilon)$ 的曲线 $c_s:[0,T]\to\mathbb{R}^n$, 使得 $c_0=c$ 和 $c_s(0)=x, c_s(T)=y$. 于是 $F(c_s)$ 是 s 的一个实值函数, 而且, 如果要确定 $F(c_0)$ 是不是极小, 就应该首先验证是否有 $\dfrac{d}{ds}F(c_s)\Big|_{s=0}=0$. 这很容易, 利用分部积分, 以及当 $t=0$ 和 $t=T$ 时 $\dfrac{dc_s}{ds}\Big|_{s=0}=0$ 的事实, 得到

$$\begin{aligned}\frac{d}{ds}\Big|_{s=0}\int_0^T L(c_s(t),\dot{c}_s(t))dt &= \int_0^T \left(\frac{\partial L}{\partial x}\frac{dc_s}{ds}\Big|_{s=0} + \frac{\partial L}{\partial v}\frac{d}{ds}\Big|_{s=0}\dot{c}_s(t)\right)dt \\ &= -\int_0^T \left(\frac{d}{dt}\frac{\partial L}{\partial v} - \frac{\partial L}{\partial x}\right)\frac{dc_s}{ds}\Big|_{s=0}dt.\end{aligned}$$

现在 c_s 可相当任意, 在端点固定它的值, 所以 $\left.\frac{dc_s}{ds}\right|_{s=0}$ 任意. 因此如果

$$\frac{d}{dt}\frac{\partial L}{\partial v} - \frac{\partial L}{\partial x} = 0, \tag{9.4.2}$$

则后面的积分对所有这样的变量只可能为零 (见练习 9.4.1). 从而沿着曲线极小化积分得到 Lagrange 方程, 而临界点正是 Newton 方程的解.

后面我们对端点可变化的情形重述上面的计算:

命题 9.4.1 (第一变分公式).

$$\left.\frac{d}{ds}\right|_{s=0}\int_0^T L(c_s(t),\dot{c}_s(t))dt = \left[\frac{\partial L}{\partial v}\left.\frac{dc_s}{ds}\right|_{s=0}\right]_0^T - \int_0^T\left(\frac{d}{dt}\frac{\partial L}{\partial v} - \frac{\partial L}{\partial x}\right)\left.\frac{dc_s}{ds}\right|_{s=0}dt.$$

这个计算显示对流形上的 Lagrange 动力学由作用量泛函的极小化描述, 因 [366]
为我们已经在 5.3b 节证明了 Euler–Lagrange 方程与局部卡的选择无关, 即对 Lagrange 函数

$$L: TM \to \mathbb{R}$$

轨道是

$$F(c): \int_0^T L(\dot{c})dt$$

的临界点的曲线 c. 特别地, 测地流 (定义 5.3.4) 是用变分术语描述的.

现在我们简短地总结流形上任意 Lagrange 设置下变分法的基本陈述. 要点是在光滑曲线的 (无穷维) 流形上得到可微结构. 设 $\mathcal{C}$ 是满足 $c(0)=x, c(T)=y$ 的光滑曲线 $c:[0,T]\to M$ 集. 对任何 $c\in\mathcal{C}$ 考虑光滑变分 $\gamma:[-\varepsilon,\varepsilon]\times[0,T]\to M, (s,t)\mapsto c_s(t)$, 使得 $c_0=c$, 以及对 $-\varepsilon<s<\varepsilon$ 有 $c_s\in\mathcal{C}$. 相应 γ 的是沿着 c 由 $Y_\gamma(t)=\frac{d}{ds}c_s(t)|_{s=0}$ 给出的向量场 Y_γ.

命题 9.4.2. *$T_c\mathcal{C}$ 作为沿着 c 满足 $Y(0)=Y(T)=0$ 的 C^∞ 向量场空间的自然表示.*

这可由下面两个容易的引理得到, 证明留给读者:

引理 9.4.3. *如果 $F:\mathcal{C}\to\mathbb{R}$ 使得 $\delta_c F(Y_\gamma) := \left.\frac{dF(c_s)}{ds}\right|_{s=0}$ 存在, 且 $Y_\gamma = Y_{\gamma'}$, 那么 $\delta_c F(Y_\gamma)=\delta_c F(Y_{\gamma'})$.*

引理 9.4.4. *如果 Y 是沿着 c 满足 $Y(0)=Y(T)=0$ 的 C^∞ 向量场, 那么存在 c 的变分 γ 使得 $Y=Y_\gamma$.*

在更近代的自由坐标记号中, 对形如 (5.3.3) 的 Lagrange 函数可描述如下: 如果 M 是一个 Riemann 流形, Riemann 度量为 g, 对 $v\in TM$ 取动能为 $g(v,v)/2$.

则自然的 Lagrange 函数有形式

$$L(v) = \frac{1}{2}g(v,v) - V(\pi(v)),$$

其中 $v \in TM, \pi : TM \to M$ 是到基点的投射, $V : M \to \mathbb{R}$ 是势能.

这些说明的要点是重申, 当我们在局部坐标下计算时所得到的结果其意义与局部坐标的选择无关. 这是 Lagrange 方法的主要推动力, 也是我们要做的. 特
[367] 别地, 在局部坐标下 $\delta_c F : T_c\mathcal{C} \to \mathbb{R}$ 等于零等价于 Euler–Lagrange 方程, 因此这对沿着 c 使得极小化 L 是必要的.

我们指出, 在局部坐标下工作的传统记号如下: 一点在局部卡下记为 q, 速度记为 $\dot{q}$. 因此经典力学中的 Euler–Lagrange 方程通常表示为

$$\frac{d}{dt}\frac{\partial L}{\partial \dot{q}} = \frac{\partial L}{\partial q}.$$

事实上, Euler–Lagrange 方程等价于它的解是定义在所有满足给定边界条件的 C^1 曲线 $[0,T] \to M$ 集合上的泛函 F 的临界点. 先验地, 这样的临界点甚至可以不是局部极小, 更不可能是大范围极小. 下面讨论的要点是要证明如果两个边界条件选择得充分接近, 那么 Euler–Lagrange 方程存在唯一的 "短解" 事实上是一个大范围极小. 当端点分开很远时这个情况发生变化. 此时 Euler–Lagrange 方程解的充分长段是动力系统终止于极小的轨道. 在 9.6 节我们将讨论轨道的例子, 在它们到通有覆盖的提升是它们任何两点之间的极小化意义下, 这些轨道是大范围极小化的.

练　　习

9.4.1. 详细证明, 如果曲线 c 是具有固定端点的光滑曲线空间上由 (9.4.1) 给出的泛函 F 的临界点, 则 Euler–Lagrange 方程 (9.4.2) 成立.

9.4.2. 证明命题 9.4.1.

9.5. 局部理论与指数映射

从现在起我们将仅讨论测地流, 即具有零势的 Lagrange 系统 (参看定义 5.3.4).

定义 9.5.1. 对曲线 $c : [0,T] \to M$, 称

$$A(c) := \int_0^T \frac{1}{2} g_{c(t)}(\dot{c}(t), \dot{c}(t))dt$$

为作用量, $l(c) := \int_0^T \sqrt{g_{c(t)}(\dot{c}(t), \dot{c}(t))}dt$ 为 c 的长度. 我们说 c 是由常数速度参数化的, 如果 $\frac{d}{dt}\sqrt{g_{c(t)}(\dot{c}(t), \dot{c}(t))} = 0$. A 的临界的 C^2 曲线称为测地线. 连续的逐段 C^2 曲线称为折测地线, 如果它在任何使它是 C^2 的子区间上的限制是 A 的临界曲线.

由命题 5.3.2 我们立刻得到

推论 9.5.2. 测地线由常数速度参数化. [368]

现在我们指出作用量与长度之间的关系, 它对有常数速度的曲线特别有用. 为简化记号, 记 $\|\dot{c}(t)\| := g_{c(t)}(\dot{c}(t), \dot{c}(t))$.

命题 9.5.3. 设 $c : [0, T] \to M$ 是一条曲线, 则 $A(c)T \geqslant l^2(c)/2$, 等号成立当且仅当 c 有常数速度.

证明. 由 Cauchy–Schwarz 不等式,

$$l^2(c) = \left(\int_0^T \|\dot{c}(t)\|dt\right)^2 \leqslant \int_0^T \|\dot{c}(t)\|^2 dt \int_0^T 1^2 dt = 2A(c)T,$$

等号成立当且仅当 $\|\dot{c}(t)\| =$ 常数. □

推论 9.5.2 证明在找作用量的临界曲线时, 可将注意力限于常数速度曲线, 最后这个命题表明这可等价地找对长度是临界的常数速度曲线. 注意这简化为, 如果 $c : [0, T] \to M$ 有常数速度 $\|\dot{c}(0)\|$, 则 $l(c) = T\|\dot{c}(0)\|$.

现在考虑在测地流设置下的指数映射. 由测地流的 Lagrange 齐次性得到

引理 9.5.4. 设 $c : [0, T] \to M$ 是一个测地线, $\tau : [0, T/a] \to [0, T]$, $t \mapsto \tau(t) = at$. 则 $\widetilde{c} := c \circ \tau$ 是一个测地线.

对 $v \in T_xM$ 现在用 c_v 记满足 $c(0) = x, \dot{c}(0) = v$ 的测地线. 我们在 5.3a 节找的指数映射 $\exp_x : v \to \exp_x v := c_v(\varepsilon)$ 是 $\{v \in T_xM | \ \|v\| \leqslant R\}$ 在 M 中的一个嵌入, 其中 ε 可能是依赖于 R 的非常小常数. 由引理 9.5.4 立刻看到, 对 $\delta = \varepsilon R$ 得到一个光滑嵌入

$$\exp_x : \overline{B(0, \delta)} = \{v \in T_xM | \ \|v\| \leqslant \delta\} \to M, v \mapsto c_v(1). \tag{9.5.1}$$

我们定义 $r_x > 0$ 为使得 $\exp_x$ 是 δ 球 $B(0, \delta)$ 上的单射的 δ 的上确界. r_x 称为 $\exp_x$ 的单射半径, 或者 (M, g) 在 $x \in M$ 的单射半径. 现在我们可以证明局部测地线是作用量泛函的唯一极小.

定理 9.5.5. 设 M 是一个 Riemann 流形, $x \in M$, r_x 是 $\exp_x$ 的单射半径, $v \in T_xM, d := \|v\| < r_x, y = \exp_x v$, 以及 $\Gamma_{x,y}$ 是满足 $c(0) = x$ 和 $c(1) = y$ 的逐段 C^1 连续曲线 $c : [0,1] \to M$ 的空间. 那么 $\Gamma_{x,y}$ 上的作用量泛函在测地线 c_v 上有唯一极小, 且 $A(c_v) = d^2/2$.

注. 由于 r_x 关于 x 是 (Lipschitz) 连续的, 故它在 M 的任何紧子集上有正的极小值. 特别地, 对紧流形我们称 $r(M) := \min_{x \in M} r_x > 0$ 为 M 的单射半径.

[369] **推论 9.5.6.** 设 M 是一个紧 Riemann 流形, $x, y \in M$ 满足 $d(x,y) < r(M)$. 那么 $\Gamma_{x,y}$ 上的作用量泛函 A 在测地线 $c_{\exp_x^{-1} y}$ 上有唯一极小.

证明. 首先我们证明一个引理:

引理 9.5.7 (Gauss 引理). 如果 $x \in M, \sigma : [-1,1] \xrightarrow{C^1} T_xM$, 以及对所有 $t \in [-1,1]$ 有 $\|\sigma(t)\| = r < r_x$, 那么 $\left.\dfrac{d}{ds}\right|_{s=0} \exp_x \sigma(s) \perp \left.\dfrac{d}{dt}\right|_{t=0} \exp_x t\sigma(0)$.

证明. 由于 $c : t \mapsto \exp_x t\sigma(0)$ 是一条测地线, 由第一变分公式 (命题 9.4.1) 得到

$$\left.\frac{d}{ds}\right|_{s=0} A(c_s) = \sum_{ik} g_{ik}(c_0(1)) \frac{dc_k}{dt}(1) \left.\frac{d(c_s)_i}{ds}\right|_{s=0}(1),$$

其中 $c_s(t) = \exp_x t\sigma(s)$. 但是对所有 s 有 $A(c_s) = r^2/2$, 因此上式中的和为零, 得证. □

这个 Gauss 引理说, 如果我们引入极坐标 $B(0,r_x)\backslash\{0\} \to (0,r_x) \times S^{n-1}$, 则可通过 $\exp_x^{-1}$ 得到 x 邻域内的极坐标具有径向量 $\dfrac{\partial}{\partial r}$ 垂直 ∂S^{n-1} 的性质. 利用这个事实, 并注意特别对 $z \in \exp_x B(0,r_x)$ 和 $w \in T_zM$ 我们有 $\|w\| \geqslant \left|g\left(w, \dfrac{\partial}{\partial r}\right)\right|$, 除了 w 是 $\dfrac{\partial}{\partial r}$ 的倍数, 它是一个严格不等式.

于是我们假设 $y = \exp_x v$ 满足 $d := \|v\| < r_x$, 并且 $c : [0,1] \to M$ 是连接 x 和 y 且包含在 $\exp_x B(0,d)$ 内的曲线. 则有

$$\begin{aligned}\int_0^1 g(\dot c(t), \dot c(t))dt &\geqslant \int_0^1 \left(g\left(\dot c(t), \frac{\partial}{\partial r}\right)\right)^2 dt \\ &\geqslant \left(\int_0^1 g\left(\dot c(t), \frac{\partial}{\partial r}\right) dt\right)^2 \geqslant d^2 = 2A(c_v).\end{aligned}$$

第一个不等式是严格的, 除非 c 是 c_v 的参数化. 但是如果 c 是 c_v 的参数化, 则第二个不等式 (Cauchy–Schwarz 不等式) 是严格的, 除非 $c = c_v$. 因此如果 c 如前且 $c \neq c_v$, 那么 $A(c) > d^2/2$. □

接下来的结果是处理作用量 (或长度) 泛函的大范围极小化. 证明用 Morse 引入的非常有效的 "折测地线" 法, 它允许我们为了将大范围极小化问题化为有限维问题而使用这里发展的局部理论.

如前, 令 $\Gamma_{x,y}$ 是满足 $c(0)=x$ 和 $c(1)=y$ 的逐段 C^1 的连续映射 $c:[0,1]\to M$ 的空间. 每条曲线 $c\in\Gamma_{x,y}$ 的不连续点个数有限, 但没有假设这个数有界. 显然长度与作用量泛函在 $\Gamma_{x,y}$ 上有定义.

定理 9.5.8. *设 M 是一个完全连通的 Riemann 流形, $x,y\in M$. 那么在 $\Gamma_{x,y}$ 上的作用量泛函 A 在光滑 Euler–Lagrange 测地线上达到 (不必唯一) 极小.* [370]

证明. 由连通性存在光滑曲线 $\sigma\in\Gamma_{x,y}$. 不失一般性可假设 σ 关于常数速度已被参数化. 令 $L:=l(\sigma)$. 则由命题 9.5.3,

$$A(\sigma)=\frac{L^2}{2}. \tag{9.5.2}$$

考虑球 $B=B(x,2L)\subset M$. 它的闭包是紧的. 任何点 $z\in\partial B$ 具有性质 $d(x,z)=2L$. 设 $c\in\Gamma_{x,y}$. 如果 $c([0,1])\not\subset B$, 则这个集合包含点 $z\in\partial B$, 因此 $l(c)\geqslant 2L$, 由命题 9.5.3 和 (9.5.2) 得

$$A(c)>2L^2>A(\sigma). \tag{9.5.3}$$

因此

$$\inf_{c\in\Gamma_{x,y}}A(c)=\inf\{A(c)|c\in\Gamma_{x,y},c([0,1])\subset B\}. \tag{9.5.4}$$

由于 $\overline{B}$ 是紧的, $x\in\overline{B}$ 的单射半径 r_x 有下界, 下界常数为某个 $R>0$. 设 $\widetilde{\Gamma}:=\{c\in\Gamma_{x,y}|l(c)\leqslant l(\sigma)=L\}$. 如果 $c\in\widetilde{\Gamma}$ 则 $c([0,1])\subset B=B(x,2L)$. 对每条曲线 $c\in\widetilde{\Gamma}$ 可找数 $0=t_0<t_1<\cdots<t_k=1$ 使得 $L(c|_{[t_i,t_{i+1}]})<R$ 和 $k\leqslant[l(\sigma)/R]+1$. 现在可利用 Morse 引入的 "折测地线" 技巧. 用逐段测地线 $\widetilde{\sigma}$ 代替 σ, 使得

$$\widetilde{\sigma}(s)=c_{\exp^{-1}_{\sigma(t_i)}\sigma(t_{i+1})}\left(\frac{s-t_i}{t_{i+1}-t_i}\right),\quad 对\ s\in[t_i,t_{i+1}].$$

换句话说, 我们用给出 $\Gamma_{\sigma(t_i),\sigma(t_{i+1})}$ 上的作用量泛函的唯一极小值的测地线的适当参数化代替曲线段 $\sigma([t_i,t_{i+1}])$. 由定理 9.5.5 我们有 $A(\widetilde{\sigma})\leqslant A(\sigma)$. 用常数速度重参数化 $\widetilde{\sigma}$ 给出满足 $A(\widetilde{\widetilde{\sigma}})\leqslant A(\widetilde{\sigma})$ 的曲线 $\widetilde{\widetilde{\sigma}}$. 由 $\sigma\in\widetilde{\Gamma}$ 得到的所有曲线 $\widetilde{\widetilde{\sigma}}$ 的闭包 Γ^0 在 C^0 拓扑下是紧的. 这从以下两个事实得到, 即 Γ^0 中的任何曲线由 B 的最多 $[l(\sigma)/R]+1$ 个点的有序序列确定, 以及注意到只要应用定理 9.5.5, $\Gamma_{x,y}$ 中的唯一极小在 C^0 拓扑下连续依赖 x 和 y. 因此泛函 A 在 Γ^0 上从而在 $\widetilde{\Gamma}$ 上达到它的极小. 由 $\widetilde{\Gamma}$ 的定义这个极小也是在 $\Gamma_{x,y}$ 上的极小.

剩下的要证明 A 在 $\Gamma_{x,y}$ 上的任何大范围极小是一条 C^2 曲线, 因为它是作用量泛函 A 的临界点, 也是 Euler–Lagrange 方程的解. 取 $t \in [0,1]$ 以及 ε 足够小使得 $l(c(t-\varepsilon, t+\varepsilon)) < R$. 则由定理 9.5.5, $c|_{(t-\varepsilon,t+\varepsilon)}$ 是测地线 $c_{\exp^{-1}_{c(t-\varepsilon)} c(t+\varepsilon)}$ 的常数速度参数化, 因此是 C^2 的. □

[371] 现在代替整个空间 $\Gamma_{x,y}$, 考虑任何连通分支 Σ, 即所有相关端点 (rel 端点) 同伦 (见定义 A.1.17 —— 译者注) 于所给曲线的连续逐段 C^1 曲线空间. 如果我们用 Σ 代替叙述中的 $\Gamma_{x,y}$, 定理 9.5.8 的证明仍保持有效. 曲线 c 应该从 Σ 中选取, 集合 $\widetilde{\Gamma}$ 应该定义为 $\widetilde{\Gamma} := \{c \in \Sigma | l(c) \leqslant l(\sigma)\}$. 当 $\widetilde{\sigma} \in \Sigma$ 和 $\widetilde{\widetilde{\sigma}} \in \Sigma$ 时, 通过 "折测地线" 的这个近似是局部的. 因此我们建立了下面结果:

定理 9.5.9. *作用量泛函 A 在 Σ 的光滑曲线上达到它的极小, 它是 Euler–Lagrange 方程的解.*

相同论述的稍作修改可求闭测地线.

定理 9.5.10. *设 M 是一个紧 Riemann 流形, Π 是 M 上闭逐段 C^1 曲线的非平凡自由同伦类. 则作用量泛函 A 在 Π 上达到它的极小值, 而且达到极小值的每条曲线是闭测地线.*

注. M 的紧性对这个定理是本质的, 如伪球面的例子显示的 (见图 5.4.4). 由水平线段 $\operatorname{Im} z = c$ 表示的曲线 γ_c 不是零伦的, 且当 $c \to \infty$ 时 $l(\gamma_c) \to 0$. 这个同伦类不包含任何闭测地线.

证明. 首先注意长度小于单射半径 R 两倍的任何闭曲线是可缩的. 因此 $\inf\limits_{c \in \Pi} A(c) \geqslant 2R^2 > 0$. 设 σ 是代表 Π 的闭曲线. 如定理 9.5.8 的证明, 每条满足 $l(c) \leqslant l(\sigma)$ 的曲线 $c \in \Pi$ 可用 Π 中较短的不大于 $l(\sigma)/R$ 的具常数速度的参数化折测地线弧近似. 这种曲线的空间在 C^0 拓扑下是紧的, 因此 A 在 Π 上达到它的 (正) 极小值. 光滑性论述不变. □

练　　习

9.5.1. 对具有 Poincaré 度量 $g(v,w) = (1-(x^2+y^2))^{-2}\langle v,w\rangle$ 的单位圆盘, 其中 $\langle\cdot,\cdot\rangle$ 表示 Euclid 度量, 证明在每一点的指数映射是切空间到圆盘的一个微分同胚.

9.5.2. 对任何一个 Riemann 流形, 证明单射半径至多是最短闭测地线的一半. 给出出现等式的例子.

9.5.3. 设 M 是具有非平凡基本群的紧流形. 证明对 M 上的任一 Riemann 度量存在非平凡闭测地线.

9.5.4. 证明 Euler–Lagrange 方程没有解是具有固定端点的光滑曲线空间上作用量的局部极大.

9.5.5. 证明测地线满足方程 [372]

$$\frac{d^2c_k}{dt^2}+\sum_{ij=1}^{n}\Gamma_{ij}^{k}(c(t))\frac{dc_i}{dt}\frac{dc_j}{dt}=0 \tag{9.5.5}$$

并确定 Γ_{ij}^k. 这个方程称为测地线方程.

9.6. 极小测地线

现在我们说明如何用变分法确定测地流的某些特殊轨道.

定义 9.6.1. 设 M 是一个紧 Riemann 流形. $c:\mathbb{R}\to M$ 称为是极小的, 如果对 c 到 M 的通有覆盖 $\widetilde{M}$ 的某个 (因此是任何) 提升 $\widetilde{c}:\mathbb{R}\to\widetilde{M}$ 和任意两点 $t_1,t_2\in\mathbb{R}$, 重正化线段 $\widetilde{c}|_{[t_1,t_2]}$ 实现空间 $\Gamma_{\widetilde{c}(t_1),\widetilde{c}(t_2)}$ 上作用量泛函的极小. 换句话说, 对 c 的提升上的任何两点, 这两点之间提升的线段是它端点之间的最短曲线.

由于每条通过长度参数化的测地线由它在任何点的切向量唯一确定, 我们可谈论单位切丛 SM 上的极小向量. 所有极小向量的集合 $\mathcal{M}$ 由测地流作用下的不变集定义. 它也是闭的, 因为

$$\mathcal{M}=\bigcap_{n\in\mathbb{N}}\mathcal{M}_n,$$

其中

$$\mathcal{M}_T:=\{v\in SM|\exists s\in[-T+\sqrt{T},-\sqrt{T}],\ \text{使得 } c_v \text{ 是 } [s,s+T] \text{ 上的极小}\},$$

而且每个 $\mathcal{M}_n$ 是闭的.

命题 9.6.2. 如果 M 紧连通且基本群 $\pi_1(M)$ 是无穷的, 那么 $\mathcal{M}\neq\varnothing$.

证明. 由于基本群 $\pi_1(M)$ 是无穷的, 通有覆盖 $\widetilde{M}$ 非紧, 特别地, 对任何 $n\in\mathbb{N}$ 可找点 $x_n,y_n\in\widetilde{M}$, 使得 $d(x_n,y_n)\geqslant 3n$. 由定理 9.5.8, 存在连接 x_n 和 y_n 的最短曲线 γ_n 并通过弧长参数化. 设 $v_n\in S\widetilde{M}$ 是 γ_n 中点的切向量. 则 v_n 到 SM 的投影是向量 $u_n\in\mathcal{M}_n$. 因此 $\mathcal{M}_n$ 非空. 由于它是紧的且 $\mathcal{M}_{n+1}\subset\mathcal{M}_n$, 得到 $\mathcal{M}\neq\varnothing$. □

注. 一般地, 在自由同伦类中实现作用量泛函极小的闭测地线 (定理 9.5.10) 可以不是极小的. 但对定向曲面这成立. 后面我们将会回到这个问题.

[373] 我们已经证明, 紧流形的纯拓扑性质保证对每个 Riemann 度量在那个流形上的极小测地线的存在性. 下面我们用定性方法推广这个联系, 即通过证明更强的拓扑性质, 即基本群 $\pi_1(M)$ 的指数增长, 保证对 M 上的任何度量的极小测地线集合的动力学复杂性, 即限制在这个集合上的测地流的拓扑熵的正性.

首先我们定义 Riemann 流形 M 的一个几何特征数. 设 x 是通有覆盖 $\widetilde{M}$ 上的点, $B(x,r)$ 是半径为 r、围绕 x 的球.

命题 9.6.3. *极限* $\lim\limits_{r\to\infty}\frac{1}{r}\log\mathrm{vol}\,(B(x,r))$ *存在且与* x *无关.*

证明. 首先, 由于 $\mathrm{vol}\,(B(x,r))$ 在覆叠变换下不变 (它是 $\widetilde{M}$ 的等距), 又因为可找 M 的直径小于 d 的紧基本区域 $\mathcal{D}\subset\widetilde{M}$, 对任何 $x,y\in\widetilde{M}$ 立刻有

$$\mathrm{vol}\,(B(x,r))\leqslant\mathrm{vol}\,(B(y,r+d)). \tag{9.6.1}$$

这由对 $x,y\in\mathcal{D}$ 有

$$B(x,r)\subset B(y,r+d) \tag{9.6.2}$$

的事实得到. 由不等式 (9.6.1) 立刻得到, 如果命题中的极限存在, 则它与 x 无关.

为了证明这个极限存在, 我们建立下面的不等式:

$$\mathrm{vol}\,(B(x,R_1+R_2))<\frac{1}{a}\mathrm{vol}\,(B(x,R_1))\mathrm{vol}\,(B(x,R_2+d+1)),$$

其中 a 是 M 中 1/2- 球的最小体积 (它可小于 $\widetilde{M}$ 上对应的最小体积). 如果 N 是 $B(x,R_1)$ 的最大的 1- 分离子集, 则半径为 1/2、围绕 N 中点的球互相分离, 所以

$$a\mathrm{card}\,N\leqslant\mathrm{vol}\,(B(x,R_1)). \tag{9.6.3}$$

现在取半径为 R_2+1、围绕 N 中点的球. 它们的并覆盖 $B(x,R_1+R_2)$, 所以

$$\mathrm{vol}\,(B(x,R_1+R_2))\leqslant\mathrm{card}\,\sup_{z\in N}\mathrm{vol}\,(B(x,R_2+1)).$$

利用 (9.6.3) 和 (9.6.1) 得到

$$\mathrm{vol}\,(B(x,R_1+R_2))\leqslant\frac{1}{a}\mathrm{vol}\,(B(x,R_1))\mathrm{vol}\,(B(x,R_2+1+d)).$$

这完成了我们的证明, 因为下面的初等事实改善了从引理 3.1.5 开始已用过多次的次可加性论述. □

命题 9.6.4. 如果对所有 $m, n \in \mathbb{N}$ 和某个 k 和 L 有 $a_{m+n} \leqslant a_n + a_{m+k} + L$, 那么 $\lim\limits_{n\to\infty} \dfrac{a_n}{n} \in \mathbb{R} \cup \{-\infty\}$ 存在. [374]

证明. 首先注意 $a_{m+k} \leqslant a_m + a_{2k} + L$, 因此 $a_{m+n} \leqslant a_m + a_n + a_{2k} + 2L = a_m + a_n + L'$, 故可假设 $k = 0$. 如果 $\underline{\lim}_{n\to\infty} \dfrac{a_n}{n} < b < c$, $n > \dfrac{2L}{c-b}$, $\dfrac{a_n}{n} < b$, 以及 $l \geqslant n, l(c-b) > 2\max\limits_{r<n} a_r$, 记 $l = nk + r$, 其中 $r < n$, 得到 $\dfrac{a_l}{l} \leqslant \dfrac{1}{l}(ka_n + a_r + kL) \leqslant \dfrac{a_n}{n} + \dfrac{a_r}{l} + \dfrac{L}{n} < c$. □

我们将在第 11, 13, 18 和第 20 章利用这个事实多次.

定义 9.6.5. 称 $v(M) := \lim\limits_{r\to\infty} \dfrac{1}{r} \log \operatorname{vol}(B(x,r))$ 为 M 的体积增长.

命题 9.6.6. 对 $x \in \widetilde{M}$, 我们有

$$v(M) = \lim_{r\to\infty} \frac{1}{r} \log \operatorname{card}\{\gamma \in \pi_1(M) | \gamma(x) \in B(x,r)\}.$$

证明. 固定一个基本域 $\mathcal{D}$ 使得 x 在 $\mathcal{D}$ 的内部, 取 $d > 0$ 使得 $B(x,d) \subset \mathcal{D}$, 以及 $R > 0$ 使得 $\mathcal{D} \subset B(x,R)$. 则 $\{B(\gamma(x),d) | \gamma \in \pi_1(M)\}$ 是互不相交的集族, 所以 $\operatorname{card}\{\gamma \in \pi_1(M) | \gamma(x) \in B(x,r)\} \leqslant \dfrac{\operatorname{vol}(B(x,r))}{\operatorname{vol}(B(x,d))}$. $\{B(\gamma(x),R) | \gamma(x) \in B(x,r)\}$ 是 $B(x,r)$ 的一个覆盖, 从而有 $\operatorname{card}\{\gamma \in \pi_1(M) | \gamma(x) \in B(x,r)\} \geqslant \dfrac{\operatorname{vol}(B(x,r))}{\operatorname{vol}(B(x,R))}$. □

注. 因此, 我们特别指出, $v(M) > 0$ 当且仅当对任何生成子集, M 的基本群有指数增长.

现在我们可以证明, 如果这个基本群有指数增长, 那么极小测地线集足够大使得测地流有正的拓扑熵.

定理 9.6.7. 对 SM 上的测地流 g_t, 我们有

$$h_{\text{top}}(g|_{\mathcal{M}}) \geqslant v(M).$$

证明. 固定 $x \in \widetilde{M}, T, \delta > 0$, 以及环域 $B(x,(1+\delta)T) \backslash B(x,T)$ 中的最大 $3\delta T$ 分离集 N. 如果 $K_T := \sup\limits_{y\in M} \operatorname{vol}(B(y,3\delta T))$, 则对充分大 T,

$$\operatorname{card} N \geqslant \frac{1}{K_T}(\operatorname{vol}(B(x,T)) - \operatorname{vol}(B(x,(1-\delta)T))) \geqslant e^{v(M)(1-3\delta)T}.$$

如果 $y \in N$, 则由定理 9.5.8 存在长度为 $l_y = d(x,y)$ 的由连接 x 和 y 的弧参数化的测地线 c_y. 如果 $y_1 \neq y_2 \in N$ 和 $p_i = c_{y_i}(T)$, 则 $d(p_1,p_2) \geqslant 3\delta T - 2\delta T = \delta T$.

因此轨道段

$$\{c_y|_{[0,T]}|y \in N\}$$

[375] 是 $\widetilde{M}$ 中的一个 $(T, \delta T)$ 分离集. 现在我们要证明这些轨道段到 M 的投影也是分离集. 记 $\gamma_y := \pi \circ c_y$. 假设 $\delta T > r(M)$ 为单射半径. 当 $x, y \in \widetilde{M}$ 且 $d(x,y) < r(M)$ 时我们有 $d(\pi(x), \pi(y)) = d(x,y)$. 现在当 $t \in [0,T]$ 且 $y_1 \neq y_2 \in N$ 时 $d(c_{y_1}(t), c_{y_2}(t))$ 从 0 到至少 $2\delta T$ 变化, 特别地, 它达到 $r(M)/2$ 和 $r(M)$ 之间的任何值. 对某个 $t \in [0,T]$ 有

$$d(\gamma_{y_1}(t), \gamma_{y_2}(t)) > \frac{1}{2} r(M).$$

因此

$$\{\gamma_y|_{[0,t]}|y \in N\}$$

是 $(T, r(M)/2)$ 分离集. 注意由归纳法, 我们有,

$$V(x,N,T) := \{\dot{c}_y(t)|y \in N, t \in [\sqrt{T}, T-\sqrt{T}]\} \subset \mathcal{M}_T,$$

因此, $S := \{\dot{\gamma}_y(\sqrt{T})|y \in N\}$ 是 $(T-2\sqrt{T}, r(M)/2)$ 分离集.

如果取 $N(T,t,d)$ 为 $\mathcal{M}_T$ 的 (t,d) 分离子集的最大势, 则我们看到有 $N(T,T,r(M)/2) \geqslant e^{v(M)(1-3\delta)T}$. 事实上, 在 $\mathcal{M}_T$ 中我们找到的轨道集是 $(T, r(M)/2)$ 分离集, 且其势至少是 $e^{v(M)(1-3\delta)T}$.

设 $m \in \mathbb{N}$ 满足 $T - 2\sqrt{T} = mt + k$ 以及 $0 \leqslant k \leqslant t$. 对 $j \in \{0, \cdots, m-1\}$ 考虑集合 $P_j := \{\dot{\gamma}_y(\sqrt{T}+jt)|\dot{\gamma}_y(\sqrt{T}) \in S\}$, 并令 Q_j 是 P_j 的 $(t, r(M)/2)$ 分离集的最大势. 由于 S 是 $(T-2\sqrt{T}, r(M)/2)$ 分离集, 我们得到 $Q_1 \cdots Q_{m-1} \geqslant \operatorname{card} S = \operatorname{card} N \geqslant e^{(1-3\delta)v(M)t}$, 故对某个 $i \in \{0, \cdots, m-1\}$, 对大的 T 必须有

$$Q_i \geqslant \sqrt[m]{\operatorname{card}\ S} = e^{v(M)(1-3\delta)T/m} = e^{v(M)(1-3\delta)(1+(k+2\sqrt{T})/m)} \geqslant e^{v(M)(1-4\delta)t}.$$

因此 $\mathcal{M}_T$, 从而 $\mathcal{M}$ 包含势至少是 $e^{v(M)(1-4\delta)t}$ 的 $(t, r(M)/2)$ 分离集. 由于 $\delta > 0$ 可取任意小, 这证明了定理. □

练　　习

9.6.1. 计算体积增长 $v(M)$, 其中 M 是具 Poincaré 度量 $g(v,w) = (1-(x^2+y^2))^{-2}\langle v, w\rangle$ 的单位圆盘的一个紧因子, $\langle \cdot, \cdot \rangle$ 是 Euclid 度量.

9.6.2. 在环面 $\mathbb{T}^2$ 上构造一个 Riemann 度量, 使得不是所有测地线都是极小的.

9.7. 紧曲面上的极小测地线 [376]

现在考虑具有无穷多个基本群的紧可定向曲面, 即带有 $g \geqslant 1$ 个柄的球面. 对这种曲面的基本群和通有覆盖的描述见附录第 5 节. 我们考虑闭测地线的自由同伦类. 注意到同伦类的幂有定义是有用的. 下面的结果是命题 9.3.14 对曲面上的测地流的类似.

定理 9.7.1. *设 (M, g) 是一个具有无穷基本群和 Riemann 度量 g 的紧可定向曲面. 设 σ 是 M 上闭曲线的自由同伦类, $m \in \mathbb{N}$. 那么 σ^m 中的最短曲线是形式 $c^m := \underbrace{c \cdot c \cdots c}_{m\ 次}$, 其中 $c \in \sigma$.*

证明. 设 c 是这样的一条测地线. 考虑它到 M 的通有覆盖 $\widetilde{M}$ 的一个提升 $\widetilde{c}$. $\widetilde{M}$ 是到 Euclid 平面 $\mathbb{R}^2$ 的同胚. 由于 c 是闭测地线, 曲线 $\widetilde{c}$ 在作为覆叠变换的某个元素 $\gamma^m \in \pi_1(M)$ 的作用下是不变的 (即 $\gamma^m \circ \widetilde{c}$ 是 $\widetilde{c}$ 的一个有相同定向的重参数化). 如果它在 γ 作用下不变则我们已作了.

如果没有, 则 $\gamma^m \circ \widetilde{c}$ 和 $\widetilde{c}$ 是不同曲线. 由 Jordan 曲线定理 $\widetilde{c}$ 将 $\mathbb{R}^2$ 划分为两个 (开) 分支 C_+ 和 C_-. 因此像 $\gamma \circ \widetilde{c}$ 或者与 $\widetilde{c}$ 相交, 或者它包含在一个分支内, 譬如在 C_+ 内. 由于 M 是可定向曲面, 第二个情况意味着 $\gamma C_+ \subset C_+$, 因此 $\gamma^m(\widetilde{c}) \subset C_+$, 矛盾. 从而 $\gamma \circ \widetilde{c}$ 与 $\widetilde{c}$ 相交. 取交点 x. 这个交是横截的, 因为 $\gamma \circ \widetilde{c}$ 和 $\widetilde{c}$ 是测地线. 点 $x' := \gamma^m x$ 也是横截的. 构造连接 x 和 x' 的新曲线如下. c_+ 是从 c 通过用 $\gamma^m \widetilde{c}$ 对应的线段代替 c 中两个相继交点之间的线段得到的曲线, 如果后者包含在 C_+ 中. c_+ 由 $\widetilde{c}$ 和 $\gamma^m \circ \widetilde{c}$ 的并的其余线段组成. c_+ 和 c_- 都是 γ^m 不变的, 因此它们代表闭曲线在与 c 相同的自由同伦类中的提升, 它们的投影的长度之和等于 c 的长度的 2 倍. 但这些投影正好是折测地线, 因此没有一个在它的自由同伦类中是极小的. 从而 s 也不是极小的, 这与假设矛盾. □

注. 注意这个论述与命题 9.3.14 证明中推论 9.3.13 的应用之间的类似性.

定理 9.7.2. *M 上任何非平凡自由同伦类 Σ 中的最短测地线是极小的.*

证明. 如前, 设 c 是这样一个测地线. 考虑它到 M 的通有覆盖 $\widetilde{M}$ 的提升 $\widetilde{c}$, 设 T 是它的周期. 如果 $t' - t < T$, 则 $\widetilde{c}|_{[t,t']}$ 是连接 $\widetilde{c}(t)$ 和 $\widetilde{c}(t')$ 的最短曲线, 因为否则我们可以通过插入连接这些点的较短曲线的投影缩短 c. 由定理 9.7.1, c^n 是它的同伦类中的最短测地线, 所以在上面的论述中可用 nT 代替 T. 因此, $\widetilde{c}$ 极小 [377]
化它的任何两点之间的长度. □

我们自然有兴趣要求极小测地线的增长率为长度的函数. 这个情况在这里对环面和高亏格的曲面是完全不同的. 对于环面由平坦度量的增长率给出下界,

其中极小测地线类与整数格 $\mathbb{Z}^2$ 的非零元素一一对应, 因此长度二次增长 (带有依赖于平坦度量的乘法常数). 任意一个度量可看作为 $\mathbb{R}^2$ 上的一个周期度量的投影. 由环面的紧性这个度量与 Euclid 度量相关到差一个有界因子, 所以诱导的距离一致等价于 Euclid 距离 (即两个距离之比介于两个正数之间). 由于同伦类中对应于 $k \in \mathbb{Z}^2$ 的最短测地线的长度是 $\min\limits_{p\in\mathbb{R}^2} d(p, p+k)$, 这证明对任何度量, 极小测地线个数的增长率至少是二次.

对高亏格的曲面, 平坦度量的作用通过负常数曲率的度量作为环面度量的参考度量. 这样的度量已经在 5.4 节讨论过. 后面我们将证明对任何这样的度量闭测地线 (在这情形它们都是极小的) 的个数按非常确切的指数渐近增长 (见定理 18.5.7 和 20.6.9).[1] M 的通有覆叠可看作为 Poincaré 覆叠, 覆叠变换是线性分式变换. M 上的度量到 $\widetilde{M}$ 上的度量的提升在覆叠变换下不变. 由于 M 是紧的, 这个度量由它在紧基本区域上的限制确定. 由于覆叠变换保持 Poincaré 度量和所给的度量, 它们一致等价, 所以诱导的距离之比介于某常数 C 和 $1/C$ 之间. 这意味着长度至多是 T 的最小测地线个数 $N(T)$ 满足 $N(T) \geqslant N_0(T/C)$, 其中 N_0 是常数曲率度量的对应数. 因此 $N(T)$ 有一个指数下界. 注意以下结论的区别. 因为对函数 $f(T) = T^2$, 我们有 $f(cT) = c^2 f(T)$, 环面情形的二次下界估计是一个不变量. 对指数函数 $f(T) = e^{aT}$, 我们有 $f(cT) = e^{acT}$, 所以仅仅是这个估计的指数特征得到保持, 但这个指数并不保持.[2]

练　　习

9.7.1. 对基本群的生成子 γ_1 用同伦类 Π 中最短测地线的性质描述 Möbius 带上的度量, Π^2 中的最短测地线是不同的.

9.7.2. 设 M 是一个紧可定向曲面, Π 是一个自由同伦类. 求证 Π^2 中的最短测地线是大范围极小的.

[378] **9.7.3*.** 描述三维环面 $\mathbb{T}^3$ 上的一个度量, 使得对某个自由同伦类, 某个最短测地线不是大范围极小的.

9.7.4. 假设 M 是 Poincaré 度量为 $g(v, w) = (1 - (x^2 + y^2))^{-2}\langle v, w\rangle$ 的单位圆盘的一个紧因子, 其中 $\langle\cdot,\cdot\rangle$ 表示 Euclid 度量. 证明 $\mathcal{M} = SM$, 即所有测地线都是极小的.

附　注 [741]

第 0 章

第 1 节. 除了正文中所作的说明, 我们这里介绍的是动力系统理论主要分支中的主要资源, 无可否认它不完全且是主观调查的综合.

遍历理论. 尽管 Walters 的书 [W] 缺少许多证明, 特别是有着重要背景结果的证明, 而且它几乎是 20 年前写的, 但它还是最有资格作为遍历理论的标准教科书. 该书出版以后, 产生了几个重要的发展方向, 包括 Kakutani (单调) 等价性理论, 组合遍历理论, 以及有限性同构理论.

Cornfeld, Fomin 和 Sinai 的 [CFSin] 是一本非常有价值的书, 尽管它远非遍历理论的综合资源. 特别是, 它反映了在动力系统一般理论背景下的这个主题的一个广泛观点, 有点类似于本书发展的光滑动力系统理论的观点.

Petersen 的书 [Pet] 很好涵盖了遍历理论的许多关键主题, 包括几个遍历定理, 但是遍历理论与动力学的其他分支之间的联系它几乎完全没有触及. 但它拥有丰富的练习.

Rudolph 的薄书 [Ru2] 可作为上述三本书的有用补充, 因为它包含了它们都错失了的几个主题.

Halmos 的 [Ha2] 是一本才华横溢的短专著, 它在遍历理论的发展中起着重要作用. 现在它仍具有重要的历史价值. 特别对熵这个边缘主题的突破给出了一个很好的全景描述. 对寻找这个主题起源的回顾有兴趣的读者, 我们推荐 von Neumann 的原文 [vN] 和 Hopf 在 1937 年的专著 [Ho1].

在遍历理论这个特殊分支的主要资源中, 有 Ornstein 的同构理论 [O2], Kakutani 的等价性理论 [K3] 和 [ORW], 有限性同构理论 [KeS] 和 [Ru1], 组合遍历理论 [Fu3], 遍历定理 [Kr], 以及具有拟不变测度的变换的轨道等价性 [Kri].

[742] **拓扑动力学与符号动力学.** 拓扑动力学的较早发展总结在 [GH] 中. 拓扑动力学的一个重要主题是 Furstenberg [Fu2] 发展的远距扩张理论. 作为自封闭主题的拓扑动力学的综合教科书可能不大好写, 因为拓扑动力学的许多重要方面与动力系统理论的许多其他分支密切相关. Denker, Grillenberger 和 Sigmund 的书 [DGS], 代表遍历理论和拓扑动力学的一个吸引人的很好综合, 看来它主要是从光滑动力系统和符号动力系统的应用观点写的.

Boyle 的综合报告 [Boy] 包含对符号动力学与这个领域内的主要结果论述的可接受的最新介绍. 这个领域的一个综合介绍已由 D. Lind 和 B. Marcus 的书 [LM] 给出.

微分动力学和光滑遍历理论. 光滑动力系统理论的大多数现有资源, 包括教科书和专著都集中在这个主题的特殊方面.

Smale 的先驱论文 [Sm5] 第一次从拓扑观点和几何观点并以近代形式着重处理双曲理论. 从这种观点但用不同方法很好叙述的还有 [Nit1], [PMe], [Shu3] 和 [I]. C. Robinson 的书 [Rob2] 是最容易理解这类书的最新资源.

近代双曲动力学的另一个趋势主要与俄罗斯的学校有关, 它们强调解析和概率方面以及几何与拓扑方面. 它起源于 Anosov 的基础专著 [An3]. 虽然它的叙述有点沉重和陈旧, 但它仍是这个主题的一流起源. 这项工作与 Anosov 和 Sinai 的综合性论文 [AnSin] 一起被视为近代光滑遍历理论的源头.

在教科书中反映微分动力学的综合观点并强调光滑遍历理论的, 应该提到 Szlenk 的相对初等但非常有用的书 [Sz] 和 Mañé 的优秀高级教科书 [Ma4]. 光滑遍历理论的陈述可看 Pesin 的原始论文 [Pes1, Pes2, Pes3], 以及此后 [KSt], [Pol], [Rue6], [PuShu] 和 [LedY] 中的工作.

Arnold 和 Avez 的 [ArAv] 以及 Moser 的 [Mos6] 这两本优秀但过时的书, 在光滑动力系统理论的近代多方面观点的形成中起着非常重要的作用. 作者当然感激这些资源.

论文集 [AKK] 和 [GMN] 由涵盖微分动力学的多个方面和某些有关领域的主要说明性论文组成.

Ruelle 的一本很重要的书 [Rue5], 包含以统计力学为基础的符号动力学、遍历理论和微分动力系统之间的联系的最易理解的处理. 较早的 Sinai 的开创性论文 [Sin5] 应该是这个方向发展的一个关键性贡献.

[743] 有许多关于低维动力学的书, 包括教科书 (例如, [De], [Be]) 和专著 ([Me],

[MeS], [CE]). 在快速增长的文献中尝试用低维动力学并联系到应用给广大读者的, 我们特别推荐 Strogatz [Str] 对应用的既生动又睿智的处理.

[Hen], [HMO] 和 [Te] 这三本书处理无穷维动力系统, 它们来自抛物型偏微分方程和具有高度耗散性态的类似情形, 以稳定和不稳定流形理论的适当推广为基础扩展了拓扑动力学和遍历理论概念的应用. 其中还包含可用这些方法处理的好的特殊类族.

Hamilton 动力学. Arnold 的书 [Ar6] 将 Hamilton 系统理论作为数学核心自己范围内的一门学科, 并将它放在动力系统研究的领域. Abraham 和 Marsden 的书 [AM] 提供了许多有用的背景并将所选的主题发展得很远. 许多经典力学的书都受这种观点影响, 它们自己可为这个领域很好服务 ([G] 是这些书的一个很好代表). 在缺少 Kolmogorov–Arnold–Moser 的 "KAM" 理论可理解的文献情况下, 由 Moser 写的书 [Mos6] 和文章 [Mos3] 仍是提供这个理论的最有意义的介绍① . [GMN] 中的 Moser 的文章可作为有限维完全可积 Hamilton 系统的近代理论的一个好介绍. 变分法是 Hamilton 动力学中的一个非常重要的工具. 这方面的最近文章包含在 [FM] 中.

有限维辛动力学只是广泛的数学分支的一个方面, 这也涉及辛拓扑, 辛几何, 以无限维辛结构为基础的偏微分方程的某些方面, 等等. 辛拓扑和它与 Hamilton 动力学的联系在最近由 Hofer 和 Zehnder 写的书 [HZ] 中有叙述, 该书从基础水平开始并借助辛容量解释辛映射的某些刚性与动力学中的周期现象之间的联系. 无穷维 Hamilton 动力学中两个特殊领域已是被广泛研究的主题. 第一个是无穷维完全可积系统理论, 由此得到包括许多重要的非线性偏微分方程, 例如 Korteweg–de Vries 方程. 尽管这个领域的全面介绍和综合报告还没有, Beals, Deift 和 Tomei 的书 [BDT] 仍是一个好的资源, 它叙述了主要方法和代表应用, 第二个是 KAM 理论的无穷维推广 [Ku].

第 2 节. 微分方程、向量场与流之间的联系的详细讨论可以在许多近代常微分方程理论的书中找到, 例如 [Ar4], 或微分流形的书 [BiC].

第 3 节. 扭扩构造作为构造流形和其他有趣的拓扑空间的一个方法在拓扑学中 [744]
起着重要作用.

第 4 节. 在横截同宿点和有趣的不变集邻域内发现它们是动力学中最流行和最有力的研究范例. 寻找这些是各类动力系统, 不管是有限维系统还是无限维系统, 严格建立复杂轨道性态的迄今为止的一个最常用方法. 一个很好的例子是

① 有关 KAM 理论较详细的论述和基础介绍, 特别是线性问题的详细论证, 可参看最近由 H. Broer 和 F. Tankens 写的《动力系统与混沌》(Dynamical Systems and Chaos, 2011, Springer) 以及其中的文献. —— 译者注

M. Levi 关于周期强迫振动的工作 [Le]. 寻找这些现象已成为应用动力学中一个名副其实的行业. 在半局部方法的更深远发展中, 脱颖而出的是孤立块的 Conlet 理论 [Co] 和 Alekseyev 关于拟随机动力系统的工作 [A3].

第 1 章

第 1 节. 渗透在分析学中的压缩映射原理, 从初等但是基本的应用开始, 如对隐函数定理和常微分方程解的存在唯一性定理的证明.

第 3 节. 紧 Abel 群上的动力学和平移的遍历理论的详细讨论见 [CFSin, 第 12 章], 或者 [W, 第 13 章]. 无理旋转的拓扑传递性的第一个证明可追溯到 1828 年 Jacobi 的工作. 另一个早期资源是 Dirichlet 在 1841 年的工作.

第 6 节. 在流形的拓扑研究中利用梯度流的可看 Milnor 书 [Mi] 的第一章. 事实上, 我们对三个初等例子的陈述是按照 Milnor 的. "典型" 函数的梯度流概念的有用动力学推广是 Morse–Smale 系统概念 [Sm5].

第 7 节. (1) 二次映射 f_λ 已经成为人们非常广泛研究的主题, 它包括传统的分析证明, 计算机辅助证明, 以及计算机模拟. 例如见 [MeS], [CE].

第 8 节. 类似于紧 Abel 群的平移的特殊情形是圆周旋转和环面平移, 环面自同构和自同态是这类群自同构和自同态类的最简单代表. 下一节讨论的全移位和 17.1 节讨论的 Smale 吸引子也可看作为紧 Abel 群的自同构. 紧 Abel 群的动力学和自同构的遍历理论的研究与交换代数, 代数几何, 特别是代数数论中的问题有关. Schmidt 的书 [Sc] 是这个主题的一个很好资源.

[745] **第 9 节. (1)** 拓扑 Markov 链第一次在 Parry [P1] 中以 "有限型子移位" 的名字出现, 这个名字在西方关于这个主题的文献中已被通用. 本书通篇用的术语 "拓扑 Markov 链" 是由 Alekseyev [A1], [A3] 引入的. 我们宁可用这个术语是因为它较好地反映了对象的特性, 以及在拓扑概念与概率论概念之间的对应 (类似于 3.1 节和 4.3 节对应的 "拓扑熵" 和 "测度论熵"(度量熵)). Alekseyev 在其他问题中利用拓扑 Markov 链在经典问题如三体问题中构造某些预先未知的一类性态.

(2) Perron–Frobenius 定理的名字传统上应用于几个不同但有关的结果中. 我们叙述的结果属于 Perron [Per1], 稍后它被 Frobenius 推广到不可约的非负矩阵 (例如, 见 [Ga]). 有些证明更简短, 因为它们用了 Brouwer 不动点定理 [Rob2]. Perron–Frobenius 定理的无穷维推广在双曲动力学中起着非常重要的作用, 特别是在 Gibbs 测度理论和 ζ 函数中的作用 [Rue3], [PP].

(3) 拓扑 Markov 链的分类是按照 Alekseyev [A4] 的. 拓扑 Markov 链直到

拓扑共轭的分类 (见 2.3 节) 是符号动力学的中心问题. Williams [Wi2], [Boy] 建议的答案称为 "Williams 猜测". 试图证明这个猜测最终造就了符号动力学许多卓有成效的发展. 最近 Kim 和 Roush 的反例显得有点虎头蛇尾.

第 2 章

第 1 节. 子节 c 中描述的模, 特别地, 沿着推论 2.1.6 的思路其结果看上去很像几何动力学中长时间被人们传说中的部分. 有几个人声称他们已经独立地发现了这些结果. 由于我们事先没有肯定, 也没有对此做过任何研究, 对具体问题的归属就不好表示意见. 我们当然不要求优先我们自己, 只是用一个简单例子来讨论这种模. Y. Ilyashenko 告诉我们, 类似的模可用来对圆周扩张映射 (见 2.4 节) 直到光滑共轭进行分类. 此时这些模似乎对轨道结构的基本特征没有提供多少信息.

(1) 这个证明是 Jürgen Moser 告诉我们的.

第 3 节. 结构稳定的简短历史在 0.1 节已经给出. 我们认为应该加上 Andronov 和 Pontryagin 他们 1937 年用法文术语 ("grossièreté") 的原来工作 [AP], 这个名字按字面意义翻译成为 "粗性". Smale 在 20 世纪 50 年代后期受 Levinson [Lev] 的影响研究过这个概念, 并发现了著名的 "马蹄" 例子 (见 2.5c 节). Smale 的这个例子是他于 1961 年在 Kiev 召开的难忘的非线性振动会议上介绍的, 会议听众中包括俄罗斯几个对俄罗斯学校有着巨大促进的主要年轻数学家 [Sm2]. Smale
本希望证明 "大多数" 系统是结构稳定的, 但不久他找到了一个反例 [Sm4], 这是 [746]
在这个猜测的几个较弱形式的反例以后, 例如见 [ASm]. 此后, 探求结构稳定的充分必要条件在西方成为这个理论发展的一个主要动力. C^1 强结构稳定的充分条件被 Robbin [Ro] 找到, C. Robinson 找到一个更好的条件 [Rob1]. Mañé 对这些条件必要性的证明 [Ma3] 是这个主题发展的一个最高点. 在低维情形 Liao (廖山涛) [Li] 与 Mañé 几乎同时独立地找到了一个证明. 对 C^r 系统, 确定何时 C^m $(1 < m \leqslant r)$ 结构稳定性等价于 C^1 结构稳定性, 仍是一个迷人的尚未解决的问题.

第 4 节. 任意维流形上的扩张微分同胚的基本理论已被 Shub [Shu1] 所发展.

第 5 节. 正如上面指出的, 马蹄例子是对具有复杂轨道结构的系统建立结构稳定性的第一个情形 [Sm3], 见命题 6.5.3.

二维环面自同构的 Markov 分割的构造属于 Adler 和 Weiss [AW]. 这个简短工作代表在符号动力学与光滑动力系统理论之间的直接联系建立了一个里程碑. 在 Sinai [Sin4] 和稍后 Bowen [Bo2] 的工作后不久, 对具有双曲性态的广泛一类系统, 更复杂的 Markov 分割被构造出来. 我们在 18.7 节讨论了这个问题的一般构造. Markov 分割很快成为双曲动力学中, 特别是双曲系统的遍历理论中的一个最有效力的工具. 这是因为热力学形式体系, 周期轨道的计算, 以及在符号情形中得到很好理解的其他技巧, 它们通过 Markov 分割, 对具有双曲性态的光滑系统变得更有价值. 见 [Sin5], [PP].

(1) 事实上, 同样的结论可对任何 $\lambda > 4$ 通过更精致的技巧, 利用 f_λ 的 Schwarz 导数为负作出. 在 [MeS] 中讨论了这些方法.

第 6 节. 我们的结构稳定性证明是模拟 Moser 对更一般情形的证明 [Mos5], 他的证明出现在 Smale 和 Anosov 的几何证明以后, 但他是第一次在适当的泛函空间中应用不动点方法. 在环面情形这个论述的大范围特性 (同伦类中半共轭的存在性) 是 Franks [Fr1] 建立的.

第 7 和 8 节. 迭代法的形式描述和 Siegel 定理的证明几乎是从 Moser 的论文 [Mos3] 逐字逐句取来的. 这个方法本身如 KAM (Kolmogorov–Arnold–Moser) 方法是大家最熟悉的. 它的历史大家知道, 我们在这里只给出一个简短介绍. 大约在 1953 年 Kolmogorov 发现一个解析的 “非退化” 完全可积的 Hamilton 系统经
[747] 过 Hamilton 解析小扰动后, 它的不变环面得到保持, 其频率向量不由有理数即 Diophantus 数很好逼近. 这否定了一个追溯到 Poincaré 的广泛持有的信念, 即认为这种系统的性态变成 “混沌”. Kolmogorov 发表了一个公告并给出他的一个简短证明概要 [Ko2]. Kolmogorov 定理的详细证明由他的学生 Arnold 发表在 1962 年 [Ar2], Arnold 对部分退化情形作了在太阳系稳定性问题中需要处理的重要改进 [Ar3]. 注意, 在完全退化情形, Kolmogorov 定理的断言并不成立 [K1]. Moser 独立地发展了一些方法, 使得他证明了有限次可微系统的 Kolmogorov 定理, 他先对两个自由度系统 [Mos1], 然后对一般情形进行了讨论. 他也将这个方法放到一般泛函分析的框架中, 这大大简化了它的应用并导致新的应用 [Mos3]. 这个领域后面的主要工作有: Lazutkin [L], Rüssmann [Rü], Nekhoroshev [Ne], Salamon 和 Zehnder [SZ], 等等.

(1) Siegel 定理的原来证明用了优化方法的改进形式, 在对命题 2.1.3 的证明中, 我们对此方法在基本形式上作了发展. 见 [Si].

第 9 节. 命题 2.9.5 是 “小分母” 问题中的一个典型结果, 这个结果在 Kolmogorov 发现 KAM 方法之前简短地给出了证明 [Ko1], 这里 “小分母” 起了至关重要的作用.

第 3 章

第 1 节. **(1)** 动力系统中的 ζ 函数是由 Artin 和 Mazur [ArM] 引入的, 并由 Smale 普及化 [Sm5]. 对这个主题接近综合的处理见 [PP].

(2) 拓扑熵是由 Adler, Konheim 和 McAndrew 于 1965 年引入的 [AKM], 它在拓扑设置下模拟熵关于不变测度的 Kolmogorov 定义 (见 4.3 节, 练习 3.1.7—3.1.9). 利用分离集的这个定义是由 Dinaburg [Di] 和 Bowen [Bo1] 独立引入的.

(3) 熵与体积增长的联系是由 Yomdin [Yo2] 建立的. 这个事实的动力系统结论见 Newhouse 的工作 [New2].

(4) 在 [K4] 和 [Ro8] 中没有出现基本群熵这个名字. 当然这个概念在部分数学坊间传说中已经有一段时间了.

(5) 一个由 Shub 提出的非常有影响的熵猜测是, 他断言: 对紧流形上的 C^1 映射有 $h_{\mathrm{top}}(f) = \sup_i \log(f_{*i})$ [Shu2]. 这刺激了许多重要工作. 对连续映射或者甚至对同胚这并不成立. 这个问题在许多特殊情形已经得到了证明 (见第 8 章和 [K4]). 它对 C^∞ 映射的正确性由 Yomdin 的结果给出. 但对有限光滑的一般情形仍是一个尚未解决的问题.

第 3 节. 我们列出的重要回复性质并不完全. 例如, 非游荡集概念对 "典型" 光 [748]
滑动力系统的分类的 Smale 计划也很重要. 稍后, 对动力系统的一般类, 链回复性这个较弱概念也至关重要 [Co], [Fr3].

量化回复性态的一个方法与不变测度有关 (见 4.3 节开始的概述). 在拓扑动力学中还存在例如用邻近轨道或者连接集这种概念说明的其他方法 [E].

第 4 章

第 1 节. 在引入熵之前对遍历理论的发展历史说明可看 [Rok2], [Ha2].

(1) Krylov–Bogolubov 定理的原始证明见 [KB].

(2) Birkhoff 遍历定理的原始证明见 [Bi4]. 我们这里的证明属于 J. Neveu, 它是由 U. Schmock 通信告诉我们的. 我们给出的进一步捷径是 A. Fieldsteel 和 B. Bassler 的. Shields, Katznelson 和 Weiss 以及其他人还有其他的简短证明. 现在人们已从多方面对 Birkhoff 遍历定理作了推广. 见 [Kr].

(3) Oxtoby [Ox] 对不变测度与轨道的渐近分布之间的联系作出了关键贡献.

第 2 节. **(1)** 在引入熵之前, 混合性被看作为保测度变换的主要 "随机" 性质 (例如, 见 [Ha2] 中的讨论). 但是, 它是这些概念中的一个容易自然定义但又很难予以研究的概念. 一个自然问题的杰出例子是 Rokhlin 的那个难以捉摸的著名 "多重混合问题”(见 [Ha2]).

(2) 多项式泛函部分的一致分布的原来证明属于 H. Weyl, 他利用了三角和的估计. 练习中表示的利用遍历理论的论述属于 H. Furstenberg.

第 3 节. 测度论熵是 Kolmogorov [Ko3] 发现的. 它紧密模拟信息通道的熵概念, 即 Shannon 在 1948 年 [Sh] 引入的平稳随机过程. 1956 年 Khinchin [Kh] 对 Shannon 理论给出了一个严格的数学形式, 它与我们对变换关于固定分割的熵的描述本质上是一致的. 这个阶段的这个设置使得 Kolmogorov 的重要观察令熵可以作为变换本身的一个不变量. 熵的引入是遍历理论发展的一个转折点. Kolmogorov 原来的应用是用不同的 Bernoulli 测度区别移位, 见 4.4c 节. 他还
[749] 引入一个重要概念叫 K 系统, 即关于任何分割其熵是正的动力系统. 事实证明这是混合型概念的一个 “恰当” 类. 在遍历理论最重要的发展中紧跟熵的引入是 Sinai 的弱同构定理 [Sin1], Ornstein 同构理论 [O1], [O2], Keane 和 Smorodinsky 的有限性同构理论 [KeS], 以及 Kakutani 的 (单调) 等价性理论 [K3], [ORW]. 熵也在光滑遍历理论中起着核心作用 (见第 20 章和补遗). 关于熵和 K 系统的最标准资源是 Rokhlin 的论文 [Rok3] 和 Parry 的书 [P2].

(1) 这来自由 [K5] 给出的一个等价定义.

第 4 节. 通过 (4.4.5) 和 (4.4.6) 定义的拓扑 Markov 链的不变测度是由 Parry [P1] 引入的. Adler 和 Weiss 用它借助 2.5 节描述的 Markov 分割证明具有相同熵的二维环面的自同构是度量同构的. 虽然这个事实可从 Ornstein 同构理论推导, 但它先于 Ornstein 关于 Bernoulli 移位的同构工作, 且是动力学中较早的非平凡同构例子之一.

第 5 节. Goodwyn [Gw] 第一个证明不等式 $h_{\text{top}} \geqslant h_\mu$. 反向不等式由 Dinaburg [Di] 在相空间的拓扑维数有限这一额外假设下第一个得到证明, 然后 T. Goodman [Goo] 在一般情形下得到证明. 以后出现许多简化和推广. 其中的一个见 20.2 节. 我们按照 Misiurewicz 的证明, 特别推荐它是因为它的简化和多用性 [Mis1].

第 5 章

第 1 节. **(1)** 不变 (有限或 σ 有限) 测度的存在性问题等价于给定的拟不变测度是遍历理论中处理有拟不变测度的变换这部分的一个中心问题. 这个方向的早期结果的回顾可看 [Ha2]. 后来人们意识到这个问题与 von Neumann 代数的分类紧密相关. 见 [Kri], [Con].

(2) 显然扩张映射 (不仅在圆周上) 的绝对连续不变测度的存在性证明是由

Krzyzewski 和 Szlenk 在 1969 年 [KSz] 第一个给出的. 我们的证明看上去与文献中的几个证明不同. 对区间映射和圆周映射的更一般类, 绝对连续不变测度的存在性是一维动力学中的一个中心问题. 一个相对简单但有用的推广已由 [LY] 证明. 进一步的讨论见 16.2 节的说明.

(3) 有界畸变估计在一维微分动力学中起着至关重要的作用. Denjoy [D] 第一个实现这种估计. 我们在其他地方还将多次遇到这种估计.

(4) 命题 5.1.26 是光滑遍历理论中起着中心作用的现象的一个非常简单的
显示: 熵与轨道的无穷小指数发散性密切相关. 这首先是由 Sinai [Sin2] 在双曲 [750]
情形建立 (比较定理 20.4.1), 再由 Ruelle, Pesin, Ledrappier 和 Young 在一般情形建立 [Rue4], [Pes2], [LedY]. Ruelle 不等式在补遗中有证明 (定理 S.2.13).

(5) 定理 5.1.27 的两个原始证明见 [Mos2]. 我们重现其中的第二个. 同伦技巧是由 R. Thom 引入的. 它广泛应用于可微映射的奇点理论.

第 2 节. (1) 我们对中心力的陈述是按照 [AM].

第 4 节. (1) 这是由 Koebe 正则化定理得到的, 该定理可在 Riemann 曲面理论的高级著作中找到.

(2) 双曲平面紧因子的基本群是第一类 Fuchsian 群的一个特殊情形. 关于这个主题好的且容易理解的标准参考书是 [Ka], 它也包含所需的双曲几何结果.

(3) 这是 E. Artin [Art] 原来的证明.

(4) Hedlund [He2] 用函数论方法的原来证明有点类似于 4.2 节以 Fourier 级数为基础的证明. E. Hopf [Ho2] 证明了可变负曲率曲面上的测地流的遍历性. 我们对 Hopf 方法的证明陈述的语言有点不同. 这个方法的进一步发展, 对 Anosov 系统的见 [AnSin], 对非一致双曲系统的见 [Pes2].

第 5 节. Hamilton 系统以及有关主题包含在 [AM], [Ar6].

(1) Liouville 定理的全部作用可在 [AM] 的 5.2 节得到.

第 6 章

第 2 节. Hadamard–Perron 定理辉煌历史的终结和有关问题, 以及大量的文献包含在 [An3] 的第 4 节中. 这个主题在 Anosov 书的前后的文献中都很庞大.

(1) 这个方法要追溯到 Hadamard [H]. 由 Perron 提出 [Per2] 在 [An3] 中得到描述的另一个方法建立在持续扰动作用定理的基础上 (见 [AKK] 中 Alekseyev 的文章).

第 3 节. (1) 定理 6.3.1 的原来证明见 [Har2] 和 [Gr].

第 4 节. Anosov 引入的一类系统, 现在在 [An1] 中以他名字命名. 他本人称这

些对象为 "U- 系统". 在 Smale 的经典文章 [Sm5] 中他介绍了双曲集概念, 并叙述了它的基本理论. 他也开始用 "Anosov 系统" 这一术语, 很快它成为一个标准术语. 在 [An3] 中 Anosov 发展了许多基本工具, 包括应用于双曲集的更一般情形的稳定和不稳定叶层理论和封闭引理.

[751] **(1)** 就我们所知道的, 这里给出的避免利用无穷维空间以及稳定和不稳定流形的证明, 在文献中还没有出现过.

(2) "局部极大" 双曲集这个术语是由 Alekseyev [A2] 引入的, 他将它称为局部极大 Perron 集. 这在西方文献中还不常用, 他们通常称这种集合为 "基本集". 这个术语的发展从 Smale 原来的计划开始, 他研究具有大范围双曲性态的系统 (公理 A 系统). 特别它应用于 Bowen 的一系列文章中, 这些文章包含了双曲集理论的主要部分, 其中有一些在我们后面的说明中被引用. 我们认为, Alekseyev 的这个术语更恰当地描述了这些集合的特性.

第 5 节. (1) 马蹄的结构稳定性是属于 Smale 的 [Sm3].

(2) 这是由 Birkhoff [Bi2] 证明的.

第 6 节. 线性化问题的形式分析要追溯到 Poincaré, 他考虑的是向量场而不是映射. 无共振 C^∞ 情形的光滑线性化属于 Sternberg [St], Chen [C] 将它推广到非线性规范形. 规范形理论的文献很广泛, 我们不打算列出, 即使是主要的资源. Belitskii 的综合报告 [Bel] 给出光滑情形的一个纵览. 解析情形的主要工作是 Brjuno [Br].

(1) C^∞ 与解析情形的主要区别是 "*小分母*" 的出现, 或者接近共振, 就是说, 存在多重指标使得 (6.6.2) 中的分母 $\lambda_i - \lambda^k$ 不为零但很小.

(2) 我们利用同伦技巧证明定理 6.6.5 是 Y. Ilyashenko 建议的. 他在类似的情况中曾使用过.

第 7 章

第 1 节. (1) 早期利用 C^0 拓扑的病态通有性质的一个值得注意的例子是 Oxtoby 和 Ulam 的经典工作 [OxU], 这个工作证明保体积同胚一般是遍历的. 他们的遍历性机制与光滑系统中负有的遍历性机制完全不同. 在相同设置下 [KS] 中有许多其他遍历性质的通有性证明.

第 2 节. Kupka–Smale 定理原来由 Kupka 对于流 [Kup] 和 Smale 对于流与微分同胚 [Sm1] 独立地证明. 对于流的证明也可在 [PMe] 中找到.

存在许多 C^1 通有性结果, 最基本的一个是周期点在非游荡集内一般稠密 [Pu]. 对 Hamilton 系统类似的结果在 [PuRob] 中也有. 这些结果都建立在 Pugh

[Pu] 的 C^1 封闭引理基础上, 这个引理说非游荡点可通过集中在这点邻域内的小 C^1 扰动使其成为周期点. 按照这个形式, 这个封闭引理在 C^2 拓扑下并不成立 [Gu2]. 非局部的 C^2 或者 C^∞ 封闭引理是否成立还不知道. 在其他有趣的 C^1 通 [752]
有性结果中, 辛映射的所有双曲周期点在稳定和不稳定流形中一般有稠密的同宿点 [T], 以及有保面积二维映射的双曲点的通有稠密性 [T]. 对非 Anosov 保面积二维映射, 椭圆点的稠密性也是 C^1 通有的 [New4].

(1) 见 [Sm4].

第 3 节. 分支这个主题的文献非常庞大, 我们在这里仅给出一点点样品. [ArASI] 是一个覆盖局部和非局部理论的全面综合报告. Palis 和 Takens 的书 [PT] 是与 Morse–Smale 系统出现正熵有关的某类非局部分支的权威性资源. [Ar5] 和 [Rue7] 包含这个主题的介绍. [GH] 中对局部分支和大范围分支都有讨论. 局部规范形和同伦技巧在局部分支理论中是最有用的工具. 当考虑多参数族时代数几何和它在奇点理论中的应用开始起着重要作用. 大范围分支的一个有趣例子出现在圆周微分同胚的典型族, 例如练习 11.1.4 中讨论的族 $f_{a,b}$ 的单参数子族. 注意, 在单参数族 f_{a,b_0} 中除了可数多个结构稳定性区间的端点以外, 还存在不可数多个对应于无理旋转数值的分支值.

(1) 倍周期分支的一个有趣特征是, 它们出现在简单映射族如二次族的无穷级联中. 就是说, 稳定不动点失去稳定性时产生稳定的周期 2 轨道, 它失去稳定性时产生周期 4 轨道, 等等. 同时所有前面的周期轨道保持为排斥子. 在二次族中前面几个分支作为练习 1.7.2 的主题, 它们出现在 $\lambda = 3$ 和 $\lambda = 1+\sqrt{6}$. 通过简单易懂但令人敬畏的代数计算, 可以证明在 $\lambda = 1+\sqrt{8}$ 第一次出现周期 3 点 (关于这点, [Str] 中涉及原来的和初等的证明). 因此由定理 15.3.2 整个倍周期级联必须早一点结束 (此外, 所有周期的轨道必须在它们后面出现). 事实上, 一般这些分支值凝聚在一个固定的参数, 此后拓扑熵变成为正. Jacobson [J1] 第一个在一个简单的解析族中证明了这种级联的存在性. Feigenbaum [Fe] 独立地通过数值计算找到分支值收敛性的渐近比率以及与这个过程相应的自相似现象. 这在低维动力学中引导了一个称为重正化的有趣方向. Feigenbaum 的观察最终由 Lanford 利用计算机辅助证明严格地得到了验证.

倍周期现象的某些面貌已经以拓扑情形出现, 即出现在连续的区间映射内.
对出现在定理 15.3.2 中的 Sharkovsky 序, 定理 15.3.7 的证明, 以及 15.4 节的结 [753]
果中所考虑的在这个级联的极限参数值的映射, 这是显然的.

第 4 节. 这个定理和我们的证明属于 M. Artin 和 Mazur [ArM]. 是否可以加强这个结果以保证所有周期点是孤立的, 或者是否这类微分同胚是通有的, 这些都还不知道. Yomdin [Yo1] 得到这个定理的弱估计形式 $P_n(f) \leqslant C^{n^\alpha}$ 的 C^k 形式,

其中 α 依赖于 k 和维数. Kaloshin 证明了非通用性 [Kal]: 存在 C^k 微分同胚的一个开集 U, 使得对任何序列 $\{a_n\}$ 存在 U 的剩余子集, 其中 $P_n(f)/a_n \to \infty$.

(1) 见 [N].

第 8 章

第 1 节. Manning [Man2] 证明了我们的推论. [K4] 和 [Bo8] 独立地注意到对这个论述稍作修改即可证明定理 8.1.1.

第 3 节. (1) 见 [MisP].

(2) 存在对不等式 $h_{\text{top}}(f) \leqslant \max(\deg P, \deg Q)$ 的几个证明. Gromov [Gro] 的证明利用了全纯映射的某个极小性质以估计体积增长. 另一个利用非一致双曲动力系统以及类似于推论 S.5.11 证明 $h_{\text{top}}(f) \leqslant p(f)$. 另一方面, 由此立刻得到 $P_n(f)$ 等于度 $(\deg(f))^n$ 的方程的解的个数加上可能对点 ∞ 的 1, 因此 $h_{\text{top}}(f) \leqslant p(f) \leqslant \deg(f)$. Lyubich [Ly] 得到另一个证明.

第 4 节. 容许将孤立不动点的指标概念加以推广, 特别地, Conley 指标对动力学尤其丰富.

第 5 节. (1) 见 [ShuS].

第 6 节. Lefschetz 不动点公式的证明在 [Fr3] 有 (定理 5.10). 这一卷还包含 Lefschetz 不动点公式对动力系统的应用, 以及 Morse 不等式和动力学中的几个其他同调构造.

第 7 节. Nielsen 原来的工作在 [Ni1], [Ni2] 中. 论文的第一集包含我们定理 8.7.1 的证明. 第二集由他工作的主体的几篇文章组成, 包括高亏格紧曲面映射的周期点个数的估计.

Thurston 发展了曲面微分同胚的结构理论, 包括同伦类中的模型构造. 他的工作发表在 [FLP]. Nielsen 理论的许多主要结果可从 Thurston 理论中重新获得, 见 [HT2]. Nielsen 理论的现代资源见 [Ji].

[754]

第 9 章

这一章我们在集中讨论用变分方法产生无穷多个轨道的同时, 还讨论了变分方法用于对一大类系统产生有限多个周期轨道的重要结果. 代表作包括 Ekeland 和 Lasry 的几篇文章 [EL], 以及 $\mathbb{R}^{2n}$ 中凸 Hamilton 系统产生周期轨道的 Rabinowitz [R], 这是一个方面, 另一方面, Conley 和 Zehnder [CoZ] 的由大范围 Hamilton 向量场产生 $\mathbb{T}^{2n}$ 的 C^1 辛同胚至少有 $2n+1$ 个不动点的结果. 这些方向都有着深远的发展. 注意到与前者相联系的有对一大类 Hamilton 系统的异宿轨道的变分构造. 后者在辛拓扑和 Hamilton 动力学之间的交界处开始出现丰富的新方法, 包括新的上同调不变量.

第 1 节. 书 [Mi] 的第一章对有限维 Morse 理论作了漂亮的解释.

第 2 节. **(1)** 这可在 [KT] 中找到.

(2) 这个有影响的例子是 Bunimovich 引入的. 它有较强的随机性质. 对此和进一步例子可看 [Bu].

第 3 节. **(1)** 见 13.5 节的注.

(2) 定理 9.3.7 的证明我们采用了 [K6].

(3) 我们对定理 9.3.10 的证明是以 Aubry [AuD] 的关键命题 9.3.12 为基础.

(4) 这个定义和有关练习的结果属于 Mather.

第 6 节. 命题 9.6.3 是 [Man3] 中的. Manning 也证明了不等式 $h_{\text{top}}(g_t) \geqslant v(M)$. 如定理 9.6.7 并利用熵证明极小测地线的丰富性的这个思想来自 [K8].

第 7 节. Morse [Mo] 第一个考虑亏格大于 1 的曲面上的极小测地线.

(1) 对双曲平面上的紧因子, 即负常数曲率的紧曲面, 由 Selberg 的迹公式甚至可得到更精确的渐近性, 也见 20.6 节的注.

(2) 对亏格 $g \geqslant 2$ 的曲面上面积为 A 的任何一个度量, [K8] 证明了

$$\varliminf_{T\to\infty} \frac{1}{T} \log N(T) \geqslant \sqrt{(4g-4)\pi/A},$$

等号意味着常数曲率.

练习提示与答案

[765]

1.1.2. 考虑 $\varphi(x) := d(f^2(x), f(x))/d(f(x), x)$. 例子: $[-1/2, 1/2]$ 上的 $f(x) = x - x^3$.

1.1.3. 如果存在在 p 的向量 v, 使得 $\|Dfv\| \geqslant \|v\|$, 考虑切于 v 的曲线并利用 Df 的定义.

1.1.5. 通过考虑在有极大距离的两点证明它不是一个满射.

1.2.4. 考虑 Jordan 块. 最大 Jordan 块的大小是 $k+1$.

1.3.1. 如果 m_n 是由 2^n 的前面 k 个数字给出的数, $\{\cdot\}$ 是它的小数部分, $\lg = \log_{10}$ 是以 10 为底的对数, 则 $\lg(m_n/10^{k-1}) \leqslant \{n \lg 2\} \leqslant \lg((m_n+1)/10^{k-1})$.

1.3.3. 对横截性只需证明 1 在轨道闭包内. 每个 $g \in \mathbb{Z}_2 \backslash \mathbb{Z}_2^+$ 是奇整数的极限. 对奇数 m 和 $n \in \mathbb{N}$, 存在 $k \in \mathbb{N}$ 使得 $mk = 1 \pmod{2^n}$.

1.4.1. $C(0)$ 是一个闭子集.

1.4.2. 证明引理 1.4.2 的单边形式, 并证明对开集 $U \neq \varnothing, N \in \mathbb{N}$, 存在 $n > N$ 使得 $f^{-n}(U) \cap U \neq \varnothing$.

1.4.4. 利用命题 1.4.1 的证明方法.

1.6.1. 见命题 1.6.4 的证明.

1.6.2. 在 $\mathbb{R}^2$ 中的极坐标 (r, θ) 下, 取 $f(r,\theta) = \begin{cases} e^{1/(r^2-1)}, & r < 1, \\ 0, & r = 1, \\ e^{-1/(r^2-1)} \sin(1/(r-1) - \theta), & r > 1. \end{cases}$

并利用这个模型构造 S^2 上的一个函数.

1.6.3. 这样的函数有一个极小点、一个极大点和一个多重鞍点. 存在 $2g+1$ 个轨道, 每个轨

道连接极小点 (极大点) 和鞍点. 构造这种函数的一个方法是从铅垂的多重环面的高度函数开始. 这个函数有 $2g$ 个被两个轨道依次连接的鞍点. 从这些对的每一个取一条轨道, 并在这些轨道并的小邻域内改变这个函数以得到单个多重鞍点.

1.7.1. $|m^n - 1|$.

1.7.2. (1) 2^n; (2) 两个不动点, 没有其他周期点; (3) 用 $x-1$ 和 $x-x_\lambda$ 除 $f_\lambda(f_\lambda(x))-x$, 其中 x_λ 是非零不动点; (4) 证明这个周期 2 轨道是吸引的.

1.7.5. 写出没有两个相继为零的长度为 $1,2,3,\cdots$ 的 0 和 1 的所有可能的序列组成的长串, 如果必要插入 1.

1.7.6. 在基 3 下 x 的表示可得到如下. 写下长度为 $1,2,3,\cdots$ 的 0 和 2 的所有可能序列组成的长串. 在长度为 n 的段的集合的最后插入一段由 1 后面跟着 n 个 0 组成的段.

1.8.3. 设 p 是与 $\det L$ 互素的任何数. 考虑有限子群 $p^{-1}\mathbb{Z}^m/\mathbb{Z}^m \subset \mathbb{T}^m$. 证明在这个子群中 F_L 可逆, 因此它的所有元素是周期点.

1.9.9. 设 N 是环 (开始和结束在同一个符号的序列) 的长度的最大公约数, 如果两个符号由长度是 N 的倍数的路径连接, 就将这两个符号等同. 设 Λ_i 是这个等价类. 不失一般性对混合性假设 $N=1$.

[766] **1.9.10.** ω 的部分和给出的 (不唯一) 序列直到平移在 $[0,k]$ 中变化. 为了用反证法证明混合性, 考虑可达到界 k 的序列.

1.9.11. 令 $a_{04}=a_{15}=a_{24}=a_{35}=a_{42}=a_{43}=a_{50}=a_{51}=1$, 其他所有元素为零, 由 $0\mapsto 00, 1\mapsto 01, 2\mapsto 10, 3\mapsto 11, 4\mapsto 01, 5\mapsto 10$ 定义 H. 只有轨道 $\cdots 101010\cdots$ 有多于一个原像.

1.9.12. 从练习 1.9.10 的表示证明 S_2^2 不传递, 但 B_2 是两个传递不变集的并, 它们的交是 S_2 的周期 2 轨道. 证明这与谱分解不相容.

2.1.2. 比较原点的轨道的收敛速度.

2.1.3. (2) 利用上一个练习的方法.

2.1.5. (7) 参考练习 1.7.2(3), (4), 并利用 (3).

2.1.7. 利用命题 2.1.3 的证明.

2.1.8. 求解析的 h 使得 $h\circ\varphi^1=\Phi^1\circ h$, 并令 $H=\int_0^1 \varphi^{-t}\circ h\circ\varphi^t dt$.

2.1.9. 为了看到不可能有 C^2 线性化, 展开共轭到二阶求矛盾. 为了求 C^1 线性化, 首先求 C^1 函数 $y=\varphi(x)$ 使得 $\varphi'(0)=0$, 它的图像在这个映射作用下不变. 再取 $h(x,y)=(x,y+\varphi(x))$.

2.1.10. 求不动点.

2.2.1. 提升流和这个共轭到通有覆盖 $\mathbb{R}^n$.

2.2.2. 对 (1) 只需在有限个点指定这个函数. 对 (2) 首先求在有关点取不同值的三角多项式, 然后求映这些值到所需值的正插入多项式. 这个复合是一个三角多项式.

2.2.3. 取 $h(x,t)=\sigma_{f,\psi}^{t+\Phi(x)}(x,t)$.

2.3.1. 取周期 n 的不孤立周期点 p, 并利用命题 1.1.4 证明存在 f 的 C^1 扰动, 它在 p 附近只有有限多个周期 n 周期点. 详情见引理 7.2.7.

2.3.2. 构造一个光滑扰动, 使得它同时有孤立和不孤立的周期 n 或 $2n$ 周期点.

2.3.3. 利用命题 2.1.7 的论述.

2.3.4. 首先定义在赤道上的共轭.

2.4.1. 重复定理 2.4.6 的第一个证明.

2.4.2. 取 $h(x)=\sin^2(\pi x/2)$.

2.4.4. 利用命题 2.1.3, 引理 2.1.4 和引理 2.4.10.

2.4.5. 利用定理 2.4.6 证明中的记号, 取 $x=a_p^m$. 则 $F^p(x)=m$, 以及 $F^{n+p}(x)=F^n(m)=mk^n$, 因此 $\lim\limits_{n\to\infty}\dfrac{F^{n+p}(x)}{k^{n+p}}=\dfrac{m}{k^p}=h(a_p^m)$, 即对所有 a_p^m, $\lim\limits_{n\to\infty}\dfrac{F^n(x)}{k^n}$ 和 $h(x)$ 重合, 它们是单调连续的重合.

2.4.6. 由 $ds^2=g(x)dx^2$ 给出任意 Riemann 度量, 其中 g 是正周期函数.

2.6.1. 用 $E^{\pm}$ 代替特征方向, 线性映射代替特征值.

2.6.2. 利用定理 2.6.1 和 2.6.3 证明中的构造, 用 $\mathbb{R}^2$ 中的水平方向和铅垂方向代替矩阵 h 的特征方向.

2.7.1. 设 $\mathcal{F}(f,h)=f\circ h, w_{n+1}=-(D_2\mathcal{F}(g,\mathrm{Id}))^{-1}(f_n-g), h_{n+1}=h\circ(\mathrm{Id}+w_{n+1})$ 和 $f_{n+1}=f\circ h_{n+1}$.

2.8.1. 通过长度之和为任意小的区间的可数并覆盖这个补. [767]

2.8.3. 递归构造 $\alpha_n\to\alpha$, 使得 (2.8.5) 中的无穷多个系数有界异于零.

2.9.2. 利用练习 1.9.11 和 1.9.12. 不连续性出现在使得 (1.9.6) 的半共轭不是单射的点.

2.9.3. 任何两个解由不变函数区别. 证明 $\Phi-\varphi$ 不是常数, 其中 φ 是由 (2.9.5) 给出的解, 并利用这个移位的拓扑传递性.

3.1.1. 周期点对应于在提升下的整数平移. 利用度得到至少有 m^n-1 个点, 吸引点多于两个.

3.1.2. 对 $N,m\in\mathbb{N}$ 构造一个拓扑 Markov 链 σ, 其中由 σ_N 有 $p(\sigma)=\log N/m$. 利用这些数逼近 t, 再利用可数并与紧化得到所求系统.

3.1.3. 利用推论 1.9.5.

3.1.4. 否.

3.1.5. $\log((3+\sqrt{5})/2)$.

3.1.6. 提升这个流到通有覆盖, 并利用 X 上的非同伦曲线提升到不可彼此接近的曲线这事实, 推断它们在 X 上的投影是分离的. 最后考虑到由于加入短弧可出现重次.

3.1.7. 如果 $\{A_i\}$ 是 $\mathfrak{A}$ 的极小子覆盖, $\{B_j\}$ 是 $\mathfrak{B}$ 的极小子覆盖, 则 $\{A_i \cap B_j\}$ 是 $\mathfrak{A} \vee \mathfrak{B}$ 的子覆盖.

3.1.8. 注意 $N(\mathfrak{A}) \leqslant N(f^{-1}(\mathfrak{A}))$, 令 $a_n = \log N(\mathfrak{A} \vee \cdots \vee f^{-n}(\mathfrak{A}))$, 用证明 $a_{n+m} \leqslant a_n + a_m$ 来证明收敛性.

3.1.9. 如果 $\mathfrak{A}$ 是关于 d 的一个 ε 覆盖, 则 $\mathfrak{A}_n = \mathfrak{A} \vee \cdots \vee f^{-n}(\mathfrak{A})$ 是一个 d_n ε 覆盖, 且 $D(f,n,\varepsilon) \leqslant N(\mathfrak{A}_n)$, 因此 $\overline{h}(f,\varepsilon) \leqslant h(f,\mathfrak{A})$, 因为 $\overline{h}(f,\varepsilon) \leqslant \sup\limits_{\mathfrak{A}} h(f,\mathfrak{A})$.

对其他方向, 设 $\mathfrak{A}_\varepsilon$ 是 X 的所有 ε 球覆盖. 则 $N\left(\bigvee\limits_{i=0}^{1-n} f^i(\mathfrak{A}_\varepsilon)\right) \leqslant S_d(f,\varepsilon,n)$, 因此

$$h(f,\mathfrak{A}_\varepsilon) \leqslant h_d(f,\varepsilon).$$

另一方面, 对给定的覆盖 $\mathfrak{A}$, 令 δ 是小于 $\mathfrak{A}$ 的 Lebesgue 数. 这意味着每个 δ 球包含在 $\mathfrak{A}$ 的一个元素中. 因此显然有

$$h(f,\mathfrak{A}) \leqslant h(f,\mathfrak{A}_\delta).$$

由这两个不等式得到 $h(f,\mathfrak{A}) \leqslant h(f)$.

3.2.1. 证明极小 (n,ε) 生成集的势关于 $n \in \mathbb{N}$ 线性地增长.

3.2.2. 求由 $|\deg(f^n)|$ 个点组成的给定点的原像的 (n,ε_0) 分离集.

3.2.3. 将 S^1 划分成几个区间, 其中 $f^k(k=1,\cdots,n)$ 的变差小于 ε. 这种区间的个数近似于 $|\deg(f^n)|/\varepsilon$.

3.2.4. Markov 矩阵是 $\begin{pmatrix} 0 & 1 & 0 \\ 1 & 0 & 1 \\ 1 & 0 & 0 \end{pmatrix}$, 所以熵是 $x^3 - x - 1$ 的正根的对数.

3.2.5. 利用问题 1.9.11 的结果, 并利用命题 3.2.14 证明半共轭 H 不使熵减少.

3.2.6. 零. 利用命题 3.1.7 和推论 3.2.10.

[768] **3.2.7.** 取 L 在原点的子空间 E^+ 中围绕原点的小圆盘 (见 (1.2.5)), 并尝试在这个圆盘内求足够多的 (n,ε) 分离点.

3.2.8. $\begin{pmatrix} 2 & 1 & 0 & 0 \\ 1 & 1 & 0 & 0 \\ 0 & 0 & 2 & 1 \\ 0 & 0 & 1 & 1 \end{pmatrix}$; 证明用上一个练习.

3.2.10. 与定理 3.2.9 的证明比较.

3.3.1. 考虑具有稠密正半轨和尾部为零的点.

3.3.2. 在 Ω_2 中递归定义秩 k 的块如下: 秩 0 的块是单个数字 1. 秩 k 的块是两个由 2^N 个 0 分离的秩 $k-1$ 的块的拷贝组成的串, 其中 N 是用过的至少是 $k-1$ 块的大小. 现在定义 $A_k \subset \Omega_2$ 为仅由 0 组成的序列的集合, 除了秩至多是 k 的单个块. 证明 $NW(\sigma|_{A_k}) = A_{k-1}$.

3.3.3. 考虑上面练习的几个例子的结合和紧化.

3.3.4. 考虑闭集上的 Hausdorff 度量 $d(\cdot,\cdot)$(定义 13.2.1), 并利用引理 13.2.3 如下: 如果 B 是闭不变的, 则令 $m(B) = \max\{d(A,B)|A \subset B \text{ 闭不变}\}$. 取 M 使得 $m(M) = \min m$. 证明 M 没有真闭不变子集. 否则 $m_0 := \min m > 0$. 取闭不变集 $M_1 \subset M$ 使得 $d(M_1, M) = m_0$. 由假设 M_1 不是极小集, 而且包含 M_2 使得 $d(M_2, M_1) \geqslant m_0$, 因此 $d(M_2, M) > m_0$. 继续这个过程, 得到满足 $d(M_i, M_j) \geqslant m_0$ 的序列 M_i, 它与关于这个 Hausdorff 度量的紧性矛盾 (这与 Simpson 建议的证明不同).

3.3.5. 考虑环面上无理线性流的时间改变.

3.3.6. 因为 $\mathrm{Fix}\,(f^n)$ 总是闭的, 存在周期任意长的点. 由紧性 $\partial\mathrm{Fix}\,(f^n) \neq \varnothing$, 在每一点 $x \in \partial\mathrm{Fix}\,(f^n)$ 附近存在周期任意长的点. 利用这点递归地构造周期递增的收敛点列, 使得递增的迭代次数对序列的几乎所有成员保持距离. 取这个序列的极限.

4.1.3. 0 和 1 的长度为 $1, 2, \cdots$ 的交错块.

4.1.7. 对几乎每个 (从而某些) 边界点这个平均收敛于 $\mu(N)$. 但是 N 无处稠密, 所以点的剩余集 (因此稠密) 完全漏掉 N.

4.1.9. 用具有重次至少是 2 的有单个零点的实解析函数乘线性向量场. 假设新的流有有限个非原子 Borel 概率测度, 得到与线性流的唯一遍历性相矛盾.

4.1.10. 考虑集合 $X_n := \{x|k \cdot |T^k x - x| > 1 + \varepsilon, k = 1, \cdots, n\}$, 证明对长度为 δ 的每个区间 J, $J \cap X_n$ 的 Lebesgue 测度小于 $\dfrac{\delta}{(1+\varepsilon)n}$.

4.1.12. 考虑一个特征函数的绝对值, 再对一个特征值考虑两个特征函数之比.

4.1.13. 首先证明特征函数组成一个群, 再利用上一个练习.

4.2.1. 利用 Fourier 分析.

4.2.3. 利用如命题 4.2.2 的 Fourier 分析.

4.2.4. 利用 A_α 与铅垂平移 $T_{(0,t)}$ 交换的事实, 并利用命题 4.2.3 的方法.

4.2.5. 将这个问题化为在映射 A_α 中对适当的初始条件研究第二个坐标的分布, 并利用上一练习的结果和推论 4.1.14.

[769] **4.2.6.** 利用练习 4.2.3 和 4.2.4 的方法, 对 m 用归纳法.

4.2.7. 利用练习 4.2.5 的方法和练习 4.2.6 的结果.

4.2.9. 利用练习 2.4.2 的证明方法.

4.2.10. 求对应于 $I_{\alpha,\beta}$ 与由某个区间 $I \subset S^1$ 上通过某个旋转诱导的第一回复映射 (参看练习 4.1.4) 之间的一个保 Lebesgue 测度的单射.

4.2.11. 利用证明命题 4.2.11(2) 的方法.

4.2.14. 对 Π 取不变向量空间与单形 σ 的交, 并通过化为传递情形证明所得的单形的极值点对应于遍历测度 (命题 4.2.14).

4.2.15. 比较练习 1.9.9.

4.2.16. 利用 1 是 Π 的最大特征值这事实.

4.3.3. 证明对每个 n, 分割 ξ_{-n}^{T} 有 k^{n+1} 个测度相等的元素.

4.4.1. 取 $\xi = \{A, \mathbb{T}^2 \backslash A\}$, 其中 $A = [0,1/2] \times [0,1/2]$, 利用极小性以及迭代是等距逼近任意加细的分割的事实.

4.4.2. 推广命题 4.4.2 的证明. 对柱体的秩用归纳法.

4.4.3. 它们有不同的熵.

4.4.4. 利用如 4.2f 节描述的将 σ_N 表示为群自同构, 以及一致 Bernoulli 测度是 Haar 测度的事实, 并考虑相应的酉算子 U_{σ_N} 在特征上的作用.

4.4.5. 利用特征集关于这个新测度的正交化修改上一个练习的方法.

4.4.7. 借助 L 的特征值和特征向量表示 Markov 分割的矩形的边. 利用 L 的非零特征值和 Markov 矩阵的特征值相同的事实.

4.5.1. 利用练习 3.1.2 的方法.

4.5.2. 取 $X = \{a_n\}_{n\in\mathbb{Z}} \cup \{0\} \cup \{1\}$, 其中 $n \to \infty$ 时 $a_n \to 1$, $n \to -\infty$ 时 $a_n \to 0$, $f(a_n) = a_{n+1}$, 0 和 1 是不动点.

5.1.2. 利用单位分解.

5.1.5. 利用上一个练习.

5.1.6. 通过利用定理 5.1.16 的方法, 证明可应用定理 5.1.15.

5.2.2. 相对于重心的运动看起来像两个独立的中心力问题, 所以轨道是椭圆.

5.2.3. 这个积分是关于铅垂轴的动量, 即如子节 d 中的角动量的第三个坐标. 为了描述运动利用在铅垂轴上具有奇点的球面 (地理学) 坐标.

5.4.2. 求将 p 和 q 映为关于虚轴对称的点的 Möbius 变换.

5.4.3. 通过 Möbius 变换的共轭使得这个轴是虚轴, 得到答案 $\log\left(\left(\operatorname{tr}\begin{pmatrix} a & b \\ c & d \end{pmatrix}\right)^2 - 4\right)$.

5.4.4. 这个共轭必须取 f 的轴为 g 的轴, 取 z_1 为 z_2, z_1 到 $f(z_1)$ 的方向为 z_2 到 $g(z_2)$ 的方向.

5.4.5. 映测地线到虚轴. 所求的曲线是通过原点的直线. 一般称这些曲线为等距曲线, 它们 [770]
是连接轴端点的圆弧且使得与它成相等角度.

5.4.6. 映这个轴到虚轴, 并利用 Möbius 变换保持交比的事实.

5.4.8. 利用任何这样的等距将任何闭测地线映为相同长度的闭测地线的事实, 以及上一个练习和任何 Möbius 变换由 $\partial\mathbb{D}$ 上三点的像唯一确定的事实一起.

5.4.9. 考虑由如子节 d 中的水平直线表示的曲线上的距离的增长, 并利用练习 3.2.7 的方法.

5.5.3. 对实数 λ, 对 $\lambda = e^{i\alpha}$ 的旋转 R_α, 以及对 $\lambda = \rho e^{i\alpha}$, 分解为块 $\begin{pmatrix} \lambda & 0 \\ 0 & 1/\lambda \end{pmatrix}$ 和块 $\begin{pmatrix} \rho R_\alpha & 0 \\ 0 & \rho^{-1} R_{-\alpha} \end{pmatrix}$.

5.5.4. ω^n 是体积, 形式上的外乘法在上同调上诱导一个乘性结构, 因此 ω 的第二上同调非零.

5.5.5. 利用上一个练习.

5.5.6. 利用 Moser 定理 5.1.27 的证明方法和 Darboux 定理 5.5.9.

5.5.7. 这个 Hamilton 是传递不变的. 传递来自对应于常数力的 Hamilton 函数 f 的流.

5.5.8. 利用旋转对称. 得到的积分是角动量. 独立性可通过研究这个积分如何依赖动量看出.

5.5.10. 为了证明 $\omega(v, w)$ 仅依赖 v 和 w 的投射, 利用这些投射是沿着流的, 因此不变, 且对每个 $X \in TM_c$ 有 $\omega(X, X_H) = 0$.

5.5.11. 对 $n = 2$ 测地线是定向的最大圆, 因此与由单位向量 (正法向量) 依次定义的定向平面等同. 它们的空间是 S^2. 由有理对称性这个体积是标准 1. 另外取单个最大圆与指向作为横截的互补半球面的单位切向量一起, 并通过这两个切线方向重得球面来紧化.

5.6.2. $\theta = \dfrac{1}{2}\sum\limits_{i=1}^{n}(p_i dq_i - q_i dp_i), v = -(-q, p)$.

5.6.3. 通过 $dz/dt = iz$ 描述 v.

5.6.5. 为了保持 θ, 向量场必须是有齐次 Hamilton 函数的 Hamilton 系统. 为了保持 $S\mathbb{T}^n$, 这个 Hamilton 函数必须与构形坐标 q 无关. 因此这些是 Hamilton 系统的, 它们的作用量角变量与测地线流变量重合.

6.1.1. 见练习 1.1.3.

6.2.1. 利用 (1.2.4) 和 (1.2.5).

6.2.3. (1) 对这些函数写出微分方程. (2) 取 $x > 0$ 和 $[x', x]$ 上的 C^∞ 函数 φ, 其中 $f(x, 0) = (x', 0)$, 使得 φ 和 $\varphi \circ f$ 在 x' 的所有导数重合. 从 $\varphi \circ f^n$ 和 $\varphi \circ (-f^n)$ 得到 C^∞ 函数 (在零的光滑性与 (1) 有关).

6.2.4. 考虑 $\omega(Df^n v, Df^n w)$ 并利用 ω 的不变性和 v, w 的收缩得到零. 而且稳定和不稳定子空间在一般情形是迷向的, 即 ω 在它们上面是 0.

6.2.5. 对 (1) 利用时间 1 映射, 对 (2) 利用 Poincaré 映射.

[771] **6.3.1.** 由命题 1.1.2 存在一个不动点. 它是压缩的. 利用定理 6.3.1 的证明得到一个大范围共轭.

6.4.2. 对 $v, w \in E_x^-$ 令 $\langle v, w\rangle_x' = \sum_{n=0}^{\infty} \langle Df^n v, Df^n w\rangle$, 对 $v, w \in E_x^+$ 令 $\langle v, w\rangle_x' = \sum_{n=0}^{\infty} \langle Df^{-n} v, Df^{-n} w\rangle$, 以及对 $v \in E_x^+$, $w \in E_x^-$ 令 $\langle v, w\rangle_x' = 0$. 证明 $\langle \cdot, \cdot\rangle_x'$ 是一个连续数量积, 且对范数 $\|v\|_x' := \sqrt{\langle v, v\rangle}$ 存在 $\lambda' \in (0, 1)$ 使得 $\|Df^{\mp 1}\|_x' < \lambda' \|v\|_x'$. 现在用光滑 Riemann 度量逼近 $\langle \cdot, \cdot\rangle$.

6.4.3. 这是练习 6.2.4 的一个非平稳形式.

6.4.5. 利用与全移位的拓扑共轭求马蹄适当的不变子集: 考虑至多有单个 1 的序列.

6.4.7. 利用通过例如子移位共轭于加法机 (见练习 1.3.3), 求与全 2 移位的共轭.

6.4.8. 利用与全 2 移位的共轭, 考虑 n 步拓扑 Markov 链 (见定义 1.9.10). 与练习 18.2.2 比较.

6.4.9. 利用 2.5d 节中的 Markov 分割和上一个练习. 通过注意在矩形内部只有某些周期点没有像或原像来控制编码中的等同.

6.5.1. 在定理 6.5.5 的证明中取一个包含这个马蹄的箱, 并小心地选取围绕 q 的迭代的小矩形箱. 在这个并的内部考虑不变集.

6.5.2. 利用命题 6.2.3 产生和应用在子节 b 中描述的类似于同宿振动的异宿振动, 并应用定理 6.5.5 的证明.

6.5.3. 考虑平铺环面上的测地流的时间 1 映射 (1.6 节).

6.6.1. 证明不存在不变的 C^2 曲线切于 x 轴.

6.6.2. 描述不能从换位关系式中消去共振项.

6.6.3. 注意只有形式部分需要工作, 且不存在共振.

6.6.4. 消去非共振项并利用保面积控制共振项.

6.6.5. 利用定理 6.5.5.

7.1.3. 取 $\alpha = (1-c)/(1+2(1-c)) < 1/3$, 并如构造 Cantor 三分集过程构造 Cantor 集 C_α, 但在每一步删除中间的 (α^k) 项.

7.1.7. 利用 Fourier 分析产生一个形式解. 并利用前面两个练习分析它的性质. 也见有关时间改变的练习 14.2.1 以及练习 2.8.3.

7.1.8. 首先证明对固定的 ε 这个补是开稠的.

7.1.9. 证明对给定的区间, 这个不单调的函数集是开稠的. 然后考虑具有有理数端点的区间.

7.1.10. 首先证明一般不存在孤立不动点. 注意 $[0,1]$ 上的任何同胚至少有一个不动点.

7.2.1. 证明逆否命题.

7.2.6. 首先注意只需考虑 $\mathbb{R}^n$ 中 0 的小邻域内的函数 f, 0 为其非横截不动点. 在对应于 $Df|_0$ 的特征值 1 的特征方向扰动. 这不在 C^2 下工作: 考虑 $\mathbb{R}$ 上的函数 $f(x) = x + x^2$.

7.2.8. 这个交中的向量不能在任一方向扩张.

7.2.9. 在命题 7.2.9 中我们需要二阶 Kupka–Smale.

7.2.11. 考虑与临界点不相交、与鞍点连接相交的小圆盘. 描述破坏围绕鞍点连接的平面的 [772]
对称性的环面形变, 如破坏鞍点连接. 如果这个形变使得没有点改变高度, 则我们不改变高度函数但改变度量 (嵌入).

7.3.1. 也见练习 1.7.2(3).

7.3.2. 见练习 1.7.2(3) 的提示.

7.3.3. 按照命题 7.3.3 证明的一般思路.

7.3.4. 考虑回到正 x 轴的回复映射, 并利用一维映射分析的一个适当形式.

8.1.1. 注意定理 8.1.1 的证明是在带边界流形上进行的. "爆炸" 点 $p_1, \cdots, p_n$, 即构造一个具有 n 个边界分支的流形 N 并在 N 内部同胚的连续映射 $h: N \to M$, 使得映这些边界分支为点. 然后构造固定所有边界点的同胚 $F: N \to N$, 使得 $f \circ H = h \circ F$. 应用定理 8.1.1 于 F, 再利用变分原理的定理 4.5.3.

8.1.2. 由上一个练习只需在有孔圆盘上得到正的代数熵. 不失一般性设 p, q 在小圆盘 D_1 内. 取包含在 $\mathbb{D}^2$ 内与 D_1 同心的圆盘 D_2, 并在 D_2 上定义 f 为一个微分同胚, 它通过 π 刚性旋转 D_1 交换 p 与 q, 且让 $\mathbb{D}^2 \setminus D_2$ 固定. $\mathbb{D}^2 \setminus \{p, q\}$ 的基本群由以 $x \in \partial\mathbb{D}^2$ 为基的闭路 a, b 产生, 使得 a, b 重合直到它们到达 p 和 q 之间的中点, 然后分离并回到偶 (p, q) 的任一边. 利用适当的标号得到 $f_*(a) = b$ 和 $f_*b = bab^{-1}$. 如果 a_n 表示 $f_*^n(a)$ 中的字 a 的个数, b_n 是 $f_*^n(b)$ 中字 b (和 b^{-1}) 的个数 (经过相抵消以后), 则递归地有 $a_n = b_{n-1}$ 和 $b_n = b_{n-1} + a_{n-1}$. 因此 b_n 是一个 Fibonacci 序列, 从而指数地增长. 这些论述仅依赖于 f 相关 $\{p, q\}$ 的同伦类.

8.2.1. 利用 (3.3.1) 和命题 3.1.7(2).

8.2.2. 参考命题 3.2.2 的证明.

8.3.1. 考虑不动点. 如果存在一个, 则它只是非游荡点, 这我们已经证明了. 如果存在两个, 其导数不在单位圆上则类似. 如果存在两个不动点, 其导数又在单位圆上, 则这个映射共轭于一个旋转.

8.3.2. 利用通过体积定义度, 并利用 f 是一个覆叠映射的事实, 由 ε 覆盖计算熵.

8.3.3. 利用命题 2.4.9 和变分原理 (定理 4.5.3).

8.4.1. 利用通过正则值的原像个数定义度, 将问题化为求解一个三角方程, 这相应于一个代数方程.

8.4.2. 将这个问题化为一个代数方程系统. 利用这个系统的孤立解的个数不超过所涉及的多项式次数的积的事实 (参看定理 7.4.1 的证明).

8.4.4. 注意 $\operatorname{ind}_{\varphi^\varepsilon} x_0$ 不依赖于这样的 ε. 然后利用这些定义.

8.4.5. 注意这是一个多重鞍点, 并利用三重鞍点例子的方法.

8.4.6. 对某个 $C > 0$ 证明 $\|v_P(x, y)\|^2 > C(x^2 + y^2)$, 再利用它证明这个指标与立方部分的相同.

8.6.1. $1 - \deg(f)$.

8.6.2. 利用 Lefschetz 不动点公式 (定理 8.6.2).

[773] **8.6.3.** 如果 S 允许一个 Anosov 同胚, 则存在一个不为零的线性场. 于是 S 或者一个二重覆盖有非零向量场. 这导致 $\chi(S) = 0$, 因此 S 是环面.

8.6.4. 证明任何给定周期的周期点都有相同的指标, 并利用 Lefschetz 不动点公式.

8.6.5. 首先证明上一个练习的条件满足. 再利用推论 6.4.19 和定理 8.6.2.

8.6.7. 通过取迭代由矩阵的特征值表示矩阵的迹. 将问题化为所有特征值不是正实数就是辐角与 2π 不可公度的复数, 再利用 1.4 节的结果.

8.7.1. 利用 $H_k(\mathbb{T}^n,\mathbb{Q})=\bigoplus_{i_1+\cdots+i_n=k}H_{i_1}(S^1,\mathbb{Q})\otimes\cdots\otimes H_{i_n}(S^1,\mathbb{Q})$ 和 $(F_A)_{*k}$ 是 $(F_A)_{*1}$ 的张量积之和的事实, 得到 $L(F_A)=\prod_{i=1}^{n}(1-\lambda_i)\cdot p(F_A)=\sum_{|\lambda_i|>1}\log\lambda_i$.

8.7.2. 存在关于有理坐标的一个不变向量. 取 $\alpha\in\mathbb{R}\backslash\mathbb{Q}$ 和 $g(x)=Ax+\alpha v\ (\mathrm{mod}1)$.

8.7.3. 首先证明这个条件意味着 f_* 有一个绝对值大于 1 的特征值. 为此假设它不成立, 证明这类特征多项式只可能存在有限个, 因此对 f_* 的幂, 所有零点都是单位根. 现在利用定理 8.7.1.

9.1.2. 利用如命题 9.1.2 证明中的梯度流进行反证.

9.1.3. 利用梯度流 (不用假设极值的非退化性). 为此注意到等位集是光滑 Jordan 曲线是有帮助的, 因此是有界的光滑圆盘 (光滑 Jordan 曲线定理).

9.1.4. 必须存在极值点, 指标都为 1, 又由于 $\chi(\mathbb{T}^2)=0$, 必须是两个指标 -1 的其他点. 证明这是高度函数达到的点.

9.1.5. 首先构造一个 Morse 函数 f, 它有一个极小点, 一个极大点, $\begin{pmatrix}k\\n\end{pmatrix}$ 个 Morse 指标 k 的鞍点, $k=1,\cdots,n-1$, 满足 f 在所给指标的所有点的值相等并随着 k 减少的额外条件. 然后在它的临界值邻域内通过 "塌缩" 给定指标的所有点为一点来修改 f. 先详细论述 $n=2$ 的情形是有帮助的.

9.2.1. 用直线局部地代替边界, 并证明这并不改变一阶项.

9.2.2. 利用通过光滑严格可微的凸曲线的逼近和紧性的论述.

9.2.3. 通过直线和圆周对边界选择好的逼近研究线性部分. 结果是

$$\begin{pmatrix}\dfrac{\partial S}{\partial s} & \dfrac{\partial S}{\partial\theta}\\ \dfrac{\partial\theta'}{\partial s} & \dfrac{\partial\theta'}{\partial\theta}\end{pmatrix}=\begin{pmatrix}\dfrac{\partial S}{\partial s}\kappa_s-\dfrac{\sin\theta}{\sin\theta'} & \dfrac{H}{\sin\theta'}\\ \kappa_{s'}\dfrac{\partial S}{\partial s}-\kappa_s & \kappa_{s'}\dfrac{\partial S}{\partial\theta}-1\end{pmatrix}=\begin{pmatrix}\dfrac{\kappa_sH-\sin\theta}{\sin\theta'} & \dfrac{H}{\sin\theta'}\\ \kappa_{s'}\dfrac{\kappa_sH-\sin\theta}{\sin\theta'}-\kappa_s & \dfrac{\kappa_{s'}H}{\sin\theta'}-1\end{pmatrix}.$$

9.2.4. 它等于在 p 的曲率半径. 再利用上一个练习并令 $\theta\to 0$.

9.2.5. 为了证明双曲性, 由练习 9.2.3 利用这个微分的明显形式, 以及长直径超过在问题中的点的曲率半径的两倍的事实. 较方便的是注意到这个微分的矩阵在这些点都相同. 剩下证明通过焦点的轨道收敛于长直径. 为此考虑弹子球映射的二次迭代, 并注意它在这个族中是单调的.

9.2.6. 见上一个练习.

9.2.7. 也许用通过体育场拷贝的反射代替直边的反射更方便些. 考虑镜像上的逆向 (见图 9.2.6).

[774] **9.3.1.** 给定一个扭转映射 f_1 (特别它是一个正的倾斜映射), 考虑铅垂线的像 S. 沿着 S 有角函数 $\theta_1 > 0$. 现在考虑应用扭转映射 f_2 的作用. 由于 f_2 同样有正的角函数, S 在 (x,y) 的切向量在 f_2 作用下的像有超过 $\theta_2(x,y)$ 的角度, 因为 $\theta_1(f_1^{-1}(x,y)) > 0$, 且 f_2 保持定向. 注意这证明两个正的倾斜映射的复合是一个正的倾斜映射.

9.3.2. 用定义作为区域测度的函数 $H(s,s')$ 在保面积情形定义生成函数. 用小的有限变差代替导数. 这是在 [K5] 中所用的方法.

9.3.3. 为了寻找一个 (p,q) 型轨道, 考虑满足 $s_{n+2q} = s_n + 1$ 的非减序列的空间, 以及作用量泛函 $L(s) := \sum_{k=0}^{q} [H_1(s_{2kp}, s_{(2k+1)p}) + H_2(s_{(2k+1)p}, s_{(2k+2)p})]$, 其中 H_1 和 H_2 分别是 f_1 和 f_2 的生成函数.

9.3.6. 插入 $\widetilde{f}$ 的生成函数 $H(s,s')$ 和具有慢改变权函数的函数 $s - s'^2/2$ 保持 (9.3.3).

9.4.1. 利用在 (9.4.2) 不成立的给定点 $c(t_0)$ 的小邻域外为零的扰动.

9.5.2. 考虑闭测地线上的点. 例如, 标准球面, 标准环面, 等等.

9.5.3. 在非零同伦类中极小化长度.

9.5.4. 利用定理 9.5.5.

9.5.5. 设 $g^{kl} := (g^{-1})_{kl}$ 并定义 Christoffel 符号

$$\Gamma_{ij}^k = \frac{1}{2}\sum_{l=1}^{n} g^{kl}\left(\frac{\partial g_{il}}{\partial x^j} + \frac{\partial g_{jl}}{\partial x^i} - \frac{\partial g_{ij}}{\partial x^l}\right).$$

9.6.1. 利用围绕中心的极坐标计算球的体积. $v(M) = 1$.

9.6.2. 用有理对称的包含多于半个球面的 “膨胀” 代替平坦度量的片段.

9.7.1. 嵌入 Möbius 带使得中心线形成一个长于半个棱的 “山脊”.

9.7.2. 通过可定向的二重覆盖利用定理 9.7.1.

9.7.3. 从平坦度量开始, 尝试将它 “收缩” 到在所有三个生成子方向生成非常短的闭测地线, 同时控制某些 “对角线” 长度. 这个构造是属于 Hedlund [He1] 的.

9.7.4. 对双曲平面的任何点这个指数映射是一个微分同胚.

参考文献

[AM] Abraham, Ralph, and Marsden, Jerrold: *Foundations of mechanics.* Benjamin/Cummings, New York, 1978.

[ARo] Abraham, Ralph, and Robbin, Joel: *Transversal mappings and flows.* Benjamin, New York, 1967.

[ASm] Abraham, Ralph, and Smale, Stephen: Non-genericity of Ω-stability. In *Global Analysis, Proceedings of Symposia in Pure Mathematics*, vol. 14, pp. 5–8. American Mathematical Society, Providence, RI, 1970.

[AKM] Adler, Roy L.; Konheim, Alan G.; and McAndrew, M. Harry: Topological entropy. *Transactions of the American Mathematical Society*, **114** (1965), 309–319.

[AW] Adler, Roy L., and Weiss, Benjamin: Entropy, a complete metric invariant for automorphisms of the torus. *Proceedings of the National Academy of Sciences*, **57** no. 6 (1967), 1573–1576.

[A1] Alekseyev, Vladimir M.: Invariant Markov subsets for diffeomorphisms. *Uspehi Mat. Nauk*, **23** no. 2 (1968), 209–210.

[A2] —— : Perron sets and topological Markov chains. *Uspehi Mat. Nauk*, **24** no. 5 (1969), 227–229.

[A3] —— : Quasirandom dynamical systems I: Quasirandom diffeomorphisms. *Mathematics of the USSR, Sbornik*, **5** no. 1 (1968), 73–128; II: One-dimensional non-linear oscillations in a field with periodic perturbations. *Mathematics of the USSR, Sbornik*, **6** no. 4 (1968), 505–560; III: Quasirandom oscillations of one-dimensional oscillators. *Mathematics of the USSR, Sbornik*, **7** no. 1 (1969),

1–43.

[A4] —— : *Symbolic dynamics.* 11th Summer mathematical school. Mathematics Institute of the Ukrainian Academy of Sciences, Kiev, 1976.

[AKK] Alekseyev, Vladimir M.; Katok, Anatole B.; and Kušnirenko, Anatole G.: *Three papers in dynamical systems.* Translations of the American Mathematical Society (series 2), vol. 116. American Mathematical Society, Providence, RI, 1981.

[AP] Andronov, Alexander, and Pontrjagin, Lev: Systèmes grossiers. *Comptes Rendus (Doklady) de l'Académie des Sciences de l'URSS*, **14** no. 5 (1937), 247–250.

[An1] Anosov, Dmitriĭ V.: Roughness of geodesic flows on compact Riemannian manifolds of negative curvature. *Soviet Mathematics, Doklady*, **3** (1962), 1068–1070.

[An2] —— : Ergodic properties of geodesic flows on closed Riemannian manifolds of negative curvature. *Soviet Mathematics, Doklady*, **4** (1963), 1153–1156.

[An3] —— : *Geodesic flows on Riemann manifolds with negative curvature.* Proceedings of the Steklov Institute of Mathematics, vol. 90. American Mathematical Society, Providence, RI, 1967.

[An4] —— : Tangent fields of transversal foliations in "Y-systems". *Math. Notes of the Acad. of Sciences, USSR*, **2** no. 5 (1967), 818–823.

[An5] —— : On a class of invariant sets of smooth dynamical systems. In *Proceedings of the Fifth International Conference on Nonlinear Oscillations*, vol. 2, pp. 39–45. Mathematics Institute of the Ukrainian Academy of Sciences, Kiev, 1970.

[AnK] Anosov, Dmitriĭ V., and Katok, Anatole B.: New examples in smooth ergodic theory. Ergodic diffeomorphisms. *Transactions of the Moscow Mathematical Society*, **23** (1970), 1–35.

[AnSin] Anosov, Dmitriĭ V., and Sinai, Yakov: Some smooth ergodic systems. *Russian Mathematical Surveys*, **22** no. 5 (1967), 103–167.

[Ar1] Arnol'd, Vladimir I.: Small denominators I. Mappings of the circle onto itself. *Izvestija Akademiĭ Nauk SSSR Ser. Mat.* **25** (1961), 21–86; English translation: *Translations of the American Mathematical Society (series 2)*, **46** (1965), 213–284.

[Ar2] —— : Proof of a theorem of A. N. Kolmogorov on the invariance of quasiperiodic motions under small perturbations of the Hamiltonian. *Russian Mathematical Surveys*, **18** no. 5 (1963), 9–36.

[Ar3] —— : Small denominators and problems of stability of motion in classical and celestial mechanics. *Russian Mathematical Surveys*, **18** no. 6 (1963), 85–193.

[Ar4] —— : *Ordinary differential equations.* MIT Press, Cambridge, MA, 1973.

[Ar5] —— : *Geometric methods in the theory of ordinary differential equations.*

Springer Verlag, Berlin, New York, 1983.

[Ar6] —— : *Mathematical methods of classical mechanics.* Springer Verlag, Berlin, New York, 1978, 1989.

[ArAv] Arnol'd, Vladimir I., and Avez, André: *Ergodic problems of classical mechanics.* Addison-Wesley, Amsterdam, 1988.

[ArASI] Arnol'd, Vladimir I.; Afraimovich, Valentin S.; Shilnikov, Leonid P.; and Ilyashenko, Yuli S.: Theory of bifurcations. In *Encyclopedia of Mathematical Sciences, Volume 5, Dynamical Systems V*, pp. 5–218. Springer Verlag, Berlin, New York, 1994.

[Art] Artin, Emil: Ein mechanisches System mit quasiergodischen Bahnen. *Abhandlungen aus dem mathematischen Seminar der hamburgischen Universität*, **3** (1924), 170–175; in *Collected Papers*, pp. 499–504. Springer Verlag, Berlin, New York, 1965.

[ArM] Artin, Michael, and Mazur, Barry: On periodic points. *Annals of Mathematics*, **81** (1965), 82–99.

[Au] Aubry, Serge: The devil's staircase transformation in incommensurate lattices. In *The Riemann problem, complete integrability and arithmetic applications*, Lecture Notes in Mathematics, vol. 925, pp. 221–245. Springer Verlag, Berlin, New York, 1982.

[AuD] Aubry, Serge, and Le Daëron, Pierre-Yves: The discrete Frenkel-Kontorova model and its extensions. I. Exact results for the ground-states. *Physica D*, **8** no. 3 (1983), 381–422.

[AuDA] Aubry, Serge; Le Daëron, Pierre-Yves; and André, Gilles: Classical groundstates of a one-dimensional model for incommensurate structures. Preprint.

[B1] Bangert, Victor: Mather sets for twist maps and geodesics on tori. In *Dynamics reported*, vol. 1, pp. 1–56. Springer Verlag, Berlin, New York, 1988.

[B2] —— : On the existence of closed geodesics on two-spheres. *International Journal of Mathematics*, **4** (1993), 1–10.

[BDT] Beals, Richard; Deift, Percy; and Tomei, Carlos: *Direct and inverse scattering on the real line.* Mathematical Surveys and Monographs, vol. 28. American Mathematical Society, Providence, RI, 1988.

[Be] Beardon, Alan: *Iteration of rational functions: Complex analytic dynamical systems.* Springer Verlag, Berlin, New York, 1991.

[Bel] Belitskiĭ, Grigoriĭ R.: Equivalence and normal forms of germs of smooth mappings. *Russian Mathematical Surveys*, **31** no. 1 (1978), 107–177.

[Ben] Bendixson, Ivar: Sur les courbes définies par les équations différentielles. *Acta Mathematica*, **24** (1901), 1–88.

[BC] Benedicks, Michael, and Carleson, Lennart: Dynamics of the Hénon map. *An-*

nals of Mathematics, **133** (1991), 73–169.

[BL] Benoist, Yves, and Labourie, François: Sur les difféomorphismes d'Anosov affines à feuilletages stable et instable différentiables. *Inventiones mathematicae*, **111** no. 2 (1993), 285–308.

[BFL] Benoist, Yves; Foulon, Patrick; and Labourie, François: Flots d'Anosov à distributions stable et instable différentiables. *Journal of the American Mathematical Society*, **5** no. 1 (1992), 33–74.

[Bi1] Birkhoff, George D.: Surface transformations and their dynamical applications. *Acta Mathematica*, **43** no. 1–2 (1920), 1–119.

[Bi2] —— : On the periodic motions of dynamical systems. *Acta Mathematica*, **50** (1927), 359–379.

[Bi3] —— : *Dynamical systems.* Colloquium Publications, vol. 9. American Mathematical Society, Providence, RI, 1927.

[Bi4] —— : Proof of the ergodic theorem. *Proceedings of the Academy of Sciences USA* **17** (1931), 656–660.

[BiC] Bishop, Richard L., and Crittenden, Richard J.: *Geometry of manifolds.* Academic Press, New York, 1964.

[Bl] Blanchard, Paul: Complex dynamics on the Riemann sphere. *Bulletin of the American Mathematical Society*, **11** no. 1 (1984), 85–141.

[BGMY] Block, Louis; Guckenheimer, John; Misiurewicz, Michał; and Young, Lai-Sang: Periodic points and topological entropy of one-dimensional maps. In *Global theory of dynamical systems*, edited by Zbigniew Nitecki and Clark Robinson, Lecture Notes in Mathematics, vol. 819, pp. 18–34. Springer Verlag, Berlin, New York, 1980.

[Bo1] Bowen, Rufus: Topological entropy and Axiom A. In *Global Analysis, Proceedings of Symposia in Pure Mathematics*, vol. 14, pp. 23–41. American Mathematical Society, Providence, RI, 1970.

[Bo2] —— : Markov partitions for Axiom A diffeomorphisms. *American Journal of Mathematics*, **92** (1970), 725–747.

[Bo3] —— : Periodic points and measures for Axiom A diffeomorphisms. *Transactions of the American Mathematical Society*, **154** (1971), 377–397.

[Bo4] —— : Periodic orbits for hyperbolic flows. *American Journal of Mathematics*, **94** (1972), 1–30.

[Bo5] —— : Symbolic dynamics for hyperbolic flows. *American Journal of Mathematics*, **95** (1972), 429–459.

[Bo6] —— : Some systems with unique equilibrium states. *Mathematical Systems Theory*, **8** no. 3 (1975), 193–202.

[Bo7] —— : *Equilibrium states and the ergodic theory of Anosov diffeomorphisms.*

Lecture Notes in Mathematics, vol. 470. Springer Verlag, Berlin, New York, 1975.

[Bo8] ——: Entropy and the fundamental group. In *The structure of attractors in dynamical systems*, edited by Nelson G. Markley, J. C. Martin, and W. Perrizo, Lecture Notes in Mathematics, vol. 668, pp. 21–29. Springer Verlag, Berlin, New York, 1978.

[BoR] Bowen, Rufus, and Ruelle, David: The ergodic theory of Axiom A flows. *Inventiones mathematicae*, **29** (1975), 181–202.

[Boy] Boyle, Michael: Symbolic dynamics and matrices. In *Combinatorial and graph-theoretical properties in linear algebra*, edited by R. Brualdi, S. Friedland, and V. Klee, IMA Volumes in Mathematics and Its Applications, vol. 50, pp. 1–38. Springer Verlag, Berlin, New York, 1993.

[BP] Brin, Mikhael, and Pesin, Yakov: Partially hyperbolic dynamical systems. *Mathematics of the USSR, Isvestia*, **8** no. 1 (1974), 177–218.

[Br] Brjuno, Alexander D.: The analytical form of differential equations. *Transactions of the Moscow Mathematical Society*, **25** (1971), 131–288; *Transactions of the Moscow Mathematical Society*, **26** (1972), 199–238.

[Bu] Bunimovich, Leonid A.: On the ergodic properties of nowhere dispersing billiards. *Communications in Mathematical Physics*, **65** (1979), 295–312.

[C] Chen, Kuo-Tsai: Equivalence and decomposition of vector fields about an elementary critical point. *American Journal of Mathematics*, **85** (1963), 693–722.

[Ch] Cherry, Thomas M.: Analytic quasi-periodic curves of discontinuous type on a torus. *Proceedings of the London Mathematical Society (second series)*, **44** (1938), 175–215.

[CL] Coddington, Earl A., and Levinson, Norman: *Theory of ordinary differential equations*. McGraw-Hill, New York, 1955.

[CE] Collet, Pierre, and Eckmann, Jean-Pierre: *Iterated maps on the interval as dynamical systems*. Birkhäuser, 1980.

[Co] Conley, Charles: *Isolated invariant sets and the Morse index*. CBMS Regional Conference Series in Mathematics, vol. 38. American Mathematical Society, Providence, RI, 1978.

[CoZ] Conley, Charles, and Zehnder, Eduard: Morse-type index theory for flows and periodic solutions for Hamiltonian equations. *Communications in Pure and Applied Mathematics*, **37** no. 2 (1984), 207–253.

[Con] Connes, Alain: Une classification des facteurs de type III. *Annales scientifiques de l'École Normale Superieure*, **6** no. 2 (1973), 133–252.

[CFSin] Cornfeld, Isaak P.; Fomin, Sergei V.; and Sinai, Yakov G.: *Ergodic theory*. Springer Verlag, Berlin, New York, 1982.

[D] Denjoy, Arnaud: Sur les courbes définies par les équations différentielles à la surface du tore. *Journal de Mathématiques Pures et Appliquées (9. série)*, **11** (1932), 333–375.

[DGS] Denker, Manfred; Grillenberger, Christian; and Sigmund, Karl: *Ergodic theory on compact spaces.* Lecture Notes in Mathematics, vol. 527. Springer Verlag, Berlin, New York, 1976.

[De] Devaney, Robert: *An introduction to chaotic dynamical systems.* Addison-Wesley, Reading, MA, 1989.

[Di] Dinaburg, Efim I.: On the relations among various entropy characteristics of dynamical systems. *Mathematics of the USSR, Isvestia*, **5** (1971), 337–378.

[Do] Dolgopyat, Dmitry: On decay of correlations in Anosov flows. *Annals of Mathematics*, **147** no. 2 (1998), 357–390.

[DoP] Dolgopyat, Dmitry and Pollicott, Mark: Addendum to 'Periodic orbits and dynamical spectra' (by Viviane Baladi). *Ergodic Theory and Dynamical Systems*, **18** no. 2 (1998), 255–292.

[EL] Ekeland, Ivar, and Lasry, Jean-Michel: On the number of periodic trajectories for a Hamiltonian flow on a convex energy surface. *Annals of Mathematics*, **112** no. 2 (1980), 283–319.

[E] Ellis, Robert: *Lectures on topological dynamics.* Benjamin, New York, 1969.

[F] Fathi, Albert: Une interprétation plus topologique de la démonstration du théorème de Birkhoff. *Astérisque*, **103–104** (1983), 39–46.

[FLP] Fathi, Albert; Laudenbach, François; and Poénaru, Valentin: *Travaux de Thurston sur les surfaces.* Astérisque, vol. 66–67. Société Mathématique de France, Paris, 1979.

[Fa] Fatou, Pierre: Sur les équations fonctionelles. *Bulletin de la Société Mathématique de France*, **47** (1919), 161–271; **48** (1920), 33–94; **48** (1920), 208–314.

[Fe] Feigenbaum, Mitchell: Quantitative universality for a class of nonlinear transformations. *Journal of Statistical Physics*, **19** (1978), 25–52.

[FM] Forni, Giovanni, and Mather, John: Action minimizing orbits in Hamiltonian systems. In *Transition to chaos in classical and quantum mechanics*, edited by S. Graffi, Lecture Notes in Mathematics, vol. 1589, pp. 92–186. Springer Verlag, Berlin, New York, 1994.

[Fr1] Franks, John: Anosov diffeomorphisms on tori. *Transactions of the American Mathematical Society*, **145** (1969), 117–124.

[Fr2] ——: Anosov Diffeomorphisms. In *Global Analysis, Proceedings of Symposia in Pure Mathematics*, vol. 14, pp. 61–93. American Mathematical Society, Providence, RI, 1970.

[Fr3] —— : *Homology and dynamical systems.* CBMS Regional Conference Series in Mathematics, vol. 49. American Mathematical Society, Providence, RI, 1982.

[Fr4] —— : Geodesics on S^2 and periodic points of annulus diffeomorphisms. *Inventiones mathematicae*, **108** (1992), 403–418.

[FrW] Franks, John, and Williams, Robert F.: Anomalous Anosov flows. In *Global theory of dynamical systems*, edited by Zbigniew Nitecki and Clark Robinson, Lecture Notes in Mathematics, vol. 819, pp. 158–174. Springer Verlag, Berlin, New York, 1980.

[Fri] Fried, David: Transitive Anosov flows and pseudo-Anosov maps. *Topology*, **22** no. 3 (1983), 299–303.

[Fu1] Furstenberg, Hillel: Strict ergodicity and transformations of the torus. *American Journal of Mathematics*, **83** (1961), 573–601.

[Fu2] —— : The structure of distal flows. *American Journal of Mathematics*, **85** (1963), 477–515.

[Fu3] —— : *Recurrence in ergodic theory and combinatorial number theory.* M. B. Porter Lectures, Rice University. Princeton University Press, Princeton, NJ, 1981.

[G] Gallavotti, Giovanni: *The elements of mechanics.* Springer Verlag, Berlin, New York, 1983.

[Ga] Gantmacher, Feliks R.: *Applications of the theory of matrices.* Interscience Publishers, New York, 1959.

[GF] Gelfand, Israel M., and Fomin, Sergei V.: Geodesic flows on manifolds of constant negative curvature. *Uspehi Mat. Nauk*, **7** no. 1 (1952), 118–137.

[Gh] Ghys, Etienne: Flots d'Anosov dont les feuilletages stables sont différentiables. *Annales scientifiques de l'École Normale Superieure*, **20** no. 2 (1987), 251–270.

[Go] Goodman, Sue E.: Dehn surgery on Anosov Flows. In *Geometric Dynamics*, edited by Jacob Palis, Lecture Notes in Mathematics, vol. 1007, pp. 300–307. Springer Verlag, Berlin, New York, 1983.

[Goo] Goodman, Tim N. T.: Relating topological entropy and measure entropy. *Bulletin of the London Mathematical Society*, **3** (1971), 176–180.

[Gw] Goodwyn, L. Wayne: Topological entropy bounds measure-theoretic entropy. *Proceedings of the American Mathematical Society*, **23** (1969), 679–688.

[GH] Gottschalk, Walter H., and Hedlund, Gustav A.: *Topological dynamics.* American Mathematical Society colloquium publications, vol. 36. American Mathematical Society, Providence, RI, 1955.

[GraSw] Graczyk, Jacek, Świątek, Grzegorz: Generic hyperbolicity in the logistic family. *Annals of Mathematics*, **146** no. 1 (1997), 1–52.

[Gr] Grobman, David M.: Topological classification of neighborhoods of a singularity in n-space. *Mat. Sbornik*, **56** no. 98 (1962), 77–94.

[Gro] Gromov, Mikhael: On the entropy of holomorphic maps. Preprint.

[GH] Guckenheimer, John, and Holmes, Philip: *Nonlinear Oscillations, Dynamical Systems, and Bifurcations of Vector Fields.* Springer Verlag, Berlin, New York, 1983.

[GMN] Guckenheimer, John; Moser, Jürgen; and Newhouse, Sheldon: *Dynamical systems.* CIME Lectures, Bressanone, Italy, June 1978, Progress in Mathematics, vol. 8. Birkhäuser, 1980.

[GK] Guillemin, Victor, and Kazhdan, David: On the cohomology of certain dynamical systems. *Topology*, **19** (1980), 291–299.

[Gu1] Gutierrez, Carlos: Smoothing continuous flows on two-manifolds and recurrence. *Ergodic Theory and Dynamical Systems*, **6** no. 1 (1986), 17–44.

[Gu2] —— : A counter-example to a C^2 closing lemma. *Ergodic Theory and Dynamical Systems*, **7** no. 4 (1987), 509–530.

[GuK] Gutkin, Eugene, and Katok, Anatole: Caustics in inner and outer billiards. *Communications in Mathematical Physics*, **173** (1995), 101–133.

[H] Hadamard, Jaques: Sur l'itération et les solutions asympotiques des équations différentielles. *Bulletin de la Société Mathématique de France*, **29** (1901), 224–228.

[HMO] Hale, Jack K.; Magalhaes, Luis T.; and Oliva, Waldyr M.: *An introduction to infinite-dimensional dynamical systems—geometric theory.* Springer Verlag, Berlin, New York, 1984.

[Ha1] Halmos, Paul: *Measure theory.* Van Nostrand, New York, 1950. Springer Verlag, Berlin, New York, 1974.

[Ha2] —— : *Ergodic theory.* Chelsea, New York, 1956.

[HT1] Handel, Michael, and Thurston, William: Anosov flows on new 3-manifolds. *Inventiones mathematicae*, **59** (1980), 95–103.

[HT2] —— : New proofs of some results of Nielsen. *Advances in Mathematics*, **56** no. 2 (1982), 669–675.

[Har1] Hartman, Philip: *Ordinary differential equations.* Birkhäuser, 1982.

[Har2] —— : On the local linearization of differential equations. *Proceedings of the American Mathematical Society*, **14** (1963), 568–573.

[Has] Hasselblatt, Boris: Regularity of the Anosov splitting and of horospheric foliations. *Ergodic Theory and Dynamical Systems*, **14** no. 4 (1994), 645–666.

[He1] Hedlund, Gustav A.: Geodesics on a two-dimensional Riemannian manifold with periodic coefficients. *Annals of Mathematics*, **33** (1932), 719–739.

[He2] —— : Metric transitivity of the geodesics on closed surface of constant negative curvature. *Annals of Mathematics*, **35** (1934), 787–808.

[Hel] Helgason, Sigurdur: *Differential geometry, Lie groups and Symmetric Spaces.* Academic Press, New York, 1978.

[Hen] Henry, Dan: *Geometric theory of semilinear parabolic equations.* Lecture Notes in Mathematics, vol. 840. Springer Verlag, Berlin, New York, 1981.

[Her1] Herman, Michael R.: Sur la conjugaison différentiable des difféomorphismes du cercle à des rotations. *Publications Mathématiques de l'Institut des Hautes Études Scientifiques*, **49** (1979), 5–234.

[Her2] —— : *Sur les courbes invariants par les difféomorphismes de l'anneau.* Astérisque, vol. 103–104. Société Mathématique de France, Paris, 1983.

[HP] Hirsch, Morris, and Pugh, Charles: Smoothness of horocycle foliations. *Journal of Differential Geometry,* **10** (1975), 225–238.

[HPS] Hirsch, Morris; Pugh, Charles; and Shub, Michael: *Invariant manifolds.* Lecture Notes in Mathematics, vol. 583. Springer Verlag, Berlin, New York, 1977.

[HZ] Hofer, Helmut, and Zehnder, Eduard: *Symplectic invariants and Hamiltonian dynamics.* Birkhäuser, 1994.

[Ho1] Hopf, Eberhard: *Ergodentheorie.* Springer Verlag, Berlin, New York, 1937.

[Ho2] —— : Statistik der geodätischen Linien in Mannigfaltigkeiten negativer Krümmung. *Ber. Verhandlungen der sächsischen Akademie der Wissenschaften zu Leipzig,* **91** (1939), 261–304; Statistik der Lösungen geodätischer Probleme vom unstabilen Typus. II. *Mathematische Annalen,* **117** (1940), 590–608.

[HK] Hurder, Steven, and Katok, Anatole B.: Differentiability, rigidity and Godbillon–Vey classes for Anosov flows. *Publications Mathématiques de l'Institut des Hautes Études Scientifiques,* **72** (1990), 5–61.

[I] Irwin, Michael C.: *Smooth dynamical systems.* Academic Press, London, 1980.

[J1] Jacobson, Michael V.: Properties of the one-parameter family of dynamical systems $x \mapsto Axe^{-x}$. *Uspehi Mat. Nauk,* **31** no. 2 (1976), 239–240.

[J2] —— : Absolutely continuous invariant measures for one-parameter families of one-dimensional maps. *Communications in Mathematical Physics,* **81** no. 1 (1981), 39–88.

[Ji] Jiang, Boju: *Lectures on Nielsen fixed point theory.* Contemporary Mathematics, vol. 14. American Mathematical Society, Providence, RI, 1983.

[Ju] Julia, Gaston: Mémoire sur l'itération des fonctions rationelles. *Journal de Mathématiques Pures et Appliquées,* **4** (1918), 47–245.

[Kal] Kaloshin, Vadim: Exponential growth of number of periodic orbits is not topologically generic, in preparation.

[K1] Katok, Anatole B.: Ergodic perturbations of degenerate integrable Hamiltonian systems. *Mathematics of the USSR, Isvestia,* **7** no. 3 (1973), 535–571.

[K2] ——: Invariant measures for flows on orientable surfaces. *Soviet Mathematics, Doklady*, **14** (1973), 1104–1108.

[K3] ——: Monotone equivalence in ergodic theory. *Mathematics of the USSR, Isvestia*, **11** no. 1 (1977), 99–146.

[K4] ——: A conjecture about entropy. In *Smooth dynamical systems*, edited by Dmitriĭ V. Anosov, pp. 181–203. Mir, Moscow, 1977; English translation: *Translations of the American Mathematical Society (series 2)*, **133** (1986), 91–107.

[K5] ——: Lyapunov exponents, entropy and periodic orbits for diffeomorphisms. *Publications Mathématiques de l'Institut des Hautes Études Scientifiques*, **51** (1980), 137–173.

[K6] ——: Some remarks on Birkhoff and Mather twist map theorems. *Ergodic Theory and Dynamical Systems*, **2** no. 2 (1982), 185–194.

[K7] ——: More about Birkhoff periodic orbits and Mather sets for twist maps. Preprint IHES/M/82/35; Continuation of the preprint "More about Birkhoff periodic orbits and Mather sets for twist maps". University of Maryland preprint.

[K8] ——: Entropy and closed geodesics. *Ergodic Theory and Dynamical Systems*, **2** no. 3–4 (1982), 339–365.

[K9] ——: Nonuniform hyperbolicity and structure of smooth dynamical systems. *Proceedings of the International Congress of Mathematicians, Warszawa*, **2** (1983), 1245–1254.

[KKPW] Katok, Anatole B.; Knieper, Gerhard; Pollicott, Mark; and Weiss, Howard: Differentiability and Analyticity of Topological Entropy for Anosov and Geodesic Flows. *Inventiones mathematicae*, **98** no. 3 (1989), 581–597.

[KSinS] Katok, Anatole B.; Sinai, Yakov G.; and Stepin, Anatole M.: The theory of dynamical systems and general transformation groups with invariant measure. *Journal of Soviet Mathematics*, **7** (1977), 974–1065.

[KS1] Katok, Anatole B., and Spatzier, Ralf J.: First cohomology of Anosov actions of higher rank Abelian groups and applications to rigidity. *Publications Mathématiques de l'Institut des Hautes Études Scientifiques*, **79** (131–156), 1994.

[KS2] Katok, Anatole B., and Spatzier, Ralf J.: Subelliptic estimates of polynomial differential operators and applications to cocycle rigidity. *Mathematical Research Letters*, **1** (1994), 193–202.

[KS] Katok, Anatole B., and Stepin, Anatole M.: Metric properties of measure preserving homeomorphisms. *Russian Mathematical Surveys*, **25** no. 2 (1970), 191–220.

[KSt] Katok, Anatole B., and Strelcyn, Jean-Marie, with the collaboration of François Ledrappier and Feliks Przytycki: *Invariant manifolds, entropy and billiards; smooth maps with singularities.* Lecture Notes in Mathematics, vol. 1222. Springer Verlag, Berlin, New York, 1986.

[Ka] Katok, Svetlana: *Fuchsian groups.* University of Chicago Press, Chicago, 1992.

[KO] Katznelson, Yitzchak, and Ornstein, Donald: The differentiability of the conjugation of certain diffeomorphisms of the circle. *Ergodic Theory and Dynamical Systems*, **9** no. 4 (1989), 643–680.

[Ke] Keane, Michael: Interval exchange transformations. *Mathematische Zeitschrift*, **141** (1975), 25–31.

[KeS] Keane, Michael, and Smorodinsky, Meir: Bernoulli schemes of the same entropy are finitarily isomorphic. *Annals of Mathematics*, **109** (1979), 397–406.

[KMS] Kerckhoff, Stephen; Masur, Howard; and Smillie, John: Ergodicity of billiard flows and quadratic differentials. *Annals of Mathematics*, **124** (1986), 293–311.

[Kh] Khinchin, Alexander Ya.: *Mathematical foundations of information theory.* Dover, New York, 1957.

[Kl] Klingenberg, Wilhelm: *Riemannian Geometry.* de Gruyter, Berlin-New York, 1982.

[KN] Kobayashi, Shoshichi, and Nomizu, Katsumi: *Foundations of differential geometry.* vol. 1. Interscience Publishers, New York, 1963; vol.2. Interscience Publishers, New York, 1969.

[Ko1] Kolmogorov, Andrei N.: On dynamical systems with an integral invariant on the torus. *Doklady Akademiĭ Nauk SSSR*, **93** (1953), 763–766 (in Russian).

[Ko2] —— : Preservation of conditionally periodic movements under a small change in the Hamilton function. *Doklady Akademiĭ Nauk SSSR*, **98** (1954), 527–530 (in Russian); English translation: In *Stochastic behavior in classical and quantum Hamiltonian systems*, Volta Memorial conference, Como, 1977, Lecture Notes in Physics, vol. 93. Springer Verlag, Berlin, New York, 1979.

[Ko3] —— : A new metric invariant of transitive dynamical systems and automorphisms of Lebesgue spaces. *Doklady Akademiĭ Nauk SSSR*, **119** (1958), 861–864 (in Russian); *Proceedings of the Steklov Institute of Mathematics*, **169** no. 4 (1986), 97–102.

[KT] Kozlov, Valeriĭ V., and Treshchëv, Dmitriĭ V.: *Billiards; A genetic introduction to the dynamics of systems with impacts.* Translations of Mathematical Monographs, vol. 89. American Mathematical Society, Providence, RI, 1991.

[Kr] Krengel, Ulrich: *Ergodic theorems.* de Gruyter, Berlin-New York, 1985.

[Kri] Krieger, Wolfgang: On non-singular transformations of a measure space. *Zeitschrift für Wahrscheinlichkeitstheorie und verwandte Gebiete*, **11** no. 2

(1969), 83–97; II. 98–119.

[KB] Kryloff, Nicolas, and Bogoliouboff, Nicolas: La théorie générale de la mesure dans son application à l'étude des systémes dynamiques de la mécanique non linéaire. *Annals of Mathematics*, **38** no. 1 (1937), 65–113.

[KSz] Krzyzewski, Konstantin, and Szlenk, Wiesław: On invariant measures of expanding differentiable mappings. *Studia Mathematicae*, **33** no. 1 (1969), 83–92.

[Ku] Kuksin, Sergei B.: *Nearly integrable infinite-dimensional Hamiltonian systems.* Lecture Notes in Mathematics, vol. 1556. Springer Verlag, Berlin, New York, 1993.

[Kup] Kupka, Ivan: Contribution à la théorie des champs génériques. *Contributions to Differential Equations*, **2** (1963), 457–484.

[LY] Lasota, Andrzej, and Yorke, James A.: On the existence of invariant measures for piecewise monotonic transformations. *Transactions of the American Mathematical Society*, **186** (1973), 481–488.

[L] Lazutkin, Vladimir F.: The existence of caustics for a billiard problem in a convex domain. *Mathematics of the USSR, Isvestia*, **7** (1973), 185–214.

[Led] Ledrappier, François: Mésures d'équilibre d'entropie complèment positive. *Astérisque*, **50** (1977), 251–272.

[LedY] Ledrappier, François, and Young, Lai-Sang: The metric entropy of diffeomorphisms, Part I: Characterization of measures satisfying Pesin's entropy formula. *Annals of Mathematics*, **122** (1985), 509–539; Part II: Relations between entropy, exponents and dimension. *Annals of Mathematics*, **122** (1985), 540–574.

[Le] Levi, Mark: *Qualitative analysis of the periodically forced relaxation oscillations.* Memoirs of the American Mathematical Society, vol. 244. American Mathematical Society, Providence, RI, 1981.

[Lev] Levinson, Norman: A second order differential equation with singular solutions. *Annals of Mathematics*, **50** (1949), 127–153.

[Li] Liao, Shan-Tao (廖山涛): On the stability conjecture. *Chinese Annals of Mathematics*, **1** no. 1 (1980), 9–30.

[LM] Lind, Douglas, and Marcus, Brian: *An introduction to symbolic dynamics and coding.* Cambridge University Press, Cambridge, 1995.

[Liv] Livšic, Alexander: Some homology properties of Y-systems. *Mathematical Notes of the USSR Academy of Sciences*, **10** (1971), 758–763.

[LivSin] Livšic, Alexander, and Sinai, Yakov G.: On invariant measures compatible with the smooth structure for transitive Y-systems. *Soviet Mathematics, Doklady*, **13** no. 6 (1972), 1656–1659.

[LlMM] de la Llave, Rafael; Marco, José Manuel; and Moriyon, Roberto: Canonical perturbation theory of Anosov systems and regularity results for the Livšic cohomology equation. *Annals of Mathematics*, **123** (1986), 537–611; *Bulletin of the American Mathematical Society*, **12** no. 1 (1985), 91–94.

[Ly] Lyubich, Michael Yu.: Entropy of analytic endomorphisms of the Riemannian sphere. *Functional Analysis and its Applications*, **15** no. 4 (1981), 300–302.

[M] Maĭer, Artemiĭ G.: Trajectories on the closed orientable surfaces. *Mathematics of the USSR, Sbornik*, **12** (1943), 71–84.

[Ma1] Mañé, Ricardo: Lyapunov exponents and stable manifolds for compact transformations. In *Geometric Dynamics*, edited by Jacob Palis, Lecture Notes in Mathematics, vol. 1007, pp. 522–577. Springer Verlag, Berlin, New York, 1983.

[Ma2] —— : Hyperbolicity, sinks and measure in one dimensional dynamics. *Communications in Mathematical Physics*, **100** (1985), 495–524; Erratum. *Communications in Mathematical Physics*, **112** (1987), 721–724.

[Ma3] —— : A proof of the C^1 stability conjecture. *Publications Mathématiques de l'Institut des Hautes Études Scientifiques*, **66** (1987), 161–210.

[Ma4] —— : *Ergodic theory and differentiable dynamics.* Springer Verlag, Berlin, New York, 1987.

[Man1] Manning, Anthony: There are no new Anosov diffeomorphisms on tori. *American Journal of Mathematics*, **96** no. 3 (1974), 422–429.

[Man2] ——: Topological entropy and the first homology group. In *Dynamical systems — Warwick 1974*, edited by Anthony Manning, Lecture Notes in Mathematics, vol. 468, pp. 185–190. Springer Verlag, Berlin, New York, 1975.

[Man3] —— : Topological entropy for geodesic flows. *Annals of Mathematics*, **110** (1979), 567–573.

[Mar] Margulis, Grigoriĭ: Certain measures associated with Y-flows on compact manifolds. *Functional Analysis and Its Applications*, **4** (1969), 55–67.

[Mark] Markley, Nelson: Homeomorphisms of the circle without periodic points. *Proceedings of the London Mathematical Society*, **20** (1970), 688–698.

[Mas] Masur, Howard: Interval exchange transformations and measured foliations. *Annals of Mathematics*, **115** (1982), 169–200.

[MS] Masur, Howard, and Smillie, John: Hausdorff dimension of sets of nonergodic measured foliations. *Annals of Mathematics*, **134** (1991), 455–543.

[Mat1] Mather, John: Existence of quasi-periodic orbits for twist homeomorphisms of the annulus. *Topology*, **21** (1982), 457–467.

[Mat2] —— : Glancing billiards. *Ergodic Theory and Dynamical Systems*, **2** no. 3–4 (1982), 397–403.

[Mat3] —— : More Denjoy minimal sets for area-preserving diffeomorphisms. *Commentarii Mathematici Helvetici*, **60** (1985), 508–557.

[Mat4] —— : A criterion for the non-existence of invariant circles. *Publications Mathématiques de l'Institut des Hautes Études Scientifiques*, **63** (1986), 153–204.

[Me] de Melo, Welington: *Lectures on one-dimensional dynamics.* Instituto de Matemática Pura e Aplicada do CNPq, Rio de Janeiro, Brazil, 1988.

[MeS] de Melo, Welington, and van Strien, Sebastian: *One-dimensional dynamics.* Springer Verlag, Berlin, New York, 1993.

[Mi] Milnor, John: *Morse Theory.* Princeton University Press, Princeton, NJ, 1963.

[MiT] Milnor, John, and Thurston, William: On iterated maps of the interval. In *Dynamical Systems, College Park, 1986–1987*, Lecture Notes in Mathematics, vol. 1342, pp. 465–563. Springer Verlag, Berlin, New York, 1988.

[Mis1] Misiurewicz, Michał: A short proof of the variational principle for a $\mathbb{Z}_+^n$ action on a compact space. *Astérisque*, **40** (1976), 147–157.

[Mis2] —— : Invariant measures for continuous transformations of [0, 1] with zero topological entropy. In *Ergodic theory, Proceedings, Oberwolfach, Germany 1978*, edited by Manfred Denker and Konrad Jacobs, Lecture Notes in Mathematics, vol. 729, pp. 144–152. Springer Verlag, Berlin, New York, 1979.

[Mis3] —— : Horseshoes for mappings of the interval. *Bull. Acad. Polon. Sci., Ser. Math. Astron. et Phys.* **27** (1979), 167–169.

[MisP] Misiurewicz, Michał, and Przytycki, Feliks: Topological entropy and degree of smooth mappings. *Bull. Acad. Polon. Sci., Ser. Math. Astron. et Phys.* **25** (1977), 573–574.

[MisS] Misiurewicz, Michał, and Szlenk, Wiesław: Entropy of piecewise monotone mappings. *Studia Mathematicae*, **118** (1980), 45–63.

[Mo] Morse, Marston: A fundamental class of geodesics on any closed surface of genus greater than two. *Transactions of the American Mathematical Society*, **26** (1924), 25–60.

[Mos1] Moser, Jürgen K.: On invariant curves of area preserving mappings of an annulus. *Nachrichten der Akademie der Wissenschaften Göttingen, Phys. Kl. IIa*, no. 1 (1962), 1–20.

[Mos2] —— : On the volume element on a manifold. *Transactions of the American Mathematical Society*, **120** (1965), 286–294.

[Mos3] —— : A rapidly convergent iteration method and nonlinear partial differential equations. *Annali della Scuola Norm. Super. de Pisa ser III.* **20** no. 2 (1966), 265–315; no. 3 (1966), 499–535.

[Mos4] —— : Convergent series expansions for quasiperiodic motions. *Mathematische Annalen*, **169** (1967), 136–176.

[Mos5] —— : On a theorem of Anosov. *Journal of Differential Equations*, **5** (1969),

411–440.

[Mos6] ——: *Stable and random motions in dynamical systems (with special emphasis on celestial mechanics).* Princeton University Press, Princeton, NJ, 1973.

[Mu] Munkres, James R.: *Analysis on manifolds.* Addison-Wesley, Reading, MA, 1991.

[N] Nash, John F.: Real algebraic manifolds. *Annals of Mathematics*, **56** (1952), 405–421.

[Ne] Nekhoroshev, Nikolai N.: An exponential estimate of the time of stability of nearly-integrable Hamiltonian systems. *Russian Mathematical Surveys*, **32** (1977), 1–67.

[NS] Nemyckiĭ, Viktor V., and Stepanov, Viacheslav. V.: *Qualitative theory of differential equations.* Princeton University Press Princeton, NJ, 1960. (中译本 (译自俄文版): 涅梅茨基 (В. В. Немыцкий), 斯捷巴诺夫 (В. В. Степанов) 著. 微分方程定性论 (上册) [M]. 王柔怀, 童勤谟译. 北京: 科学出版社, 1956; 涅梅茨基 (В. В. Немыцкий), 斯捷巴诺夫 (В. В. Степанов) 著. 微分方程定性论 (下册) [M]. 王柔怀, 童勤谟译. 北京: 科学出版社, 1959.)

[vN] von Neumann, John: Zur Operatorenmethode in der klassischen Mechanik. *Annals of Mathematics*, **33** no. 3 (1932), 587–642; Zusätze zur Arbeit "Zur Operatorenmethode ···". *Annals of Mathematics*, **33** no. 4 (1932), 789–791.

[New1] Newhouse, Sheldon: On codimension one Anosov diffeomorphisms. *American Journal of Mathematics*, **92** (1970), 761–770.

[New2] ——: Entropy and volume. *Ergodic Theory and Dynamical Systems*, **8*** (Conley Memorial Issue) (1988), 283–300.

[New3] ——: Diffeomorphisms with infinitely many sinks. *Topology*, **13** (1974), 9–18.

[New4] ——: Quasielliptic periodic points in conservative dynamical systems. *American Journal of Mathematics*, **99** (1977), 1061–1087.

[Ni1] Nielsen, Jakob: Über die Minimalzahl der Fixpunkte bei Abbildungstypen der Ringflächen. *Mathematische Annalen*, **82** (1921), 83–93.

[Ni2] ——: Untersuchungen zur Topologie der geschlossenen zweiseitigen Flächen. *Acta Mathematica*, **50** (1927), 189–358; II. **53** (1929), 1–76; III. **58** (1932), 87–167.

[Nit1] Nitecki, Zbigniew: *Differentiable Dynamics.* MIT Press, Cambridge, MA, 1971.

[Nit2] ——: Topological dynamics on the interval. In *Ergodic Theory and Dynamical Systems II, Proceedings Special Year, Maryland 1979–1980*, Progress in Math., vol. 21, pp. 1–73. Birkhäuser, 1982.

[O1] Ornstein, Donald: Bernoulli shifts with the same entropy are isomorphic. *Advances in Mathematics*, **4** no. 3 (1970), 337–352.

[O2] ——: *Ergodic theory, randomness, and dynamical systems.* Yale University

Press, New Haven, CT, 1974.

[ORW] Ornstein, Donald; Rudolph, Daniel; and Weiss, Benjamin: *Equivalence of measure preserving transformations.* Memoirs of the American Mathematical Society, vol. 37, no. 262. American Mathematical Society, Providence, RI, 1982.

[Os] Oseledets, Valeriĭ I.: A multiplicative ergodic theorem. Liapunov characteristic numbers for dynamical systems. *Transactions of the Moscow Mathematical Society,* **19** (1968), 197–221.

[Ox] Oxtoby, John: Ergodic sets. *Bulletin of the American Mathematical Society,* **58** (1952), 116–136.

[OxU] Oxtoby, John, and Ulam, Stanislav: Measure preserving homeomorphisms and metrical transitivity. *Annals of Mathematics,* **42** (1941), 874–920.

[PMe] Palis, Jacob, and de Melo Welington: *Geometric theory of dynamical systems.* Springer Verlag, Berlin, New York, 1982. (中译本: 动力系统几何理论引论 [M]. 金成桴等译. 北京: 科学出版社, 1988; 动态系统的几何理论导引 [M]. 姚勇译. 上海: 上海交通大学出版社, 1986.)

[PT] Palis, Jacob, and Takens, Floris: *Hyperbolicity and sensitive chaotic dynamics at homoclinic bifurcations.* Cambridge University Press, Cambridge, 1993.

[P1] Parry, William: Intrinsic Markov chains. *Transactions of the American Mathematical Society,* **112** (1964), 55–56.

[P2] Parry, William: *Entropy and generators in ergodic theory.* W. A. Benjamin, Inc., New York-Amsterdam, 1969.

[PP] Parry, William, and Pollicott, Mark: *Zeta functions and the periodic orbit structure of hyperbolic dynamics.* Astérisque, vol. 187–188. Société Mathématique de France, Paris, 1990.

[Pe1] Peixoto, Maurizio: On structural stability. *Annals of Mathematics,* **69** (1959), 199–222.

[Pe2] —— : Structural stability on two-dimensional manifolds. *Topology,* **1** (1962), 101–120.

[Per1] Perron, Oskar: Zur Theorie der Matrices. *Mathematische Annalen,* **64** (1906), 248–263.

[Per2] —— : Über Stabilität and asymptotisches Verhalten der Integrale von Differentialgleichungssystemen. *Mathematische Zeitschrift,* **29** no. 1 (1928), 129–160.

[Pes1] Pesin, Yakov B.: Families of invariant manifolds corresponding to nonzero characteristic exponents. *Mathematics of the USSR, Isvestia,* **10** no. 6 (1976), 1261–1305.

[Pes2] —— : Characteristic exponents and smooth ergodic theory. *Russian Mathematical Surveys,* **32** no. 4 (1977), 55–114.

[Pes3] —— : Geodesic flows on closed Riemannian manifolds without focal points.

Mathematics of the USSR, Isvestia, **11** no. 6 (1977), 1195–1228.

[Pet] Petersen, Karl: *Ergodic theory.* Cambridge University Press, Cambridge, 1983.

[Pl] Plante, Joseph: Anosov flows. *American Journal of Mathematics*, **94** (1972), 729–755.

[Ply] Plykin, Roman V.: Sources and sinks for A-diffeomorphisms of surfaces. *Mathematics of the USSR, Sbornik*, **23** (1974), 233–253.

[Po1] Poincaré, Jules Henri: Mémoire sur les courbes définies par les équations différentielles, I. *Journal de Mathématiques Pures et Appliquées, 3. série*, **7** (1881), 375–422; II. **8** (1882), 251–286; III. *4. série*, **1** (1885), 167–244; IV. **2** (1886), 151–217.

[Po2] ——: *Les méthodes nouvelles de la mécanique céleste.* Paris, 1892–1899; English translation: *New methods of celestial mechanics.* Edited by Daniel Goroff. History of Modern Physics and Astronomy, vol. 13. American Institute of Physics, New York, 1993.

[Pol] Pollicott, Mark: *Lectures on ergodic theory and Pesin theory on compact manifolds.* Cambridge University Press, Cambridge, 1993.

[Pu] Pugh, Charles: The closing lemma. *American Journal of Mathematics*, **89** (1967), 956–1009; An improved closing lemma and a general density theorem. *American Journal of Mathematics*, **89** (1967), 1010–1021.

[PuRob] Pugh, Charles, and Robinson, Clark: The C^1 closing lemma, including Hamiltonians. *Ergodic Theory and Dynamical Systems*, **3** (1983), 261–313.

[PuShu] Pugh, Charles, and Shub, Michael: Ergodic attractors. *Transactions of the American Mathematical Society*, **312** no. 1 (1989), 1–54.

[R] Rabinowitz, Paul: Periodic solutions of Hamiltonian systems. *Communications in Pure and Applied Mathematics*, **31** (1978), 157–184.

[Pa] Ratner, Marina: Markov partitions for Anosov flows on n-dimensional manifolds. *Israel Journal of Mathematics*, **15** (1973), 92–114.

[Re] Rees, Mary: A minimal positive entropy homeomorphism of the 2-torus. *Journal of the London Mathematical Society*, **23** (1981), 311–322.

[Ro] Robbin, Joel W.: A structural stability theorem. *Annals of Mathematics*, **94** (1971), 447–493.

[Rob1] Robinson, Clark: Structural stability of C^1 diffeomorphisms. *Journal of Differential Equations*, **22** (1976), 28–73.

[Rob2] ——: *Dynamical systems; stability, symbolic dynamics, and chaos.* CRC Press, Cleveland, OH, 1994.

[Rok1] Rokhlin, Vladimir A.: On the fundamental ideas of measure theory. *Translations of the American Mathematical Society (series 1)*, **10** (1962), 1–54.

[Rok2] ——: New progress in the theory of transformations with invariant measure.

Russian Mathematical Surveys, **15** no. 4 (1960), 1–22.

[Rok3] —— : Lectures on the entropy theory of measure preserving transformations. *Russian Mathematical Surveys*, **22** (1967), 1–52.

[Ru1] Rudolph, Daniel: A characterization of those processes finitarily isomorphic to a Bernoulli shift. In *Ergodic Theory and Dynamical Systems I, Proceedings Special Year, Maryland 1979–1980*, Progress in Math., vol. 21, pp. 1–64. Birkhäuser, 1981.

[Ru2] —— : *Fundamentals of measurable dynamics: Ergodic theory on Lebesgue spaces.* Oxford University Press, New York, 1990.

[Rue1] Ruelle, David: Statistical mechanics on a compact set with $\mathbb{Z}^\nu$ action satisfying expansiveness and specification. *Transactions of the American Mathematical Society*, **185** (1973), 237–253.

[Rue2] —— : A measure associated with Axiom-A attractors. *American Journal of Mathematics*, **98** no. 3 (1976), 619–654.

[Rue3] —— : Zeta functions for expanding maps and Anosov flows. *Inventiones mathematicae*, **34** no. 3 (1976), 231–242.

[Rue4] —— : An inequality for the entropy of differentiable maps. *Boletim da Sociedade Brasileira Matemática*, **9** (1978), 83–87.

[Rue5] —— : *Thermodynamic formalism.* Addison-Wesley, Reading, MA, 1978.

[Rue6] ——: Ergodic theory of differentiable dynamical systems. *Publications Mathématiques de l'Institut des Hautes Études Scientifiques*, **50** (1979), 27–58.

[Rue7] —— : *Elements of differentiable dynamics and bifurcation theory.* Academic Press, New York, 1989.

[Rü] Rüssmann, Helmut: Über invariante Kurven differenzierbarer Abbildungen eines Kreisringes. *Nachrichten der Akademie der Wissenschaften Göttingen, Math. Phys. Kl.* (1970), 67–105.

[SZ] Salamon, Dietmar, and Zehnder, Eduard: KAM theory in configuration space. *Commentarii Mathematici Helvetici*, **64** no. 1 (1989), 84–132.

[S] Satayev, Evgeni A.: On the number of invariant measures for flows on orientable surfaces. *Mathematics of the USSR, Isvestia*, **9** no. 4 (1975), 813–830.

[Sc] Schmidt, Klaus: *Algebraic ideas in ergodic theory.* CBMS Regional Conference Series in Mathematics, vol. 76. American Mathematical Society, Providence, RI, 1990; *Dynamical systems of algebraic origin.* Progress in Math., vol. 128. Birkhäuser, 1995.

[Sch] Schwartz, Arthur J.: A generalization of a Poincaré–Bendixson theorem to closed two-dimensional manifolds. *American Journal of Mathematics*, **85** (1963), 453–458.

[Schw] Schwartzman, Sol: Asymptotic cycles. *Annals of Mathematics*, **66** (1957), 270–284.

[Sh] Shannon, Claude: The mathematical theory of communication. *Bell Systems Technical Journal*, **27** (1948), 379–423, 623–656; Republished, University of Illinois Press, Urbana, IL, 1963.

[Sha] Sharkovskiĭ, Alexander N.: Coexistence of cycles of a continuous map of the line into itself. *Ukrainskiĭ Matematicheskiĭ Zhurnal*, **16** no. 1 (1964), 61–71; English translation: *International Journal of Bifurcation and Chaos in Applied Sciences and Engineering*, **5** no. 5 (1995), 1263–1273; On cycles and structure of a continuous map. *Ukrainskiĭ Matematicheskiĭ Zhurnal*, **17** no. 3 (1965), 104–111.

[Shi] Shil'nikov, Leonid P.: The existence of a countable set of periodic motions in the neighborhood of a homoclinic curve. *Soviet Mathematics, Doklady*, **8** (1967), 102–106.

[Shu1] Shub, Michael: Endomorphisms of compact differentiable manifolds. *American Journal of Mathematics*, **91** (1969), 175–199.

[Shu2] —— : Dynamical systems, filtrations and entropy. *Bulletin of the American Mathematical Society*, **80** no. 1 (1974), 27–41.

[Shu3] —— : *Global stability of dynamical systems.* Springer Verlag, Berlin, New York, 1987.

[ShuS] Shub, Michael, and Sullivan, Dennis: A remark on the Lefschetz fixed point formula for differentiable maps. *Topology*, **13** (1974), 189–191.

[Si] Siegel, Carl Ludwig: Iteration of analytic functions. *Annals of Mathematics*, **43** (1942), 607–612.

[SiM] Siegel, Carl Ludwig, and Moser, Jürgen K.: *Lectures on celestial mechanics.* Springer Verlag, Berlin, New York, 1971.

[Sin1] Sinai, Yakov G.: On weak isomorphism on transformations with invariant measures. *Mathematics of the USSR, Sbornik*, **63** no. 1 (1964), 23–42.

[Sin2] —— : Dynamical systems with countably-multiple Lebesgue spectrum. II. *Izvestija Akademiĭ Nauk SSSR Ser. Mat.* **30** (1966), 15–68; English translation: *Translations of the American Mathematical Society (series 2)*, **68**, 34–88.

[Sin3] —— : Markov partitions and Y-diffeomorphisms. *Functional Analysis and Its Applications*, **2** no. 1 (1968), 64–89.

[Sin4] —— : The construction of Markovian partitions. *Functional Analysis and Its Applications*, **2** no. 3 (1968), 70–80.

[Sin5] —— : Gibbs measures in ergodic theory. *Russian Mathematical Surveys*, **27** (1972), 21–69.

[Sin6] —— : *Introduction to ergodic theory.* Princeton University Press, Princeton,

NJ, 1977.

[Sm1] Smale, Stephen: Stable manifolds for differential equations and diffeomorphisms. *Annali della Scuola Norm. Super. de Pisa ser. III*, **17** (1963), 97–116.

[Sm2] —— : Structurally stable differentiable homeomorphisms with infinitely many periodic points. In *Proceedings of the International Conference on Nonlinear Oscillations*, vol. 2, pp. 365–366. Mathematics Institute of the Ukrainian Academy of Sciences, Kiev, 1963.

[Sm3] —— : Diffeomorphisms with many periodic points. In *Differential and combinatorial topology*, pp. 63–80. Princeton University Press, Princeton, NJ, 1965.

[Sm4] —— : Structurally stable systems are not dense. *American Journal of Mathematics*, **88** no. 2 (1966), 491–496.

[Sm5] —— : Differentiable dynamical systems. *Bulletin of the American Mathematical Society*, **73** (1967), 747–817.

[Sp] Spivak, Michael: *A comprehensive introduction to differential geometry.* Publish or Perish, New York, 1975.

[St] Sternberg, Shlomo: Local contractions and a theorem of Poincaré. *American Journal of Mathematics*, **79** (1957), 809–824; On the structure of local homeomorphisms of Euclidean n-space, II. *American Journal of Mathematics*, **80** (1958), 623–631; The structure of local diffeomorphisms, III. *American Journal of Mathematics*, **81** (1959), 578–604.

[Str] Strogatz, Steven H.: *Nonlinear dynamics and chaos.* Addison–Wesley, Reading, MA, 1994.

[Sz] Szlenk, Wiesław: *An introduction to the theory of smooth dynamical systems.* PWN-Polish Scientific Publishers/Wiley, Warszawa/Chichester, 1984.

[T] Takens, Floris: Homoclinic points in conservative systems. *Inventiones mathematicae*, **18** (1972), 267–292.

[Te] Temam, Roger: *Infinite-dimensional dynamical systems in mechanics and physics.* Springer Verlag, Berlin, New York, 1988.

[To] Toll, Charles: A multiplicative asymptotic for the prime geodesic theorem. Thesis, University of Maryland, 1984.

[V1] Veech, William: Gauss measures for transformations on the space of interval exchange maps. *Annals of Mathematics*, **115** (1982), 201–242.

[V2] Veech, William: The metric theory of interval exchange transformations I: Generic spectral properties. *American Journal of Mathematics*, **106** (1984), 1331–1359; II: Approximation by primitive interval exchanges. 1361–1387; III: The Sah–Arnaud–Fathi invariant. 1389–1422.

[W] Walters, Peter: *An introduction to ergodic theory.* Springer Verlag, Berlin, New York, 1982.

[Wi1] Williams, Robert F.: Classification of one dimensional attractors. In *Global Analysis, Proceedings of Symposia in Pure Mathematics*, vol. 14, pp. 341–361. American Mathematical Society, Providence, RI, 1970.

[Wi2] —— : Classification of subshifts of finite type. *Annals of Mathematics*, **98** (1973), 120–153; Errata. *Annals of Mathematics*, **99** (1974), 380–381.

[Y] Yoccoz, Jean-Christophe: Conjugaison différentiable des difféomorphismes du cercle dont le nombre de rotation vérifie une condition Diophantienne. *Annales scientifiques de l'École Normale Superieure*, **17** (1984), 333–361.

[Yo1] Yomdin, Yosif: A quantitative version of the Kupka-Smale theorem. *Ergodic Theory and Dynamical Systems*, **5** no. 3 (1985), 449–472.

[Yo2] —— : Volume growth and entropy. *Israel Journal of Mathematics*, **57** (1987), 285–300.

[Z] Zimmer, Robert J.: *Ergodic theory and semisimple groups.* Birkhäuser, 1984.

索 引

(条目后面的号码为英文原著页码)

A

B

C

D

E

F

G

H

J

K

L

M

N

P

Q

R

S

T

W

X

Y

Z